数据分析

——基础、模型及应用

DATA ANALYSIS

FOUNDATION, MODEL AND APPLICATIONS

周丽华　李维华　编著

科学出版社
北京

内 容 简 介

本书以基础、模型及应用为主线，介绍数据分析的基础知识、经典模型以及相关应用. 内容包括非负矩阵分解、张量分解、深度学习、宽度学习的经典模型与学习方法，以及作者对相关模型的扩展及其在多视角聚类、地理传感数据预测、信息级联预测及蛋白质二级结构预测中的应用研究. 本书内容全面，深入浅出，既详细介绍了基本概念、思想和算法，也提供了大量示例、图表和对比分析.

本书可作为高等院校计算机及相关专业的本科生、研究生学习人工智能的参考，对从事知识发现、智能信息处理、人工智能、机器学习等领域的科研与工程技术人员也有较大的参考价值.

图书在版编目(CIP)数据

数据分析：基础、模型及应用/周丽华，李维华编著. —北京：科学出版社，2021.2

ISBN 978-7-03-068049-5

I. ①数… II. ①周… ②李… III. ①数据处理 IV. ①TP274

中国版本图书馆 CIP 数据核字 (2021) 第 025357 号

责任编辑：周 涵 孙翠勤／责任校对：杨聪敏
责任印制：吴兆东／封面设计：无极书装

科学出版社 出版
北京东黄城根北街 16 号
邮政编码：100717
http://www.sciencep.com

北京中石油彩色印刷有限责任公司 印刷
科学出版社发行 各地新华书店经销
*
2021 年 2 月第 一 版 开本：720 × 1000 B5
2022 年 2 月第二次印刷 印张：18 1/4
字数：368 000

定价：118.00 元

前　言

随着硬件设备和网络的迅速发展，各行各业收集和存储了大量的数据. 尽管数据中蕴含着丰富的信息和知识，但是由于数据通常是异构的，知识是隐蔽的，因此需要利用人工智能的方法对数据进行有效的分析，才能从数据中挖掘出有用的信息，获取所需的知识，进而为决策提供服务. 近年来，人们对数据分析进行了深入研究，提出了多种有效的分析方法. 这些方法在科学发现、经济建设、社会生活等众多领域发挥了重要作用. 但是随着大数据、云计算、物联网等信息技术的不断发展，数据分析在理论、方法、应用等多个层面仍然面临挑战. 全面、深入地了解数据分析的基础、模型及应用，对于迎接挑战、促进数据分析的创新发展具有重要意义.

本书以基础、模型及应用为主线, 介绍数据分析的基础知识、经典模型以及相关应用. 本书第 1~4 章主要介绍非负矩阵分解、张量分解、深度学习、宽度学习的基础、模型及训练方法, 第 5 章介绍作者对非负矩阵分解、张量分解、深度学习、宽度学习等方法所做的扩展及应用研究. 对于基础和模型训练, 本书给出了推导过程及示例, 尽量做到深入浅出, 便于理解; 应用部分介绍了扩展的动机、相关概念、算法、分析、评估及扩展模型在相关领域的具体应用, 提供了大量示例、图表和对比分析.

第 1 章介绍非负矩阵分解, 主要从矩阵分解基础、标准非负矩阵分解、单视图的非负矩阵分解和多视图的非负矩阵分解几个方面全面介绍非负矩阵分解的概念及最新研究成果. 非负矩阵分解 (non-negative matrix factorization, NMF) 是在矩阵中所有元素均为非负数约束条件之下的矩阵分解方法, 其目的是通过将元素是非负的原始数据矩阵近似为两个低秩非负矩阵的乘积. NMF 能够学习对大部分数据进行编码并使其易于解释的基于部件的表示, 也是一种特殊的降维方法. 单视图的 NMF 只分解一个矩阵, 而多视图的 NMF 将联合分解多个矩阵.

第 2 章介绍张量分解, 包括张量分解基础、张量概念及基本计算、CP (CANDECOMP/PARAFAC) 分解、高阶奇异值 (Tucker) 分解及非负张量分解. 张量是一个多维数组, 张量分解从本质上来说是矩阵分解的高阶泛化, 能够用于降维处理、缺失数据填补和隐性关系挖掘. CP 分解及 Tucker 分解是两种典型的张量分解, CP 分解是将一个张量表示成有限个秩-1 组件之和, Tucker 分解是一种高阶的主成分分析, 它将一个张量表示成一个核心张量沿每一个模乘上一个矩阵. 非负张量分解是非负矩阵分解的多线性推广.

第 3 章介绍深度学习. 深度学习是机器学习的重要分支, 是一种使用深层架构的机器学习方法. 深度学习实质上是多层表示学习方法的非线性组合, 通过组合低层特征形成更加抽象的高层特征, 以发现数据的分布式特征表示, 其动机在于建立、模拟人脑进行分析学习的神经网络, 从而模仿人脑的机制来解释图像、声音和文本等复杂数据. 本章主要内容包括深度学习基础和深度学习模型, 其中深度学习模型涵盖了感知器、全连接神经网络、玻尔兹曼机 (及其变体: 受限玻尔兹曼机、深度玻尔兹曼机和深度信念网络)、自编码器、卷积神经网络、循环神经网络、长短期记忆、门控循环单元、递归神经网络、生成对抗网络、深度卷积生成对抗网络、深度残差网络、注意力模型、Skip-gram 模型等多种深度学习模型. 另外, 本章还介绍了学会学习算法.

第 4 章介绍宽度学习, 从随机向量函数链神经网络开始, 介绍了宽度学习系统及其增量学习和变体. 随机向量函数链神经网络在单层前馈神经网络中增加了从输入层到输出层的直接链接, 具有训练时间短、函数逼近的泛化能力强的优点. 但是, 随机向量函数链神经网络难以处理以大容量和时间多变性为本质特性的大数据. 宽度学习系统改进了随机向量函数链神经网络的输入. 宽度学习是一种不需要深度结构的高效增量学习系统, 提供了一种深度学习网络的替代方法, 能够应对大数据中数据量的增长和数据维度增加的挑战. 同时, 如果网络需要扩展, 模型可以通过增量学习高效重建.

第 5 章主要介绍作者对非负矩阵分解、张量分解、深度学习、宽度学习等方法所做的扩展及应用研究, 包括标准非负矩阵分解的扩展及其在多视图聚类中的应用、基于张量分解的地理传感数据预测、DeepHawkes 模型的扩展 (LDA-DeepHawkes 模型) 及其在信息级联预测中的应用、循环神经网络的扩展及其在蛋白质二级结构预测中的应用.

本书所反映的研究成果得到国家自然科学基金项目 (项目编号: 61762090、61262069、61966036、61662086)、云南省自然科学基金项目 (项目编号: 2016FA026)、云南省创新研究团队项目 (项目编号: 2018HC019)、云南省高等学校科技创新团队项目 (IRTSTYN) 和云南省教育厅科学研究基金项目 (项目编号: 2019J0006) 的资助. 云南大学的研究生黄通、杜国王、王世杰、郭延哺、张东月、杨杰、姬晨、金宸等参加了课题的研究, 并做出了很好的成果. 本书在写作过程中, 参考了许多相关的参考文献及博客, 在此一并表示衷心的感谢.

感谢学院领导、家人、朋友的支持与鼓励. 谨以此书献给他们.

感谢科学出版社为本书出版所做的工作.

本书涉及学科前沿, 内容丰富. 近年来, 人工智能的研究吸引了众多研究者的关注, 研究成果丰硕. 本书的内容难以覆盖所有的模型或方法, 也难以保证覆盖最新的研究成果. 另外, 由于作者知识水平、研究深度和广度有限, 书中不妥之处在所难免, 恳请读者批评指正并不吝赐教.

作　者

2020 年 8 月

目　录

前言

第 1 章　非负矩阵分解 ······ 1

1.1　矩阵分解基础 ······ 1

1.1.1　矩阵的二次型 ······ 1

1.1.2　矩阵的行列式 ······ 2

1.1.3　矩阵的特征值 ······ 3

1.1.4　矩阵的迹 ······ 3

1.1.5　矩阵的秩 ······ 4

1.1.6　逆矩阵 ······ 5

1.1.7　矩阵的向量化和向量的矩阵化 ······ 6

1.1.8　矩阵微分 ······ 8

1.1.9　范数 ······ 15

1.1.10　KKT 条件 ······ 17

1.1.11　拉普拉斯矩阵 ······ 17

1.2　标准非负矩阵分解 ······ 18

1.3　单视图的 NMF ······ 21

1.3.1　考虑稀疏、平滑控制的 NMF ······ 21

1.3.2　考虑数据几何结构信息的 NMF ······ 24

1.3.3　考虑噪声的 NMF ······ 31

1.3.4　考虑流形的 NMF ······ 35

1.3.5　放松非负约束的 NMF ······ 40

1.3.6　考虑效率的 NMF ······ 45

1.4　多视图的非负矩阵分解 ······ 57

1.4.1　基于共识矩阵的多视图 NMF ······ 57

1.4.2　联合非负矩阵分解 ······ 62

1.4.3　多流形正则化非负矩阵分解 ······ 62

1.4.4　图正则的多视图半非负矩阵分解 ······ 69

1.5　本章小结 ······ 73

参考文献注释 ······ 73

参考文献 ······ 74

第 2 章 张量分解 ······ 77
2.1 张量分解基础 ······ 77
2.1.1 矩阵的 Hadamard 积、Kronecker 积和 Khatri-Rao 积 ······ 77
2.1.2 矩阵函数微分 ······ 80
2.2 张量概念及基本运算 ······ 85
2.2.1 张量概念 ······ 85
2.2.2 张量矩阵化 ······ 86
2.2.3 张量的内积、范数与外积 ······ 87
2.2.4 张量乘 ······ 88
2.3 张量的 CP 分解 ······ 89
2.3.1 CP 分解形式 ······ 89
2.3.2 CP 分解的求解 ······ 90
2.4 张量的 Tucker 分解 ······ 94
2.4.1 Tucker 分解形式 ······ 94
2.4.2 Tucker 分解的求解 ······ 96
2.5 CP 分解与 Tucker 分解的比较 ······ 103
2.6 非负张量分解 ······ 104
2.6.1 非负 CP 分解 ······ 104
2.6.2 非负 Tucker 分解 ······ 105
2.7 本章小结 ······ 106
参考文献注释 ······ 106
参考文献 ······ 107
第 3 章 深度学习 ······ 108
3.1 深度学习基础 ······ 108
3.1.1 矩阵、向量求导 ······ 108
3.1.2 激活函数 ······ 112
3.1.3 按元素乘 ∘ ······ 114
3.1.4 卷积与反卷积 ······ 115
3.2 深度学习模型 ······ 120
3.2.1 感知器 ······ 120
3.2.2 全连接神经网络 ······ 121
3.2.3 玻尔兹曼机 ······ 126
3.2.4 自编码器 ······ 129
3.2.5 卷积神经网络 ······ 131
3.2.6 循环神经网络 ······ 142

3.2.7 长短期记忆 150
3.2.8 门控循环单元 156
3.2.9 递归神经网络 157
3.2.10 生成对抗网络 163
3.2.11 深度卷积生成对抗网络 167
3.2.12 深度残差网络 168
3.2.13 注意力模型 171
3.2.14 Skip-gram 模型 174
3.2.15 学会学习算法 178
3.3 本章小结 181
参考文献注释 184
参考文献 185
第 4 章 宽度学习 186
4.1 随机向量函数连接网络 186
4.1.1 RVFLNN 的结构 186
4.1.2 RVFLNN 的动态逐步更新算法 187
4.2 宽度学习系统 188
4.2.1 宽度学习系统的结构 188
4.2.2 BLS 的增量学习 190
4.3 BLS 的变体 196
4.3.1 特征映射节点的级联 196
4.3.2 最后一组特征映射节点级联连接到增强节点 197
4.3.3 增强节点的级联 198
4.3.4 特征映射节点和增强节点的级联 200
4.3.5 卷积特征映射节点的级联 201
4.3.6 模糊宽度学习系统 201
4.4 本章小结 206
参考文献注释 206
参考文献 206
第 5 章 模型的扩展及应用研究 207
5.1 基于矩阵分解的多变量时间序列聚类 207
5.1.1 转换多变量时间序列为多关系网络 208
5.1.2 多关系网络的多非负矩阵分解 209
5.1.3 动态多关系网络的多非负矩阵分解 212
5.1.4 实验与分析 215

5.2　基于张量分解的地理传感数据预测 …… 222
5.2.1　模型框架 …… 223
5.2.2　预测方法 …… 223
5.2.3　实验与分析 …… 228
5.3　基于 LDA-DeepHawkes 模型的信息级联预测 …… 233
5.3.1　Hawkes 过程 …… 234
5.3.2　DeepHawkes 模型 …… 235
5.3.3　LDA-DeepHawkes 模型 …… 238
5.3.4　LDA-DeepHawkes 算法描述 …… 244
5.3.5　实验与分析 …… 244
5.4　基于 CNN 和 RNN 的蛋白质二级结构预测 …… 254
5.4.1　蛋白质二级结构 …… 254
5.4.2　蛋白质二级结构预测框架 …… 255
5.4.3　结合 CNN 与 BLSTM 的预测模型 …… 256
5.4.4　结合 CNN 与 BGRU 的预测模型 …… 257
5.4.5　结合非对称 CNN 与 BLSTM 的预测模型 …… 258
5.4.6　实验与分析 …… 259
5.5　基于 CNN 的跨领域情感分析 …… 263
5.5.1　共享词的选择 …… 264
5.5.2　模型设计 …… 265
5.5.3　实验与分析 …… 266
5.6　基于双向 LSTM 神经网络模型的中文分词 …… 270
5.6.1　基于改进的双向 LSTM 的中文分词模型 …… 271
5.6.2　实验与分析 …… 274
5.7　本章小结 …… 277
参考文献注释 …… 277
参考文献 …… 279

第 1 章　非负矩阵分解

在本章, $\Re$ 表示实数的集合, 标量用小写字母表示, 如 a, 向量 (也称矢量) 用粗体小写字母斜体表示, 例如 $\boldsymbol{a}$, 矩阵用粗体大写字母斜体表示, 例如 $\boldsymbol{A}$. 向量 $\boldsymbol{a}$ 的第 i 个元素记为 a_i, $i=1,\cdots,I$; 矩阵 $\boldsymbol{A}$ 的 (i,j) 元素记为 a_{ij}, $[\boldsymbol{A}]_{ij}$ 或 $(\boldsymbol{A})_{ij}$, $i=1,\cdots,I; j=1,\cdots,J$. 矩阵 $\boldsymbol{A}$ 的第 i 行表示为 $\boldsymbol{a}_{i:}$ 或 $\boldsymbol{A}_{i:}$, 第 j 列表示为 $\boldsymbol{a}_{:j}$ 或 $\boldsymbol{A}_{:j}$, 也可以更紧凑地表示为 $\boldsymbol{a}_j$ 或 $\boldsymbol{A}_j$. 在多个矩阵构成的矩阵序列中, $\boldsymbol{A}^{(n)}$ 表示第 n 个矩阵. 设矩阵 $\boldsymbol{A}\in\Re^{m\times n}$, $\boldsymbol{A}^{\mathrm{T}}\in\Re^{n\times m}$ 表示 $\boldsymbol{A}$ 的转置矩阵; $\boldsymbol{A}^{-1}$ 表示 $\boldsymbol{A}$ 的逆矩阵; $\boldsymbol{A}^*\in\Re^{m\times n}$ 表示 $\boldsymbol{A}$ 的复数共轭, $[\boldsymbol{A}^*]_{ij}=a_{ij}^*$; $\boldsymbol{A}^{\mathrm{H}}\in\Re^{n\times m}$ 表示 $\boldsymbol{A}$ 的 (复) 共轭转置矩阵, $\boldsymbol{A}^{\mathrm{H}}=\begin{bmatrix} a_{11}^* & a_{21}^* & \cdots & a_{m1}^* \\ a_{12}^* & a_{22}^* & \cdots & a_{m2}^* \\ \vdots & \vdots & & \vdots \\ a_{1n}^* & a_{2n}^* & \cdots & a_{mn}^* \end{bmatrix}$, 共轭转置又叫 Hermitian 转置或 Hermitian 共轭; $\boldsymbol{A}^{\dagger}$ 表示 $\boldsymbol{A}$ 的广义逆矩阵.

从一个 $n\times n$ 正方矩阵 $\boldsymbol{A}$ 的左上角到右下角沿 $i=j, j=1,\cdots,n$ 相连接的线段称为 $\boldsymbol{A}$ 的主对角线, 位于主对角线上的元素称为 $\boldsymbol{A}$ 的对角元素, 记为 $a_{ii}, i=1,\cdots,n$. 主对角线以外元素全部为零的 $n\times n$ 矩阵称为对角矩阵, 记为 $\boldsymbol{D}=\mathrm{diag}(d_{11},\cdots,d_{nn})$. 主对角元素全部等于 1 的对角矩阵称为单位矩阵, 记为 $\boldsymbol{I}_{n\times n}$. 所有元素为零的 $m\times n$ 矩阵称为零矩阵, 记为 $\boldsymbol{O}_{m\times n}$. 一个全部元素为零的向量称为零向量, 记为 $\mathbf{0}$. 只有一个元素为 1, 其他元素都等于 0 的列向量称为基本向量, 记为 $\boldsymbol{e}_1=[1,0,\cdots,0]^{\mathrm{T}}$, $\boldsymbol{e}_2=[0,1,\cdots,0]^{\mathrm{T}}$, $\cdots$, $\boldsymbol{e}_n=[0,0,\cdots,1]^{\mathrm{T}}$. $\boldsymbol{I}_{n\times n}$ 可以表示为 $\boldsymbol{I}=[\boldsymbol{e}_1,\boldsymbol{e}_2,\cdots,\boldsymbol{e}_n]$.

1.1　矩阵分解基础

1.1.1　矩阵的二次型

任意一个正方矩阵 $\boldsymbol{A}$ 的二次型定义为 $\boldsymbol{x}^{\mathrm{H}}\boldsymbol{A}\boldsymbol{x}$, 其中 $\boldsymbol{x}$ 可以是任意的非零复向量. 一个复共轭矩阵 $\boldsymbol{A}$ 称为

- 正定矩阵, 记为 $\boldsymbol{A}>0$, 若 $\boldsymbol{x}^{\mathrm{H}}\boldsymbol{A}\boldsymbol{x}>0$, $\forall\boldsymbol{x}\neq\mathbf{0}$;
- 半正定矩阵, 记为 $\boldsymbol{A}\geqslant 0$, 若 $\boldsymbol{x}^{\mathrm{H}}\boldsymbol{A}\boldsymbol{x}\geqslant 0$, $\forall\boldsymbol{x}\neq\mathbf{0}$ (也称非负定的);
- 负定矩阵, 记为 $\boldsymbol{A}<0$, 若 $\boldsymbol{x}^{\mathrm{H}}\boldsymbol{A}\boldsymbol{x}<0$, $\forall\boldsymbol{x}\neq\mathbf{0}$;

• 半负定矩阵, 记为 $\boldsymbol{A} \leqslant 0$, 若 $\boldsymbol{x}^{\mathrm{H}}\boldsymbol{A}\boldsymbol{x} \leqslant 0,\ \forall \boldsymbol{x} \neq \boldsymbol{0}$ (也称非正定的);

• 不定矩阵, 若二次型 $\boldsymbol{x}^{\mathrm{H}}\boldsymbol{A}\boldsymbol{x}$ 既可能取正值, 也可能取负值.

矩阵的二次型刻画了矩阵的正定性.

例 1.1.1　判断实对称矩阵 $\boldsymbol{A} = \begin{bmatrix} 3 & 1 & 0 \\ 1 & 3 & 0 \\ 0 & 0 & 3 \end{bmatrix}$ 的正定性.

解　因为 $\boldsymbol{x}^{\mathrm{H}}\boldsymbol{A}\boldsymbol{x} = [x_1 \quad x_2 \quad x_3] \begin{bmatrix} 3 & 1 & 0 \\ 1 & 3 & 0 \\ 0 & 0 & 3 \end{bmatrix} \begin{bmatrix} x_1 \\ x_2 \\ x_3 \end{bmatrix} = 2x_1^2 + 2x_2^2 + 3x_3^2 + (x_1 + x_2)^2 > 0$, 除非 $x_1 = x_2 = x_3 = 0$, 所以 $\boldsymbol{A}$ 是正定的.

1.1.2　矩阵的行列式

一个正方矩阵 $\boldsymbol{A} = [a_{ij}]_{n\times n}$ 的行列式记为 $\det(\boldsymbol{A})$ 或 $|\boldsymbol{A}|$, 定义为

$$\det(\boldsymbol{A}) = |\boldsymbol{A}| = \begin{vmatrix} a_{11} & a_{12} & \cdots & a_{1n} \\ a_{21} & a_{22} & \cdots & a_{2n} \\ \vdots & \vdots & & \vdots \\ a_{n1} & a_{n2} & \cdots & a_{nn} \end{vmatrix} \tag{1.1.1}$$

令 $\boldsymbol{A}_{ij}$ 是矩阵 $\boldsymbol{A}$ 删去第 i 行第 j 列后得到的 $(n-1)\times(n-1)$ 子矩阵, 则

$$\det(\boldsymbol{A}) = \sum_{j=1}^{n} a_{ij}(-1)^{i+j}\det(\boldsymbol{A}_{ij}) \quad 或 \quad \det(\boldsymbol{A}) = \sum_{i=1}^{n} a_{ij}(-1)^{i+j}\det(\boldsymbol{A}_{ij}) \tag{1.1.2}$$

比如

$$\begin{aligned} \det(\boldsymbol{A}_{3\times 3}) = \det \begin{vmatrix} a_{11} & a_{12} & a_{13} \\ a_{21} & a_{22} & a_{23} \\ a_{31} & a_{32} & a_{33} \end{vmatrix} &= a_{11}(-1)^{1+1}\begin{vmatrix} a_{22} & a_{23} \\ a_{32} & a_{33} \end{vmatrix} \\ &+ a_{12}(-1)^{1+2}\begin{vmatrix} a_{21} & a_{23} \\ a_{31} & a_{33} \end{vmatrix} + a_{13}(-1)^{1+3}\begin{vmatrix} a_{21} & a_{22} \\ a_{31} & a_{32} \end{vmatrix} \\ &= a_{11}(a_{22}a_{33} - a_{23}a_{32}) - a_{12}(a_{21}a_{33} - a_{23}a_{31}) + a_{13}(a_{21}a_{33} - a_{22}a_{31}) \end{aligned}$$

行列式不等于零的矩阵称为非奇异矩阵. 矩阵的行列式主要刻画矩阵的奇异性.

行列式具有如下性质:

• 互换矩阵的两行 (或列) 的位置, 行列式数值保持不变, 但符号改变;

• 若矩阵的某行 (或列) 是其他行 (或列) 的线性组合, 或者某行 (或列) 与另一行 (或列) 成正比或相等, 则 $\det(\boldsymbol{A}) = 0$;

- 单位矩阵的行列式等于 1, 即 $\det(\boldsymbol{I})=1$;
- $\det(\boldsymbol{A})=\det(\boldsymbol{A}^{\mathrm{T}})$;
- $\det(\boldsymbol{AB})=\det(\boldsymbol{A})\det(\boldsymbol{B})$;
- 给定任意的常数 c, $\det(c\boldsymbol{A})=c^n\det(\boldsymbol{A})$;
- 若 $\boldsymbol{A}$ 非奇异, 则 $\det(\boldsymbol{A}^{-1})=1/\det(\boldsymbol{A})$.

1.1.3 矩阵的特征值

设 $\boldsymbol{A}=[a_{ij}]_{n\times n}$ 为 n 阶矩阵, $\boldsymbol{u}\in\Re^{n\times 1}$ 为 $n\times 1$ 的非零向量, 若线性方程 $\boldsymbol{Au}=\lambda\boldsymbol{u}$ 具有 $n\times 1$ 的非零解 $\boldsymbol{u}$, 或者矩阵 $\boldsymbol{A}-\lambda\boldsymbol{I}$ 的行列式等于零, 即 $|\boldsymbol{A}-\lambda\boldsymbol{I}|=0$, 则标量 λ 称为矩阵 $\boldsymbol{A}$ 的一个特征值, $\boldsymbol{u}$ 称为 $\boldsymbol{A}$ 的对应于 λ 的特征向量.

一个 $n\times n$ 矩阵只有 n 个特征值, 但其中有些特征值可能取相同值. 矩阵的特征值既刻画了原矩阵的奇异性, 又反映了原矩阵所有对角元素的结构, 还刻画了矩阵的正定性: ① 矩阵 $\boldsymbol{A}$ 只要有一个特征值为零, $\boldsymbol{A}$ 一定是奇异矩阵, 零矩阵的全部特征值为零. ② 任何奇异的非零矩阵 $\boldsymbol{A}$ 一定存在非零的特征值, 这些奇异矩阵的非零特征值意味着原矩阵的所有对角元素同时减去该特征值后, 所得矩阵仍然是奇异矩阵, 然而奇异矩阵的每个对角元素减去不是特征值的同一标量后, 所得矩阵的行列式一定不等于零, 即所得矩阵是非奇异的; 若 $\boldsymbol{A}$ 的所有特征值都不等于零, 则原矩阵的行列式一定不等于零, 因此它一定是非奇异的, 然而非奇异矩阵的所有对角元素同时减去它的任何一个非零特征值后, 所得矩阵一定是奇异的, 因为它的行列式等于零. ③ 正定矩阵的所有特征值都是正实数.

设矩阵 $\boldsymbol{A}$ 的特征值表示为 $\mathrm{eig}(\boldsymbol{A})$, 特征值具有如下基本性质:

- $\mathrm{eig}(\boldsymbol{AB})=\mathrm{eig}(\boldsymbol{BA})$;
- $m\times n$ 的矩阵 $\boldsymbol{A}$ 最多有 $\min\{m,n\}$ 个不同特征值; $\mathrm{eig}(\boldsymbol{A}^{-1})=1/\mathrm{eig}(\boldsymbol{A})$;
- 若 $\boldsymbol{I}$ 为单位矩阵, c 为常数, 则 $\mathrm{eig}(\boldsymbol{I}+c\boldsymbol{A})=1+c\,\mathrm{eig}(\boldsymbol{A})$, $\mathrm{eig}(\boldsymbol{A}-c\boldsymbol{I})=\mathrm{eig}(\boldsymbol{A})-c$.

1.1.4 矩阵的迹

矩阵的迹定义为该矩阵的主对角元素的和. 设 $\boldsymbol{A}=(a_{ij})_{n\times n}$ 为 n 阶矩阵, 则 $\boldsymbol{A}$ 的迹定义为

$$\mathrm{Tr}(\boldsymbol{A})=a_{11}+a_{22}+\cdots+a_{nn}=\sum_{i=1}^{n}a_{ii} \tag{1.1.3}$$

矩阵的迹反映所有特征值之和. 迹具有如下性质:

- $\mathrm{Tr}(\boldsymbol{A}\pm\boldsymbol{B})=\mathrm{Tr}(\boldsymbol{A})\pm\mathrm{Tr}(\boldsymbol{B})$;
- $\mathrm{Tr}(k\boldsymbol{A})=k\mathrm{Tr}(\boldsymbol{A})$;
- $\mathrm{Tr}(\boldsymbol{A}^{\mathrm{T}})=\mathrm{Tr}(\boldsymbol{A})$;

- $\mathrm{Tr}(\boldsymbol{AB}) = \mathrm{Tr}(\boldsymbol{BA})$;
- $\mathrm{Tr}(\boldsymbol{ABC}) = \mathrm{Tr}(\boldsymbol{BCA}) = \mathrm{Tr}(\boldsymbol{CAB})$;
- 设 $\boldsymbol{A}$ 有 t 个特征值 $\lambda_1, \lambda_2, \cdots, \lambda_t$, 则 $\mathrm{Tr}(\boldsymbol{A}) = \lambda_1 + \lambda_2 + \cdots + \lambda_t$;
- 设 $\boldsymbol{A}, \boldsymbol{B}$ 均为 n 阶矩阵, 且 $\boldsymbol{B} = \boldsymbol{U}^{-1}\boldsymbol{AU}$($\boldsymbol{U}$ 为 n 阶可逆矩阵), 则 $\mathrm{Tr}(\boldsymbol{A}) = \mathrm{Tr}(\boldsymbol{B})$;
- $\mathrm{Tr}(\boldsymbol{AA}^{\mathrm{H}}) = \mathrm{Tr}(\boldsymbol{A}^{\mathrm{H}}\boldsymbol{A})$.

例 1.1.2　设矩阵 $\boldsymbol{A} = \begin{bmatrix} 1 & 2 \\ 2 & 1 \end{bmatrix}$, 则 $\boldsymbol{A}^{\mathrm{H}} = \begin{bmatrix} 1 & 2 \\ 2 & 1 \end{bmatrix}$, $\boldsymbol{AA}^{\mathrm{H}} = \begin{bmatrix} 5 & 4 \\ 4 & 5 \end{bmatrix}$, $\boldsymbol{A}^{\mathrm{H}}\boldsymbol{A} = \begin{bmatrix} 5 & 4 \\ 4 & 5 \end{bmatrix} = (\boldsymbol{AA}^{\mathrm{H}})^{\mathrm{H}}$, $\mathrm{Tr}(\boldsymbol{AA}^{\mathrm{H}}) = \mathrm{Tr}(\boldsymbol{A}^{\mathrm{H}}\boldsymbol{A}) = 10$.

1.1.5　矩阵的秩

设 $\boldsymbol{A} = [a_{ij}]_{m\times n}$, 从 $\boldsymbol{A}$ 中任取 k 行 k 列 ($k \leqslant \min\{m, n\}$), 位于这些行列交叉处的元素所构成的 k 阶行列式, 称为矩阵 $\boldsymbol{A}$ 的 k 阶子式. $\boldsymbol{A}$ 的秩 $\mathrm{rank}(\boldsymbol{A})$ 等于 $\boldsymbol{A}$ 的不等于零的子式的最高阶数. 若 $\boldsymbol{A}$ 中至少有一个 r 阶子式不等于零, 且在 $r \leqslant \min\{m, n\}$ 时, $\boldsymbol{A}$ 中所有的 $r+1$ 阶子式全为零, 则 $\boldsymbol{A}$ 的秩为 r. 矩阵 $\boldsymbol{A}$ 的秩表示 $\boldsymbol{A}$ 的行 (列) 向量中线性独立的横行 (纵列) 的极大数目, 即最大无关组中向量的个数. 所以, 求秩时, 一般可先用初等行变换将矩阵化为阶梯形 (矩阵中每一行的第一个不为零的元素的左边及其所在列以下全为零) 后, 再求其秩 (阶梯形矩阵的秩等于其非零行向量的个数). n 阶可逆矩阵的秩为 n, 通常又将可逆矩阵称为满秩矩阵, 不满秩矩阵就是奇异矩阵. 若 $\mathrm{rank}(\boldsymbol{A}_{m\times n}) < \min\{m, n\}$, 称 $\boldsymbol{A}$ 是秩亏缺的. 特别规定零矩阵的秩为零. 若矩阵 $\boldsymbol{A}$ 的秩 $\mathrm{rank}(\boldsymbol{A}) = r$, 则矩阵 $\boldsymbol{A}$ 最多有 r 个非零特征值.

矩阵的秩刻画矩阵行与行之间或者列与列之间的线性无关性, 从而反映矩阵的满秩性和秩亏缺性.

矩阵的秩具有如下性质:

- $\mathrm{rank}(\boldsymbol{A} + \boldsymbol{B}) \leqslant \mathrm{rank}(\boldsymbol{A}) + \mathrm{rank}(\boldsymbol{B})$;
- $\mathrm{rank}(\boldsymbol{AB}) \leqslant \min\{\mathrm{rank}(\boldsymbol{A}), \mathrm{rank}(\boldsymbol{B})\}$;
- $\mathrm{rank}(c\boldsymbol{A}) = \mathrm{rank}(\boldsymbol{A}),\ c \neq 0$;
- $\mathrm{rank}(\boldsymbol{A}^{\mathrm{H}}) = \mathrm{rank}(\boldsymbol{A}^{\mathrm{T}}) = \mathrm{rank}(\boldsymbol{A}^*) = \mathrm{rank}(\boldsymbol{A})$;
- $\mathrm{rank}(\boldsymbol{AA}^{\mathrm{T}}) = \mathrm{rank}(\boldsymbol{A}^{\mathrm{T}}\boldsymbol{A}) = \mathrm{rank}(\boldsymbol{A})$;
- $\mathrm{rank}(\boldsymbol{A}_{m\times m}) = m \Leftrightarrow \det(\boldsymbol{A}) \neq 0 \Leftrightarrow \boldsymbol{A}$ 非奇异.

例 1.1.3 设 $\boldsymbol{A}=\begin{bmatrix}1&2&0&0&1\\0&6&2&4&10\\1&11&3&6&16\\1&23&7&14&36\end{bmatrix}$, 对 $\boldsymbol{A}$ 施行初等变换

$$\boldsymbol{A}\sim\begin{bmatrix}1&2&0&0&1\\0&6&2&4&10\\1&11&3&6&16\\1&23&7&14&36\end{bmatrix}\sim\begin{bmatrix}1&2&0&0&1\\0&3&1&2&5\\0&0&0&0&0\\0&0&0&0&0\end{bmatrix},$$

所以 $\operatorname{rank}(\boldsymbol{A})=2$.

1.1.6 逆矩阵

设 $\boldsymbol{A},\boldsymbol{B}\in\Re^{n\times n}$, $\boldsymbol{I}$ 是单位矩阵, 如果 $\boldsymbol{BA}=\boldsymbol{AB}=\boldsymbol{I}$, 称矩阵 $\boldsymbol{B}$ 是矩阵 $\boldsymbol{A}$ 的逆矩阵, 记为 $\boldsymbol{A}^{-1}$.

设 $\boldsymbol{A}\in\Re^{m\times n}$, 若矩阵 $\boldsymbol{L}\in\Re^{n\times m}$ 满足 $\boldsymbol{LA}=\boldsymbol{I}$, 但不满足 $\boldsymbol{AL}=\boldsymbol{I}$, 则称矩阵 $\boldsymbol{L}$ 为 $\boldsymbol{A}$ 的左逆矩阵; 同理, 若矩阵 $\boldsymbol{R}\in\Re^{n\times m}$ 满足 $\boldsymbol{AR}=\boldsymbol{I}$, 但不满足 $\boldsymbol{RA}=\boldsymbol{I}$, 则称矩阵 $\boldsymbol{R}$ 为 $\boldsymbol{A}$ 的右逆矩阵. 仅当 $m\geqslant n$ 时, 矩阵 $\boldsymbol{A}$ 可能有左逆矩阵; 仅当 $m\leqslant n$ 时, 矩阵 $\boldsymbol{A}$ 可能有右逆矩阵. 当 $m>n$ 且 $\boldsymbol{A}$ 具有满列秩 ($\operatorname{rank}(\boldsymbol{A})=n$) 时, $\boldsymbol{L}=(\boldsymbol{A}^{\mathrm{H}}\boldsymbol{A})^{-1}\boldsymbol{A}^{\mathrm{H}}$ 满足 $\boldsymbol{LA}=\boldsymbol{I}$. 这种左逆矩阵是唯一确定的, 常称为左伪逆矩阵; 当 $m<n$ 且 $\boldsymbol{A}$ 具有满行秩 ($\operatorname{rank}(\boldsymbol{A})=m$) 时, $\boldsymbol{R}=\boldsymbol{A}^{\mathrm{H}}(\boldsymbol{A}\boldsymbol{A}^{\mathrm{H}})^{-1}$ 满足 $\boldsymbol{AR}=\boldsymbol{I}$. 这种右逆矩阵也是唯一确定的, 常称为右伪逆矩阵.

设 $\boldsymbol{A}\in\Re^{m\times n}$, 若 $\boldsymbol{A}^{\dagger}$ 满足以下四个条件 (常称 Moore-Penrose 条件), 则称矩阵 $\boldsymbol{A}^{\dagger}$ 是 $\boldsymbol{A}$ 的广义逆矩阵, 或 Moore-Penrose 逆矩阵:

- $\boldsymbol{A}\boldsymbol{A}^{\dagger}\boldsymbol{A}=\boldsymbol{A}$;
- $\boldsymbol{A}^{\dagger}\boldsymbol{A}\boldsymbol{A}^{\dagger}=\boldsymbol{A}^{\dagger}$;
- $\boldsymbol{A}\boldsymbol{A}^{\dagger}$ 为 Hermitian 矩阵, 即 $\boldsymbol{A}\boldsymbol{A}^{\dagger}=(\boldsymbol{A}\boldsymbol{A}^{\dagger})^{\mathrm{H}}$;
- $\boldsymbol{A}^{\dagger}\boldsymbol{A}$ 为 Hermitian 矩阵, 即 $\boldsymbol{A}^{\dagger}\boldsymbol{A}=(\boldsymbol{A}^{\dagger}\boldsymbol{A})^{\mathrm{H}}$.

$n\times n$ 正方非奇异矩阵 $\boldsymbol{A}\in\Re^{n\times n}$ 的逆矩阵 $\boldsymbol{A}^{-1}$, $m\times n$ 矩阵 $\boldsymbol{A}\in\Re^{m\times n}(m>n)$ 的左伪逆矩阵 $\boldsymbol{L}=(\boldsymbol{A}^{\mathrm{H}}\boldsymbol{A})^{-1}\boldsymbol{A}^{\mathrm{H}}$, $m\times n$ 矩阵 $\boldsymbol{A}\in\Re^{m\times n}(m<n)$ 的右伪逆矩阵 $\boldsymbol{R}=\boldsymbol{A}^{\mathrm{H}}(\boldsymbol{A}\boldsymbol{A}^{\mathrm{H}})^{-1}$ 都满足 Moore-Penrose 逆矩阵的全部四个条件, 是 Moore-Penrose 逆矩阵的特例.

Moore-Penrose 逆矩阵是唯一定义的. 任意一个 $m\times n$ 矩阵 $\boldsymbol{A}$ 的 Moore-Penrose 逆矩阵都可以由式 (1.1.4) 或 (1.1.5) 确定

$$\boldsymbol{A}^{\dagger}=(\boldsymbol{A}^{\mathrm{H}}\boldsymbol{A})^{\dagger}\boldsymbol{A}^{\mathrm{H}}\quad(m\geqslant n)\tag{1.1.4}$$

$$\boldsymbol{A}^{\dagger}=\boldsymbol{A}^{\mathrm{H}}(\boldsymbol{A}\boldsymbol{A}^{\mathrm{H}})^{\dagger}\quad(m\leqslant n)\tag{1.1.5}$$

Moore-Penrose 逆矩阵 $\boldsymbol{A}^{\dagger}$ 是唯一的, 并具有如下基本性质:

- $(\boldsymbol{A}^{\mathrm{H}})^{\dagger}=(\boldsymbol{A}^{\dagger})^{\mathrm{H}}$;
- $(\boldsymbol{A}^{\dagger})^{\dagger}=\boldsymbol{A}$;
- 若常数 $c\neq 0$, 则 $(c\boldsymbol{A})^{\dagger}=\dfrac{1}{c}\boldsymbol{A}^{\dagger}$;
- $\boldsymbol{A}^{\dagger}\boldsymbol{A}\boldsymbol{A}^{\mathrm{H}}=\boldsymbol{A}^{\mathrm{H}}, \boldsymbol{A}^{\mathrm{H}}\boldsymbol{A}\boldsymbol{A}^{\dagger}=\boldsymbol{A}^{\mathrm{H}}, \boldsymbol{A}\boldsymbol{A}^{\dagger}(\boldsymbol{A}^{\dagger})^{\mathrm{H}}=(\boldsymbol{A}^{\dagger})^{\mathrm{H}}, (\boldsymbol{A}^{\mathrm{H}})^{\dagger}\boldsymbol{A}^{\dagger}\boldsymbol{A}=(\boldsymbol{A}^{\dagger})^{\mathrm{H}}$, $(\boldsymbol{A}^{\mathrm{H}})^{\dagger}\boldsymbol{A}^{\mathrm{H}}\boldsymbol{A}=\boldsymbol{A}, \boldsymbol{A}\boldsymbol{A}^{\mathrm{H}}(\boldsymbol{A}^{\mathrm{H}})^{\dagger}=\boldsymbol{A}, \boldsymbol{A}^{\mathrm{H}}(\boldsymbol{A}^{\dagger})^{\mathrm{H}}\boldsymbol{A}^{\dagger}=\boldsymbol{A}^{\dagger}, \boldsymbol{A}^{\dagger}(\boldsymbol{A}^{\dagger})^{\mathrm{H}}\boldsymbol{A}^{\mathrm{H}}=\boldsymbol{A}^{\dagger}$;
- 若 $\boldsymbol{A}=\boldsymbol{B}\boldsymbol{C}$, 并且 $\boldsymbol{B}$ 满列秩, $\boldsymbol{C}$ 满行秩, 则
$$\boldsymbol{A}^{\dagger}=\boldsymbol{C}^{\dagger}\boldsymbol{B}^{\dagger}=\boldsymbol{C}^{\mathrm{H}}(\boldsymbol{C}\boldsymbol{C}^{\mathrm{H}})^{-1}(\boldsymbol{B}^{\mathrm{H}}\boldsymbol{B})^{-1}\boldsymbol{B}^{\mathrm{H}}$$
- 若 $\boldsymbol{A}^{\mathrm{H}}=\boldsymbol{A}$, 并且 $\boldsymbol{A}^2=\boldsymbol{A}$, 则 $\boldsymbol{A}^{\dagger}=\boldsymbol{A}$;
- $(\boldsymbol{A}\boldsymbol{A}^{\mathrm{H}})^{\dagger}=(\boldsymbol{A}^{\dagger})^{\mathrm{H}}\boldsymbol{A}^{\dagger}$, $(\boldsymbol{A}\boldsymbol{A}^{\mathrm{H}})^{\dagger}(\boldsymbol{A}\boldsymbol{A}^{\mathrm{H}})=\boldsymbol{A}\boldsymbol{A}^{\dagger}$;
- 若矩阵 $\boldsymbol{A}^{(1)}, \boldsymbol{A}^{(s)}, \cdots, \boldsymbol{A}^{(m)}$ 相互正交, 即 $\boldsymbol{A}_i^{\mathrm{H}}\boldsymbol{A}_j=\boldsymbol{0},\ i\neq j$, 则 $\left(\boldsymbol{A}^{(1)}+\cdots+\boldsymbol{A}^{(m)}\right)^{\dagger}=\left(\boldsymbol{A}^{(1)}\right)^{\dagger}+\cdots+\left(\boldsymbol{A}^{(m)}\right)^{\dagger}$;
- $\mathrm{rank}(\boldsymbol{A}^{\dagger})=\mathrm{rank}(\boldsymbol{A})=\mathrm{rank}(\boldsymbol{A}^{\mathrm{H}})=\mathrm{rank}(\boldsymbol{A}^{\dagger}\boldsymbol{A})=\mathrm{rank}(\boldsymbol{A}\boldsymbol{A}^{\dagger})=\mathrm{rank}(\boldsymbol{A}\boldsymbol{A}^{\dagger}\boldsymbol{A})=\mathrm{rank}(\boldsymbol{A}^{\dagger}\boldsymbol{A}\boldsymbol{A}^{\dagger})$.

1.1.7　矩阵的向量化和向量的矩阵化

矩阵的 $\boldsymbol{A}\in\Re^{m\times n}$ 的向量化 $\mathrm{vec}(\boldsymbol{A})$ 是一线性变换, 它将矩阵 $\boldsymbol{A}=[a_{ij}]$ 的元素按列排列成一个 $mn\times 1$ 的列向量, 即

$$\mathrm{vec}(\boldsymbol{A})=[a_{11},\cdots,a_{m1},\cdots,a_{1n},\cdots,a_{mn}]^{\mathrm{T}}\tag{1.1.6}$$

矩阵元素也可以按行排列成一个 $1\times mn$ 的行向量, 称为矩阵的行向量化, 即

$$\mathrm{rvec}(\boldsymbol{A})=[a_{11},\cdots,a_{1n},\cdots,a_{m1},\cdots,a_{mn}]\tag{1.1.7}$$

例 1.1.4　$\boldsymbol{A}=\begin{bmatrix}a_{11}&a_{12}\\a_{21}&a_{22}\end{bmatrix}$, $\mathrm{vec}(\boldsymbol{A})=[a_{11},a_{21},a_{12},a_{22}]^{\mathrm{T}}$, $\mathrm{rvec}(\boldsymbol{A})=[a_{11},a_{12},a_{21},a_{22}]$.

矩阵的向量化和行向量化之间存在如下关系

$$\mathrm{rvec}(\boldsymbol{A})=\left(\mathrm{vec}(\boldsymbol{A}^{\mathrm{T}})\right)^{\mathrm{T}},\quad \mathrm{vec}(\boldsymbol{A}^{\mathrm{T}})=(\mathrm{rvec}(\boldsymbol{A}))^{\mathrm{T}}\tag{1.1.8}$$

向量 $\mathrm{vec}(\boldsymbol{A})$ 和 $\mathrm{vec}(\boldsymbol{A}^{\mathrm{T}})$ 含有相同的元素, 但排列次序不同. 交换矩阵 $\boldsymbol{K}_{mn}\in\Re^{mn\times mn}$ 可以将一个矩阵的向量化 $\mathrm{vec}(\boldsymbol{A})(\boldsymbol{A}\in\Re^{m\times n})$ 变换为其转置矩阵的向量化 $\mathrm{vec}(\boldsymbol{A}^{\mathrm{T}})$, 即 $\boldsymbol{K}_{mn}\mathrm{vec}(\boldsymbol{A})=\mathrm{vec}(\boldsymbol{A}^{\mathrm{T}})$. $\boldsymbol{K}_{nm}$ 将转置矩阵的向量化 $\mathrm{vec}(\boldsymbol{A}^{\mathrm{T}})$

变换为原矩阵的向量化, 即 $\boldsymbol{K}_{nm}\text{vec}(\boldsymbol{A}^{\text{T}}) = \text{vec}(\boldsymbol{A})$. 因此, $\boldsymbol{K}_{nm}\boldsymbol{K}_{mn}\text{vec}(\boldsymbol{A}) = \boldsymbol{K}_{nm}\text{vec}(\boldsymbol{A}^{\text{T}}) = \text{vec}(\boldsymbol{A})$, $\boldsymbol{K}_{nm}\boldsymbol{K}_{mn} = \boldsymbol{I}_{mn}$, $\boldsymbol{K}_{mn}^{-1} = \boldsymbol{K}_{nm}$.

$\boldsymbol{K}_{mn}$ 的构造方法为: 每一行只赋一个元素 1, 其他元素全部为 0. 首先, 第 1 行第 1 个元素为 1, 然后这个元素右移 m 位, 变成第 2 行该位置的 1 元素, 第 2 行该位置的 1 元素再右移 m 位, 变成第 3 行该位置的 1 元素. 依次类推, 找到下一行 1 元素的位置. 当右移超过 mn 列时, 转到下一行继续移位, 并且多移 1 位, 再在此位置赋 1. 比如

$$
\boldsymbol{K}_{24} = \begin{bmatrix} 1&0&0&0&0&0&0&0\\ 0&0&1&0&0&0&0&0\\ 0&0&0&0&1&0&0&0\\ 0&0&0&0&0&0&1&0\\ 0&1&0&0&0&0&0&0\\ 0&0&0&1&0&0&0&0\\ 0&0&0&0&0&1&0&0\\ 0&0&0&0&0&0&0&1 \end{bmatrix}, \quad \boldsymbol{K}_{42} = \begin{bmatrix} 1&0&0&0&0&0&0&0\\ 0&0&0&0&1&0&0&0\\ 0&1&0&0&0&0&0&0\\ 0&0&0&0&0&1&0&0\\ 0&0&1&0&0&0&0&0\\ 0&0&0&0&0&0&1&0\\ 0&0&0&1&0&0&0&0\\ 0&0&0&0&0&0&0&1 \end{bmatrix}
$$

$$
\boldsymbol{K}_{42}\text{vec}(\boldsymbol{A}_{42}) = \begin{bmatrix} 1&0&0&0&0&0&0&0\\ 0&0&0&0&1&0&0&0\\ 0&1&0&0&0&0&0&0\\ 0&0&0&0&0&1&0&0\\ 0&0&1&0&0&0&0&0\\ 0&0&0&0&0&0&1&0\\ 0&0&0&1&0&0&0&0\\ 0&0&0&0&0&0&0&1 \end{bmatrix} \begin{bmatrix} a_{11}\\ a_{21}\\ a_{31}\\ a_{41}\\ a_{12}\\ a_{22}\\ a_{32}\\ a_{42} \end{bmatrix} = \begin{bmatrix} a_{11}\\ a_{12}\\ a_{21}\\ a_{22}\\ a_{31}\\ a_{32}\\ a_{41}\\ a_{42} \end{bmatrix} = \text{vec}(\boldsymbol{A}_{42}^{\text{T}})
$$

$\boldsymbol{K}_{mn}$ 具有如下常用性质:

- $\boldsymbol{K}_{mn}\text{vec}(\boldsymbol{A}) = \text{vec}(\boldsymbol{A}^{\text{T}}), \boldsymbol{K}_{nm}\text{vec}(\boldsymbol{A}^{\text{T}}) = \text{vec}(\boldsymbol{A})$;
- $\boldsymbol{K}_{mn}^{\text{T}}\boldsymbol{K}_{mn} = \boldsymbol{K}_{mn}\boldsymbol{K}_{mn}^{\text{T}} = \boldsymbol{I}_{mn}$ 或 $\boldsymbol{K}_{mn}^{-1} = \boldsymbol{K}_{nm}$, 其中 $\boldsymbol{I}_{mn} \in \Re^{mn\times mn}$ 是单位阵;
- $\boldsymbol{K}_{mn}^{\text{T}} = \boldsymbol{K}_{nm}$;
- $\boldsymbol{K}_{1n} = \boldsymbol{K}_{n1} = \boldsymbol{I}_n$.

把向量 $\boldsymbol{a} = [a_1, \cdots, a_{mn}]^{\text{T}} \in \Re^{mn\times 1}$ 转换成矩阵 $\boldsymbol{A} \in \Re^{m\times n}$ 的运算称为向量矩阵化, 定义为

$$\boldsymbol{A}_{m\times n}=\text{unvec}_{m,n}(\boldsymbol{a})=\begin{bmatrix} a_1 & a_{m+1} & \cdots & a_{m(n-1)+1} \\ a_2 & a_{m+2} & \cdots & a_{m(n-1)+2} \\ \vdots & \vdots & & \vdots \\ a_m & a_{2m} & \cdots & a_{mn} \end{bmatrix} \tag{1.1.9}$$

矩阵 $\boldsymbol{A}$ 的第 (i,j) 元素 $(\boldsymbol{A})_{ij}$ 与向量 $\boldsymbol{a}$ 的第 k 个元素 a_k 之间的转换关系为

$$(\boldsymbol{A})_{ij}=a_{i+(j-1)m},\quad i=1,\cdots,m;\quad j=1,\cdots,n \tag{1.1.10}$$

同理, 行向量 $\boldsymbol{b}=[b_1,\cdots,b_{mn}]\in\Re^{1\times mn}$ 转换成矩阵 $\boldsymbol{B}\in\Re^{m\times n}$ 的运算称为行向量的矩阵化, 定义为

$$\boldsymbol{B}_{m\times n}=\text{unrvec}_{m,n}(\boldsymbol{b})=\begin{bmatrix} b_1 & b_2 & \cdots & b_n \\ b_{n+1} & b_{n+2} & \cdots & b_{2n} \\ \vdots & \vdots & & \vdots \\ b_{(m-1)n+1} & b_{(m-1)n+2} & \cdots & b_{mn} \end{bmatrix} \tag{1.1.11}$$

矩阵 $\boldsymbol{B}$ 的第 (i,j) 元素 $(\boldsymbol{B})_{ij}$ 与向量 $\boldsymbol{b}$ 的第 k 个元素 b_k 之间的转换关系为

$$(\boldsymbol{B})_{ij}=b_{j+(i-1)n},\quad i=1,\cdots,m;\quad j=1,\cdots,n \tag{1.1.12}$$

向量化算子 vec 具有如下性质:

- $\text{vec}(\boldsymbol{A}^{\mathrm{T}})=\boldsymbol{K}_{mn}\text{vec}(\boldsymbol{A})$;
- $\text{vec}(\boldsymbol{A}+\boldsymbol{B})=\text{vec}(\boldsymbol{A})+\text{vec}(\boldsymbol{B})$;
- $\text{Tr}(\boldsymbol{A}^{\mathrm{T}}\boldsymbol{B})=(\text{vec}(\boldsymbol{A}))^{\mathrm{T}}\text{vec}(\boldsymbol{B})$,　$\text{Tr}(\boldsymbol{A}^{\mathrm{H}}\boldsymbol{B})=(\text{vec}(\boldsymbol{A}))^{\mathrm{H}}\text{vec}(\boldsymbol{B})$.

1.1.8 矩阵微分

1. Jacobian 矩阵

设 $\boldsymbol{x}=[x_1,\cdots,x_m]^{\mathrm{T}}\in\Re^m$ 为实向量变元; $\boldsymbol{X}=[\boldsymbol{x}_1,\cdots,\boldsymbol{x}_n]\in\Re^{m\times n}$ 为实矩阵变元; $f(\boldsymbol{x})\in\Re$ 为实值标量函数, 其变元为 $m\times 1$ 的实值向量 $\boldsymbol{x}$, 记为 $f:\Re^m\to\Re$; $f(\boldsymbol{X})\in\Re$ 为实值标量函数, 其变元为 $m\times n$ 的实值矩阵 $\boldsymbol{X}$, 记为 $f:\Re^{m\times n}\to\Re$.

采用行向量形式定义的偏导算子称为行向量偏导算子, $1\times m$ 的行向量偏导算子记为 $\mathrm{D}_{\boldsymbol{x}}$, 定义为

$$\mathrm{D}_{\boldsymbol{x}}\doteq\frac{\partial}{\partial\boldsymbol{x}^{\mathrm{T}}}=\left[\frac{\partial}{\partial x_1},\cdots,\frac{\partial}{\partial x_m}\right] \tag{1.1.13}$$

实值标量函数 $f(\boldsymbol{x})$ 在 $\boldsymbol{x}$ 的偏导向量 $\mathrm{D}_{\boldsymbol{x}}f(\boldsymbol{x})$ 为 $1\times m$ 的行向量, 定义为

$$\mathrm{D}_{\boldsymbol{x}}f(\boldsymbol{x})=\frac{\partial f(\boldsymbol{x})}{\partial\boldsymbol{x}^{\mathrm{T}}}=\left[\frac{\partial f(\boldsymbol{x})}{\partial x_1},\cdots,\frac{\partial f(\boldsymbol{x})}{\partial x_m}\right] \tag{1.1.14}$$

当实值标量函数 $f(\boldsymbol{X})$ 的变元为实值矩阵 $\boldsymbol{X} \in \Re^{m\times n}$ 时, 存在式 (1.1.15) 和式 (1.1.16) 两种可能的定义

$$\mathrm{D}_{\boldsymbol{X}} f(\boldsymbol{X}) = \frac{\partial f(\boldsymbol{X})}{\partial \boldsymbol{X}^{\mathrm{T}}} = \begin{bmatrix} \dfrac{\partial f(\boldsymbol{X})}{\partial x_{11}} & \cdots & \dfrac{\partial f(\boldsymbol{X})}{\partial x_{m1}} \\ \vdots & & \vdots \\ \dfrac{\partial f(\boldsymbol{X})}{\partial x_{1n}} & \cdots & \dfrac{\partial f(\boldsymbol{X})}{\partial x_{mn}} \end{bmatrix} \in \Re^{n\times m} \tag{1.1.15}$$

$$\mathrm{D}_{\mathrm{vec}\boldsymbol{X}} f(\boldsymbol{X}) = \frac{\partial f(\boldsymbol{X})}{\partial \mathrm{vec}^{\mathrm{T}}(\boldsymbol{X})} = \left[\frac{\partial f(\boldsymbol{X})}{\partial x_{11}}, \cdots, \frac{\partial f(\boldsymbol{X})}{\partial x_{m1}}, \cdots, \frac{\partial f(\boldsymbol{X})}{\partial x_{1n}}, \cdots, \frac{\partial f(\boldsymbol{X})}{\partial x_{mn}}\right] \in \Re^{1\times mn} \tag{1.1.16}$$

其中 $\mathrm{D}_{\boldsymbol{X}} f(\boldsymbol{X})$ 和 $\mathrm{D}_{\mathrm{vec}\boldsymbol{X}} f(\boldsymbol{X})$ 分别称为实值标量函数 $f(\boldsymbol{X})$ 关于矩阵变元 $\boldsymbol{X}$ 的 Jacobian 矩阵和行偏导向量, 两者之间的关系为

$$\mathrm{D}_{\mathrm{vec}\boldsymbol{X}} f(\boldsymbol{X}) = \mathrm{rvec}(\mathrm{D}_{\boldsymbol{X}} f(\boldsymbol{X})) = (\mathrm{vec}(\mathrm{D}_{\boldsymbol{X}}^{\mathrm{T}} f(\boldsymbol{X})))^{\mathrm{T}} \tag{1.1.17}$$

即实值标量函数 $f(\boldsymbol{X})$ 的行偏导向量 $\mathrm{D}_{\mathrm{vec}\boldsymbol{X}} f(\boldsymbol{X})$ 等于 Jacobian 矩阵的转置 $\mathrm{D}_{\boldsymbol{X}}^{\mathrm{T}} f(\boldsymbol{X})$ 的列向量化 $\mathrm{vec}(\mathrm{D}_{\boldsymbol{X}}^{\mathrm{T}} f(\boldsymbol{X}))$ 的转置.

2. 梯度矩阵

采用列向量形式定义的偏导算子称为列向量偏导算子, 也称为梯度算子. $m\times 1$ 的列向量偏导算子, 即梯度算子记为 $\nabla_{\boldsymbol{x}}$, 定义为

$$\nabla_{\boldsymbol{x}} \doteq \frac{\partial}{\partial \boldsymbol{x}} = \left[\frac{\partial}{\partial x_1}, \cdots, \frac{\partial}{\partial x_m}\right]^{\mathrm{T}} \tag{1.1.18}$$

因此, 实值标量函数 $f(\boldsymbol{x})$ 在 $\boldsymbol{x}$ 的梯度向量为 $m\times 1$ 的列向量, 定义为

$$\nabla_{\boldsymbol{x}} f(\boldsymbol{x}) \doteq \frac{\partial f(\boldsymbol{x})}{\partial \boldsymbol{x}} = \left[\frac{\partial f(\boldsymbol{x})}{\partial x_1}, \cdots, \frac{\partial f(\boldsymbol{x})}{\partial x_m}\right]^{\mathrm{T}} \tag{1.1.19}$$

对于实值矩阵变元 $\boldsymbol{X} \in \Re^{m\times n}$, 其梯度算子可以将变元 $\boldsymbol{X}$ 列向量化后进行定义

$$\nabla_{\mathrm{vec}\boldsymbol{X}} = \frac{\partial}{\partial \mathrm{vec}\boldsymbol{X}} = \left[\frac{\partial}{\partial x_{11}}, \cdots, \frac{\partial}{\partial x_{m1}}, \cdots, \frac{\partial}{\partial x_{1n}}, \cdots, \frac{\partial}{\partial x_{mn}}\right]^{\mathrm{T}} \tag{1.1.20}$$

因此实值标量函数 $f(\boldsymbol{X})$ 关于矩阵变元 $\boldsymbol{X}$ 的梯度向量 $\nabla_{\mathrm{vec}\boldsymbol{X}} f(\boldsymbol{X})$ 为

$$\nabla_{\mathrm{vec}\boldsymbol{X}} f(\boldsymbol{X}) = \frac{\partial f(\boldsymbol{X})}{\partial \mathrm{vec}(\boldsymbol{X})} = \left[\frac{\partial f(\boldsymbol{X})}{\partial x_{11}}, \cdots, \frac{\partial f(\boldsymbol{X})}{\partial x_{m1}}, \cdots, \frac{\partial f(\boldsymbol{X})}{\partial x_{1n}}, \cdots, \frac{\partial f(\boldsymbol{X})}{\partial x_{mn}}\right]^{\mathrm{T}} \tag{1.1.21}$$

梯度矩阵 $\nabla_{\boldsymbol{X}} f(\boldsymbol{X})$ 定义为

$$\nabla_{\boldsymbol{X}} f(\boldsymbol{X}) = \frac{\partial f(\boldsymbol{X})}{\partial \boldsymbol{X}} = \begin{bmatrix} \dfrac{\partial f(\boldsymbol{X})}{\partial x_{11}} & \cdots & \dfrac{\partial f(\boldsymbol{X})}{\partial x_{1n}} \\ \vdots & & \vdots \\ \dfrac{\partial f(\boldsymbol{X})}{\partial x_{m1}} & \cdots & \dfrac{\partial f(\boldsymbol{X})}{\partial x_{mn}} \end{bmatrix} \in \Re^{m\times n} \tag{1.1.22}$$

可见, 梯度矩阵 $\nabla_{\boldsymbol{X}} f(\boldsymbol{X})$ 是梯度向量 $\nabla_{\mathrm{vec}\boldsymbol{X}} f(\boldsymbol{X})$ 的矩阵化, 且梯度矩阵 $\nabla_{\boldsymbol{X}} f(\boldsymbol{X})$ 与 Jacobian 矩阵 $\mathrm{D}_{\boldsymbol{X}} f(\boldsymbol{X})$ 间的关系为

$$\nabla_{\boldsymbol{X}} f(\boldsymbol{X}) = \mathrm{D}_{\boldsymbol{X}}^{\mathrm{T}} f(\boldsymbol{X}) \tag{1.1.23}$$

即实值标量函数 $f(\boldsymbol{X})$ 的梯度矩阵等于 Jacobian 矩阵的转置.

3. 偏导和梯度的计算

- 若 $f(\boldsymbol{X}) = c$ 为常数, 则 $\dfrac{\partial f(\boldsymbol{X})}{\partial \boldsymbol{X}} = \dfrac{\partial c}{\partial \boldsymbol{X}} = \boldsymbol{0}_{m\times n}$;
- 线性法则: 若 $f(\boldsymbol{X})$ 和 $g(\boldsymbol{X})$ 分别是矩阵 $\boldsymbol{X}$ 的实值函数, c_1 和 c_2 为实常数, 则

$$\frac{\partial [c_1 f(\boldsymbol{X}) + c_2 g(\boldsymbol{X})]}{\partial \boldsymbol{X}} = c_1 \frac{\partial f(\boldsymbol{X})}{\partial \boldsymbol{X}} + c_2 \frac{\partial g(\boldsymbol{X})}{\partial \boldsymbol{X}}$$

- 乘积法则: 若 $f(\boldsymbol{X})$ 和 $g(\boldsymbol{X})$ 都是矩阵 $\boldsymbol{X}$ 的实值函数, 则

$$\frac{\partial [f(\boldsymbol{X}) g(\boldsymbol{X})]}{\partial \boldsymbol{X}} = g(\boldsymbol{X}) \frac{\partial f(\boldsymbol{X})}{\partial \boldsymbol{X}} + f(\boldsymbol{X}) \frac{\partial g(\boldsymbol{X})}{\partial \boldsymbol{X}}$$

- 商法则: 若 $f(\boldsymbol{X})$ 和 $g(\boldsymbol{X})$ 都是矩阵 $\boldsymbol{X}$ 的实值函数, 且 $g(\boldsymbol{X}) \neq 0$, 则

$$\frac{\partial [f(\boldsymbol{X})/g(\boldsymbol{X})]}{\partial \boldsymbol{X}} = \frac{1}{g^2(\boldsymbol{X})} \left[g(\boldsymbol{X}) \frac{\partial f(\boldsymbol{X})}{\partial \boldsymbol{X}} - f(\boldsymbol{X}) \frac{\partial g(\boldsymbol{X})}{\partial \boldsymbol{X}} \right]$$

- 链式法则: 令 $y = f(\boldsymbol{X})$ 和 $g(y)$ 分别是以矩阵 $\boldsymbol{X}$ 和标量 y 为变元的实值函数, 则

$$\frac{\partial g(f(\boldsymbol{X}))}{\partial \boldsymbol{X}} = \frac{\mathrm{d}g(y)}{\mathrm{d}y} \frac{\partial f(\boldsymbol{X})}{\partial \boldsymbol{X}}.$$

在计算一个以向量或者矩阵为变元的函数的偏导时, 有独立性基本假设: 假定实值函数的向量变元 $\boldsymbol{x} = [x_i]_{i=1}^{m} \in \Re^m$ 或者矩阵变元 $\boldsymbol{X} = [x_{ij}]_{i=1,j=1}^{m,n} \in \Re^{m\times n}$ 的元素之间是各自独立的, 因此

$$\frac{\partial x_i}{\partial x_j} = \delta_{ij} = \begin{cases} 1, & i = j \\ 0, & \text{其他} \end{cases} \tag{1.1.24}$$

以及

$$\frac{\partial x_{kl}}{\partial x_{ij}} = \delta_{ki}\delta_{lj} = \begin{cases} 1, & k=i, l=j \\ 0, & \text{其他} \end{cases} \tag{1.1.25}$$

例 1.1.5 求实值函数 (i) $f(\boldsymbol{x})=\boldsymbol{x}^{\mathrm{T}}\boldsymbol{A}\boldsymbol{x}$; (ii) $f(\boldsymbol{X})=\boldsymbol{a}^{\mathrm{T}}\boldsymbol{X}\boldsymbol{X}^{\mathrm{T}}\boldsymbol{b}$ 和 (iii) $f(\boldsymbol{X})=\mathrm{Tr}(\boldsymbol{X}\boldsymbol{B})$ 的 Jacobian 矩阵和梯度矩阵, 其中 $\boldsymbol{x}\in\Re^{m\times 1}$, $\boldsymbol{A}\in\Re^{m\times m}$, $\boldsymbol{X}\in\Re^{m\times n}$, $\boldsymbol{a},\boldsymbol{b}\in\Re^{m\times 1}$, $\boldsymbol{B}\in\Re^{n\times m}$.

解 (i) 因为 $\boldsymbol{x}^{\mathrm{T}}\boldsymbol{A}\boldsymbol{x}=\sum\limits_{k=1}^{m}\sum\limits_{l=1}^{m}a_{kl}x_kx_l$, 利用式 (1.1.24) 可求出行偏导向量 $\dfrac{\partial f(\boldsymbol{x})}{\partial \boldsymbol{x}^{\mathrm{T}}}=\dfrac{\partial \boldsymbol{x}^{\mathrm{T}}\boldsymbol{A}\boldsymbol{x}}{\partial \boldsymbol{x}^{\mathrm{T}}}$ 的第 i 个分量为: $\left[\dfrac{\partial \boldsymbol{x}^{\mathrm{T}}\boldsymbol{A}\boldsymbol{x}}{\partial \boldsymbol{x}^{\mathrm{T}}}\right]_i=\dfrac{\partial}{\partial x_i}\sum\limits_{k=1}^{m}\sum\limits_{l=1}^{m}a_{kl}x_kx_l=\sum\limits_{k=1}^{m}a_{ki}x_k+\sum\limits_{l=1}^{m}a_{il}x_l$, 所以行偏导向量 $\mathrm{D}_{\boldsymbol{x}}f(\boldsymbol{x})=\boldsymbol{x}^{\mathrm{T}}\boldsymbol{A}+\boldsymbol{x}^{\mathrm{T}}\boldsymbol{A}^{\mathrm{T}}=\boldsymbol{x}^{\mathrm{T}}(\boldsymbol{A}+\boldsymbol{A}^{\mathrm{T}})$, 梯度向量 $\nabla_{\boldsymbol{x}}f(\boldsymbol{x})=(\mathrm{D}_{\boldsymbol{x}}f(\boldsymbol{x}))^{\mathrm{T}}=(\boldsymbol{A}^{\mathrm{T}}+\boldsymbol{A})\boldsymbol{x}$.

(ii) 因为 $\boldsymbol{a}^{\mathrm{T}}\boldsymbol{X}\boldsymbol{X}^{\mathrm{T}}\boldsymbol{b}=\sum\limits_{k=1}^{m}\sum\limits_{l=1}^{m}a_k\left(\sum\limits_{p=1}^{n}x_{kp}x_{lp}\right)b_l$, 利用式 (1.1.25) 可求出行偏导向量 $\dfrac{\partial \boldsymbol{a}^{\mathrm{T}}\boldsymbol{X}\boldsymbol{X}^{\mathrm{T}}\boldsymbol{b}}{\partial \boldsymbol{X}^{\mathrm{T}}}$ 的 (i,j) 分量为

$$\begin{aligned}\left[\frac{\partial f(\boldsymbol{X})}{\partial \boldsymbol{X}^{\mathrm{T}}}\right]_{ij} &= \left[\frac{\partial \boldsymbol{a}^{\mathrm{T}}\boldsymbol{X}\boldsymbol{X}^{\mathrm{T}}\boldsymbol{b}}{\partial \boldsymbol{X}^{\mathrm{T}}}\right]_{ij} = \frac{\partial f(\boldsymbol{X})}{\partial x_{ji}} = \sum_{k=1}^{m}\sum_{l=1}^{m}\sum_{p=1}^{n}\frac{\partial a_kx_{kp}x_{lp}b_l}{\partial x_{ji}} \\ &= \sum_{k=1}^{m}\sum_{l=1}^{m}\sum_{p=1}^{n}\left[a_kx_{lp}b_l\frac{\partial x_{kp}}{\partial x_{ji}}+a_kx_{kp}b_l\frac{\partial x_{lp}}{\partial x_{ji}}\right] \\ &= \sum_{i=1}^{m}\sum_{l=1}^{m}\sum_{j=1}^{n}a_jx_{li}b_l+\sum_{k=1}^{m}\sum_{j=1}^{m}\sum_{i=1}^{n}a_kx_{ki}b_j \\ &= \left[\boldsymbol{X}^{\mathrm{T}}\boldsymbol{b}\right]_i a_j+\left[\boldsymbol{X}^{\mathrm{T}}\boldsymbol{a}\right]_i b_j\end{aligned}$$

所以行偏导向量和梯度向量分别为

$$\mathrm{D}_{\boldsymbol{X}}f(\boldsymbol{X})=\boldsymbol{X}^{\mathrm{T}}(\boldsymbol{b}\boldsymbol{a}^{\mathrm{T}}+\boldsymbol{a}\boldsymbol{b}^{\mathrm{T}}),\quad \nabla_{\boldsymbol{X}}f(\boldsymbol{X})=(\mathrm{D}_{\boldsymbol{X}}f(\boldsymbol{X}))^{\mathrm{T}}=(\boldsymbol{a}\boldsymbol{b}^{\mathrm{T}}+\boldsymbol{b}\boldsymbol{a}^{\mathrm{T}})\boldsymbol{X}$$

(iii) 因为 $[\boldsymbol{X}\boldsymbol{B}]_{kl}=\sum\limits_{p=1}^{n}x_{kp}b_{pl}$, $\mathrm{Tr}(\boldsymbol{X}\boldsymbol{B})=\sum\limits_{p=1}^{m}\sum\limits_{l=1}^{n}x_{lp}b_{pl}$, 利用式 (1.1.25) 可求出行偏导向量 $\dfrac{\partial \mathrm{Tr}(\boldsymbol{X}\boldsymbol{B})}{\partial \boldsymbol{X}^{\mathrm{T}}}$ 的 (i,j) 分量为

$$\begin{aligned}\left[\frac{\partial f(\boldsymbol{X})}{\partial \boldsymbol{X}^{\mathrm{T}}}\right]_{ij} &= \left[\frac{\partial \mathrm{Tr}(\boldsymbol{X}\boldsymbol{B})}{\partial \boldsymbol{X}^{\mathrm{T}}}\right]_{ij} = \frac{\partial f(\boldsymbol{X})}{\partial x_{ji}} = \frac{\partial}{\partial x_{ji}}\left(\sum_{p=1}^{m}\sum_{l=1}^{n}x_{pl}b_{lp}\right) \\ &= \sum_{p=1}^{m}\sum_{l=1}^{n}\frac{\partial x_{pl}}{\partial x_{ji}}b_{lp}=b_{ij}\end{aligned}$$

所以行偏导向量

$$\mathrm{D}_{\boldsymbol{X}}\mathrm{Tr}(\boldsymbol{XB}) = \mathrm{D}_{\boldsymbol{X}}\mathrm{Tr}(\boldsymbol{BX}) = \boldsymbol{B},$$

梯度向量

$$\nabla_{\boldsymbol{X}}\mathrm{Tr}(\boldsymbol{XB}) = \nabla_{\boldsymbol{X}}\mathrm{Tr}(\boldsymbol{BX}) = \boldsymbol{B}^{\mathrm{T}}.$$

虽然直接计算偏导 $\dfrac{\partial f_{kl}}{\partial x_{ij}}$ 可以正确求出很多矩阵函数的 Jacobian 矩阵和梯度矩阵, 但是对于复杂的矩阵函数 (例如矩阵的逆矩阵、Moore-Penrose 逆矩阵等), 偏导 $\dfrac{\partial f_{kl}}{\partial x_{ij}}$ 的计算比较繁琐和困难. 矩阵微分是计算标量或者矩阵函数关于其向量或矩阵变元的偏导的有效数学工具.

4. 一阶实矩阵微分

矩阵微分用符号 $\mathrm{d}\boldsymbol{X}$ 表示, 定义为 $\mathrm{d}\boldsymbol{X} = [\mathrm{d}x_{ij}]_{i=1,j=1}^{m,n}$.

例 1.1.6　求 (i) 标量函数 $\mathrm{Tr}(\boldsymbol{U})$; (ii) $\boldsymbol{UV}$ 的微分.

解　(i) $\mathrm{d}(\mathrm{Tr}(\boldsymbol{U})) = \mathrm{d}\left(\sum\limits_{i=1}^{n} u_{ii}\right) = \sum\limits_{i=1}^{n} \mathrm{d}u_{ii} = \mathrm{Tr}(\mathrm{d}\boldsymbol{U})$;

(ii)
$$\begin{aligned}
[\mathrm{d}(\boldsymbol{UV})]_{ij} &= \mathrm{d}([\boldsymbol{UV}]_{ij}) = \mathrm{d}\left(\sum_k u_{ik}v_{kj}\right) = \sum_k \mathrm{d}(u_{ik}v_{kj}) \\
&= \sum_k [(\mathrm{d}u_{ik})v_{kj} + u_{ik}(\mathrm{d}v_{kj})] = \sum_k (\mathrm{d}u_{ik})v_{kj} + \sum_k u_{ik}\mathrm{d}v_{kj} \\
&= [(\mathrm{d}\boldsymbol{U})\boldsymbol{V}]_{ij} + [\boldsymbol{U}\mathrm{d}\boldsymbol{V}]_{ij}.
\end{aligned}$$

从而得 $\mathrm{d}(\boldsymbol{UV}) = (\mathrm{d}\boldsymbol{U})\boldsymbol{V} + \boldsymbol{U}\mathrm{d}\boldsymbol{V}$.

矩阵微分的常用公式:

- 设 $\boldsymbol{A}$ 是常数矩阵, 则 $\mathrm{d}\boldsymbol{A} = \boldsymbol{O}$;
- $\mathrm{d}(\alpha\boldsymbol{X}) = \alpha\mathrm{d}\boldsymbol{X}, \alpha$ 为常数;
- $\mathrm{d}(\boldsymbol{X}^{\mathrm{T}}) = (\mathrm{d}\boldsymbol{X})^{\mathrm{T}}$;
- $\mathrm{d}(\boldsymbol{X} \pm \boldsymbol{Y}) = \mathrm{d}\boldsymbol{X} \pm \mathrm{d}\boldsymbol{Y}$;
- $\mathrm{d}(\boldsymbol{AXB}) = \boldsymbol{A}(\mathrm{d}\boldsymbol{X})\boldsymbol{B}, \boldsymbol{A}, \boldsymbol{B}$ 为常数矩阵;
- $\mathrm{d}(\mathrm{Tr}(\boldsymbol{X})) = \mathrm{Tr}(\mathrm{d}\boldsymbol{X})$;
- $\mathrm{d}|\boldsymbol{X}| = |\boldsymbol{X}|\mathrm{Tr}(\boldsymbol{X}^{-1}\mathrm{d}\boldsymbol{X})$;
- $\mathrm{d}(\mathrm{vec}(\boldsymbol{X})) = \mathrm{vec}(\mathrm{d}\boldsymbol{X})$;
- $\mathrm{d}(\boldsymbol{X}^{-1}) = -\boldsymbol{X}^{-1}(\mathrm{d}\boldsymbol{X})\boldsymbol{X}^{-1}$;
- Moore-Penrose 逆矩阵的微分矩阵为

$$\mathrm{d}(\boldsymbol{X}^{\dagger}) = -\boldsymbol{X}^{\dagger}(\mathrm{d}\boldsymbol{X})\boldsymbol{X}^{\dagger} + \boldsymbol{X}^{\dagger}(\boldsymbol{X}^{\dagger})^{\mathrm{T}}(\mathrm{d}\boldsymbol{X}^{\mathrm{T}})(\boldsymbol{I} - \boldsymbol{XX}^{\dagger}) + (\boldsymbol{I} - \boldsymbol{X}^{\dagger}\boldsymbol{X})(\mathrm{d}\boldsymbol{X}^{\mathrm{T}})(\boldsymbol{X}^{\dagger})^{\mathrm{T}}\boldsymbol{X}^{\dagger}$$
$$\mathrm{d}(\boldsymbol{X}^{\dagger}\boldsymbol{X}) = \boldsymbol{X}^{\dagger}(\mathrm{d}\boldsymbol{X})(\boldsymbol{I} - \boldsymbol{X}^{\dagger}\boldsymbol{X}) + \left(\boldsymbol{X}^{\dagger}(\mathrm{d}\boldsymbol{X})(\boldsymbol{I} - \boldsymbol{X}^{\dagger}\boldsymbol{X})\right)^{\mathrm{T}}$$

$$\mathrm{d}(\boldsymbol{X}\boldsymbol{X}^{\dagger}) = (\boldsymbol{I} - \boldsymbol{X}\boldsymbol{X}^{\dagger})(\mathrm{d}\boldsymbol{X})\boldsymbol{X}^{\dagger} + \left((\boldsymbol{I} - \boldsymbol{X}\boldsymbol{X}^{\dagger})(\mathrm{d}\boldsymbol{X})\boldsymbol{X}^{\dagger}\right)^{\mathrm{T}}$$

5. 标量函数的 Jacobian 矩阵辨识

设 $\boldsymbol{x} = [x_1, \cdots, x_m]^{\mathrm{T}} \in \Re^m$, 实值标量函数 $f(\boldsymbol{x})$ 的全微分表达为

$$\begin{aligned}\mathrm{d}f(\boldsymbol{x}) &= \frac{\partial f(\boldsymbol{x})}{\partial x_1}\mathrm{d}x_1 + \cdots + \frac{\partial f(\boldsymbol{x})}{\partial x_m}\mathrm{d}x_m = \left[\frac{\partial f(\boldsymbol{x})}{\partial x_1}, \cdots, \frac{\partial f(\boldsymbol{x})}{\partial x_m}\right]\begin{bmatrix}\mathrm{d}x_1 \\ \vdots \\ \mathrm{d}x_m\end{bmatrix} \\ &= \frac{\partial f(\boldsymbol{x})}{\partial \boldsymbol{x}^{\mathrm{T}}}\mathrm{d}\boldsymbol{x} = (\mathrm{d}\boldsymbol{x})^{\mathrm{T}}\frac{\partial f(\boldsymbol{x})}{\partial \boldsymbol{x}}\end{aligned} \tag{1.1.26}$$

其中, $\dfrac{\partial f(\boldsymbol{x})}{\partial \boldsymbol{x}^{\mathrm{T}}} = \left[\dfrac{\partial f(\boldsymbol{x})}{\partial x_1}, \cdots, \dfrac{\partial f(\boldsymbol{x})}{\partial x_m}\right]$, $\mathrm{d}\boldsymbol{x} = [\mathrm{d}x_1, \cdots, \mathrm{d}x_m]^{\mathrm{T}}$.

令 $\boldsymbol{A} = \dfrac{\partial f(\boldsymbol{x})}{\partial \boldsymbol{x}^{\mathrm{T}}}$, 由于 $f(\boldsymbol{x}) = \mathrm{Tr}(f(\boldsymbol{x}))$, 则一阶微分可以写作迹函数形式

$$\mathrm{d}f(\boldsymbol{x}) = \frac{\partial f(\boldsymbol{x})}{\partial \boldsymbol{x}^{\mathrm{T}}}\mathrm{d}\boldsymbol{x} = \mathrm{Tr}(\boldsymbol{A}\mathrm{d}\boldsymbol{x}) \tag{1.1.27}$$

这表明, 标量函数 $f(\boldsymbol{x})$ 的 Jacobian 矩阵与微分矩阵之间存在等价关系

$$\mathrm{d}f(\boldsymbol{x}) = \mathrm{Tr}(\boldsymbol{A}\mathrm{d}\boldsymbol{x}) \Leftrightarrow D_{\boldsymbol{x}}f(\boldsymbol{x}) = \frac{\partial f(\boldsymbol{x})}{\partial \boldsymbol{x}^{\mathrm{T}}} = \boldsymbol{A} \tag{1.1.28}$$

也就是说, 若函数 $f(\boldsymbol{x})$ 的微分可以写作 $\mathrm{d}f(\boldsymbol{x}) = \mathrm{Tr}(\boldsymbol{A}\mathrm{d}\boldsymbol{x})$, 则矩阵 $\boldsymbol{A}$ 就是函数 $f(\boldsymbol{x})$ 关于变元向量 $\boldsymbol{x}$ 的 Jacobian 矩阵.

设 $\boldsymbol{X} = [\boldsymbol{x}_1, \cdots, \boldsymbol{x}_n] \in \Re^{m\times n}$, $\boldsymbol{x}_j = [x_{1j}, \cdots, x_{mj}]^{\mathrm{T}}$, $j = 1, \cdots, n$, 则实值标量函数 $f(\boldsymbol{X})$ 的全微分表达为

$$\begin{aligned}\mathrm{d}f(\boldsymbol{X}) &= \frac{\partial f(\boldsymbol{X})}{\partial \boldsymbol{x}_1}\mathrm{d}\boldsymbol{x}_1 + \cdots + \frac{\partial f(\boldsymbol{X})}{\partial \boldsymbol{x}_n}\mathrm{d}\boldsymbol{x}_n \\ &= \left[\frac{\partial f(\boldsymbol{X})}{\partial x_{11}}, \cdots, \frac{\partial f(\boldsymbol{X})}{\partial x_{m1}}\right]\begin{bmatrix}\mathrm{d}x_{11} \\ \vdots \\ \mathrm{d}x_{m1}\end{bmatrix} + \cdots + \left[\frac{\partial f(\boldsymbol{X})}{\partial x_{1n}}, \cdots, \frac{\partial f(\boldsymbol{X})}{\partial x_{mn}}\right]\begin{bmatrix}\mathrm{d}x_{1n} \\ \vdots \\ \mathrm{d}x_{mn}\end{bmatrix} \\ &= \left[\frac{\partial f(\boldsymbol{X})}{\partial x_{11}}, \cdots, \frac{\partial f(\boldsymbol{X})}{\partial x_{m1}}, \cdots, \frac{\partial f(\boldsymbol{X})}{\partial x_{1n}}, \cdots, \frac{\partial f(\boldsymbol{X})}{\partial x_{mn}}\right]\begin{bmatrix}\mathrm{d}x_{11} \\ \vdots \\ \mathrm{d}x_{m1} \\ \vdots \\ \mathrm{d}x_{1n} \\ \vdots \\ \mathrm{d}x_{mn}\end{bmatrix}\end{aligned}$$

$$= \frac{\partial f(\boldsymbol{X})}{\partial \text{vec}^{\text{T}}(\boldsymbol{X})} \text{d}(\text{vec}\boldsymbol{X}) = \text{D}_{\text{vec}\boldsymbol{X}} f(\boldsymbol{X}) \text{d}(\text{vec}\boldsymbol{X}) \tag{1.1.29}$$

由于 $\text{D}_{\text{vec}\boldsymbol{X}} f(\boldsymbol{X}) = \left(\text{vec}(\text{D}_{\boldsymbol{X}}^{\text{T}} f(\boldsymbol{X}))\right)^{\text{T}}$, 因此式 (1.1.29) 可以写为

$$\text{d}f(\boldsymbol{X}) = (\text{vec}(\boldsymbol{A}^{\text{T}}))^{\text{T}} \text{d}(\text{vec}\boldsymbol{X}) \tag{1.1.30}$$

其中

$$\boldsymbol{A} = \text{D}_{\boldsymbol{X}} f(\boldsymbol{X}) = \frac{\partial f(\boldsymbol{X})}{\partial \boldsymbol{X}^{\text{T}}} = \begin{bmatrix} \dfrac{\partial f(\boldsymbol{X})}{\partial x_{11}} & \cdots & \dfrac{\partial f(\boldsymbol{X})}{\partial x_{m1}} \\ \vdots & & \vdots \\ \dfrac{\partial f(\boldsymbol{X})}{\partial x_{1n}} & \cdots & \dfrac{\partial f(\boldsymbol{X})}{\partial x_{mn}} \end{bmatrix}$$

是标量函数 $f(\boldsymbol{X})$ 的 Jacobian 矩阵. 利用向量化算子 vec 与迹函数之间的关系式 $\text{Tr}(\boldsymbol{B}^{\text{T}}\boldsymbol{C}) = (\text{vec}(\boldsymbol{B}))^{\text{T}}\text{vec}(\boldsymbol{C})$, 令 $\boldsymbol{B} = \boldsymbol{A}^{\text{T}}$, $\boldsymbol{C} = \text{d}\boldsymbol{X}$, 则式 (1.1.30) 可以用迹函数表示为

$$\text{d}f(\boldsymbol{X}) = \text{Tr}(\boldsymbol{A}\text{d}\boldsymbol{X}) \tag{1.1.31}$$

上述结果表明:

若函数 $f(\boldsymbol{x})$ 在 $\boldsymbol{x}$(或 $f(\boldsymbol{X})$ 在 $\boldsymbol{X}$) 可微分, 则 Jacobian 矩阵可以通过下式直接辨识

$$\text{d}f(\boldsymbol{x}) = \text{Tr}(\boldsymbol{A}\text{d}\boldsymbol{x}) \Leftrightarrow \text{D}_{\boldsymbol{x}} f(\boldsymbol{x}) = \boldsymbol{A} \tag{1.1.32}$$

$$\text{d}f(\boldsymbol{X}) = \text{Tr}(\boldsymbol{A}\text{d}\boldsymbol{X}) \Leftrightarrow \text{D}_{\boldsymbol{X}} f(\boldsymbol{X}) = \boldsymbol{A} \tag{1.1.33}$$

例 1.1.7 求函数 (i) $f_1(\boldsymbol{X}) = \boldsymbol{X}^{\text{T}}\boldsymbol{A}\boldsymbol{X}$; (ii) $f_2(\boldsymbol{X}) = \boldsymbol{A}\boldsymbol{X}^{-1}$; (iii) $f_3(\boldsymbol{X}) = \boldsymbol{X}\boldsymbol{A}\boldsymbol{X}\boldsymbol{B}$; (iv) $f_4(\boldsymbol{X}) = \frac{1}{2}\|\boldsymbol{Y} - \boldsymbol{A}\boldsymbol{X}\|_{\text{F}}^2$ 的梯度矩阵.

解 (i) $f_1(\boldsymbol{X}) = \text{Tr}(f_1(\boldsymbol{X})) = \text{Tr}(\boldsymbol{X}^{\text{T}}\boldsymbol{A}\boldsymbol{X})$,

$$\begin{aligned} \text{dTr}(\boldsymbol{X}^{\text{T}}\boldsymbol{A}\boldsymbol{X}) &= \text{Tr}\left((\text{d}\boldsymbol{X})^{\text{T}}\boldsymbol{A}\boldsymbol{X} + \boldsymbol{X}^{\text{T}}\boldsymbol{A}\text{d}\boldsymbol{X}\right) = \text{Tr}\left((\text{d}\boldsymbol{X})^{\text{T}}\boldsymbol{A}\boldsymbol{X}\right) + \text{Tr}\left(\boldsymbol{X}^{\text{T}}\boldsymbol{A}\text{d}\boldsymbol{X}\right) \\ &= \text{Tr}\left((\boldsymbol{A}\boldsymbol{X})^{\text{T}}\text{d}\boldsymbol{X}\right) + \text{Tr}\left(\boldsymbol{X}^{\text{T}}\boldsymbol{A}\text{d}\boldsymbol{X}\right) = \text{Tr}\left(\boldsymbol{X}^{\text{T}}(\boldsymbol{A}^{\text{T}} + \boldsymbol{A})\text{d}\boldsymbol{X}\right) \end{aligned}$$

从而, 梯度矩阵 $\nabla_{\boldsymbol{X}} f_1(\boldsymbol{X}) = \dfrac{\partial \text{Tr}(\boldsymbol{X}^{\text{T}}\boldsymbol{A}\boldsymbol{X})}{\partial \boldsymbol{X}} = \left[\boldsymbol{X}^{\text{T}}(\boldsymbol{A}^{\text{T}} + \boldsymbol{A})\right]^{\text{T}} = (\boldsymbol{A} + \boldsymbol{A}^{\text{T}})\boldsymbol{X}$;

(ii) $f_2(\boldsymbol{X}) = \text{Tr}(f_2(\boldsymbol{X})) = \text{Tr}(\boldsymbol{A}\boldsymbol{X}^{-1})$,

$$\begin{aligned} \text{dTr}(\boldsymbol{A}\boldsymbol{X}^{-1}) &= \text{Tr}[\text{d}(\boldsymbol{A}\boldsymbol{X}^{-1})] = \text{Tr}[\boldsymbol{A}\text{d}(\boldsymbol{X}^{-1})] \\ &= -\text{Tr}[\boldsymbol{A}\boldsymbol{X}^{-1}\text{d}(\boldsymbol{X})\boldsymbol{X}^{-1}] = -\text{Tr}[\boldsymbol{X}^{-1}\boldsymbol{A}\boldsymbol{X}^{-1}\text{d}\boldsymbol{X}] \end{aligned}$$

从而, 梯度矩阵 $\nabla_{\boldsymbol{X}} f_2(\boldsymbol{X}) = \dfrac{\partial \text{Tr}(\boldsymbol{A}\boldsymbol{X}^{-1})}{\partial \boldsymbol{X}} = -\left(\boldsymbol{X}^{-1}\boldsymbol{A}\boldsymbol{X}^{-1}\right)^{\text{T}}$;

(iii) $f_3(\boldsymbol{X}) = \text{Tr}(f_3(\boldsymbol{X})) = \text{Tr}(\boldsymbol{XAXB})$,

$$\begin{aligned}\text{dTr}(\boldsymbol{XAXB}) &= \text{Tr}[\text{d}(\boldsymbol{XAXB})]\\ &= \text{Tr}[(\text{d}\boldsymbol{X})\boldsymbol{AXB} + \boldsymbol{XA}(\text{d}\boldsymbol{X})\boldsymbol{B}] = \text{Tr}[(\boldsymbol{AXB} + \boldsymbol{BXA})\text{d}\boldsymbol{X}]\end{aligned}$$

从而, 梯度矩阵 $\nabla_{\boldsymbol{X}} f_3(\boldsymbol{X}) = \dfrac{\partial \text{Tr}(\boldsymbol{XAXB})}{\partial \boldsymbol{X}} = (\boldsymbol{AXB} + \boldsymbol{BXA})^{\text{T}}$;

$$\begin{aligned}\text{(iv) } f_4(\boldsymbol{X}) &= \frac{1}{2}||\boldsymbol{Y} - \boldsymbol{AX}||_{\text{F}}^2 = \frac{1}{2}\text{Tr}[(\boldsymbol{Y} - \boldsymbol{AX})^{\text{T}}(\boldsymbol{Y} - \boldsymbol{AX})]\\ &= \frac{1}{2}\text{Tr}(\boldsymbol{Y}^{\text{T}}\boldsymbol{Y}) - \text{Tr}(\boldsymbol{X}^{\text{T}}\boldsymbol{A}^{\text{T}}\boldsymbol{Y}) + \frac{1}{2}\text{Tr}(\boldsymbol{X}^{\text{T}}\boldsymbol{A}^{\text{T}}\boldsymbol{AX}),\end{aligned}$$

$$\begin{aligned}\text{d}f_4(\boldsymbol{X}) &= -\text{d}(\text{Tr}(\boldsymbol{X}^{\text{T}}\boldsymbol{A}^{\text{T}}\boldsymbol{Y})) + \frac{1}{2}\text{d}(\text{Tr}(\boldsymbol{X}^{\text{T}}\boldsymbol{A}^{\text{T}}\boldsymbol{AX}))\\ &= -\text{Tr}(\boldsymbol{Y}^{\text{T}}\boldsymbol{A}\text{d}\boldsymbol{X}) + \text{Tr}(\boldsymbol{X}^{\text{T}}\boldsymbol{A}^{\text{T}}\boldsymbol{A}\text{d}\boldsymbol{X}) = \text{Tr}((-\boldsymbol{Y}^{\text{T}}\boldsymbol{A} + \boldsymbol{X}^{\text{T}}\boldsymbol{A}^{\text{T}}\boldsymbol{A})\text{d}\boldsymbol{X})\end{aligned}$$

从而, 梯度矩阵

$$\nabla_{\boldsymbol{X}} f_4(\boldsymbol{X}) = \frac{\partial\left(\frac{1}{2}||\boldsymbol{Y} - \boldsymbol{AX}||_{\text{F}}^2\right)}{\partial \boldsymbol{X}} = \left(-\boldsymbol{Y}^{\text{T}}\boldsymbol{A} + \boldsymbol{X}^{\text{T}}\boldsymbol{A}^{\text{T}}\boldsymbol{A}\right)^{\text{T}} = -\boldsymbol{A}^{\text{T}}\boldsymbol{Y} + \boldsymbol{A}^{\text{T}}\boldsymbol{AX}$$

1.1.9 范数

范数 $||\cdot||$ 可以看作是一种强化的距离, 用于度量向量或矩阵的大小. 范数满足:

- 非负性: $||\boldsymbol{x}|| \geqslant 0$, 且 $||\boldsymbol{x}|| = 0 \Leftrightarrow \boldsymbol{x} = 0$;
- 齐次性 (正比例): $||\alpha\boldsymbol{x}|| = |\alpha| \cdot ||\boldsymbol{x}||$, 其中 α 是实标量;
- 三角不等式: $||\boldsymbol{x} + \boldsymbol{y}|| \leqslant ||\boldsymbol{x}|| + ||\boldsymbol{y}||$.

1. 向量范数

设 $\boldsymbol{x} = [x_1, x_2, \cdots, x_n]^{\text{T}}$, 则

L_0范数 $||\boldsymbol{x}||_0 = \#(i|x_i \neq 0)$, 向量中非零元素的个数.

L_1范数 $||\boldsymbol{x}||_1 = \sum\limits_i |x_i|$, 向量中非零元素的绝对值之和. 使用 L_1 范数可以度量两个向量间的差异, 如绝对差和 (sum of absolute difference, SAD), $\text{SAD}(\boldsymbol{x}_1, \boldsymbol{x}_2) = \sum\limits_i |x_{1i} - x_{2i}|$. L_1 优化的解是一个稀疏解, 因此 L_1 范数也被叫作稀疏正则算子. 通过 L_1 优化可以实现特征的选择, 去掉一些没有信息的特征.

L_2范数 $||\boldsymbol{x}||_2 = \left(\sum\limits_i x_i^2\right)^{\frac{1}{2}}$, 向量元素的平方和再开平方. 使用 L_2 范数也可以度量两个向量间的差异, 如平方差和 (sum of squared difference, SSD), $\text{SSD}(\boldsymbol{x}_1, \boldsymbol{x}_2) = \sum\limits_i (x_{i1} - x_{i2})^2$. L_2 范数通常会被用来做优化目标函数的正则化项, 防止模型为了迎合训练集而过于复杂, 造成过拟合的情况, 从而提高模型的泛化能力.

L_∞范数　$||\boldsymbol{x}||_\infty = \max\limits_i(|x_i|)$, 向量元素绝对值的最大值.

$L_{-\infty}$范数　$||\boldsymbol{x}||_{-\infty} = \min\limits_i(|x_i|)$, 向量元素绝对值的最小值.

L_p范数　$||\boldsymbol{x}||_p = \left(\sum\limits_i |x_i|^p\right)^{\frac{1}{p}}$, 向量元素绝对值的 p 次方和的 $\dfrac{1}{p}$ 次幂.

例 1.1.8　设 $\boldsymbol{x} = [-5, 6, 8, -10]^{\mathrm{T}}$, 则 $||\boldsymbol{x}||_0 = 4$, $||\boldsymbol{x}||_1 = 29$, $||\boldsymbol{x}||_2 = 15$, $||\boldsymbol{x}||_\infty = 10$, $||\boldsymbol{x}||_{-\infty} = 5$.

2. 矩阵范数

设 $\boldsymbol{A} = [a_{ij}] \in \Re^{m\times n}$, 则

L_0范数　$||\boldsymbol{A}||_0 = \#(i, j|a_{ij} \neq 0)$, 矩阵中非零元素的个数.

L_1范数　$||\boldsymbol{A}||_1 = \max\limits_j \sum\limits_{i=1}^{m} |a_{ij}|$, 列和范数, 即矩阵列向量绝对值之和的最大值.

L_2范数　$||\boldsymbol{A}||_2 = \sqrt{\lambda_1}$, λ_1 为 $\boldsymbol{A}^{\mathrm{T}}\boldsymbol{A}$ 矩阵的最大特征值, $\boldsymbol{A}$ 的 L_2 范数是 $\boldsymbol{A}^{\mathrm{T}}\boldsymbol{A}$ 矩阵的最大特征值开平方.

L_∞范数　$||\boldsymbol{A}||_\infty = \max\limits_i \sum\limits_{j=1}^{n} |a_{ij}|$, 行和范数, 即矩阵行向量绝对值之和的最大值.

弗罗贝尼乌斯范数 (Frobenius norm), 简称 F-范数, 定义为

$||\boldsymbol{A}||_{\mathrm{F}} = \left(\sum\limits_i \sum\limits_j |a_{ij}|^2\right)^{\frac{1}{2}} = \sqrt{\mathrm{Tr}(\boldsymbol{A}^{\mathrm{H}}\boldsymbol{A})}$, 矩阵元素绝对值的平方和再开平方.

例 1.1.9　设 $\boldsymbol{A} = \begin{bmatrix} 1 & 2 \\ 2 & 1 \end{bmatrix}$, 则 $\boldsymbol{A}^{\mathrm{H}} = \begin{bmatrix} 1 & 2 \\ 2 & 1 \end{bmatrix}$, $\boldsymbol{A}^{\mathrm{H}}\boldsymbol{A} = \begin{bmatrix} 5 & 4 \\ 4 & 5 \end{bmatrix}$, $||\boldsymbol{A}||_{\mathrm{F}}^2 = 1 + 2^2 + 2^2 + 1 = 10$, $\mathrm{Tr}(\boldsymbol{A}^{\mathrm{H}}\boldsymbol{A}) = 5 + 5 = 10$.

核范数　$||\boldsymbol{A}||_* = \sum\limits_{i=1}^{n} \lambda_i$, λ_i 是矩阵 $\boldsymbol{A}$ 的奇异值, 核范数是奇异值之和.

$L_{2,1}$范数　$||\boldsymbol{A}||_{2,1} = \sum\limits_{j=1}^{n} \sqrt{\sum\limits_{i=1}^{m} a_{ij}^2} = \sum\limits_{j=1}^{n} ||\boldsymbol{a}_j||_2$, $\boldsymbol{a}_j$ 是矩阵 $\boldsymbol{A}$ 的第 j 列. $\boldsymbol{A}$ 的 $L_{2,1}$ 范数为 $\boldsymbol{A}$ 的列向量元素的平方和再开平方的和. $L_{2,1}$ 范数满足 $||\alpha\boldsymbol{A}||_{2,1} = |\alpha|||\boldsymbol{A}||_{2,1}$ (其中 α 是一个实标量); $||\boldsymbol{A}+\boldsymbol{B}||_{2,1} \leqslant ||\boldsymbol{A}||_{2,1} + ||\boldsymbol{B}||_{2,1}$; 如果 $||\boldsymbol{A}||_{2,1} = 0$, 则 $\boldsymbol{A} = 0$.

例 1.1.10　设 $\boldsymbol{A} = \begin{bmatrix} 15 & 7 & 3 \\ 4 & 6 & 9 \end{bmatrix}$, 则 $\boldsymbol{A}^{\mathrm{T}}\boldsymbol{A} = \begin{bmatrix} 241 & 129 & 81 \\ 129 & 85 & 75 \\ 81 & 75 & 90 \end{bmatrix}$, 该矩阵的特征值 $\lambda_1 = 58.78$, $\lambda_2 = 357.22$, $\lambda_3 = 0$, 特征向量矩阵为 $\begin{bmatrix} 0.31 & 0.52 & 0.79 \\ -0.85 & -0.22 & 0.48 \\ 0.43 & -0.82 & 0.38 \end{bmatrix}$, 矩阵 $\boldsymbol{A}$ 的

SVD 分解 $\mathrm{SVD}(\boldsymbol{A})=\begin{bmatrix}-0.87 & -0.50\\ -0.50 & 0.87\end{bmatrix}\begin{bmatrix}18.90 & 0 & 0\\ 0 & 7.67 & 0\end{bmatrix}\begin{bmatrix}-0.79 & -0.52 & 0.31\\ -0.48 & 0.22 & -0.85\\ -0.38 & 0.82 & 0.43\end{bmatrix}$,
所以 $\|\boldsymbol{A}\|_0=6$, $\|\boldsymbol{A}\|_1=19$, $\|\boldsymbol{A}\|_\infty=25$, $\|\boldsymbol{A}\|_2=18.90$, $\|\boldsymbol{A}\|_*=26.57$, $\|\boldsymbol{A}\|_{\mathrm{F}}=\sqrt{225+49+9+16+36+81}=20.40$, $\|A\|_{2,1}=\sqrt{241}+\sqrt{85}+\sqrt{90}=34.23$.

1.1.10 KKT 条件

KKT (Karush-Kuhn-Tucker) 条件是满足强对偶条件 (对偶问题的最优值等于原问题的最优值) 的优化问题的最优解必须满足的条件. 对于无约束的优化问题, 直接令其梯度等于 0 求解. 对于含有等式约束的优化问题, 利用拉格朗日乘子法, 构造拉格朗日函数, 令其偏导数等于 0 求解. 对于含有不等式约束的优化问题, 同样构造拉格朗日函数 (包含目标函数、所有等式约束和不等式约束), 利用 KKT 条件求解. 拉格朗日函数将有约束的优化问题转化为无约束的对偶问题, KKT 条件是局部极小解的一阶必要条件.

给定约束的优化问题 $\min\limits_{\boldsymbol{x}\in\Re^2} f(\boldsymbol{x})\text{s.t.}\, h_i(\boldsymbol{x})=0,\ i=1,2,\cdots,l,\ g_j(\boldsymbol{x})\leqslant 0,\ j=1,2,\cdots,m$, 定义拉格朗日函数为 $\mathcal{L}(\boldsymbol{x},\boldsymbol{\mu},\boldsymbol{\lambda})=f(\boldsymbol{x})+\boldsymbol{\mu}^{\mathrm{T}}\boldsymbol{h}(\boldsymbol{x})+\boldsymbol{\lambda}^{\mathrm{T}}\boldsymbol{g}(\boldsymbol{x})$, $\boldsymbol{\mu}=(\mu_1,\cdots,\mu_l)$, $\boldsymbol{h}=(h_1,\cdots,h_l)$, $\boldsymbol{\lambda}=(\lambda_1,\cdots,\lambda_m)$, $\boldsymbol{g}=(g_1,\cdots,g_m)$, 则局部最小解 $\boldsymbol{x}^*$ 必须满足以下条件:

(i) $h_i(\boldsymbol{x}^*)=0,\ i=1,\cdots,l$ (原始等式约束);

(ii) $g_j(\boldsymbol{x}^*)\leqslant 0,\ j=1,\cdots,m$ (原始不等式约束);

(iii) $\mu_i^*\neq 0,\ i=1,\cdots,l$ (拉格朗日系数约束);

(iv) $\lambda_j^*\geqslant 0,\ j=1,\cdots,m$ (非负性);

(v) $\lambda_j^* g_j(\boldsymbol{x}^*)=0, j=1,\cdots,m$ (互补松弛性, 要满足等式, 必须 $\lambda_j^*=0$ 或 $g_j(\boldsymbol{x}^*)=0$, 防止 $g_j(\boldsymbol{x}^*)>0$);

(vi) $\nabla_{\boldsymbol{x}}\mathcal{L}(\boldsymbol{x}^*,\boldsymbol{\mu}^*,\lambda^*)=0$ ($\mathcal{L}$ 对 $\boldsymbol{x}$ 的求导为 0, 表示平稳点存在, 因为 $\boldsymbol{x}^*$ 是最优值, 只要偏导存在, 该式成立).

对于一般的问题, KKT 条件是使一组解成为最优解的必要条件, 当原问题是凸问题的时候, KKT 条件也是充分条件.

1.1.11 拉普拉斯矩阵

拉普拉斯矩阵 (Laplacian matrix) 也叫作导纳矩阵、基尔霍夫矩阵或离散拉普拉斯算子, 主要应用在图论中, 作为一个图的矩阵表示.

给定一个有 n 个顶点的图 G, 它的拉普拉斯矩阵 $\boldsymbol{L}=(l_{ij})_{n\times n}$ 定义为 $\boldsymbol{L}=\boldsymbol{D}-\boldsymbol{A}$, 其中 $\boldsymbol{D}$ 为图的度矩阵, $\boldsymbol{A}$ 为图的邻接矩阵. 度矩阵在有向图中, 只需要考虑出度或入度中的一个. $\boldsymbol{L}$ 的元素定义为

(i) 若 $i=j$, 则 $l_{ij}=\deg(v_i)$, $\deg(v_i)$ 为顶点 v_i 的度;
(ii) 若 $i\neq j$, 但顶点 v_i 和顶点 v_j 相邻, 则 $l_{ij}=-1$;
(iii) 其他情况 $l_{ij}=0$.
也可以将这三种值通过除以 $\sqrt{\deg(v_i)+\deg(v_j)}$ 进行标准化.

例 1.1.11　如图 1.1.1 所示, 图 G 的拉普拉斯矩阵为

$$
\begin{aligned}
\boldsymbol{L} &= \boldsymbol{D}-\boldsymbol{A}\\
&= \begin{array}{c} \\ 1\\2\\3\\4\\5\\6 \end{array}
\begin{array}{c}
\begin{array}{cccccc} 1 & 2 & 3 & 4 & 5 & 6 \end{array}\\
\left[\begin{array}{cccccc}
2 & & & & & \\
 & 3 & & & & \\
 & & 2 & & & \\
 & & & 3 & & \\
 & & & & 3 & \\
 & & & & & 1
\end{array}\right]
\end{array}
-\left[\begin{array}{cccccc}
0 & 1 & & & 1 & \\
1 & 0 & 1 & & 1 & \\
 & 1 & 0 & 1 & & \\
 & & 1 & 0 & 1 & 1\\
1 & 1 & & 1 & 0 & \\
 & & & 1 & & 0
\end{array}\right]\\
&= \left[\begin{array}{cccccc}
2 & -1 & & & -1 & \\
-1 & 3 & -1 & & -1 & \\
 & -1 & 2 & -1 & & \\
 & & -1 & 3 & -1 & -1\\
-1 & -1 & & -1 & 3 & \\
 & & & -1 & & 1
\end{array}\right]
\end{aligned}
$$

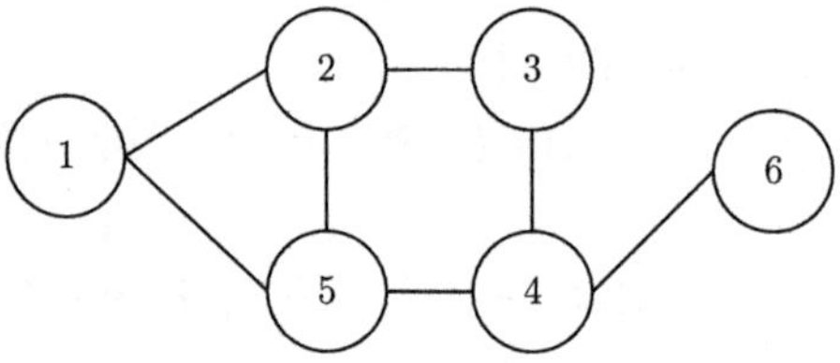

图 1.1.1　图 G

1.2　标准非负矩阵分解

非负矩阵分解 (non-negative matrix factorization, NMF) 是在矩阵中所有元素均为非负数约束条件之下的矩阵分解方法, 其目的是将元素是非负的原始数据矩阵近似为两个低秩非负矩阵的乘积. 给定数据矩阵 $\boldsymbol{X}=[\boldsymbol{x}_1,\boldsymbol{x}_2,\cdots,\boldsymbol{x}_N]\in\Re^{M\times N}$, 其中所有元素都是非负的, 每一列表示一个样本向量, NMF 旨在找到两个低秩非负矩阵 $\boldsymbol{U}=[u_{ik}]\in\Re^{M\times K}$ 和 $\boldsymbol{V}=[v_{jk}]\in\Re^{N\times K}$, 这两个矩阵的乘积能够很好地近似

于原始矩阵 $\boldsymbol{X}$, 即 $\boldsymbol{X} \approx \boldsymbol{U}\boldsymbol{V}^{\mathrm{T}}$, s.t. $\boldsymbol{U} \geqslant 0$, $\boldsymbol{V} \geqslant 0$, 通常 K 远小于 $\min\{M, N\}$. $\boldsymbol{U}$ 称为基矩阵, $\boldsymbol{V}$ 称为系数矩阵, $\boldsymbol{V}$ 的列向量可以看作是样本根据新基 $\boldsymbol{U}$ 的低秩表示. $\boldsymbol{X}$ 与 $\boldsymbol{U}\boldsymbol{V}^{\mathrm{T}}$ 之间的近似程度可以使用矩阵间的欧几里得距离 $||\boldsymbol{X} - \boldsymbol{U}\boldsymbol{V}^{\mathrm{T}}||_{\mathrm{F}}^2 = \sum\limits_{i,j}\left(x_{ij} - \sum\limits_{k=1}^{K} u_{ik}v_{jk}\right)^2$ (两个矩阵差的 Frobenius 范数的平方) 或两个矩阵间的散度 $D(\boldsymbol{X}||\boldsymbol{U}\boldsymbol{V}^{\mathrm{T}}) = \sum\limits_{i,j}\left(x_{ij}\log\dfrac{x_{ij}}{(\boldsymbol{U}\boldsymbol{V}^{\mathrm{T}})_{ij}} - x_{ij} + (\boldsymbol{U}\boldsymbol{V}^{\mathrm{T}})_{ij}\right)$ 进行度量.① 欧几里得距离对称, 但散度不对称. 式 (1.2.1) 是使用欧几里得距离的目标函数, 式 (1.2.2) 是使用散度的目标函数.

$$J_{\mathrm{NMF}}(\boldsymbol{U}, \boldsymbol{V}) = ||\boldsymbol{X} - \boldsymbol{U}\boldsymbol{V}^{\mathrm{T}}||_{\mathrm{F}}^2 = \sum_{i,j}\left(x_{ij} - (\boldsymbol{U}\boldsymbol{V}^{\mathrm{T}})_{ij}\right)^2, \quad \text{s.t. } \boldsymbol{U} \geqslant 0, \ \boldsymbol{V} \geqslant 0 \tag{1.2.1}$$

$$\begin{aligned} J_{\mathrm{NMF}}(\boldsymbol{U}, \boldsymbol{V}) = & D(\boldsymbol{X}||\boldsymbol{U}\boldsymbol{V}^{\mathrm{T}}) = \sum_{i,j}\left(x_{ij}\log\frac{x_{ij}}{(\boldsymbol{U}\boldsymbol{V}^{\mathrm{T}})_{ij}} - x_{ij} + (\boldsymbol{U}\boldsymbol{V}^{\mathrm{T}})_{ij}\right), \\ & \text{s.t. } \boldsymbol{U} \geqslant 0, \ \boldsymbol{V} \geqslant 0 \end{aligned} \tag{1.2.2}$$

其中 $||\cdot||_{\mathrm{F}}$ 是 Frobenius 范数, $\boldsymbol{U} \geqslant 0$, $\boldsymbol{V} \geqslant 0$ 表示所有矩阵元素非负的约束.

式 (1.2.1) 和式 (1.2.2) 所示的目标函数关于双变量 $\boldsymbol{U}$ 和 $\boldsymbol{V}$ 是非凸的, 但是对于单个变量 $\boldsymbol{U}$ 和 $\boldsymbol{V}$ 是凸的, 因此不可能找到使目标函数全局最小的解, 但是可以通过固定其他变量只优化一个变量的迭代更新方式进行求解, 得到一个局部最优解. 求解步骤如算法 1.2.1 所示.

算法 1.2.1 NMF 算法

输入: 非负矩阵 $\boldsymbol{X}$

输出: 基矩阵 $\boldsymbol{U}$, 系数矩阵 $\boldsymbol{V}$

步骤:

1. 随机初始化 $\boldsymbol{U}^{(0)}, \boldsymbol{V}^{(0)}$
2. **for** $t = 0, 1, 2, \cdots$, 直至收敛
3.   **步骤 1** $\boldsymbol{V}^{(t+1)} = \arg\min\limits_{\boldsymbol{V}} J_{\mathrm{NMF}}(\boldsymbol{U}^{(t)}, \boldsymbol{V}^{(t)})$
4.   **步骤 2** $\boldsymbol{U}^{(t+1)} = \arg\min\limits_{\boldsymbol{U}} J_{\mathrm{NMF}}(\boldsymbol{U}^{(t)}, \boldsymbol{V}^{(t+1)})$
5. **end for**

步骤 1 和步骤 2 使用梯度下降法完成 $v_{kj} \leftarrow v_{kj} - \beta_{kj}\dfrac{\partial J}{\partial v_{kj}}$, $u_{ik} \leftarrow u_{ik} - \alpha_{ik}\dfrac{\partial J}{\partial u_{ik}}$.

① 如无特别说明, 本书 log 的底数为 e, 有时也简写为 ln.

对于式 (1.2.1), 设 $\alpha_{ik}=\dfrac{u_{ik}}{(\boldsymbol{U}\boldsymbol{V}^{\mathrm{T}}\boldsymbol{V})_{ik}}$, $\beta_{kj}=\dfrac{v_{kj}}{(\boldsymbol{V}\boldsymbol{U}^{\mathrm{T}}\boldsymbol{U})_{kj}}$, 由于 $\dfrac{\partial J}{\partial u_{ik}}=(-\boldsymbol{X}\boldsymbol{V}+\boldsymbol{U}\boldsymbol{V}^{\mathrm{T}}\boldsymbol{V})_{ik}$, $\dfrac{\partial J}{\partial v_{kj}}=(-\boldsymbol{X}^{\mathrm{T}}\boldsymbol{U}+\boldsymbol{V}\boldsymbol{U}^{\mathrm{T}}\boldsymbol{U})_{kj}$, 则 $\boldsymbol{U}$ 和 $\boldsymbol{V}$ 的更新规则为

$$u_{ik}\leftarrow u_{ik}\frac{(\boldsymbol{X}\boldsymbol{V})_{ik}}{(\boldsymbol{U}\boldsymbol{V}^{\mathrm{T}}\boldsymbol{V})_{ik}} \tag{1.2.3}$$

$$v_{jk}\leftarrow v_{jk}\frac{(\boldsymbol{X}^{\mathrm{T}}\boldsymbol{U})_{jk}}{(\boldsymbol{V}\boldsymbol{U}^{\mathrm{T}}\boldsymbol{U})_{jk}} \tag{1.2.4}$$

对于式 (1.2.2), $\boldsymbol{U}$ 和 $\boldsymbol{V}$ 的更新规则为

$$u_{ik}\leftarrow u_{ik}\frac{\displaystyle\sum_{j}\left(x_{ij}v_{jk}\Big/\sum_{k}u_{ik}v_{jk}\right)}{\displaystyle\sum_{j}v_{jk}} \tag{1.2.5}$$

$$v_{jk}\leftarrow v_{jk}\frac{\displaystyle\sum_{i}\left(x_{ij}u_{ik}\Big/\sum_{k}u_{ik}v_{jk}\right)}{\displaystyle\sum_{k}u_{ik}} \tag{1.2.6}$$

若 $\boldsymbol{V}=(v_{kj})\in\Re^{K\times N}$, 则 $\boldsymbol{X}\approx\boldsymbol{U}\boldsymbol{V}$, s.t. $\boldsymbol{U}\geqslant 0$, $\boldsymbol{V}\geqslant 0$. 使用欧几里得距离的目标函数定义为: $J_{\mathrm{NMF}}(\boldsymbol{U},\boldsymbol{V})=\min\limits_{\boldsymbol{U},\boldsymbol{V}}\|\boldsymbol{X}-\boldsymbol{U}\boldsymbol{V}\|_{\mathrm{F}}^{2}=\min\limits_{\boldsymbol{U},\boldsymbol{V}}\sum\limits_{i,j}(x_{ij}-(\boldsymbol{U}\boldsymbol{V})_{ij})^{2}$, s.t. $\boldsymbol{U}\geqslant 0$, $\boldsymbol{V}\geqslant 0$, $\boldsymbol{U}$ 和 $\boldsymbol{V}$ 的更新规则为

$$u_{ik}\leftarrow u_{ik}\frac{(\boldsymbol{X}\boldsymbol{V}^{\mathrm{T}})_{ik}}{(\boldsymbol{U}\boldsymbol{V}\boldsymbol{V}^{\mathrm{T}})_{ik}} \tag{1.2.7}$$

$$v_{kj}\leftarrow v_{kj}\frac{(\boldsymbol{U}^{\mathrm{T}}\boldsymbol{X})_{kj}}{(\boldsymbol{U}^{\mathrm{T}}\boldsymbol{U}\boldsymbol{V})_{kj}} \tag{1.2.8}$$

由于 NMF 在分解过程中仅允许加性而非减性的组合 (整体由部分的叠加而没有了正负抵消), 因此 NMF 能够学习对大部分数据进行编码并使其易于解释的基于组件的表示. 此外, 由于 $\boldsymbol{V}$ 的维度小于 $\boldsymbol{X}$ 的维度, 因此 NMF 也是一种特殊的降维方法. 由于这些良好的特性, NMF 在多个领域受到了极大的关注.

但是, 式 (1.2.1) 和式 (1.2.2) 所示的标准 NMF 存在一些不足, 比如 $\boldsymbol{U}$ 和 $\boldsymbol{V}$ 的稀疏性无法控制; 未能探索数据的几何结构信息以及类标签信息; 仅在高斯或泊松噪声条件下是最优的, 不适合处理其他噪声情况; 只对一个矩阵进行分解等.

为了弥补标准 NMF 的不足, 研究者们对标准 NMF 进行了多种扩展. 从分解矩阵数目的角度, 可以将扩展的 NMF 分为单视图的 NMF 和多视图的 NMF, 其中单视图的 NMF 只分解一个矩阵, 而多视图的 NMF 将联合分解多个矩阵.

1.3 单视图的 NMF

1.3.1 考虑稀疏、平滑控制的 NMF

稀疏性是指一种表示方案, 其中只有少数特征被有效地用于表示数据向量. 实际上, 这意味着大多数特征的值接近于零, 而只有少数特征采用非零值. 在归一化尺度上, 最稀疏的向量 (仅一个分量非零) 应具有 1 的稀疏度, 而所有元素相等的向量应具有零稀疏度. 将维度为 n 的向量 $\boldsymbol{x}$ 的稀疏度定义为

$$\text{sparseness}(\boldsymbol{x}) = \frac{\sqrt{n} - ||\boldsymbol{x}||_1/||\boldsymbol{x}||_2}{\sqrt{n}-1} = \frac{\sqrt{n} - \left(\sum |x_i|\right) \Big/ \sqrt{\left(\sum x_i^2\right)}}{\sqrt{n}-1} \tag{1.3.1}$$

若 $\boldsymbol{x}$ 只包含一个非零的分量, 则 $\boldsymbol{x}$ 的稀疏度为 1; 若 $\boldsymbol{x}$ 的所有分量相等, 则 $\boldsymbol{x}$ 的稀疏度为 0.

具有稀疏约束的 NMF 旨在找到具有期望稀疏度的解. 那么谁应该稀疏? 是基向量 $\boldsymbol{U}$ 还是系数向量 $\boldsymbol{V}$? 这取决于具体的应用. 例如, 分析疾病模式的医生可能会认为大多数疾病是罕见的 (因此稀疏), 但每种疾病都可能导致大量症状. 假设症状构成了矩阵的行, 并且列表示不同的个体, 则在这种情况下, 系数向量 $\boldsymbol{V}$ 应该是稀疏的, 而基向量 $\boldsymbol{U}$ 是无约束的. 另外, 当试图从图像数据库中学习有用的特征时, 要求两者都稀疏可能是有意义的, 这表示任何给定的对象存在于少数图像中并且仅影响图像的一小部分.

稀疏约束可以限定基矩阵或系数矩阵的期望稀疏度, 也可以直接使用 $\mathrm{L}_1/\mathrm{L}_2$ 范数进行约束.

1. 施加稀疏度约束的 NMF

NMF 的稀疏度约束可以施加于基矩阵或系数矩阵, 目标函数为

$$\begin{aligned} & J_{\text{SNMF}}(\boldsymbol{U},\boldsymbol{V}) = ||\boldsymbol{X} - \boldsymbol{U}\boldsymbol{V}^{\mathrm{T}}||_{\mathrm{F}}^2 \\ & \text{s.t. } \boldsymbol{U} \geqslant 0,\ \boldsymbol{V} \geqslant 0 \\ & \text{sparseness}(\boldsymbol{u}_{:i}) = S_u,\ \forall i;\ \text{或 sparseness}(\boldsymbol{v}_{:i}) = S_v,\ \forall i \end{aligned} \tag{1.3.2}$$

其中, $\boldsymbol{u}_{:i}$ 是 $\boldsymbol{U}$ 的第 i 列, $\boldsymbol{v}_{:i}$ 是 $\boldsymbol{V}$ 的第 i 列, S_u 和 S_v 分别是 $\boldsymbol{U}$ 和 $\boldsymbol{V}$ 的期望稀疏度.

2. 施加 L_1 范数约束的 NMF

施加 L_1 范数约束的 NMF (spase NMF, SNMF) 对 $\boldsymbol{V}$ 矩阵施加了 L_1 范数正则 (SNMF/R), 实现解的稀疏性. SNMF 的目标函数为

$$\min_{\boldsymbol{U},\boldsymbol{V}} \frac{1}{2}\left\{||\boldsymbol{X}-\boldsymbol{U}\boldsymbol{V}^{\mathrm{T}}||_{\mathrm{F}}^2+\eta||\boldsymbol{U}||_{\mathrm{F}}^2+\beta\sum_{j=1}^{N}||\boldsymbol{v}_{j:}||_1^2\right\}, \quad \text{s.t. } \boldsymbol{U}\geqslant 0,\ \boldsymbol{V}\geqslant 0 \tag{1.3.3}$$

$\boldsymbol{v}_{j:}$ 是 $\boldsymbol{V}$ 的第 j 行向量, 参数 $\eta\geqslant 0$ 控制 $\boldsymbol{U}$ 元素的大小, 参数 $\beta\geqslant 0$ 平衡近似精度和 $\boldsymbol{V}$ 的稀疏度之间的折中. 较大的 β 值意味着更强的稀疏性, 而较小的 β 值意味着更好的近似精度.

由于对 $\boldsymbol{V}$ 施加了非负约束, 等式 (1.3.3) 中的最后一项等价于 $\beta\sum\limits_{i=1}^{N}\left(\sum\limits_{j=1}^{K}v_{ij}\right)^2$, 相应地, 等式 (1.3.3) 在可行域中是可区分的. 使用基于交替非负的最小二乘法 (alternating non-negative least squares, ANLS), SNMF/R 以非负 $\boldsymbol{U}$ 的初始化开始, 通过迭代以下非负性约束最小二乘问题直到满足收敛条件:

$$\min_{\boldsymbol{V}}\left\|\begin{pmatrix}\boldsymbol{U}\\ \sqrt{\beta}\boldsymbol{e}_{1\times K}\end{pmatrix}\boldsymbol{V}^{\mathrm{T}}-\begin{pmatrix}\boldsymbol{X}\\ \boldsymbol{0}_{1\times N}\end{pmatrix}\right\|_{\mathrm{F}}^2 \quad \text{s.t. } \boldsymbol{V}\geqslant 0 \tag{1.3.4}$$

$$\min_{\boldsymbol{U}}\left\|\begin{pmatrix}\boldsymbol{V}\\ \sqrt{\eta}\boldsymbol{I}_K\end{pmatrix}\boldsymbol{U}^{\mathrm{T}}-\begin{pmatrix}\boldsymbol{X}^{\mathrm{T}}\\ \boldsymbol{O}_{K\times M}\end{pmatrix}\right\|_{\mathrm{F}}^2 \quad \text{s.t. } \boldsymbol{U}\geqslant 0 \tag{1.3.5}$$

其中 $\boldsymbol{e}_{1\times K}\in\Re^{1\times K}$ 是一个所有元素均为 1 的行向量, $\boldsymbol{0}_{1\times N}$ 是一个 $1\times N$ 的零向量, $\boldsymbol{I}_K$ 是一个大小为 $K\times K$ 的单位阵, $\boldsymbol{O}_{K\times M}$ 是一个大小为 $K\times M$ 的零矩阵.

同样, NMF 的稀疏性可以通过式 (1.3.6) 施加于左侧因子 $\boldsymbol{U}$ 上 (SNMF/L):

$$\min_{\boldsymbol{U},\boldsymbol{V}} \frac{1}{2}\left\{||\boldsymbol{X}-\boldsymbol{U}\boldsymbol{V}^{\mathrm{T}}||_{\mathrm{F}}^2+\zeta||\boldsymbol{V}^{\mathrm{T}}||_{\mathrm{F}}^2+\alpha\sum_{i=1}^{M}||\boldsymbol{u}_{i:}||_1^2\right\}, \quad \text{s.t. } \boldsymbol{U},\ \boldsymbol{V}\geqslant 0 \tag{1.3.6}$$

其中 $\boldsymbol{u}_{i:}$ 是 $\boldsymbol{U}$ 的第 i 行向量. SNMF/L 以非负 $\boldsymbol{V}$ 的初始化开始, 通过迭代以下非负性约束最小二乘问题直到满足收敛条件:

$$\min_{\boldsymbol{U}}\left\|\begin{pmatrix}\boldsymbol{V}\\ \sqrt{\alpha}\boldsymbol{e}_{1\times K}\end{pmatrix}\boldsymbol{U}^{\mathrm{T}}-\begin{pmatrix}\boldsymbol{X}^{\mathrm{T}}\\ \boldsymbol{0}_{1\times M}\end{pmatrix}\right\|_{\mathrm{F}}^2 \quad \text{s.t. } \boldsymbol{U}\geqslant 0 \tag{1.3.7}$$

$$\min_{\boldsymbol{V}}\left\|\begin{pmatrix}\boldsymbol{U}\\ \sqrt{\zeta}\boldsymbol{I}_K\end{pmatrix}\boldsymbol{V}^{\mathrm{T}}-\begin{pmatrix}\boldsymbol{X}\\ \boldsymbol{O}_{K\times N}\end{pmatrix}\right\|_{\mathrm{F}}^2 \quad \text{s.t. } \boldsymbol{V}\geqslant 0 \tag{1.3.8}$$

等式 (1.3.7) 可以写为

$$\min_{\boldsymbol{U}} \left\|\boldsymbol{V}\boldsymbol{U}^{\mathrm{T}} - \boldsymbol{X}^{\mathrm{T}}\right\|_2^2 + \alpha \sum_{i=1}^{M} \left(\sum_{q=1}^{K} (\boldsymbol{U}^{\mathrm{T}})_{qi} \right)^2 \quad \text{s.t.}\, \boldsymbol{U} \geqslant 0, \tag{1.3.9}$$

由于 $\boldsymbol{U}$ 的所有元素非负, 式 (1.3.9) 反过来通过向量的 L_1 范数的定义变为

$$\min_{\boldsymbol{U}\geqslant 0} \left\{ ||\boldsymbol{V}\boldsymbol{U}^{\mathrm{T}} - \boldsymbol{X}^{\mathrm{T}}||_2^2 + \alpha \sum_{i=1}^{M} \|\boldsymbol{u}_{i:}\|_1^2 \right\} \tag{1.3.10}$$

上述方法的一个优点是, 它们遵循两个块坐标下降方法的框架, 因此保证了极限点收敛到一个稳定点. 对 $\boldsymbol{U}$ 或 $\boldsymbol{V}$ 施加额外的稀疏性约束可以提供更简单的解释. 然而, 稀疏约束变强, 可能会增大对 NMF 的扰动.

3. *施加 L_2 范数约束的* NMF

施加 L_2 范数约束的 NMF (constrained NMF based on alternating non-negative least squares, CNMF/ANLS) 是一种施加了 L_2 范数约束的 NMF, 用于增强解矩阵 $\boldsymbol{U}$ 或 $\boldsymbol{V}$ 的平滑度. CNMF 的目标函数为

$$J_{\mathrm{CNMF}}(\boldsymbol{U},\boldsymbol{V}) = \frac{1}{2}\left\{ ||\boldsymbol{X} - \boldsymbol{U}\boldsymbol{V}^{\mathrm{T}}||_{\mathrm{F}}^2 + \alpha||\boldsymbol{U}||_{\mathrm{F}}^2 + \beta||\boldsymbol{V}^{\mathrm{T}}||_{\mathrm{F}}^2 \right\} \quad \text{s.t. } \boldsymbol{U} \geqslant 0,\ \ \boldsymbol{V} \geqslant 0 \tag{1.3.11}$$

其中 $\alpha \geqslant 0$ 和 $\beta \geqslant 0$ 是用于控制 $\boldsymbol{U}$ 和 $\boldsymbol{V}$ 的平滑度的参数.

求解该优化问题, 可得

$$u_{ij} \leftarrow u_{ij} \frac{(\boldsymbol{X}\boldsymbol{V})_{ij}}{(\boldsymbol{U}\boldsymbol{V}^{\mathrm{T}}\boldsymbol{V})_{ij} + \alpha(\boldsymbol{U})_{ij}} \tag{1.3.12}$$

$$v_{ij} \leftarrow v_{ij} \frac{(\boldsymbol{X}^{\mathrm{T}}\boldsymbol{U})_{ij}}{(\boldsymbol{V}\boldsymbol{U}^{\mathrm{T}}\boldsymbol{U})_{ij} + \beta(\boldsymbol{V})_{ij}} \tag{1.3.13}$$

为了使用 ANLS 框架求解 CNMF, CNMF/ANLS 算法首先以非负值初始化 $\boldsymbol{V}$, 然后按式 (1.3.14) 和 (1.3.15) 进行 ANLS 迭代

$$\min_{\boldsymbol{U}\geqslant 0} \left\| \begin{pmatrix} \boldsymbol{V} \\ \sqrt{\alpha}\boldsymbol{I}_K \end{pmatrix} \boldsymbol{U}^{\mathrm{T}} - \begin{pmatrix} \boldsymbol{X}^{\mathrm{T}} \\ \boldsymbol{O}_{K\times M} \end{pmatrix} \right\|_{\mathrm{F}}^2 \tag{1.3.14}$$

$$\min_{\boldsymbol{V}\geqslant 0} \left\| \begin{pmatrix} \boldsymbol{U} \\ \sqrt{\beta}\boldsymbol{I}_K \end{pmatrix} \boldsymbol{V}^{\mathrm{T}} - \begin{pmatrix} \boldsymbol{X} \\ \boldsymbol{O}_{K\times N} \end{pmatrix} \right\|_{\mathrm{F}}^2 \tag{1.3.15}$$

类似地, 可以初始化 $\boldsymbol{U} \in \Re^{M\times K}$, 并按式 (1.3.15) 和式 (1.3.14) 的次序进行迭代. 由于式 (1.3.11) 在可行域是可微的, 式 (1.3.14) 和式 (1.3.15) 是严格凸的, 根据块坐标下降法的收敛性分析, CNMF/ANLS 算法的任何极限点都是一个鞍点.

4. 非负对称编码–解码

标准 NMF 只考虑了解码损失函数, 非负对称编码–解码 (non-negative symmetric encoder-decoder, NSED) 将解码和编码的损失函数集成在一起. 编码器将数据的原始表示变换为低维表示 (也称为编码), 解码器利用表示重构原始数据, 编码和解码过程共享基矩阵 $\boldsymbol{U}$. 编码器和解码器之间的对称性自然地施加了隐式正交性约束, 这与非负约束一起确保表示是稀疏的.

设原始数据矩阵为 $\boldsymbol{X} \in \Re^{M\times N}$, 编码过程和解码过程分别如式 (1.3.16) 和式 (1.3.17) 所示.

$$\boldsymbol{V}^{\mathrm{T}} \approx \boldsymbol{U}^{\mathrm{T}}\boldsymbol{X} \tag{1.3.16}$$

$$\boldsymbol{X} \approx \boldsymbol{U}\boldsymbol{V}^{\mathrm{T}} \tag{1.3.17}$$

将式 (1.3.16) 代入式 (1.3.17), 有

$$\boldsymbol{X} \approx \boldsymbol{U}\boldsymbol{U}^{\mathrm{T}}\boldsymbol{X} \tag{1.3.18}$$

式 (1.3.18) 意味着式 (1.3.16) 和 (1.3.17) 自然地对 $\boldsymbol{U}$ 施加了正交性约束, 这是对称结构最重要的一个意义. 因此, 对称约束与非负性约束一起自然地确保了编码–解码结构中对 $\boldsymbol{U}$ 的稀疏性约束. NSED 的目标函数定义为

$$J_{\mathrm{NSED}}(\boldsymbol{U},\boldsymbol{V}) = ||\boldsymbol{X} - \boldsymbol{U}\boldsymbol{V}^{\mathrm{T}}||_{\mathrm{F}}^2 + ||\boldsymbol{V}^{\mathrm{T}} - \boldsymbol{U}^{\mathrm{T}}\boldsymbol{X}||_{\mathrm{F}}^2 \quad \text{s.t.}\, \boldsymbol{U} \geqslant 0,\ \boldsymbol{V} \geqslant 0 \tag{1.3.19}$$

$\boldsymbol{U}$ 和 $\boldsymbol{V}$ 的乘法更新规则为

$$u_{ij} \leftarrow u_{ij}\frac{(\boldsymbol{X}\boldsymbol{V})_{ij}}{(\boldsymbol{U}\boldsymbol{V}^{\mathrm{T}}\boldsymbol{V} + \boldsymbol{X}\boldsymbol{X}^{\mathrm{T}}\boldsymbol{U})_{ij}} \tag{1.3.20}$$

$$v_{ij} \leftarrow v_{ij}\frac{(\boldsymbol{X}^{\mathrm{T}}\boldsymbol{U})_{ij}}{(\boldsymbol{V}\boldsymbol{U}^{\mathrm{T}}\boldsymbol{U} + \boldsymbol{V})_{ij}} \tag{1.3.21}$$

1.3.2　考虑数据几何结构信息的 NMF

1. 图正则化非负矩阵分解

NMF 通过非负约束在欧几里得空间中学习基于部件的表示, 未能发现数据空间的内在几何和区分结构, 但是这些结构对于实际应用是必不可少的. 图正则化非负矩阵分解 (graph regularization of non-negative matrix factorization, GNMF) 通过构造邻近图编码数据分布的固有几何信息, 并将几何结构作为 NMF 中的附加正

则项, 从而在矩阵分解过程中明确考虑数据集携带的几何信息, 即如果数据点在原空间中彼此邻近, 那么在新空间中也应该邻近. GNMF 可以找到一个能揭示隐藏的语义并同时保护内在几何结构的紧凑表示, 因此 GNMF 比标准的 NMF 算法具有更多的区分能力, 特别是当数据从嵌入高维环境空间的子流形中采样时.

GNMF 应用了局部不变性假设: 如果两个数据点 $\boldsymbol{x}_j$, $\boldsymbol{x}_l$ 在原空间是邻近点, 那么这两个点相对于新基的表示 $\boldsymbol{v}_j$, $\boldsymbol{v}_l$ 也是邻近点. 局部几何结构可以通过数据点散布上的最近邻图进行建模: 考虑一个具有 N 个节点的图, 图中每个节点对应于一个数据点, 每个数据点 $\boldsymbol{x}_j$ 与其 p 个最近邻之间有边相连, 边的权重 $(\boldsymbol{W})_{jl}$ 用于测量数据点 $\boldsymbol{x}_j$ 和 $\boldsymbol{x}_l$ 的接近度. $\boldsymbol{x}_j$ 和 $\boldsymbol{x}_l$ 越接近, $(\boldsymbol{W})_{jl}$ 就越大. $(\boldsymbol{W})_{jl}$ 可以按 0-1 加权 $\Big($如果 $\boldsymbol{x}_j$和 $\boldsymbol{x}_l$ 有边相连, $(\boldsymbol{W})_{jl}=1$, 否则 $(\boldsymbol{W})_{jl}=0\Big)$, 也可以按热核加权 $\left(\text{如果 } \boldsymbol{x}_j \text{ 和 } \boldsymbol{x}_l \text{ 有边相连}, (\boldsymbol{W})_{jl}=\mathrm{e}^{-\frac{\|\boldsymbol{x}_j-\boldsymbol{x}_l\|^2}{\sigma}}\right)$, 或点积加权 (如果 $\boldsymbol{x}_j$ 和 $\boldsymbol{x}_l$ 有边相连, $(\boldsymbol{W})_{jl}=\boldsymbol{x}_j^{\mathrm{T}}\boldsymbol{x}_l$). 如果 $\boldsymbol{x}$ 归一化为 1, 则两个向量的点积等于两个向量的余弦相似度.

设数据点 $\boldsymbol{x}_j$ 关于新基的表示为 $\boldsymbol{v}_{j:}=[v_{j1},\cdots,v_{jk}]$, 两个数据点关于新基的低维表示的差异使用欧几里得距离 $d(\boldsymbol{v}_{j:},\boldsymbol{v}_{l:})=\|\boldsymbol{v}_{j:}-\boldsymbol{v}_{l:}\|^2$ 或散度 $D(\boldsymbol{v}_{j:}\|\boldsymbol{v}_{l:})=\sum\limits_{k=1}^{K}\left(v_{jk}\log\dfrac{v_{jk}}{v_{lk}}-v_{jk}+v_{lk}\right)$ 进行度量, 则数据点 $\boldsymbol{x}_j$ 和 $\boldsymbol{x}_l$ 关于新基的表示 $\boldsymbol{v}_{j:}$ 和 $\boldsymbol{v}_{l:}$ 之间的平滑使用式 (1.3.22) 或式 (1.3.23) 度量

$$
\begin{aligned}
R_1&=\frac{1}{2}\sum_{j,l=1}^{N}\|\boldsymbol{v}_{j:}-\boldsymbol{v}_{l:}\|^2(\boldsymbol{W})_{jl}=\sum_{j=1}^{N}\boldsymbol{v}_{j:}^{\mathrm{T}}\boldsymbol{v}_{j:}\boldsymbol{D}_{jj}-\sum_{j,l=1}^{N}\boldsymbol{v}_{j:}^{\mathrm{T}}\boldsymbol{v}_{l:}(\boldsymbol{W})_{jl}\\
&=\mathrm{Tr}(\boldsymbol{V}^{\mathrm{T}}\boldsymbol{D}\boldsymbol{V})-\mathrm{Tr}(\boldsymbol{V}^{\mathrm{T}}\boldsymbol{W}\boldsymbol{V})=\mathrm{Tr}(\boldsymbol{V}^{\mathrm{T}}\boldsymbol{L}\boldsymbol{V}) \qquad (1.3.22)\\
R_2&=\frac{1}{2}\sum_{j,l=1}^{N}\left(D(\boldsymbol{v}_{j:}\|\boldsymbol{v}_{l:})+D(\boldsymbol{v}_{l:}\|\boldsymbol{v}_{j:})\right)(\boldsymbol{W})_{jl}\\
&=\frac{1}{2}\sum_{j,l=1}^{N}\sum_{k=1}^{K}\left(v_{jk}\log\frac{v_{jk}}{v_{lk}}+v_{lk}\log\frac{v_{lk}}{v_{jk}}\right)(\boldsymbol{W})_{jl} \qquad (1.3.23)
\end{aligned}
$$

其中 $\boldsymbol{D}_{jj}=\sum\limits_{l}\boldsymbol{W}_{jl}$, $\boldsymbol{L}=\boldsymbol{D}-\boldsymbol{W}$ 称为图拉普拉斯算子.

通过最小化 R_1(或 R_2), 我们期望如果两个数据点 $\boldsymbol{x}_j$ 和 $\boldsymbol{x}_l$ 邻近 (即 $(\boldsymbol{W})_{jl}$ 大), 则 $\boldsymbol{v}_{j:}$ 和 $\boldsymbol{v}_{l:}$ 也彼此邻近. 将这种基于几何的正则化与原始 NMF 目标函数相结合, 可得到图正则化非负矩阵分解 (GNMF) 的目标函数

$$
J_{\mathrm{GNMF}}(\boldsymbol{U},\boldsymbol{V})=\|\boldsymbol{X}-\boldsymbol{U}\boldsymbol{V}^{\mathrm{T}}\|_{\mathrm{F}}^2+\lambda\mathrm{Tr}(\boldsymbol{V}^{\mathrm{T}}\boldsymbol{L}\boldsymbol{V}) \qquad (1.3.24)
$$

或

$$J_{\mathrm{GNMF}}(\boldsymbol{U},\boldsymbol{V})=\sum_{i=1}^{M}\sum_{j=1}^{N}\left(x_{ij}\log\frac{x_{ij}}{\sum\limits_{k=1}^{K}u_{ik}v_{jk}}-x_{ij}+\sum_{k=1}^{K}u_{ik}v_{jk}\right)$$
$$+\frac{\lambda}{2}\sum_{j=1}^{N}\sum_{l=1}^{N}\sum_{k=1}^{K}\left(v_{jk}\log\frac{v_{jk}}{v_{lk}}+v_{lk}\log\frac{v_{lk}}{v_{jk}}\right)(\boldsymbol{W})_{jl}\quad(1.3.25)$$

其中 $\lambda \geqslant 0$ 是正则参数, 用于控制新表达的平滑.

式 (1.3.24) 可以写为

$$\begin{aligned}J_{\mathrm{GNMF}}(\boldsymbol{U},\boldsymbol{V})&=\mathrm{Tr}\left((\boldsymbol{X}-\boldsymbol{U}\boldsymbol{V}^{\mathrm{T}})(\boldsymbol{X}-\boldsymbol{U}\boldsymbol{V}^{\mathrm{T}})^{\mathrm{T}}\right)+\lambda\mathrm{Tr}(\boldsymbol{V}^{\mathrm{T}}\boldsymbol{L}\boldsymbol{V})\\&=\mathrm{Tr}(\boldsymbol{X}\boldsymbol{X}^{\mathrm{T}})-2\mathrm{Tr}(\boldsymbol{X}\boldsymbol{V}\boldsymbol{U}^{\mathrm{T}})+\mathrm{Tr}(\boldsymbol{U}\boldsymbol{V}^{\mathrm{T}}\boldsymbol{V}\boldsymbol{U}^{\mathrm{T}})+\lambda\mathrm{Tr}(\boldsymbol{V}^{\mathrm{T}}\boldsymbol{L}\boldsymbol{V})\end{aligned}$$

设 ψ_{ik} 和 ϕ_{jk} 分别是约束 $u_{ik} \geqslant 0$ 和 $v_{jk} \geqslant 0$ 的拉格朗日乘子, $\boldsymbol{\Psi}=[\psi_{ik}]$, $\boldsymbol{\Phi}=[\phi_{jk}]$, 拉格朗日函数定义为

$$\begin{aligned}\mathcal{L}(\boldsymbol{U},\boldsymbol{V})=&\mathrm{Tr}(\boldsymbol{X}\boldsymbol{X}^{\mathrm{T}})-2\mathrm{Tr}(\boldsymbol{X}\boldsymbol{V}\boldsymbol{U}^{\mathrm{T}})+\mathrm{Tr}(\boldsymbol{U}\boldsymbol{V}^{\mathrm{T}}\boldsymbol{V}\boldsymbol{U}^{\mathrm{T}})\\&+\lambda\mathrm{Tr}(\boldsymbol{V}^{\mathrm{T}}\boldsymbol{L}\boldsymbol{V})+\mathrm{Tr}(\boldsymbol{\Psi}U^{\mathrm{T}})+\mathrm{Tr}(\boldsymbol{\Phi}\boldsymbol{V}^{\mathrm{T}})\end{aligned}\quad(1.3.26)$$

$\mathcal{L}$ 关于 $\boldsymbol{U}$ 和 $\boldsymbol{V}$ 的偏导数为

$$\frac{\partial\mathcal{L}}{\partial\boldsymbol{U}}=-2\boldsymbol{X}\boldsymbol{V}+2\boldsymbol{U}\boldsymbol{V}^{\mathrm{T}}\boldsymbol{V}+\boldsymbol{\Psi}\quad(1.3.27)$$

$$\frac{\partial\mathcal{L}}{\partial\boldsymbol{V}}=-2\boldsymbol{X}^{\mathrm{T}}\boldsymbol{U}+2\boldsymbol{V}\boldsymbol{U}^{\mathrm{T}}U+2\lambda\boldsymbol{L}\boldsymbol{V}+\boldsymbol{\Phi}\quad(1.3.28)$$

使用 KKT 条件 $\psi_{ik}u_{ik}=0$ 和 $\phi_{jk}v_{jk}=0$, 可得

$$-(\boldsymbol{X}\boldsymbol{V})_{ik}u_{ik}+(\boldsymbol{U}\boldsymbol{V}^{\mathrm{T}}\boldsymbol{V})_{ik}u_{ik}=0\quad(1.3.29)$$

$$-(\boldsymbol{X}^{\mathrm{T}}\boldsymbol{U})_{jk}v_{jk}+(\boldsymbol{V}\boldsymbol{U}^{\mathrm{T}}\boldsymbol{U})_{jk}v_{jk}+\lambda(\boldsymbol{L}\boldsymbol{V})v_{jk}=0\quad(1.3.30)$$

从而可得 $\boldsymbol{U}$ 和 $\boldsymbol{V}$ 的乘法更新规则为

$$u_{ik}\leftarrow u_{ik}\frac{(\boldsymbol{X}\boldsymbol{V})_{ik}}{(\boldsymbol{U}\boldsymbol{V}^{\mathrm{T}}\boldsymbol{V})_{ik}}\quad(1.3.31)$$

$$v_{jk}\leftarrow v_{jk}\frac{(\boldsymbol{X}^{\mathrm{T}}\boldsymbol{U}+\lambda\boldsymbol{W}\boldsymbol{V})_{jk}}{(\boldsymbol{V}\boldsymbol{U}^{\mathrm{T}}\boldsymbol{U}+\lambda\boldsymbol{D}\boldsymbol{V})_{jk}}\quad(1.3.32)$$

最小化式 (1.3.25) 可得

$$u_{ik} \leftarrow u_{ik} \frac{\sum_j \left(x_{ij} v_{jk} \Big/ \sum_k u_{ik} v_{jk} \right)}{\sum_j v_{jk}} \tag{1.3.33}$$

$$\boldsymbol{v}_k \leftarrow \left(\sum_i u_{ik} \boldsymbol{I} + \lambda \boldsymbol{L} \right)^{-1} \begin{bmatrix} v_{1k} \sum_i \left(x_{i1} u_{ik} \Big/ \sum_k u_{ik} v_{1k} \right) \\ v_{2k} \sum_i \left(x_{i2} u_{ik} \Big/ \sum_k u_{ik} v_{2k} \right) \\ \vdots \\ v_{Nk} \sum_i \left(x_{iN} u_{ik} \Big/ \sum_k u_{ik} v_{Nk} \right) \end{bmatrix} \tag{1.3.34}$$

其中 $\boldsymbol{v}_k$ 是 $\boldsymbol{V}$ 的第 k 列, $\boldsymbol{I}$ 是一个 $N \times N$ 的单位矩阵.

2. 邻域保持的非负矩阵分解

研究表明, 真实世界中的许多数据实际上是从嵌入高维环境空间的非线性低维流形中采样的. 然而, NMF 假设数据点是从欧几里得空间采样的. 这种假设没有利用数据的几何结构, 极大地限制了 NMF 对流形数据的应用.

邻域保持的非负矩阵分解 (neighborhood preserving non-negative matrix factorization, NPNMF) 基于局部线性嵌入假设 (如果数据点可以从输入空间中的邻居重构, 那么它可以通过低维子空间中的相同重构系数从其邻居重构), 对 NMF 施加了邻域保持正则约束, 即每个数据点可以表示为其邻居的线性组合. 这种约束避免了基于欧几里得的假设, 保留了局部几何结构, 并且擅长流形的降维.

设 $N_k(\boldsymbol{x}_i)$ 表示数据点 $\boldsymbol{x}_i$ 的 k-最近邻集, 使用从 $\boldsymbol{x}_i$ 的邻域 $\boldsymbol{x}_j \in N_k(\boldsymbol{x}_i)$ 重构 $\boldsymbol{x}_i$ 的线性系数来表征其邻域的局部几何结构. 重构系数通过以下目标函数计算

$$\min \left\| \boldsymbol{x}_i - \sum_{\boldsymbol{x}_j \in N_k(\boldsymbol{x}_i)} (\boldsymbol{M})_{ij} \boldsymbol{x}_j \right\|^2 \quad \text{s.t.} \sum_{\boldsymbol{x}_j \in N_k(\boldsymbol{x}_i)} (\boldsymbol{M})_{ij} = 1 \tag{1.3.35}$$

如果 $\boldsymbol{x}_j \notin N_k(\boldsymbol{x}_i)$, 则 $(\boldsymbol{M})_{ij} = 0$.

然后通过最小化式 (1.3.36) 在低维子空间中重构 $\boldsymbol{v}_{i:}$, $1 \leqslant i \leqslant n$.

$$\sum_i \left\| \boldsymbol{v}_{i:} - \sum_{\boldsymbol{x}_j \in N_k(\boldsymbol{x}_i)} (\boldsymbol{M})_{ij} \boldsymbol{v}_{j:} \right\|^2 = \operatorname{Tr}(\boldsymbol{V}^{\mathrm{T}}(\boldsymbol{I}-\boldsymbol{M})(\boldsymbol{I}-\boldsymbol{M})\boldsymbol{V}) = \operatorname{Tr}(\boldsymbol{V}^{\mathrm{T}}\boldsymbol{L}\boldsymbol{V}) \tag{1.3.36}$$

其中 $\boldsymbol{I} \in \Re^{N\times N}$ 是单位矩阵, $\boldsymbol{L} = (\boldsymbol{I}-\boldsymbol{M})(\boldsymbol{I}-\boldsymbol{M})$. 式 (1.3.36) 称为邻域保持正则化. 每个点从低维子空间中的邻域重构得越好, 邻域保持正则化就越小.

为了将 "每个点都可以通过其邻域中的数据点重构" 的假设应用于 NMF, 使用式 (1.3.36) 的邻域保持正则化对 NMF 进行约束, 得到 NPNMF 的目标函数

$$J_{\mathrm{NPNMF}}(\boldsymbol{U},\boldsymbol{V}) = \|\boldsymbol{X}-\boldsymbol{U}\boldsymbol{V}^{\mathrm{T}}\|_{\mathrm{F}}^2 + \mu \mathrm{Tr}(\boldsymbol{V}^{\mathrm{T}}\boldsymbol{L}\boldsymbol{V}) \quad \text{s.t.}\ \boldsymbol{U} \geqslant 0,\ \boldsymbol{V} \geqslant 0 \tag{1.3.37}$$

其中 $\mu \geqslant 0$ 是控制附加约束贡献的正则化参数. $\mu = 0$ 时, 式 (1.3.37) 退化为原始 NMF. 为了使式 (1.3.37) 中目标更低, 可以在优化中对 $\boldsymbol{V}$ 的行使用 L_2 范数归一化, 并将 $\boldsymbol{V}$ 的范数补偿到 $\boldsymbol{U}$.

设拉格朗日乘子 $\boldsymbol{\gamma} \in \Re^{M\times K}$, $\boldsymbol{\eta} \in \Re^{K\times N}$, 拉格朗日函数为

$$\mathcal{L}(\boldsymbol{U},\boldsymbol{V}) = \|\boldsymbol{X}-\boldsymbol{U}\boldsymbol{V}^{\mathrm{T}}\|_{\mathrm{F}}^2 + \mu \mathrm{Tr}(\boldsymbol{V}^{\mathrm{T}}\boldsymbol{L}\boldsymbol{V}) - \mathrm{Tr}(\boldsymbol{\gamma}\boldsymbol{U}^{\mathrm{T}}) - \mathrm{Tr}(\boldsymbol{\eta}\boldsymbol{V}) \tag{1.3.38}$$

让 $\dfrac{\partial \mathcal{L}(\boldsymbol{U},\boldsymbol{V})}{\partial \boldsymbol{U}} = 0$, $\dfrac{\partial \mathcal{L}(\boldsymbol{U},\boldsymbol{V})}{\partial \boldsymbol{V}} = 0$, 可以得到

$$\gamma = -2\boldsymbol{X}\boldsymbol{V} + 2\boldsymbol{U}\boldsymbol{V}^{\mathrm{T}}\boldsymbol{V}, \quad \boldsymbol{\eta} = -2\boldsymbol{X}^{\mathrm{T}}\boldsymbol{U} + 2\boldsymbol{V}\boldsymbol{U}^{\mathrm{T}}\boldsymbol{U} + 2\mu\boldsymbol{V}\boldsymbol{L} \tag{1.3.39}$$

使用 KKT 条件, $\gamma_{ij}u_{ij} = 0$, $\eta_{ij}v_{ij} = 0$, 有

$$\left(-\boldsymbol{X}\boldsymbol{V} + \boldsymbol{U}\boldsymbol{V}^{\mathrm{T}}\boldsymbol{V}\right)_{ij} u_{ij} = 0, \quad \left(-\boldsymbol{X}^{\mathrm{T}}\boldsymbol{U} + \boldsymbol{V}\boldsymbol{U}^{\mathrm{T}}\boldsymbol{U} + \mu\boldsymbol{V}\boldsymbol{L}\right)_{ij} v_{ij} = 0 \tag{1.3.40}$$

设 $\boldsymbol{L}_{ij}^{+} = (|\boldsymbol{L}_{ij}| + \boldsymbol{L}_{ij})/2$, $\boldsymbol{L}_{ij}^{-} = (|\boldsymbol{L}_{ij}| - \boldsymbol{L}_{ij})/2$, $\boldsymbol{L} = \boldsymbol{L}^{+} - \boldsymbol{L}^{-}$, 则

$$\left(-\boldsymbol{X}\boldsymbol{V} + \boldsymbol{U}\boldsymbol{V}^{\mathrm{T}}\boldsymbol{V}\right)_{ij} u_{ij} = 0, \quad \left(-\boldsymbol{X}^{\mathrm{T}}\boldsymbol{U} + \boldsymbol{V}\boldsymbol{U}^{\mathrm{T}}\boldsymbol{U} + \mu\boldsymbol{V}\boldsymbol{L}^{+} - \mu\boldsymbol{V}\boldsymbol{L}^{-}\right)_{ij} v_{ij} = 0 \tag{1.3.41}$$

基于式 (1.3.41) 可以获得如下更新规则

$$u_{ij} \leftarrow u_{ij}\sqrt{\frac{(\boldsymbol{X}\boldsymbol{V})_{ij}}{\left(\boldsymbol{U}\boldsymbol{V}^{\mathrm{T}}\boldsymbol{V}\right)_{ij}}} \tag{1.3.42}$$

$$v_{ij} \leftarrow v_{ij}\sqrt{\frac{\left(\boldsymbol{X}^{\mathrm{T}}\boldsymbol{U} + \mu\boldsymbol{V}\boldsymbol{L}^{-}\right)_{ij}}{\left(\boldsymbol{V}\boldsymbol{U}^{\mathrm{T}}\boldsymbol{U} + \mu\boldsymbol{V}\boldsymbol{L}^{+}\right)_{ij}}} \tag{1.3.43}$$

3. 图双正则化非负矩阵分解

图正则非负矩阵分解 (GNMF) 能找到一个揭示隐藏的语义, 同时又保护内在几何结构的紧凑表示, 利用数据中包含的流形结构信息, NMF 的学习性能可以得

到较大提高. 最近的研究表明, 不仅观察到的数据位于非线性低维流形上 (数据流形), 而且特征也位于低维流形上 (特征流形). 图双正则化非负矩阵分解 (graph dual regularization non-negative matrix factorization, DNMF) 同时考虑了数据流形以及特征流形的几何结构. 为此, DNMF 分别构造了数据近邻图和特征近邻图来保留数据流形和特征流形的几何结构, 用于对数据流形和特征流形的几何结构进行建模.

数据近邻图的节点对应于数据点 $(\boldsymbol{x}_1,\cdots,\boldsymbol{x}_N)$, 每个数据点与它的 k 个最近邻有边相连, 边的权重定义为

$$(\boldsymbol{W}^{\boldsymbol{V}})_{ij}=\begin{cases}1, & \boldsymbol{x}_j\in N_k(\boldsymbol{x}_i),\\ 0, & \text{其他},\end{cases}\quad i,j=1,\cdots,N \tag{1.3.44}$$

其中 $N_k(\boldsymbol{x}_i)$ 表示 $\boldsymbol{x}_i$ 的 k 近邻集. 数据图的图拉普拉斯算子定义为 $\boldsymbol{L}_{\boldsymbol{V}}=\boldsymbol{D}^{\boldsymbol{V}}-\boldsymbol{W}^{\boldsymbol{V}}$, $\boldsymbol{D}^{\boldsymbol{V}}$ 是对角矩阵, 其中 $(\boldsymbol{D}^{\boldsymbol{V}})_{ii}=\sum\limits_j(\boldsymbol{W}^{\boldsymbol{V}})_{ij}$.

特征图的节点也对应于数据点 $(\boldsymbol{x}_1,\cdots,\boldsymbol{x}_N)$, 每个数据点与它的 k 个最近邻有边相连, 边的权重定义为

$$(\boldsymbol{W}^{\boldsymbol{U}})_{ij}=\begin{cases}1, & \boldsymbol{x}_{j:}\in N_k(\boldsymbol{x}_{i:}),\\ 0, & \text{其他},\end{cases}\quad i,j=1,\cdots,M \tag{1.3.45}$$

其中 $N_k(\boldsymbol{x}_{i:})$ 表示 $\boldsymbol{x}_{j:}$ 的 k 近邻集. 特征图的图拉普拉斯算子定义为 $\boldsymbol{L}_{\boldsymbol{U}}=\boldsymbol{D}^{\boldsymbol{U}}-\boldsymbol{W}^{\boldsymbol{U}}$, $(\boldsymbol{D}^{\boldsymbol{U}})_{ii}=\sum\limits_j(\boldsymbol{W}^{\boldsymbol{U}})_{ij}$.

DNMF 的目标函数为

$$\begin{aligned}&J_{\text{DNMF}}(\boldsymbol{U},\boldsymbol{V})=\|\boldsymbol{X}-\boldsymbol{U}\boldsymbol{V}^{\mathrm{T}}\|_{\mathrm{F}}^2+\lambda\mathrm{Tr}(\boldsymbol{V}^{\mathrm{T}}\boldsymbol{L}_{\boldsymbol{V}}\boldsymbol{V})+\mu\mathrm{Tr}(\boldsymbol{U}^{\mathrm{T}}\boldsymbol{L}_{\boldsymbol{U}}\boldsymbol{U})\\&\text{s.t.}\,\boldsymbol{U}\geqslant 0,\ \boldsymbol{V}\geqslant 0\end{aligned} \tag{1.3.46}$$

其中 $\lambda,\mu\geqslant 0$ 是正则参数, 用于平衡第一项重构误差及第二项和第三项的图正则. 如果 $\mu=0$, DNMF 退化为 GNMF; 如果 $\lambda=\mu=0$, DNMF 退化为 NMF.

式 (1.3.46) 可以写为

$$\begin{aligned}J_{\text{DNMF}}(\boldsymbol{U},\boldsymbol{V})=&\mathrm{Tr}((\boldsymbol{X}-\boldsymbol{U}\boldsymbol{V}^{\mathrm{T}})(\boldsymbol{X}-\boldsymbol{U}\boldsymbol{V}^{\mathrm{T}})^{\mathrm{T}})+\lambda\mathrm{Tr}(\boldsymbol{V}^{\mathrm{T}}\boldsymbol{L}_{\boldsymbol{V}}\boldsymbol{V})+\mu\mathrm{Tr}(\boldsymbol{U}^{\mathrm{T}}\boldsymbol{L}_{\boldsymbol{U}}\boldsymbol{U})\\=&\mathrm{Tr}(\boldsymbol{X}\boldsymbol{X}^{\mathrm{T}})-2\mathrm{Tr}(\boldsymbol{X}\boldsymbol{V}\boldsymbol{U}^{\mathrm{T}})+\mathrm{Tr}(\boldsymbol{U}\boldsymbol{V}^{\mathrm{T}}\boldsymbol{V}\boldsymbol{U}^{\mathrm{T}})+\lambda\mathrm{Tr}(\boldsymbol{V}^{\mathrm{T}}\boldsymbol{L}_{\boldsymbol{V}}\boldsymbol{V})\\&+\mu\mathrm{Tr}(\boldsymbol{U}^{\mathrm{T}}\boldsymbol{L}_{\boldsymbol{U}}\boldsymbol{U})\end{aligned} \tag{1.3.47}$$

从而可得 $\boldsymbol{U}$ 和 $\boldsymbol{V}$ 的更新规则为

$$u_{ij}\leftarrow u_{ij}\frac{\left(\boldsymbol{X}\boldsymbol{V}+\mu\boldsymbol{W}^{\boldsymbol{U}}\boldsymbol{U}\right)_{ij}}{\left(\boldsymbol{U}\boldsymbol{V}^{\mathrm{T}}\boldsymbol{V}+\mu\boldsymbol{D}^{\boldsymbol{U}}\boldsymbol{U}\right)_{ij}} \tag{1.3.48}$$

$$v_{kj} \leftarrow v_{kj} \frac{\left(\boldsymbol{X}^{\mathrm{T}}\boldsymbol{U} + \lambda \boldsymbol{W}^{\boldsymbol{V}}\boldsymbol{V}\right)_{kj}}{\left(\boldsymbol{V}\boldsymbol{U}^{\mathrm{T}}\boldsymbol{U} + \lambda \boldsymbol{D}^{\boldsymbol{V}}\boldsymbol{V}\right)_{kj}} \tag{1.3.49}$$

4. 结构约束的 NMF

结构约束非负矩阵分解 (structure constrained NMF, SCNMF) 针对其他方法只关注样本间信息, 忽略样本内结构信息 (数据的空间或几何模式) 的不足, 从多个样本的平均表示 (样本间信息) 中提取样本内结构信息, 然后将获得的结构信息明确地作为矩阵分解过程的约束条件. 这种方法能够获得不重叠的组件, 其数目即为基矩阵的维度 (基矩阵的列数), 并且保证基矩阵的列是正交的.

组成一个事物的不同部件可以具有不同的内部结构信息, 例如人脸图像, 它由眼睛、嘴巴和鼻子等几个部分组成, 这些部分具有其特有的几何结构, 包含不同的信息, 可用于表征不同图像样本之间的相似性或距离. 因此, 在复杂的数据分析中, 样本内组件的识别及其结构信息的使用具有重大意义. 认知心理学和神经生理学的研究表明, 人脑可以对人的多个图像进行平均以促进面部认知. 更具体地说, 平均图像包含的信息可以用于确定多个样本中各个组件的共同结构, 平均过程可以减少光照变化、视角变化和面部表情的影响, 从而显著提高人脸识别的准确性. SCNMF 基于平均图像构造结构约束, 即从多个样本的平均表示 (样本间信息) 中提取样本内结构信息, 然后将获得的结构信息明确地施加为矩阵分解过程的约束.

设 $\boldsymbol{H}$ 是使用简单算术平均获得的平均面部图像, 图像 $\boldsymbol{H}$ 可以使用聚类算法 (比如 K-均值算法) 划分为 m 个簇 $\{C_1, C_2, \cdots, C_m\}$, $C_1 \cup C_2 \cup \cdots \cup C_m = \boldsymbol{H}$, $C_i \cap C_j = \varnothing$, $i \neq j$. 簇 C_i 中的像素不一定在空间上相连, 但是有相似的亮度. 将每个簇进一步划分为一组连通区域, $C_{i:} = \{(P)_{i1}, (P)_{i2}, \cdots, (P)_{in_i}\}$, 其中 n_i 是 $C_{i:}$ 中连通区域 (组件) 的数目, $(\boldsymbol{P})_{ij}$ $(i = 1, \cdots, m;\ j = 1, \cdots, n_i)$ 实际上是包含相似亮度像素的非重叠的空间聚集部分. 一幅图像的所有组件表示为 P_k $(k = 1, \cdots, K)$, 其中 $K = \sum\limits_{i=1}^{m} n_i$ 是组件的总数, K 也作为基矩阵列的维数.

将 $\boldsymbol{H}$ 划分为组件之后, 使用式 (1.3.50) 为每个组件构造结构约束：越接近组件中心的像素分配的权重越高.

$$\boldsymbol{S}^k = \left[\boldsymbol{S}^k(i,j)\right] = \begin{cases} 0, & \boldsymbol{H}(i,j) \notin P \\ \exp\left(-\dfrac{\left|\boldsymbol{H}_{ij}^k - \boldsymbol{H}_m^k\right| \cdot \left\|l_{ij}^k - l_c^k\right\|^2}{\sigma}\right), & \text{其他} \end{cases} \tag{1.3.50}$$

其中 $\boldsymbol{S}^k$ 是第 k 个组件的结构约束矩阵, $\boldsymbol{S}^k(i,j)$ 是结构约束函数, $\boldsymbol{H}(i,j)$ 是第 i 行第 j 列的像素, $\boldsymbol{H}_m^k$ 是第 k 个组件的平均强度, $\boldsymbol{H}_{ij}^k$ 是图像数据矩阵中第 i 行、第

j 列的像素强度, l_c^k 是组件中心的位置, l_{ij}^k 是第 i 行、第 j 列像素的位置, σ 是带宽参数. 式 (1.3.50) 中的函数可以解释为亮度和空间距离上的双边热核加权函数. $\boldsymbol{S}^k$ 的维度与平均人脸图像矩阵的维度相同.

用 $\boldsymbol{S}_{P\times K}$ 表示完整的结构约束矩阵, 其第 k 列是将 $\boldsymbol{S}^k$ 的所有列堆叠成一个向量而生成. SCNMF 的目标函数为

$$J_{\mathrm{SCNMF}}(\boldsymbol{U},\boldsymbol{V})=||\boldsymbol{X}-\boldsymbol{U}\boldsymbol{V}^{\mathrm{T}}||_{\mathrm{F}}^2+\lambda||\boldsymbol{U}-\boldsymbol{S}||_{\mathrm{F}}^2 \tag{1.3.51}$$

其中第二项是施加在 $\boldsymbol{U}$ 矩阵上的约束, λ 是惩罚系数. 式 (1.3.51) 可以重写为

$$\begin{aligned}J_{\mathrm{SCNMF}}(\boldsymbol{U},\boldsymbol{V})=&\mathrm{Tr}((\boldsymbol{X}-\boldsymbol{U}\boldsymbol{V}^{\mathrm{T}})(\boldsymbol{X}-\boldsymbol{U}\boldsymbol{V}^{\mathrm{T}})^{\mathrm{T}})+\lambda\mathrm{Tr}((\boldsymbol{U}-\boldsymbol{S})(\boldsymbol{U}-\boldsymbol{S})^{\mathrm{T}})\\=&\mathrm{Tr}(\boldsymbol{X}\boldsymbol{X}^{\mathrm{T}})-2\mathrm{Tr}(\boldsymbol{X}\boldsymbol{V}\boldsymbol{U}^{\mathrm{T}})+\mathrm{Tr}(\boldsymbol{U}\boldsymbol{V}^{\mathrm{T}}\boldsymbol{V}\boldsymbol{U}^{\mathrm{T}})\\&+\lambda\mathrm{Tr}(\boldsymbol{U}\boldsymbol{U}^{\mathrm{T}})-2\lambda\mathrm{Tr}(\boldsymbol{U}\boldsymbol{S}^{\mathrm{T}})+\lambda\mathrm{Tr}(\boldsymbol{S}\boldsymbol{S}^{\mathrm{T}})\end{aligned} \tag{1.3.52}$$

从而可得 SCNMF 的更新规则为

$$u_{pk}\leftarrow u_{pk}\frac{(\boldsymbol{X}\boldsymbol{V}+\lambda\boldsymbol{S})_{pk}}{(\boldsymbol{U}\boldsymbol{V}^{\mathrm{T}}\boldsymbol{V}+\lambda\boldsymbol{U})_{pk}} \tag{1.3.53}$$

$$v_{qk}\leftarrow v_{qk}\frac{(\boldsymbol{X}^{\mathrm{T}}\boldsymbol{U})_{qk}}{(\boldsymbol{V}\boldsymbol{U}^{\mathrm{T}}\boldsymbol{U})_{qk}} \tag{1.3.54}$$

1.3.3 考虑噪声的 NMF

1. 高斯噪声

设 $\boldsymbol{x}_i$ 是观察到的输入数据, 该数据是被附加噪声污染的 p 维列向量, $\boldsymbol{\theta}_i$ 是 $\boldsymbol{x}_i$ 的不可观测的真值, ε_i 是加性噪声, 则 $\boldsymbol{x}_i=\boldsymbol{\theta}_i+\varepsilon_i$. 设 $\boldsymbol{U}$ 是一个矩阵, $\boldsymbol{v}_i$ 是矩阵 $\boldsymbol{V}$ 的第 i 列, 表示 $\boldsymbol{x}_i$ 在 $\boldsymbol{U}$ 的列定义的子空间上的投影, $\boldsymbol{\theta}_i$ 可以视为 k 维子空间中的一个点 $(k<p)$, $\boldsymbol{\theta}_i=\boldsymbol{U}\boldsymbol{v}_i$.

假设噪声 ε_i 服从均值为零、标准差为 σ 的正态分布, 因此 $\boldsymbol{x}_i\sim N(0,\sigma^2)$. 通常数据矩阵 $\boldsymbol{X}$ 中的每个向量 $\boldsymbol{x}_i$ 的元素是独立的, 因此 $\boldsymbol{x}_i$ 关于 $\boldsymbol{\theta}_i$ 的条件概率分布是

$$p(\boldsymbol{x}_i|\boldsymbol{\theta}_i)\sim\exp\left(-\frac{||\boldsymbol{x}_i-\boldsymbol{\theta}_i||^2}{2\sigma^2}\right) \tag{1.3.55}$$

数据对数似然可以写为

$$\log\prod_{i=1}^{N}p(\boldsymbol{x}_i|\boldsymbol{\theta}_i)=-\frac{1}{2\sigma^2}\sum_{i=1}^{N}||\boldsymbol{x}_i-\boldsymbol{\theta}_i||^2 \tag{1.3.56}$$

最大化数据对数似然等价于最小化 $\sum_{i=1}^{N}||\boldsymbol{x}_i-\boldsymbol{\theta}_i||^2$, 用 $\boldsymbol{U}\boldsymbol{v}_i$ 替换 $\boldsymbol{\theta}_i$, 有

$$\min_{\boldsymbol{\theta}_i}\sum_{i=1}^{N}||\boldsymbol{x}_i-\boldsymbol{\theta}_i||^2=\min_{\boldsymbol{U},\ \boldsymbol{v}_i}\sum_{i=1}^{N}||\boldsymbol{x}_i-\boldsymbol{U}\boldsymbol{v}_i||^2=\min_{\boldsymbol{U},\ \boldsymbol{V}}||\boldsymbol{X}-\boldsymbol{U}\boldsymbol{V}||_{\mathrm{F}}^2 \tag{1.3.57}$$

式 (1.3.57) 意味着高斯噪声模型的假设通过施加约束 $\boldsymbol{U}\geqslant 0,\ \boldsymbol{V}\geqslant 0$ 将最大似然问题转换为标准 NMF 问题

$$||\boldsymbol{X}-\boldsymbol{U}\boldsymbol{V}||_{\mathrm{F}}^2=\sum_{i=1}^{N}||\boldsymbol{x}_i-\boldsymbol{U}\boldsymbol{v}_i||^2 \tag{1.3.58}$$

目标函数是各个列的列元素平方和之和, 即每个数据点的误差以 $||\boldsymbol{x}_i-\boldsymbol{U}\boldsymbol{v}_i||_{\mathrm{F}}^2$ 的形式作为平方残差误差进入目标函数. 由于平方误差, 一些具有大误差的异常值容易主导目标函数. 因此, 有必要考虑鲁棒的 NMF.

2. 拉普拉斯噪声

假设噪声 ε_i 服从均值为零的拉普拉斯分布, 则有

$$p(\boldsymbol{x}_i|\boldsymbol{\theta}_i)\sim\exp\left(-\frac{||\boldsymbol{x}_i-\boldsymbol{\theta}_i||}{\lambda}\right) \tag{1.3.59}$$

其中 λ 是比例参数. 式 (1.3.59) 最大化数据对数似然为

$$\max_{\boldsymbol{\theta}_i}\log\prod_{i=1}^{N}p(\boldsymbol{x}_i|\boldsymbol{\theta}_i)=\max_{\boldsymbol{\theta}_i}\left(-\frac{1}{\lambda}\sum_{i=1}^{N}||\boldsymbol{x}_i-\boldsymbol{\theta}_i||\right) \tag{1.3.60}$$

等价于

$$\min_{\boldsymbol{\theta}_i}\sum_{i=1}^{N}||\boldsymbol{x}_i-\boldsymbol{\theta}_i||=\min_{\boldsymbol{U},\ v_i}\sum_{i=1}^{N}||\boldsymbol{x}_i-\boldsymbol{U}\boldsymbol{v}_i||=\min_{\boldsymbol{U},\ \boldsymbol{V}}||\boldsymbol{X}-\boldsymbol{U}\boldsymbol{V}||_{2,1} \tag{1.3.61}$$

式 (1.3.61) 意味着独立同分布拉普拉斯噪声模型的假设通过施加约束 $\boldsymbol{U}\geqslant 0,\ \boldsymbol{V}\geqslant 0$ 将最大似然问题转换为 $\mathrm{L}_{2,1}$NMF 问题

$$||\boldsymbol{X}-\boldsymbol{U}\boldsymbol{V}||_{2,1}=\sum_{i=1}^{N}\sqrt{\sum_{j=1}^{p}(\boldsymbol{X}-\boldsymbol{U}\boldsymbol{V})_{ji}^2}=\sum_{i=1}^{N}||\boldsymbol{x}_i-\boldsymbol{U}\boldsymbol{v}_i|| \tag{1.3.62}$$

目标函数是各个列的列元素平方和开根之和, 即每个数据点的误差以 $\boldsymbol{x}_i-\boldsymbol{U}\boldsymbol{v}_i$ 的形式进入目标函数. 由于每个误差项是非平方的, 因此由异常值引起的大误差不会支配目标函数.

$L_{2,1}$NMF 形式化为

$$\min_{\boldsymbol{U},\boldsymbol{V}} ||\boldsymbol{X}-\boldsymbol{U}\boldsymbol{V}||_{2,1} \quad \text{s.t. } \boldsymbol{U} \geqslant 0,\ \boldsymbol{V} \geqslant 0 \tag{1.3.63}$$

求解该优化问题, 可得

$$u_{jk} \leftarrow u_{jk} \frac{(\boldsymbol{X}\boldsymbol{D}\boldsymbol{V}^{\mathrm{T}})_{jk}}{(\boldsymbol{U}\boldsymbol{V}\boldsymbol{D}\boldsymbol{V}^{\mathrm{T}})_{jk}} \tag{1.3.64}$$

$$v_{ki} \leftarrow v_{ki} \frac{(\boldsymbol{U}^{\mathrm{T}}\boldsymbol{X}\boldsymbol{D})_{ki}}{(\boldsymbol{U}^{\mathrm{T}}\boldsymbol{U}\boldsymbol{V}\boldsymbol{D})_{ki}} \tag{1.3.65}$$

其中 $\boldsymbol{D}$ 是对角矩阵, 对角元素由式 (1.3.66) 计算

$$\boldsymbol{D}_{ii} = \frac{1}{\sqrt{\sum_{j=1}^{p}(\boldsymbol{X}-\boldsymbol{U}\boldsymbol{V})_{ji}^2}} = \frac{1}{||\boldsymbol{x}_i-\boldsymbol{U}\boldsymbol{v}_i||} \tag{1.3.66}$$

3. 稀疏块高斯噪声

标准 NMF 采用最小平方误差函数作为模型的经验似然项, 因此标准 NMF 对噪声和异常值敏感. 局部加权稀疏图正则化非负矩阵分解 (locally weighted sparse graph regularized non-negative matrix factorization, LWSG_NMF) 将噪声分解为密集高斯随机噪声和稀疏块噪声, 通过明确地施加稀疏噪声项来改进标准 NMF 的经验似然项, 同时在模型中加入局部加权稀疏图正则项, 以利用数据的局部几何结构信息, 使得 LWSG_NMF 在学习图正则项时考虑噪声的影响.

LWSG_NMF 基于如下假设: 如果一个数据点可以在输入空间中从其邻居重构, 那么它也可以在低维子空间中通过相同的重构系数从其邻居重构. 对于每个数据样本 $\boldsymbol{x}_i$, 其邻域的几何结构使用从 $\boldsymbol{x}_i$ 的邻域重构 $\boldsymbol{x}_i$ 的线性重构系数刻画. 设 $\boldsymbol{W}$ 是重构系数矩阵, $\boldsymbol{W}_i \in \Re^{N\times 1}$ 是 $\boldsymbol{W}$ 的第 i 列, $\mathrm{dist}(\boldsymbol{x}_i,\boldsymbol{x}_j)$ 表示样本 $\boldsymbol{x}_i$ 和 $\boldsymbol{x}_j$ 之间的欧氏距离, $\mathrm{dist}(\boldsymbol{x}_i,\boldsymbol{X}) = [\mathrm{dist}(\boldsymbol{x}_i,\boldsymbol{x}_1),\cdots,\mathrm{dist}(\boldsymbol{x}_i,\boldsymbol{x}_N)]^{\mathrm{T}}$, $\boldsymbol{d}_i = \exp\left(\dfrac{\mathrm{dist}(\boldsymbol{x}_i,\boldsymbol{X})-\max(\mathrm{dist}(\boldsymbol{x}_i,\boldsymbol{X}))}{\sigma}\right)$ $(\boldsymbol{d}_i \in \Re^{N\times 1})$ 惩罚样本 $\boldsymbol{x}_i$ 与 $\boldsymbol{X}$ 中每个数据样本之间的距离, 其中 σ 是用于调整权重衰减速度的比例值, 则重构系数按以下准则进行计算

$$\begin{aligned} &\min_{\boldsymbol{W}} \sum_{i=1}^{N} ||\boldsymbol{x}_i-\boldsymbol{X}\boldsymbol{W}_i||_1 + \lambda_1||\boldsymbol{d}_i \odot \boldsymbol{W}_i||^2 + \lambda_2||\boldsymbol{W}_i||_1 \\ &\text{s.t. } \mathbf{1}^{\mathrm{T}}\boldsymbol{W}_i = 1,\ (\boldsymbol{W})_{ii} = 0, \forall i \end{aligned} \tag{1.3.67}$$

其中 $\mathbf{1} \in \Re^{N\times 1}$ 是所有元素值为 1 的列向量, $\odot$ 表示逐元素乘.

实际上, 式 (1.3.66) 的解只有几个有效值, 并且大多数倾向于出现在其最近邻的位置. 因此, 可以使用近似方法来计算重构系数, 而不是直接求解式 (1.3.66). 首先选择 $\boldsymbol{x}_i$ 的 $K(K<N)$ 个最近邻来构造一个简化的邻域集合 $\boldsymbol{B}_i=\{\boldsymbol{x}'_1,\cdots,\boldsymbol{x}'_K\}$, $\boldsymbol{x}'_i\in\boldsymbol{X}$, $1\leqslant i\leqslant K$, $\boldsymbol{B}_i\in\Re^{M\times K}$, 然后按式 (1.3.68) 求解 $\boldsymbol{w}_i$.

$$\begin{aligned}&\min_{\boldsymbol{w}_i}\sum_{i=1}^{N}||\boldsymbol{x}_i-\boldsymbol{B}_i\boldsymbol{w}_i||_1+\lambda||\boldsymbol{w}_i||_1\\&\text{s.t. }\boldsymbol{1}^{\mathrm{T}}\boldsymbol{w}_i=1,\ \forall i\end{aligned}\tag{1.3.68}$$

获得 $\boldsymbol{w}_i$ 后, 可以按式 (1.3.68) 设置 $(\boldsymbol{W})_{ij}$

$$(\boldsymbol{W})_{ij}=\begin{cases}w_{ij}, & \boldsymbol{x}_j\in\boldsymbol{B}_i\\0, & 其他\end{cases}\tag{1.3.69}$$

其中 w_{ij} 是 $\boldsymbol{w}_i$ 的第 j 个元素.

为了保持低维空间中的几何关系, LWSG_NMF 最小化式

$$\sum_{i=1}^{N}||\boldsymbol{V}_i-\boldsymbol{V}\boldsymbol{W}_i||_2^2=||\boldsymbol{V}-\boldsymbol{V}\boldsymbol{W}||_{\mathrm{F}}^2=\mathrm{Tr}(\boldsymbol{V}(\boldsymbol{I}-\boldsymbol{W})(\boldsymbol{I}-\boldsymbol{W})^{\mathrm{T}}\boldsymbol{V}^{\mathrm{T}})=\mathrm{Tr}(\boldsymbol{V}\boldsymbol{G}\boldsymbol{V}^{\mathrm{T}})\tag{1.3.70}$$

其中 $\boldsymbol{I}\in\Re^{N\times N}$ 是单位阵, $\boldsymbol{G}=(\boldsymbol{I}-\boldsymbol{W})(\boldsymbol{I}-\boldsymbol{W})^{\mathrm{T}}$. 式 (1.3.70) 称为局部加权的稀疏图正则, 其中 $\boldsymbol{G}$ 保留了几何结构的局部关系.

设噪声 $\boldsymbol{E}$ 分解为稠密随机高斯噪声 $\boldsymbol{E}_g$ 和稀疏块噪声 $\boldsymbol{E}_s$, $\boldsymbol{E}=\boldsymbol{E}_g+\boldsymbol{E}_s$. LWSG_NMF 的目标函数定义为

$$\begin{aligned}&J_{\mathrm{LWSG\_NMF}}(\boldsymbol{U},\boldsymbol{V})=||\boldsymbol{X}-\boldsymbol{U}\boldsymbol{V}-\boldsymbol{E}_s||_{\mathrm{F}}^2+\lambda_1||\boldsymbol{E}_s||_1+\lambda_2||\boldsymbol{U}||_{\mathrm{F}}^2+\lambda_3\mathrm{Tr}(\boldsymbol{V}\boldsymbol{G}\boldsymbol{V}^{\mathrm{T}})\\&\text{s.t. }\boldsymbol{U}\geqslant 0,\ \boldsymbol{V}\geqslant 0\end{aligned}\tag{1.3.71}$$

式 (1.3.71) 中第一项考虑稀疏噪声影响的平方拟合误差, 第二项控制 $\boldsymbol{E}_s$ 的稀疏性, 第三项控制 $\boldsymbol{U}$ 的能量, 最后一项是保留低维空间的几何结构. 因此, 式 (1.3.71) 在同一框架中明确地考虑了噪声的内在属性, 同时又考虑了数据的局部几何结构. 如果噪声 $\boldsymbol{E}$ 满足高斯分布, 则标准 NMF 是最佳的, 所以式 (1.3.71) 主要关注稀疏块噪声 $\boldsymbol{E}_s$.

首先固定 $\boldsymbol{E}_s$, 求解 $\boldsymbol{U}$ 和 $\boldsymbol{V}$. $\boldsymbol{U}$ 和 $\boldsymbol{V}$ 的更新式为

$$u_{ij}\leftarrow u_{ij}\frac{(\boldsymbol{X}_e\boldsymbol{V}^{\mathrm{T}})_{ij}}{(\boldsymbol{U}\boldsymbol{V}\boldsymbol{V}^{\mathrm{T}}+\lambda_2\boldsymbol{U})_{ij}}\tag{1.3.72}$$

$$v_{ij}\leftarrow v_{ij}\sqrt{\frac{(\boldsymbol{U}^{\mathrm{T}}\boldsymbol{X}_e+\lambda_3\boldsymbol{V}G^{-})_{ij}}{(\boldsymbol{U}^{\mathrm{T}}\boldsymbol{U}\boldsymbol{V}+\lambda_3\boldsymbol{V}G^{+})_{ij}^{\mathrm{T}}}}\tag{1.3.73}$$

其中 $\boldsymbol{X}_e=\boldsymbol{X}-\boldsymbol{E}_s$, $\boldsymbol{G}=\boldsymbol{G}^+-\boldsymbol{G}^-$, $\boldsymbol{G}^+=(|\boldsymbol{G}|+\boldsymbol{G})/2$, $\boldsymbol{G}^-=(|\boldsymbol{G}|-\boldsymbol{G})/2$. 然后固定 $\boldsymbol{U}$ 和 $\boldsymbol{V}$, 求解 $\boldsymbol{E}_s$. 若 $\boldsymbol{U}$ 和 $\boldsymbol{V}$ 固定, 更新 $\boldsymbol{E}_s$ 的优化问题为

$$\boldsymbol{E}_s=\arg\min_{\boldsymbol{E}_s}||\boldsymbol{X}-\boldsymbol{U}\boldsymbol{V}-\boldsymbol{E}_s||_{\mathrm{F}}^2+\lambda_1||\boldsymbol{E}_s||_1 \tag{1.3.74}$$

这个优化是一个 L_1-正则的最小化问题, 可以通过式 (1.3.75) 所示的 shrinkage (收缩) 操作求解.

$$S_v(y)=\begin{cases}y-v, & y>v\\ y+v, & y<v\\ 0, & \text{其他}\end{cases} \tag{1.3.75}$$

其中 $y\in\Re$, $v>0$. $S_v(y)$ 是 $\min\limits_x\frac{1}{2}||x-y||_{\mathrm{F}}^2+v||x||_1$ 的唯一解. 对每个元素进行处理, shrinkage 操作可以扩展到向量和矩阵. 因此, 式 (1.3.74) 最优解为: $\boldsymbol{S}_{\lambda_1/2}(\boldsymbol{X}-\boldsymbol{U}\boldsymbol{V}^{\mathrm{T}})$, $\boldsymbol{E}_{\mathrm{s}}$ 的更新规则为

$$\boldsymbol{E}_{\mathrm{s}}=\boldsymbol{S}_{\lambda_1/2}(\boldsymbol{X}-\boldsymbol{U}\boldsymbol{V}) \tag{1.3.76}$$

LWSG_NMF 的优化方法如算法 1.3.1 所示.

算法 1.3.1 LWSG_NMF 算法

输入: 非负矩阵 $\boldsymbol{X}$, 正则参数 $\lambda_1,\lambda_2,\lambda_3$, 迭代次数 $T_{\mathrm{main}},T_{\mathrm{sub}}$

输出: 基矩阵 $\boldsymbol{U}$, 系数矩阵 $\boldsymbol{V}$, 噪声 $\boldsymbol{E}_{\mathrm{s}}$

1. 随机初始化 $\boldsymbol{U}^{(0)}$, $\boldsymbol{V}^{(0)}$
2. $\boldsymbol{U}\leftarrow\boldsymbol{U}^{(0)}$, $\boldsymbol{V}\leftarrow\boldsymbol{V}^{(0)}$
3. **for** $i=0$ **to** T_{main}
4. 按照等式 (1.3.75) 更新 $\boldsymbol{E}_{\mathrm{s}}$ //固定 $\boldsymbol{U}$ 和 $\boldsymbol{V}$, 优化 $\boldsymbol{E}_{\mathrm{s}}$
5. **for** $j=0$ **to** T_{sub}
6. 按照等式 (1.3.71) 更新 $\boldsymbol{U}$
7. 按照等式 (1.3.72) 更新 $\boldsymbol{V}$ //固定 $\boldsymbol{E}_{\mathrm{s}}$, 优化 $\boldsymbol{U}$ 和 $\boldsymbol{V}$
8. **end for**
9. **end for**
10. **return** $\boldsymbol{U}$,$\boldsymbol{V}$ 和 $\boldsymbol{E}_{\mathrm{s}}$

1.3.4 考虑流形的 NMF

流形是在局部具有欧几里得性质的空间, 可以使用欧氏距离进行计算. 许多可观察的数据集可以通过流形的混合来建模. 例如, 每个手写数字在特征空间中形成其特有的流形; 同一个人的脸在不同条件下的面部图像位于同一个流形上, 不同的

人与不同的流形相关联. 多个流形可能重叠或交叉. 传统的 NMF 及其变体没有考虑数据常常驻留于多个流形, 忽略了多个流形的几何结构, 并且不能对可能重叠或交叉的流形混合上的数据进行建模. GNMF 虽然考虑了几何结构, 在每个点及其邻居之间施加了约束, 但它假设所有数据样本都来自单个流形的情况, 所以通过搜索最近的邻居来创建图形以保留局部几何信息 (局部性或邻域). 然而, GNMF 所创建的图可能连接了不同流形中的点, 这可能在多个流形上扩散信息并产生误导.

1. 多流形非负矩阵分解

多流形非负矩阵分解 (non-negative matrix factorization on multiple manifold, MM_NMF) 是多个流形上的非负矩阵分解, 明确地在多流形上建模数据的内在几何结构. 算法假设数据样本来自多个流形, 并且如果在原始高维空间中一个数据点能够被同一个流形上的几个相邻点重构, 那么这个点在低维子空间中应该以类似的方式通过基矩阵和系数矩阵重构. MM_NMF 具有两个特性: ① 系数矩阵 $\boldsymbol{V}$ 是稀疏的, 换句话说, 就是在新空间中样本的表示是稀疏的; ② 每个流形上的局部几何信息得到保护.

假设数据样本来自多个流形, 矩阵 $\boldsymbol{U}$ 表示了不同流形的基, 一个数据样本 $\boldsymbol{x}_i$ 属于一个流形 (只要它不是源于交叉流). 设 $\boldsymbol{x}_i$ 源于 $\boldsymbol{M}_i$, 理想情况下, 应该有 $\boldsymbol{U}$ 的列的子集与流形 $\boldsymbol{M}_i$ 相关联. 因此, 与该样本对应的系数向量中, 应该只有与流形 $\boldsymbol{M}_i$ 相关联的 $\boldsymbol{U}$ 的列的子集相对应的那些元素为非零值. 自然地, 系数矩阵 $\boldsymbol{V}$ 是稀疏的. 另外, 当存在多个流形时, 不能根据欧几里得距离直接连接相邻样本的方式创建图, 因为彼此接近的样本可能属于不同的流形, 特别是在不同流形的交叉点附近. 因此, 需要对多个流形的几何信息进行编码.

为了在矩阵分解过程中保护每个流形的局部几何信息, MM_NMF 保护了每个流形上的邻域关系 (该关系定义在流形上而不是欧几里得空间上). 为此, MM_NMF 假设有足够的数据样本, 任何数据样本都可以通过相同流形上相邻数据样本的线性组合很好地近似, 因为流形通常是平滑的.

设数据矩阵 $\boldsymbol{X}$ 的大小为 $M \times N$, $\boldsymbol{x}_i$ 是第 i 个样本. 由于有足够的样本, 并且流形是平滑的, 数据点能够被同一流形上的少量近邻的线性组合很好近似, 因此在整个数据矩阵 $\boldsymbol{X}$ 上有稀疏表达. 为了识别能够近似 $\boldsymbol{x}_i$ 的样本集, MM_NMF 使用了最稀疏的线性组合, 该组合能够通过 L_1 范数最小化近似 $\boldsymbol{x}_i$. 稀疏结构矩阵 $\boldsymbol{S}$ 可以从等式 $\boldsymbol{X} = \boldsymbol{X}\boldsymbol{S}$ 获得, $\boldsymbol{S}$ 的对角元素为 0. 这意味着任何样本能够被同一流形上的其他几个样本表示.

设 $\boldsymbol{s}_i$ 是 $\boldsymbol{S}$ 的第 i 列, $\boldsymbol{S}$ 的构造如式 (1.3.77) 所示. 对任意的 $i = 1, \cdots, N$,

$$
\begin{aligned}
&\min_{\boldsymbol{s}_i} ||\boldsymbol{s}_i||_1 \\
&\text{s.t. } \boldsymbol{x}_i = \boldsymbol{X}\boldsymbol{s}_i,\ (\boldsymbol{S})_{ii} = 0
\end{aligned}
\tag{1.3.77}
$$

在实际应用中可能有一些噪声, 使得等式约束不能成立, 为此, 放松等式约束为式 (1.3.78)

$$\begin{aligned}&\min_{\boldsymbol{s}_i} ||\boldsymbol{s}_i||_1 \\ &\text{s.t. } ||\boldsymbol{x}_i - \boldsymbol{X}\boldsymbol{s}_i||_2 < \varepsilon,\ (\boldsymbol{S})_{ii} = 0\end{aligned} \tag{1.3.78}$$

理想情况下, 向量 $\boldsymbol{s}_i$ 中的非零项对应于与 $\boldsymbol{x}_i$ 位于同一低维流形上的样本. 另一方面, 欧几里得空间中来自另一个流形的最近样本可能不会出现在非零项中. ε 控制噪声能量.

为了在矩阵分解中保护通过 $\boldsymbol{S}$ 表达的几何关系, MM_NMF 最小化式 (1.3.79)

$$\begin{aligned}\sum_i ||\boldsymbol{v}_i - \boldsymbol{V}\boldsymbol{s}_i||_2 &= ||\boldsymbol{V} - \boldsymbol{V}\boldsymbol{S}||_{\mathrm{F}} = ||\boldsymbol{V}(\boldsymbol{I}-\boldsymbol{S})||_{\mathrm{F}} \\ &= \mathrm{Tr}(\boldsymbol{V}(\boldsymbol{I}-\boldsymbol{S})(\boldsymbol{I}-\boldsymbol{S})^{\mathrm{T}}\boldsymbol{V}^{\mathrm{T}}) = \mathrm{Tr}(\boldsymbol{V}\boldsymbol{G}\boldsymbol{V}^{\mathrm{T}})\end{aligned} \tag{1.3.79}$$

其中 $\boldsymbol{I} \in \Re^{N\times N}$, $\boldsymbol{G} = (\boldsymbol{I}-\boldsymbol{S})(\boldsymbol{I}-\boldsymbol{S})^{\mathrm{T}}$, $\boldsymbol{V} = [\boldsymbol{v}_1, \cdots, \boldsymbol{v}_i, \cdots, \boldsymbol{v}_N]$.

基于稀疏性和每个流形上局部结构保护的考虑, MM_NMF 的目标函数定义为

$$J_{\mathrm{MM\_NMF}}(\boldsymbol{U}, \boldsymbol{V}) = ||\boldsymbol{X} - \boldsymbol{U}\boldsymbol{V}||_{\mathrm{F}}^2 + \zeta||\boldsymbol{U}||_{\mathrm{F}}^2 + \lambda\sum_j \|\boldsymbol{v}_j\|_1^2 + \eta\mathrm{Tr}(\boldsymbol{V}\boldsymbol{G}\boldsymbol{V}^{\mathrm{T}}) \tag{1.3.80}$$

其中 $\boldsymbol{v}_j$ 是 $\boldsymbol{V}$ 的第 j 列, $\lambda\sum_j \|\boldsymbol{v}_j\|_1^2$ 鼓励稀疏, $\zeta||\boldsymbol{U}||_{\mathrm{F}}^2$ 用于控制 $\boldsymbol{U}$ 的比例, 最后一项用于保护每个流形的局部几何结构. 参数 λ 控制期望的稀疏度, ζ 设置为 $\boldsymbol{X}$ 的最大值.

MM_NMF 通过迭代更新 $\boldsymbol{U}$ 和 $\boldsymbol{V}$ 的方式找 $J_{\mathrm{MM\_NMF}}(\boldsymbol{U}, \boldsymbol{V})$ 的局部最小. 首先, 固定 $\boldsymbol{V}$, 更新 $\boldsymbol{U}$

$$\begin{aligned}\boldsymbol{U} &= \arg\min_{\boldsymbol{U}\geqslant 0} ||\boldsymbol{X} - \boldsymbol{U}\boldsymbol{V}||_{\mathrm{F}}^2 + \zeta||\boldsymbol{U}||_{\mathrm{F}}^2 + \lambda\sum_j ||\boldsymbol{v}_j||_1^2 + \eta\mathrm{Tr}(\boldsymbol{V}\boldsymbol{G}\boldsymbol{V}^{\mathrm{T}}) \\ &= \arg\min_{\boldsymbol{U}\geqslant 0} ||\boldsymbol{X} - \boldsymbol{U}\boldsymbol{V}^{\mathrm{T}}||_{\mathrm{F}}^2 + \zeta||\boldsymbol{U}||_{\mathrm{F}}^2 \\ &= \arg\min_{\boldsymbol{U}\geqslant 0} ||(\boldsymbol{X}, \boldsymbol{0}_{M\times k}) - \boldsymbol{U}(\boldsymbol{V}, \sqrt{\zeta}\boldsymbol{I}_k)||_{\mathrm{F}}^2 \\ &= \arg\min_{\boldsymbol{U}\geqslant 0} ||\tilde{\boldsymbol{X}} - \boldsymbol{U}\tilde{\boldsymbol{V}}||_{\mathrm{F}}^2\end{aligned} \tag{1.3.81}$$

其中 $\tilde{\boldsymbol{X}} = (\boldsymbol{X}, \boldsymbol{0}_{M\times k})$, $\tilde{\boldsymbol{V}} = (\boldsymbol{V}, \sqrt{\zeta}\boldsymbol{I}_k)$.

从而, $\boldsymbol{U}$ 的更新规则为式 (1.3.82) 或 (1.3.83), 两式相似.

$$u_{ij} \leftarrow u_{ij}\frac{(\tilde{\boldsymbol{X}}\tilde{\boldsymbol{V}}^{\mathrm{T}})_{ij}}{(\boldsymbol{U}\tilde{\boldsymbol{V}}\tilde{\boldsymbol{V}}^{\mathrm{T}})_{ij}} \tag{1.3.82}$$

或

$$u_{ij} \leftarrow u_{ij}\sqrt{\frac{(\tilde{\boldsymbol{X}}\tilde{\boldsymbol{V}}^{\mathrm{T}})_{ij}}{(\boldsymbol{U}\tilde{\boldsymbol{V}}\tilde{\boldsymbol{V}}^{\mathrm{T}})_{ij}}} \tag{1.3.83}$$

然后, 固定 $\boldsymbol{U}$, 更新 $\boldsymbol{V}$. 关于 $\boldsymbol{V}$ 的目标函数可以写为

$$\begin{aligned}\boldsymbol{V} &= \arg\min_{\boldsymbol{V}} J_{\mathrm{MM\_NMF}} \\ &= \arg\min_{\boldsymbol{V}} ||\boldsymbol{X}-\boldsymbol{U}\boldsymbol{V}||_{\mathrm{F}}^2+\lambda\sum_j||\boldsymbol{v}_j||_1^2+\eta\mathrm{Tr}(\boldsymbol{V}\boldsymbol{G}\boldsymbol{V}^{\mathrm{T}}) \\ &= \arg\min_{\boldsymbol{V}} \left\|\begin{pmatrix}\boldsymbol{X}\\ \boldsymbol{0}_{1\times N}\end{pmatrix}-\begin{pmatrix}\boldsymbol{U}\\ \sqrt{\lambda}\boldsymbol{e}_{1\times k}\end{pmatrix}\boldsymbol{V}\right\|_{\mathrm{F}}^2+\eta\mathrm{Tr}(\boldsymbol{V}\boldsymbol{G}\boldsymbol{V}^{\mathrm{T}}) \\ &= \arg\min_{\boldsymbol{V}} ||\tilde{\boldsymbol{X}}-\tilde{\boldsymbol{U}}\boldsymbol{V}||_{\mathrm{F}}^2+\eta\mathrm{Tr}(\boldsymbol{V}\boldsymbol{G}\boldsymbol{V}^{\mathrm{T}})\end{aligned} \tag{1.3.84}$$

其中 $\tilde{\boldsymbol{X}}=\begin{pmatrix}\boldsymbol{X}\\ \boldsymbol{0}_{1\times N}\end{pmatrix}$, $\tilde{\boldsymbol{U}}=\begin{pmatrix}\boldsymbol{U}\\ \sqrt{\lambda}\boldsymbol{e}_{1\times k}\end{pmatrix}$.

从而, $\boldsymbol{V}$ 的更新规则为

$$v_{ij} \leftarrow v_{ij}\sqrt{\frac{(\tilde{\boldsymbol{U}}^{\mathrm{T}}\tilde{\boldsymbol{X}}+\eta\boldsymbol{V}G^{-})_{ij}}{(\tilde{\boldsymbol{U}}^{\mathrm{T}}\tilde{\boldsymbol{U}}\boldsymbol{V}+\eta\boldsymbol{V}\boldsymbol{G}^{+})_{ij}}} \tag{1.3.85}$$

其中 $\boldsymbol{G}=\boldsymbol{G}^{+}-\boldsymbol{G}^{-}$, $\boldsymbol{G}_{ij}^{+}=\dfrac{|\boldsymbol{G}_{ij}|+\boldsymbol{G}_{ij}}{2}$, $\boldsymbol{G}_{ij}^{-}=\dfrac{|\boldsymbol{G}_{ij}|-\boldsymbol{G}_{ij}}{2}$.

2. 多流形学习的群稀疏非负矩阵分解

多流形学习的群稀疏非负矩阵分解 (group sparse non-negative matrix factorization for multi-manifold learning, GSNMF) 在目标函数中采用了 $\mathrm{L}_1/\mathrm{L}_2$ 正则, 通过对系数矩阵的列向量施加群稀疏性 (仅对应于相同类的系数是非零的) 约束, 学习多个线性流形, 其中每个流形属于一个特定类别. 对于测试图像, GSNMF 将其表示为学到的多个线性流形的线性组合.

给定数据矩阵 $\boldsymbol{X}=[\boldsymbol{x}_1,\boldsymbol{x}_2,\cdots,\boldsymbol{x}_N]\in\Re_{+}^{M\times N}$, GSNMF 的目的是找到两个非负矩阵 $\boldsymbol{U}\in\Re^{M\times R}$ 和 $\boldsymbol{V}\in\Re^{R\times N}$. 假设流形的数目是 K, 每个流形的维度是 p, 则 $R=K\times p$. $\boldsymbol{V}$ 的第 j 列向量 $\boldsymbol{v}_j\in\Re^{R\times 1}$ 可以被分成 K 个群 $\boldsymbol{G}_k$, $k=1,2,\cdots,K$, 每个群有 p 个系数. 给定 $\boldsymbol{V}$ 的列向量 $\boldsymbol{v}_j$ 的一个群 $\boldsymbol{G}$, 第 k 个群的范数 $||\boldsymbol{G}_k||_2$ 定义为

$$||\boldsymbol{G}_k||_2=\left(\sum_{\alpha\in\boldsymbol{G}_k}v_{\alpha j}^2\right)^{\frac{1}{2}} \tag{1.3.86}$$

其中 $||\cdot||_2$ 是 L_2 范数. 系数矩阵 $\boldsymbol{V}$ 的列 $\boldsymbol{v}_j(j=1,\cdots,n)$ 的群稀疏性定义为

$$||\boldsymbol{v}_j||_1^{\boldsymbol{G}}=\sum_k||\boldsymbol{G}_k||_2=\sum_k\left(\sum_{\alpha\in\boldsymbol{G}_k}v_{\alpha j}^2\right)^{\frac{1}{2}} \tag{1.3.87}$$

其中 $||\cdot||_1$ 是 L_1 范数, $||\boldsymbol{v}_j||_1^{\boldsymbol{G}}$ 是向量 $\boldsymbol{V}_j$ 的 $\mathrm{L}_1/\mathrm{L}_2$ 正则.

在系数矩阵 $\boldsymbol{V}$ 的列向量上施加 $\mathrm{L}_1/\mathrm{L}_2$ 正则之后, 期望对应的基矩阵 $\boldsymbol{U}$ 由多个线性流形组成, 每个线性流形属于一个特定的类. GSNMF 最小化的距离目标函数和散度目标函数分别如式 (1.3.88) 和 (1.3.89) 所示, 目标函数中融合了 $\mathrm{L}_1/\mathrm{L}_2$ 正则, 其中正则化参数 λ 控制新表示的平滑度.

$$\begin{aligned}&J_{\mathrm{GSNMF1}}(\boldsymbol{U},\boldsymbol{V})=||\boldsymbol{X}-\boldsymbol{U}\boldsymbol{V}||_{\mathrm{F}}^2+\lambda\sum_{j=1}^N||\boldsymbol{v}_j||_1^G\\&\mathrm{s.t.}\boldsymbol{U}\geqslant 0,\boldsymbol{V}\geqslant 0\end{aligned} \tag{1.3.88}$$

$$\begin{aligned}&J_{\mathrm{GSNMF2}}(\boldsymbol{U},\boldsymbol{V})=\sum_{i,j}\left(x_{ij}\ln\frac{x_{ij}}{(\boldsymbol{U}\boldsymbol{V})_{ij}}-x_{ij}+(\boldsymbol{U}\boldsymbol{V})_{ij}\right)+\lambda\sum_{j=1}^N||\boldsymbol{v}_j||_1^G\\&\mathrm{s.t.}\ \boldsymbol{U}\geqslant 0,\boldsymbol{V}\geqslant 0\end{aligned} \tag{1.3.89}$$

在式 (1.3.88) 和式 (1.3.89) 中, $\boldsymbol{U}$ 和 $\boldsymbol{V}$ 不共凸, 因此期望找到 $J_{\mathrm{GSNMF1}}(\boldsymbol{U},\boldsymbol{V})$ 和 $J_{\mathrm{GSNMF2}}(\boldsymbol{U},\boldsymbol{V})$ 的全局最小值是不现实的. 但是可以通过迭代方式分别实现目标函数 $J_{\mathrm{GSNMF1}}(\boldsymbol{U},\boldsymbol{V})$ 和 $J_{\mathrm{GSNMF2}}(\boldsymbol{U},\boldsymbol{V})$ 的局部最小值.

优化 $J_{\mathrm{GSNMF1}}(\boldsymbol{U},\boldsymbol{V})$: 由于 $\boldsymbol{U},\boldsymbol{V}\geqslant 0$, 引入拉格朗日乘子 $\boldsymbol{\varphi}\in\Re^{M\times R}$ 和 $\boldsymbol{\psi}\in\Re^{R\times N}$, 因此拉格朗日函数为

$$\mathcal{L}=||\boldsymbol{X}-\boldsymbol{U}\boldsymbol{V}||_{\mathrm{F}}^2+\lambda\sum_{j=1}^N||\boldsymbol{v}_j||_1^{\boldsymbol{G}}+\mathrm{Tr}(\boldsymbol{\varphi}\boldsymbol{U}^{\mathrm{T}})+\mathrm{Tr}(\boldsymbol{\psi}\boldsymbol{V}^{\mathrm{T}}) \tag{1.3.90}$$

让 $\dfrac{\partial\mathcal{L}}{\partial u_{it}}=0$, $\dfrac{\partial\mathcal{L}}{\partial v_{tj}}=0$, 有

$$2(\boldsymbol{U}\boldsymbol{V}\boldsymbol{V}^{\mathrm{T}}-\boldsymbol{X}\boldsymbol{V}^{\mathrm{T}})_{it}+(\boldsymbol{\varphi})_{it}=0 \tag{1.3.91}$$

$$2(\boldsymbol{U}^{\mathrm{T}}\boldsymbol{U}\boldsymbol{V}-\boldsymbol{U}^{\mathrm{T}}\boldsymbol{X})_{tj}+\lambda\frac{v_{tj}}{\sqrt{\displaystyle\sum_{t,\alpha\in\boldsymbol{G}_k}v_{\alpha j}^2}}+(\boldsymbol{\psi})_{tj}=0 \tag{1.3.92}$$

使用 KKT 条件 $(\boldsymbol{\varphi})_{it}u_{it}=0$, $(\boldsymbol{\psi})_{tj}v_{tj}=0$, 可以得到

$$\left(\boldsymbol{U}\boldsymbol{V}\boldsymbol{V}^{\mathrm{T}}-\boldsymbol{X}\boldsymbol{V}^{\mathrm{T}}\right)_{it}u_{it}=0 \tag{1.3.93}$$

$$\left((\boldsymbol{U}^{\mathrm{T}}\boldsymbol{U}\boldsymbol{V}-\boldsymbol{U}^{\mathrm{T}}\boldsymbol{X})_{tj}+\frac{\lambda v_{tj}}{2\sqrt{\sum\limits_{t,\alpha\in\boldsymbol{G}_k}v_{\alpha j}^2}}\right)v_{tj}=0 \tag{1.3.94}$$

从而可得 $\boldsymbol{U}$ 和 $\boldsymbol{V}$ 的更新规则

$$v_{tj}\leftarrow v_{tj}\frac{(\boldsymbol{U}^{\mathrm{T}}\boldsymbol{X})_{tj}}{(\boldsymbol{U}^{\mathrm{T}}\boldsymbol{U}\boldsymbol{V})_{tj}+\dfrac{\lambda v_{tj}}{2\sqrt{\sum\limits_{t,\alpha\in\boldsymbol{G}_k}v_{\alpha j}^2}}} \tag{1.3.95}$$

$$u_{it}\leftarrow u_{it}\frac{(\boldsymbol{X}\boldsymbol{V}^{\mathrm{T}})_{it}}{(\boldsymbol{U}\boldsymbol{V}\boldsymbol{V}^{\mathrm{T}})_{it}} \tag{1.3.96}$$

优化 $J_{\mathrm{GSNMF2}}(\boldsymbol{U},\boldsymbol{V})$: 与 $J_{\mathrm{GSNMF1}}(\boldsymbol{U},\boldsymbol{V})$ 优化类似, GSNMF 散度目标函数的更新规则为

$$v_{tj}\leftarrow v_{tj}\frac{\sum\limits_i(\boldsymbol{U}\boldsymbol{X})_{ij}\Big/(\boldsymbol{U}\boldsymbol{V})_{ij}}{\sum\limits_i u_{it}+\dfrac{\lambda u_{tj}}{\sqrt{\sum\limits_{t,\alpha\in\boldsymbol{G}_k}v_{\alpha j}^2}}} \tag{1.3.97}$$

$$u_{it}\leftarrow u_{it}\frac{\sum\limits_j(\boldsymbol{V}\boldsymbol{X})_{ij}\Big/(\boldsymbol{U}\boldsymbol{V})_{ij}}{\sum\limits_j v_{tj}} \tag{1.3.98}$$

1.3.5 放松非负约束的 NMF

1. 半非负矩阵分解

在传统的半非负矩阵分解 (semi-nonnegative matrix factorizations, Semi-NMF) 中, N 个数据点的数据矩阵 $\boldsymbol{X}=(\boldsymbol{x}_1,\boldsymbol{x}_2,\cdots,\boldsymbol{x}_N)\in\Re^{M\times N}$、基矩阵 $\boldsymbol{U}\in\Re^{M\times K}$ 和系数矩阵 $\boldsymbol{V}\in\Re^{N\times K}$ 都是非负的. 当 NMF 用于对数据 $\boldsymbol{X}$ 进行聚类时, 基矩阵 $\boldsymbol{U}=[\boldsymbol{u}_1,\boldsymbol{u}_2,\cdots,\boldsymbol{u}_K]$ 表示簇的质心, 系数矩阵 $\boldsymbol{V}=[\boldsymbol{v}_1,\boldsymbol{v}_2,\cdots,\boldsymbol{v}_N]^{\mathrm{T}}$, $\boldsymbol{v}_i\in\Re^{1\times K}$, $i=1,2,\cdots,N$ 表示每个数据点属于各个簇的隶属度. 由于数据和簇的质心可能包含负值, 因此, NMF 并不适用于所有数据的聚类.

Semi-NMF 放松了 NMF 的非负性约束, 允许数据矩阵 $\boldsymbol{X}$ 和基矩阵 $\boldsymbol{U}$ 具有混合符号, 仅限制系数矩阵 $\boldsymbol{V}$ 由严格的非负分量组成, 扩展了 NMF 的应用范围. Semi-NMF 近似于以下分解

$$\boldsymbol{X}^{\pm}\approx\boldsymbol{U}^{\pm}(\boldsymbol{V}^{+})^{\mathrm{T}} \tag{1.3.99}$$

式 (1.3.100) 是 K-均值聚类的损失函数, 由此可以看到, K-均值聚类的目标可以视为矩阵近似的目标函数.

$$J_{K\text{-均值}}(\boldsymbol{U},\boldsymbol{V})=\sum_{i=1}^{N}\sum_{k=1}^{K}v_{ik}\|\boldsymbol{x}_i-\boldsymbol{u}_k\|^2=\|\boldsymbol{X}-\boldsymbol{U}\boldsymbol{V}^{\mathrm{T}}\|_{\mathrm{F}}^2 \tag{1.3.100}$$

其中 $\|\boldsymbol{a}\|$ 表示向量 $\boldsymbol{a}$ 的 L_2 范数, $\|\boldsymbol{A}\|_{\mathrm{F}}$ 表示矩阵 $\boldsymbol{A}$ 的 Frobenius 范数. 因此, 不对数据矩阵和基矩阵施加正交约束的 Semi-NMF 可以视为软聚类方法. Semi-NMF 的目标函数为

$$\begin{aligned}&J_{\text{Semi-NMF}}(\boldsymbol{U},\boldsymbol{V})=\|\boldsymbol{X}-\boldsymbol{U}\boldsymbol{V}^{\mathrm{T}}\|_{\mathrm{F}}^2\\&\text{s.t. }\boldsymbol{V}\geqslant 0\end{aligned} \tag{1.3.101}$$

$J_{\text{Semi-NMF}}(\boldsymbol{U},\boldsymbol{V})$ 的优化通过 $\boldsymbol{U}^{\pm}$ 和 $\boldsymbol{V}^{+}$ 的交替优化 (固定一个, 更新另一个) 完成, 优化过程中仅对系数矩阵 $\boldsymbol{V}$ 施加非负约束. 首先通过 K-均值聚类初始化 $\boldsymbol{V}$, 聚类后如果 $\boldsymbol{x}_i$ 属于第 k 簇, 则簇指示 $v_{ik}=1$; 否则, $v_{ik}=0$. 为了避免被零除, 可对 $\boldsymbol{V}$ 的所有元素增加一个小常量 (比如 0.2).

固定 $\boldsymbol{V}$, 更新 $\boldsymbol{U}$: 由于 $J_{\text{Semi-NMF}}(\boldsymbol{U},\boldsymbol{V})=\|\boldsymbol{X}-\boldsymbol{U}\boldsymbol{V}^{\mathrm{T}}\|_{\mathrm{F}}^2=\mathrm{Tr}(\boldsymbol{X}^{\mathrm{T}}\boldsymbol{X}-2\boldsymbol{X}^{\mathrm{T}}\boldsymbol{U}\boldsymbol{V}^{\mathrm{T}}+\boldsymbol{V}\boldsymbol{U}^{\mathrm{T}}\boldsymbol{U}\boldsymbol{V}^{\mathrm{T}})$, $\dfrac{\mathrm{d}J_{\text{Semi-NMF}}(\boldsymbol{U},\boldsymbol{V})}{\mathrm{d}\boldsymbol{U}}=-2\boldsymbol{X}\boldsymbol{V}+2\boldsymbol{U}\boldsymbol{V}^{\mathrm{T}}\boldsymbol{V}=0$, 所以

$$\boldsymbol{U}=\boldsymbol{X}\boldsymbol{V}(\boldsymbol{V}^{\mathrm{T}}\boldsymbol{V})^{-1} \tag{1.3.102}$$

$\boldsymbol{V}^{\mathrm{T}}\boldsymbol{V}$ 是一个 $k\times k$ 的正半定矩阵, 多数情况下, $\boldsymbol{V}^{\mathrm{T}}\boldsymbol{V}$ 是非奇异的. $\boldsymbol{V}^{\mathrm{T}}\boldsymbol{V}$ 奇异时, 采用伪逆.

固定 $\boldsymbol{U}$, 更新 $\boldsymbol{V}$: 构造 $\boldsymbol{V}$ 的拉格朗日函数 $\mathcal{L}(\boldsymbol{V})=\mathrm{Tr}(-2\boldsymbol{X}^{\mathrm{T}}\boldsymbol{U}\boldsymbol{V}^{\mathrm{T}}+\boldsymbol{V}\boldsymbol{U}^{\mathrm{T}}\boldsymbol{U}\boldsymbol{V}^{\mathrm{T}}-\boldsymbol{\beta}\boldsymbol{V}^{\mathrm{T}})$, 其中拉格朗日乘子 β_{ij} 实施非负约束 $v_{ij}\geqslant 0$. $\dfrac{\partial J_{\text{Semi-NMF}}(\boldsymbol{U},\boldsymbol{V})}{\partial\boldsymbol{V}}=-2\boldsymbol{X}^{\mathrm{T}}\boldsymbol{U}+2\boldsymbol{V}\boldsymbol{U}^{\mathrm{T}}\boldsymbol{U}-\boldsymbol{\beta}=0$, 根据 KKT 条件, 有 $(-2\boldsymbol{X}^{\mathrm{T}}\boldsymbol{U}+2\boldsymbol{V}\boldsymbol{U}^{\mathrm{T}}\boldsymbol{U})_{ik}v_{ik}=\beta_{ik}v_{ik}=0$. 因此 $\boldsymbol{V}$ 的更新式为

$$v_{ik}\leftarrow v_{ik}\sqrt{\frac{(\boldsymbol{X}^{\mathrm{T}}\boldsymbol{U})_{ik}^{+}+[\boldsymbol{V}(\boldsymbol{U}^{\mathrm{T}}\boldsymbol{U})^{-}]_{ik}}{(\boldsymbol{X}^{\mathrm{T}}\boldsymbol{U})_{ik}^{-}+[\boldsymbol{V}(\boldsymbol{U}^{\mathrm{T}}\boldsymbol{U})^{+}]_{ik}}} \tag{1.3.103}$$

其中矩阵 $\boldsymbol{A}^{+},\boldsymbol{A}^{-}$ 分别表示 $\boldsymbol{A}$ 的正负部分, $\boldsymbol{A}_{ik}^{+}=(|\boldsymbol{A}_{ik}|+\boldsymbol{A}_{ik})/2$, $\boldsymbol{A}_{ik}^{-}=(|\boldsymbol{A}_{ik}|-\boldsymbol{A}_{ik})/2$.

例 1.3.1 设 $\boldsymbol{X}=\begin{bmatrix}1.3&1.8&4.8&7.1&5.0&5.2&8.0\\1.5&6.9&3.9&-5.5&-8.5&-3.9&-5.5\\6.5&1.6&8.2&-7.2&-8.7&-7.9&-5.2\\3.8&8.3&4.7&6.4&7.5&3.2&7.4\\-7.3&-1.8&-2.1&2.7&6.8&4.8&6.2\end{bmatrix}$, K-均值聚类产生两个簇, 第一个簇包括前三列, 第二个簇包含后四列, 簇的中心为 $J_{K\text{-均值}}=$

$\begin{bmatrix} 0.29 & 0.52 \\ 0.45 & -0.32 \\ 0.59 & -0.60 \\ 0.46 & 0.36 \\ -0.41 & 0.37 \end{bmatrix}$. Semi-NMF 的分解结果为：$\boldsymbol{U}_{\text{Semi}} = \begin{bmatrix} 0.05 & 0.27 \\ 0.40 & -0.40 \\ 0.70 & -0.72 \\ 0.30 & 0.08 \\ -0.51 & 0.49 \end{bmatrix}$, $\boldsymbol{V}_{\text{Semi}}^{\mathrm{T}} = \begin{bmatrix} 0.61 & 0.89 & 0.54 & 0.77 & 0.14 & 0.36 & 0.84 \\ 0.12 & 0.53 & 0.11 & 1.03 & 0.60 & 0.77 & 1.16 \end{bmatrix}$. Semi-NMF 的聚类结果与 K-均值聚类结果相同, 只是 $\boldsymbol{U}_{\text{Semi}}$ 与 $J_{K\text{-均值}}$ 有所偏离, $\|\boldsymbol{U}_{\text{Semi}} - J_{K\text{-均值}}\| = 0.53$, 特别是 $\boldsymbol{U}_{\text{Semi}}$ 中的两个元素与 $J_{K\text{-均值}}$ 中的对应元素离得很远：$(\boldsymbol{U}_{\text{Semi}})_{1,1} = 0.05$ vs. $(J_{K\text{-均值}})_{1,1} = 0.29$, $(\boldsymbol{U}_{\text{Semi}})_{4,2} = 0.08$ vs. $(J_{K\text{-均值}})_{4,2} = 0.36$.

2. 深度半非负矩阵分解

非负矩阵分解学习了数据集的低维表示形式, 有助于解释聚类. 但是低维表示形式与原始特征之间的映射可能包含相当复杂的层次和结构信息, 这些信息使用单级结构的算法难以揭示出来. 深度半非负矩阵分解 (Deep Semi-NMF) 将 Semi-NMF 的概念应用于多层结构, 利用深层结构捕捉复杂的层次信息, 从而学习原始数据的多个隐藏表示, 如图 1.3.1 所示. 由于 Semi-NMF 与 K-均值聚类密切相关, 因此由 Deep Semi-NMF 从原始数据中学到的新表示仍然能够根据数据集的不同潜在属性解释聚类.

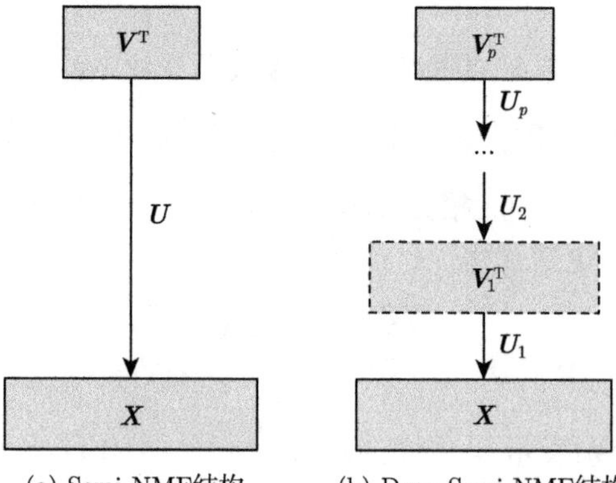

图 1.3.1　Semi-NMF 和 Deep Semi-NMF 结构

Deep Semi-NMF 模型将给定的矩阵 $\boldsymbol{X}$ 分解为 $p+1$ 个因子, 如 (1.3.104) 所示：

$$\boldsymbol{X}^{\pm} \approx \boldsymbol{U}_1^{\pm}\boldsymbol{U}_2^{\pm}\cdots\boldsymbol{U}_p^{\pm}(\boldsymbol{V}_p^{+})^{\mathrm{T}} \tag{1.3.104}$$

式 (1.3.104) 允许将数据变为 p 层层次结构的隐式表示, 该表示可以通过以下分解

得到

$$
\begin{aligned}
(\boldsymbol{V}_{p-1}^{+})^{\mathrm{T}} &\approx \boldsymbol{U}_p^{\pm}(\boldsymbol{V}_p^{+})^{\mathrm{T}} \\
&\cdots\cdots \\
(\boldsymbol{V}_2^{+})^{\mathrm{T}} &\approx \boldsymbol{U}_3^{\pm}\cdots\boldsymbol{U}_p^{\pm}(\boldsymbol{V}_p^{+})^{\mathrm{T}} \\
(\boldsymbol{V}_1^{+})^{\mathrm{T}} &\approx \boldsymbol{U}_2^{\pm}\cdots\boldsymbol{U}_p^{\pm}(\boldsymbol{V}_p^{+})^{\mathrm{T}}
\end{aligned}
\tag{1.3.105}
$$

这些隐式表示 $(\boldsymbol{V}_1^{+})^{\mathrm{T}},\cdots,(\boldsymbol{V}_{p-1}^{+})^{\mathrm{T}}$ 也被约束为非负, 因此这个层次表示的每一层都能对簇进行解释. 比如, 在图 1.3.2 中, 模型的输入 $\boldsymbol{X}$ 是来自不同身份的面部图像的集合, 各个图像有不同的姿势和表情. Semi-NMF 将找到 $\boldsymbol{X}$ 的表示 $\boldsymbol{V}^{\mathrm{T}}$ 和身份与面部图像之间的映射 $\boldsymbol{U}$, $\boldsymbol{V}^{\mathrm{T}}$ 可用于被摄对象的聚类. 在 Deep Semi-NMF 中, 从身份到面部图像的映射将进一步分解为三个因子 $\boldsymbol{U}=\boldsymbol{U}_1\boldsymbol{U}_2\boldsymbol{U}_3$ 的乘积, 其中 $\boldsymbol{U}_3$ 对应于身份到情感的映射, $\boldsymbol{U}_2\boldsymbol{U}_3$ 对应于身份到姿势的映射, $\boldsymbol{U}_1\boldsymbol{U}_2\boldsymbol{U}_3$ 对应于身份到面部图像的映射. 这意味着, 数据 $\boldsymbol{X}$ 能够根据 3 种不同的属性以 3 种不同的方式进行分解:

$$
\begin{aligned}
\boldsymbol{X}^{\pm} &\approx \boldsymbol{U}_1^{\pm}(\boldsymbol{V}_1^{+})^{\mathrm{T}} \\
\boldsymbol{X}^{\pm} &\approx \boldsymbol{U}_1^{\pm}\boldsymbol{U}_2^{\pm}(\boldsymbol{V}_2^{+})^{\mathrm{T}} \\
\boldsymbol{X}^{\pm} &\approx \boldsymbol{U}_1^{\pm}\boldsymbol{U}_2^{\pm}\boldsymbol{U}_3^{\pm}(\boldsymbol{V}_3^{+})^{\mathrm{T}}
\end{aligned}
\tag{1.3.106}
$$

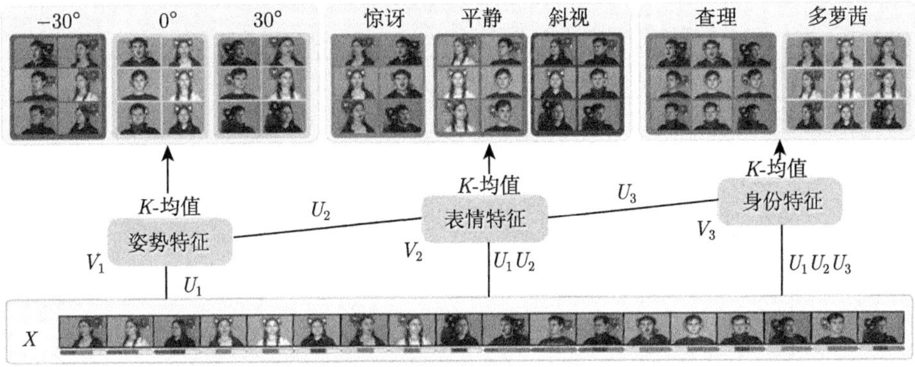

图 1.3.2 学习层次表示的 Deep Semi-NMF 模型, 其中 $\boldsymbol{V}_3^{\mathrm{T}}$ 用于按身份聚类图像, $\boldsymbol{V}_2^{\mathrm{T}}\sim\boldsymbol{U}_3\boldsymbol{V}_3^{\mathrm{T}}$ 用于按表情聚类图像, $\boldsymbol{V}_1^{\mathrm{T}}\sim\boldsymbol{U}_2\boldsymbol{U}_3\boldsymbol{V}_3^{\mathrm{T}}$ 用于按姿势聚类图像

通过进一步分解 $\boldsymbol{U}$, Deep Semi-NMF 模型能够自动学习属性的潜在层次结构, 能够根据与模型中每一层相对应的属性找到最适合聚类的数据表示, 能够根据变异性最低的属性 (比如所描绘的面孔的身份), 在最终层为聚类找到一种更好的高级表示.

Deep Semi-NMF 的目标函数为

$$
J_{\mathrm{DSemi\text{-}NMF}}(\boldsymbol{U},\boldsymbol{V})=\frac{1}{2}\|\boldsymbol{X}-\boldsymbol{U}_1\boldsymbol{U}_2\cdots\boldsymbol{U}_p\boldsymbol{V}_p^{\mathrm{T}}\|_{\mathrm{F}}^2
$$

$$=\mathrm{Tr}[\boldsymbol{X}^{\mathrm{T}}\boldsymbol{X}-2\boldsymbol{X}^{\mathrm{T}}\boldsymbol{U}_1\boldsymbol{U}_2\cdots\boldsymbol{U}_p\boldsymbol{V}_p^{\mathrm{T}}$$
$$+\boldsymbol{V}_p\boldsymbol{U}_p^{\mathrm{T}}\boldsymbol{U}_{p-1}^{\mathrm{T}}\cdots\boldsymbol{U}_1^{\mathrm{T}}\boldsymbol{U}_1\boldsymbol{U}_2\cdots\boldsymbol{U}_p\boldsymbol{V}_p^{\mathrm{T}}] \tag{1.3.107}$$

从而可得 $\boldsymbol{U}_i$, $\boldsymbol{V}_i$ 的更新式为

$$\boldsymbol{U}_i=(\boldsymbol{\Psi}^{\mathrm{T}}\boldsymbol{\Psi})^{-1}\boldsymbol{\Psi}^{\mathrm{T}}\boldsymbol{X}\tilde{\boldsymbol{V}}_i(\tilde{\boldsymbol{V}}_i^{\mathrm{T}}\tilde{\boldsymbol{V}}_i)^{-1} \tag{1.3.108}$$

$$\boldsymbol{U}_i=\boldsymbol{\Psi}^{\dagger}\boldsymbol{X}(\tilde{\boldsymbol{V}}_i^{\mathrm{T}})^{\dagger} \tag{1.3.109}$$

$$v_{ik}\leftarrow v_{ik}\sqrt{\frac{(\boldsymbol{X}^{\mathrm{T}}\boldsymbol{\Psi})_{ik}^{+}+[\boldsymbol{V}_i(\boldsymbol{\Psi}^{\mathrm{T}}\boldsymbol{\Psi})^{-}]_{ik}}{(\boldsymbol{X}^{\mathrm{T}}\boldsymbol{\Psi})_{ik}^{-}+[\boldsymbol{V}_i(\boldsymbol{\Psi}^{\mathrm{T}}\boldsymbol{\Psi})^{+}]_{ik}}} \tag{1.3.110}$$

其中 $\boldsymbol{\Psi}=\boldsymbol{U}_1,\cdots,\boldsymbol{U}_{i-1}$, † 表示 Moore-Penrose 伪逆, $\tilde{\boldsymbol{V}}_i$ 表示第 i 层系数矩阵的重构.

训练 Deep Semi-NMF 模型的算法如算法 1.3.2 所示. 首先使用 Semi-NMF 近似估计基矩阵 $\boldsymbol{U}_i$ 和系数矩阵 $\boldsymbol{V}_i$, 然后微调 $\boldsymbol{U}_i$ 和 $\boldsymbol{V}_i$ 直至收敛, 其中 k 是所有层的最大分量数.

算法 1.3.2 Deep Semi-NMF 算法

输入: 非负矩阵 $\boldsymbol{X}$, 存放各层大小的列表 layers

输出: 各层的基矩阵 $\boldsymbol{U}_i$ 和系数矩阵 $\boldsymbol{V}_i$

1. **for** 所有层 **do**
2. $\quad\boldsymbol{U}_i,\ \boldsymbol{V}_i^{\mathrm{T}}\leftarrow \text{Semi-NMF}\left(\boldsymbol{V}_{i-1}^{\mathrm{T}};\text{layers}\,(i)\right)$
3. **end for**
4. **repeat**
5. $\quad$**for** 所有层 **do**
6. $\quad\quad$如果 $i=k$, $\tilde{\boldsymbol{V}}_i^{\mathrm{T}}\leftarrow\boldsymbol{V}_i^{\mathrm{T}}$; 否则 $\tilde{\boldsymbol{V}}_i^{\mathrm{T}}\leftarrow\boldsymbol{U}_{i+1}\tilde{\boldsymbol{V}}_{i+1}^{\mathrm{T}}$
7. $\quad\quad\boldsymbol{\Psi}\leftarrow\prod_{k=1}^{i-1}\boldsymbol{U}_k$
8. $\quad\quad\boldsymbol{U}_i\leftarrow\boldsymbol{\Psi}^{\dagger}\boldsymbol{X}(\tilde{\boldsymbol{V}}_i^{\mathrm{T}})^{\dagger}$
9. $\quad\quad v_{ik}\leftarrow v_{ik}\sqrt{\frac{(\boldsymbol{X}^{\mathrm{T}}\boldsymbol{\Psi})_{ik}^{+}+[\boldsymbol{V}_i(\boldsymbol{\Psi}^{\mathrm{T}}\boldsymbol{\Psi})^{-}]_{ik}}{(\boldsymbol{X}^{\mathrm{T}}\boldsymbol{\Psi})_{ik}^{-}+[\boldsymbol{V}_i(\boldsymbol{\Psi}^{\mathrm{T}}\boldsymbol{\Psi})^{+}]_{ik}}}$
10. $\quad$**end for**
11. **until** 收敛

1.3.6 考虑效率的 NMF

1. 随机的分层交替最小二乘

尽管 NMF 是一种强有力的数据分析工具, 但是 "大数据" 的出现严重挑战了使用确定性算法计算这种基本分解的能力. 随机的分层交替最小二乘 (hierarchical alternating least squares, HALS) 算法通过从非负输入数据得出较小的替代矩阵, 可以更有效地计算出非负分解. 只要输入数据具有低秩结构, HALS 算法可以缓解海量数据带来的计算难题. 因此 HALS 可以扩展到大数据应用程序, 同时获得接近最佳的因子分解.

1) 生成替代矩阵

在 "大数据" 时代, 概率方法已成为计算低秩矩阵近似的一种必要方法, 其核心概念是利用随机性来形成一个可以捕获高维输入矩阵基本信息的替代矩阵. 假设输入矩阵具有低秩结构, 即有效秩小于其行或列的大小. 设 $\boldsymbol{X}$ 为 $M \times N$ 矩阵, 不失一般性, 假设 $N \leqslant M$, 近似矩阵的秩由整数 k 表示, 并假定 $k \ll N$. 设 $\boldsymbol{Y} = \boldsymbol{X\Omega}$, $\boldsymbol{\Omega} \in \Re^{N\times k}$ 是随机测试矩阵, $\boldsymbol{\Omega}$ 的项 ω_{ij} 从 [0, 1] 区间按均匀分布独立地抽取. 使用 $\boldsymbol{Y}$ 的 QR 分解来形成具有正交列的矩阵 $\boldsymbol{Q} \in \Re^{M\times k}$, 该矩阵构成了输入矩阵的近似最佳正态基, 从而 $\boldsymbol{X} \approx \boldsymbol{QQ}^{\mathrm{T}}\boldsymbol{X}$ 成立. 将输入矩阵投影到低维空间可以计算出较小的矩阵 $\boldsymbol{B} = \boldsymbol{Q}^{\mathrm{T}}\boldsymbol{X} \in \Re^{k\times N}$. 因此, 输入矩阵可以近似分解为 $\boldsymbol{X} \approx \boldsymbol{QB}$. 该过程在欧几里得意义上保留了几何结构. 在许多应用中, 较小的矩阵 $\boldsymbol{B}$ 足以构成所需的低秩近似. 近似质量可以通过过采样和幂迭代的概念来控制. $\boldsymbol{X} \approx \boldsymbol{QB}$ 的期望误差小于 $\left[1+\sqrt{\dfrac{k}{p-1}}+\dfrac{e\sqrt{k+p}}{p}\cdot\sqrt{N-k}\right]^{\frac{1}{2q+1}}\sigma_{k+1}(\boldsymbol{X})$, 其中 p 表示过采样参数, q 表示附加幂迭代次数. 随着 p 的增加, 误差趋向于可能的最佳近似误差, 即奇异值 $\sigma_{k+1}(\boldsymbol{X})$.

2) 层次交替最小二乘法

块坐标下降 (block coordinate descent, BCD) 方法是一种通用的算法优化方法, 其主要思想是迭代地固定一组组件并针对其余组件进行优化. 遵循这种理念, HALS 算法将原始问题分解为一系列更简单的优化问题, 从而可以有效地计算 NMF.

假设通过固定除了由 $\boldsymbol{U}$ 的第 j 列 $\boldsymbol{U}_{:j}$ 和 $\boldsymbol{V}$ 的第 j 列 $\boldsymbol{V}_{:j}$ 组成的块之外的大多数项来更新 $\boldsymbol{U}$ 和 $\boldsymbol{V}$. 因此, 每个子问题本质上被简化为更小的最小化问题. HALS 近似最小化

$$J_j(\boldsymbol{U}_{:j}, \boldsymbol{V}_{:j}) = ||\boldsymbol{X}^{(j)} - \boldsymbol{U}_{:j}\boldsymbol{V}_{:j}^{\mathrm{T}}||_{\mathrm{F}}^2 \tag{1.3.111}$$

其中 $\boldsymbol{X}^{(j)}$ 是第 j 个分量的残差, 即

$$\boldsymbol{X}^{(j)} = \sum_{i\neq j}^{k} \boldsymbol{U}_{:i}\boldsymbol{V}_{:i}^{\mathrm{T}} \tag{1.3.112}$$

由于

$$\frac{\partial J_j}{\partial \boldsymbol{U}_{:j}} = -\boldsymbol{X}^{(j)}\boldsymbol{V}_{:j} + \boldsymbol{U}_{:j}\boldsymbol{V}_{:j}^{\mathrm{T}}\boldsymbol{V}_{:j} = 0 \tag{1.3.113}$$

$$\frac{\partial J_j}{\partial \boldsymbol{V}_{:j}} = -(\boldsymbol{X}^{(j)})^{\mathrm{T}}\boldsymbol{U}_{:j} + \boldsymbol{V}_{:j}\boldsymbol{U}_{:j}^{\mathrm{T}}\boldsymbol{U}_{:j} = 0 \tag{1.3.114}$$

所以 $\boldsymbol{U}_{:j}$ 和 $\boldsymbol{V}_{:j}$ 的更新规则为

$$\boldsymbol{U}_{:j} \leftarrow \frac{1}{\boldsymbol{V}_{:j}^{\mathrm{T}}\boldsymbol{V}_{:j}}[\boldsymbol{X}^{(j)}\boldsymbol{V}_{:j}]_+ \tag{1.3.115}$$

$$\boldsymbol{V}_{:j} \leftarrow \frac{1}{\boldsymbol{U}_{:j}^{\mathrm{T}}\boldsymbol{U}_{:j}}[(\boldsymbol{X}^{(j)})^{\mathrm{T}}\boldsymbol{U}_{:j}]_+ \tag{1.3.116}$$

式中的最大值操作 $[x]_+ := \max(0,\ x)$ 确保成分非零.

为了提高更新规则的效率, 可以将式 (1.3.115) 和式 (1.3.116) 简化为

$$\boldsymbol{U}_{:j} \leftarrow \left[\boldsymbol{U}_{:j} + \frac{(\boldsymbol{X}\boldsymbol{V})_{:j} - (\boldsymbol{U}\boldsymbol{V}^{\mathrm{T}}\boldsymbol{V})_{:j}}{(\boldsymbol{V}^{\mathrm{T}}\boldsymbol{V})_{(j,j)}}\right]_+ \tag{1.3.117}$$

$$\boldsymbol{V}_{:j} \leftarrow \left[\boldsymbol{V}_{:j} + \frac{(\boldsymbol{X}^{\mathrm{T}}\boldsymbol{U})_{:j} - (\boldsymbol{V}\boldsymbol{U}^{\mathrm{T}}\boldsymbol{U})_{:j}}{(\boldsymbol{U}^{\mathrm{T}}\boldsymbol{U})_{jj}}\right]_+ \tag{1.3.118}$$

3) 随机层次交替最小二乘法

利用随机性, 标准矩阵分解的优化问题可以重新形式化为一个低维优化问题. 具体来说, 高维 $M \times N$ 输入矩阵 $\boldsymbol{X}$ 被 $l \times N$ 替代矩阵 $\boldsymbol{B}$ 取代, 因此有

$$\min\ \widetilde{J}(\tilde{\boldsymbol{U}}, \boldsymbol{V}) = ||\boldsymbol{B} - \tilde{\boldsymbol{U}}\boldsymbol{V}^{\mathrm{T}}||_{\mathrm{F}}^2 \quad \text{s.t.}\ \boldsymbol{Q}\tilde{\boldsymbol{U}} \geqslant 0,\ \ \boldsymbol{V} \geqslant 0 \tag{1.3.119}$$

非负约束需要应用于高维因子矩阵 $\boldsymbol{U}$, 但不一定应用于 $\tilde{\boldsymbol{U}}$. 可以使用近似关系 $\boldsymbol{U} \approx \boldsymbol{Q}\tilde{\boldsymbol{U}}$ 将矩阵 $\tilde{\boldsymbol{U}}$ 变换回高维空间. 因为 $\boldsymbol{Q}\boldsymbol{Q}^{\mathrm{T}} \neq \boldsymbol{I}$, 所以, 等式 (1.3.119) 只能近似求解. HALS 算法表述为

$$\min\ J_j(\tilde{\boldsymbol{U}}_{:j}, \boldsymbol{V}_{:j}) = ||\boldsymbol{B}^{(j)} - \tilde{\boldsymbol{U}}_{:j}\boldsymbol{V}_{:j}^{\mathrm{T}}||_{\mathrm{F}}^2 \tag{1.3.120}$$

其中 $\boldsymbol{B}^{(j)}$ 是第 j 个分量的压缩残差

$$\boldsymbol{B}^{(j)} = \sum_{i \neq j}^{k} \tilde{\boldsymbol{U}}_{:i}\boldsymbol{V}_{:i}^{\mathrm{T}} \tag{1.3.121}$$

组件的更新规则为

$$\tilde{\boldsymbol{U}}_{:j} \leftarrow \left[\tilde{\boldsymbol{U}}_{:j} + \frac{(\boldsymbol{B}\boldsymbol{V})_{:j} - (\tilde{\boldsymbol{U}}\boldsymbol{V}^{\mathrm{T}}\boldsymbol{V})_{:j}}{(\boldsymbol{V}^{\mathrm{T}}\boldsymbol{V})_{jj}}\right]_+ \tag{1.3.122}$$

$$\boldsymbol{V}_{:j} \leftarrow \left[\boldsymbol{V}_{:j} + \frac{(\boldsymbol{B}^{\mathrm{T}}\tilde{\boldsymbol{U}})_{:j} - (\boldsymbol{V}\tilde{\boldsymbol{U}}^{\mathrm{T}}\tilde{\boldsymbol{U}})_{:j}}{(\tilde{\boldsymbol{U}}^{\mathrm{T}}\tilde{\boldsymbol{U}})_{jj}}\right]_{+} \tag{1.3.123}$$

然后, 利用 $\tilde{\boldsymbol{U}}_{:j} \leftarrow \boldsymbol{Q}^{\mathrm{T}}[\boldsymbol{Q}\tilde{\boldsymbol{U}}_{:j}]_{+}$ 更新高维空间中的第 j 个分量, 并将更新后的因子矩阵 $\boldsymbol{U}$ 投影回低维空间. HALS 应用于 NMF 的伪代码如算法 1.3.3 所示.

算法 1.3.3 HALS 算法

输入: 非负矩阵 $\boldsymbol{X} \in \Re^{M\times N}$, 目标秩 k, 过采样参数 p, 幂迭代参数 q

输出: 非负因子矩阵 $\boldsymbol{U} \in \Re^{M\times l}, \boldsymbol{V} \in \Re^{N\times l}$

$l = k + p$ // 轻微过采样
$\boldsymbol{\Omega} = \mathrm{rand}(N, l)$ // 生成抽样矩阵 $\boldsymbol{\Omega} \in \Re^{N\times l}$
$\boldsymbol{Y} = \boldsymbol{X}\boldsymbol{\Omega}$ // 构成基 $\boldsymbol{Y} \in \Re^{M\times l}$
for $j = 1, \cdots, q$ // 子空间迭代
  $[\boldsymbol{Q}, \sim] = \mathrm{qr}(\boldsymbol{Y})$ // $\mathrm{qr}(\cdot)$ 表示 QR 分解
  $[\boldsymbol{Q}, \sim] = \mathrm{qr}(\boldsymbol{X}^{\mathrm{T}}\boldsymbol{Q})$
  $\boldsymbol{Y} = \boldsymbol{X}\boldsymbol{Q}$
$[\boldsymbol{Q}, \sim] = \mathrm{qr}(\boldsymbol{Y})$ // 生成正交基 $\boldsymbol{Q} \in \Re^{M\times l}$
$\boldsymbol{B} = \boldsymbol{Q}^{\mathrm{T}}\boldsymbol{X}$ // 生成小矩阵 $\boldsymbol{B} \in \Re^{l\times N}$
初始化非负因子 $\boldsymbol{U} \in \Re^{M\times k}$, $\tilde{\boldsymbol{U}} \in \Re^{l\times k}$, $\boldsymbol{V} \in \Re^{N\times k}$
repeat
  $\boldsymbol{R} = \boldsymbol{B}^{\mathrm{T}}\tilde{\boldsymbol{U}}$ // $\mathbf{R} \in \Re^{N\times k}$
  $\boldsymbol{S} = \tilde{\boldsymbol{U}}^{\mathrm{T}}\tilde{\boldsymbol{U}}$ // $\boldsymbol{S} \in \Re^{k\times k}$
  for $j = 1, \cdots, K$ // 一列一列地更新 $\boldsymbol{V}$
    $\boldsymbol{V}_{:j} = \boldsymbol{V}_{:j} + (\boldsymbol{R}_{:j} - \boldsymbol{V}\boldsymbol{S}_{:j})/\boldsymbol{S}_{jj}$
    $\boldsymbol{V}_{:j} = \max(0, \boldsymbol{V}_{:j})$
  $\boldsymbol{H} = \boldsymbol{V}^{\mathrm{T}}\boldsymbol{V}$ // $\boldsymbol{H} \in \Re^{k\times k}$
  $\boldsymbol{T} = \boldsymbol{B}\boldsymbol{V}$ // $\boldsymbol{T} \in \Re^{k\times k}$
  for $j = 1, \cdots, k$ // 一列一列地更新 $\boldsymbol{U}$
    $\tilde{\boldsymbol{U}}_{:j} = \tilde{\boldsymbol{U}}_{:j} + (\boldsymbol{T}_{:j} - \tilde{\boldsymbol{U}}\boldsymbol{H}_{:j})/\boldsymbol{H}_{jj}$
    $\boldsymbol{U}_{:j} = \max(0, \boldsymbol{Q}\boldsymbol{U}_{:j})$
    $\tilde{\boldsymbol{U}}_{:j} = \boldsymbol{Q}^{\mathrm{T}}\boldsymbol{U}_{:j}$ // 变换到低维空间
  if 满足停止条件或者达到最大迭代次数
    return 非负因子矩阵 $\boldsymbol{U} \in \Re^{M\times k}, \boldsymbol{V} \in \Re^{N\times k}$

由于现实世界中的数据通常没有明确的排序, 因此需要过采样才能找到一个好的基矩阵. 为了形成基矩阵 $\boldsymbol{Y}$, 算法计算 $k + p$ 个随机投影, 而不是仅仅计算 k 个

随机投影. 特别地, 此过程增加了 $\boldsymbol{Y}$ 近似捕获 $\boldsymbol{X}$ 列空间的可能性. 实验表明, 约 $p=\{10,20\}$ 的较小的过采样值可获得良好的近似结果. 除了定义最大迭代次数, 算法的停止条件也可以为 $\log_{10}[||\boldsymbol{B}-\tilde{\boldsymbol{U}}\boldsymbol{V}^{\mathrm{T}}||_{\mathrm{F}}]<\varepsilon$, 其中 ε 为停止标准.

2. 增量分解

由于 NMF 以批处理模式工作, 因此大多数常规 NMF 算法都要求整个数据矩阵在运行时驻留在内存中. 这就导致存储要求和计算复杂性高. 此外, 数据矩阵的大小随着数据样本和数量特征的增加而增长, 使得复杂性问题更加严重.

在线图正则的 NMF 算法 (online graph regularized NMF, OGNMF) 以增量方式处理输入数据, 即 OGNMF 逐个处理一个数据点或一个数据块. 通过使用缓冲和随机投影树策略, OGNMF 可以适用于大型数据集. 本节首先介绍增量式非负矩阵分解 (incremental non-negative matrix factorization, INMF), 然后再介绍 OGNMF.

1) 增量式非负矩阵分解

设输入数据集以流或增量方式出现, $\boldsymbol{X}=[\boldsymbol{x}_1,\cdots,\boldsymbol{x}_{s-1}]$ 和 $\boldsymbol{V}=[\boldsymbol{v}_1,\cdots,\boldsymbol{v}_{s-1}]^{\mathrm{T}}$ 分别表示包含所有先前 $s-1$ 个数据样本的数据矩阵和系数矩阵, $\boldsymbol{U}$ 表示基矩阵, 其中 $\boldsymbol{X}\in\Re^{M\times(s-1)},\boldsymbol{U}\in\Re^{M\times K},\boldsymbol{V}\in\Re^{(s-1)\times K},K\ll\min(M,N),\boldsymbol{x}_i\in\Re^{M\times 1}$, $\boldsymbol{v}_i\in\Re^{1\times K}$. $\boldsymbol{X}$ 包含 $s-1$ 个列向量, 每个列向量表示一个有 M 个属性的数据样本. 当第 s 个数据样本 $\boldsymbol{x}_s$ 到达时, 将评估 $\boldsymbol{x}_s$ 损失的新项包含在总体损失函数中. 所有 s 个数据样本的总损失函数为

$$J_s(\boldsymbol{U},\boldsymbol{V})=J_{s-1}(\boldsymbol{U},\boldsymbol{V})+||\boldsymbol{x}_s-\boldsymbol{U}\boldsymbol{v}_s^{\mathrm{T}}||_{\mathrm{F}}^2=||\boldsymbol{X}-\boldsymbol{U}\boldsymbol{V}^{\mathrm{T}}||_{\mathrm{F}}^2+||\boldsymbol{x}_s-\boldsymbol{U}\boldsymbol{v}_s^{\mathrm{T}}||_{\mathrm{F}}^2 \quad (1.3.124)$$

通过使用梯度下降法最小化式 (1.3.124), 可获得 $\boldsymbol{v}_s$ 和 $\boldsymbol{U}$ 的更新规则

$$(\boldsymbol{v}_s)_r\leftarrow(\boldsymbol{v}_s)_r\frac{[(\boldsymbol{x}_s)^{\mathrm{T}}\boldsymbol{U}]_r}{[\boldsymbol{v}_s\boldsymbol{U}^{\mathrm{T}}\boldsymbol{U}]_r} \quad (1.3.125)$$

$$u_{ir}\leftarrow u_{ir}\frac{[\boldsymbol{X}\boldsymbol{V}+\boldsymbol{x}_s\boldsymbol{v}_s]_{ir}}{[\boldsymbol{U}\boldsymbol{V}^{\mathrm{T}}\boldsymbol{V}+\boldsymbol{U}\boldsymbol{v}_s^{\mathrm{T}}\boldsymbol{v}_s]_{ir}} \quad (1.3.126)$$

其中 $i=1,\cdots,M$, $r=1,\cdots,K$. 完成更新之后, 将新的数据样本 $\boldsymbol{x}_s$ 及其更新的系数 $\boldsymbol{v}_s$ 作为新列和新行分别附加到 $\boldsymbol{X}$ 和 $\boldsymbol{V}$ 中, 即 $\boldsymbol{X}=[\boldsymbol{X},\boldsymbol{x}_s]$, $\boldsymbol{V}=\begin{bmatrix}\boldsymbol{V}\\ \boldsymbol{v}_s\end{bmatrix}$.

比较式 (1.3.125) 与常规 NMF 的系数更新公式 $v_{rj}\leftarrow v_{rj}\dfrac{(\boldsymbol{X}^{\mathrm{T}}\boldsymbol{U})_{rj}}{(\boldsymbol{V}\boldsymbol{U}^{\mathrm{T}}\boldsymbol{U})_{rj}}$, 不难看出 INMF 仅更新最新数据样本的系数, 而常规 NMF 必须更新所有原数据样本的系数. 此外, INMF 仅需要用最新的数据样本 $\boldsymbol{x}_s$ 来更新其对应的系数 $\boldsymbol{v}_s$, 而不是整个数据样本. 因此, INMF 不仅可以提高计算效率, 而且可以大大减少存储空间.

2) OGNMF

与 INMF 一样, OGNMF 也以增量方式处理数据. 它们之间的主要区别在于, 是否考虑了嵌入数据集中的流形结构. INMF 忽略了数据集的几何信息, 并假设数据集中的任何两个数据样本彼此独立, 而 OGNMF 将其纳入损失函数并得出新的更新规则.

设 OGNMF 以增量方式接收输入数据样本. 当第 s 个数据样本 $\boldsymbol{x}_s$ 到达时, 总损失函数表示为

$$
\begin{aligned}
J_s(\boldsymbol{U},\boldsymbol{V}) =& \|\boldsymbol{X}_s-\boldsymbol{U}_s\boldsymbol{V}_s^{\mathrm{T}}\|_{\mathrm{F}}^2+\lambda\mathrm{Tr}(\boldsymbol{V}_s^{\mathrm{T}}\boldsymbol{L}_s\boldsymbol{V}_s)\\
=&\sum_{i=1}^{M}\sum_{j=1}^{s}((\boldsymbol{X}_s)_{ij}-(\boldsymbol{U}_s\boldsymbol{V}_s^{\mathrm{T}})_{ij})^2+\lambda\sum_{r=1}^{K}\sum_{i=1}^{s}\sum_{j=1}^{s}(\boldsymbol{V}_s^{\mathrm{T}})_{ri}(\boldsymbol{L}_s)_{ij}(\boldsymbol{V}_s)_{jr}\\
=&\left(\sum_{i=1}^{M}\sum_{j=1}^{s-1}((\boldsymbol{X}_s)_{ij}-(\boldsymbol{U}_s\boldsymbol{V}_s^{\mathrm{T}})_{ij})^2+\sum_{i=1}^{M}((\boldsymbol{X}_s)_{is}-(\boldsymbol{U}_s\boldsymbol{V}_s^{\mathrm{T}})_{is})^2\right)\\
&+\lambda\left(\sum_{r=1}^{K}\sum_{i=1}^{s-1}\sum_{j=1}^{s-1}(\boldsymbol{V}_s^{\mathrm{T}})_{ri}(\boldsymbol{L}_s)_{ij}(\boldsymbol{V}_s)_{jr}+\sum_{r=1}^{K}\sum_{i=1}^{s-1}(\boldsymbol{V}_s^{\mathrm{T}})_{ri}(\boldsymbol{L}_s)_{is}(\boldsymbol{V}_s)_{sr}\right.\\
&\left.+\sum_{r=1}^{K}\sum_{j=1}^{s-1}(\boldsymbol{V}_s^{\mathrm{T}})_{rs}(\boldsymbol{L}_s)_{sj}(\boldsymbol{V}_s)_{jr}+\sum_{r=1}^{K}(\boldsymbol{V}_s^{\mathrm{T}})_{rs}(\boldsymbol{L}_s)_{ss}(\boldsymbol{V}_s)_{sr}\right)\\
=&\left(\sum_{i=1}^{M}\sum_{j=1}^{s-1}((\boldsymbol{X}_s)_{ij}-(\boldsymbol{U}_s\boldsymbol{V}_s^{\mathrm{T}})_{ij})^2+\lambda\sum_{r=1}^{K}\sum_{i=1}^{s-1}\sum_{j=1}^{s-1}(\boldsymbol{V}_s^{\mathrm{T}})_{ri}(\boldsymbol{L}_s)_{ij}(\boldsymbol{V}_s)_{jr}\right)\\
&+\left(\sum_{i=1}^{M}((\boldsymbol{X}_s)_{is}-(\boldsymbol{U}_s\boldsymbol{V}_s^{\mathrm{T}})_{is})^2+\lambda\sum_{r=1}^{K}\sum_{i=1}^{s-1}(\boldsymbol{V}_s^{\mathrm{T}})_{ri}(\boldsymbol{L}_s)_{is}(\boldsymbol{V}_s)_{sr}\right.\\
&\left.+\lambda\sum_{r=1}^{K}\sum_{j=1}^{s-1}(\boldsymbol{V}_s^{\mathrm{T}})_{rs}(\boldsymbol{L}_s)_{sj}(\boldsymbol{V}_s)_{jr}+\lambda\sum_{r=1}^{K}(\boldsymbol{V}_s^{\mathrm{T}})_{rs}(\boldsymbol{L}_s)_{ss}(\boldsymbol{V}_s)_{sr}\right)
\end{aligned}\tag{1.3.127}
$$

式中 $\boldsymbol{L}=\boldsymbol{D}-\boldsymbol{W}$ 为图拉普拉斯算子, $\boldsymbol{W}$ 是由数据集定义的图的权重矩阵, $\boldsymbol{D}$ 是对角矩阵, $(\boldsymbol{D})_{ii}=\sum\limits_{j=1}^{N}(\boldsymbol{W})_{ij}=\sum\limits_{j=1}^{M}(\boldsymbol{W})_{ji}$.

基于研究者的观察 "随着输入数据样本数量的增加, 新数据样本对基矩阵几乎没有影响", 可以不必重复更新原有数据样本的系数向量, 因此可以让 $\boldsymbol{V}_s$ 的前 $s-1$ 行约等于 $\boldsymbol{V}_{s-1}$, $\boldsymbol{X}_s$ 的前 $s-1$ 列等于 $\boldsymbol{X}_{s-1}$, $\boldsymbol{X}_s$ 的最后一列和 $\boldsymbol{V}_s$ 的最后一行等于 $\boldsymbol{x}_s$ 和 $\boldsymbol{v}_s$, 从而式 (1.3.127) 可以写成

$$
J_s(\boldsymbol{U},\boldsymbol{V})\approx\left(\sum_{i=1}^{M}\sum_{j=1}^{s-1}((\boldsymbol{X}_{s-1})_{ij}-(\boldsymbol{U}_s\boldsymbol{V}_{s-1}^{\mathrm{T}})_{ij})^2\right.
$$

$$
\begin{aligned}
&+\lambda\sum_{r=1}^{K}\sum_{i=1}^{s-1}\sum_{j=1}^{s-1}(\boldsymbol{V}_{s-1}^{\mathrm{T}})_{ri}(\boldsymbol{L}_s)_{ij}(\boldsymbol{V}_{s-1})_{jr}\Bigg)\\
&+\Bigg(\sum_{i=1}^{M}((\boldsymbol{x}_s)_i-(\boldsymbol{U}_s\boldsymbol{v}_s^{\mathrm{T}})_i)^2+\lambda\sum_{r=1}^{K}\sum_{i=1}^{s-1}(\boldsymbol{V}_s^{\mathrm{T}})_{ri}(\boldsymbol{L}_s)_{is}(\boldsymbol{v}_s)_r\\
&+\lambda\sum_{r=1}^{K}\sum_{j=1}^{s-1}(\boldsymbol{v}_s^{\mathrm{T}})_r(\boldsymbol{L}_s)_{sj}(\boldsymbol{V}_s)_{jr}+\lambda\sum_{r=1}^{K}(\boldsymbol{v}_s^{\mathrm{T}})_r(\boldsymbol{L}_s)_{ss}(\boldsymbol{v}_s)_r\Bigg)\\
=&J_{s-1}(\boldsymbol{U},\boldsymbol{V})+j_s(\boldsymbol{U}_s,\boldsymbol{v}_s)
\end{aligned}
\tag{1.3.128}
$$

从式 (1.3.128) 可以看到, $J_s(\boldsymbol{U},\boldsymbol{V})$ 约等于 $J_{s-1}(\boldsymbol{U},\boldsymbol{V})$ 和一个评估 $\boldsymbol{x}_s$ 损失的新项 $j_s(\boldsymbol{U}_s,\boldsymbol{v}_s)$ 的和. $j_s(\boldsymbol{U}_s,\boldsymbol{v}_s)$ 可以进一步简化为

$$
\begin{aligned}
j_s(\boldsymbol{U}_s,\boldsymbol{v}_s)=&\sum_{i=1}^{M}((\boldsymbol{x}_s)_i-(\boldsymbol{U}_s\boldsymbol{v}_s^{\mathrm{T}})_i)^2+\lambda\sum_{r=1}^{K}\sum_{i=1}^{s-1}(\boldsymbol{V}_s^{\mathrm{T}})_{ri}(\boldsymbol{L}_s)_{is}(\boldsymbol{v}_s)_r\\
&+\lambda\sum_{r=1}^{K}\sum_{j=1}^{s-1}(\boldsymbol{v}_s^{\mathrm{T}})_r(\boldsymbol{L}_s)_{sj}(\boldsymbol{V}_s)_{jr}+\lambda\sum_{r=1}^{K}(\boldsymbol{v}_s^{\mathrm{T}})_r(\boldsymbol{L}_s)_{ss}(\boldsymbol{v}_s)_r\\
=&||\boldsymbol{x}_s-\boldsymbol{U}_s\boldsymbol{v}_s^{\mathrm{T}}||_{\mathrm{F}}^2+\lambda\sum_{i=1}^{s-1}(\boldsymbol{L}_s)_{is}\boldsymbol{v}_s\boldsymbol{v}_i^{\mathrm{T}}+\lambda\sum_{j=1}^{s-1}(\boldsymbol{L}_s)_{sj}\boldsymbol{v}_j\boldsymbol{v}_s^{\mathrm{T}}+\lambda(\boldsymbol{L}_s)_{ss}\boldsymbol{v}_s\boldsymbol{v}_s^{\mathrm{T}}\\
=&||\boldsymbol{x}_s-\boldsymbol{U}_s\boldsymbol{v}_s^{\mathrm{T}}||_{\mathrm{F}}^2+2\lambda\sum_{i=1}^{s-1}(\boldsymbol{L}_s)_{is}\boldsymbol{v}_i\boldsymbol{v}_s^{\mathrm{T}}+\lambda(\boldsymbol{L}_s)_{ss}\boldsymbol{v}_s\boldsymbol{v}_s^{\mathrm{T}}
\end{aligned}
\tag{1.3.129}
$$

显然, 等式 (1.3.128) 中的 $J_{s-1}(\boldsymbol{U},\boldsymbol{V})$ 与 $\boldsymbol{v}_s$ 无关, 因此

$$
\frac{\partial J_{s-1}(\boldsymbol{U},\boldsymbol{V})}{\partial(\boldsymbol{v}_s)_r}=0
\tag{1.3.130}
$$

从等式 (1.3.128)～(1.3.130), 有

$$
\begin{aligned}
\frac{\partial J_s(\boldsymbol{U},\boldsymbol{V})}{\partial(\boldsymbol{v}_s)_r}\approx&\frac{\partial J_{s-1}(\boldsymbol{U},\boldsymbol{V})}{\partial(\boldsymbol{v}_s)_r}+\frac{\partial j_s(\boldsymbol{U},\boldsymbol{V})}{\partial(\boldsymbol{v}_s)_r}\\
=&2(\boldsymbol{v}_s\boldsymbol{U}_s^{\mathrm{T}}\boldsymbol{U}_s-\boldsymbol{x}_s^{\mathrm{T}}\boldsymbol{U}_s)_r+2\lambda\left(\sum_{i=1}^{s-1}(\boldsymbol{L}_s)_{is}\boldsymbol{v}_i\right)+2\lambda((\boldsymbol{L}_s)_{ss}\boldsymbol{v}_s)_r\\
=&2(\boldsymbol{v}_s\boldsymbol{U}_s^{\mathrm{T}}\boldsymbol{U}_s-\boldsymbol{x}_s^{\mathrm{T}}\boldsymbol{U}_s)_r+2\lambda\left(\sum_{i=1}^{s}(\boldsymbol{L}_s)_{is}\boldsymbol{v}_i\right)_r\\
=&2(\boldsymbol{v}_s\boldsymbol{U}_s^{\mathrm{T}}\boldsymbol{U}_s-\boldsymbol{x}_s^{\mathrm{T}}\boldsymbol{U}_s)_r+2\lambda\left(\sum_{i=1}^{s}(\boldsymbol{D}_s)_{is}\boldsymbol{v}_i-\sum_{i=1}^{s}(\boldsymbol{W}_s)_{is}\boldsymbol{v}_i\right)_r
\end{aligned}
\tag{1.3.131}
$$

式中 $\boldsymbol{W}_s$ 和 $\boldsymbol{D}_s$ 分别表示新数据样本到达后的图的权重矩阵和对角矩阵.

采用梯度下降法计算最新数据样本的系数向量 $\boldsymbol{v}_s$ 的更新规则为

$$(\boldsymbol{v}_s)_r \leftarrow (\boldsymbol{v}_s)_r \frac{\left(\boldsymbol{x}_s^{\mathrm{T}}\boldsymbol{U}_s + \lambda\sum_{i=1}^{s}(\boldsymbol{W}_s)_{is}\boldsymbol{v}_i\right)_r}{\left(\boldsymbol{v}_s\boldsymbol{U}_s^{\mathrm{T}}\boldsymbol{U}_s + \lambda\sum_{i=1}^{s}(\boldsymbol{D}_s)_{is}\boldsymbol{v}_i\right)_r}, \quad r = 1, \cdots, K \tag{1.3.132}$$

根据图的权重矩阵的定义, 可以很容易地使 $\boldsymbol{W}_s$ 的对角元素和 $\boldsymbol{D}_s$ 的非对角元素都等于零. 因此, 可以进一步将式 (1.3.132) 简化为以下等式

$$(\boldsymbol{v}_s)_r \leftarrow (\boldsymbol{v}_s)_r \frac{\left(\boldsymbol{x}_s^{\mathrm{T}}\boldsymbol{U}_s + \lambda\sum_{i=1}^{s-1}(\boldsymbol{W}_s)_{is}\boldsymbol{v}_i\right)_r}{\left(\boldsymbol{v}_s\boldsymbol{U}_s^{\mathrm{T}}\boldsymbol{U}_s + \lambda(\boldsymbol{D}_s)_{ss}\boldsymbol{v}_s\right)_r}, \quad r = 1, \cdots, K \tag{1.3.133}$$

由于等式 (1.3.128) 中的所有流形项与 $\boldsymbol{U}_s$ 无关, 因此有

$$\begin{aligned}\frac{\partial J_s(\boldsymbol{U}, \boldsymbol{V})}{\partial(\boldsymbol{U}_s)_{ir}} \approx& \frac{\partial(||\boldsymbol{X}_{s-1} - \boldsymbol{U}_s\boldsymbol{V}_{s-1}^{\mathrm{T}}||_{\mathrm{F}}^2 + ||\boldsymbol{x}_s - \boldsymbol{U}_s\boldsymbol{v}_s^{\mathrm{T}}||_{\mathrm{F}}^2)}{\partial(\boldsymbol{U}_s)_{ir}} \\ =& -2(\boldsymbol{X}_{s-1}\boldsymbol{V}_{s-1} + \boldsymbol{x}_s\boldsymbol{v}_s)_{ir} \\ &+ 2(\boldsymbol{U}_s\boldsymbol{V}_{s-1}^{\mathrm{T}}\boldsymbol{V}_{s-1} + \boldsymbol{U}_s\boldsymbol{v}_s^{\mathrm{T}}\boldsymbol{v}_s)_{ir}\end{aligned} \tag{1.3.134}$$

采用梯度下降法可以得到基矩阵 $\boldsymbol{U}_s$ 的更新规则为

$$(\boldsymbol{U}_s)_{ir} \leftarrow (\boldsymbol{U}_s)_{ir} \frac{(\boldsymbol{X}_{s-1}\boldsymbol{V}_{s-1} + \boldsymbol{x}_s\boldsymbol{v}_s)_{ir}}{(\boldsymbol{U}_s\boldsymbol{V}_{s-1}^{\mathrm{T}}\boldsymbol{V}_{s-1} + \boldsymbol{U}_s\boldsymbol{v}_s^{\mathrm{T}}\boldsymbol{v}_s)_{ir}}, \quad i = 1, \cdots, M; r = 1, \cdots, K \tag{1.3.135}$$

从更新规则 (1.3.133) 和 (1.3.135) 可以看到, OGNMF 在整个更新过程中需要将所有原有数据样本及其系数驻留在内存中. 随着输入样本数量的迅速增加, 更新工作无法实际完成.

与 INMF 相似, 可以以累积求和的方式更新 (1.3.135) 中的基矩阵 $\boldsymbol{U}_s$, 即将 $\boldsymbol{A}_0$ 和 $\boldsymbol{B}_0$ 初始化为 0, 并且当第 s 个数据样本到达时, 通过式 (1.3.136) 和 (1.3.137) 递归计算 $\boldsymbol{A}_s$ 和 $\boldsymbol{B}_s$

$$\boldsymbol{A}_s = \sum_{i=1}^{s}\boldsymbol{v}_i^{\mathrm{T}}\boldsymbol{v}_i = \boldsymbol{A}_{s-1} + \boldsymbol{v}_s^{\mathrm{T}}\boldsymbol{v}_s \tag{1.3.136}$$

$$\boldsymbol{B}_s = \sum_{i=1}^{s}\boldsymbol{x}_i\boldsymbol{v}_i = \boldsymbol{B}_{s-1} + \boldsymbol{x}_s\boldsymbol{v}_s \tag{1.3.137}$$

将式 (1.3.136) 和式 (1.3.137) 代入式 (1.3.138), 得到 $\boldsymbol{U}_s$ 的更新规则

$$(\boldsymbol{U}_s)_{ir} \leftarrow (\boldsymbol{U}_s)_{ir} \frac{(\boldsymbol{B}_s)_{ir}}{(\boldsymbol{U}_s\boldsymbol{A}_s)_{ir}}, \quad i=1,\cdots,M; r=1,\cdots,K \tag{1.3.138}$$

然而, 最新数据样本的系数无法使用类似的方法进行更新, 因为图的权重矩阵 $\boldsymbol{W}$ 的构造要求所有数据样本都到达. 为了克服这一缺陷, 引入缓冲和随机投影树两种优化策略. 同时, 为了进一步减少计算量, 选择 ε 邻域来构造图的权重矩阵, 因此新数据样本对原有数据样本之间的权重关系没有影响.

3) 缓冲策略

缓冲策略是在每个更新步骤中保留有限数量的最新数据样本. 设缓冲区大小为 p, 则最新数据样本系数 $\boldsymbol{v}_s$ 的更新规则重写为

$$(\boldsymbol{v}_s)_r \leftarrow (\boldsymbol{v}_s)_r \frac{\left(\boldsymbol{x}_s^{\mathrm{T}}\boldsymbol{U}_s + \lambda \sum\limits_{i=s-p}^{s-1} (\boldsymbol{W}_s)_{is}\boldsymbol{v}_i\right)_r}{\left(\boldsymbol{v}_s\boldsymbol{U}_s^{\mathrm{T}}\boldsymbol{U}_s + \lambda(\boldsymbol{D}_s)_{ss}\boldsymbol{v}_s\right)_r}, \quad r=1,\cdots,K \tag{1.3.139}$$

带有缓冲策略的 OGNMF 算法的伪代码示于算法 1.3.4. 对于每个新到达的数据样本 $\boldsymbol{x}_s$, OGNMF-B 首先计算 $\boldsymbol{x}_s$ 与缓冲区中所有数据样本之间的权重关系 (语句 8). 当缓冲区第一次满时, OGNMF-B 仅调用一次 GNMF 算法, 并获得在线算法所需的所有初始值 (语句 11~17). 一旦缓冲区满, 算法 1.3.4 将使用更新规则 (1.3.139) 和 (1.3.138) 来获取最新数据样本 $\boldsymbol{x}_s$ 的系数向量和 $\boldsymbol{x}_s$ 训练的基矩阵 (语句 19~23). 最后, OGNMF-B 调整与缓冲区有关的所有数据对象及系数, 例如 $\boldsymbol{X}_s$ 和 $\boldsymbol{V}_s$ (语句 25).

算法 1.3.4　OGNMF-B 算法

输入: 当前样本 $\boldsymbol{x}_s \in \Re^{M\times 1}$, 约减维度 K, 正则参数 λ, 距离阈值 ε, 容忍度 τ, 缓存大小 p

输出: 基矩阵 $\boldsymbol{U}_s \in \Re^{M\times K}$

1. 使用随机值初始化 $\boldsymbol{U}_0 \in \Re^{M\times K}$
2. 使用 NMF 算法利用少量数据样本预计算 $\boldsymbol{U}_0$
3. 初始化 $\boldsymbol{X}_0 = \varnothing$, $\boldsymbol{V}_0 = \varnothing$, $\boldsymbol{W}_0 = \varnothing$
4. 初始化 $\boldsymbol{A}_0 = \boldsymbol{O} \in \Re^{K\times K}$, $\boldsymbol{B}_0 = \boldsymbol{O} \in \Re^{M\times K}$
5. **while** $\boldsymbol{x}_s$ 存在 **do**
6. 　处理当前样本 $\boldsymbol{x}_s$
7. 　使用随机值初始化当前系数 $\boldsymbol{v}_s$
8. 　计算 $\boldsymbol{x}_s$ 与 $\boldsymbol{X}_{s-1}$ 中数据样本之间的权重关系

添加 $\boldsymbol{x}_s$ 到 $\boldsymbol{X}_{s-1}$ 并记为 $\boldsymbol{X}_s$

添加 $\boldsymbol{v}_s$ 到 $\boldsymbol{V}_{s-1}$ 并记为 $\boldsymbol{V}_s$

if $s=p$ **then**

repeat

$(\boldsymbol{V}_s)_{rj} \leftarrow (\boldsymbol{V}_s)_{rj}\dfrac{(\boldsymbol{X}_s^{\mathrm{T}}\boldsymbol{U}_s+\lambda\boldsymbol{W}_s\boldsymbol{V}_s)_{rj}}{(\boldsymbol{V}_s\boldsymbol{U}_s^{\mathrm{T}}\boldsymbol{U}_s+\lambda\boldsymbol{D}_s\boldsymbol{V}_s)_{rj}}$ // 利用 $\boldsymbol{V}_s$ 和 $\boldsymbol{U}_s$ 更新 $\boldsymbol{V}_s$

$(\boldsymbol{U}_s)_{ir} \leftarrow (\boldsymbol{U}_s)_{ir}\dfrac{(\boldsymbol{X}_s\boldsymbol{V}_s)_{rj}}{(\boldsymbol{U}_s\boldsymbol{V}_s^{\mathrm{T}}\boldsymbol{V}_s)_{ir}}$ // 利用 $\boldsymbol{V}_s$ 和 $\boldsymbol{U}_s$ 更新 $\boldsymbol{U}_s$

until 收敛

根据式 (1.3.136) 和式 (1.3.137) 计算初始累积和 $\boldsymbol{A}_s$ 与 $\boldsymbol{B}_s$

end if

if $s>p$ **then**

repeat

根据 (1.3.139) 式更新 $\boldsymbol{v}_s$

利用更新后的 $\boldsymbol{v}_s$ 计算临时累积和 $\boldsymbol{A}_s$ 与 $\boldsymbol{B}_s$

根据 (1.3.138) 式更新 $\boldsymbol{U}_s$

until 收敛

根据式 (1.3.136) 和式 (1.3.137), 利用 $\boldsymbol{v}_s$ 计算最终累积和 $\boldsymbol{A}_s$ 与 $\boldsymbol{B}_s$

删除 $\boldsymbol{X}_s$ 的第一列向量, 删除 $\boldsymbol{V}_s$ 的第一行向量

end if

end while

return $\boldsymbol{U}_s$

图 1.3.3 说明了 OGNMF-B 算法中主要数据对象的更改过程. 在处理新数据样本 $\boldsymbol{x}_s$ 的步骤 s 中, OGNMF-B 算法将缓冲区中最旧的数据样本 $\boldsymbol{X}_{s-p}$ 及其系数向量 $\boldsymbol{V}_{s-p}$ 替换为 $\boldsymbol{x}_s$ 及其更新的系数向量 $\boldsymbol{v}_s$, 并用 $\boldsymbol{v}_s$ 更新基矩阵 $\boldsymbol{U}_{s-1}$ 为 $\boldsymbol{U}_s$. 对于图的权重矩阵 $\boldsymbol{W}_s$, OGNMF-B 算法只需将在步骤 $s-1$ 中表示缓冲区中 $\boldsymbol{X}_{s-1}$ 和 p 数据样本之间的权重关系的 $\boldsymbol{W}_{s-1}$ 的最后一行或列替换为 $\boldsymbol{x}_s$ 和 $[\boldsymbol{x}_{s-p},\cdots,\boldsymbol{x}_{s-1}]$ 之间的权重关系.

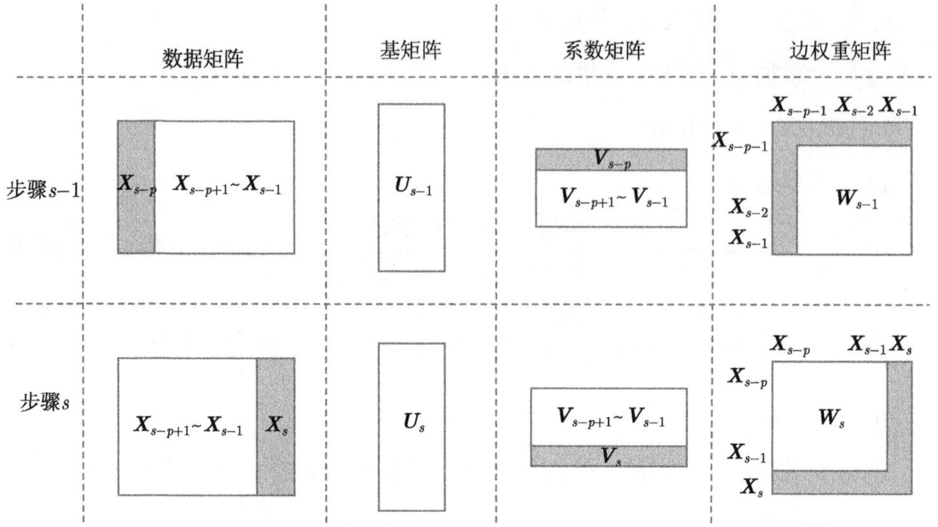

图 1.3.3　在缓存策略下基本数据的更新过程

实际上, 在缓冲策略中, 在第 s 个数据样本到达时, 图的权重矩阵 $\boldsymbol{W}_s$ 对应于由新数据样本和缓冲区中的 p 个数据样本构成的动态子图. 另外, 只要求 $\boldsymbol{W}_s$ 的最后一行或列向量包含 $p+1$ 个元素, 而这对应于无缓冲版本中由原有 s 个数据样本构造的完整图, 包含 s^2 个元素, 因此, OGNMF 可以大大减少计算和存储开销.

4) 随机投影树策略

随机投影树策略简称为随机投影树或 RPTree (random projection tree), 是保留数据中固有的低维流形结构的有效工具. RPTree 的思想是将已经到达的样本所在空间划分为几个部分, 每个部分对应于 RPTree 中的一个叶节点. 当新数据样本到达时, RPTree 首先估计它应属于哪个叶节点, 并将其添加到该叶节点. 一旦叶节点包含足够的数据样本, RPTree 便选择随机方向的超平面将其分成两个新的叶节点.

图 1.3.4 描绘了 RPTree 在新数据样本到达时的更改过程. 在图 1.3.4(b) 中, 实点表示已经到达的样本, 线段表示以随机拆分方式划分这些数据样本的平面, 并且空心点表示每个叶节点中数据样本的平均点. 新数据样本的到来引起了 RPTree 结构的两种可能的变化. 一种情况是图 1.3.4(a) 中的情况, 即新数据样本 (表示为十字形) 落入图 1.3.4(b) 中的 1 号叶节点. 由于有足够的数据样本, RPTree 选择一个随机方向将 1 号叶节点拆分为两个新的叶节点, 并重新计算它们各自的均值. 另一种情况示于图 1.3.4(c), 其中新数据样本落入图 1.3.4(b) 中的 2 号叶节点, 但这不足以引起叶节点的分裂. 因此, RPTree 只需要重新计算 2 号叶节点的均值即可.

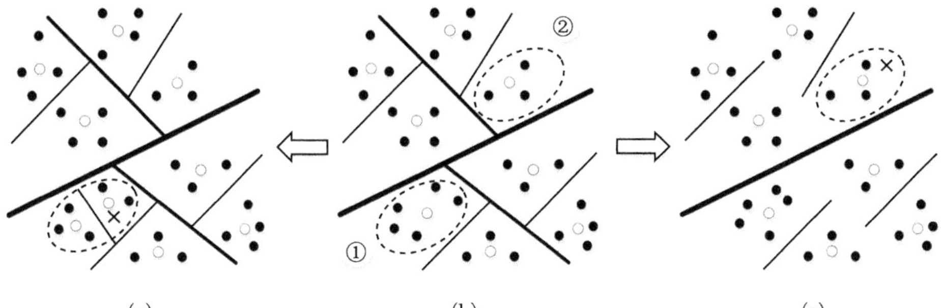

图 1.3.4 随机投影树结构下的更新过程

带有随机投影树策略的 OGNMF 算法示于算法 1.3.5. 在开始更新之前, OGNMF-PRTree 算法首先设置几个参数来构造初始 RPTree 结构, 例如, 每个叶节点的均值、方差和随机向量, 每个叶节点中的数据样本数等. 当出现新的数据样本 $\boldsymbol{x}_s$ 时, OGNMF-PRTree 算法将计算 $\boldsymbol{x}_s$ 和 RPTree 中 l 个叶节点 (表示为 $\boldsymbol{X}_{s-1}$) 之间的权重关系 (语句 9). 然后, OGNMF-PRTree 算法使用更新规则 (1.3.138) 和 (1.3.140) 获得 $\boldsymbol{x}_s$ 的系数向量和 $\boldsymbol{x}_s$ 训练的基矩阵 (语句 12~16). 最后, OGNMF-PRTree 算法调用子函数 Adjust_RPTree( ) 将 $\boldsymbol{x}_s$ 合并到 RPTree 中.

$$(\boldsymbol{v}_s)_r \leftarrow (\boldsymbol{v}_s)_r \frac{\left(\boldsymbol{x}_s^{\mathrm{T}}\boldsymbol{U}_s + \lambda \sum_{i=1}^{l} (\boldsymbol{W}_s)_{is}\boldsymbol{v}_i\right)_r}{\left(\boldsymbol{v}_s\boldsymbol{U}_s^{\mathrm{T}}\boldsymbol{U}_s + \lambda(\boldsymbol{D}_s)_{ss}\boldsymbol{v}_s\right)_r}, \quad r = 1, \cdots, K \tag{1.3.140}$$

由于 RPTree 可以保持已到达数据样本的良好流形结构, 因此可以将 OGNMF-RPTree 算法构造的图的权重矩阵视为批处理方法的近似值. 由于叶节点的数量远少于 RPTree 中包含的数据样本的数量, 因此, RPTree 策略可以显著提高算法的效率.

算法 1.3.5 OGNMF-PRTree 算法

输入: 当前样本 $\boldsymbol{x}_s \in \Re^{M\times 1}$, 约减维度为整数 K, 正则参数 $\lambda \in \Re$, 距离阈值 $\varepsilon \in \Re$, 容忍度 $\tau \in \Re$, 阶段 1 上限为整数 N_1, 阶段 2 上限为整数 N_2

输出: 基矩阵 $\boldsymbol{U}_s \in \Re^{M\times K}$

1. 使用随机值初始化 $\boldsymbol{U}_0 \in \Re^{M\times K}$
2. 使用 NMF 算法利用少量数据样本预计算 $\boldsymbol{U}_0$
3. 初始化 $\boldsymbol{X}_0 = \varnothing$, $\boldsymbol{V}_0 = \varnothing$, $\boldsymbol{W}_0 = \varnothing$
4. 初始化 $\boldsymbol{A}_0 = 0 \in \Re^{K\times K}$, $\boldsymbol{B}_0 = 0 \in \Re^{M\times K}$

初始化 RPTree 结构的参数
while $\boldsymbol{x}_s$ 存在 **do**
　处理当前样本 $\boldsymbol{x}_s$
　使用随机值初始化系数 $\boldsymbol{v}_s$
　计算 $\boldsymbol{x}_s$ 与 $\boldsymbol{X}_{s-1}$ 中数据样本之间的权重关系
　将 $\boldsymbol{x}_s$ 加入 $\boldsymbol{X}_{s-1}$ 并记为 $\boldsymbol{X}_s$
　将 $\boldsymbol{v}_s$ 加入 $\boldsymbol{V}_{s-1}$ 并记为 $\boldsymbol{V}_s$
　　repeat
　　　根据 (1.3.140) 式更新 $\boldsymbol{v}_s$
　　　根据式 (1.3.136) 和式 (1.3.137) 利用 $\boldsymbol{v}_s$ 计算临时累积和 $\boldsymbol{A}_s$ 与 $\boldsymbol{B}_s$
　　　根据式 (1.3.138) 更新 $\boldsymbol{U}_s$
　　until 收敛
　根据式 (1.3.136) 和式 (1.3.137) 利用 $\boldsymbol{v}_s$ 计算最终累积和 $\boldsymbol{A}_s$ 与 $\boldsymbol{B}_s$
　调用子函数 Adjust_RPTree( ) 将 $\boldsymbol{x}_s$ 合并到 RPTree 中
end while
return $\boldsymbol{U}_s$

在OGNMF-B 算法和 OGNMF-PRTree 算法中, 基矩阵的更新规则 (1.3.138)等同于 INMF 的更新规则. 因此, 计算复杂性的增加仅源于系数矩阵的更新.

对于 OGNMF-B 算法中的更新规则 (1.3.139), 首先需要构造缓冲区中新到达的数据样本 $\boldsymbol{x}_s$ 和 p 个数据样本之间的权重关系 $(\boldsymbol{W}_s)_{is}$. 根据 ε 邻域定义, 每个权重关系都需要计算对应的两个数据样本之间的欧几里得距离. 由于每个数据样本中有 M 个属性, 因此计算复杂度为 $O(pM)$. 然后, OGNMF-B 需要将缓冲区中 p 个数据样本的系数的线性组合添加到更新规则 (1.3.139). 由于每个系数的维度是 K, 计算复杂度为 $O(pK)$. 因此, 与 INMF 相比, OGNMF-B 算法的计算复杂度增加了 $O(pM)+O(pK)$. 由于假设 $K \ll M$ 和 p 为常数, 所以最终增加的复杂度为 $O(M)$.

类似地, 可以估计, OGNMF-PRTree 算法的计算复杂度与 INMF 相比增加了 $O(lM)+O(lK)$. 在 RPTree 策略中, 叶节点的数量 l 远小于 N, 可以将其假定为常数. 因此, OGNMF-PRTree 算法最终增加的复杂度也是 $O(M)$.

对于以流或增量方式出现的任何给定的输入数据集, 每个数据样本中的属性数量 M 通常是固定的, 而数据样本的数量 N 随着时间急剧增加. 因此, OGNMF 算法不断增加的复杂性在大多数实际应用中是可以接受的.

1.4 多视图的非负矩阵分解

标准 NMF 及其变体只能应用于一个矩阵，其数据仅来自于一个视图. 由于真实世界的数据总是从多个来源获取或由几个不同的特征集表示. 不同的特征表征数据集的不同信息. 例如，图像可以通过颜色、纹理、形状等不同的特征来描述，这些多种类型的特征可以从不同的视图提供彼此互补的信息以描述同一组样本. 多视图数据分析旨在将多种特征集集成在一起，并从不同视图中发现一致的潜在信息. 但是不同视图的数据可能是异质的，因此多视图数据分析的主要挑战在于如何融合不同视图中蕴含的信息，从而能够同时在多个视图之间提供有意义且可比的知识. 为了在模式识别和数据挖掘中将来自多个视图的信息自动集成在成对或多视图数据矩阵中，为此，人们设计了多种联合非负矩阵分解算法来分析具有多种特征类型的数据集，旨在揭示由多个特征共享的公共隐结构.

1.4.1 基于共识矩阵的多视图 NMF

1. 多视图

多视图 NMF(multi-view NMF, MultiNMF) 是一种用于多视图聚类的联合非负矩阵分解方法，该方法假设不同视图中的同一数据点划分到同一个簇的可能性很高，因此要求将从不同视图中学到的系数矩阵进行规范以达成共识，该共识矩阵被认为反映了不同视图共享的潜在聚类结构. MultiNMF 将数据矩阵分解为不同的基矩阵和不同的系数矩阵，并找到一个共识矩阵来平衡所有系数矩阵，同时在优化过程中对基向量进行 L_1 归一化，从而可以对不同视图提供具有概率解释的系数矩阵，使它们在优化过程中具有可比性，并且对聚类有意义.

设数据有 n_v 种表示，即有 n_v 个视图，$\{\boldsymbol{X}^{(1)},\boldsymbol{X}^{(2)},\cdots,\boldsymbol{X}^{(n_v)}\}$ 表示所有视图的数据，$\boldsymbol{X}^{(v)}\in\Re_+^{m_v\times N}$，$v=1,\cdots,n_v$，$m_v$ 是第 v 个视图的特征维度，N 是样本数. $\boldsymbol{X}_i^{(v)}$ 表示 $\boldsymbol{X}^{(v)}$ 的第 i 行，表示所有样本在特征 i 上的特征值；$\boldsymbol{X}_{:j}^{(v)}$ 或 $\boldsymbol{X}_j^{(v)}$ 表示 $\boldsymbol{X}^{(v)}$ 的第 j 列，表示第 j 个样本. $\boldsymbol{X}^{(v)}$ 可以分解为 $\boldsymbol{X}^{(v)}\approx\boldsymbol{U}^{(v)}(\boldsymbol{V}^{(v)})^{\mathrm{T}}$，$\boldsymbol{U}^{(v)}\in\Re_+^{m_v\times k}$，$\boldsymbol{V}^{(v)}\in\Re_+^{N\times k}$. 系数矩阵 $(\boldsymbol{V}_j^{(v)})^{\mathrm{T}}$ 可以看作是第 j 个数据点在新基 $\boldsymbol{U}^{(v)}$ 中的低秩表示. 在不同的视图中，数据点的数目相同，特征维度允许不同，因此所有的 $\boldsymbol{V}^{(v)}$ 具有相同的大小，但是各个 $\boldsymbol{U}^{(v)}$ 沿着各个视图的行维度可能不同.

设 $\boldsymbol{V}^*$ 是共识矩阵，反映不同视图共享的潜在聚类结构. 系数矩阵 $\boldsymbol{V}^{(v)}$ 与共识矩阵 $\boldsymbol{V}^*$ 之间的差异使用 $D(\boldsymbol{V}^{(v)},\boldsymbol{V}^*)=||\boldsymbol{V}^{(v)}-\boldsymbol{V}^*||_{\mathrm{F}}^2$ 度量，因此 MultiNMF 的目标函数为

$$J_{\mathrm{MultiNMF}}=\sum_{v=1}^{n_v}\left\|\boldsymbol{X}^{(v)}-\boldsymbol{U}^{(v)}(\boldsymbol{V}^{(v)})^{\mathrm{T}}\right\|_{\mathrm{F}}^2+\sum_{v=1}^{n_v}\lambda_v\left\|\boldsymbol{V}^{(v)}-\boldsymbol{V}^*\right\|_{\mathrm{F}}^2 \tag{1.4.1}$$
$$\text{s.t. } 1\leqslant k\leqslant K,\ |\boldsymbol{U}_{:k}^{(v)}||_1=1,\ \boldsymbol{U}^{(v)},\ \boldsymbol{V}^{(v)},\ \boldsymbol{V}^*\geqslant 0$$

其中 K 为 $\boldsymbol{U}$ 的列数, 参数 λ_v 用于调整不同视图之间的相对权重及标准 NMF 重建误差和不一致项 $\|\boldsymbol{V}^{(v)}-\boldsymbol{V}^*\|_{\mathrm{F}}^2$ 之间的相对权重, $\|\boldsymbol{U}_{:k}^{(v)}\|_1=1$ 是对基矩阵 $\boldsymbol{U}^{(v)}$ 施加的规范化约束, 使得在 $\|\boldsymbol{X}\|_1=1$ 的条件下, $\|\boldsymbol{V}^{(v)}\|_1$ 近似等于 1, 因此在不同的视图内, $\boldsymbol{V}^{(v)}$ 在相同的范围内, 从而确保系数矩阵 $\boldsymbol{V}^{(v)}$ 与共识矩阵 $\boldsymbol{V}^*$ 的比较是合理的.

为了消除 $\boldsymbol{U}^{(v)}$ 上的等式约束, 引入辅助变量 $\boldsymbol{Q}^{(v)}=\mathrm{diag}\left(\sum\limits_{i=1}^{M}u_{i1}^{(v)},\sum\limits_{i=1}^{M}u_{i2}^{(v)},\cdots,\sum\limits_{i=1}^{M}u_{iK}^{(v)}\right)$ 来简化计算, 其中 $M=m_v$, $\mathrm{diag}(\cdot)$ 表示一个对角矩阵, 其中非零元素依次等于括号中的值. 根据 $\boldsymbol{U}\boldsymbol{V}^{\mathrm{T}}=(\boldsymbol{U}\boldsymbol{Q}^{-1})(\boldsymbol{Q}\boldsymbol{V}^{\mathrm{T}})$, 式 (1.4.1) 的最小化等价于

$$\begin{aligned}&J_{\mathrm{MultiNMF}}=\sum_{v=1}^{n_v}\left\|\boldsymbol{X}^{(v)}-\boldsymbol{U}^{(v)}(\boldsymbol{V}^{(v)})^{\mathrm{T}}\right\|_{\mathrm{F}}^2+\sum_{v=1}^{n_v}\lambda_v\left\|\boldsymbol{V}^{(v)}\boldsymbol{Q}^{(v)}-\boldsymbol{V}^*\right\|_{\mathrm{F}}^2\\&\text{s.t. }\forall 1\leqslant v\leqslant n_v,\quad \boldsymbol{U}^{(v)}\geqslant 0,\boldsymbol{V}^{(v)}\geqslant 0,\boldsymbol{V}^*\geqslant 0\end{aligned}\tag{1.4.2}$$

式 (1.4.2) 的优化问题可以通过迭代更新过程进行求解, 即重复以下两个步骤直到收敛: 固定 $\boldsymbol{V}^*$, 求使 J_{MultiNMF} 最小化的 $\boldsymbol{U}^{(v)}$ 和 $\boldsymbol{V}^{(v)}$; 固定 $\boldsymbol{U}^{(v)}$ 和 $\boldsymbol{V}^{(v)}$, 求使 J_{MultiNMF} 最小化的 $\boldsymbol{V}^*$.

1) 固定 $\boldsymbol{V}^*$, 求使 J_{MultiNMF} 最小化的 $\boldsymbol{U}^{(v)}$ 和 $\boldsymbol{V}^{(v)}$

当 $\boldsymbol{V}^*$ 不变时, 对于每个给定的 v, $\boldsymbol{U}^{(v)}$ 的计算不依赖于 $\boldsymbol{U}^{(v')}$, $v'\neq v$. 为了简化, 使用 $\boldsymbol{X},\boldsymbol{U},\boldsymbol{V}$ 和 $\boldsymbol{Q}$ 表示 $\boldsymbol{X}^{(v)},\boldsymbol{U}^{(v)},\boldsymbol{V}^{(v)}$ 和 $\boldsymbol{Q}^{(v)}$, 从而式 (1.4.2) 简化为

$$\left\|\boldsymbol{X}-\boldsymbol{U}\boldsymbol{V}^{\mathrm{T}}\right\|_{\mathrm{F}}^2+\lambda_v\left\|\boldsymbol{V}\boldsymbol{Q}-\boldsymbol{V}^*\right\|_{\mathrm{F}}^2\quad \text{s.t. }\boldsymbol{U},\boldsymbol{V}\geqslant 0\tag{1.4.3}$$

固定$\boldsymbol{V}^*$和$\boldsymbol{V}^{(v)}$, 计算$\boldsymbol{U}^{(v)}$ 设约束 $\boldsymbol{U}\geqslant 0$ 的拉格朗日乘子矩阵为 $\boldsymbol{\Psi}$, 则拉格朗日函数为 $\mathcal{L}=J_{\mathrm{MultiNMF}}+\mathrm{Tr}(\boldsymbol{\Psi}\boldsymbol{U})$, 其中 $\mathrm{Tr}(\cdot)$ 是迹函数. 若只考虑与 $\boldsymbol{U}^{(v)}$ 相关的项, 则最小化 $\mathcal{L}$ 等价于最小化 $\mathcal{L}_1=\mathrm{Tr}(\boldsymbol{U}\boldsymbol{V}^{\mathrm{T}}\boldsymbol{V}\boldsymbol{U}^{\mathrm{T}}-2\boldsymbol{X}\boldsymbol{V}\boldsymbol{U}^{\mathrm{T}})+\lambda_v\boldsymbol{R}+\mathrm{Tr}(\boldsymbol{\Psi}\boldsymbol{U})$, 其中,

$$\begin{aligned}\boldsymbol{R}&=\mathrm{Tr}(\boldsymbol{V}\boldsymbol{Q}\boldsymbol{Q}^{\mathrm{T}}\boldsymbol{V}^{\mathrm{T}}-2\boldsymbol{V}\boldsymbol{Q}(\boldsymbol{V}^*)^{\mathrm{T}})\\&=\sum_{j=1}^{N}\sum_{k=1}^{K}\left(v_{jk}\sum_{i=1}^{M}u_{ik}\sum_{i=1}^{M}u_{ik}v_{jk}\right)-\sum_{j=1}^{N}\sum_{k=1}^{K}\left(v_{jk}\sum_{i=1}^{M}u_{ik}v_{jk}^*\right).\end{aligned}$$

求 $\boldsymbol{R}$ 关于 $\boldsymbol{U}$ 的导数, 有 $(\boldsymbol{P})_{ik}=\dfrac{\partial\boldsymbol{R}}{\partial u_{ik}}=2\left(\sum\limits_{l=1}^{M}u_{lk}\sum\limits_{j=1}^{N}v_{jk}^2-\sum\limits_{j=1}^{N}v_{jk}v_{jk}^*\right)$. 使用 KKT 条件, 有 $\dfrac{\partial\mathcal{L}_1}{\partial\boldsymbol{U}}=-2\boldsymbol{X}\boldsymbol{V}+2\boldsymbol{U}\boldsymbol{V}^{\mathrm{T}}\boldsymbol{V}+\lambda_v\boldsymbol{P}+\boldsymbol{\Psi}=\boldsymbol{O}$, $\boldsymbol{\Psi}_{i,k}\boldsymbol{U}_{i,k}=\boldsymbol{O}$, $1\leqslant i\leqslant$

M, $1 \leqslant k \leqslant K$, 基于这个条件可得 $\boldsymbol{U}$ 的更新规则为

$$u_{ik} \leftarrow u_{ik} \frac{(\boldsymbol{X}\boldsymbol{V})_{ik} + \lambda_v \sum_{j=1}^{N} v_{jk} v_{jk}^*}{(\boldsymbol{U}\boldsymbol{V}^{\mathrm{T}}\boldsymbol{V})_{ik} + \lambda_v \sum_{l=1}^{M} u_{lk} \sum_{j=1}^{N} v_{jk}^2} \tag{1.4.4}$$

显然, 每次更新之后, $(\boldsymbol{U})_{ik}$ 保持非负.

固定 $\boldsymbol{V}^*$和$\boldsymbol{U}^{(v)}$, 计算$\boldsymbol{V}^{(v)}$ 对于每个 $1 \leqslant v \leqslant n_v$, 首先使用 $\boldsymbol{Q}$ 对 $\boldsymbol{U}$ 的列向量进行规范化

$$\boldsymbol{U} \leftarrow \boldsymbol{U}\boldsymbol{Q}^{-1}, \quad \boldsymbol{V} \leftarrow \boldsymbol{V}\boldsymbol{Q} \tag{1.4.5}$$

设约束 $\boldsymbol{V} \geqslant 0$ 的拉格朗日乘子矩阵为 $\boldsymbol{\Phi}$, 拉格朗日函数为 $\mathcal{L} = J_{\mathrm{MultiNMF}} + \mathrm{Tr}(\boldsymbol{\Phi}\boldsymbol{V})$. 若只考虑与 $\boldsymbol{V}^{(v)}$ 相关的项, 则最小化 $\mathcal{L}$ 等价于最小化 $\mathcal{L}_2 = \mathrm{Tr}(\boldsymbol{U}\boldsymbol{V}^{\mathrm{T}}\boldsymbol{V}\boldsymbol{U}^{\mathrm{T}} - 2\boldsymbol{X}\boldsymbol{V}\boldsymbol{U}^{\mathrm{T}}) + \lambda_v \mathrm{Tr}(\boldsymbol{V}\boldsymbol{V}^{\mathrm{T}} - 2\boldsymbol{V}(\boldsymbol{V}^*)^{\mathrm{T}}) + \mathrm{Tr}(\boldsymbol{\Phi}\boldsymbol{V})$. 使用 KKT 条件, 有

$$\begin{aligned} &\frac{\partial \mathcal{L}_2}{\partial \boldsymbol{V}} = 2\boldsymbol{V}\boldsymbol{U}^{\mathrm{T}}\boldsymbol{U} - 2\boldsymbol{X}^{\mathrm{T}}\boldsymbol{U} + 2\lambda_v(\boldsymbol{V} - \boldsymbol{V}^*) + \boldsymbol{\Phi} = 0 \\ &\boldsymbol{\Phi}_{jk}\boldsymbol{V}_{jk} = 0, \ 1 \leqslant j \leqslant N, \ 1 \leqslant k \leqslant K \end{aligned}$$

基于这个条件可得 $\boldsymbol{V}$ 的更新规则为

$$v_{jk} \leftarrow v_{jk} \frac{(\boldsymbol{X}^{\mathrm{T}}\boldsymbol{U})_{jk} + \lambda_v v_{jk}^*}{(\boldsymbol{V}\boldsymbol{U}^{\mathrm{T}}\boldsymbol{U})_{jk} + \lambda_v v_{jk}} \tag{1.4.6}$$

2) 固定 $\boldsymbol{U}^{(v)}$ 和 $\boldsymbol{V}^{(v)}$, 求使 J_{MultiNMF} 最小化的 $\boldsymbol{V}^*$

求 J_{MultiNMF} 关于 $\boldsymbol{V}^*$ 的导数, $\dfrac{\partial J_{\mathrm{MultiNMF}}}{\partial \boldsymbol{V}^*} = \dfrac{\partial \sum_{v=1}^{n_v} \lambda_v \|\boldsymbol{V}^{(v)}\boldsymbol{Q}^{(v)} - \boldsymbol{V}^*\|_{\mathrm{F}}^2}{\partial \boldsymbol{V}^*} = \sum_{v=1}^{n_v} \lambda_v(-2\boldsymbol{V}^{(v)}Q^v + 2\boldsymbol{V}^*) = 0$. 解此方程可以求得

$$\boldsymbol{V}^* = \frac{\sum_{v=1}^{n_v} \lambda_v \boldsymbol{V}^{(v)}\boldsymbol{Q}^{(v)}}{\sum_{v=1}^{n_v} \lambda_v} \geqslant 0 \tag{1.4.7}$$

MultiNMF 算法的伪代码如算法 1.4.1 所示.

算法 1.4.1 MultiNMF算法

输入: 非负矩阵 $\{\boldsymbol{X}^{(1)}, \boldsymbol{X}^{(2)}, \cdots, \boldsymbol{X}^{(n_v)}\}$, 参数 $\lambda_1, \lambda_2, \cdots, \lambda_{n_v}$, 簇的数目 K

输出: 基矩阵 $\{\boldsymbol{U}^{(1)}, \boldsymbol{U}^{(2)}, \cdots, \boldsymbol{U}^{(n_v)}\}$, 系数矩阵 $\{\boldsymbol{V}^{(1)}, \boldsymbol{V}^{(2)}, \cdots, \boldsymbol{V}_{\boldsymbol{v}}^{(n_v)}\}$, 共识矩阵 $\boldsymbol{V}^*$

1. 规范化每个视图 $\boldsymbol{X}^{(v)}$, 使得 $||\boldsymbol{X}^{(v)}||_1 = 1$
2. 初始化 $\boldsymbol{U}^{(v)}$, $\boldsymbol{V}^{(v)}$ 和 $\boldsymbol{V}^*$ $(1 \leqslant v \leqslant n_v)$
3. **repeat**
4.   **for** $v = 1$ **to** n_v
5.   **repeat**
6.   固定 $\boldsymbol{V}^*$ 和 $\boldsymbol{V}^{(v)}$, 使用式 (1.4.4) 更新 $\boldsymbol{U}^{(v)}$
7.   使用式 (1.4.5) 规范化 $\boldsymbol{U}^{(v)}$ 和 $\boldsymbol{V}^{(v)}$
8.   固定 $\boldsymbol{V}^*$ 和 $\boldsymbol{U}^{(v)}$, 使用式 (1.4.6) 更新 $\boldsymbol{V}^{(v)}$
9.   直至式 (1.4.3) 收敛
10.   **end for**
11.   固定 $\boldsymbol{U}^{(v)}$ 和 $\boldsymbol{V}^{(v)}$, 使用式 (1.4.7) 更新 $\boldsymbol{V}^*$
12. **until** 式 (1.4.2) 收敛

假设内循环的迭代步数为 t_{in}, 外循环的迭代步数为 t_{out}, $M' = \max\{m^{(v)}, v = 1, \cdots, n_v\}$, 乘法更新的时间复杂度为 $O(n_v t_{\text{in}} M' N K)$, 计算共识矩阵的时间复杂度为 $O(n_v N K)$, 因此 MultiNMF 的时间复杂度为 $O(t_{\text{out}} n_v t_{\text{in}} M' N K)$.

2. 图正则多视图

图正则多视图 NMF(graph regularized multi-view NMF, GRMultiNMF) 学习了联合视图表示, 但是没有利用视图内部的几何结构. GMultiNMF 基于 “如果两个数据点在原始空间接近, 那么它们的表示也彼此接近” 的假设, 通过构造最近邻图来整合每个视图的局部几何信息, 在 MultiNMF 的目标函数中加入局部图正则, 并通过迭代更新规则来求解优化问题.

设 $\boldsymbol{X}$ 是描述 N 个样本 $\{\boldsymbol{x}_1, \boldsymbol{x}_2, \cdots, \boldsymbol{x}_N\}$ 的 n_v 个视图的数据集合, 其中 $\boldsymbol{X}^{(v)} = \{\boldsymbol{X}_1^{(v)}, \cdots, \boldsymbol{X}_N^{(v)}\} \in \Re^{m_v \times N}$ $(v \in [1, n_v])$ 表示第 v 个视图的特征矩阵, m_v 是第 v 个视图的特征维度. 为了构造最近邻图, 每个样本 $\boldsymbol{x}_i$ 被当作一个顶点, 通过距离 (比如欧几里得距离) 计算找到它的 k 个最近邻居并在 $\boldsymbol{x}_i$ 和它的 k 个最近邻之间设置边权重. 最简单的权重是 0-1 权重, 当且仅当 $\boldsymbol{x}_i$ 与 $\boldsymbol{x}_j$ 连接时, $(\boldsymbol{W})_{ij} = 1$, 否则 $(\boldsymbol{W})_{ij} = 0$.

权重矩阵 $\boldsymbol{W}$ 用于平滑系数向量. 如果两个数据点 $\boldsymbol{x}_i$ 和 $\boldsymbol{x}_j$ 在数据分布中接近, 则低维表示 $\boldsymbol{V}_{i:}$ 和 $\boldsymbol{V}_{j:}$ 也彼此接近. $\boldsymbol{V}_{i:}$ 和 $\boldsymbol{V}_{j:}$ 之间的欧几里得距离为

$\mathrm{D}(\boldsymbol{V}_{i:}, \boldsymbol{V}_{j:}) = \|\boldsymbol{V}_{i:} - \boldsymbol{V}_{j:}\|^2$, 则每个视图的平滑度惩罚 $\mathfrak{R}^{(v)}$ 定义为

$$\begin{aligned}\mathfrak{R}^{(v)} &= \sum_{j,l=1}^{N} \left\|\boldsymbol{V}_{j:}^{(v)} - \boldsymbol{V}_{l:}^{(v)}\right\|^2 (\boldsymbol{W}^{(v)})_{jl} = \mathrm{Tr}\left(\left(\boldsymbol{V}^{(v)}\right)^{\mathrm{T}} \boldsymbol{D}^{(v)} \boldsymbol{V}^{(v)}\right) \\ &\quad - \mathrm{Tr}\left(\left(\boldsymbol{V}^{(v)}\right)^{\mathrm{T}} \boldsymbol{W}^{(v)} \boldsymbol{V}^{(v)}\right) = \mathrm{Tr}\left(\left(\boldsymbol{V}^{(v)}\right)^{\mathrm{T}} \boldsymbol{L}^{(v)} \boldsymbol{V}^{(v)}\right) \end{aligned} \tag{1.4.8}$$

其中 $\boldsymbol{D}$ 是一个对角矩阵, $\boldsymbol{D}_{jj} = \sum_{l} \boldsymbol{W}_{jl}$, $\boldsymbol{L} = \boldsymbol{D} - \boldsymbol{W}$. 根据式 (1.4.8) 将每个视图的局部几何结构融入 MultiNMF, 可得 GRMultiNMF 的目标函数

$$\begin{aligned} &\min_{\substack{\boldsymbol{U}^{(v)}, \boldsymbol{V}^{(v)}, \boldsymbol{V}^* \\ v=1,\cdots,n_v}} \sum_{v=1}^{n_v} \left\|\boldsymbol{X}^{(v)} - \boldsymbol{U}^{(v)} \left(\boldsymbol{V}^{(v)}\right)^{\mathrm{T}}\right\|_{\mathrm{F}}^2 \\ &+ \sum_{v=1}^{n_v} \lambda_v \left\|\boldsymbol{V}^{(v)} \boldsymbol{Q}^{(v)} - \boldsymbol{V}^*\right\|_{\mathrm{F}}^2 + \mu \sum_{v=1}^{n_v} \lambda_v \mathrm{Tr}\left(\left(\boldsymbol{V}^{(v)}\right)^{\mathrm{T}} \boldsymbol{L}^{(v)} \boldsymbol{V}^{(v)}\right) \\ &\text{s.t. } \boldsymbol{U}^{(v)} \geqslant 0,\ \boldsymbol{V}^{(v)} \geqslant 0,\ v = 1, \cdots, n_v,\ \boldsymbol{V}^* \geqslant 0 \end{aligned} \tag{1.4.9}$$

式 (1.4.9) 难以求解, 因为损失函数同时关于 $\boldsymbol{U}$ 和 $\boldsymbol{V}$ 不是凸的. 设 $(\varPsi)_{ik}$ 和 $(\varPhi)_{jk}$ 是约束 $(\boldsymbol{U})_{ik}$ 和 $(\boldsymbol{V})_{jk} \geqslant 0$ 的拉格朗日乘子, 则式 (1.4.9) 的优化等价于式 (1.4.10) 所示损失函数在 $\boldsymbol{U}$, $\boldsymbol{V}$ 和 $\boldsymbol{V}^*$ 上的最小化.

$$\begin{aligned} J_{\mathrm{GMultiNMF}} =& \sum_{v=1}^{n_v} \left\|\boldsymbol{X}^{(v)} - \boldsymbol{U}^{(v)} \left(\boldsymbol{V}^{(v)}\right)^{\mathrm{T}}\right\|_{\mathrm{F}}^2 + \sum_{v=1}^{n_v} \lambda_v \left\|\boldsymbol{V}^{(v)} \boldsymbol{Q}^{(v)} - \boldsymbol{V}^*\right\|_{\mathrm{F}}^2 \\ &+ \mu \sum_{v=1}^{n_v} \lambda_v \mathrm{Tr}\left(\left(\boldsymbol{V}^{(v)}\right)^{\mathrm{T}} \boldsymbol{L}^{(v)} \boldsymbol{V}^{(v)}\right) \\ &+ \sum_{v=1}^{n_v} \left(\mathrm{Tr}\left(\varPsi \left(\boldsymbol{U}^{(v)}\right)^{\mathrm{T}}\right)\right) + \mathrm{Tr}\left(\varPhi \left(\boldsymbol{V}^{(v)}\right)^{\mathrm{T}}\right) \end{aligned} \tag{1.4.10}$$

$\boldsymbol{U}, \boldsymbol{V}$ 和 $\boldsymbol{V}^*$ 采用与 MultiNMF 类似的迭代更新过程进行求解. $\boldsymbol{U}$, $\boldsymbol{V}$ 和 $\boldsymbol{V}^*$ 的更新规则分别如式 (1.4.11)~(1.4.13) 所示.

$$u_{jk} = u_{jk} \times \frac{(\boldsymbol{X}\boldsymbol{V})_{jk} + \lambda_v \sum_{r=1}^{n} v_{rk} v_{rk}^*}{\left(\boldsymbol{U}\boldsymbol{V}^{\mathrm{T}}\boldsymbol{V}\right)_{jk} + \lambda_v \sum_{l=1}^{M} u_{lk} \sum_{r=1}^{n} v_{rk}^2} \tag{1.4.11}$$

$$v_{jk} = v_{jk} \times \frac{\left(\boldsymbol{X}^{\mathrm{T}}\boldsymbol{U} + \lambda_v \boldsymbol{V}^* + \lambda_v \times \mu \boldsymbol{W}\boldsymbol{V}\right)_{jk}}{\left(\boldsymbol{V}\boldsymbol{U}^{\mathrm{T}}\boldsymbol{U} + \lambda_v \boldsymbol{V} + \lambda_v \times \mu \boldsymbol{D}\boldsymbol{V}\right)_{jk}} \tag{1.4.12}$$

$$V^* = \frac{\sum_{v=1}^{n_v} \lambda_v V^{(v)} Q^{(v)}}{\sum_{v=1}^{n_v} \lambda_v} \tag{1.4.13}$$

1.4.2　联合非负矩阵分解

联合非负矩阵分解 (joint NMF, jNMF) 将共享相同行维度 M 的 n_v 个数据矩阵 $\boldsymbol{X}_I$ 分解为公共基矩阵 $\boldsymbol{U}$ 和不同系数矩阵 $\boldsymbol{V}_i^{\mathrm{T}}$, 通过最小化式 (1.4.14) 使得 $\boldsymbol{X}^{(v)} \approx \boldsymbol{U}(\boldsymbol{V}^{(v)})^{\mathrm{T}}$.

$$\sum_{v}^{n_v} \left\| \boldsymbol{X}^{(v)} - \boldsymbol{U}(\boldsymbol{V}^{(v)})^{\mathrm{T}} \right\|_{\mathrm{F}}^2 \quad \text{s.t. } \boldsymbol{U} \geqslant 0, \boldsymbol{V}^{(v)} \geqslant 0 \tag{1.4.14}$$

式 (1.4.14) 可以使用迭代更新方式进行优化. 矩阵 $\boldsymbol{U}$ 和 $(\boldsymbol{V}^{(v)})^{\mathrm{T}}$ 的更新公式分别为

$$(\boldsymbol{U})_{jk} = (\boldsymbol{U})_{jk} \frac{\left(\sum_{v=1}^{n_v} \boldsymbol{X}^{(v)} \boldsymbol{V}^{(v)} \right)_{jk}}{\left(\boldsymbol{U} \sum_{v=1}^{n_v} (\boldsymbol{V}^{(v)})^{\mathrm{T}} \boldsymbol{V}^{(v)} \right)_{jk}}, \quad i = 1, 2, \cdots, I;\ j = 1, \cdots, M \tag{1.4.15}$$

$$(\boldsymbol{V}^{(v)})_{jk} = (\boldsymbol{V}^{(v)})_{jk} \frac{\left(\boldsymbol{X}^{(v)\mathrm{T}} \boldsymbol{U} \right)_{jk}}{\left(\boldsymbol{V}^{(v)} \boldsymbol{U}^{\mathrm{T}} \boldsymbol{U} \right)_{jk}}, \quad i = 1, 2, \cdots, I;\ j = 1, \cdots, N \tag{1.4.16}$$

1.4.3　多流形正则化非负矩阵分解

多流形正则化非负矩阵分解 (multi-manifold regularized NMF, MMNMF) 将共识流形和共识系数矩阵与多流形正则结合在一起, 以保留多视图数据空间的局部几何结构.

设数据有 n_v 种表示, 即有 n_v 个视图, $\{\boldsymbol{X}^{(1)}, \boldsymbol{X}^{(2)}, \cdots, \boldsymbol{X}^{(n_v)}\}$ 表示所有视图的数据, $\boldsymbol{X}^{(v)} \in \Re_+^{m_v \times N}$, $v = 1, \cdots, n_v$, $m^{(v)}$ 是第 v 个视图的特征维度, N 是样本数. $\boldsymbol{A}^{(v)} = \{\boldsymbol{A}_{ij}^{(v)}\}_{i,j=1}^{N}$ 是第 v 个视图的邻接矩阵, $\boldsymbol{D}^{(v)}$ 是对角矩阵, $(\boldsymbol{D}^{(v)})_{ii} = \sum_j (\boldsymbol{A}^{(v)})_{ij}$, $\boldsymbol{L}^{(v)} = \boldsymbol{D}^{(v)} - \boldsymbol{A}^{(v)}$ 是第 v 个视图的拉普拉斯矩阵. 流形假设表明每个视图中的数据点及其邻居位于一个流形的局部片上或附近 (由 $\boldsymbol{L}^{(v)}$ 离散地近似). 同理, 多视图数据集位于多个流形的局部片上或附近. $\boldsymbol{L}^*$ 是用于平衡 $\boldsymbol{L}^{(v)}$ 的共识流形, $\boldsymbol{V}^*$ 是用于平衡 $\boldsymbol{V}^{(v)}$ 共识系数. MMNMF 试图最小化式 (1.4.17).

$$
\begin{aligned}
J_{\text{MMNMF}} = &\sum_{v=1}^{n_v}(\boldsymbol{D}(\boldsymbol{X}^{(v)}||\boldsymbol{U}^{(v)}\boldsymbol{V}^{(v)\text{T}}) + \boldsymbol{D}(\boldsymbol{V}^*||\boldsymbol{V}^{(v)}) \\
&+\boldsymbol{D}(\boldsymbol{L}^*||\boldsymbol{L}^{(v)}) + \lambda\text{Tr}(\boldsymbol{V}^{*\text{T}}\boldsymbol{L}^*\boldsymbol{V}^*) \\
\text{s.t. } &\boldsymbol{U}^{(v)}\boldsymbol{V}^{(v)}\boldsymbol{V}^* \geqslant 0
\end{aligned} \tag{1.4.17}
$$

等式 (1.4.17) 的第一项度量原始矩阵与近似矩阵之间的偏差, 第二项度量共识系数矩阵与各个视图中相应系数矩阵间的偏差, 第三项度量共识流形与各个视图中相应流形间的偏差, 第四项确保每个视图满足流形假设.

原始矩阵与近似矩阵之间的偏差可以使用 Frobenius 范数计算, 共识流形可以通过线性组合或多视图局部线性嵌入进行计算, 共识系数矩阵也可以通过线性组合或共识矩阵近似进行计算.

• 通过线性组合计算共识流形. 假设内在流形嵌入在所有流形的凸包中, 则内在流形可以看作是在所有视图中流形的线性近似. 共识流形使用内在流形近似进行计算, $\boldsymbol{L}^* = \sum\limits_v \mu_v \boldsymbol{L}^{(v)}$, $\sum\limits_v \mu_v = 1$, $\mu_v \geqslant 0$.

• 通过多视图局部线性嵌入计算共识流形. 具有多个视图的数据点可以使用每个视图中的邻居进行重构. 由于不同视图的分布可能不同, 因此一个数据点的邻居在不同视图中可能会有所不同. 为了找到组合不同视图中局部几何的共识流形, 使用每个数据点在不同视图中的邻居对其进行重构.

设 $I(\boldsymbol{x}_i^{(v)})$ 是 $\boldsymbol{x}_i^{(v)}$ 在第 v 个视图上邻居的索引, $I(\boldsymbol{x}_i) = \bigcup\limits_v I(\boldsymbol{x}_i^{(v)})$ 是 $\boldsymbol{x}_i$ 在所有视图中邻居的索引, $\boldsymbol{W}$ 是满足式 (1.4.18) 的权重矩阵.

$$
\begin{aligned}
\varepsilon_i &= \sum_v \rho_v \left\| \boldsymbol{x}_i^{(v)} - \sum_{j\in I(\boldsymbol{x}_i)} (\boldsymbol{W})_{ij}\boldsymbol{x}_j^{(v)} \right\|^2 + ||\boldsymbol{\rho}||^2 \\
&= \sum_v \rho_v \left\| \sum_{j\in I(\boldsymbol{x}_i)} (\boldsymbol{W})_{ij}(\boldsymbol{x}_i^{(v)} - \boldsymbol{x}_j^{(v)}) \right\|^2 + ||\boldsymbol{\rho}||^2 \\
&= \sum_{j,k\in I(\boldsymbol{x}_i)} (\boldsymbol{W})_{ij}\boldsymbol{G}_{jk}^i(\boldsymbol{W})_{ik} + ||\boldsymbol{\rho}||^2 \\
&\text{s.t. } ||\boldsymbol{W}_{i:}|| = 1, (\boldsymbol{W})_{ij} \geqslant 0, ||\boldsymbol{\rho}||_1 = 1, \rho_v \geqslant 0
\end{aligned} \tag{1.4.18}
$$

其中 ρ_v 用于平衡不同视图的重要性, $\boldsymbol{W}_{i:}$ 是 $\boldsymbol{W}$ 的第 i 行, $\boldsymbol{G}_{jk}^i = \sum\limits_v(\rho_v \boldsymbol{G}_{jk}^{i(v)})$, $\boldsymbol{G}_{jk}^{i(v)}$ 定义为

$$
\boldsymbol{G}_{jk}^{i(v)} = \begin{cases} (\boldsymbol{x}_i^{(v)} - \boldsymbol{x}_j^{(v)})^{\text{T}}(\boldsymbol{x}_i^{(v)} - \boldsymbol{x}_k^{(v)}), & j,k \in I(\boldsymbol{x}_i) \\ 0, & \text{其他} \end{cases} \tag{1.4.19}
$$

$\boldsymbol{W}_{i:}$ 和 $\boldsymbol{\rho}$ 使用熵镜像下降算法 (entropic mirror descent algorithm, EMDA) 迭代求解. EMDA 是解决单位单纯形上大规模凸最小化问题的有用算法, 与二次编程相比, 它对问题大小的依赖性较小. EMDA 的流程如算法 1.4.2 所示. 给定 Lipschitz 常数 L_f 和目标函数的次梯度 $f'(\boldsymbol{x})$, EMDA 的计算复杂度取决于迭代次数和向量的长度, 而且, EMDA 通常会在有限迭代中收敛.

算法 1.4.2 EMDA 算法

输入: Lipschitz 常数 L_f, 次梯度 $f'(\boldsymbol{x})$, 向量长度 q

输出: 确保向量 $\boldsymbol{x}$ 具有单位单纯形

1. 初始化 $\boldsymbol{x}^1_{i,i\in\{1,\cdots,q\}}$ 具有相等的权重 $\dfrac{1}{q}$
2. **repeat**
3. **for** $i=1$ **to** q
4. $y_t=\dfrac{\sqrt{2\ln q}}{L_f\sqrt{t}}$ // t 是第 t 次迭代
5. $\boldsymbol{x}_i^{t+1}=\dfrac{\boldsymbol{x}_i^t\mathrm{e}^{-y_tf_i'(\boldsymbol{x}^t)}}{\sum\limits_{j=1}^{q}\boldsymbol{x}_j^t\mathrm{e}^{-y_tf_j'(\boldsymbol{x}^t)}}$ // 其中 $f'(\boldsymbol{x})=(f_1'(\boldsymbol{x}),\cdots,f_q'(\boldsymbol{x}))^{\mathrm{T}}$
6. **end for**
7. **until** 收敛

ε_i 关于 $\boldsymbol{W}_{i:}$ 和 $\boldsymbol{\rho}$ 的次梯度示于式 (1.4.20), 其中 $\boldsymbol{\theta}$ 是 n_v 维的向量, $\boldsymbol{\theta}_v=\boldsymbol{W}_{i:}\boldsymbol{G}^{i(v)}\boldsymbol{W}_{i:}^{\mathrm{T}}$.

$$\varepsilon_i'(\boldsymbol{W}_{i.})=\boldsymbol{W}_{i.}\boldsymbol{G}^i,\quad \varepsilon_i'(\boldsymbol{\rho})=\boldsymbol{\theta}+2\boldsymbol{\rho} \tag{1.4.20}$$

对于固定范数 (比如 1-范数), Lipschitz 常数 L_f 示于式 (1.4.21) 和 (1.4.22).

$$L_f(\boldsymbol{W}_{i:})=\sup_{\boldsymbol{W}_{i:}}||\varepsilon_i'(\boldsymbol{W}_{i:})||=\sup_{\boldsymbol{W}_{i:}}||\boldsymbol{W}_{i:}\boldsymbol{G}^i||_1=\max_s\left(\sum_t|G^i_{st}|\right) \tag{1.4.21}$$

$$L_f(\boldsymbol{\rho})=\sup_{\boldsymbol{\rho}}||\varepsilon_i'(\boldsymbol{\rho})||=\sup_{\boldsymbol{\rho}}||\boldsymbol{\theta}+2\boldsymbol{\rho}||_1=||\boldsymbol{\theta}||_1+2 \tag{1.4.22}$$

$\boldsymbol{W}$ 是不对称的. 设共识邻接矩阵 $\boldsymbol{A}^*=\dfrac{\boldsymbol{W}+\boldsymbol{W}^{\mathrm{T}}}{2}$, 它直观地显示了所有视图中的局部几何结构, 则共识流形 $\boldsymbol{L}^*=\boldsymbol{D}^*-\boldsymbol{A}^*, (\boldsymbol{D}^*)_{ii}=\sum\limits_j(A^*)_{ij}$.

• 通过线性组合计算共识系数矩阵. 为了从不同的角度保留低维表示的多样化几何结构, 共识系数矩阵 $\boldsymbol{V}^*$ 可以是 $\boldsymbol{V}^{(v)}$ 的线性组合, $\boldsymbol{V}^*=\sum\limits_v\alpha_v\boldsymbol{V}^{(v)}$, $\sum\limits_v\alpha_v=1$, $\alpha_v\geqslant 0$.

• 通过共识矩阵近似进行计算共识系数矩阵. 在 MultiNMF 中, 代表多个聚类结构的系数矩阵应针对共同的共识矩阵进行正则化. 共同共识矩阵被认为反映了不同视图共享的潜在聚类结构. 因此, 共识系数矩阵 $\boldsymbol{V}^*$ 可以通过正则 $\sum\limits_{v}\alpha_v||\boldsymbol{V}^*-\boldsymbol{V}^{(v)}||_{\mathrm{F}}^2$, $\alpha_v\geqslant 0$, $\sum\limits_{v=1}^{n_v}\alpha_v=1$ 来获得.

由于共识流形和共识系数矩阵都有两种方式进行计算, 因此 MMNMF 框架有四种实例: 共识流形和共识系数均使用线性组合计算的 NMF(MMNMF-L-L), 共识流形使用线性组合计算但共识系数使用共识矩阵近似进行计算的 NMF(MMNMF-L-C), 共识流形使用多视图局部线性嵌入进行计算但共识系数使用线性组合计算的 NMF(MMNMF-R-L) 和共识流形使用多视图局部线性嵌入进行计算但共识系数使用共识矩阵近似进行计算的 NMF(MMNMF-R-C). 四种实例的目标函数如式 (1.4.23)~(1.4.26) 所示.

$$
\begin{aligned}
J_{\text{MMNMF-L-L}}=&\sum_{v=1}^{n_v}\left\|\boldsymbol{X}^{(v)}-\boldsymbol{U}^{(v)}(\boldsymbol{V}^{(v)})^{\mathrm{T}}\right\|_{\mathrm{F}}^2+\gamma||\boldsymbol{\mu}||^2+\eta||\boldsymbol{\alpha}||^2\\
&+\lambda\mathrm{Tr}\left(\left(\sum_{v=1}^{n_v}\alpha_v\boldsymbol{V}^{(v)}\right)^{\mathrm{T}}\left(\sum_{v=1}^{n_v}\mu_v\boldsymbol{L}^{(v)}\right)\left(\sum_{v=1}^{n_v}\alpha_v\boldsymbol{V}^{(v)}\right)\right)\\
\text{s.t. }&\boldsymbol{U}^{(v)},\ \boldsymbol{V}^{(v)},\ \boldsymbol{V}^*\geqslant 0\\
&\boldsymbol{\mu}=(\mu_1,\mu_2,\cdots,\mu_{n_v})^{\mathrm{T}},\quad \mu_v\geqslant 0,\quad \sum_{v=1}^{n_v}\mu_v=1\\
&\boldsymbol{\alpha}=(\alpha_1,\alpha_2,\cdots,\alpha_{n_v})^{\mathrm{T}},\quad \alpha_v\geqslant 0,\quad \sum_{v=1}^{n_v}\alpha_v=1
\end{aligned}
\tag{1.4.23}
$$

其中 α_v 和 μ_v 用于调整不同视图之间的相对权重, λ 用于控制多流形正则化的贡献, $||\boldsymbol{\mu}||^2$ 和 $||\boldsymbol{\alpha}||^2$ 用于避免在一个流形和系数矩阵上过拟合, γ 和 η 控制正则化项.

$$
\begin{aligned}
J_{\text{MMNMF-L-C}}=&\sum_{v=1}^{n_v}\left\|\boldsymbol{X}^{(v)}-\boldsymbol{U}^{(v)}(\boldsymbol{V}^{(v)})^{\mathrm{T}}\right\|_{\mathrm{F}}^2+\sum_{v=1}^{n_v}\alpha_v\left\|\boldsymbol{V}^*-\boldsymbol{V}^{(v)}\right\|_{\mathrm{F}}^2\\
&+\lambda\mathrm{Tr}\left(\boldsymbol{V}^{*T}\left(\sum_{v=1}^{n_v}\mu_v\boldsymbol{L}^{(v)}\right)\boldsymbol{V}^*\right)+\gamma||\boldsymbol{\mu}||^2+\eta||\boldsymbol{\alpha}||^2\\
\text{s.t. }&\boldsymbol{U}^{(v)},\ \boldsymbol{V}^{(v)},\ \boldsymbol{V}^*\geqslant 0\\
&\boldsymbol{\mu}=(\mu_1,\mu_2,\cdots,\mu_{n_v})^{\mathrm{T}},\quad \mu_v\geqslant 0,\quad \sum_{v=1}^{n_v}\mu_v=1\\
&\boldsymbol{\alpha}=(\alpha_1,\alpha_2,\cdots,\alpha_{n_v})^{\mathrm{T}},\quad \alpha_v\geqslant 0,\quad \sum_{v=1}^{n_v}\alpha_v=1
\end{aligned}
\tag{1.4.24}
$$

$$J_{\text{MMNMF-R-L}} = \sum_{v=1}^{n_v} \left\| \boldsymbol{X}^{(v)} - \boldsymbol{U}^{(v)}(\boldsymbol{V}^{(v)})^{\mathrm{T}} \right\|_{\mathrm{F}}^2 + \lambda \mathrm{Tr}\left(\left(\sum_{v=1}^{n_v} \alpha_v \boldsymbol{V}^{(v)} \right)^{\mathrm{T}} \boldsymbol{L}^* \left(\sum_{v=1}^{n_v} \alpha_v \boldsymbol{V}^{(v)} \right) \right) + \eta ||\boldsymbol{\alpha}||^2$$
$$\text{s.t. } \boldsymbol{U}^{(v)},\ \boldsymbol{V}^{(v)},\ \boldsymbol{V}^* \geqslant 0$$
$$\boldsymbol{\alpha} = (\alpha_1, \alpha_2, \cdots, \alpha_{n_v})^{\mathrm{T}}, \quad \alpha_v \geqslant 0, \quad \sum_{v=1}^{n_v} \alpha_v = 1 \tag{1.4.25}$$

$$J_{\text{MMNMF-R-C}} = \sum_{v=1}^{n_v} \left\| \boldsymbol{X}^{(v)} - \boldsymbol{U}^{(v)}(\boldsymbol{V}^{(v)})^{\mathrm{T}} \right\|_{\mathrm{F}}^2 + \sum_{v=1}^{n_v} \alpha_v \left\| \boldsymbol{V}^* - \boldsymbol{V}^{(v)} \right\|_{\mathrm{F}}^2 + \lambda \mathrm{Tr}(\boldsymbol{V}^{*\mathrm{T}} \boldsymbol{L}^* \boldsymbol{V}^*) + \eta ||\boldsymbol{\alpha}||^2$$
$$\text{s.t. } \boldsymbol{U}^{(v)},\ \boldsymbol{V}^{(v)},\ \boldsymbol{V}^* \geqslant 0,$$
$$\boldsymbol{\alpha} = (\alpha_1, \alpha_2, \cdots, \alpha_{n_v})^{\mathrm{T}}, \quad \alpha_v \geqslant 0, \quad \sum_{v=1}^{n_v} \alpha_v = 1 \tag{1.4.26}$$

• MMNMF-L-L 的求解

$\boldsymbol{U}^{(v)}, \boldsymbol{V}^{(v)}$ 的迭代更新公式为

$$(\boldsymbol{U}^{(v)})_{ik} \leftarrow (\boldsymbol{U}^{(v)})_{ik} \frac{\left(\boldsymbol{X}^{(v)}\boldsymbol{V}^{(v)}\right)_{ik}}{\left(\boldsymbol{U}^{(v)}(\boldsymbol{V}^{(v)})^{\mathrm{T}}\boldsymbol{V}^{(v)}\right)_{ik}},$$
$$(\boldsymbol{V}^{(v)})_{jk} \leftarrow (\boldsymbol{V}^{(v)})_{jk} \frac{(\boldsymbol{X}^{(v)\mathrm{T}}\boldsymbol{U}^{(v)} + \lambda\alpha_v \boldsymbol{A}^*\boldsymbol{V}^*)_{jk}}{(\boldsymbol{V}^{(v)}\boldsymbol{U}^{(v)\mathrm{T}}\boldsymbol{U}^{(v)} + \lambda\alpha_v \boldsymbol{D}^*\boldsymbol{V}^*)_{jk}} \tag{1.4.27}$$

其中 $\boldsymbol{V}^* = \sum\limits_{v=1}^{n_v} \alpha_v \boldsymbol{V}^{(v)}$, $\boldsymbol{A}^* = \sum\limits_{v=1}^{n_v} \mu_v \boldsymbol{A}^{(v)}$, $\boldsymbol{D}^* = \sum\limits_{v=1}^{n_v} \mu_v \boldsymbol{D}^{(v)}$.

流形参数 $\boldsymbol{\mu}$ 和系数矩阵参数 $\boldsymbol{\alpha}$ 可以使用 EMDA 算法进行优化. 更新 $\boldsymbol{\alpha}$ 时, 保持其他参数不变, 目标函数 $J_{\text{MMNMF-L-L}}$ 变为

$$f(\boldsymbol{\alpha}) = \lambda \mathrm{Tr}\left(\left(\sum_{v=1}^{n_v} \alpha_v \left(\boldsymbol{V}^{(v)}\right)^{\mathrm{T}} \right) \boldsymbol{L}^* \left(\sum_{v=1}^{n_v} \alpha_v \boldsymbol{V}^{(v)} \right) \right) + \eta ||\boldsymbol{\alpha}||^2$$
$$= \lambda \sum_{i,j=1}^{n_v} \alpha_i \alpha_j \mathrm{Tr}((\boldsymbol{V}^{(i)})^{\mathrm{T}} \boldsymbol{L}^* \boldsymbol{V}^{(j)}) + \eta ||\boldsymbol{\alpha}||^2 = \boldsymbol{\alpha}^{\mathrm{T}}(\lambda \boldsymbol{B} + \eta \boldsymbol{I})\boldsymbol{\alpha}$$
$$\text{s.t. } \boldsymbol{L}^* = \sum_{v=1}^{n_v} \mu_v \boldsymbol{L}^{(v)},\ (\boldsymbol{B})_{ij} = \mathrm{Tr}((\boldsymbol{V}^{(i)})^{\mathrm{T}} \boldsymbol{L}^* \boldsymbol{V}^{(j)})$$
$$\boldsymbol{\alpha} = (\alpha_1, \alpha_2, \cdots, \alpha_{n_v})^{\mathrm{T}}, \quad \alpha_v \geqslant 0, \quad \sum_{v=1}^{n_v} \alpha_v = 1 \tag{1.4.28}$$

$\boldsymbol{\alpha}$ 的次梯度和 Lipschitz 常数如式 (1.4.28) 和 (1.4.29) 所示:

$$f'(\boldsymbol{\alpha}) = (2\lambda\boldsymbol{B} + 2\eta\boldsymbol{I})\boldsymbol{\alpha} \tag{1.4.29}$$

$$L_f(\boldsymbol{\alpha}) = \sup_{\boldsymbol{\alpha}} ||f'(\boldsymbol{\alpha})||_1 = \max_j \left| \sum_i (2\lambda\boldsymbol{B} + 2\eta\boldsymbol{I})_{ij} \right| \tag{1.4.30}$$

更新 $\boldsymbol{\mu}$ 时, 保持其他参数不变, 目标函数 $J_{\text{MMNMF-L-L}}$ 变为

$$\begin{aligned} f(\boldsymbol{\mu}) =& \lambda \text{Tr}\left(\boldsymbol{V}^{*\text{T}}\left(\sum_{v=1}^{n_v}\mu_v\boldsymbol{L}^{(v)}\right)\boldsymbol{V}^*\right) + \gamma||\boldsymbol{\mu}||^2 \\ =& \lambda\sum_{v=1}^{n_v}\mu_v b_v + \gamma||\boldsymbol{\mu}||^2 \\ \text{s.t. } \boldsymbol{V}^* =& \sum_{v=1}^{n_v}\alpha_v\boldsymbol{V}^{(v)},\ b_v = \text{Tr}(\boldsymbol{V}^{*\text{T}}\boldsymbol{L}^{(v)}\boldsymbol{V}^*) \\ & \boldsymbol{\mu} = (\mu_1, \mu_2, \cdots, \mu_{n_v})^{\text{T}}, \quad \mu_v \geqslant 0, \quad \sum_{v=1}^{n_v}\mu_v = 1 \end{aligned} \tag{1.4.31}$$

$\boldsymbol{\mu}$ 的次梯度和 Lipschitz 常数为

$$f'(\boldsymbol{\mu}) = \lambda\boldsymbol{b} + 2\gamma\boldsymbol{\mu} \tag{1.4.32}$$

$$L_f(\boldsymbol{\mu}) = \sup_{\mu} ||f'(\boldsymbol{\mu})||_1 = \lambda||\boldsymbol{b}||_1 + 2\gamma \tag{1.4.33}$$

MMNMF-L-C, MMNMF-R-L 和 MMNMF-R-C 的求解与此类似.

• MMNMF-L-C 的求解

$\boldsymbol{U}^{(v)}$ 的更新与 MMNMF-L-L 相同, $\boldsymbol{V}^{(v)}$ 和 $\boldsymbol{V}^*$ 的迭代更新公式为

$$(\boldsymbol{V}^{(v)})_{jk} \leftarrow (\boldsymbol{V}^{(v)})_{jk}\frac{(\boldsymbol{X}^{(v)\text{T}}\boldsymbol{U}^{(v)} + \alpha_v\boldsymbol{V}^*)_{j,k}}{(\boldsymbol{V}^{(v)}\boldsymbol{U}^{(v)\text{T}}\boldsymbol{U}^{(v)} + \alpha_v\boldsymbol{V}^{(v)})_{j,k}} \tag{1.4.34}$$

$$(\boldsymbol{V}^*)_{jk} \leftarrow (\boldsymbol{V}^*)_{jk}\frac{\left(\sum_{v=1}^{n_v}\alpha_v\boldsymbol{V}^{(v)} + \lambda\boldsymbol{A}^*\boldsymbol{V}^*\right)_{j,k}}{\left(\sum_{v=1}^{n_v}\alpha_v\boldsymbol{V}^* + \lambda\boldsymbol{D}^*\boldsymbol{V}^*\right)_{j,k}} \tag{1.4.35}$$

其中 $\boldsymbol{A}^* = \sum_{v=1}^{n_v}\mu_x\boldsymbol{A}^{(v)}$, $\boldsymbol{D}^* = \sum_{v=1}^{n_v}\mu_v\boldsymbol{D}^{(v)}$.

更新 $\boldsymbol{\alpha}$ 时, $f'(\boldsymbol{\alpha}) = \boldsymbol{b} + 2\eta\boldsymbol{\alpha}$, $L_f(\boldsymbol{\alpha}) = ||\boldsymbol{b}||_1 + 2\eta$, 其中 $b_v = ||\boldsymbol{V}^* - \boldsymbol{V}^{(v)}||_{\text{F}}^2$. 更新 $\boldsymbol{\mu}$ 时, $f'(\boldsymbol{\mu}) = 2\lambda\boldsymbol{b} + 2\gamma\boldsymbol{\mu}$, $L_f(\boldsymbol{\mu}) = \lambda||\boldsymbol{b}||_1 + 2\gamma$, 其中 $b_v = \text{Tr}(\boldsymbol{V}^{*T}\boldsymbol{L}^{(v)}\boldsymbol{V}^*)$.

• MMNMF-R-L 的求解

$\boldsymbol{U}^{(v)}$ 的更新与 MMNMF-L-L 相同, $\boldsymbol{V}^{(v)}$ 的迭代更新公式为

$$(\boldsymbol{V}^{(v)})_{jk} \leftarrow (\boldsymbol{V}^{*})_{jk} \frac{(\boldsymbol{X}^{(v)\mathrm{T}}\boldsymbol{U}^{(v)} + \lambda\alpha_v \boldsymbol{A}^{*}\boldsymbol{V}^{*})_{j,k}}{(\boldsymbol{V}^{(v)}\boldsymbol{U}^{(v)\mathrm{T}}\boldsymbol{U}^{(v)} + \lambda\alpha_v \boldsymbol{D}^{*}\boldsymbol{V}^{*})_{j,k}} \tag{1.4.36}$$

其中 $\boldsymbol{V}^{*} = \sum\limits_{k=1}^{n_v} \alpha_k \boldsymbol{V}^{(k)}$, $\boldsymbol{A}^{*} = (\boldsymbol{W} + \boldsymbol{W}^{\mathrm{T}})/2$, $(\boldsymbol{D}^{*})_{ii} = \sum\limits_{j} (\boldsymbol{A}^{*})_{ij}$. $\boldsymbol{W}$ 通过式 (1.4.18) 的优化进行计算.

更新 $\boldsymbol{\alpha}$ 时, $f'(\boldsymbol{\alpha}) = (2\lambda\boldsymbol{B} + 2\eta\boldsymbol{I})\boldsymbol{\alpha}$, $L_f(\boldsymbol{\alpha}) = \max_j |\sum\limits_{i} (2\lambda\boldsymbol{B} + 2\eta\boldsymbol{I})_{ij}|$, 其中 $b_v = ||\boldsymbol{V}^{*} - \boldsymbol{V}^{(v)}||_{\mathrm{F}}^2$. 更新 $\boldsymbol{\mu}$ 时, $f'(\boldsymbol{\mu}) = 2\lambda\boldsymbol{b} + 2\gamma\boldsymbol{\mu}$, $L_f(\boldsymbol{\mu}) = \lambda||\boldsymbol{b}||_1 + 2\gamma$, 其中 $b_{ij} = \mathrm{Tr}((\boldsymbol{V}^{(i)})^{\mathrm{T}}(\boldsymbol{D}^{*} - \boldsymbol{A}^{*})\boldsymbol{V}^{(j)})$.

• MMNMF-R-C 的求解

$\boldsymbol{U}^{(v)}$ 的更新与 MMNMF-L-L 相同, $\boldsymbol{V}^{(v)}$ 和 $\boldsymbol{V}^{*}$ 的迭代更新公式为

$$(\boldsymbol{V}^{(v)})_{jk} \leftarrow (\boldsymbol{V}^{(v)})_{jk} \frac{(\boldsymbol{X}^{(v)\mathrm{T}}\boldsymbol{U}^{(v)} + \alpha_v \boldsymbol{V}^{*})_{jk}}{(\boldsymbol{V}^{(v)}\boldsymbol{U}^{(v)\mathrm{T}}\boldsymbol{U}^{(v)} + \alpha_v \boldsymbol{V}^{(v)})_{jk}} \tag{1.4.37}$$

$$(\boldsymbol{V}^{*})_{jk} \leftarrow (\boldsymbol{V}^{*})_{jk} \frac{\left(\sum\limits_{v=1}^{n_v} \alpha_v \boldsymbol{V}^{(v)} + \lambda\boldsymbol{A}^{*}\boldsymbol{V}^{*}\right)_{jk}}{\left(\sum\limits_{v=1}^{n_v} \alpha_v \boldsymbol{V}^{*} + \lambda\boldsymbol{D}^{*}\boldsymbol{V}^{*}\right)_{jk}} \tag{1.4.38}$$

其中 $\boldsymbol{A}^{*} = (\boldsymbol{W} + \boldsymbol{W}^{\mathrm{T}})/2$, $(\boldsymbol{D}^{*})_{ii} = \sum\limits_{j} (\boldsymbol{A}^{*})_{ij}$. $\boldsymbol{W}$ 通过式 (1.4.18) 的优化进行计算.

更新 $\boldsymbol{\alpha}$ 时, $f'(\boldsymbol{\alpha}) = \boldsymbol{b} + 2\eta\boldsymbol{\alpha}$, $L_f(\boldsymbol{\alpha}) = ||\boldsymbol{b}||_1 + 2\eta$, 其中 $b_v = ||\boldsymbol{V}^{*} - \boldsymbol{V}^{(v)}||_{\mathrm{F}}^2$.

具有线性组合系数的 MMNMF-L(MMNMF-L-L 和 MMNMF-R-L) 算法示于算法 1.4.3, 具有共识系数的 MMNMF-C(MMNMF-L-C 和 MMNMF-R-C) 算法示于算法 1.4.4. 其中 λ 的计算如 (1.4.39) 所示:

$$\lambda = \beta \frac{\sum\limits_{v=1}^{n_v} \left\| \boldsymbol{X}^{(v)} - \boldsymbol{U}^{(v)}\boldsymbol{V}^{(v)T} \right\|_{\mathrm{F}}^2}{\mathrm{Tr}(\boldsymbol{V}^{*\mathrm{T}}\boldsymbol{L}^{*}\boldsymbol{V}^{*})} \tag{1.4.39}$$

算法 1.4.3　MMNMF-L 算法

输入: 数据集 $\boldsymbol{X}^{(v)}$, $v = 1, 2, \cdots, n_v$, 秩 r, 参数 β, η, γ

输出: 共识矩阵 $\boldsymbol{V}^{*}$

1. 计算共识流形
2. 随机初始化 $\boldsymbol{U}^{(v)}$, $\boldsymbol{V}^{(v)}$ 和 $\boldsymbol{V}^*$
3. 计算 λ
4. **repeat**
5. 更新 $\boldsymbol{U}^{(v)}$, $\boldsymbol{V}^{(v)}, \boldsymbol{\alpha}$ 和 $\boldsymbol{\mu}$
6. **until** 公式 (1.4.27) 收敛
7. $\boldsymbol{V}^* = \sum\limits_{v=1}^{n_v} \alpha_v \boldsymbol{V}^{(v)}$

算法 1.4.4 MMNMF-C 算法 (MMNMF with consensus coefficient)

输入: 数据集 $\boldsymbol{X}^{(v)}, v = 1, 2, \cdots, n_v$, 秩 r, 内部迭代次数 t_i, 参数 β, η, γ

输出: 共识矩阵 $\boldsymbol{V}^*$

1. 计算共识流形
2. 随机初始化 $\boldsymbol{U}^{(v)}$, $\boldsymbol{V}^{(v)}$ 和 $\boldsymbol{V}^*$
3. 计算 λ
4. **repeat**
5. **for** $i = 1$ **to** t_i
6. 更新 $\boldsymbol{U}^{(v)}$, $\boldsymbol{V}^{(v)}$
7. **end for**
8. 更新 $\boldsymbol{V}^*, \boldsymbol{\alpha}$ 和 $\boldsymbol{\mu}$
9. **until** 公式 (1.4.27) 收敛

1.4.4 图正则的多视图半非负矩阵分解

图正则的多视图半非负矩阵分解 GMSemi-NMF(graph regularized Semi-NMF) 将 Semi-NMF 应用于深层结构, 在多个视图上分层次地执行 Semi-NMF, 通过深层结构, 逐层分解不重要的因素, 在最后一层产生有效的共识表示, 使得来自同一类的数据样本被逐层推近, 从而保留了多个视图的共享结构. GMSemi-NMF 的框架示于图 1.4.1.

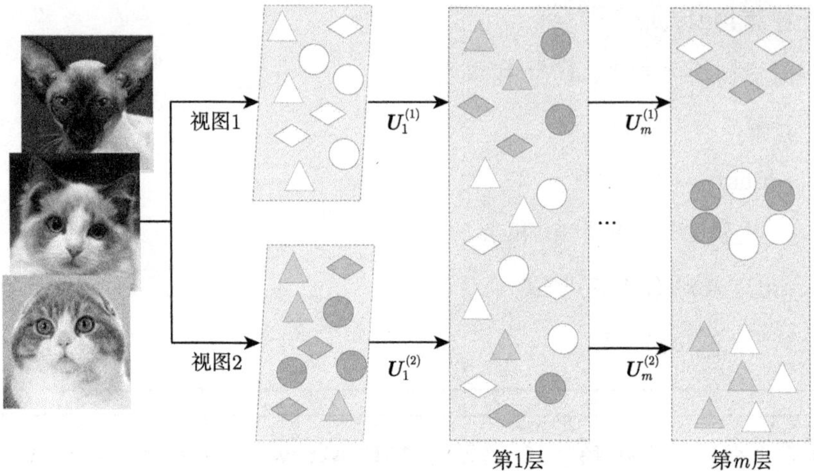

图 1.4.1　两视图的 GMSemi-NMF 框架

图 1.4.1 中形状相同的图形表示相同的类. 两个深度矩阵分解结构以逐层方式捕获每个视图中蕴含的信息, 最终来自相同类但不同视图的样本彼此接近地聚集以产生辨识性更强的表示.

设 $\boldsymbol{X}=\{\boldsymbol{X}^{(1)},\cdots,\boldsymbol{X}^{(v)},\cdots,\boldsymbol{X}^{(n_v)}\}$ 是数据样本集, n_v 表示视图的数目, m_v 表示第 v 个视图的维度, N 是样本数, $\boldsymbol{X}^{(v)}\in\Re^{m_v\times N}$ 是第 v 个视图的数据. GMSemi-NMF 的目标函数为

$$\min_{\substack{\boldsymbol{U}_i^{(v)},\boldsymbol{V}_i^{(v)}\\ \boldsymbol{V}_d,\alpha^{(v)}}}\sum_{v=1}^{n_v}\left(\alpha^{(v)}\right)^{\gamma}\left(\left\|\boldsymbol{X}^{(v)}-\boldsymbol{U}_1^{(v)}\boldsymbol{U}_2^{(v)}\cdots\boldsymbol{U}_d^{(v)}\boldsymbol{V}_d\right\|_{\mathrm{F}}^2+\beta\mathrm{Tr}\left(\boldsymbol{V}_d\boldsymbol{L}^{(v)}\boldsymbol{V}_d^{\mathrm{T}}\right)\right)$$

$$\text{s.t. } \boldsymbol{V}_i^{(v)}\geqslant 0,\ \boldsymbol{V}_d\geqslant 0,\ \sum_{v=1}^{n_v}\alpha^{(v)}=1,\ \alpha^{(v)}\geqslant 0 \tag{1.4.40}$$

其中 $\boldsymbol{U}_i^{(v)}$ 是视图 v 第 i 层的映射, d 是层数, $\boldsymbol{V}_d$ 是所有视图的共识隐表达, $\alpha^{(v)}$ 是第 v 个视图的加权系数, γ 是控制权重分布的参数, $\boldsymbol{L}^{(v)}$ 是第 v 个视图的拉普拉斯图, 其中每个图以 k-最近邻 (k-NN) 的方式构造. 视图 v 的图的权重矩阵记为 $\boldsymbol{A}^{(v)}$, $\left(\boldsymbol{D}^{(v)}\right)_{ii}=\sum_j\left(\boldsymbol{A}^{(v)}\right)_{ij}$, $\boldsymbol{L}^{(v)}=\boldsymbol{A}^{(v)}-\boldsymbol{D}^{(v)}$.

由于多视图数据的同源性, 第 v 个视图数据的最后一层表示 $\boldsymbol{V}_d^{(v)}$ 应该彼此接近. GMSemi-NMF 使用共识 $\boldsymbol{V}_d$ 作为约束来强制多视图数据在多层分解之后共享相同的表示. GMSemi-NMF 构造多个图以约束公共表示学习, 从而可以很好地保护每个视图中的几何结构. 此外, 图正则项可以融合来自多个视图的几何知识, 以使公共表示更加一致.

为了加速 GMSemi-NMF 中的变量的近似, 对每个层进行预训练使第 v 个视图

中第 i 层的变量 $\boldsymbol{U}_i^{(v)}$ 和 $\boldsymbol{V}_i^{(v)}$ 有初始近似. 预训练通过分解输入数据矩阵 $\boldsymbol{X}^{(v)} \approx \boldsymbol{U}_1^{(v)}\boldsymbol{V}_1^{(v)}$ 实现, 其中 $\boldsymbol{U}_1^{(v)} \in \Re^{m_v \times d_1}$, $\boldsymbol{V}_1^{(v)} \in \Re^{d_1 \times n}$. 然后将第 v 个视图的特征矩阵 $\boldsymbol{V}_1^{(v)}$ 分解为 $\boldsymbol{V}_1^{(v)} \approx \boldsymbol{U}_2^{(v)}\boldsymbol{V}_2^{(v)}$, 其中 $\boldsymbol{U}_2^{(v)} \in \Re^{d_1 \times d_2}$ 和 $\boldsymbol{V}_2^{(v)} \in \Re^{d_2 \times n}$. d_1 和 d_2 分别是第 1 层和第 2 层的维度. 重复这个过程, 直到预先训练了所有层. 在此之后, 通过交替最小化式 (1.4.41) 所示的目标函数来微调每层的权重.

$$J_{\text{GMSemi-NMF}} = \sum_{v=1}^{V} \left(\alpha^{(v)}\right)^{\gamma} \left(\left\| \boldsymbol{X}^{(v)} - \boldsymbol{U}_1^{(v)}\boldsymbol{U}_2^{(v)} \cdots \boldsymbol{U}_d^{(v)}\boldsymbol{V}_d \right\|_{\text{F}}^2 + \beta \text{Tr}\left(\boldsymbol{V}_d \boldsymbol{L}^{(v)} \boldsymbol{V}_d^{\text{T}}\right)\right) \tag{1.4.41}$$

1. **权重矩阵 $\boldsymbol{U}_i^{(v)}$ 的更新规则**

固定视图 v 第 i 层中除 $\boldsymbol{U}_i^{(v)}$ 外的变量来最小化关于 $\boldsymbol{U}_i^{(v)}$ 的目标值. 设置 $\dfrac{\partial J_{\text{GMSemi-NMF}}}{\partial \boldsymbol{U}_i^{(v)}} = 0$, 可以获得

$$\begin{aligned} \boldsymbol{U}_i^{(v)} &= \left(\boldsymbol{\Phi}^{\text{T}}\boldsymbol{\Phi}\right)^{-1} \boldsymbol{\Phi}^{\text{T}} \boldsymbol{X}^{(v)} \tilde{\boldsymbol{V}}_i^{(v)\text{T}} \left(\tilde{\boldsymbol{V}}_i^{(v)} \tilde{\boldsymbol{V}}_i^{(v)\text{T}}\right)^{-1} \\ \boldsymbol{U}_i^{(v)} &= \boldsymbol{\Phi}^{\dagger} \boldsymbol{X}^{(v)} \tilde{\boldsymbol{V}}_i^{(v)\dagger} \end{aligned} \tag{1.4.42}$$

其中 $\boldsymbol{\Phi} = \left[\boldsymbol{U}_1^{(v)} \cdots \boldsymbol{U}_{i-1}^{(v)}\right]$, $\tilde{\boldsymbol{V}}_i^{(v)}$ 表示在第 v 个视图中第 i 层特征矩阵的重构 (或学习的潜在特征), 符号 $\dagger$ 表示 Moore-Penrose 伪逆.

2. **特征矩阵 $\boldsymbol{V}_i^{(v)} (i < m)$ 的更新规则**

$$\boldsymbol{V}_i^{(v)} = \boldsymbol{V}_i^{(v)} \odot \sqrt{\frac{\left[\boldsymbol{\Phi}^{\text{T}}\boldsymbol{X}^{(v)}\right]^{+} + \left[\boldsymbol{\Phi}^{\text{T}}\boldsymbol{\Phi}\boldsymbol{V}_i^{(v)}\right]^{-}}{\left[\boldsymbol{\Phi}^{\text{T}}\boldsymbol{X}^{(v)}\right]^{-} + \left[\boldsymbol{\Phi}^{\text{T}}\boldsymbol{\Phi}\boldsymbol{V}_i^{(v)}\right]^{+}}} \tag{1.4.43}$$

其中 $\boldsymbol{M}^{+}$ 表示所有负元素被 0 替换的矩阵, $\boldsymbol{M}^{-}$ 表示将所有正元素替换为 0 的矩阵, 即

$$\forall k, j \quad [\boldsymbol{M}]_{kj}^{+} = \frac{|\boldsymbol{M}_{kj}| + \boldsymbol{M}_{kj}}{2}, \quad [\boldsymbol{M}]_{kj}^{-} = \frac{|\boldsymbol{M}_{kj}| - \boldsymbol{M}_{kj}}{2}$$

3. **特征矩阵 $\boldsymbol{V}_d$ (即 $\boldsymbol{V}_i^{(v)}, i = d$) 的更新规则**

$$\boldsymbol{V}_d = \boldsymbol{V}_d \odot \sqrt{\frac{\left[\boldsymbol{\Phi}^{\text{T}}\boldsymbol{X}^{(v)}\right]^{+} + \left[\boldsymbol{\Phi}^{\text{T}}\boldsymbol{\Phi}\boldsymbol{V}_d\right]^{-} + \mathcal{G}_u\left(\boldsymbol{V}_d, \boldsymbol{A}\right)}{\left[\boldsymbol{\Phi}^{\text{T}}\boldsymbol{X}^{(v)}\right]^{-} + \left[\boldsymbol{\Phi}^{\text{T}}\boldsymbol{\Phi}\boldsymbol{V}_d\right]^{+} + \mathcal{G}_d\left(\boldsymbol{V}_d, \boldsymbol{A}\right)}} \tag{1.4.44}$$

其中 $\mathcal{G}_u\left(\boldsymbol{V}_m, \boldsymbol{A}\right) = \beta\left(\left[\boldsymbol{V}_m\boldsymbol{A}^{(v)}\right]^{+} + \left[\boldsymbol{V}_m\boldsymbol{D}^{(v)}\right]^{-}\right)$, $\mathcal{G}_d\left(\boldsymbol{V}_d, \boldsymbol{A}\right) = \beta\left(\left[\boldsymbol{V}_d\boldsymbol{A}^{(v)}\right]^{-} + \left[\boldsymbol{V}_d\boldsymbol{D}^{(v)}\right]^{+}\right)$.

4. $\boldsymbol{\alpha}^{(v)}$ **的更新规则**

设 $\mathcal{R}^{(v)} = \left\|\boldsymbol{X}^{(v)} - \boldsymbol{U}_1^{(v)}\boldsymbol{U}_2^{(v)}\cdots\boldsymbol{U}_d^{(v)}\boldsymbol{V}_d\right\|_{\mathrm{F}}^2 + \beta\mathrm{Tr}\left(\boldsymbol{V}_d\boldsymbol{L}^{(v)}\boldsymbol{V}_d^{\mathrm{T}}\right)$, 则式 (1.4.41) 关于 $\alpha^{(v)}$ 的目标函数可以写为

$$\min_{\alpha^{(v)}}\sum_{v=1}^{V}\left(\alpha^{(v)}\right)^{\gamma}\mathcal{R}^{(v)} \quad \text{s.t. } \sum_{v=1}^{V}\alpha^{(v)} = 1, \quad \alpha^{(v)} \geqslant 0 \tag{1.4.45}$$

设 λ 为拉格朗日乘子, 则式 (1.4.45) 的拉格朗日函数写为

$$\min_{\alpha^{(v)}}\sum_{v=1}^{V}\left(\alpha^{(v)}\right)^{\gamma}\mathcal{R}^{(v)} - \lambda\left(\sum_{v=1}^{V}\alpha^{(v)} - 1\right) \tag{1.4.46}$$

让式 (1.4.46) 关于 $\alpha^{(v)}$ 的偏导数为 0, 可得

$$\alpha^{(v)} = \left(\frac{\lambda}{\gamma\mathcal{R}^{(v)}}\right)^{\frac{1}{\gamma-1}} \tag{1.4.47}$$

由于 $\sum\limits_{v=1}^{V}\alpha^{(v)} = 1$, 因此有

$$\alpha^{(v)} = \frac{\left(\gamma\mathcal{R}^{(v)}\right)^{\frac{1}{1-\gamma}}}{\sum\limits_{v=1}^{V}\left(\gamma\mathcal{R}^{(v)}\right)^{\frac{1}{1-\gamma}}} \tag{1.4.48}$$

在 GMSemi-NMF 中, 不同视图的不同权重可以通过一个参数 γ 进行控制. 当 γ 接近 ∞ 时, 权重相等; 当 γ 接近 1 时, $\mathcal{R}^{(v)}$ 值最小的视图的权重分配为 1, 其他视图的权重分配为 0. 迭代更新算法示于算法 1.4.5.

算法 1.4.5　GMSemi-NMF 算法

输入: 多视图数据 $\boldsymbol{X}^{(v)}$; 参数 γ, β; 层数 d; 最近邻数 k

输出: 权重矩阵 $\boldsymbol{U}_i^{(v)}$, 特征矩阵 $\boldsymbol{V}_i^{(v)}$ $(i < d)$ 和最终层的 $\boldsymbol{V}_d$

1. **for** 每个视图的所有层
2. 　　$\left(\boldsymbol{U}_i^{(v)}, \boldsymbol{V}_i^{(v)}\right) \leftarrow \text{Semi-NMF}\left(\boldsymbol{V}_{i-1}^{(v)}, m_i\right)$
3. 　　$\alpha^{(v)} \leftarrow \dfrac{1}{v}$
4. 　　$\boldsymbol{A}^{(v)} \leftarrow$ 由 $\boldsymbol{X}^{(v)}$ 构造 k 近邻图
5. **end for**
6. **repeat**
7. 　**for** 每个视图的所有层
8. 　　如果 $i = d$, $\tilde{\boldsymbol{V}}_i^{(v)} \leftarrow \boldsymbol{V}_d$; 否则 $\tilde{\boldsymbol{V}}_i^{(v)} \leftarrow \boldsymbol{U}_{i+1}^{(v)}\tilde{\boldsymbol{V}}_{i+1}^{(v)}$

9. $\boldsymbol{\Phi} \leftarrow \prod_{\tau=1}^{i-1} \boldsymbol{U}_\tau$

10. $\boldsymbol{U}_i \leftarrow \boldsymbol{\Phi}^\dagger \boldsymbol{X}^{(v)} \tilde{\boldsymbol{V}}_i^{(v)}$

11. 如果 $i < d$, 通过公式 (1.4.43) 更新 $\boldsymbol{V}_i^{(v)}$, 否则通过公式 (1.4.43) 更新 $\boldsymbol{V}_i^{(v)}$

12. 通过公式 (1.4.47) 更新 $\alpha^{(v)}$

13. **end for**

14. **until** 收敛

15. 输出 $\boldsymbol{U}_i^{(v)}$, $\boldsymbol{V}_i^{(v)}$ $(i < d)$, $\boldsymbol{V}_d$

GMSemi-NMF 包括预训练和微调两个阶段. 为了简化分析, 假设所有层有相同的维度 (层大小), 表示为 p. 所有视图的原始特征有相同的维度, 表示为 m. n_v 是视图的数目, d 是层数. 在预训练阶段, Semi-NMF 过程和图构造的复杂度为 $O\left(n_v d t_p \left(mNp + Np^2 + pm^2 + pN^2 + mN^2\right)\right)$, 其中 t_p 是 Semi-NMF 优化过程中达到收敛的迭代次数, 通常 $p < m$, 因此预训练阶段的计算成本为 $\mathcal{T}_{\text{pre.}} = O\left(V d t_p \cdot \left(mNp + pm^2 + mN^2\right)\right)$. 类似地, 微调阶段的时间复杂度为 $\mathcal{T}_{\text{fine.}} = O\left(n_v d t_f \left(mNp + pm^2 + pN^2\right)\right)$, 其中 t_f 是此微调阶段的迭代次数. 总的计算成本为 $\mathcal{T}_{\text{total}} = \mathcal{T}_{\text{pre.}} + \mathcal{T}_{\text{fine.}}$.

1.5 本章小结

本章主要介绍了① 矩阵分解的基础知识, 包括矩阵的特征值、迹、秩等性能指标, 矩阵微分, 范数和 KKT 条件; ② 标准非负矩阵分解; ③ 单视图的非负矩阵分解, 包括考虑稀疏平滑控制、数据几何结构信息、噪声、流形、效率及放松非负约束的非负矩阵分解; ④ 多视图的非负矩阵分解, 包括基于共识矩阵的多视图非负矩阵分解、联合非负矩阵分解、多流形正则化及图正则的非负矩阵分解.

参考文献注释

文献 [1] 系统、全面地介绍了矩阵分析的主要理论、代表性方法及典型应用; 文献 [2] 研究了矩阵中所有元素均为非负数约束条件之下的矩阵分解方法, 该文的发表引起了众多领域中科学研究人员的重视. 文献 [3] 定义了稀疏度; 文献 [4] 施加 L_1 范数正则化, 实现解的稀疏性; 文献 [5] 施加 L_2 范数约束, 用于增强分解矩阵的平滑度; 文献 [6] 将解码和编码的损失函数集成在一起, 利用编码器和解码器之间的对称性施加隐式正交性约束; 文献 [7] 通过图对数据分布上的潜在几何信息进行编码, 并将该几何信息作为附加的正则化项纳入 NMF; 文献 [8] 对 NMF 施加了邻域保持正则约束, 避免了基于欧几里得的假设, 保留了局部几何结构; 文献 [9] 同时考虑了数据流形以及特征流形的几何结构; 文献 [10] 从多个样本的平均表示中提取样本内结构信息, 然后将获得的结构信息明确地作为矩阵分解过程的约束; 文献 [11] 考虑了拉普拉斯噪声; 文献 [12] 提出了鲁棒的 NMF 来处理稀疏噪声; 文献 [13] 将噪声分解为密集高斯随机噪声和稀疏块噪声, 在学习图正则项时考虑噪声的影响; 文献 [14] 结合 NMF 与主成分模型, 捕捉噪声和异常; 文献 [15] 考虑了多个流形上的非负矩阵分解; 文献 [16] 通过对系数矩阵的列向量施加群稀疏性约束, 学习多个线性流形; 文献 [17] 放松了 NMF 的非负性约束, 允许数据矩阵和基矩阵具有混合符号, 仅限制系数矩阵由严格非负分量组成; 文献 [18] 采用深度结构将矩阵分解为多个因子, 从而学习原始数据的多个隐藏表示; 文献 [19] 提出了随机分层交替最小二乘算法来计算非负分解; 文献 [20, 21] 介绍了增量方式的非负矩阵分解.

文献 [22] 提出了一种用于多视图聚类的联合非负矩阵分解; 文献 [23] 在联合非负矩阵分解 MultiNMF 的目标函数中加入局部图正则来提取特征; 文献 [24] 考虑了共享相同行维度的多个数据矩阵的联合非负矩阵分解, 旨在揭示不同矩阵模式之间的潜在联系; 文献 [25] 讨论了稀疏网络正则的联合非负矩阵分解; 文献 [26] 使用多流形正则融合共识流形矩阵和共识系数矩阵, 以保留多视图数据空间的局部几何结构; 文献 [27] 将 Semi-NMF 应用于深层结构中, 采用深层结构在多个视图上逐层分解不重要的因素, 捕获隐藏信息.

参 考 文 献

[1] 张贤达. 矩阵分析与应用. 北京：清华大学出版社, 2004.

[2] Lee D D, Seung H S. Learning the parts of objects by non-negative matrix factorization. Nature, 1999, 401(6755): 788-791.

[3] Hoyer P O. Non-negative matrix factorization with sparseness constraints. Journal of Machine Learning Research, 2004, 5(11): 1457-1469.

[4] Kim H, Park H. Sparse non-negative matrix factorizations via alternating non-negativity-constrained least squares for microarray data analysis. Bioinformatics, 2007, 23(12): 1495-1502.

[5] Pauca V P, Piper J, Plemmons R J. Nonnegative matrix factorization for spectral data analysis. Linear Algebra and Its Applications, 2006, 416(1): 29-47.

[6] Sun B J, Shen H W, Gao J H, et al. A non-negative symmetric encoder-decoder approach for community detection. CIKM 2017, Singapore, November 06-10, 2017: 597-606.

[7] Cai D, He X, Han J, et al. Graph regularized nonnegative matrix factorization for data representation. IEEE Transactions on Pattern Analysis and Machine Intelligence, 2011,

33(8): 1548-1560.

[8] Gu Q Q, Zhou J. Neighborhood preserving nonnegative matrix factorization. BMVC 2009, London, September 7-10, 2009: 1-10.

[9] Shang F H, Jiao L C, Wang F. Graph dual regularization non-negative matrix factorization for co-clustering. Pattern Recognition, 2012, 45: 2237-2250.

[10] Lu N, Miao H. Structure constrained nonnegative matrix factorization for pattern clustering and classification. Neurocomputing, 2016, 171: 400-411.

[11] Kong D, Ding C, Huang H. Robust nonnegative matrix factorization using L_{21}-norm. CIKM 2011, Glasgow, Scotland, UK, October 24-28, 2011: 673-682.

[12] Zhang L, Chen Z, Zheng M, et al. Robust non-negative matrix factorization. Frontiers of Electrical and Electronic Engineering in China, 2011, 6(2): 192-200.

[13] Feng Y F, Xiao J, Zhou K, et al. A locally weighted sparse graph regularized nonnegative matrix factorization method. Neurocomputing, 2015, 169: 68-76.

[14] Peng C, Kang Z. Hu Y, et al. Robust graph regularized nonnegative matrix factorization for clustering. ACM Transactions on Knowledge Discovery from Data, 2017, 11(3): 33.

[15] Shen B, Si L. Non-negative matrix factorization clustering on multiple manifold. AAAI 2010, Atlanta, Georgia, USA, July 11-15, 2010: 575-580.

[16] Liu X Y, Lu H T, Gu H. Group sparse non-negative matrix factorization for multi-manifold learning. BMVC 2011, Dundee, Scotland, August 30, 2011-September 1, 2011, http://dx.doi.org/10.5244/C.25.56.

[17] Ding C, Li T, Jordan M I. convex and semi-nonnegative matrix factorizations. IEEE Transactions on Pattern Analysis and Machine Intelligence, 2010, 32(1): 45-55.

[18] Trigeorgis G, Bousmalis K, Zafeiriou S, et al. A deep matrix factorization method for learning attribute representations. IEEE Transactions on Pattern Analysis and Machine Intelligence, 2017, 39 (3): 417-429.

[19] Erichson N B, Mendible A, Wihlborn S, et al. Randomized nonnegative matrix factorization. Pattern Recognition Letters, 2018, 104: 1-7.

[20] Bucak S S, Gunsel B. Incremental subspace learning via nonnegative matrix factorization. Pattern Recognition, 2009, 42(5): 788-797.

[21] Liu F D, Yang X J, Guan N Y, et al. Online graph regularized non-negative matrix factorization for large-scale datasets. Neurocomputing, 2016, 204: 162-171.

[22] Liu J, Wang C, Gao J, et al. Multi-view clustering via joint nonnegative matrix factorization. SIAM 2013, San Diego, California, USA, July 8-12, 2013: 252-260.

[23] Wang Z, Kong X, Fu H, et al. Feature extraction via multi-view non-negative matrix factorization with local graph regularization. ICIP 2015, Quebec City, Canada, September 27-30, 2015: 3500-3504.

[24] Zhang S, Liu C C, Li W, et al. Discovery of multi-dimensional modules by integrative analysis of cancer genomic data. Nucleicacids Research, 2012, 40(19): 9379-9391.

[25] Zhang S, Li Q, Liu J, et al. A novel computational framework for simultaneous integration of multiple types of genomic data to identify microrna-gene regulatory modules. Bioinformatics, 2011, 27(13): i401-i409.

[26] Zong L, Zhang X, Zhao L, et al. Multi-view clustering via multi-manifold regularized non-negative matrix factorization. Neural Networks, 2017, 88: 74-89.

[27] Zhao H, Ding Z, Fu Y. Multi-view clustering via deep matrix factorization. AAAI 2017, San Francisco, USA, February 4-9, 2017: 2921-2927.

第 2 章　张 量 分 解

在本章, $\Re$ 表示实数集合, 标量用小写字母表示, 如 a, 向量 (也称矢量) 用粗体小写字母表示, 例如 $\boldsymbol{a}$, 矩阵用粗体大写字母表示, 例如 $\boldsymbol{A}$, 张量用花体符号表示, 例如 $\mathcal{X}$. 向量 $\boldsymbol{a}$ 的第 i 个元素记为 a_i, $i=1,\cdots,I$; 矩阵 $\boldsymbol{A}$ 的 (i,j) 元素记为 $\boldsymbol{A}_{ij}$ 或 a_{ij}, $i=1,\cdots,I$, $j=1,\cdots,J$; 三阶张量 $\mathcal{X}$ 的 (i,j,k) 元素记为 x_{ijk}, $i=1,\cdots,I$, $j=1,\cdots,J$, $k=1,\cdots,K$. 矩阵 $\boldsymbol{A}$ 的第 i 行表示为 $\boldsymbol{a}_{i:}$, 第 j 列表示为 $\boldsymbol{a}_{:j}$, 也可以更紧凑地表示为 $\boldsymbol{a}_j$. 在多个矩阵构成的矩阵序列中, $\boldsymbol{A}^{(n)}$ 表示第 n 个矩阵.

2.1　张量分解基础

2.1.1　矩阵的 Hadamard 积、Kronecker 积和 Khatri-Rao 积

1. Hadamard 积

矩阵 $\boldsymbol{A}\in\Re^{m\times n}$ 和矩阵 $\boldsymbol{B}\in\Re^{m\times n}$ 的 Hadamard 积记为 $\boldsymbol{A}*\boldsymbol{B}\in\Re^{m\times n}$, 定义为两个矩阵元素对的积, 即

$$\boldsymbol{A}*\boldsymbol{B}=\begin{bmatrix} a_{11}b_{11} & a_{12}b_{12} & \cdots & a_{1n}b_{1n}\\ a_{21}b_{21} & a_{22}b_{22} & \cdots & a_{2n}b_{2n}\\ \vdots & \vdots & & \vdots\\ a_{m1}b_{m1} & a_{m2}b_{m2} & \cdots & a_{mn}b_{mn}\end{bmatrix}\tag{2.1.1}$$

例 2.1.1　已知 $\boldsymbol{A}=\begin{bmatrix}1&3&2\\1&0&0\\1&2&2\end{bmatrix}$, $\boldsymbol{B}=\begin{bmatrix}0&0&2\\7&5&0\\2&1&1\end{bmatrix}$, 则 $\boldsymbol{A}*\boldsymbol{B}=\begin{bmatrix}1\cdot0&3\cdot0&2\cdot2\\1\cdot7&0\cdot5&0\cdot0\\1\cdot2&2\cdot1&2\cdot1\end{bmatrix}=\begin{bmatrix}0&0&4\\7&0&0\\2&2&2\end{bmatrix}$.

Hadamard 积具有如下基本性质:

- $(\boldsymbol{A}*\boldsymbol{B})^{\mathrm{T}}=\boldsymbol{A}^{\mathrm{T}}*\boldsymbol{B}^{\mathrm{T}}$, $(\boldsymbol{A}*\boldsymbol{B})^{\mathrm{H}}=\boldsymbol{A}^{\mathrm{H}}*\boldsymbol{B}^{\mathrm{H}}$, $(\boldsymbol{A}*\boldsymbol{B})^*=\boldsymbol{A}^**\boldsymbol{B}^*$;
- c 为常数, $c(\boldsymbol{A}*\boldsymbol{B})=(c\boldsymbol{A})*\boldsymbol{B}=\boldsymbol{A}*(c\boldsymbol{B})$;
- $\boldsymbol{A}_{m\times m}*\boldsymbol{I}_m=\boldsymbol{I}_m*\boldsymbol{A}=\mathrm{diag}(\boldsymbol{A})=\mathrm{diag}(a_{11},a_{22},\cdots,a_{mm})$;
- 若 $\boldsymbol{A},\boldsymbol{B},\boldsymbol{C}$ 为 $m\times m$ 矩阵, 且 $\boldsymbol{C}$ 为对角矩阵, 则 $(\boldsymbol{C}\boldsymbol{A})*(\boldsymbol{B}\boldsymbol{C})=\boldsymbol{C}(\boldsymbol{A}*\boldsymbol{B})\boldsymbol{C}$;

• 若 $\boldsymbol{A}, \boldsymbol{B}, \boldsymbol{C}, \boldsymbol{D}$ 为 $m \times n$ 矩阵, 则 $(\boldsymbol{A}+\boldsymbol{B})*(\boldsymbol{C}+\boldsymbol{D}) = \boldsymbol{A}*\boldsymbol{C}+\boldsymbol{A}*\boldsymbol{D}+\boldsymbol{B}*\boldsymbol{C}+\boldsymbol{B}*\boldsymbol{D}$;

• 若 $\boldsymbol{A}, \boldsymbol{B}, \boldsymbol{C}$ 为 $m \times n$ 矩阵, 则 $\mathrm{Tr}\big((\boldsymbol{A}^{\mathrm{T}}(\boldsymbol{B}*\boldsymbol{C})\big) = \mathrm{Tr}\big((\boldsymbol{A}^{\mathrm{T}}*\boldsymbol{B}^{\mathrm{T}})\boldsymbol{C}\big)$;

• $\mathrm{vec}(\boldsymbol{A}*\boldsymbol{B}) = \mathrm{vec}(\boldsymbol{A})*\mathrm{vec}(\boldsymbol{B}) = \mathrm{diag}(\mathrm{vec}(\boldsymbol{A}))\mathrm{vec}(\boldsymbol{B})$, 其中 $\mathrm{diag}(\mathrm{vec}(\boldsymbol{A}))$ 表示以向量化函数 $\mathrm{vec}(\boldsymbol{A})$ 各元素为对角元素的对角矩阵.

2. Kronecker 积

矩阵 $\boldsymbol{A} = [\boldsymbol{a}_1, \cdots, \boldsymbol{a}_n] \in \Re^{m\times n}$ 和矩阵 $\boldsymbol{B} = [\boldsymbol{b}_1, \cdots, \boldsymbol{b}_q] \in \Re^{p\times q}$, 其中 $\boldsymbol{a}_i = [a_{1i}, \cdots, a_{mi}]^{\mathrm{T}} \in \Re^{m\times 1}$, $\boldsymbol{b}_i = [b_{1i}, \cdots, b_{pi}]^{\mathrm{T}} \in \Re^{p\times 1}$, $\boldsymbol{A}$ 和 $\boldsymbol{B}$ 的 Kronecker 积记为 $\boldsymbol{A}\otimes\boldsymbol{B} \in \Re^{(mp)\times(nq)}$, 定义为

$$\begin{aligned}\boldsymbol{A}\otimes\boldsymbol{B} &= [\boldsymbol{a}_1\boldsymbol{B}, \cdots, \boldsymbol{a}_n\boldsymbol{B}] = [a_{ij}\boldsymbol{B}]_{i=1,j=1}^{m,n} \\ &= \begin{bmatrix} a_{11}\boldsymbol{B} & a_{12}\boldsymbol{B} & \cdots & a_{1n}\boldsymbol{B} \\ a_{21}\boldsymbol{B} & a_{22}\boldsymbol{B} & \cdots & a_{2n}\boldsymbol{B} \\ \vdots & \vdots & & \vdots \\ a_{m1}\boldsymbol{B} & a_{m2}\boldsymbol{B} & \cdots & a_{mn}\boldsymbol{B} \end{bmatrix} \\ &= \begin{bmatrix} \boldsymbol{a}_1\otimes\boldsymbol{b}_1 & \boldsymbol{a}_1\otimes\boldsymbol{b}_2 & \boldsymbol{a}_1\otimes\boldsymbol{b}_3 & \cdots & \boldsymbol{a}_n\otimes\boldsymbol{b}_{q-1} & \boldsymbol{a}_n\otimes\boldsymbol{b}_q \end{bmatrix}\end{aligned} \tag{2.1.2}$$

其中 $\boldsymbol{a}\otimes\boldsymbol{b}$ 是向量的 Kronecker 积, 定义为

$$\boldsymbol{a}\otimes\boldsymbol{b} = [a_i\boldsymbol{b}]_{i=1}^{I} = \begin{bmatrix} a_1\boldsymbol{b} \\ \vdots \\ a_m\boldsymbol{b} \end{bmatrix} \tag{2.1.3}$$

例 2.1.2　已知 $\boldsymbol{A} = \begin{bmatrix} 1 & 2 \\ 3 & 4 \end{bmatrix}$, $\boldsymbol{B} = \begin{bmatrix} 5 & 6 \\ 7 & 8 \end{bmatrix}$, 则

$$\boldsymbol{A}\otimes\boldsymbol{B} = \begin{bmatrix} 1\begin{bmatrix} 5 & 6 \\ 7 & 8 \end{bmatrix} & 2\begin{bmatrix} 5 & 6 \\ 7 & 8 \end{bmatrix} \\ 3\begin{bmatrix} 5 & 6 \\ 7 & 8 \end{bmatrix} & 4\begin{bmatrix} 5 & 6 \\ 7 & 8 \end{bmatrix} \end{bmatrix} = \begin{bmatrix} 5 & 6 & 10 & 12 \\ 7 & 8 & 14 & 16 \\ 15 & 18 & 20 & 24 \\ 21 & 24 & 28 & 32 \end{bmatrix}$$

Kronecker 积具有如下性质:

• 对于矩阵 $\boldsymbol{A}_{m\times n}$ 和 $\boldsymbol{B}_{p\times q}$, 一般有 $\boldsymbol{A}\otimes\boldsymbol{B} \neq \boldsymbol{B}\otimes\boldsymbol{A}$;

• 若 α 和 β 为常数, 则 $\alpha\boldsymbol{A}\otimes\beta\boldsymbol{B} = \alpha\beta(\boldsymbol{A}\otimes\boldsymbol{B})$;

• $\boldsymbol{I}_m$ 和 $\boldsymbol{I}_n$ 分别为 m 维和 n 维的单位矩阵, 则 $\boldsymbol{I}_m\otimes\boldsymbol{I}_n = \boldsymbol{I}_{mn}$;

• 对于矩阵 $\boldsymbol{A}_{m\times n}$, $\boldsymbol{B}_{n\times k}$, $\boldsymbol{C}_{l\times p}$ 和 $\boldsymbol{D}_{p\times q}$, 有 $(\boldsymbol{AB})\otimes(\boldsymbol{CD})=(\boldsymbol{A}\otimes\boldsymbol{C})(\boldsymbol{B}\otimes\boldsymbol{D})$, $\boldsymbol{A}\otimes\boldsymbol{D}=(\boldsymbol{AI}_n)\otimes(\boldsymbol{I}_p\boldsymbol{D})=(\boldsymbol{A}\otimes\boldsymbol{I}_p)(\boldsymbol{I}_n\otimes\boldsymbol{D})$;

• 对于矩阵 $\boldsymbol{A}_{m\times n}$, $\boldsymbol{B}_{p\times q}$, $\boldsymbol{C}_{p\times q}$, 有 $\boldsymbol{A}\otimes(\boldsymbol{B}\pm\boldsymbol{C})=\boldsymbol{A}\otimes\boldsymbol{B}\pm\boldsymbol{A}\otimes\boldsymbol{C}$, $(\boldsymbol{B}\pm\boldsymbol{C})\otimes\boldsymbol{A}=\boldsymbol{B}\otimes\boldsymbol{A}\pm\boldsymbol{C}\otimes\boldsymbol{A}$;

• $(\boldsymbol{A}\otimes\boldsymbol{B})^{\mathrm{T}}=\boldsymbol{A}^{\mathrm{T}}\otimes\boldsymbol{B}^{\mathrm{T}}$, $(\boldsymbol{A}\otimes\boldsymbol{B})^{\mathrm{H}}=\boldsymbol{A}^{\mathrm{H}}\otimes\boldsymbol{B}^{\mathrm{H}}$, $(\boldsymbol{A}\otimes\boldsymbol{B})^{\dagger}=\boldsymbol{A}^{\dagger}\otimes\boldsymbol{B}^{\dagger}$, $(\boldsymbol{A}\otimes\boldsymbol{B})^{-1}=\boldsymbol{A}^{-1}\otimes\boldsymbol{B}^{-1}$;

• $\mathrm{rank}(\boldsymbol{A}\otimes\boldsymbol{B})=\mathrm{rank}(\boldsymbol{A})\mathrm{rank}(\boldsymbol{B})$, $\mathrm{Tr}(\boldsymbol{A}\otimes\boldsymbol{B})=\mathrm{Tr}(\boldsymbol{A})\mathrm{Tr}(\boldsymbol{B})$;

• 对于矩阵 $\boldsymbol{A}_{m\times n}$,$\boldsymbol{B}_{p\times q}$, $\boldsymbol{C}_{k\times l}$ 和 $\boldsymbol{D}_{r\times s}$, $(\boldsymbol{A}\otimes\boldsymbol{B})\otimes\boldsymbol{C}=\boldsymbol{A}\otimes(\boldsymbol{B}\otimes\boldsymbol{C})$, $(\boldsymbol{A}\otimes\boldsymbol{B})\otimes(\boldsymbol{C}\otimes\boldsymbol{D})=\boldsymbol{A}\otimes\boldsymbol{B}\otimes\boldsymbol{C}\otimes\boldsymbol{D}$;

• 使用基本向量的 Kronecker 积可以表示交互矩阵 $\boldsymbol{K}_{mn}=\sum\limits_{j=1}^{n}(\boldsymbol{e}_j^{\mathrm{T}}\otimes\boldsymbol{I}_m\otimes\boldsymbol{e}_j)$;

• 对于矩阵 $\boldsymbol{A}_{m\times n}$, $\boldsymbol{B}_{p\times q}$, $\boldsymbol{b}_{p\times 1}$, 有 $\boldsymbol{K}_{pm}(\boldsymbol{A}\otimes\boldsymbol{B})\boldsymbol{K}_{nq}=\boldsymbol{B}\otimes\boldsymbol{A}$, $\boldsymbol{K}_{pm}(\boldsymbol{A}\otimes\boldsymbol{B})=(\boldsymbol{B}\otimes\boldsymbol{A})\boldsymbol{K}_{qn}$, $\boldsymbol{K}_{pm}(\boldsymbol{A}\otimes\boldsymbol{b})=\boldsymbol{b}\otimes\boldsymbol{A}$, $\boldsymbol{K}_{mp}(\boldsymbol{b}\otimes\boldsymbol{A})=\boldsymbol{A}\otimes\boldsymbol{b}$. 特别地, $\boldsymbol{K}_{pm}(\boldsymbol{A}_{m\times m}\otimes\boldsymbol{B}_{p\times p})=(\boldsymbol{B}\otimes\boldsymbol{A})\boldsymbol{K}_{pm}$;

• $\mathrm{Tr}(\boldsymbol{K}_{mn}(\boldsymbol{A}_{m\times n}\otimes\boldsymbol{B}_{m\times n}))=\mathrm{Tr}(\boldsymbol{A}^{\mathrm{T}}\boldsymbol{B})=(\mathrm{vec}\boldsymbol{A}^{\mathrm{T}})^{\mathrm{T}}\boldsymbol{K}_{mn}(\mathrm{vec}\boldsymbol{A})$;

• $\mathrm{Tr}(\boldsymbol{ABC})=(\mathrm{vec}(\boldsymbol{A}))^{\mathrm{T}}(\boldsymbol{I}_p\otimes\boldsymbol{B})\mathrm{vec}(\boldsymbol{C})$,
$\mathrm{Tr}(\boldsymbol{ABCD})=\left(\mathrm{vec}(\boldsymbol{D}^{\mathrm{T}})\right)^{\mathrm{T}}(\boldsymbol{C}^{\mathrm{T}}\otimes\boldsymbol{A})\mathrm{vec}(\boldsymbol{B})=(\mathrm{vec}(\boldsymbol{D}))^{\mathrm{T}}(\boldsymbol{A}\otimes\boldsymbol{C}^{\mathrm{T}})\mathrm{vec}(\boldsymbol{B}^{\mathrm{T}})$;

• $\boldsymbol{a}\otimes\boldsymbol{b}=\mathrm{vec}(\boldsymbol{b}\boldsymbol{a}^{\mathrm{T}})=\mathrm{vec}(\boldsymbol{b}\circ\boldsymbol{a})$, 其中 $\boldsymbol{b}\circ\boldsymbol{a}$ 表示两个向量的外积, $\boldsymbol{b}\circ\boldsymbol{a}=\boldsymbol{b}\boldsymbol{a}^{\mathrm{T}}=\boldsymbol{b}\otimes\boldsymbol{a}^{\mathrm{T}}$;

• $\mathrm{vec}(\boldsymbol{A}_{m\times p}\boldsymbol{B}_{p\times p}\boldsymbol{C}_{p\times n})=(\boldsymbol{C}^{\mathrm{T}}\otimes\boldsymbol{A})\mathrm{vec}(\boldsymbol{B})$,
$\mathrm{vec}(\boldsymbol{A}_{m\times p}\boldsymbol{B}_{p\times p}\boldsymbol{C}_{p\times n})=(\boldsymbol{I}_q\otimes\boldsymbol{AB})\mathrm{vec}(\boldsymbol{C})=(\boldsymbol{C}^{\mathrm{T}}\boldsymbol{B}^{\mathrm{T}}\otimes\boldsymbol{I}_m)\mathrm{vec}(\boldsymbol{A})$,
$\mathrm{vec}(\boldsymbol{A}_{m\times p}\boldsymbol{C}_{p\times n})=(\boldsymbol{I}_p\otimes\boldsymbol{A})\mathrm{vec}(\boldsymbol{C})=(\boldsymbol{C}^{\mathrm{T}}\otimes\boldsymbol{I}_m)\mathrm{vec}(\boldsymbol{A})$;

• $\mathrm{vec}(\boldsymbol{A}_{p\times m}\otimes\boldsymbol{C}_{n\times q})=(\boldsymbol{I}_m\otimes\boldsymbol{K}_{qp}\otimes\boldsymbol{I}_n)(\mathrm{vec}(\boldsymbol{A})\otimes\mathrm{vec}(\boldsymbol{C}))$.

3. Khatri-Rao 积

矩阵 $\boldsymbol{A}=[\boldsymbol{a}_1,\cdots,\boldsymbol{a}_n]\in\Re^{m\times n}$ 和矩阵 $\boldsymbol{B}=[\boldsymbol{b}_1,\cdots,\boldsymbol{b}_n]\in\Re^{p\times n}$ 的 Khatri-Rao 积记为 $\boldsymbol{A}\odot\boldsymbol{B}\in\Re^{(mp)\times n}$, 定义为

$$\boldsymbol{A}\odot\boldsymbol{B}=\begin{bmatrix}\boldsymbol{a}_1\otimes\boldsymbol{b}_1 & \boldsymbol{a}_2\otimes\boldsymbol{b}_2 & \cdots & \boldsymbol{a}_n\otimes\boldsymbol{b}_n\end{bmatrix} \tag{2.1.4}$$

如果 $\boldsymbol{a}$ 和 $\boldsymbol{b}$ 是向量, 那么其 Khatri-Rao 积和 Kronecker 积相等, 即 $\boldsymbol{a}\odot\boldsymbol{b}=\boldsymbol{a}\otimes\boldsymbol{b}$.

例 2.1.3 已知 $\boldsymbol{A}=\begin{bmatrix}1&2\\3&4\end{bmatrix}$, $\boldsymbol{B}=\begin{bmatrix}5&6\\7&8\end{bmatrix}$, 则 $\boldsymbol{A}\odot\boldsymbol{B}=\begin{bmatrix}\begin{bmatrix}1\begin{bmatrix}5\\7\end{bmatrix}\\3\begin{bmatrix}5\\7\end{bmatrix}\end{bmatrix} & \begin{bmatrix}2\begin{bmatrix}6\\8\end{bmatrix}\\4\begin{bmatrix}6\\8\end{bmatrix}\end{bmatrix}\end{bmatrix}=$

$$\begin{bmatrix} 5 & 12 \\ 7 & 16 \\ 15 & 24 \\ 21 & 32 \end{bmatrix}.$$

Khatri-Rao 积具有如下基本性质：

- $(\boldsymbol{A}+\boldsymbol{B})\odot\boldsymbol{C}=\boldsymbol{A}\odot\boldsymbol{C}+\boldsymbol{B}\odot\boldsymbol{C}$;
- $\boldsymbol{A}\odot\boldsymbol{B}\odot\boldsymbol{C}=(\boldsymbol{A}\odot\boldsymbol{B})\odot\boldsymbol{C}=\boldsymbol{A}\odot(\boldsymbol{B}\odot\boldsymbol{C})$;
- $\boldsymbol{A}\odot\boldsymbol{B}=\boldsymbol{K}_{nn}(\boldsymbol{B}\odot\boldsymbol{A})$;
- $(\boldsymbol{A}\odot\boldsymbol{B})*(\boldsymbol{C}\odot\boldsymbol{D})=(\boldsymbol{A}*\boldsymbol{C})\odot(\boldsymbol{B}*\boldsymbol{D})$;
- $(\boldsymbol{A}\odot\boldsymbol{B})^{\mathrm{T}}(\boldsymbol{A}\odot\boldsymbol{B})=(\boldsymbol{A}^{\mathrm{T}}\boldsymbol{A})*(\boldsymbol{B}^{\mathrm{T}}\boldsymbol{B})$;
- $(\boldsymbol{A}\odot\boldsymbol{B})^{\dagger}=[(\boldsymbol{A}^{\mathrm{T}}\boldsymbol{A})*(\boldsymbol{B}^{\mathrm{T}}\boldsymbol{B})]^{\dagger}(\boldsymbol{A}\odot\boldsymbol{B})^{\mathrm{T}}$;
- $(\boldsymbol{A}\otimes\boldsymbol{B})(\boldsymbol{C}\odot\boldsymbol{D})=\boldsymbol{AC}\odot\boldsymbol{BD}$;
- $\mathrm{vec}(\boldsymbol{A}_{m\times p}\boldsymbol{B}_{p\times p}\boldsymbol{C}_{p\times n})=(\boldsymbol{C}^{\mathrm{T}}\odot\boldsymbol{A})d(\boldsymbol{B})$, 其中 $d(\boldsymbol{B})=[b_{11},\cdots,b_{pp}]^{\mathrm{T}}$ 是由 $\boldsymbol{B}$ 的对角元素组成的列向量.

2.1.2 矩阵函数微分

1. Jacobian 矩阵

设 $\boldsymbol{x}=[x_1,\cdots,x_m]^{\mathrm{T}}\in\Re^m$ 为实向量变元; $\boldsymbol{X}=[\boldsymbol{x}_1,\cdots,\boldsymbol{x}_n]\in\Re^{m\times n}$ 为实矩阵变元; $\boldsymbol{F}(\boldsymbol{x})\in\Re^{p\times q}$ 为 $p\times q$ 实矩阵函数, 其变元为 $m\times 1$ 的实值向量 $\boldsymbol{x}$, 记为 $\boldsymbol{F}:\Re^m\to\Re^{p\times q}$; $\boldsymbol{F}(\boldsymbol{X})\in\Re^{p\times q}$ 为 $p\times q$ 实矩阵函数, 其变元为 $m\times n$ 的实值矩阵 $\boldsymbol{X}$, 记为 $\boldsymbol{F}:\Re^{m\times n}\to\Re^{p\times q}$.

对于 $\boldsymbol{F}(\boldsymbol{X})=\{f_{kl}\}_{k=1,l=1}^{p,q}\in\Re^{p\times q}$, 求其 Jacobian 矩阵时需要先通过列向量化, 将 $p\times q$ 矩阵函数 $\boldsymbol{F}(\boldsymbol{X})$ 转换成 $pq\times 1$ 的列向量

$$\mathrm{vec}(\boldsymbol{F}(\boldsymbol{X}))=[f_{11}(\boldsymbol{X}),\cdots,f_{p1}(\boldsymbol{X}),\cdots,f_{1q}(\boldsymbol{X}),\cdots,f_{pq}(\boldsymbol{X})]^{\mathrm{T}}\in\Re^{pq} \tag{2.1.5}$$

然后, 该列向量对矩阵变元 $\boldsymbol{X}$ 的列向量化的转置 $(\mathrm{vec}\,\boldsymbol{X})^{\mathrm{T}}$ 求偏导, 给出 $pq\times mn$ 的 Jacobian 矩阵

$$\mathrm{D}_{\boldsymbol{X}}\boldsymbol{F}(\boldsymbol{X})\frac{\partial\mathrm{vec}(\boldsymbol{F}(\boldsymbol{X}))}{\partial(\mathrm{vec}\boldsymbol{X})^{\mathrm{T}}}\in\Re^{pq\times mn} \tag{2.1.6}$$

其具体表达式为

$$
\mathrm{D}_{\boldsymbol{X}}\boldsymbol{F}(\boldsymbol{X})=\begin{bmatrix}\dfrac{\partial f_{11}}{\partial(\mathrm{vec}\boldsymbol{X})^{\mathrm{T}}}\\ \vdots\\ \dfrac{\partial f_{p1}}{\partial(\mathrm{vec}\boldsymbol{X})^{\mathrm{T}}}\\ \vdots\\ \dfrac{\partial f_{1q}}{\partial(\mathrm{vec}\boldsymbol{X})^{\mathrm{T}}}\\ \vdots\\ \dfrac{\partial f_{pq}}{\partial(\mathrm{vec}\boldsymbol{X})^{\mathrm{T}}}\end{bmatrix}=\begin{bmatrix}\dfrac{\partial f_{11}}{\partial x_{11}} & \cdots & \dfrac{\partial f_{11}}{\partial x_{m1}} & \cdots & \dfrac{\partial f_{11}}{\partial x_{1n}} & \cdots & \dfrac{\partial f_{11}}{\partial x_{mn}}\\ \vdots & & \vdots & & \vdots & & \vdots\\ \dfrac{\partial f_{p1}}{\partial x_{11}} & \cdots & \dfrac{\partial f_{p1}}{\partial x_{m1}} & \cdots & \dfrac{\partial f_{p1}}{\partial x_{1n}} & \cdots & \dfrac{\partial f_{p1}}{\partial x_{mn}}\\ \vdots & & \vdots & & \vdots & & \vdots\\ \dfrac{\partial f_{1q}}{\partial x_{11}} & \cdots & \dfrac{\partial f_{1q}}{\partial x_{m1}} & \cdots & \dfrac{\partial f_{1q}}{\partial x_{1n}} & \cdots & \dfrac{\partial f_{1q}}{\partial x_{mn}}\\ \vdots & & \vdots & & \vdots & & \vdots\\ \dfrac{\partial f_{pq}}{\partial x_{11}} & \cdots & \dfrac{\partial f_{pq}}{\partial x_{m1}} & \cdots & \dfrac{\partial f_{pq}}{\partial x_{1n}} & \cdots & \dfrac{\partial f_{pq}}{\partial x_{mn}}\end{bmatrix} \tag{2.1.7}
$$

2. 梯度矩阵

对于实值矩阵函数 $\boldsymbol{F}(\boldsymbol{X})\in\Re^{p\times q}$(其中变元 $\boldsymbol{X}$ 为 $m\times n$ 的实值矩阵), 梯度矩阵定义为

$$
\nabla_{\boldsymbol{X}}\boldsymbol{F}(\boldsymbol{X})=\frac{\partial\mathrm{vec}^{\mathrm{T}}\boldsymbol{F}(\boldsymbol{X})}{\partial(\mathrm{vec}\boldsymbol{X})}=\left(\frac{\partial\mathrm{vec}\boldsymbol{F}(\boldsymbol{X})}{\partial\mathrm{vec}^{\mathrm{T}}\boldsymbol{X}}\right)^{\mathrm{T}} \tag{2.1.8}
$$

显然, 矩阵函数的梯度矩阵是其 Jacobian 矩阵的转置, 即

$$
\nabla_{\boldsymbol{X}}\boldsymbol{F}(\boldsymbol{X})=(\mathrm{D}_{\boldsymbol{X}}\boldsymbol{F}(\boldsymbol{X}))^{\mathrm{T}} \tag{2.1.9}
$$

3. 偏导和梯度的计算

设以实值矩阵函数 $\boldsymbol{F}(\boldsymbol{X})=\{f_{kl}\}_{k=1,l=1}^{p,q}\in\Re^{p\times q}$ 为变元的实值函数 $g(\boldsymbol{F}(\boldsymbol{X}))=g(\boldsymbol{F})$, 则链式法则为

$$
\left[\frac{\partial g(\boldsymbol{F})}{\partial\boldsymbol{X}}\right]_{ij}=\frac{\partial g(\boldsymbol{F})}{\partial x_{ij}}=\sum_{k=1}^{p}\sum_{l=1}^{q}\frac{\partial g(\boldsymbol{F})}{\partial f_{kl}}\frac{\partial f_{kl}}{\partial x_{ij}} \tag{2.1.10}
$$

例 2.1.4 求 (i) $\boldsymbol{F}(\boldsymbol{X})=\boldsymbol{X}\in\Re^{m\times n}$; (ii) $\boldsymbol{F}(\boldsymbol{X})=\boldsymbol{AXB}$ (其中, $\boldsymbol{X}\in\Re^{m\times n}$, $\boldsymbol{A}\in\Re^{p\times m}$, $\boldsymbol{B}\in\Re^{n\times q}$); (iii) $\boldsymbol{F}(\boldsymbol{X})=\boldsymbol{AX}^{\mathrm{T}}\boldsymbol{B}$ (其中, $\boldsymbol{X}\in\Re^{m\times n}$, $\boldsymbol{A}\in\Re^{p\times n}$, $\boldsymbol{B}\in\Re^{m\times q}$); (iv) $\boldsymbol{F}(\boldsymbol{X})=\boldsymbol{XX}^{\mathrm{T}}$ 和 (v) $\boldsymbol{F}(\boldsymbol{X})=\boldsymbol{X}^{\mathrm{T}}\boldsymbol{BX}$ (其中, $\boldsymbol{X}\in\Re^{m\times n}$, $\boldsymbol{B}\in\Re^{m\times n}$) 的 Jacobian 矩阵和梯度矩阵.

解 (i) $\dfrac{\partial f_{kl}}{\partial x_{ij}}=\dfrac{\partial x_{kl}}{\partial x_{ij}}=\delta_{lj}\delta_{ki}$, 得 Jacobian 矩阵 $\mathrm{D}_{\boldsymbol{X}}\boldsymbol{F}(\boldsymbol{X})=\mathrm{D}_{\boldsymbol{X}}\boldsymbol{X}=\boldsymbol{I}_n\otimes\boldsymbol{I}_m=\boldsymbol{I}_{mn}\in\Re^{mn\times mn}$.

(ii) 因为

$$
\frac{\partial f_{kl}}{\partial x_{ij}}=\frac{\partial(\boldsymbol{AXB})_{kl}}{\partial x_{ij}}=\frac{\partial\left(\displaystyle\sum_{u=1}^{m}\sum_{v=1}^{n}a_{ku}x_{uv}b_{vl}\right)}{\partial x_{ij}}=b_{jl}a_{ki},
$$

于是得 Jacobian 矩阵 $\mathrm{D}_{\boldsymbol{X}}\boldsymbol{F}(\boldsymbol{X})=\mathrm{D}_{\boldsymbol{X}}(\boldsymbol{AXB}) = \boldsymbol{B}^{\mathrm{T}}\otimes\boldsymbol{A}\in\Re^{pq\times mn}$, 梯度矩阵 $\nabla_{\boldsymbol{X}}\boldsymbol{F}(\boldsymbol{X})=\nabla_{\boldsymbol{X}}(\boldsymbol{AXB})=\boldsymbol{B}\otimes\boldsymbol{A}^{\mathrm{T}}\in\Re^{mn\times pq}$.

(iii) 因为

$$\frac{\partial f_{kl}}{\partial x_{ij}}=\frac{\partial(\boldsymbol{AX}^{\mathrm{T}}\boldsymbol{B})_{kl}}{\partial x_{ij}}=\frac{\partial\left(\sum_{u=1}^{m}\sum_{v=1}^{n}a_{ku}x_{vu}b_{vl}\right)}{\partial x_{ij}}=b_{il}a_{kj}$$

于是得 Jacobian 矩阵 $\mathrm{D}_{\boldsymbol{X}}\boldsymbol{F}(\boldsymbol{X})=\mathrm{D}_{\boldsymbol{X}}(\boldsymbol{AX}^{\mathrm{T}}\boldsymbol{B})=(\boldsymbol{B}^{\mathrm{T}}\otimes\boldsymbol{A})\boldsymbol{K}_{mn}\in\Re^{pq\times mn}$, 梯度矩阵 $\nabla_{\boldsymbol{X}}\boldsymbol{F}(\boldsymbol{X})=\nabla_{\boldsymbol{X}}(\boldsymbol{AX}^{\mathrm{T}}\boldsymbol{B})=\boldsymbol{K}_{nm}(\boldsymbol{B}\otimes\boldsymbol{A}^{\mathrm{T}})\in\Re^{mn\times pq}$, 其中 $\boldsymbol{K}_{mn}$ 和 $\boldsymbol{K}_{nm}$ 为交换矩阵.

(iv) 因为

$$\frac{\partial f_{kl}}{\partial x_{ij}}=\frac{\partial(\boldsymbol{XX}^{\mathrm{T}})_{kl}}{\partial x_{ij}}=\frac{\partial\left(\sum_{u=1}^{n}x_{ku}x_{lu}\right)}{\partial x_{ij}}=\delta_{li}x_{kj}+x_{lj}\delta_{ki}$$

于是得 Jacobian 矩阵 $\mathrm{D}_{\boldsymbol{X}}\boldsymbol{F}(\boldsymbol{X})=\mathrm{D}_{\boldsymbol{X}}(\boldsymbol{XX}^{\mathrm{T}})=(\boldsymbol{I}_m\otimes\boldsymbol{X})\boldsymbol{K}_{mn}+(\boldsymbol{X}\otimes\boldsymbol{I}_m)=(\boldsymbol{K}_{mm}+\boldsymbol{I}_{m^2})(\boldsymbol{X}\otimes\boldsymbol{I}_m)\in\Re^{mm\times mn}$, 梯度矩阵 $\nabla_{\boldsymbol{X}}\boldsymbol{F}(\boldsymbol{X})=\nabla_{\boldsymbol{X}}(\boldsymbol{XX}^{\mathrm{T}})=(\boldsymbol{X}^{\mathrm{T}}\otimes\boldsymbol{I}_m)(\boldsymbol{K}_{mm}+\boldsymbol{I}_{m^2})\in\Re^{mn\times mm}$.

同理, 由于

$$\frac{\partial f_{kl}}{\partial x_{ij}}=\frac{\partial(\boldsymbol{X}^{\mathrm{T}}\boldsymbol{X})_{kl}}{\partial x_{ij}}=\frac{\partial\left(\sum_{u=1}^{n}x_{uk}x_{ul}\right)}{\partial x_{ij}}=x_{il}\delta_{kj}+\delta_{lj}x_{ik}$$

有

$$\begin{aligned}\mathrm{D}_{\boldsymbol{X}}\boldsymbol{F}(\boldsymbol{X})&=\mathrm{D}_{\boldsymbol{X}}(\boldsymbol{X}^{\mathrm{T}}\boldsymbol{X})=(\boldsymbol{X}^{\mathrm{T}}\otimes\boldsymbol{I}_n)\boldsymbol{K}_{mn}+(\boldsymbol{I}_n\otimes\boldsymbol{X}^{\mathrm{T}})\\&=(\boldsymbol{K}_{nn}+\boldsymbol{I}_{n^2})(\boldsymbol{I}_n\otimes\boldsymbol{X}^{\mathrm{T}})\in\Re^{nn\times mn}\\\nabla_{\boldsymbol{X}}\boldsymbol{F}(\boldsymbol{X})&=\nabla_{\boldsymbol{X}}(\boldsymbol{X}^{\mathrm{T}}\boldsymbol{X})=(\boldsymbol{I}_n\otimes\boldsymbol{X})(\boldsymbol{K}_{nn}+\boldsymbol{I}_{n^2})\in\Re^{mn\times nn}\end{aligned}$$

(v)
$$\begin{aligned}\frac{\partial(\boldsymbol{X}^{\mathrm{T}}\boldsymbol{BX})_{kl}}{\partial x_{ij}}&=\frac{\partial\sum_{p}[x_{pk}(\boldsymbol{BX})_{pl}+(\boldsymbol{X}^{\mathrm{T}}\boldsymbol{B})_{kp}x_{pl}]}{\partial x_{ij}}\\&=\sum_{p}\left(\delta_{pi}\delta_{kj}(\boldsymbol{BX})_{pl}+\delta_{pi}\delta_{lj}(\boldsymbol{X}^{\mathrm{T}}\boldsymbol{B})_{kp}\right)\\&=(\boldsymbol{BX})_{il}\delta_{kj}+\delta_{lj}(\boldsymbol{X}^{\mathrm{T}}\boldsymbol{B})_{ki},\end{aligned}$$

$$\frac{\partial(\boldsymbol{XBX}^{\mathrm{T}})_{kl}}{\partial x_{ij}}=\frac{\partial\sum_{p}[x_{kp}(\boldsymbol{BX}^{\mathrm{T}})_{pl}+(\boldsymbol{XB})_{kp}x_{lp}]}{\partial x_{ij}}$$

$$
\begin{aligned}
&= \sum_p \left(\delta_{ki}\delta_{pj}(\boldsymbol{B}\boldsymbol{X}^{\mathrm{T}})_{pl} + \delta_{pj}\delta_{li}(\boldsymbol{X}\boldsymbol{B})_{kp}\right) \\
&= (\boldsymbol{B}\boldsymbol{X}^{\mathrm{T}})_{jl}\delta_{ki} + \delta_{li}(\boldsymbol{X}\boldsymbol{B})_{kj}
\end{aligned}
$$

于是得 Jacobian 矩阵和梯度矩阵分别为

$$
\begin{aligned}
&\mathrm{D}_{\boldsymbol{X}}\boldsymbol{F}(\boldsymbol{X}) = \mathrm{D}_{\boldsymbol{X}}(\boldsymbol{X}^{\mathrm{T}}\boldsymbol{B}\boldsymbol{X}) = ((\boldsymbol{B}\boldsymbol{X})^{\mathrm{T}} \otimes \boldsymbol{I}_n)\boldsymbol{K}_{mn} + (\boldsymbol{I}_n \otimes (\boldsymbol{X}^{\mathrm{T}}\boldsymbol{B})) \in \Re^{nn\times mn} \\
&\mathrm{D}_{\boldsymbol{X}}\boldsymbol{F}(\boldsymbol{X}) = \mathrm{D}_{\boldsymbol{X}}(\boldsymbol{X}\boldsymbol{B}\boldsymbol{X}^{\mathrm{T}}) = (\boldsymbol{X}\boldsymbol{B}^{\mathrm{T}} \otimes \boldsymbol{I}_m) + (\boldsymbol{I}_m \otimes (\boldsymbol{X}\boldsymbol{B}))\boldsymbol{K}_{mn} \in \Re^{mm\times mn} \\
&\nabla_{\boldsymbol{X}}\boldsymbol{F}(\boldsymbol{X}) = \nabla_{\boldsymbol{X}}(\boldsymbol{X}^{\mathrm{T}}\boldsymbol{B}\boldsymbol{X}) = \boldsymbol{K}_{nm}((\boldsymbol{B}\boldsymbol{X}) \otimes \boldsymbol{I}_n) + (\boldsymbol{I}_n \otimes (\boldsymbol{B}^{\mathrm{T}}\boldsymbol{X})) \in \Re^{mn\times nn} \\
&\nabla_{\boldsymbol{X}}\boldsymbol{F}(\boldsymbol{X}) = \nabla_{\boldsymbol{X}}(\boldsymbol{X}\boldsymbol{B}\boldsymbol{X}^{\mathrm{T}}) = (\boldsymbol{B}\boldsymbol{X}^{\mathrm{T}}) \otimes \boldsymbol{I}_m + \boldsymbol{K}_{nm}(\boldsymbol{I}_m \otimes (\boldsymbol{X}\boldsymbol{B})^{\mathrm{T}}) \in \Re^{mn\times mm}
\end{aligned}
$$

4. 一阶实矩阵函数的微分

一阶实矩阵函数的微分具有如下性质:

- 若 $\boldsymbol{U} = \boldsymbol{F}(\boldsymbol{X}), \boldsymbol{V} = \boldsymbol{G}(\boldsymbol{X}), \boldsymbol{W} = \boldsymbol{H}(\boldsymbol{X})$, 则 $\mathrm{d}(\boldsymbol{U}\boldsymbol{V}) = (\mathrm{d}\boldsymbol{U})\boldsymbol{V} + \boldsymbol{U}(\mathrm{d}\boldsymbol{V})$, $\mathrm{d}(\boldsymbol{U}\boldsymbol{V}\boldsymbol{W}) = (\mathrm{d}\boldsymbol{U})\boldsymbol{V}\boldsymbol{W} + \boldsymbol{U}(\mathrm{d}\boldsymbol{V})\boldsymbol{W} + \boldsymbol{U}\boldsymbol{V}(\mathrm{d}\boldsymbol{W})$;
- $\mathrm{d}(\mathrm{Tr}(\boldsymbol{F}(\boldsymbol{X}))) = \mathrm{Tr}(\mathrm{d}(\boldsymbol{F}(\boldsymbol{X})))$;
- $\mathrm{d}|\boldsymbol{F}(\boldsymbol{X})| = |\boldsymbol{F}(\boldsymbol{X})|\mathrm{Tr}(\boldsymbol{F}^{-1}(\boldsymbol{X})\mathrm{d}(\boldsymbol{F}(\boldsymbol{X})))$;
- 矩阵函数的 Kronecker 积的微分矩阵为 $\mathrm{d}(\boldsymbol{X} \otimes \boldsymbol{Y}) = (\mathrm{d}\boldsymbol{X}) \otimes \boldsymbol{Y} + \boldsymbol{X} \otimes \mathrm{d}\boldsymbol{Y}$;
- 矩阵函数的 Hadamard 积的微分矩阵为 $\mathrm{d}(\boldsymbol{X} * \boldsymbol{Y}) = (\mathrm{d}\boldsymbol{X}) * \boldsymbol{Y} + \boldsymbol{X} * \mathrm{d}\boldsymbol{Y}$.

5. 实数矩阵函数的 Jacobian 矩阵辨识

设 $\boldsymbol{X} = [\boldsymbol{x}_1, \cdots, \boldsymbol{x}_n] \in \Re^{m\times n}$, $f_{kl} = f_{kl}(\boldsymbol{X})$ 表示实值矩阵函数 $\boldsymbol{F}(\boldsymbol{X}) \in \Re^{p\times q}$ 的第 k 行、第 l 列的元素, 则

$$
\begin{aligned}
\mathrm{d}f_{kl}(\boldsymbol{X}) &= [\mathrm{d}\boldsymbol{F}(\boldsymbol{X})]_{kl} \\
&= \left[\frac{\partial f_{kl}(\boldsymbol{X})}{\partial x_{11}}, \cdots, \frac{\partial f_{kl}(\boldsymbol{X})}{\partial x_{m1}}, \cdots, \frac{\partial f_{kl}(\boldsymbol{X})}{\partial x_{1n}}, \cdots, \frac{\partial f_{kl}(\boldsymbol{X})}{\partial x_{mn}}\right] \begin{bmatrix} \mathrm{d}x_{11} \\ \vdots \\ \mathrm{d}x_{m1} \\ \vdots \\ \mathrm{d}x_{1n} \\ \vdots \\ \mathrm{d}x_{mn} \end{bmatrix}
\end{aligned}
\tag{2.1.11}
$$

故 $\mathrm{d}(\mathrm{vec}\boldsymbol{F}(\boldsymbol{X})) = \boldsymbol{A}\mathrm{d}(\mathrm{vec}\boldsymbol{X})$, 其中

$$
\mathrm{d}(\mathrm{vec}\boldsymbol{F}(\boldsymbol{X})) = [\mathrm{d}f_{11}(\boldsymbol{X}), \cdots, \mathrm{d}f_{p1}(\boldsymbol{X}), \cdots, \mathrm{d}f_{1q}(\boldsymbol{X}), \cdots, \mathrm{d}f_{pq}(\boldsymbol{X})]^{\mathrm{T}}
$$

$$
\mathrm{d}(\mathrm{vec}\boldsymbol{X}) = [\mathrm{d}x_{11}, \cdots, \mathrm{d}x_{m1}, \cdots, \mathrm{d}x_{1n}, \cdots, \mathrm{d}x_{mn}]^{\mathrm{T}}
$$

$$
\boldsymbol{A} = \mathrm{D}_{\boldsymbol{X}}\boldsymbol{F}(\boldsymbol{X}) = \frac{\partial \mathrm{vec}\boldsymbol{F}(\boldsymbol{X})}{\partial (\mathrm{vec}\boldsymbol{X})^{\mathrm{T}}}
$$

$$
= \begin{bmatrix}
\dfrac{\partial f_{11}(\boldsymbol{X})}{\partial x_{11}} & \cdots & \dfrac{\partial f_{11}(\boldsymbol{X})}{\partial x_{m1}} & \cdots & \dfrac{\partial f_{11}(\boldsymbol{X})}{\partial x_{1n}} & \cdots & \dfrac{\partial f_{11}(\boldsymbol{X})}{\partial x_{mn}} \\
\vdots & & \vdots & & \vdots & & \vdots \\
\dfrac{\partial f_{p1}(\boldsymbol{X})}{\partial x_{11}} & \cdots & \dfrac{\partial f_{p1}(\boldsymbol{X})}{\partial x_{m1}} & \cdots & \dfrac{\partial f_{p1}(\boldsymbol{X})}{\partial x_{1n}} & \cdots & \dfrac{\partial f_{p1}(\boldsymbol{X})}{\partial x_{mn}} \\
\vdots & & \vdots & & \vdots & & \vdots \\
\dfrac{\partial f_{1q}(\boldsymbol{X})}{\partial x_{11}} & \cdots & \dfrac{\partial f_{1q}(\boldsymbol{X})}{\partial x_{m1}} & \cdots & \dfrac{\partial f_{1q}(\boldsymbol{X})}{\partial x_{1n}} & \cdots & \dfrac{\partial f_{1q}(\boldsymbol{X})}{\partial x_{mn}} \\
\vdots & & \vdots & & \vdots & & \vdots \\
\dfrac{\partial f_{pq}(\boldsymbol{X})}{\partial x_{11}} & \cdots & \dfrac{\partial f_{pq}(\boldsymbol{X})}{\partial x_{m1}} & \cdots & \dfrac{\partial f_{pq}(\boldsymbol{X})}{\partial x_{1n}} & \cdots & \dfrac{\partial f_{pq}(\boldsymbol{X})}{\partial x_{mn}}
\end{bmatrix}
$$

对于一个包含 $\boldsymbol{X}$ 和 $\boldsymbol{X}^{\mathrm{T}}$ 的矩阵函数 $\boldsymbol{F}(\boldsymbol{X}) \in \Re^{p\times q}$, 一阶矩阵微分为

$$
\mathrm{d}(\mathrm{vec}\boldsymbol{F}(\boldsymbol{X})) = \boldsymbol{A}\mathrm{vec}(\mathrm{d}\boldsymbol{X}) + \boldsymbol{B}\mathrm{d}(\mathrm{vec}\boldsymbol{X}^{\mathrm{T}}) \tag{2.1.12}
$$

利用 $\mathrm{d}(\mathrm{vec}\boldsymbol{X}^{\mathrm{T}}) = \boldsymbol{K}_{mn}\mathrm{vec}(\mathrm{d}\boldsymbol{X})$, 式 (2.1.12) 可以写为

$$
\mathrm{d}(\mathrm{vec}\boldsymbol{F}(\boldsymbol{X})) = (\boldsymbol{A} + \boldsymbol{B}\boldsymbol{K}_{mn})\mathrm{d}(\mathrm{vec}\boldsymbol{X}) \tag{2.1.13}
$$

上述结果表明: 矩阵函数 $\boldsymbol{F}(\boldsymbol{X}) : \Re^{m\times n} \to \Re^{p\times q}$ 的 $pq \times mn$ 的 Jacobian 矩阵可以辨识为

$$
\begin{aligned}
&\mathrm{d}(\mathrm{vec}\boldsymbol{F}(\boldsymbol{X})) = \boldsymbol{A}\mathrm{d}(\mathrm{vec}\boldsymbol{X}) + \boldsymbol{B}\mathrm{d}(\mathrm{vec}\boldsymbol{X}^{\mathrm{T}}) \\
&\qquad \Leftrightarrow \mathrm{D}_{\boldsymbol{X}}\boldsymbol{F}(\boldsymbol{X}) = \frac{\partial \mathrm{vec}\boldsymbol{F}(\boldsymbol{X})}{\partial (\mathrm{vec}\boldsymbol{X})^{\mathrm{T}}} = \boldsymbol{A} + \boldsymbol{B}\boldsymbol{K}_{mn}
\end{aligned} \tag{2.1.14}
$$

或 $pq \times mn$ 维梯度矩阵可以辨识为

$$
\nabla_{\boldsymbol{X}}\boldsymbol{F}(\boldsymbol{X}) = (\mathrm{D}_{\boldsymbol{X}}\boldsymbol{F}(\boldsymbol{X}))^{\mathrm{T}} = \boldsymbol{A}^{\mathrm{T}} + \boldsymbol{K}_{nm}\boldsymbol{B}^{\mathrm{T}} \tag{2.1.15}
$$

由于 $\mathrm{d}\boldsymbol{F}(\boldsymbol{X}) = \boldsymbol{A}(\mathrm{d}\boldsymbol{X})\boldsymbol{B} \Leftrightarrow \mathrm{d}(\mathrm{vec}\boldsymbol{F}(\boldsymbol{X})) = (\boldsymbol{B}^{\mathrm{T}} \otimes \boldsymbol{A})\mathrm{d}(\mathrm{vec}\boldsymbol{X})$, $\mathrm{d}\boldsymbol{F}(\boldsymbol{X}) = \boldsymbol{C}(\mathrm{d}\boldsymbol{X}^{\mathrm{T}})\boldsymbol{D} \Leftrightarrow \mathrm{d}(\mathrm{vec}\boldsymbol{F}(\boldsymbol{X})) = (\boldsymbol{D}^{\mathrm{T}} \otimes \boldsymbol{C})\boldsymbol{K}_{mn}\mathrm{d}(\mathrm{vec}\boldsymbol{X})$, 所以矩阵函数 $\boldsymbol{F}(\boldsymbol{X}) : \Re^{m\times n} \to \Re^{p\times q}$ 的 $pq \times mn$ 的 Jacobian 矩阵也可以辨识为

$$
\begin{aligned}
&\mathrm{d}(\mathrm{vec}\boldsymbol{F}(\boldsymbol{X})) = \boldsymbol{A}(\mathrm{d}\boldsymbol{X})\boldsymbol{B} + \boldsymbol{C}(\mathrm{d}\boldsymbol{X}^{\mathrm{T}})\boldsymbol{D} \\
&\qquad \Leftrightarrow \mathrm{D}_{\boldsymbol{X}}\boldsymbol{F}(\boldsymbol{X}) = \frac{\partial \mathrm{vec}\boldsymbol{F}(\boldsymbol{X})}{\partial (\mathrm{vec}\boldsymbol{X})^{\mathrm{T}}} = (\boldsymbol{B}^{\mathrm{T}} \otimes \boldsymbol{A}) + (\boldsymbol{D}^{\mathrm{T}} \otimes \boldsymbol{C})\boldsymbol{K}_{mn}
\end{aligned} \tag{2.1.16}
$$

或 $pq \times mn$ 的梯度矩阵辨识为

$$
\nabla_{\boldsymbol{X}}\boldsymbol{F}(\boldsymbol{X}) = \frac{\partial \mathrm{vec}\boldsymbol{F}(\boldsymbol{X})}{\partial (\mathrm{vec}\boldsymbol{X})} = (\boldsymbol{B} \otimes \boldsymbol{A}^{\mathrm{T}}) + \boldsymbol{K}_{nm}(\boldsymbol{D} \otimes \boldsymbol{C}^{\mathrm{T}}) \tag{2.1.17}
$$

例 2.1.5 设 $\boldsymbol{X} \in \Re^{p\times m}, \boldsymbol{Y} \in \Re^{n\times q}$, 求矩阵函数 (i) $\boldsymbol{F}(\boldsymbol{X}) = \boldsymbol{A}\boldsymbol{X}^{\mathrm{T}}\boldsymbol{B}$; (ii) $\boldsymbol{F}(\boldsymbol{X}) = \boldsymbol{X}^{\mathrm{T}}\boldsymbol{B}\boldsymbol{X}$; (iii) $\boldsymbol{F}(\boldsymbol{X},\boldsymbol{Y}) = \boldsymbol{X}\otimes\boldsymbol{Y}$ 的 Jacobian 矩阵.

解 (i) $\mathrm{d}(\boldsymbol{A}\boldsymbol{X}^{\mathrm{T}}\boldsymbol{B}) = \boldsymbol{A}(\mathrm{d}\boldsymbol{X}^{\mathrm{T}})\boldsymbol{B}$, 所以 $\mathrm{D}_{\boldsymbol{X}}(\boldsymbol{A}\boldsymbol{X}^{\mathrm{T}}\boldsymbol{B}) = (\boldsymbol{B}^{\mathrm{T}}\otimes\boldsymbol{A})\boldsymbol{K}_{mn}$;

(ii) $\mathrm{d}(\boldsymbol{X}^{\mathrm{T}}\boldsymbol{B}\boldsymbol{X}) = \boldsymbol{X}^{\mathrm{T}}\boldsymbol{B}\mathrm{d}\boldsymbol{X} + \mathrm{d}(\boldsymbol{X}^{\mathrm{T}})\boldsymbol{B}\boldsymbol{X}$, 所以 $\mathrm{D}_{\boldsymbol{X}}(\boldsymbol{X}^{\mathrm{T}}\boldsymbol{B}\boldsymbol{X}) = \boldsymbol{I}\otimes(\boldsymbol{X}^{\mathrm{T}}\boldsymbol{B}) + ((\boldsymbol{B}\boldsymbol{X})^{\mathrm{T}}\otimes\boldsymbol{I})\boldsymbol{K}_{mn}$;

(iii) $\mathrm{d}\boldsymbol{F}(\boldsymbol{X},\boldsymbol{Y}) = (\mathrm{d}\boldsymbol{X})\otimes\boldsymbol{Y} + \boldsymbol{X}\otimes(\mathrm{d}\boldsymbol{Y})$, 由 Kronecker 积的向量化公式 $\mathrm{vec}(\boldsymbol{X}\otimes\boldsymbol{Y}) = (\boldsymbol{I}_m\otimes\boldsymbol{K}_{qp}\otimes\boldsymbol{I}_n)(\mathrm{vec}\boldsymbol{X}\otimes\mathrm{vec}\boldsymbol{Y})$ 有

$$\begin{aligned}
\mathrm{vec}(\mathrm{d}\boldsymbol{X}\otimes\boldsymbol{Y}) &= (\boldsymbol{I}_m\otimes\boldsymbol{K}_{qp}\otimes\boldsymbol{I}_n)(\mathrm{dvec}\boldsymbol{X}\otimes\mathrm{vec}\boldsymbol{Y})\\
&= (\boldsymbol{I}_m\otimes\boldsymbol{K}_{qp}\otimes\boldsymbol{I}_n)(\boldsymbol{I}_{pm}\otimes\mathrm{vec}\boldsymbol{Y})\mathrm{dvec}\boldsymbol{X}\\
\mathrm{vec}(\boldsymbol{X}\otimes\mathrm{d}\boldsymbol{Y}) &= (\boldsymbol{I}_m\otimes\boldsymbol{K}_{qp}\otimes\boldsymbol{I}_n)(\mathrm{vec}\boldsymbol{X}\otimes\mathrm{dvec}\boldsymbol{Y})\\
&= (\boldsymbol{I}_m\otimes\boldsymbol{K}_{qp}\otimes\boldsymbol{I}_n)(\mathrm{vec}\boldsymbol{X}\otimes\boldsymbol{I}_{nq})\mathrm{dvec}\boldsymbol{Y}
\end{aligned}$$

因此, Jacobian 矩阵分别为 $\mathrm{D}_{\boldsymbol{X}}(\boldsymbol{X}\otimes\boldsymbol{Y}) = (\boldsymbol{I}_m\otimes\boldsymbol{K}_{qp}\otimes\boldsymbol{I}_n)(\boldsymbol{I}_{mp}\otimes\mathrm{vec}\boldsymbol{Y})$, $\mathrm{D}_{\boldsymbol{Y}}(\boldsymbol{X}\otimes\boldsymbol{Y}) = (\boldsymbol{I}_m\otimes\boldsymbol{K}_{qp}\otimes\boldsymbol{I}_n)(\mathrm{vec}\boldsymbol{X}\otimes\boldsymbol{I}_{nq})$.

2.2 张量概念及基本运算

2.2.1 张量概念

张量是一个多维数组, 维的个数称为张量的阶 (order)、路 (way) 或模式 (mode), 一个模式中元素的数目称为该模式的维度. 一个 0 阶张量是一个标量, 一阶张量是一个向量, 二阶张量是一个矩阵, 三阶或更高阶的张量称为高阶张量. 图 2.2.1 示例了一个三阶张量.

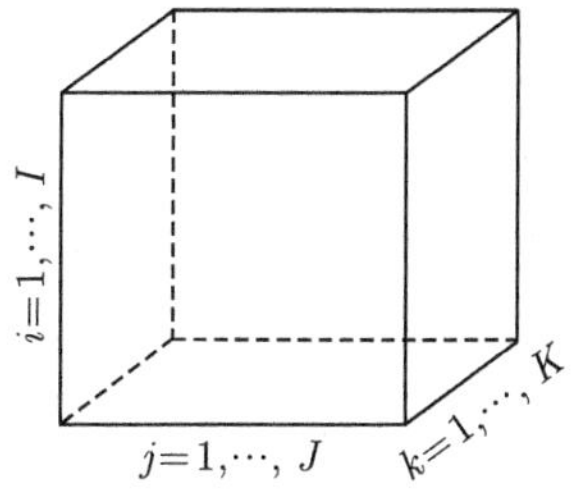

图 2.2.1 一个三阶张量 $\mathcal{X}\in\Re^{I\times J\times K}$

矩阵或张量中只有一个阶的索引变化, 其余阶的索引固定时构成的子集称为纤维 (fiber). $\boldsymbol{a}_{:j}$ 和 $\boldsymbol{a}_{i:}$ 分别称为矩阵 $\boldsymbol{A}$ 的模-1 和模-2 纤维. 一个三阶张量有列、行和管纤维, 分别用 $\boldsymbol{x}_{:jk}, \boldsymbol{x}_{i:k}, \boldsymbol{x}_{ij:}$ 表示, 如图 2.2.2 所示.

若张量中有两个阶的索引变化, 其余阶的索引固定, 构成的子集称为切片 (slices). 切片是张量的二维部分, 通过固定除了两个索引之外的所有索引来定义. 图 2.2.3 示例了三阶张量 $\mathcal{X}$ 的水平、横向和正面切片, 分别表示为 $\boldsymbol{X}_{i::}, \boldsymbol{X}_{:j:}, \boldsymbol{X}_{::k}$. 三阶张量 $\mathcal{X}$ 的第 k 个正面切片 $\boldsymbol{X}_{::k}$ 也可以更紧凑地表示为 $\boldsymbol{X}_k$.

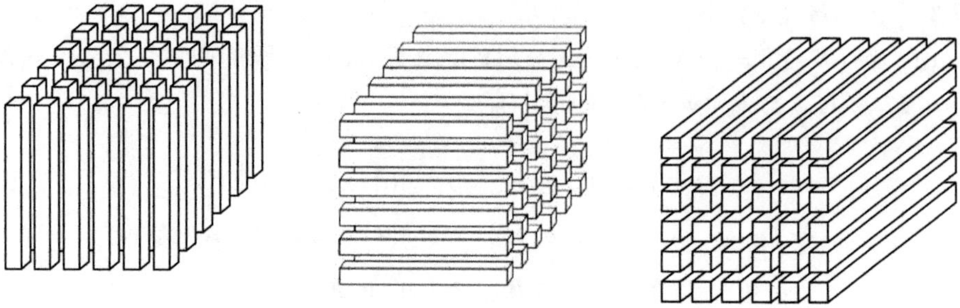

(a) 模-1(列)纤维$\boldsymbol{x}_{:jk}$　(b) 模-2(行)纤维$\boldsymbol{x}_{i:k}$　(c) 模-3(管)纤维$\boldsymbol{x}_{ij:}$

图 2.2.2　一个三阶张量的纤维

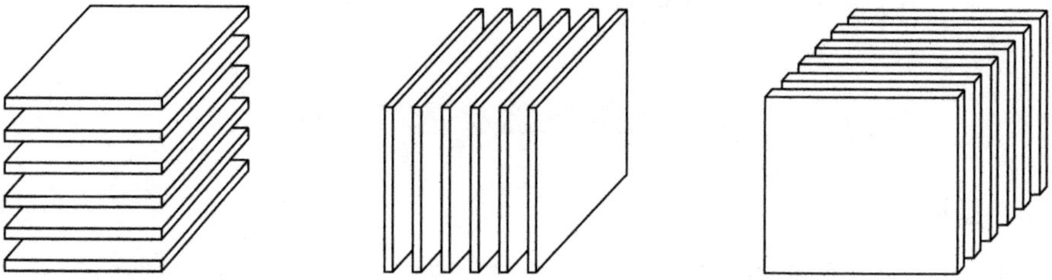

(a) 水平切片$\boldsymbol{X}_{i::}$　(b) 横向切片$\boldsymbol{X}_{:j:}$　(c) 正面切片$\boldsymbol{X}_{::k}$

图 2.2.3　一个三阶张量的切片

2.2.2　张量矩阵化

张量矩阵化也称为展开或扁平化, 是将张量转换为矩阵, 即将 N 路阵列 $\mathcal{X} \in \Re^{I_1 \times I_2 \times \cdots \times I_N}$ 的元素重新排列成矩阵的过程. $\mathcal{X}$ 沿着模-n 展开的矩阵记为 $\boldsymbol{X}_{(n)}$, $\boldsymbol{X}_{(n)}$ 的列为模-n 纤维的排列. 张量的 $(i_1, i_2, \cdots, i_N)$ 元素映射为矩阵的 (i_n, j) 元素, 其中 $j = 1 + \sum\limits_{\substack{k=1 \\ k \neq n}}^{N} (i_k - 1) J_k$, $J_k = \prod\limits_{\substack{m=1 \\ m \neq n}}^{k-1} I_m$.

例 2.2.1　设 $\mathcal{X} \in \Re^{3 \times 4 \times 2}$, $\boldsymbol{X}_1 = \begin{bmatrix} 1 & 4 & 7 & 10 \\ 2 & 5 & 8 & 11 \\ 3 & 6 & 9 & 12 \end{bmatrix}$, $\boldsymbol{X}_2 = \begin{bmatrix} 13 & 16 & 19 & 22 \\ 14 & 17 & 20 & 23 \\ 15 & 18 & 21 & 24 \end{bmatrix}$, 则沿模-1、模-2 和模-3 展开的三个矩阵分别为 (注意 $\boldsymbol{X}_{::1}$ 可以表示为 $\boldsymbol{X}_1$)

$$\boldsymbol{X}_{(1)}=\begin{bmatrix}1&4&7&10&13&16&19&22\\2&5&8&11&14&17&20&23\\3&6&9&12&15&18&21&24\end{bmatrix},\quad \boldsymbol{X}_{(2)}=\begin{bmatrix}1&2&3&13&14&15\\4&5&6&16&17&18\\7&8&9&19&20&21\\10&11&12&22&23&24\end{bmatrix}$$

$$\boldsymbol{X}_{(3)}=\begin{bmatrix}1&2&3&4&5&6&7&8&9&10&11&12\\13&14&15&16&17&18&19&20&21&22&23&24\end{bmatrix}.$$

张量也可以向量化. 三阶张量的 (列) 向量化是将张量 $\mathcal{X}\in\Re^{I\times J\times K}$ 排列成一个 $IJK\times 1$ 列向量 $\boldsymbol{x}$ 的运算, 记为 $\boldsymbol{x}^{(IJK\times 1)}=\mathrm{vec}(\mathcal{X})$, 其通常定义为正面切片矩阵的列向量化的纵向排列, $\boldsymbol{x}^{(IJK\times 1)}=\begin{bmatrix}\mathrm{vec}(\boldsymbol{X}_{::1})\\\vdots\\\mathrm{vec}(\boldsymbol{X}_{::K})\end{bmatrix}$, $\boldsymbol{x}^{(IJK\times 1)}=\mathrm{vec}(\boldsymbol{X}^{(I\times JK)})$. 三阶张量的行向量化是将张量排列成一个 $1\times IJK$ 行向量的运算, 记为 $\boldsymbol{x}^{(1\times IJK)}=\mathrm{rvec}(\mathcal{X})$. 例 2.2.1 中张量的向量化结果为 $\mathrm{vec}(\mathcal{X})=\begin{bmatrix}1\\2\\\vdots\\24\end{bmatrix}$. 张量矩阵化或向量化过程中, 元素的排列次序不重要, 只要它在相关计算中是一致的.

2.2.3 张量的内积、范数与外积

张量 $\mathcal{X}\in\Re^{I_1\times I_2\times\cdots\times I_N}$ 的范数是其所有元素的平方和的平方根, 即 $\|\mathcal{X}\|=\sqrt{\sum\limits_{i_1=1}^{I_1}\sum\limits_{i_2=1}^{I_2}\cdots\sum\limits_{i_N=1}^{I_N}x_{i_1i_2\cdots i_N}^2}$. 两个相同大小的张量 $\mathcal{X},\mathcal{Y}\in\Re^{I_1\times I_2\times\cdots\times I_N}$ 的内积是它们的元素的乘积之和, 即 $\langle\mathcal{X},\mathcal{Y}\rangle=\sum\limits_{i_1=1}^{I_1}\sum\limits_{i_2=1}^{I_2}\cdots\sum\limits_{i_N=1}^{I_N}x_{i_1i_2\cdots i_N}y_{i_1i_2\cdots i_N}$. 自然, $\langle\mathcal{X},\mathcal{X}\rangle=\|\mathcal{X}\|^2$.

两个向量 $\boldsymbol{a}$ 和 $\boldsymbol{b}$ 的外积记为 $\boldsymbol{a}\circ\boldsymbol{b}$, 结果是一个矩阵, 矩阵的每个元素都是相应向量元素的乘积. N 个向量的外积记为 $\boldsymbol{a}^{(1)}\circ\boldsymbol{a}^{(2)}\circ\cdots\circ\boldsymbol{a}^{(N)}$, 结果是一个 N 阶张量. 张量的每个元素都是相应向量元素的乘积 $x_{i_1i_2\cdots i_N}=a_{i_1}^{(1)}a_{i_2}^{(2)}\cdots a_{i_N}^{(N)}, 1\leqslant i_n\leqslant I_n$. 表示图 2.2.4 示例了一个三阶秩 -1 张量 $\mathcal{X}=\boldsymbol{a}\circ\boldsymbol{b}\circ\boldsymbol{c}$.

例 2.2.2 向量 $\boldsymbol{a}\in\Re^{I\times 1},\boldsymbol{b}\in\Re^{J\times 1},\boldsymbol{c}\in\Re^{K\times 1}$, 则

$$\boldsymbol{X}=\boldsymbol{a}\circ\boldsymbol{b}=\begin{bmatrix}a_1\\\vdots\\a_I\end{bmatrix}[b_1,\cdots,b_J]=\begin{bmatrix}a_1b_1&\cdots&a_1b_J\\\vdots&&\vdots\\a_Ib_1&\cdots&a_Ib_J\end{bmatrix}\in\Re^{I\times J}$$

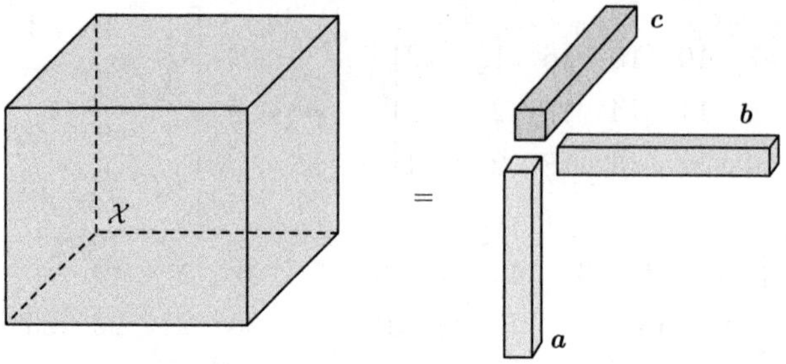

图 2.2.4　三阶秩-1 张量 $\mathcal{X}=\boldsymbol{a}\circ\boldsymbol{b}\circ\boldsymbol{c}$, $\mathcal{X}$ 的 (i,j,k) 元素 $x_{ijk}=a_ib_jc_k$

$$\mathcal{X}=\boldsymbol{a}\circ\boldsymbol{b}\circ\boldsymbol{c}=\begin{bmatrix} a_1b_1 & \cdots & a_1b_J \\ \vdots & & \vdots \\ a_Ib_1 & \cdots & a_Ib_J \end{bmatrix}\circ[c_1,\cdots,c_K]\in\Re^{I\times J\times K}$$

其正面切片矩阵 $\boldsymbol{X}_{::k}=\begin{bmatrix} a_1b_1c_k & \cdots & a_1b_Jc_k \\ \vdots & & \vdots \\ a_Ib_1c_k & \cdots & a_Ib_Jc_k \end{bmatrix},\quad k=1,\cdots,K.$

两个张量 $\mathcal{X}\in\Re^{I_1\times I_2\times\cdots\times I_P}$ 和 $\mathcal{Y}\in\Re^{J_1\times J_2\times\cdots\times J_Q}$ 的外积仍然是张量, 记为 $\mathcal{X}\circ\mathcal{Y}\in\Re^{I_1\times I_2\times\cdots\times I_P\times J_1\times J_2\times\cdots\times J_Q}$, 定义为

$$(\mathcal{X}\circ\mathcal{Y})_{i_1\cdots i_Pj_1\cdots j_Q}=x_{i_1\cdots i_P}y_{j_1\cdots j_Q},\quad \forall i_1\cdots i_P,j_1\cdots j_Q \tag{2.2.1}$$

如果一个 N 阶张量 $\mathcal{X}\in\Re^{I_1\times I_2\times\cdots\times I_N}$ 可以写为 N 个向量的外积, 即 $\mathcal{X}=\boldsymbol{a}^{(1)}\circ\boldsymbol{a}^{(2)}\circ\cdots\circ\boldsymbol{a}^{(N)}$, 则 $\mathcal{X}$ 是一个秩-1 张量. 若张量 $\mathcal{Y}$ 可以写为 R 个秩-1 张量的加权和, 即 $\mathcal{Y}=\sum\limits_{i=1}^{R}\sigma_i\mathcal{X}_i$, 则使该式成立的最小 R 定义为 $\mathcal{Y}$ 的秩.

例 2.2.3　张量 $\mathcal{X}\in\Re^{2\times2\times2}$ 的正面切片矩阵为 $\boldsymbol{X}_{::1}=\begin{bmatrix}1&0\\0&1\end{bmatrix}$, $\boldsymbol{X}_{::2}=\begin{bmatrix}0&1\\-1&0\end{bmatrix}$. 矩阵 $\boldsymbol{A}=\begin{bmatrix}1&0&1\\0&1&-1\end{bmatrix}$, $\boldsymbol{B}=\begin{bmatrix}1&0&1\\0&1&1\end{bmatrix}$, $\boldsymbol{C}=\begin{bmatrix}1&1&0\\-1&1&1\end{bmatrix}$. 设 $\boldsymbol{a}^{(i)},\boldsymbol{b}^{(i)},\boldsymbol{c}^{(i)}$ 分别是矩阵 $\boldsymbol{A}$, $\boldsymbol{B}$ 和 $\boldsymbol{C}$ 的第 i 列. 由于 $\mathcal{X}=\sum\limits_{i=1}^{3}\boldsymbol{a}^{(i)}\circ\boldsymbol{b}^{(i)}\circ\boldsymbol{c}^{(i)}$, 因此张量 $\mathcal{X}$ 的秩等于 3.

2.2.4　张量乘

张量可以相乘, 但概念和符号要比矩阵复杂得多. 一个张量可以在模式 n 中乘以一个矩阵或一个向量.

n-模 (矩阵) 乘 张量 $\mathcal{X} \in \Re^{I_1 \times I_2 \times \cdots \times I_N}$ 与矩阵 $\boldsymbol{U} \in \Re^{J \times I_n}$ 的 n-模 (矩阵) 乘记为 $\mathcal{X} \times_n \boldsymbol{U}$, 其大小为 $I_1 \times \cdots \times I_{n-1} \times J \times I_{n+1} \times \cdots \times I_N$. 按元素, 有 $(\mathcal{X} \times_n U)_{i_1 \cdots i_{n-1} j i_{n+1} \cdots i_N} = \sum\limits_{i_n=1}^{I_n} x_{i_1 i_2 \cdots i_N} u_{j i_n}$. 这个定义可以写成沿模-$n$ 展开的形式: $\mathcal{Y} = \mathcal{X} \times_n \boldsymbol{U} \Leftrightarrow \boldsymbol{Y}_{(n)} = \boldsymbol{U}\boldsymbol{X}_{(n)}$.

例 2.2.4 设 $\mathcal{X}$ 为例 2.2.1 中定义的张量, $\boldsymbol{U} = \begin{bmatrix} 1 & 3 & 5 \\ 2 & 4 & 6 \end{bmatrix}$, 则 $\mathcal{Y} = \mathcal{X} \times_n \boldsymbol{U} \in \Re^{2 \times 4 \times 2}$ 为

$$\boldsymbol{Y}_1 = \begin{bmatrix} 22 & 49 & 76 & 103 \\ 28 & 64 & 100 & 136 \end{bmatrix}, \quad \boldsymbol{Y}_2 = \begin{bmatrix} 130 & 157 & 184 & 211 \\ 172 & 208 & 244 & 280 \end{bmatrix}$$

n-模 (矩阵) 乘的性质

- $\mathcal{X} \times_m \boldsymbol{A} \times_n \boldsymbol{B} = \mathcal{X} \times_n \boldsymbol{B} \times_m \boldsymbol{A}\,(m \neq n)$;
- $\mathcal{X} \times_n \boldsymbol{A} \times_n \boldsymbol{B} = \mathcal{X} \times_n (\boldsymbol{BA})$;
- $\mathcal{Y} = \mathcal{X} \times_n \boldsymbol{U} \Rightarrow \mathcal{X} = \mathcal{Y} \times_n \boldsymbol{U}^{\dagger}$;
- $\boldsymbol{I}_{I_n \times I_n}$ 是单位阵, 则 $\mathcal{X} \times_n \boldsymbol{I}_{I_n \times I_n} = \mathcal{X}$;
- 设 $\mathcal{X} \in \Re^{I_1 \times I_2 \times \cdots \times I_N}$, $\boldsymbol{A}^{(n)} \in \Re^{J_n \times I_n}$, $n \in \{1, 2, \cdots, N\}$, 则对于任意的 $n \in \{1, 2, \cdots, N\}$, 有 $\mathcal{Y} = \mathcal{X} \times_1 \boldsymbol{A}^{(1)} \times_2 \boldsymbol{A}^{(2)} \cdots \times_N \boldsymbol{A}^{(N)} \Leftrightarrow \boldsymbol{Y}_{(n)} = \boldsymbol{A}^{(n)} \boldsymbol{X}_{(n)} (\boldsymbol{A}^{(N)} \otimes \cdots \otimes \boldsymbol{A}^{(n+1)} \otimes \boldsymbol{A}^{(n-1)} \otimes \cdots \otimes \boldsymbol{A}^{(1)})^{\mathrm{T}}$.

n-模 (向量) 乘 张量 $\mathcal{X} \in \Re^{I_1 \times I_2 \times \cdots \times I_N}$ 与向量 $\boldsymbol{v} \in \Re^{I_n}$ 的 n-模 (向量) 乘记为 $\mathcal{X} \bar{\times}_n \boldsymbol{v}$, 结果为 $N-1$ 阶, 即大小为 $I_1 \times \cdots \times I_{n-1} \times I_{n+1} \times \cdots \times I_N$. 按元素, 有 $(\mathcal{X} \bar{\times}_n \boldsymbol{v})_{i_1 \cdots i_{n-1} i_{n+1} \cdots i_N} = \sum\limits_{i_n=1}^{I_n} x_{i_1 i_2 \cdots i_N} v_{i_n}$, 即每个模-$n$ 纤维与向量 $\boldsymbol{v}$ 的内积.

例 2.2.5 设 $\mathcal{X}$ 为例 2.2.1 中定义的张量, $\boldsymbol{v} = [1, 2, 3, 4]^{\mathrm{T}}$, 则

$$\mathcal{X} \bar{\times}_2 \boldsymbol{v} = \begin{bmatrix} 70 & 190 \\ 80 & 200 \\ 90 & 210 \end{bmatrix}$$

n-模 (向量) 乘的性质 $\mathcal{X} \bar{\times}_m \boldsymbol{a} \bar{\times}_n \boldsymbol{b} = (\mathcal{X} \bar{\times}_m \boldsymbol{a}) \bar{\times}_{n-1} \boldsymbol{b} = (\mathcal{X} \bar{\times}_n \boldsymbol{b}) \bar{\times}_m \boldsymbol{a}\,(m < n)$, n-模 (向量) 乘中优先级很重要, 因为中间结果的顺序会发生变化.

2.3 张量的 CP 分解

2.3.1 CP 分解形式

CANDECOMP/PARAFAC(CP) 分解是将一个张量表示成有限个秩 -1 组件之和, 比如, 给定一个三阶张量 $\mathcal{X} \in \Re^{I \times J \times K}$, 则 $\mathcal{X}$ 的 CP 分解为: $\mathcal{X} \approx \sum\limits_{r=1}^{R} \boldsymbol{a}_r \circ \boldsymbol{b}_r \circ \boldsymbol{c}_r$,

其中 R 是一个正整数, $\boldsymbol{a}_r \in \Re^I$, $\boldsymbol{b}_r \in \Re^J$, $\boldsymbol{c}_r \in \Re^K$, $r = 1, \cdots, R$. 按元素, $\mathcal{X} \approx \sum\limits_{r=1}^{R} \boldsymbol{a}_r \circ \boldsymbol{b}_r \circ \boldsymbol{c}_r$ 可以写为 $x_{ijk} \approx \sum\limits_{r=1}^{R} a_{ir} b_{jr} c_{kr}$, $i = 1, \cdots, I$, $j = 1, \cdots, J$, $k = 1, \cdots, K$. 一个三阶张量的 CP 分解如图 2.3.1 所示.

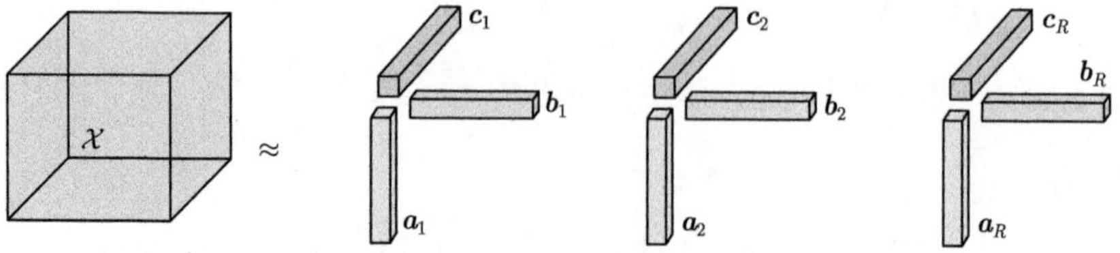

图 2.3.1 一个三阶张量的 CP 分解

CP 分解可以写成矩阵形式. 将秩-1 分量的向量组合称为因子矩阵, 如 $\boldsymbol{A} = [\boldsymbol{a}_1, \boldsymbol{a}_2, \cdots, \boldsymbol{a}_R]$, $\boldsymbol{B}$, $\boldsymbol{C}$ 类似. 利用因子矩阵, CP 分解可以写成矩阵形式 $X_{(1)} \approx \boldsymbol{A}(\boldsymbol{C} \odot \boldsymbol{B})^{\mathrm{T}}$, $\boldsymbol{X}_{(2)} \approx \boldsymbol{B}(\boldsymbol{C} \odot \boldsymbol{A})^{\mathrm{T}}$, $\boldsymbol{X}_{(3)} \approx \boldsymbol{C}(\boldsymbol{B} \odot \boldsymbol{A})^{\mathrm{T}}$.

CP 模型可以简洁地表达为 $\mathcal{X} \approx [\![\boldsymbol{A}, \boldsymbol{B}, \boldsymbol{C}]\!] = \sum\limits_{r=1}^{R} \boldsymbol{A}(:, r) \circ \boldsymbol{B}(:, r) \circ \boldsymbol{C}(:, r) = \sum\limits_{r=1}^{R} \boldsymbol{a}_r \circ \boldsymbol{b}_r \circ \boldsymbol{c}_r$. 通常将 $\boldsymbol{A}$, $\boldsymbol{B}$ 和 $\boldsymbol{C}$ 按列标准化, 并且比例因子用向量 $\boldsymbol{\lambda} \in \Re^R$ 中, 这样, $\mathcal{X} \approx [\![\boldsymbol{\lambda}; \boldsymbol{A}, \boldsymbol{B}, \boldsymbol{C}]\!] = \sum\limits_{r=1}^{R} \lambda_r \boldsymbol{a}_r \circ \boldsymbol{b}_r \circ \boldsymbol{c}_r$.

对于一般的 N 阶张量 $\mathcal{X} \in \Re^{I_1 \times I_2 \times \cdots \times I_N}$ 的 CP 分解可以表示为 $\mathcal{X} \approx \left[\!\!\left[\boldsymbol{\lambda}; \boldsymbol{A}^{(1)}, \boldsymbol{A}^{(2)}, \cdots, \boldsymbol{A}^{(N)}\right]\!\!\right] \equiv \sum\limits_{r=1}^{R} \lambda_r \boldsymbol{a}_r^{(1)} \circ \boldsymbol{a}_r^{(2)} \circ \cdots \circ \boldsymbol{a}_r^{(N)}$, 其中 $\boldsymbol{\lambda} \in \Re^R$, $\boldsymbol{A}^{(n)} \in \Re^{I_n \times R}$, $n \in \{1, 2, \cdots, N\}$. $\mathcal{X}$ 的矩阵形式可以表示为: $\boldsymbol{X}_{(n)} \approx \boldsymbol{A}^{(n)} \boldsymbol{\Lambda} (\boldsymbol{A}^{(N)} \odot \cdots \odot \boldsymbol{A}^{(n+1)} \odot \boldsymbol{A}^{(n-1)} \odot \cdots \odot \boldsymbol{A}^{(1)})^{\mathrm{T}}$, 其中 $\boldsymbol{\Lambda} = \mathrm{diag}(\boldsymbol{\lambda})$.

2.3.2 CP 分解的求解

1. 元素级求解 ——“元素级”的梯度下降更新公式

首先考虑三阶张量分解的求解. 设 $\mathcal{X} \approx \sum\limits_{r=1}^{R} \boldsymbol{a}_r \circ \boldsymbol{b}_r \circ \boldsymbol{c}_r$, (i, j, k) 元素的计算为 $x_{ijk} \approx \sum\limits_{r=1}^{R} a_{ir} b_{jr} c_{kr}$. 将 CP 分解的近似问题转化为一个无约束优化问题, 目标函数定义为残差的平方和, 即

$$f(\boldsymbol{A}, \boldsymbol{B}, \boldsymbol{C}) = \frac{1}{2} \sum_{i=1}^{n_1} \sum_{j=1}^{n_2} \sum_{k=1}^{n_3} \left(x_{ijk} - \sum_{r=1}^{R} a_{ir} b_{jr} c_{kr} \right)^2 \tag{2.3.1}$$

求目标函数 $f(A, B, C)$ 对 a_{ir}, b_{jr}, c_{kr} 的偏导数, 分别为

$$\frac{\partial f(\boldsymbol{A},\boldsymbol{B},\boldsymbol{C})}{\partial a_{ir}} = \sum_{j,k:(i,j,k)\in\Omega}\left(x_{ijk} - \sum_{r=1}^{R} a_{ir}b_{jr}c_{kr}\right)(-b_{jr}c_{kr}) \tag{2.3.2}$$

$$\frac{\partial f(\boldsymbol{A},\boldsymbol{B},\boldsymbol{C})}{\partial b_{jr}} = \sum_{i,k:(i,j,k)\in\Omega}\left(x_{ijk} - \sum_{r=1}^{R} a_{ir}b_{jr}c_{kr}\right)(-a_{ir}c_{kr}) \tag{2.3.3}$$

$$\frac{\partial f(\boldsymbol{A},\boldsymbol{B},\boldsymbol{C})}{\partial c_{kr}} = \sum_{i,j:(i,j,k)\in\Omega}\left(x_{ijk} - \sum_{r=1}^{R} a_{ir}b_{jr}c_{kr}\right)(-a_{ir}b_{jr}) \tag{2.3.4}$$

其中 $j,k:(i,j,k)\in\Omega$, $i,k:(i,j,k)\in\Omega$, $i,j:(i,j,k)\in\Omega$ 是被观测到的元素的索引构成的集合, 分别表示矩阵 $x(i,:,:), x(:,j,:), x(:,:,k)$. 从而, a_{ir}, b_{jr}, c_{kr} 的更新公式为

$$a_{ir} \Leftarrow a_{ir} - \alpha \sum_{j,k:(i,j,k)\in\Omega}\left(x_{ijk} - \sum_{r=1}^{R} a_{ir}b_{jr}c_{kr}\right)(-b_{jr}c_{kr}) \tag{2.3.5}$$

$$b_{jr} \Leftarrow b_{jr} - \alpha \sum_{i,k:(i,j,k)\in\Omega}\left(x_{ijk} - \sum_{r=1}^{R} a_{ir}b_{jr}c_{kr}\right)(-a_{ir}c_{kr}) \tag{2.3.6}$$

$$c_{kr} \Leftarrow c_{kr} - \alpha \sum_{i,j:(i,j,k)\in\Omega}\left(x_{ijk} - \sum_{r=1}^{R} a_{ir}b_{jr}c_{kr}\right)(-a_{ir}b_{jr}) \tag{2.3.7}$$

对于 N 阶张量 $\mathcal{X} \approx \left[\!\left[\boldsymbol{A}^{(1)}, \boldsymbol{A}^{(2)}, \cdots, \boldsymbol{A}^{(N)}\right]\!\right] \equiv \sum\limits_{r=1}^{R} \boldsymbol{a}_r^{(1)} \circ \boldsymbol{a}_r^{(2)} \circ \cdots \circ \boldsymbol{a}_r^{(N)}$, 目标函数为

$$f(\boldsymbol{A}^{(1)}, \boldsymbol{A}^{(2)}, \cdots, \boldsymbol{A}^{(N)}) = \frac{1}{2}\sum_{i_1=1}^{I_1}\sum_{i_2=1}^{I_2}\cdots\sum_{i_N=1}^{I_N}\left(x_{i_1 i_2\cdots i_N} - \sum_{r=1}^{R} a_{i_1 r}^{(1)} a_{i_2 r}^{(2)} \cdots a_{i_N r}^{(N)}\right)^2 \tag{2.3.8}$$

从而有

$$\begin{aligned}\frac{\partial f}{a_{i_n r}^{(n)}} = &\sum_{i_1\cdots i_{n-1} i_{n+1}\cdots i_N}\left(x_{i_1 i_2\cdots i_N} - \sum_{r=1}^{R} a_{i_1 r}^{(1)} a_{i_2 r}^{(2)} \cdots a_{i_N r}^{(N)}\right)\\ &\cdot\left(-a_{i_1 r}^{(1)} \cdots a_{i_{n-1} r}^{(n-1)} a_{i_{n+1} r}^{(n+1)} \cdots a_{i_N r}^{(N)}\right)\end{aligned} \tag{2.3.9}$$

$$\begin{aligned}a_{i_n r}^{(n)} \Leftarrow a_{i_n r}^{(n)} - \alpha &\sum_{i_1\cdots i_{n-1} i_{n+1}\cdots i_N}\left(x_{i_1 i_2\cdots i_N} - \sum_{r=1}^{R} a_{i_1 r}^{(1)} a_{i_2 r}^{(2)} \cdots a_{i_N r}^{(N)}\right)\\ &\cdot\left(-a_{i_1 r}^{(1)} \cdots a_{i_{n-1} r}^{(n-1)} a_{i_{n+1} r}^{(n+1)} \cdots a_{i_N r}^{(N)}\right)\end{aligned} \tag{2.3.10}$$

2. 矩阵级求解 —— “矩阵级”的梯度下降更新公式

对于大小为 $I_1 \times I_2 \times \cdots \times I_N$ 的 N 阶张量 $\mathcal{X} \approx \left[\!\left[\boldsymbol{A}^{(1)}, \boldsymbol{A}^{(2)}, \cdots, \boldsymbol{A}^{(N)}\right]\!\right] \equiv \sum_{r=1}^{R} \boldsymbol{A}^{(1)}(:,r) \circ \boldsymbol{A}^{(2)}(:,r) \circ \cdots \circ \boldsymbol{A}^{(N)}(:,r) = \sum_{r=1}^{R} \boldsymbol{a}_r^{(1)} \circ \boldsymbol{a}_r^{(2)} \circ \cdots \circ \boldsymbol{a}_r^{(N)}$, 因子矩阵 $\boldsymbol{A}^{(1)}$, $\boldsymbol{A}^{(2)}, \cdots, \boldsymbol{A}^{(N)}$ 的大小分别为 $I_1 \times R, I_2 \times R, \cdots, I_N \times R$. $J = \frac{1}{2}\left\|\mathcal{X} - \left[\!\left[\boldsymbol{A}^{(1)}, \boldsymbol{A}^{(2)}, \cdots, \boldsymbol{A}^{(N)}\right]\!\right]\right\|_{\mathrm{F}}^2 = \frac{1}{2}\left\|\boldsymbol{X}_{(n)} - \boldsymbol{A}^{(n)}(\boldsymbol{A}^{(N)} \odot \cdots \odot \boldsymbol{A}^{(n+1)} \odot \boldsymbol{A}^{(n-1)} \odot \cdots \odot \boldsymbol{A}^{(1)})^{\mathrm{T}}\right\|_{\mathrm{F}}^2$, 令 $\boldsymbol{A}_{\odot}^{n} = \boldsymbol{A}^{(N)} \odot \cdots \odot \boldsymbol{A}^{(n+1)} \odot \boldsymbol{A}^{(n-1)} \odot \cdots \odot \boldsymbol{A}^{(1)}$, 则目标函数可以写为

$$
\begin{aligned}
J &= \frac{1}{2}\left\|\boldsymbol{X}_{(n)} - \boldsymbol{A}^{(n)}(\boldsymbol{A}_{\odot}^{n})^{\mathrm{T}}\right\|_{\mathrm{F}}^2 \\
&= \frac{1}{2}\mathrm{Tr}\left[\left(\boldsymbol{X}_{(n)} - \boldsymbol{A}^{(n)}(\boldsymbol{A}_{\odot}^{n})^{\mathrm{T}}\right)^{\mathrm{T}}\left(\boldsymbol{X}_{(n)} - \boldsymbol{A}^{(n)}(\boldsymbol{A}_{\odot}^{n})^{\mathrm{T}}\right)\right] \\
&= \frac{1}{2}\mathrm{Tr}\left(\left(\boldsymbol{X}_{(n)}\right)^{\mathrm{T}}\boldsymbol{X}_{(n)} - 2\left(\boldsymbol{A}^{(n)}\right)^{\mathrm{T}}\boldsymbol{X}_{(n)}\boldsymbol{A}_{\odot}^{n} + \left(\boldsymbol{A}^{(n)}\right)^{\mathrm{T}}\boldsymbol{A}^{(n)}\left(\boldsymbol{A}_{\odot}^{n}\right)^{\mathrm{T}}\boldsymbol{A}_{\odot}^{n}\right)
\end{aligned}
\tag{2.3.11}
$$

从而, $\frac{\partial J}{\partial \boldsymbol{A}^{(n)}} = -\boldsymbol{X}_{(n)}\boldsymbol{A}_{\odot}^{n} + \boldsymbol{A}^{(n)}\left(\boldsymbol{A}_{\odot}^{n}\right)^{\mathrm{T}}\boldsymbol{A}_{\odot}^{n}$, $\boldsymbol{A}^{(n)}$ 的更新公式为

$$
\boldsymbol{A}_{ij}^{(n)} = \boldsymbol{A}_{ij}^{(n)}\frac{(\boldsymbol{X}_{(n)}\boldsymbol{A}_{\odot}^{n})_{ij}}{(\boldsymbol{A}^{(n)}(\boldsymbol{A}_{\odot}^{n})^{\mathrm{T}}\boldsymbol{A}_{\odot}^{n})_{ij}} \tag{2.3.12}
$$

对于三阶张量 $\mathcal{X} \approx [\![\boldsymbol{A}, \boldsymbol{B}, \boldsymbol{C}]\!] = \sum_{r=1}^{R} \boldsymbol{A}(:,r) \circ \boldsymbol{B}(:,r) \circ \boldsymbol{C}(:,r) = \sum_{r=1}^{R} \boldsymbol{a}_r \circ \boldsymbol{b}_r \circ \boldsymbol{c}_r$, 令 $\varepsilon = x - \sum_{r=1}^{R} \boldsymbol{A}(:,r) \otimes \boldsymbol{B}(:,r) \oplus \boldsymbol{C}(;,r)$, $\boldsymbol{H}^{(1)} = -\boldsymbol{\varepsilon}_{(1)}(\boldsymbol{C} \odot \boldsymbol{B})$, 其中

$$
\begin{aligned}
\boldsymbol{\varepsilon}_{(1)} &= \boldsymbol{X}_{(1)} - \boldsymbol{A}(\boldsymbol{C} \odot \boldsymbol{B}) \\
&= \begin{bmatrix}
e_{111} & \cdots & e_{1n_21} & \cdots & e_{11n_3} & \cdots & e_{1n_2n_3} \\
\vdots & & \vdots & & \vdots & & \vdots \\
e_{n_111} & \cdots & e_{n_1n_21} & \cdots & e_{n_11n_3} & \cdots & e_{n_1n_2n_3}
\end{bmatrix}_{n_1 \times (n_2n_3)}
\end{aligned}
\tag{2.3.13}
$$

$$
(\boldsymbol{C} \odot \boldsymbol{B}) = \begin{bmatrix}
c_{11}b_{11} & \cdots & c_{1R}b_{1R} \\
\vdots & & \vdots \\
c_{11}b_{n_21} & \cdots & c_{1R}b_{n_2R} \\
\vdots & & \vdots \\
c_{n_31}b_{11} & \cdots & c_{n_3R}b_{1R} \\
\vdots & & \vdots \\
c_{n_31}b_{n_21} & \cdots & c_{n_3R}b_{n_2R}
\end{bmatrix} \tag{2.3.14}
$$

则矩阵 $\boldsymbol{H}^{(1)}$ 的第 i 行 r 列元素为 $\boldsymbol{H}^{(1)}(i,r)=-\sum\limits_{jk:(i,j,k)\in\Omega}e_{ijk}b_{jr}c_{kr}$. 对比元素级目标函数 $f(\boldsymbol{A},\boldsymbol{B},\boldsymbol{C})$ 对 a_{ir} 的偏导数可知, $\boldsymbol{H}^{(1)}$ 是目标函数 $f(\boldsymbol{A},\boldsymbol{B},\boldsymbol{C})$ 对 $\boldsymbol{A}$ 的偏导数. 因此, 因子矩阵 $\boldsymbol{A}$ 的更新公式为: $\boldsymbol{A}\Leftarrow\boldsymbol{A}+\alpha\boldsymbol{\varepsilon}_{(1)}(\boldsymbol{C}\odot\boldsymbol{B})$, 令 $\alpha=\dfrac{\boldsymbol{A}_{ij}}{[\boldsymbol{A}(\boldsymbol{C}\odot\boldsymbol{B})^{\mathrm{T}}(\boldsymbol{C}\odot\boldsymbol{B})]_{ij}}$, 则

$$\boldsymbol{A}_{ij}\Leftarrow\boldsymbol{A}_{ij}+\frac{\boldsymbol{A}_{ij}[\boldsymbol{X}_{(1)}-\boldsymbol{A}(\boldsymbol{C}\odot\boldsymbol{B})]}{[\boldsymbol{A}(\boldsymbol{C}\odot\boldsymbol{B})^{\mathrm{T}}(\boldsymbol{C}\odot\boldsymbol{B})]_{ij}}(\boldsymbol{C}\odot\boldsymbol{B})=\boldsymbol{A}_{ij}\frac{[\boldsymbol{X}_{(1)}(\boldsymbol{C}\odot\boldsymbol{B})]_{ij}}{[\boldsymbol{A}(\boldsymbol{C}\odot\boldsymbol{B})^{\mathrm{T}}(\boldsymbol{C}\odot\boldsymbol{B})]_{ij}} \tag{2.3.15}$$

同理, 因子矩阵 $\boldsymbol{B}$ 和 $\boldsymbol{C}$ 的更新公式分别为

$$\boldsymbol{B}\Leftarrow\boldsymbol{B}+\alpha\boldsymbol{\varepsilon}_{(2)}(\boldsymbol{C}\odot\boldsymbol{A}),\quad \boldsymbol{B}_{ij}\Leftarrow\boldsymbol{B}_{ij}\frac{[\boldsymbol{X}_{(2)}(\boldsymbol{C}\odot\boldsymbol{A})]_{ij}}{[\boldsymbol{B}(\boldsymbol{C}\odot\boldsymbol{A})^{\mathrm{T}}(\boldsymbol{C}\odot\boldsymbol{A})]_{ij}} \tag{2.3.16}$$

$$\boldsymbol{C}\Leftarrow\boldsymbol{C}+\alpha\boldsymbol{\varepsilon}_{(3)}(\boldsymbol{B}\odot\boldsymbol{A}),\quad \boldsymbol{C}_{ij}\Leftarrow\boldsymbol{C}_{ij}\frac{[\boldsymbol{X}_{(3)}(\boldsymbol{B}\odot\boldsymbol{A})]_{ij}}{[\boldsymbol{C}(\boldsymbol{B}\odot\boldsymbol{A})^{\mathrm{T}}(\boldsymbol{B}\odot\boldsymbol{A})]_{ij}} \tag{2.3.17}$$

对于大小为 $I_1\times I_2\times\cdots\times I_N$ 的 N 阶张量 $\mathcal{X}\approx[\![\boldsymbol{A}^{(1)},\boldsymbol{A}^{(2)},\cdots,\boldsymbol{A}^{(N)}]\!]\equiv\sum\limits_{r=1}^{R}\boldsymbol{A}^{(1)}(:,r)\circ\boldsymbol{A}^{(2)}(:,r)\circ\cdots\circ\boldsymbol{A}^{(N)}(:,r)=\sum\limits_{r=1}^{R}\boldsymbol{a}_r^{(1)}\circ\boldsymbol{a}_r^{(2)}\circ\cdots\circ\boldsymbol{a}_r^{(N)}$, 因子矩阵 $\boldsymbol{A}^{(1)},\boldsymbol{A}^{(2)},\cdots,\boldsymbol{A}^{(N)}$ 的大小分别为 $I_1\times R$, $I_2\times R$, $\cdots$, $I_N\times R$. 采用梯度下降法, 令 $\boldsymbol{\varepsilon}=\mathcal{X}-\sum\limits_{r=1}^{R}\boldsymbol{A}^{(1)}(:,r)\otimes\boldsymbol{A}^{(2)}(:,r)\otimes\cdots\otimes\boldsymbol{A}^{(N)}(:,r)$, $\boldsymbol{A}_{\odot}^{n}=\boldsymbol{A}^{(N)}\odot\cdots\odot\boldsymbol{A}^{(n+1)}\odot\boldsymbol{A}^{(n-1)}\odot\cdots\odot\boldsymbol{A}^{(1)}$, 则 $\boldsymbol{A}^{(1)},\boldsymbol{A}^{(2)},\cdots,\boldsymbol{A}^{(N)}$ 的更新公式可以写为

$$\boldsymbol{A}^{(1)}\Leftarrow\boldsymbol{A}^{(1)}+\alpha\boldsymbol{\varepsilon}_{(1)}(\boldsymbol{A}^{(N)}\odot\boldsymbol{A}^{(N-1)}\odot\cdots\odot\boldsymbol{A}^{(3)}\odot\boldsymbol{A}^{(2)}) \tag{2.3.18}$$

$$\boldsymbol{A}^{(2)}\Leftarrow\boldsymbol{A}^{(2)}+\alpha\boldsymbol{\varepsilon}_{(2)}(\boldsymbol{A}^{(N)}\odot\boldsymbol{A}^{(N-1)}\odot\cdots\odot\boldsymbol{A}^{(3)}\odot\boldsymbol{A}^{(1)}) \tag{2.3.19}$$

$$\cdots\cdots$$

$$\boldsymbol{A}^{(N)}\Leftarrow\boldsymbol{A}^{(N)}+\alpha\boldsymbol{\varepsilon}_{(N)}(\boldsymbol{A}^{(N-1)}\odot\boldsymbol{A}^{(N-2)}\odot\cdots\odot\boldsymbol{A}^{(2)}\odot\boldsymbol{A}^{(1)}) \tag{2.3.20}$$

或者写为

$$\boldsymbol{A}_{ij}^{(1)}=\boldsymbol{A}_{ij}^{(1)}\frac{(\boldsymbol{X}_{(1)}\boldsymbol{A}_{\odot}^{1})_{ij}}{(\boldsymbol{A}^{(1)}(\boldsymbol{A}_{\odot}^{1})^{\mathrm{T}}\boldsymbol{A}_{\odot}^{1})_{ij}} \tag{2.3.21}$$

$$\boldsymbol{A}_{ij}^{(2)}=\boldsymbol{A}_{ij}^{(2)}\frac{(\boldsymbol{X}_{(2)}\boldsymbol{A}_{\odot}^{2})_{ij}}{(\boldsymbol{A}^{(2)}(\boldsymbol{A}_{\odot}^{2})^{\mathrm{T}}\boldsymbol{A}_{\odot}^{2})_{ij}} \tag{2.3.22}$$

$$\cdots\cdots$$

$$\boldsymbol{A}_{ij}^{(N)}=\boldsymbol{A}_{ij}^{(N)}\frac{(\boldsymbol{X}_{(N)}\boldsymbol{A}_{\odot}^{N})_{ij}}{(\boldsymbol{A}^{(N)}(\boldsymbol{A}_{\odot}^{N})^{\mathrm{T}}\boldsymbol{A}_{\odot}^{N})_{ij}} \tag{2.3.23}$$

3. 交替最小二乘法

以三阶张量为例说明 CP-ALS 过程. 设 $\mathcal{X} \in \Re^{I\times J\times K}$ 是一个三阶张量, 则 CP 分解的计算目标是寻找 $\hat{\mathcal{X}} = \sum\limits_{r=1}^{R} \lambda_r \boldsymbol{a}_r \circ \boldsymbol{b}_r \circ \boldsymbol{c}_r = [\![\boldsymbol{\lambda}; \boldsymbol{A}, \boldsymbol{B}, \boldsymbol{C}]\!]$, 使得 $\min\limits_{\hat{\mathcal{X}}} ||\mathcal{X} - \hat{\mathcal{X}}||$. 交替最小二乘法固定 $\boldsymbol{B}$ 和 $\boldsymbol{C}$ 以求解 $\boldsymbol{A}$, 随后固定 $\boldsymbol{A}$ 和 $\boldsymbol{C}$ 以求解 $\boldsymbol{B}$, 然后固定 $\boldsymbol{A}$ 和 $\boldsymbol{B}$ 以求解 $\boldsymbol{C}$, 继续重复整个过程直到满足收敛准则.

$\boldsymbol{B}$ 和 $\boldsymbol{C}$ 固定时, $\min\limits_{\hat{\mathcal{X}}} ||\mathcal{X} - \hat{\mathcal{X}}||$ 可以写为 $\min\limits_{\hat{\boldsymbol{A}}} ||\boldsymbol{X}_{(1)} - \hat{\boldsymbol{A}}(\boldsymbol{C} \odot \boldsymbol{B})^{\mathrm{T}}||_{\mathrm{F}}$, 其中 $\hat{\boldsymbol{A}} = \boldsymbol{A} \cdot \mathrm{diag}(\boldsymbol{\lambda})$. 由于 $[(\boldsymbol{C} \odot \boldsymbol{B})]^{\dagger} = ((\boldsymbol{C}^{\mathrm{T}}\boldsymbol{C}) * (\boldsymbol{B}^{\mathrm{T}}\boldsymbol{B}))^{\dagger}(\boldsymbol{C} \odot \boldsymbol{B})^{\mathrm{T}}$, 因此最优解 $\hat{\boldsymbol{A}} = \boldsymbol{X}_{(1)}[(\boldsymbol{C} \odot \boldsymbol{B})^{\mathrm{T}}]^{\dagger} = \boldsymbol{X}_{(1)}(\boldsymbol{C} \odot \boldsymbol{B})(\boldsymbol{C}^{\mathrm{T}}\boldsymbol{C} * \boldsymbol{B}^{\mathrm{T}}\boldsymbol{B})^{\dagger}$. 最后规范化 $\hat{\boldsymbol{A}}$ 的列获得 $\boldsymbol{A}$, 即 $\lambda_r = ||\hat{\boldsymbol{a}}_r||$, $\boldsymbol{a}_r = \hat{\boldsymbol{a}}_r/\lambda_r$, $r = 1, 2, \cdots, R$.

求解 N 阶张量 $\mathcal{X} \in \Re^{I_1\times I_2\times\cdots\times I_N}$ 的 CP 分解的交替最小二乘法 (ALS) 算法描述如算法 2.3.1 所示.

算法 2.3.1 CP-ALS 算法

输入: $\mathcal{X}, R$

输出: $\boldsymbol{\lambda}$, $\boldsymbol{A}^{(1)}, \boldsymbol{A}^{(2)}, \cdots, \boldsymbol{A}^{(n)}$

1. 对于所有的 $n = 1, 2, \cdots, N$, 初始化 $\boldsymbol{A}^{(n)} \in \Re^{I_n\times R}$
2. **repeat**
3.   **for** $n = 1, 2, \cdots, N$ **do**
4. $\boldsymbol{V} \leftarrow \boldsymbol{A}^{(1)\mathrm{T}}\boldsymbol{A}^{(1)} * \cdots * \boldsymbol{A}^{(n-1)\mathrm{T}}\boldsymbol{A}^{(n-1)}$
             $*\boldsymbol{A}^{(n+1)\mathrm{T}}\boldsymbol{A}^{(n+1)} * \cdots * \boldsymbol{A}^{(N)\mathrm{T}}\boldsymbol{A}^{(N)}$
5. $\boldsymbol{A}^{(n)} \leftarrow \boldsymbol{X}^{(n)}(\boldsymbol{A}^{(N)} \odot \cdots \odot \boldsymbol{A}^{(n+1)} \odot \boldsymbol{A}^{(n-1)} \odot \cdots \odot \boldsymbol{A}^{(1)})\boldsymbol{V}^{\dagger}$
6.   规范化 $\boldsymbol{A}^{(n)}$ 的所有列 ($\boldsymbol{\lambda} = [||\hat{\boldsymbol{a}}_1||, ||\hat{\boldsymbol{a}}_2||, \cdots, ||\hat{\boldsymbol{a}}_r||]$)
7.   **end for**
8. **until** 拟合误差不再改进或已达到最大迭代次数
9. **return** $\boldsymbol{\lambda}$, $\boldsymbol{A}^{(1)}$, $\boldsymbol{A}^{(2)}$, $\cdots$, $\boldsymbol{A}^{(n)}$

CP-ALS 算法假定 CP 分解的组件数目 R 已指定, 因子矩阵 $\boldsymbol{A}^{(n)}(n = 1, 2, \cdots, N)$ 可以随机初始化, 或设置 $\boldsymbol{X}_{(n)}$ 的 R 个左奇异向量作为 $\boldsymbol{A}^{(n)}$ 的初始值. 算法可能的终止条件包括目标函数改善很少或没有改善, 因子矩阵变化很少或没有变化, 目标值等于或接近于零, 超过预定的最大迭代次数.

2.4 张量的 Tucker 分解

2.4.1 Tucker 分解形式

Tucker 分解是一种高阶的主成分分析, 它将一个张量表示成一个核心 (core) 张量沿每一个模乘上一个矩阵. 比如, 给定一个三阶张量 $\mathcal{X} \in \Re^{I\times J\times K}$, 则 $\mathcal{X}$ 的

Tucker 分解为

$$\mathcal{X} \approx \mathcal{G} \times_1 \boldsymbol{A} \times_2 \boldsymbol{B} \times_3 \boldsymbol{C} = \sum_{p=1}^{P}\sum_{q=1}^{Q}\sum_{r=1}^{R} g_{pqr}\boldsymbol{a}_p \circ \boldsymbol{b}_q \circ \boldsymbol{c}_r = [\![\mathcal{G}; \boldsymbol{A}, \boldsymbol{B}, \boldsymbol{C}]\!] \tag{2.4.1}$$

其中 $\boldsymbol{A} \in \Re^{I\times P}$, $\boldsymbol{B} \in \Re^{J\times Q}$, $\boldsymbol{C} \in \Re^{K\times R}$ 是三个因子矩阵. 因子矩阵 (通常是正交的) 可以被认为是每个模中的主要成分. 张量 $\mathcal{G}$ 称为核心张量, 其元素表示不同组件之间的相互作用水平. 按元素, 式 (2.3.2) 可以写为

$$x_{ijk} \approx \sum_{p=1}^{P}\sum_{q=1}^{Q}\sum_{r=1}^{R} g_{pqr}a_{ip}b_{jq}c_{kr}, \quad i=1,\cdots,I,\ j=1,\cdots,J,\ k=1,\cdots,K \tag{2.4.2}$$

其中 P, Q 和 R 分别是因子矩阵 $\boldsymbol{A}, \boldsymbol{B}$ 和 $\boldsymbol{C}$ 中组件 (列) 的数目. 如果 P, Q, R 比 I, J, K 小, 那么张量 $\mathcal{G}$ 可以被认为是 $\mathcal{X}$ 的压缩版. Tucker 分解如图 2.4.1 所示.

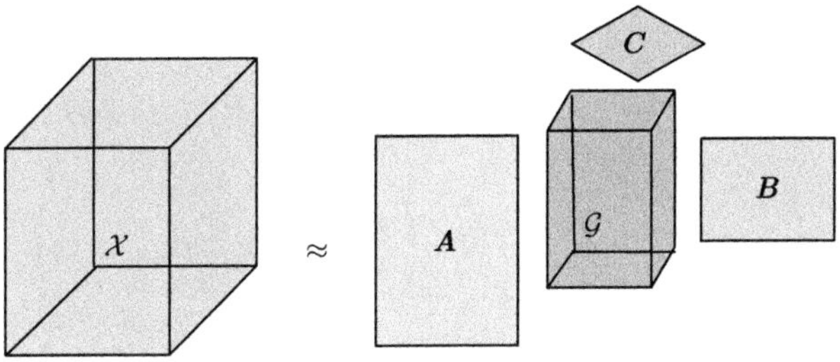

图 2.4.1 一个三阶张量的 Tucker 分解

Tucker 分解的矩阵形式 (每个模有一个) 为

$$\boldsymbol{X}_{(1)} \approx \boldsymbol{A}\boldsymbol{G}_{(1)}(\boldsymbol{C} \otimes \boldsymbol{B})^{\mathrm{T}} \tag{2.4.3}$$

$$\boldsymbol{X}_{(2)} \approx \boldsymbol{B}\boldsymbol{G}_{(2)}(\boldsymbol{C} \otimes \boldsymbol{A})^{\mathrm{T}} \tag{2.4.4}$$

$$\boldsymbol{X}_{(3)} \approx \boldsymbol{C}\boldsymbol{G}_{(3)}(\boldsymbol{B} \otimes \boldsymbol{A})^{\mathrm{T}} \tag{2.4.5}$$

对于 N 阶张量 $\mathcal{X} \in \Re^{I_1\times I_2\times\cdots\times I_N}$ 的 Tucker 分解为

$$\mathcal{X} \approx \mathcal{G} \times_1 \boldsymbol{A}^{(1)} \times_2 \boldsymbol{A}^{(2)} \times_3 \cdots \times_N \boldsymbol{A}^{(N)} = \left[\!\!\left[\mathcal{G}; \boldsymbol{A}^{(1)}, \boldsymbol{A}^{(2)}, \cdots, \boldsymbol{A}^{(N)}\right]\!\!\right] \tag{2.4.6}$$

按元素, 式 (2.4.6) 可以写为

$$\begin{aligned} & x_{i_1 i_2\cdots i_N} \\ \approx & \sum_{r_1=1}^{R_1}\sum_{r_2=1}^{R_2}\cdots\sum_{r_N=1}^{R_N} g_{r_1 r_2\cdots r_N} a_{i_1 r_1}^{(1)} a_{i_2 r_2}^{(2)} \cdots a_{i_N r_N}^{(N)}, \quad i_n=1,\cdots,I_n,\ n=1,\cdots,N \end{aligned} \tag{2.4.7}$$

按矩阵, 式 (2.4.6) 可以写为

$$\boldsymbol{X}_{(n)} \approx \boldsymbol{A}^{(n)}\boldsymbol{G}_{(n)}(\boldsymbol{A}^{(N)} \otimes \cdots \otimes \boldsymbol{A}^{(n+1)} \otimes \boldsymbol{A}^{(n-1)} \otimes \cdots \otimes \boldsymbol{A}^{(1)})^{\mathrm{T}} \tag{2.4.8}$$

2.4.2 Tucker 分解的求解

1. 元素级求解——“元素级”的梯度下降更新公式

首先以三阶张量为例, 假设 $\mathcal{X} = \mathcal{G} \times_1 \boldsymbol{U} \times_2 \boldsymbol{V} \times_3 \boldsymbol{W} \in \Re^{I\times J\times K}$. 按元素, $x_{ijk} \approx \sum_{m=1}^{R_1}\sum_{n=1}^{R_2}\sum_{l=1}^{R_3}(g_{mnl}u_{im}v_{jn}w_{kl})$. 设 $j,k:(i,j,k\in S)$, $i,k:(i,j,k\in S)$ 和 $i,j:(i,j,k\in S)$ 分别表示矩阵 $\mathcal{X}(i,:,:)$, $\mathcal{X}(:,j,:)$ 和 $\mathcal{X}(:,:,k)$ 上所有非零元素的位置索引构成的集合, 则优化模型可以写为

$$\min J = \frac{1}{2}\sum_{(i,j,k)\in S} e_{ijk}^2 = \frac{1}{2}\sum_{(i,j,k)\in S}\left(x_{ijk} - \sum_{m=1}^{R_1}\sum_{n=1}^{R_2}\sum_{l=1}^{R_3}(g_{mnl}u_{im}v_{jn}w_{kl})\right)^2 \tag{2.4.9}$$

对目标函数 J 中的 u_{im}, v_{jn}, w_{kl} 和 g_{mnl} 求偏导数, 得

$$\frac{\partial J}{\partial u_{im}} = -\sum_{j,k:(i,j,k)\in S} e_{ijk}\left(\sum_{n=1}^{R_2}\sum_{l=1}^{R_3}(g_{mnl}v_{jn}w_{kl})\right)$$

$$\frac{\partial J}{\partial v_{jn}} = -\sum_{i,k:(i,j,k)\in S} e_{ijk}\left(\sum_{m=1}^{R_1}\sum_{l=1}^{R_3}(g_{mnl}u_{im}w_{kl})\right)$$

$$\frac{\partial J}{\partial w_{kl}} = -\sum_{i,j:(i,j,k)\in S} e_{ijk}\left(\sum_{m=1}^{R_1}\sum_{n=1}^{R_2}(g_{mnl}u_{im}v_{jn})\right)$$

$$\frac{\partial J}{\partial g_{mnl}} = -\sum_{(i,j,k)\in S} e_{ijk}u_{im}v_{jn}w_{kl}$$

根据梯度下降方法, u_{im}, v_{jn}, w_{kl} 和 g_{mnl} 在每次迭代过程中的更新公式为

$$u_{im} \Leftarrow u_{im} + \alpha\sum_{j,k:(i,j,k)\in S} e_{ijk}\left(\sum_{n=1}^{R_2}\sum_{l=1}^{R_3}(g_{mnl}v_{jn}w_{kl})\right) \tag{2.4.10}$$

$$v_{jn} \Leftarrow v_{jn} + \alpha\sum_{i,k:(i,j,k)\in S} e_{ijk}\left(\sum_{m=1}^{R_1}\sum_{l=1}^{R_3}(g_{mnl}u_{im}w_{kl})\right) \tag{2.4.11}$$

$$w_{kl} \Leftarrow w_{kl} + \alpha\sum_{i,j:(i,j,k)\in S} e_{ijk}\left(\sum_{m=1}^{R_1}\sum_{n=1}^{R_2}(g_{mnl}u_{im}v_{jn})\right) \tag{2.4.12}$$

$$g_{mnl} \Leftarrow g_{mnl} + \alpha\sum_{(i,j,k)\in S} e_{ijk}u_{im}v_{jn}w_{kl} \tag{2.4.13}$$

对于 N 阶张量

$$\mathcal{X} = \mathcal{G} \times_1 \boldsymbol{U}^{(1)} \times_2 \boldsymbol{U}^{(2)} \times_3 \cdots \times_N \boldsymbol{U}^{(N)}$$

$$x_{i_1i_2\cdots i_N}=\sum_{r_1=1}^{R_1}\sum_{r_2=1}^{R_2}\cdots\sum_{r_N=1}^{R_N}\mathcal{G}_{r_1r_2\cdots r_N}a_{i_1r_1}^{(1)}a_{i_2r_2}^{(2)}\cdots a_{i_Nr_N}^{(N)}$$

其中 $i_n=1,\cdots,I_n,\ n=1,\cdots,N$, 有

$$\frac{\partial J}{\partial u_{i_nk}^{(n)}}=-\sum_{i_1\cdots i_{n-1}i_{n+1}\cdots i_N}e_{i_1i_2\cdots i_N}\left(\sum_{j_1=1}^{I_1}\cdots\sum_{j_{k-1}=1}^{I_{k-1}}\sum_{j_{k+1}=1}^{I_{k+1}}\cdots\sum_{j_N=1}^{I_N}\right.$$
$$\left.\cdot\, g_{j_1\cdots j_{k-1}j_kj_{k+1}\cdots j_N}U_{i_1j_1}^{(1)}\cdots U_{i_{n-1}j_{k-1}}^{(n-1)}U_{i_{n+1}j_{k+1}}^{(n+1)}\cdots U_{i_Nj_N}^{(N)}\right)$$

$\dfrac{\partial J}{\partial g_{j_1\cdots j_N}}=-\sum\limits_{i_1\cdots i_N}e_{i_1i_2\cdots i_N}\boldsymbol{U}_{i_1j_1}^{(1)}\boldsymbol{U}_{i_2j_2}^{(2)}\cdots\boldsymbol{U}_{i_Nj_N}^{(N)}$, 所以

$$u_{i_nk}^{(n)}\Leftarrow u_{i_nk}^{(n)}+\alpha\sum_{i_1\cdots i_{n-1}i_{n+1}\cdots i_N}e_{i_1i_2\cdots i_N}\left(\sum_{j_1=1}^{I_1}\cdots\sum_{j_{k-1}=1}^{I_{k-1}}\sum_{j_{k+1}=1}^{I_{k+1}}\cdots\sum_{j_N=1}^{I_N}\right.$$
$$\left.\cdot\, g_{j_1\cdots j_{k-1}j_kj_{k+1}\cdots j_N}U_{i_1j_1}^{(1)}\cdots U_{i_{n-1}j_{k-1}}^{(n-1)}U_{i_{n+1}j_{k+1}}^{(n+1)}\cdots U_{i_Nj_N}^{(N)}\right)\tag{2.4.14}$$

$$g_{j_1\cdots j_N}\Leftarrow g_{j_1\cdots j_N}+\alpha\sum_{i_1\cdots i_N}e_{i_1i_2\cdots i_N}\boldsymbol{U}_{i_1j_1}^{(1)}\boldsymbol{U}_{i_2j_2}^{(2)}\cdots\boldsymbol{U}_{i_Nj_N}^{(N)}\tag{2.4.15}$$

2. 矩阵级求解 ——“矩阵级”的梯度下降更新公式

对于 N 阶张量 $\mathcal{X}=\mathcal{G}\times_1\boldsymbol{U}^{(1)}\times_2\boldsymbol{U}^{(2)}\times\cdots\times_N\boldsymbol{U}^{(N)}$, 目标函数为

$$\begin{aligned}J&=\frac{1}{2}\left\|\mathcal{X}-\mathcal{G}\times_1\boldsymbol{U}^{(1)}\times_2\boldsymbol{U}^{(2)}\times_3\cdots\times_N\boldsymbol{U}^{(N)}\right\|^2\\&=\frac{1}{2}\left\|\boldsymbol{X}_{(n)}-\boldsymbol{U}^{(n)}(\mathcal{G}\times_1\boldsymbol{U}^{(1)}\times_3\cdots\times_{n-1}\boldsymbol{U}^{(n-1)}\times_{n+1}\boldsymbol{U}^{(n+1)}\times_{n+2}\cdots\times_N\boldsymbol{U}^{(N)})\right\|^2\end{aligned}\tag{2.4.16}$$

设 $\boldsymbol{B}_{(n)}=\mathcal{G}\times_1\boldsymbol{U}^{(1)}\times_3\cdots\times_{n-1}\boldsymbol{U}^{(n-1)}\times_{n+1}\boldsymbol{U}^{(n+1)}\times_{n+2}\cdots\times_N\boldsymbol{U}^{(N)}$, 则

$$\begin{aligned}J&=\frac{1}{2}\left\|\boldsymbol{X}_{(n)}-\boldsymbol{U}^{(n)}\boldsymbol{B}_{(n)}\right\|^2=\frac{1}{2}\mathrm{Tr}\left[(\boldsymbol{X}_{(n)}-\boldsymbol{U}^{(n)}\boldsymbol{B}_{(n)})^{\mathrm{T}}(\boldsymbol{X}_{(n)}-\boldsymbol{U}^{(n)}\boldsymbol{B}_{(n)})\right]\\&=\frac{1}{2}\mathrm{Tr}\left[\boldsymbol{X}_{(n)}^{\mathrm{T}}\boldsymbol{X}_{(n)}-\boldsymbol{X}_{(n)}^{\mathrm{T}}\boldsymbol{U}^{(n)}\boldsymbol{B}_{(n)}-\boldsymbol{B}_{(n)}^{\mathrm{T}}\boldsymbol{U}^{(n)\mathrm{T}}\boldsymbol{X}_{(n)}+\boldsymbol{B}_{(n)}^{\mathrm{T}}\boldsymbol{U}^{(n)\mathrm{T}}\boldsymbol{U}^{(n)}\boldsymbol{B}_{(n)}\right]\\&=\frac{1}{2}\mathrm{Tr}\left[\boldsymbol{X}_{(n)}^{\mathrm{T}}\boldsymbol{X}_{(n)}-2\boldsymbol{U}^{(n)\mathrm{T}}\boldsymbol{X}_{(n)}\boldsymbol{B}_{(n)}^{\mathrm{T}}+\boldsymbol{U}^{(n)\mathrm{T}}\boldsymbol{U}^{(n)}\boldsymbol{B}_{(n)}\boldsymbol{B}_{(n)}^{\mathrm{T}}\right]\end{aligned}\tag{2.4.17}$$

从而有

$$\frac{\partial J}{\partial\boldsymbol{U}^{(n)}}=-\boldsymbol{X}_{(n)}\boldsymbol{B}_{(n)}^{\mathrm{T}}+\boldsymbol{U}^{(n)}\boldsymbol{B}_{(n)}\boldsymbol{B}_{(n)}^{\mathrm{T}}=-(\boldsymbol{X}_{(n)}-\boldsymbol{U}^{(n)}\boldsymbol{B}_{(n)})\boldsymbol{B}_{(n)}^{\mathrm{T}}=-\boldsymbol{\varepsilon}_{(n)}\boldsymbol{B}_{(n)}^{\mathrm{T}}\tag{2.4.18}$$

$$U_{ij}^{(n)} \Leftarrow U^{(n)} + \alpha \varepsilon_{(n)} B_{(n)}^{\mathrm{T}} = U_{ij}^{(n)} \frac{\left(X_{(n)} B_{(n)}^{\mathrm{T}}\right)_{ij}}{\left(U^{(n)} B_{(n)} B_{(n)}^{\mathrm{T}}\right)_{ij}} \tag{2.4.19}$$

设 $C^{(n)} = U^{(N)} \otimes U^{(N-1)} \otimes \cdots \otimes U^{(1)}$, 则

$$\begin{aligned} J &= \frac{1}{2}\left\|\mathcal{X} - \mathcal{G} \times_1 U^{(1)} \times_2 U^{(2)} \times_3 \cdots \times_N U^{(N)}\right\|^2 = \frac{1}{2}\left\|X_{(n)} - G_{(n)} C^{(n)}\right\|^2 \\ &= \frac{1}{2}\mathrm{Tr}\left[(X_{(n)} - G_{(n)} C^{(n)})^{\mathrm{T}}(X_{(n)} - G_{(n)} C^{(n)})\right] \\ &= \frac{1}{2}\mathrm{Tr}\left[X_{(n)}^{\mathrm{T}} X_{(n)} - X_{(n)}^{\mathrm{T}} G_{(n)} C^{(n)} - C^{(n)\mathrm{T}} G_{(n)}^{\mathrm{T}} X_{(n)} + C^{(n)\mathrm{T}} G_{(n)}^{\mathrm{T}} G_{(n)} C^{(n)}\right] \\ &= \frac{1}{2}\mathrm{Tr}\left[X_{(n)}^{\mathrm{T}} X_{(n)} - 2G_{(n)}^{\mathrm{T}} X_{(n)} C^{(n)\mathrm{T}} + G_{(n)}^{\mathrm{T}} G_{(n)} C^{(n)} C^{(n)\mathrm{T}}\right] \end{aligned} \tag{2.4.20}$$

$$\begin{aligned} \frac{\partial J}{\partial G_{(n)}} &= -X_{(n)} C^{(n)\mathrm{T}} + G_{(n)} C^{(n)} C^{(n)\mathrm{T}} \\ &= -(X_{(n)} - G_{(n)} C^{(n)}) C^{(n)\mathrm{T}} = -\varepsilon_{(n)} C^{(n)\mathrm{T}} \end{aligned} \tag{2.4.21}$$

$$\left(G_{(n)}\right)_{ij} \Leftarrow G_{(n)} + \alpha \varepsilon_{(n)} C^{(n)\mathrm{T}} = \left(G_{(n)}\right)_{ij} \frac{\left(X_{(n)} C^{(n)\mathrm{T}}\right)_{ij}}{\left(G_{(n)} C^{(n)} C^{(n)\mathrm{T}}\right)_{ij}} \tag{2.4.22}$$

3. 高阶正交迭代算法

设张量 $\mathcal{X} \in \Re^{I_1 \times I_2 \times \cdots \times I_N}$, Tucker 分解求解的优化问题是

$$\begin{aligned} &\min_{\mathcal{G}, A^{(1)}, \cdots, A^{(N)}} \left\|\mathcal{X} - [\![\mathcal{G}; A^{(1)}, A^{(2)}, \cdots, A^{(N)}]\!]\right\|^2 \\ =& \min_{\mathcal{G}, A^{(1)}, \cdots, A^{(N)}} \left\|\mathcal{X} - \mathcal{G} \times_1 A^{(1)} \times_2 A^{(2)} \cdots \times_N A^{(N)}\right\|^2 \\ &\text{s.t. } \mathcal{G} \in \Re^{R_1 \times R_2 \times \cdots \times R_N},\ A^{(n)} \in \Re^{I_n \times R_n}\ \text{且列正交}, n = 1, \cdots, N \end{aligned} \tag{2.4.23}$$

对于任意给定的矩阵 $A^{(1)}, A^{(2)}, \cdots, A^{(N)}$, $\mathcal{G} = \mathcal{X} \times_1 \left(A^{(1)}\right)^{\mathrm{T}} \times_2 \left(A^{(2)}\right)^{\mathrm{T}} \times_3 \cdots \times_N \left(A^{(N)}\right)^{\mathrm{T}}$ 能使优化 $\left\|\mathcal{X} - \mathcal{G} \times_1 A^{(1)} \times_2 A^{(2)} \times_3 \cdots \times_N A^{(N)}\right\|^2$ 问题最小化. 同时, 对于 N 阶张量 $\mathcal{A} \in \Re^{I_1 \times I_2 \times_3 \cdots \times I_N}$, 成本函数 $\left\|\mathcal{X} - \mathcal{G} \times_1 A^{(1)} \times_2 A^{(2)} \times_3 \cdots \times_N A^{(N)}\right\|^2$ 的最小化等价于有正交列的 $U^{(1)}, U^{(2)}, \cdots, U^{(N)}$ 上函数

$$\mathcal{G}\left(U^{(1)}, U^{(2)}, \cdots, U^{(N)}\right) = \left\|\mathcal{A} \times_1 U^{(1)^{\mathrm{T}}} \times_2 U^{(2)^{\mathrm{T}}} \times_3 \cdots \times_N U^{(N)^{\mathrm{T}}}\right\|^2$$

的最大化.

设矩阵 $U^{(1)}, \cdots, U^{(n-1)}, U^{(n+1)}, \cdots, U^{(N)}$ 固定, $\mathcal{G}$ 是未知矩阵 $U^{(n)}$ 的二次

表达. 由于列正交, 有 $\mathcal{G} = \left\|\widetilde{\mathcal{U}}^{(n)} \times_n \boldsymbol{U}^{(n)^{\mathrm{T}}}\right\|^2$, 其中

$$\widetilde{\mathcal{U}}^{(n)} \stackrel{\text{def}}{=\!=} \mathcal{A} \times_1 U^{(1)^{\mathrm{T}}} \times_2 \cdots \times_{n-1} \boldsymbol{U}^{(n-1)^{\mathrm{T}}} \times_{n+1} \boldsymbol{U}^{(n+1)^{\mathrm{T}}} \times_{n+2} \cdots \times_N \boldsymbol{U}^{(N)^{\mathrm{T}}},$$

$\boldsymbol{U}^{(n)}$ 的列可以看作是 $\widetilde{\mathcal{U}}^{(n)}$ 的 n-模空间的支配子空间的正交基. 因此, $\boldsymbol{U}^{(n)}$ 可以通过 $\widetilde{\mathcal{U}}^{(n)}$ 找到.

基于交替最小二乘法 (alternating least squares, ALS) 计算 N 阶张量 $\mathcal{X} \in \Re^{I_1 \times I_2 \times \cdots \times I_N}$ 的 Tucker 分解的高阶正交迭代 (higher-order orthogonal iteration, HOOI) 算法描述如算法 2.4.1 所示, 算法中高阶奇异值分解 (high order singular value decomposition, HOSVD) 的基本思想是找出那些最能捕捉模-n 变化的组件, 与其他模无关, HOSVD 算法伪代码如算法 2.4.2 所示.

算法 2.4.1 HOOI 算法

输入: $\mathcal{X}, R_1, R_2, \cdots, R_N$

输出: $\mathcal{G}, \boldsymbol{A}^{(1)}, \boldsymbol{A}^{(2)}, \cdots, \boldsymbol{A}^{(N)}$

1. 对于所有的 $n = 1, 2, \cdots, N$, 使用 HOSVD 初始化 $\boldsymbol{A}^{(n)} \in \Re^{I_n \times R}$
2. **repeat**
3.   **for** $n = 1, 2, \cdots, N$ **do**
4. $\mathcal{Y} \leftarrow \mathcal{X} \times_1 \left(\boldsymbol{A}^{(1)}\right)^{\mathrm{T}} \times_2 \cdots \times_{n-1} \left(\boldsymbol{A}^{(n-1)}\right)^{\mathrm{T}} \times_{n+1} \left(\boldsymbol{A}^{(n+1)}\right)^{\mathrm{T}} \times_{n+2} \cdots \times_N \left(\boldsymbol{A}^{(N)}\right)^{\mathrm{T}}$
5. $\boldsymbol{A}^{(n)} \leftarrow \boldsymbol{Y}_{(n)}$ 的 R_n 个左奇异向量
6.   **end for**
7. **until** 拟合误差不再改进或已达到最大迭代次数
8. $\mathcal{G} \leftarrow \mathcal{X} \times_1 \left(\boldsymbol{A}^{(1)}\right)^{\mathrm{T}} \times_2 \left(\boldsymbol{A}^{(2)}\right)^{\mathrm{T}} \times_3 \cdots \times_N \left(\boldsymbol{A}^{(N)}\right)^{\mathrm{T}}$
9. **return** $\mathcal{G}, \boldsymbol{A}^{(1)}, \boldsymbol{A}^{(2)}, \cdots, \boldsymbol{A}^{(N)}$

算法 2.4.2 HOSVD 算法

输入: $(\mathcal{X}, R_1, R_2, \cdots, R_N)$

输出:: $\mathcal{G}, \boldsymbol{A}^{(1)}, \boldsymbol{A}^{(2)}, \cdots, \boldsymbol{A}^{(N)}$

1. **for** $n = 1, \cdots, N$ **do**
2. $\boldsymbol{A}^{(n)} \leftarrow \boldsymbol{X}_{(n)}$ 的 R_n 个左奇异向量
3. **end for**
4. $\mathcal{G} \leftarrow \mathcal{X} \times_1 \boldsymbol{A}^{(1)\mathrm{T}} \times_2 \boldsymbol{A}^{(2)\mathrm{T}} \times_3 \cdots \times_N \boldsymbol{A}^{(N)\mathrm{T}}$
5. **return** $\mathcal{G}, \boldsymbol{A}^{(1)}, \boldsymbol{A}^{(2)}, \cdots, \boldsymbol{A}^{(N)}$

例 2.4.1 $\mathcal{X} \in \Re^{3\times2\times2}$, $\boldsymbol{X}_{(1)} = \begin{bmatrix} 0 & -1 & 1 & 4 \\ 2 & -2 & 3 & -5 \\ 4 & 3 & 5 & -6 \end{bmatrix}$, $\boldsymbol{X}_{(2)} = \begin{bmatrix} 0 & 2 & 4 & 1 & 3 & 5 \\ -1 & -2 & 3 & 4 & -5 & -6 \end{bmatrix}$, $\boldsymbol{X}_{(3)} = \begin{bmatrix} 0 & 2 & 4 & -1 & -2 & 3 \\ 1 & 3 & 5 & 4 & -5 & -6 \end{bmatrix}$.

$\boldsymbol{X}_{(1)}, \boldsymbol{X}_{(2)}, \boldsymbol{X}_{(3)}$ 的左奇异矩阵为 $\boldsymbol{U}^{(1)} = \begin{bmatrix} -0.25 & -0.50 & 0.83 \\ 0.52 & 0.65 & 0.558 \\ 0.82 & -0.57 & -0.10 \end{bmatrix}$, $\boldsymbol{U}^{(2)} = \begin{bmatrix} 0.17 & 0.99 \\ 0.99 & -0.17 \end{bmatrix}$, $\boldsymbol{U}^{(3)} = \begin{bmatrix} 0.51 & 0.86 \\ -0.86 & 0.51 \end{bmatrix}$. 奇异值分别为 (a) 11.08, 3.55, 3.28; (b) 10.70, 5.62; (c) 10.52, 5.95, 0. $\mathcal{X}$ 的最优秩-$(2,2,1)$ 近似分解 $\mathcal{G} \times_1 \boldsymbol{A}^{(1)} \times_2 \boldsymbol{A}^{(2)} \times_3 \boldsymbol{A}^{(3)}$ 中, $\boldsymbol{G}_{(1)} = \begin{bmatrix} 10.15 & 0.00 \\ 0.00 & 2.76 \end{bmatrix}$, $\boldsymbol{A}^{(1)} = \begin{bmatrix} -0.28 & -0.41 \\ 0.60 & -0.78 \\ 0.75 & 0.47 \end{bmatrix}$, $\boldsymbol{A}^{(2)} = \begin{bmatrix} 0.10 & -0.10 \\ 0.10 & 0.10 \end{bmatrix}$, $\boldsymbol{A}^{(3)} = \begin{bmatrix} 0.51 \\ -0.86 \end{bmatrix}$. 该近似的 Frobenius 范数等于 10.52.

4. *动态增量更新算法*

HOOI 是一种静态算法, 不考虑数据增量的情况. 当增加新数据时, 需要使用 HOOI 算法对原有数据和新增数据的整体重新分解. 动态增量更新的张量分解算法不需要对原始张量重新计算, 只是用到原始张量分解的结果和新加入数据构成的新张量, 对原始分解结果进行动态更新, 从而提高分解效率. 动态增量更新的张量分解算法基于矩阵增量 SVD 分解完成, 所以本节首先介绍增量 SVD 分解, 然后再介绍动态增量更新的张量分解算法.

1) 增量 SVD 分解

假设有矩阵 $\boldsymbol{A} \in \Re^{I_1\times I_2}$, SVD 分解的结果为 $\mathrm{SVD}(\boldsymbol{A}) = \boldsymbol{U}_t\boldsymbol{\Sigma}_t\boldsymbol{V}_t^{\mathrm{T}}$. 矩阵 $\boldsymbol{F} \in \Re^{I_1\times I_2'}$, 对矩阵 $\boldsymbol{A}$ 和 $\boldsymbol{F}$ 合并后的矩阵 $\boldsymbol{A}^*$ 进行增量更新, 记 $\boldsymbol{A}^* = [\boldsymbol{A}|\boldsymbol{F}], \boldsymbol{A}^* \in \Re^{I_1\times(I_2+I_2')}$. 根据 SVD 分解的性质可知 $\boldsymbol{U}_t$ 和 $\boldsymbol{V}_t$ 为正交矩阵, 因此可根据公式 (2.4.24) 求出 $\boldsymbol{\Sigma}_t$

$$\boldsymbol{\Sigma}_t = \boldsymbol{U}_t^{\mathrm{T}}\boldsymbol{U}_t\boldsymbol{\Sigma}_t\boldsymbol{V}_t^{\mathrm{T}}\boldsymbol{V}_t \tag{2.4.24}$$

对 $\boldsymbol{A}^*$ 进行如下计算

$$\boldsymbol{U}_t^{\mathrm{T}}\boldsymbol{A}^*\begin{bmatrix} \boldsymbol{V}_t & 0 \\ 0 & \boldsymbol{I}_f \end{bmatrix} = [\boldsymbol{\Sigma}_t|\boldsymbol{U}_t^{\mathrm{T}}\boldsymbol{F}] \tag{2.4.25}$$

其中 $\boldsymbol{I}_f$ 为 $I_2' \times I_2'$ 的单位矩阵.

令 $\boldsymbol{Y} = [\boldsymbol{\Sigma}_t|\boldsymbol{U}_t^{\mathrm{T}}\boldsymbol{F}]$, 对 $\boldsymbol{Y}$ 进行 SVD 分解. 因为矩阵 $\boldsymbol{Y}$ 的大小为 $R_1\times(R_2+I_2')$, 远小于 $I_1 \times (I_2+I_2')$, 所以对 $\boldsymbol{Y}$ 进行 SVD 分解的时间花费很小. 假设 $\boldsymbol{Y} = \boldsymbol{U_Y}\boldsymbol{\Sigma_Y}\boldsymbol{V_Y}^{\mathrm{T}}$, 则

$$\begin{aligned}\boldsymbol{A}^* &= \boldsymbol{U}_t\boldsymbol{U}_t^{\mathrm{T}}\boldsymbol{A}^*\begin{bmatrix}\boldsymbol{V}_t & 0\\ 0 & \boldsymbol{I}_f\end{bmatrix}\begin{bmatrix}\boldsymbol{V}_t & 0\\ 0 & \boldsymbol{I}_f\end{bmatrix}^{\mathrm{T}} = \boldsymbol{U}_t[\boldsymbol{\Sigma}_t|\boldsymbol{U}_t^{\mathrm{T}}\boldsymbol{F}]\begin{bmatrix}\boldsymbol{V}_t & 0\\ 0 & \boldsymbol{I}_f\end{bmatrix}^{\mathrm{T}}\\ &= \boldsymbol{U}_t\boldsymbol{Y}\begin{bmatrix}\boldsymbol{V}_t & 0\\ 0 & \boldsymbol{I}_f\end{bmatrix}^{\mathrm{T}} = \boldsymbol{U}_t\boldsymbol{U_Y}\boldsymbol{\Sigma_Y}\boldsymbol{V_Y}^{\mathrm{T}}\begin{bmatrix}\boldsymbol{V}_t & 0\\ 0 & \boldsymbol{I}_f\end{bmatrix}^{\mathrm{T}}\end{aligned} \tag{2.4.26}$$

因为 $\mathrm{SVD}(\boldsymbol{A}^*) = \boldsymbol{U}_{t+1}\boldsymbol{\Sigma}_{t+1}\boldsymbol{V}_{t+1}^{\mathrm{T}}$, 根据公式 (2.4.26) 可得

$$\boldsymbol{U}_{t+1} = \boldsymbol{U}_t\boldsymbol{U_Y}, \quad \boldsymbol{\Sigma}_{t+1} = \boldsymbol{\Sigma_Y}, \quad \boldsymbol{V}_{t+1}^{\mathrm{T}} = \boldsymbol{V_Y}^{\mathrm{T}}\begin{bmatrix}\boldsymbol{V}_t & 0\\ 0 & \boldsymbol{I}_f\end{bmatrix}^{\mathrm{T}} \tag{2.4.27}$$

增量 SVD 算法的主要资源消耗是对矩阵 $\boldsymbol{Y}$ 的 SVD 运算, 计算 $\boldsymbol{U}_{t+1}$ 和 $\boldsymbol{V}_{t+1}^{\mathrm{T}}$. 对 $\boldsymbol{Y}$ 进行 SVD 分解的时间复杂度为 $O(R_1^2(R_2+I_2'))$; 计算 $\boldsymbol{U}_{t+1}$ 的时间复杂度为 $O(I_1R_1^2)$; 对于 $\boldsymbol{V}_{t+1}^{\mathrm{T}}$ 进行分块计算, 时间复杂度为 $O(I_2R_1^2)$, 所以总时间复杂度为 $O(R_1^2(R_2+I_1+I_2+I_2'))$.

2) 动态增量张量分解

本节将增量 SVD 分解算法 (IncSVD) 的思想拓展到高阶张量.

以四阶张量为例, 假设原张量 $\mathcal{X}\in\Re^{I_1\times I_2\times I_3\times I_4}$, 增量的张量为 $\mathcal{F}\in\Re^{I_1\times I_2\times I_3\times I_4'}$, 两者在模-4 合并后组成的新张量记为 $\mathcal{X}^*\in\Re^{I_1\times I_2\times I_3\times I_4^*}$, 其中 $I_4^* = I_4+I_4'$. 假设 $I_1 = I_2 = I_3 = I_4 = 2$, $I_4' = 1$, 那么 $I_4^* = 3$. 图 2.4.2 为张量 $\mathcal{X}^*$ 的展开矩阵, 为了便于理解, 将图的左半部分四阶张量 $\mathcal{X}^*$ 表示为 I_1 个三阶张量 $\mathcal{X}'\in\Re^{I_2\times I_3\times I_4^*}$, 假设图中深灰色部分表示新加入的部分. 图的右半部分是对张量 $\mathcal{X}^*$ 按照模-1、模-2、模-3 和模-4 展开得到的矩阵, 其中, $\boldsymbol{X}_{(1)}^*$ 为 $I_1\times(I_2\times I_3\times I_4^*)$ 的矩阵, $\boldsymbol{X}_{(2)}^*$ 为 $I_2\times(I_3\times I_4^*\times I_1)$ 的矩阵, $\boldsymbol{X}_{(3)}^*$ 为 $I_3\times(I_4^*\times I_1\times I_2)$ 的矩阵, $\boldsymbol{X}_{(4)}^*$ 为 $I_4^*\times(I_1\times I_2\times I_3)$ 的矩阵. 从图中可以看到, 新加入的张量经过矩阵展开, 结果矩阵 $\boldsymbol{X}_{(1)}, \boldsymbol{X}_{(2)}, \boldsymbol{X}_{(3)}$ 的列数会增加, 矩阵 $\boldsymbol{X}_{(4)}$ 的行数会增加.

从图 2.4.2 可观察到, 对于新张量 $\mathcal{X}^*$ 的模-1 的矩阵展开得到 $\boldsymbol{X}_{(1)}^* = [\boldsymbol{X}_{(1)}|\boldsymbol{F}_{(1)}]$; 而模-2 和模-3 的展开矩阵由 $[\boldsymbol{X}_{(2)}|\boldsymbol{F}_{(2)}]$ 和 $[\boldsymbol{X}_{(3)}|\boldsymbol{F}_{(3)}]$ 进行相应的列变换得到, 记为 $\boldsymbol{X}_{(n)}^* = [\boldsymbol{X}_{(n)}|\boldsymbol{F}_{(n)}]\boldsymbol{P}_n, n\in\{2,3\}$; 对于模-4 的展开矩阵为 $\boldsymbol{X}_{(4)}^* = \left[\dfrac{\boldsymbol{X}_{(4)}}{\boldsymbol{F}_{(4)}}\right] = [\boldsymbol{X}_{(4)}|\boldsymbol{F}_{(4)}]^{\mathrm{T}}$.

引入单位矩阵 $\boldsymbol{G} = [\boldsymbol{E}_n|\boldsymbol{Q}_n]$ $(1\leqslant n\leqslant I_1I_1\cdots I_{n-1})$, $\boldsymbol{E}_n$ 和 $\boldsymbol{Q}_n$ 将 $\boldsymbol{G}$ 分为 $2I_1I_1\cdots I_{n-1}$ 个列向量, 其中, $\boldsymbol{E}_n\in\Re^{(I_1\cdots I_{n-1}I_{n+1}\cdots I_N^*)\times(I_{n+1}\cdots I_N)}$, $\boldsymbol{Q}_n\in\Re^{(I_1\cdots I_{n-1}I_{n+1}\cdots I_N^*)\times(I_{n+1}\cdots I_N')}$, 那么 $\boldsymbol{P}_n$ 可以表示为

$$\boldsymbol{P}_n = [\boldsymbol{E}_1 | \boldsymbol{E}_2 | \cdots | \boldsymbol{E}_{I_1 I_2 \cdots I_{n-1}} | \boldsymbol{Q}_1 | \boldsymbol{Q}_2 | \cdots | \boldsymbol{Q}_{I_1 I_2 \cdots I_{n-1}}]^{\mathrm{T}} \tag{2.4.28}$$

对于图 2.4.2 的四阶张量 $\mathcal{X}^*$

$$\boldsymbol{P}_2 = [\boldsymbol{E}_1 | \boldsymbol{E}_2 | \cdots | \boldsymbol{E}_{I_1} | \boldsymbol{Q}_1 | \boldsymbol{Q}_2 | \cdots | \boldsymbol{Q}_{I_1}]^{\mathrm{T}},$$
$$\boldsymbol{E}_n \in \Re^{(I_1 I_3 I_4^*) \times (I_3 I_4)}, \quad \boldsymbol{Q}_n \in \Re^{(I_1 I_3 I_4^*) \times (I_3 I_4')}$$

$$\boldsymbol{P}_3 = [\boldsymbol{E}_1 | \boldsymbol{E}_2 | \cdots | \boldsymbol{E}_{I_1 \times I_2} | \boldsymbol{Q}_1 | \boldsymbol{Q}_2 | \cdots | \boldsymbol{Q}_{I_1 \times I_2}]^{\mathrm{T}} \tag{2.4.29}$$
$$\boldsymbol{E}_n \in \Re^{(I_1 I_2 I_4^*) \times (I_4)}, \quad \boldsymbol{Q}_n \in \Re^{(I_1 I_2 I_4^*) \times (I_4')}$$

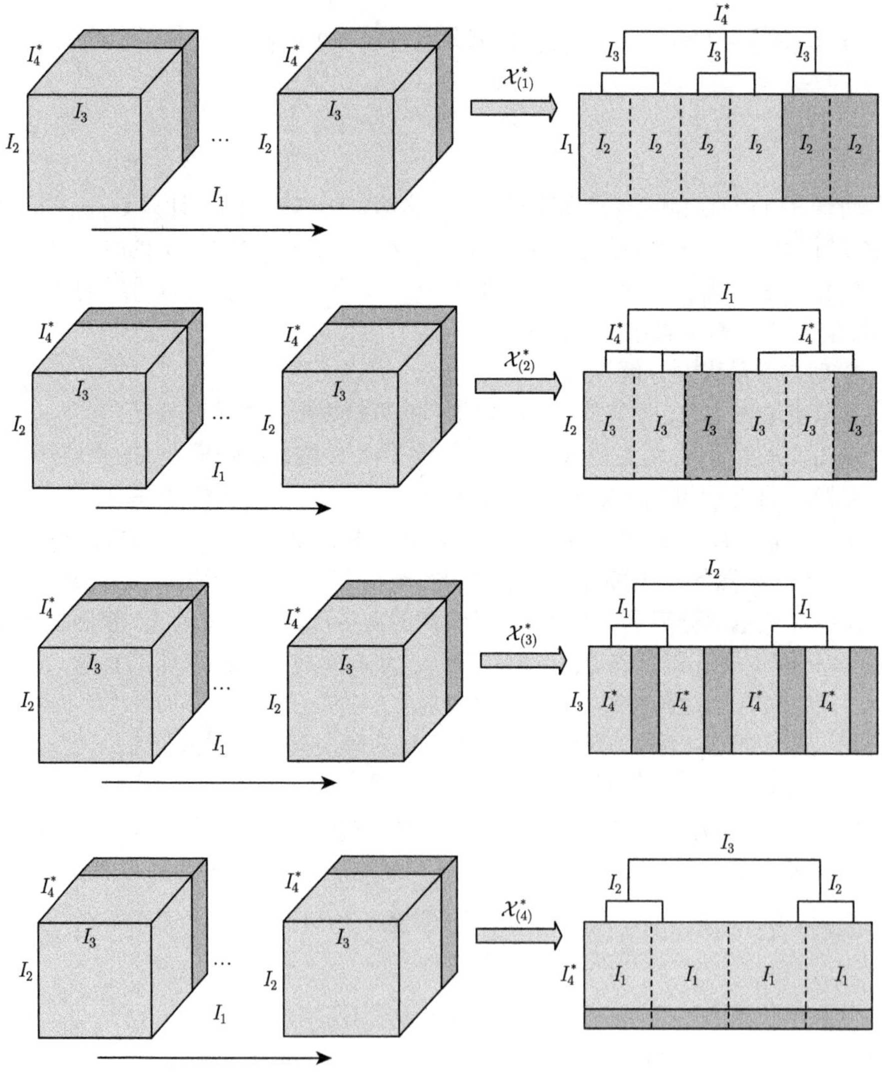

图 2.4.2　四阶张量展开矩阵

基于四阶张量的更新过程, 增量张量分解算法的伪代码如算法 2.4.3 所示.

算法 2.4.3 IncTrustTensor 算法

输入: 张量 $\mathcal{X}$ 的特征矩阵 $\boldsymbol{U}_t^{(n)}, \boldsymbol{\Sigma}_t^{(n)}, \boldsymbol{V}_t^{(n)}$ $(1 \leqslant n \leqslant N)$, 新张量 $\mathcal{F}$

输出: 特征矩阵 $\boldsymbol{U}_{t+1}^{(n)}$, $\boldsymbol{\Sigma}_{t+1}^{(n)}$, $\boldsymbol{V}_{t+1}^{(n)}$

1. 初始化 $\boldsymbol{X}_{(1)}^* = [\boldsymbol{X}_{(1)}|\boldsymbol{F}_{(1)}]$
2. $(\boldsymbol{U}_{t+1}^{(1)}, \boldsymbol{\Sigma}_{t+1}^{(1)}, \boldsymbol{V}_{t+1}^{(1)}) = \text{IncSVD}\left(\boldsymbol{U}_t^{(1)}, \boldsymbol{\Sigma}_t^{(1)}, \boldsymbol{V}_t^{(1)}, \boldsymbol{F}_{(1)}\right)$
3. **for each** $n \in [2, N-1]$ **do**
4. $\quad \boldsymbol{X}_{(n)}^* = [\boldsymbol{X}_{(n)}|\boldsymbol{F}_{(n)}]\boldsymbol{P}_n$
5. $\quad (\boldsymbol{U}_{t+1}^{(n)}, \boldsymbol{\Sigma}_{t+1}^{(n)}, \boldsymbol{V}_{t+1}^{(n)}) = \text{IncSVD}\left(\boldsymbol{U}_t^{(n)}, \boldsymbol{\Sigma}_t^{(n)}, \boldsymbol{V}_t^{(n)}, \boldsymbol{F}_{(n)}\right)$
6. $\quad \boldsymbol{V}_{t+1}^{(n)} = \boldsymbol{P}_n^{\mathrm{T}} \boldsymbol{V}_{t+1}^{(n)}$
7. **end for**
8. $\boldsymbol{X}_{(N)}^* = [\boldsymbol{X}_{(N)}|\boldsymbol{F}_{(N)}]$
9. $(\boldsymbol{U}, \boldsymbol{\Sigma}, \boldsymbol{V}) = \text{IncSVD}(\boldsymbol{U}_t^{(N)}, \boldsymbol{\Sigma}_t^{(N)}, \boldsymbol{V}_t^{(N)}, \boldsymbol{F}_{(N)})$
10. $\boldsymbol{U}_{t+1}^{(N)} = \boldsymbol{V}$, $\boldsymbol{\Sigma}_{t+1}^{(N)} = \boldsymbol{\Sigma}$, $\boldsymbol{V}_{t+1}^{(N)} = \boldsymbol{U}$
11. **return** $\boldsymbol{U}_{t+1}^{(N)}$, $\boldsymbol{\Sigma}_{t+1}^{(N)}$, $\boldsymbol{V}_{t+1}^{(N)}$

在 IncTrustTensor 算法中, 主要的资源消耗是计算 SVD 的时间, $\boldsymbol{Y} = [\boldsymbol{\Sigma}_t|\boldsymbol{U}_t^{\mathrm{T}}\boldsymbol{F}]$ 的大小为 $R_n \times (R_n + I_1 I_2 \cdots I_{n-1} I_{n+1} \cdots I_N')$. 所以, 对 $\boldsymbol{Y}$ 进行 SVD 计算的时间为 $O(R_n^2 \times (R_n + I_1 I_2 \cdots I_{n-1} I_{n+1} \cdots I_N'))$. 其中, I_N' 为新增加张量的最后一个维度的大小 (张量增加的维度记为张量的最后一个维度), R_n 为张量分解后第 n 维度上的特征值数量. 所以, 算法总体的时间复杂度为 $O(N \times R_n^2 \times (R_n + I_1 I_2 \cdots I_{n-1} I_{n+1} \cdots I_N'))$. 可见, 算法的复杂度与新增张量的大小息息相关, 在实际中, 新增的样本规模往往要远小于已存在的样本规模, 所以增量计算的复杂度要小于重新计算的复杂度.

2.5 CP 分解与 Tucker 分解的比较

CP 分解 $\left(\mathcal{X} \approx \sum_{r=1}^{R} \boldsymbol{a}_r \circ \boldsymbol{b}_r \circ \boldsymbol{c}_r = \sum_{r=1}^{R} a_{ir} b_{jr} c_{kr}\right)$ 是把一个张量分解成若干个秩-1 张量的和, Tucker 分解 $\left(\mathcal{X} \approx \mathcal{G} \times_1 \boldsymbol{A} \times_2 \boldsymbol{B} \times_3 \boldsymbol{C} = \sum_{p=1}^{P} \sum_{q=1}^{Q} \sum_{r=1}^{R} g_{pqr} \boldsymbol{a}_p \circ \boldsymbol{b}_q \circ \boldsymbol{c}_r\right)$ 有一个核 (心) 张量, 体现原张量的大部分性质, 但 CP 没有. 如果核心张量 $\mathcal{G}$ 是对角的 (仅当 $i_1 = i_2 = \cdots = i_N$ 时, $x_{i_1 i_2 \cdots i_N} \neq 0$), 且 $P = Q = R$, 则 Tucker 分解就退化成了 CP 分解. 因此, CP 分解是 Tucker 分解的一种特殊形式, 如图 2.5.1 所示.

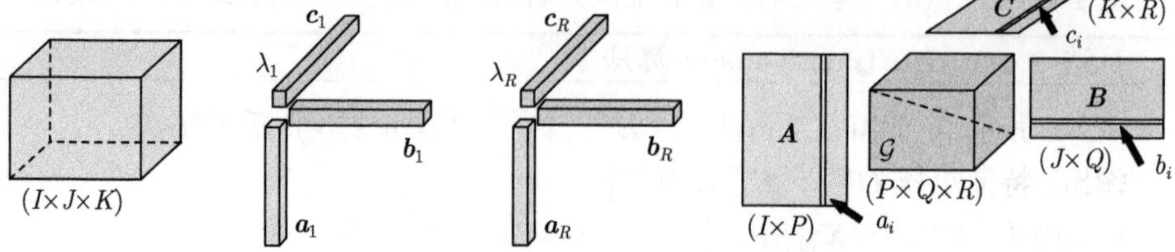

图 2.5.1 CP 分解与 Tucker 分解的关系

也有研究者组合 CP 分解和 Tucker 分解, 将张量表示为低级 Tucker 张量的和. 比如, 对于三阶张量 $\mathcal{X} \in \Re^{I\times J\times K}$, 有

$$\mathcal{X} \approx \sum [\![\mathcal{G}_r; \boldsymbol{A}_r, \boldsymbol{B}_r, \boldsymbol{C}_r]\!] \tag{2.5.1}$$

其中 $\mathcal{G}_r$ 的大小为 $M_r \times N_r \times P_r$, $\boldsymbol{A}_r$ 大小为 $I \times M_r$, $\boldsymbol{B}_r$ 大小为 $J \times N_r$, $\boldsymbol{C}_r$ 大小为 $K \times P_r$, $r = 1, 2, \cdots, R$. 图 2.5.2 显示了一个示例.

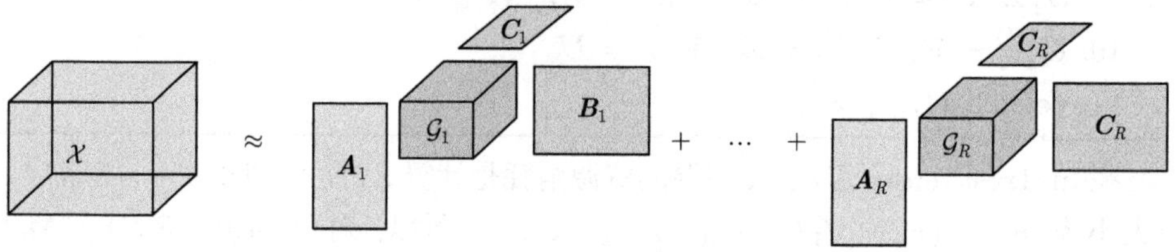

图 2.5.2 一个三阶张量的块分解

2.6 非负张量分解

与非负矩阵分解类似, 对张量分解也可以施加非负约束来分析非负数据. 非负张量分解 (nonnegative tensor factorization, NTF) 能够用于计算高维数据的基于组件的表示, 擅长于揭示数据集中的潜在结构, 并发现数据的良好低秩近似.

2.6.1 非负 CP 分解

给定一个三阶张量 $\mathcal{X} \approx [\![\boldsymbol{A}, \boldsymbol{B}, \boldsymbol{C}]\!] = \sum\limits_{r=1}^{R} \boldsymbol{A}(:, r) \circ \boldsymbol{B}(:, r) \circ \boldsymbol{C}(:, r) = \sum\limits_{r=1}^{R} \boldsymbol{a}_r \circ \boldsymbol{b}_r \circ \boldsymbol{c}_r \in \Re^{I\times J\times K}$, 非负 CP 分解的目标是 $\min\limits_{\boldsymbol{A},\boldsymbol{B},\boldsymbol{C}} \frac{1}{2} \|\boldsymbol{\mathcal{X}} - [\boldsymbol{A}, \boldsymbol{B}, \boldsymbol{C}]\|_{\mathrm{F}}^2$ s.t. $\boldsymbol{A}, \boldsymbol{B}, \boldsymbol{C} \geqslant 0$.

由于 $\boldsymbol{X}_{(1)} \approx \boldsymbol{A}(\boldsymbol{C} \odot \boldsymbol{B})^{\mathrm{T}}$, 因此目标函数可以写为 $J = \frac{1}{2} \|\boldsymbol{X}_{(1)} - \boldsymbol{A}(\boldsymbol{C} \odot \boldsymbol{B})^{\mathrm{T}}\|_{\mathrm{F}}^2$, 令 $\boldsymbol{Z} = (\boldsymbol{C} \odot \boldsymbol{B})$, 则 $J = \frac{1}{2} \|\boldsymbol{X}_{(1)} - \boldsymbol{A}(\boldsymbol{C} \odot \boldsymbol{B})^{\mathrm{T}}\|_{\mathrm{F}}^2 = \frac{1}{2} \mathrm{Tr}\left[\left(\boldsymbol{X}_{(1)} - \boldsymbol{A}\boldsymbol{Z}^{\mathrm{T}}\right)^{\mathrm{T}} \left(\boldsymbol{X}_{(1)} - \boldsymbol{A}\boldsymbol{Z}^{\mathrm{T}}\right)\right]$, 从而 $\frac{\partial J}{\partial \boldsymbol{A}} = -\boldsymbol{X}_{(1)}\boldsymbol{Z} + \boldsymbol{A}\boldsymbol{Z}^{\mathrm{T}}\boldsymbol{Z}$, 因子矩阵 $\boldsymbol{A}$ 的更新式为

$\boldsymbol{A}_{ij}=\boldsymbol{A}_{ij}\dfrac{(\boldsymbol{X}_{(1)}\boldsymbol{Z})_{ij}}{(\boldsymbol{A}\boldsymbol{Z}^{\mathrm{T}}\boldsymbol{Z})_{ij}}$. 同理可得 $\boldsymbol{B},\boldsymbol{C}$ 的更新式.

对于 N 阶张量 $\mathcal{X}\in\Re^{I_1\times I_2\times\cdots\times I_N}$, $\boldsymbol{X}_{(n)}\approx\boldsymbol{A}^{(n)}(\boldsymbol{A}^{(N)}\odot\cdots\odot\boldsymbol{A}^{(n+1)}\odot\boldsymbol{A}^{(n-1)}\odot\cdots\odot\boldsymbol{A}^{(1)})^{\mathrm{T}}$, 令 $\boldsymbol{A}_{\odot}^{n}=\boldsymbol{A}^{(N)}\odot\cdots\odot\boldsymbol{A}^{(n+1)}\odot\boldsymbol{A}^{(n-1)}\odot\cdots\odot\boldsymbol{A}^{(1)}$ $\left(\boldsymbol{A}_{\odot}^{n}\right.$ 的维度为 $\left.\prod\limits_{\substack{i=1\\i\neq n}}^{N}I_i\times J_n\right)$, 则 $\boldsymbol{A}^{(n)}$ 的更新式为 $\boldsymbol{A}_{ij}^{(n)}=\boldsymbol{A}_{ij}^{(n)}\dfrac{(\boldsymbol{X}_{(n)}\boldsymbol{A}_{\odot}^{n})_{ij}}{(\boldsymbol{A}^{(n)}(\boldsymbol{A}_{\odot}^{n})^{\mathrm{T}}\boldsymbol{A}_{\odot}^{n})_{ij}}$.

2.6.2 非负 Tucker 分解

给定 N 阶张量 $\mathcal{X}\in\Re^{I_1\times I_2\times\cdots\times I_N}$, $\mathcal{X}\geqslant 0$, 非负 Tucker 分解的目标是 $\min\limits_{\mathcal{G},\boldsymbol{A}^{(1)},\cdots,\boldsymbol{A}^{(N)}}\dfrac{1}{2}\left\|\mathcal{X}-\mathcal{G}\times_1\boldsymbol{A}^{(1)}\times_2\cdots\times_N\boldsymbol{A}^{(N)}\right\|_{\mathrm{F}}^{2}$ s.t. $\mathcal{G},\boldsymbol{A}^{(1)},\cdots,\boldsymbol{A}^{(N)}\geqslant 0$. 令 $\boldsymbol{A}_{\otimes}^{n}=\boldsymbol{A}^{(N)}\otimes\cdots\otimes\boldsymbol{A}^{(n+1)}\otimes\boldsymbol{A}^{(n-1)}\otimes\cdots\otimes\boldsymbol{A}^{(1)}$ $\left(\boldsymbol{A}_{\otimes}^{n}\right.$ 的维度为 $\left.\prod\limits_{\substack{i=1\\i\neq n}}^{N}I_i\times\prod\limits_{\substack{i=1\\i\neq n}}^{N}J_i\right)$, $\boldsymbol{A}_{\otimes}=\boldsymbol{A}^{(N)}\otimes\cdots\otimes\boldsymbol{A}^{(1)}$, 则 $\boldsymbol{X}_{(n)}=\boldsymbol{A}^{(n)}\boldsymbol{G}_{(n)}(\boldsymbol{A}_{\otimes}^{n})^{\mathrm{T}}$, 则目标函数可以写为

$$
\begin{aligned}
J&=\frac{1}{2}\left\|\mathcal{X}-\mathcal{G}\times_1\boldsymbol{A}^{(1)}\times_2\cdots\times_N\boldsymbol{A}^{(N)}\right\|_{\mathrm{F}}^{2}=\frac{1}{2}\left\|\boldsymbol{X}_{(n)}-\boldsymbol{A}^{(n)}\boldsymbol{G}_{(n)}(\boldsymbol{A}_{\otimes}^{n})^{\mathrm{T}}\right\|_{\mathrm{F}}^{2}\\
&=\frac{1}{2}\mathrm{Tr}\left[\left(\boldsymbol{X}_{(n)}-\boldsymbol{A}^{(n)}\boldsymbol{G}_{(n)}(\boldsymbol{A}_{\otimes}^{n})^{\mathrm{T}}\right)^{\mathrm{T}}\left(\boldsymbol{X}_{(n)}-\boldsymbol{A}^{(n)}\boldsymbol{G}_{(n)}(\boldsymbol{A}_{\otimes}^{n})^{\mathrm{T}}\right)\right]\\
&=\frac{1}{2}\mathrm{Tr}\left(\left(\boldsymbol{X}_{(n)}\right)^{\mathrm{T}}\boldsymbol{X}_{(n)}-2(\boldsymbol{A}^{(n)})^{\mathrm{T}}\boldsymbol{X}_{(n)}\boldsymbol{A}_{\otimes}^{n}\boldsymbol{G}_{(n)}^{\mathrm{T}}+(\boldsymbol{A}^{(n)})^{\mathrm{T}}\boldsymbol{A}^{(n)}\boldsymbol{G}_{(n)}(\boldsymbol{A}_{\otimes}^{n})^{\mathrm{T}}\boldsymbol{A}_{\otimes}^{n}\boldsymbol{G}_{(n)}^{\mathrm{T}}\right)
\end{aligned}
$$

其中 $\boldsymbol{A}_{\otimes}^{n}G_{(n)}^{\mathrm{T}}$ 的维度为 $\prod\limits_{\substack{i=1\\i\neq n}}^{N}I_i\times J_n$, 从而

$$
\begin{aligned}
\frac{\partial J}{\partial\boldsymbol{A}^{(n)}}&=-\boldsymbol{X}_{(n)}\boldsymbol{A}_{\otimes}^{n}\boldsymbol{G}_{(n)}^{\mathrm{T}}+\boldsymbol{A}^{(n)}\boldsymbol{G}_{(n)}(\boldsymbol{A}_{\otimes}^{n})^{\mathrm{T}}\boldsymbol{A}_{\otimes}^{n}\boldsymbol{G}_{(n)}^{\mathrm{T}}\\
&=\left(\boldsymbol{A}^{(n)}\boldsymbol{G}_{(n)}(\boldsymbol{A}_{\otimes}^{n})^{\mathrm{T}}-\boldsymbol{X}_{(n)}\right)\boldsymbol{A}_{\otimes}^{n}\boldsymbol{G}_{(n)}^{\mathrm{T}}=\boldsymbol{D}_{(n)}\boldsymbol{A}_{\otimes}^{n}\boldsymbol{G}_{(n)}^{\mathrm{T}}
\end{aligned}
$$

$$
\begin{aligned}
\frac{\partial J}{\partial\boldsymbol{G}_{(n)}}&=-(\boldsymbol{A}^{(n)})^{\mathrm{T}}\boldsymbol{X}_{(n)}\boldsymbol{A}_{\otimes}^{n}+(\boldsymbol{A}^{(n)})^{\mathrm{T}}\boldsymbol{A}^{(n)}\boldsymbol{G}_{(n)}(\boldsymbol{A}_{\otimes}^{n})^{\mathrm{T}}\boldsymbol{A}_{\otimes}^{n}\\
&=(\boldsymbol{A}^{(n)})^{\mathrm{T}}\left(\boldsymbol{A}^{(n)}\boldsymbol{G}_{(n)}(\boldsymbol{A}_{\otimes}^{n})^{\mathrm{T}}-\boldsymbol{X}_{(n)}\right)\boldsymbol{A}_{\otimes}^{n}=(\boldsymbol{A}^{(n)})^{\mathrm{T}}\boldsymbol{D}_{(n)}\boldsymbol{A}_{\otimes}^{n},
\end{aligned}
$$

即 $\dfrac{\partial J}{\partial\mathcal{G}}=\mathcal{D}\times_1\left(A^{(1)}\right)^{\mathrm{T}}\times_2\cdots\times_N\left(A^{(N)}\right)^{\mathrm{T}}$, 其中 $\mathcal{D}=\mathcal{G}\times_1\boldsymbol{A}^{(1)}\times_2\cdots\times_N\boldsymbol{A}^{(N)}-\mathcal{X}$, 因此, $\boldsymbol{A}^{(n)}$ 的更新式为

$$
\boldsymbol{A}_{ij}^{(n)}=\boldsymbol{A}_{ij}^{(n)}\frac{\left(\boldsymbol{X}_{(n)}\boldsymbol{A}_{\otimes}^{n}\boldsymbol{G}_{(n)}^{\mathrm{T}}\right)_{ij}}{\left(\boldsymbol{A}^{(n)}\boldsymbol{G}_{(n)}(\boldsymbol{A}_{\otimes}^{n})^{\mathrm{T}}\boldsymbol{A}_{\otimes}^{n}\boldsymbol{G}_{(n)}^{\mathrm{T}}\right)_{ij}}\tag{2.6.1}
$$

$\boldsymbol{G}_{(n)}$ 的更新式为

$$\left(\boldsymbol{G}_{(n)}\right)_{ij} = \left(\boldsymbol{G}_{(n)}\right)_{ij} \frac{\left((\boldsymbol{A}^{(n)})^{\mathrm{T}}\boldsymbol{X}_{(n)}\boldsymbol{A}_{\otimes}^{n}\right)_{ij}}{\left((\boldsymbol{A}^{(n)})^{\mathrm{T}}\boldsymbol{A}^{(n)}\boldsymbol{G}_{(n)}(\boldsymbol{A}_{\otimes}^{n})^{\mathrm{T}}\boldsymbol{A}_{\otimes}^{n}\right)_{ij}} \tag{2.6.2}$$

令 $\boldsymbol{Z}_{(n)} = \boldsymbol{G}_{(n)}(\boldsymbol{A}^{(N)} \otimes \cdots \otimes \boldsymbol{A}^{(n+1)} \otimes \boldsymbol{A}^{(n-1)} \otimes \cdots \otimes \boldsymbol{A}^{(1)})^{\mathrm{T}} = \boldsymbol{G}_{(n)}(\boldsymbol{A}_{\otimes}^{n})^{\mathrm{T}}$, $\boldsymbol{S}_{(n)} = \boldsymbol{A}^{(n)}\boldsymbol{Z}_{(n)}$, 则 $\boldsymbol{A}_{ij}^{(n)} = \boldsymbol{A}_{ij}^{(n)} \dfrac{\left(\boldsymbol{X}_{(n)}\boldsymbol{Z}_{(n)}^{\mathrm{T}}\right)_{ij}}{\left(\boldsymbol{S}_{(n)}\boldsymbol{Z}_{(n)}^{\mathrm{T}}\right)_{ij}}$.

令 $\mathcal{S} = \mathcal{G} \times_1 \boldsymbol{A}^{(1)} \times_2 \cdots \times_N \boldsymbol{A}^{(N)}$, $\mathcal{W} = \mathcal{X} \times_1 \left(\boldsymbol{A}^{(1)}\right)^{\mathrm{T}} \times_2 \cdots \times_N \left(\boldsymbol{A}^{(N)}\right)^{\mathrm{T}}$, $\mathcal{C} = \mathcal{S} \times_1 \left(\boldsymbol{A}^{(1)}\right)^{\mathrm{T}} \times_2 \cdots \times_N \left(\boldsymbol{A}^{(N)}\right)^{\mathrm{T}}$, 则 $\mathcal{G} = \mathcal{G} \cdot \left(\dfrac{\mathcal{W}}{\mathcal{C}}\right)^{\alpha}$.

求解 NTF 的基本 ALS 方法 NTF_ALS 算法描述如算法 2.6.1 所示.

算法 2.6.1　NTF_ALS 算法

输入: $\mathcal{X} \in \Re^{I_1 \times \cdots \times I_N}$

输出: $\mathcal{G}_* \in \Re^{J_1 \times \cdots \times J_N}$, $\boldsymbol{A}_*^{(n)} \in \Re^{I_n \times J_n}$, $n = 1, \cdots, N$

1. 初始化 $\boldsymbol{A}_0^{(1)}, \boldsymbol{A}_0^{(2)}, \cdots, \boldsymbol{A}_0^{(n)}, \mathcal{G}_0, k \leftarrow 0$
2. **repeat**
3. 　**for** $n = 1, \cdots, n$
4. 　　按公式 (2.6.1) 更新 $\boldsymbol{A}_{k+1}^{(n)}$
5. 　**end for**
6. 　按公式 (2.6.2) 更新 $\mathcal{G}_{k+1}$
7. 　$k = k + 1$
8. **until** 收敛
9. $\mathcal{G}_* \leftarrow\in \mathcal{G}_k, \boldsymbol{A}_*^{(n)} \leftarrow \boldsymbol{A}_k^{(n)}, n = 1, \cdots, N$

2.7　本 章 小 结

本章主要介绍了①张量分解的基础, 包括矩阵函数的微分及 Hadamard 积, Kronecker 积和 Khatri-Rao 积; ②张量的基本概念、张量的矩阵化和张量乘; ③张量的两种典型分解: CP 分解和 Tucker 分解, 并对两种分解进行了比较; ④张量分解的改进: 非负张量的 CP 分解和 Tucker 分解.

参考文献注释

文献 [1] 综述了张量分解的概念、类型、基本代数运算、分解算法及应用; 文

献 [2-3] 分析了两种典型的张量分解; 文献 [4-8] 研究了不完全数据的张量分解; 文献 [9-10] 研究了快速张量分解; 文献 [11-14] 讨论了非负张量的求解.

参 考 文 献

[1] Kolda T G, Bader B W. Tensor decompositions and applications. 2008, SIAM Review, DOI: 10.1137/07070111X.

[2] Tucker L R. Implications of factor analysis of three-way matrices for measurement of change// Harris C W. Problems in Measuring Change. Madison, WI University of Wisconsin Press, 1963: 122-137.

[3] Kiers H A. Towards a standardized notation and terminology in multiway analysis. Journal of Chemometrics, 2000, 14(3): 105-122.

[4] Acar E, Dunlavy D M, Kolda T G, et al. Scalable tensor factorizations for incomplete data. Chemometrics and Intelligent Laboratory Systems, 2011, 106(1): 41-56.

[5] Tan H C, Feng G D, Feng J S, et al. A tensor-based method for missing traffic data completion. Transportation Research Part C, 2013, 28: 15-27.

[6] Liu J, Musialski P, Wonka P, et al. Tensor completion for estimating missing values in visual data. IEEE Transactions on Pattern Analysis and Machine Intelligence, 2013, 35(1): 208-220.

[7] Yokota T, Zhao Q B, Li C, et al. Smooth PARAFAC decomposition for tensor completion. IEEE Transactions on Signal Processing, 2016, 64(20): 5423-5436.

[8] Zhao Q B, Zhang L Q, Cichocki A. Bayesian CP factorization of incomplete tensors with automatic rank determination. IEEE Transactions on Pattern Analysis and Machine Intelligence, 2015, 37(9): 1751-1763.

[9] 邹本友, 李翠平, 谭力文, 等. 基于用户信任和张量分解的社会网络推荐. 软件学报, 2014, 25(12): 2852-2864.

[10] Zhang Y, Zhou G X, Zhao Q B, et al. Fast nonnegative tensor factorization based on accelerated proximal gradient and low-rank approximation. Neurocomputing, 2016, 198(2016): 148-154.

[11] Bro R, Jong S D. A fast non-negativity-constrained least squares algorithm. Journal of Chemometrics, 1997, 11(5): 393-401.

[12] Welling M, Weber M. Positive tensor factorization. Pattern Recognition Letters, 2001, 22(12): 1255-1261.

[13] Friedlander M P, Hatz K. Computing nonnegative tensor factorizations. Tech. Report TR-2006-21, Department of Computer Science, University of British Columbia, Oct. 2006.

[14] Mørup M, Hansen L K, Arnfred S M. Algorithms for sparse non-negative Tucker decompositions. Neural Computation, 2008, 20(8): 2112-2131.

第3章 深度学习

本章的符号表示同第 1 章, 即 $\Re$ 表示实数的集合, 标量用小写字母表示, 如 a, 向量用粗体小写字母斜体表示, 例如 $\boldsymbol{a}$, 矩阵用粗体大写字母斜体表示, 例如 $\boldsymbol{A}$. 向量 $\boldsymbol{a}$ 的第 i 个元素记为 a_i, $i=1,\cdots,I$; 矩阵 $\boldsymbol{A}$ 的 (i,j) 元素记为 a_{ij}, $[\boldsymbol{A}]_{ij}$ 或 $(\boldsymbol{A})_{ij}$, $i=1,\cdots,I$; $j=1,\cdots,J$. 矩阵 $\boldsymbol{A}$ 的第 i 行表示为 $\boldsymbol{a}_{i:}$ 或 $\boldsymbol{A}_{i:}$, 第 j 列表示为 $\boldsymbol{a}_{:j}$ 或 $\boldsymbol{A}_{:j}$, 也可以更紧凑地表示为 $\boldsymbol{a}_j$ 或 $\boldsymbol{A}_j$.

3.1 深度学习基础

3.1.1 矩阵、向量求导

1. 行向量对标量求导

设 $\boldsymbol{y}^{\mathrm{T}}=[y_1,\cdots,y_n]$ 是 n 维行向量, x 是一个标量, 则 $\dfrac{\partial \boldsymbol{y}^{\mathrm{T}}}{\partial x}=\left[\dfrac{\partial y_1}{\partial x},\cdots,\dfrac{\partial y_n}{\partial x}\right]$.

2. 列向量对标量求导

设 $\boldsymbol{y}=\begin{bmatrix} y_1 \\ \vdots \\ y_m \end{bmatrix}$ 是 m 维列向量, x 是一个标量, 则 $\dfrac{\partial \boldsymbol{y}}{\partial x}=\begin{bmatrix} \dfrac{\partial y_1}{\partial x} \\ \vdots \\ \dfrac{\partial y_m}{\partial x} \end{bmatrix}$.

3. 矩阵对标量求导

设 $\boldsymbol{Y}=\begin{bmatrix} y_{11} & \cdots & y_{1n} \\ \vdots & & \vdots \\ y_{m1} & \cdots & y_{mn} \end{bmatrix}$ 是 $m\times n$ 的矩阵, x 是一个标量, 则 $\dfrac{\partial \boldsymbol{Y}}{\partial x}=\begin{bmatrix} \dfrac{\partial y_{11}}{\partial x} & \cdots & \dfrac{\partial y_{1n}}{\partial x} \\ \vdots & & \vdots \\ \dfrac{\partial y_{m1}}{\partial x} & \cdots & \dfrac{\partial y_{mn}}{\partial x} \end{bmatrix}^{\mathrm{T}}$. 矩阵的每个元素对该标量求导后再转置, $m\times n$ 的矩阵求导后为 $n\times m$.

4. 标量对行向量求导

设 y 是一个标量, $\boldsymbol{x}^{\mathrm{T}}=[x_1,\cdots,x_n]$ 是 n 维行向量, 则 $\dfrac{\partial y}{\partial \boldsymbol{x}^{\mathrm{T}}}=\left[\dfrac{\partial y}{\partial x_1},\cdots,\dfrac{\partial y}{\partial x_n}\right]$.

5. 标量对列向量求导

设 y 是一个标量, $\boldsymbol{x}=\begin{bmatrix} x_1 \\ \vdots \\ x_m \end{bmatrix}$ 是 m 维列向量, 则 $\dfrac{\partial y}{\partial \boldsymbol{x}}=\begin{bmatrix} \dfrac{\partial y}{\partial x_1} \\ \vdots \\ \dfrac{\partial y}{\partial x_m} \end{bmatrix}$.

6. 标量对矩阵求导

设 y 是一个标量, $\boldsymbol{X}=\begin{bmatrix} x_{11} & \cdots & x_{1n} \\ \vdots & & \vdots \\ x_{m1} & \cdots & x_{mn} \end{bmatrix}$ 是 $m \times n$ 的矩阵, 则 $\dfrac{\partial y}{\partial \boldsymbol{X}}=$ $\begin{bmatrix} \dfrac{\partial y}{\partial x_{11}} & \cdots & \dfrac{\partial y}{\partial x_{1n}} \\ \vdots & & \vdots \\ \dfrac{\partial y}{\partial x_{m1}} & \cdots & \dfrac{\partial y}{\partial x_{mn}} \end{bmatrix}$. 该标量对矩阵的每个元素求偏导, 不转置.

7. 行向量对列向量求导

设 $\boldsymbol{y}^{\mathrm{T}}=[y_1,\cdots,y_n]$ 是 n 维行向量, $\boldsymbol{x}=\begin{bmatrix} x_1 \\ \vdots \\ x_p \end{bmatrix}$ 是 p 维列向量, 则 $\dfrac{\partial \boldsymbol{y}^{\mathrm{T}}}{\partial \boldsymbol{x}}=$ $\begin{bmatrix} \dfrac{\partial y_1}{\partial x_1} & \cdots & \dfrac{\partial y_n}{\partial x_1} \\ \vdots & & \vdots \\ \dfrac{\partial y_1}{\partial x_p} & \cdots & \dfrac{\partial y_n}{\partial x_p} \end{bmatrix}$. $\boldsymbol{y}^{\mathrm{T}}$ 的每一列对 $\boldsymbol{x}$ 求偏导, $1 \times n$ 的向量对 $p \times 1$ 的向量求导后是 $p \times n$ 的矩阵.

8. 列向量对行向量求导

设 $\boldsymbol{y}=\begin{bmatrix} y_1 \\ \vdots \\ y_m \end{bmatrix}$ 是 m 维列向量, $\boldsymbol{x}^{\mathrm{T}}=[x_1,\cdots,x_q]$ 是 q 维行向量, 则 $\dfrac{\partial \boldsymbol{y}}{\partial \boldsymbol{x}^{\mathrm{T}}}=$ $\begin{bmatrix} \dfrac{\partial y_1}{\partial x_1} & \cdots & \dfrac{\partial y_1}{\partial x_q} \\ \vdots & & \vdots \\ \dfrac{\partial y_m}{\partial x_1} & \cdots & \dfrac{\partial y_m}{\partial x_q} \end{bmatrix}$.

9. 行向量对行向量求导

设 $\boldsymbol{y}^{\mathrm{T}}=[y_1,\cdots,y_n]$ 是 n 维行向量, $\boldsymbol{x}^{\mathrm{T}}=[x_1,\cdots,x_n]$ 是 n 维行向量, 则 $\dfrac{\partial \boldsymbol{y}^{\mathrm{T}}}{\partial \boldsymbol{x}^{\mathrm{T}}}=\left[\dfrac{\partial \boldsymbol{y}^{\mathrm{T}}}{\partial x_1},\cdots,\dfrac{\partial \boldsymbol{y}^{\mathrm{T}}}{\partial x_n}\right]$.

10. 列向量对列向量求导

设 $\boldsymbol{y}=\begin{bmatrix} y_1 \\ \vdots \\ y_m \end{bmatrix}$ 是 m 维列向量, $\boldsymbol{x}=\begin{bmatrix} x_1 \\ \vdots \\ x_p \end{bmatrix}$ 是 p 维列向量, 则 $\dfrac{\partial \boldsymbol{y}}{\partial \boldsymbol{x}}=\begin{bmatrix} \dfrac{\partial y_1}{\partial \boldsymbol{x}} \\ \vdots \\ \dfrac{\partial y_m}{\partial \boldsymbol{x}} \end{bmatrix}$.

11. 矩阵对行向量求导

设 $\boldsymbol{Y}=\begin{bmatrix} y_{11} & \cdots & y_{1n} \\ \vdots & & \vdots \\ y_{m1} & \cdots & y_{mn} \end{bmatrix}$ 是 $m\times n$ 的矩阵, $\boldsymbol{x}^{\mathrm{T}}=[x_1,\cdots,x_q]$ 是 q 维行向量, 则 $\dfrac{\partial \boldsymbol{Y}}{\partial \boldsymbol{x}^{\mathrm{T}}}=\left[\dfrac{\partial \boldsymbol{Y}}{\partial x_1},\cdots,\dfrac{\partial \boldsymbol{Y}}{\partial x_q}\right]$.

12. 矩阵对列向量求导

设 $\boldsymbol{Y}=\begin{bmatrix} y_{11} & \cdots & y_{1n} \\ \vdots & & \vdots \\ y_{m1} & \cdots & y_{mn} \end{bmatrix}$ 是 $m\times n$ 的矩阵, $\boldsymbol{x}=\begin{bmatrix} x_1 \\ \vdots \\ x_p \end{bmatrix}$ 是 p 维列向量, 则 $\dfrac{\partial \boldsymbol{Y}}{\partial \boldsymbol{x}}=\begin{bmatrix} \dfrac{\partial y_{11}}{\partial \boldsymbol{x}} & \cdots & \dfrac{\partial y_{1n}}{\partial \boldsymbol{x}} \\ \vdots & & \vdots \\ \dfrac{\partial y_{m1}}{\partial \boldsymbol{x}} & \cdots & \dfrac{\partial y_{mn}}{\partial \boldsymbol{x}} \end{bmatrix}$. 矩阵 $\boldsymbol{Y}$ 的每个元素对向量 $\boldsymbol{x}$ 求导, 构成一个每个元素都是矩阵的超向量.

13. 行向量对矩阵求导

设 $\boldsymbol{y}^{\mathrm{T}}=[y_1,\cdots,y_n]$ 是 n 维行向量, $\boldsymbol{X}=\begin{bmatrix} x_{11} & \cdots & x_{1q} \\ \vdots & & \vdots \\ x_{p1} & \cdots & x_{pq} \end{bmatrix}$ 是 $p\times q$ 的矩阵,

则 $\dfrac{\partial \boldsymbol{y}^{\mathrm{T}}}{\partial \boldsymbol{X}}=\begin{bmatrix}\dfrac{\partial \boldsymbol{y}^{\mathrm{T}}}{\partial x_{11}} & \cdots & \dfrac{\partial \boldsymbol{y}^{\mathrm{T}}}{\partial x_{1q}}\\ \vdots & & \vdots\\ \dfrac{\partial \boldsymbol{y}^{\mathrm{T}}}{\partial x_{p1}} & \cdots & \dfrac{\partial \boldsymbol{y}^{\mathrm{T}}}{\partial x_{pq}}\end{bmatrix}$.

14. **列向量对矩阵求导**

设 $\boldsymbol{y}=\begin{bmatrix}y_1\\ \vdots\\ y_m\end{bmatrix}$ 是 m 维列向量, $\boldsymbol{X}=\begin{bmatrix}x_{11} & \cdots & x_{1q}\\ \vdots & & \vdots\\ x_{p1} & \cdots & x_{pq}\end{bmatrix}$ 是 $p\times q$ 的矩阵, 则 $\dfrac{\partial \boldsymbol{y}}{\partial \boldsymbol{X}}=\begin{bmatrix}\dfrac{\partial y_1}{\partial \boldsymbol{X}}\\ \vdots\\ \dfrac{\partial y_m}{\partial \boldsymbol{X}}\end{bmatrix}$.

15. **矩阵对矩阵求导**

设 $\boldsymbol{Y}=\begin{bmatrix}y_{11} & \cdots & y_{1n}\\ \vdots & & \vdots\\ y_{m1} & \cdots & y_{mn}\end{bmatrix}=\begin{bmatrix}\boldsymbol{y}_1^{\mathrm{T}}\\ \vdots\\ \boldsymbol{y}_m^{\mathrm{T}}\end{bmatrix}$ 是 $m\times n$ 的矩阵, $\boldsymbol{X}=\begin{bmatrix}x_{11} & \cdots & x_{1q}\\ \vdots & & \vdots\\ x_{p1} & \cdots & x_{pq}\end{bmatrix}=\begin{bmatrix}\boldsymbol{x}_1 & \cdots & \boldsymbol{x}_q\end{bmatrix}$ 是 $p\times q$ 的矩阵, 则 $\dfrac{\partial \boldsymbol{Y}}{\partial \boldsymbol{X}}=\left[\dfrac{\partial \boldsymbol{Y}}{\partial \boldsymbol{x}_1},\cdots,\dfrac{\partial \boldsymbol{Y}}{\partial \boldsymbol{x}_q}\right]=\begin{bmatrix}\dfrac{\partial \boldsymbol{y}_1^{\mathrm{T}}}{\partial \boldsymbol{X}}\\ \vdots\\ \dfrac{\partial \boldsymbol{y}_m^{\mathrm{T}}}{\partial \boldsymbol{X}}\end{bmatrix}=\begin{bmatrix}\dfrac{\partial \boldsymbol{y}_1^{\mathrm{T}}}{\partial \boldsymbol{x}_1} & \cdots & \dfrac{\partial \boldsymbol{y}_1^{\mathrm{T}}}{\partial \boldsymbol{x}_q}\\ \vdots & & \vdots\\ \dfrac{\partial \boldsymbol{y}_m^{\mathrm{T}}}{\partial \boldsymbol{x}_1} & \cdots & \dfrac{\partial \boldsymbol{y}_m^{\mathrm{T}}}{\partial \boldsymbol{x}_q}\end{bmatrix}$.

例 3.1.1 设 $\boldsymbol{A}=\begin{bmatrix}2xy & y^2 & y\\ x^2 & 2xy & x\end{bmatrix}$, $\boldsymbol{x}=\begin{bmatrix}x\\ y\end{bmatrix}$, 则 $\dfrac{\partial \boldsymbol{A}}{\partial \boldsymbol{x}}=\begin{bmatrix}\dfrac{\partial(2xy)}{\partial \boldsymbol{x}} & \dfrac{\partial(y^2)}{\partial \boldsymbol{x}} & \dfrac{\partial(y)}{\partial \boldsymbol{x}}\\ \dfrac{\partial(x^2)}{\partial \boldsymbol{x}} & \dfrac{\partial(2xy)}{\partial \boldsymbol{x}} & \dfrac{\partial(x)}{\partial \boldsymbol{x}}\end{bmatrix}=\begin{bmatrix}2y & 0 & 0\\ 2x & 2y & 1\\ 2x & 2y & 1\\ 0 & 2x & 0\end{bmatrix}$.

例 3.1.2 设 $\boldsymbol{Y}=\begin{bmatrix} a & b & c \\ d & e & f \end{bmatrix}$, $\boldsymbol{X}=\begin{bmatrix} u & x \\ v & y \\ w & z \end{bmatrix}$, 则

$$\frac{\partial \boldsymbol{Y}}{\partial \boldsymbol{X}}=\begin{bmatrix} \dfrac{\partial\begin{bmatrix} a & b & c \end{bmatrix}}{\partial\begin{bmatrix} u \\ v \\ w \end{bmatrix}} & \dfrac{\partial\begin{bmatrix} a & b & c \end{bmatrix}}{\partial\begin{bmatrix} x \\ y \\ z \end{bmatrix}} \\ \dfrac{\partial\begin{bmatrix} d & e & f \end{bmatrix}}{\partial\begin{bmatrix} u \\ v \\ w \end{bmatrix}} & \dfrac{\partial\begin{bmatrix} d & e & f \end{bmatrix}}{\partial\begin{bmatrix} x \\ y \\ z \end{bmatrix}} \end{bmatrix}=\begin{bmatrix} \dfrac{\partial a}{\partial u} & \dfrac{\partial b}{\partial u} & \dfrac{\partial c}{\partial u} & \dfrac{\partial a}{\partial x} & \dfrac{\partial b}{\partial x} & \dfrac{\partial c}{\partial x} \\ \dfrac{\partial a}{\partial v} & \dfrac{\partial b}{\partial v} & \dfrac{\partial c}{\partial v} & \dfrac{\partial a}{\partial y} & \dfrac{\partial b}{\partial y} & \dfrac{\partial c}{\partial y} \\ \dfrac{\partial a}{\partial w} & \dfrac{\partial b}{\partial w} & \dfrac{\partial c}{\partial w} & \dfrac{\partial a}{\partial z} & \dfrac{\partial b}{\partial z} & \dfrac{\partial c}{\partial z} \\ \dfrac{\partial d}{\partial u} & \dfrac{\partial e}{\partial u} & \dfrac{\partial f}{\partial u} & \dfrac{\partial d}{\partial x} & \dfrac{\partial e}{\partial x} & \dfrac{\partial f}{\partial x} \\ \dfrac{\partial d}{\partial v} & \dfrac{\partial e}{\partial v} & \dfrac{\partial f}{\partial v} & \dfrac{\partial d}{\partial y} & \dfrac{\partial e}{\partial y} & \dfrac{\partial f}{\partial y} \\ \dfrac{\partial d}{\partial w} & \dfrac{\partial e}{\partial w} & \dfrac{\partial f}{\partial w} & \dfrac{\partial d}{\partial z} & \dfrac{\partial e}{\partial z} & \dfrac{\partial f}{\partial z} \end{bmatrix}$$

3.1.2 激活函数

激活函数用于神经元输入到输出的变换. 激活函数可以给神经元引入非线性因素, 使得神经网络可以任意逼近任何非线性函数, 使神经网络能够应用到众多的非线性模型中. 如果不用激活函数, 神经网络每一层的输出都是其输入的线性函数, 无论神经网络有多少层, 输出都是输入的线性组合.

常用的激活函数有 sigmoid 函数、双正切函数等.

1. sigmoid 函数

sigmoid 函数是值域为 (0, 1) 的非线性函数, $\mathrm{sigmoid}(x)=y=\dfrac{1}{1+\mathrm{e}^{-x}}$, 函数图像如图 3.1.1(a) 所示. sigmoid 函数的导数 $\mathrm{sigmoid}'(x)=y(1-y)$.

sigmoid 函数可以将一个实数映射到 (0,1) 区间, 在特征相差比较复杂或是相差不是特别大时效果比较好. 但是 sigmoid 函数计算量大, 反向传播求误差梯度时, 求导涉及除法, 且反向传播时很容易就会出现梯度消失的情况, 从而无法完成深层网络的训练.

2. 双曲正切函数

双曲正切函数 (tanh) 定义为 $\tanh(x)=y=\dfrac{\mathrm{e}^{x}-\mathrm{e}^{-x}}{\mathrm{e}^{x}+\mathrm{e}^{-x}}$, 函数值域为 $(-1,1)$, 函数图像如图 3.1.1 (b) 所示. tanh 函数的导数 $\tanh'(x)=1-y^2$. sigmoid 和 tanh 函数的导数都是原函数的函数. 因此, 一旦计算出原函数的值, 就可以用它来计算出导数的值. tanh 函数在特征相差明显时的效果会很好, 在循环过程中会不断扩大特征效果. 与 sigmoid 函数相比, tanh 函数是 0 均值的.

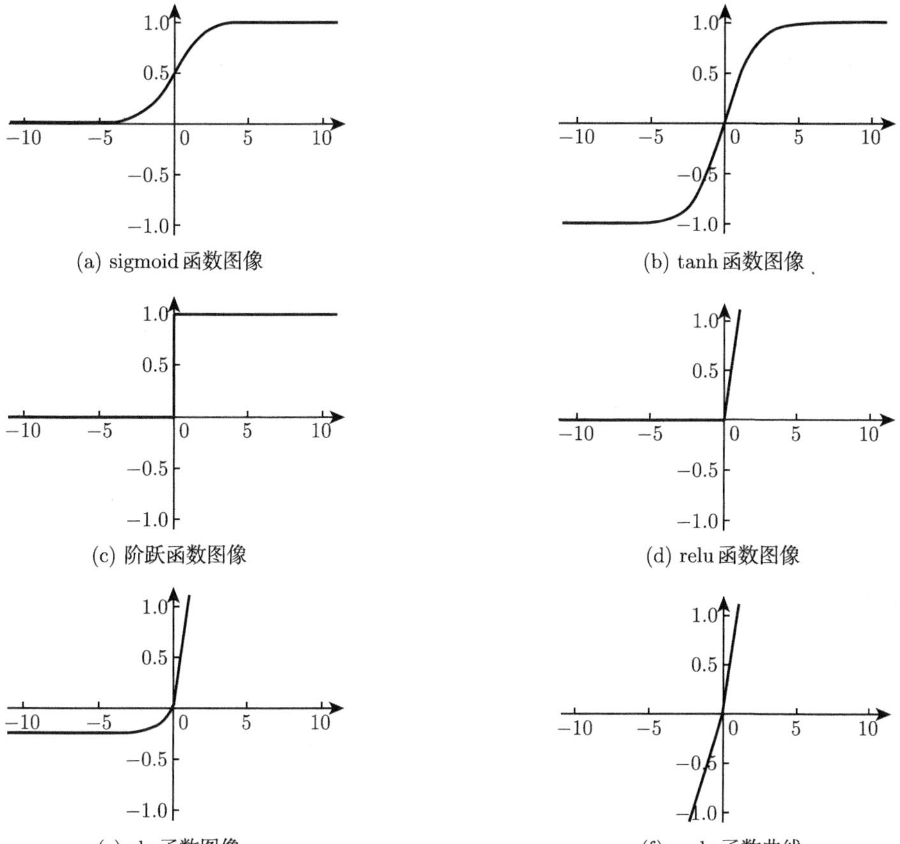

(a) sigmoid 函数图像　(b) tanh 函数图像

(c) 阶跃函数图像　(d) relu 函数图像

(e) elu 函数图像　(f) prelu 函数曲线

图 3.1.1 激活函数图像

3. 阶跃函数

阶跃函数定义为 $f(x)=\begin{cases}1, & x>0,\\ 0, & \text{其他},\end{cases}$ 函数图像如图 3.1.1 (c) 所示.

4. 修正线性单元函数

修正线性单元函数 (rectified linear unit, relu) 函数定义为 $\mathrm{relu}(x)=\max(0,x)$, 函数图像如图 3.1.1 (d) 所示.

与 sigmod 函数和 tanh 函数相比, relu 函数具有如下特点:

- 输入为正数的时候, 不存在梯度饱和问题;
- 计算速度要快, 因为 relu 函数只有线性关系, 而 sigmod 和 tanh 函数要计算指数, 速度较慢;
- 输入为负数的时候, relu 函数是完全不被激活的, 这在神经网络误差反向传

播过程中, 输入负数, 梯度就为 0;

- relu 函数的输出要么是 0, 要么是正数, 不是以 0 为中心的函数.

5. 指数线性单元函数

指数线性单元 (exponential linear unit, elu) 函数定义为

$$\mathrm{elu}(x)=\begin{cases}x, & x>0\\ \alpha(\mathrm{e}^x-1), & x\leqslant 0\end{cases}$$

函数图像如图 3.1.1 (e) 所示.

elu 函数是 relu 函数的一个改进, 输入为负数的时候, elu 不为 0, 而是有一定的输出, 从而消除 relu 不激活的问题, 同时这部分输出还具有一定的抗干扰能力. 不过 elu 函数还是有梯度饱和和指数运算的问题.

6. 参数化修正线性单元函数

参数化修正线性单元 (parametric relu, prelu/Leaky relu) 函数定义为 $\mathrm{prelu}(x)=\max(\alpha x, x)$, 函数图像如图 3.1.1 (f) 所示.

prelu 也是 relu 的一个改进, 在负数区域内, prelu 有一个很小的斜率, 虽然小, 但是不会趋于 0, 从而消除 relu 不激活的问题. 相比于 elu, prelu 在负数区域内是线性运算. prelu 函数中的参数 α 一般是取 0~1 的数, 当 $\alpha=0.01$ 时, prelu 为 Leaky relu(带泄露修正线性单元). Leaky relu 是 prelu 的特例.

3.1.3 按元素乘 ∘

(1) ∘ 作用于两个向量, 结果为向量对应元素相乘

$$\boldsymbol{a}\circ\boldsymbol{b}=\begin{bmatrix}a_1\\a_2\\\vdots\\a_n\end{bmatrix}\circ\begin{bmatrix}b_1\\b_2\\\vdots\\b_n\end{bmatrix}=\begin{bmatrix}a_1b_1\\a_2b_2\\\vdots\\a_nb_n\end{bmatrix}\tag{3.1.1}$$

(2) ∘ 作用于一个向量和一个矩阵, 结果为向量元素与矩阵行元素相乘

$$\begin{aligned}\boldsymbol{a}\circ\boldsymbol{B}&=\begin{bmatrix}a_1\\a_2\\\vdots\\a_n\end{bmatrix}\circ\begin{bmatrix}b_{11}&b_{12}&\cdots&b_{1n}\\b_{21}&b_{22}&\cdots&b_{2n}\\\vdots&\vdots&&\vdots\\b_{n1}&b_{n2}&\cdots&b_{nn}\end{bmatrix}\\&=\begin{bmatrix}a_1b_{11}&a_1b_{12}&\cdots&a_1b_{1n}\\a_2b_{21}&a_2b_{22}&\cdots&a_2b_{2n}\\\vdots&\vdots&&\vdots\\a_nb_{n1}&a_nb_{n2}&\cdots&a_nb_{nn}\end{bmatrix}\end{aligned}\tag{3.1.2}$$

(3) $\circ$ 作用于两个矩阵, 结果为矩阵对应元素相乘

$$\boldsymbol{A}\circ\boldsymbol{B}=\begin{bmatrix} a_{11} & a_{12} & \cdots & a_{1n}\\ a_{21} & a_{22} & \cdots & a_{2n}\\ \vdots & \vdots & & \vdots\\ a_{n1} & a_{n2} & \cdots & a_{nn}\end{bmatrix}\circ\begin{bmatrix} b_{11} & b_{12} & \cdots & b_{1n}\\ b_{21} & b_{22} & \cdots & b_{2n}\\ \vdots & \vdots & & \vdots\\ b_{n1} & b_{n2} & \cdots & b_{nn}\end{bmatrix}=\begin{bmatrix} a_{11}b_{11} & a_{12}b_{12} & \cdots & a_{1n}b_{1n}\\ a_{21}b_{21} & a_{22}b_{22} & \cdots & a_{2n}b_{2n}\\ \vdots & \vdots & & \vdots\\ a_{n1}b_{n1} & a_{n2}b_{n2} & \cdots & a_{nn}b_{nn}\end{bmatrix} \tag{3.1.3}$$

按元素乘可以在某些情况下简化矩阵和向量运算. 例如, 当一个对角矩阵左乘一个矩阵时, 相当于用对角矩阵的对角线元素组成的向量按元素乘矩阵, 即 $\mathrm{diag}[\boldsymbol{a}]\boldsymbol{X}=\boldsymbol{a}\circ\boldsymbol{X}$, 其中 $\mathrm{diag}[\boldsymbol{a}]$ 是以向量 $\boldsymbol{a}$ 的元素为对角元素的对角矩阵; 当一个行向量左乘一个对角矩阵时, 相当于这个行向量按元素乘矩阵对角线元素组成的向量, 即 $\boldsymbol{a}\mathrm{diag}[\boldsymbol{b}]=\boldsymbol{a}\circ\boldsymbol{b}$.

3.1.4 卷积与反卷积

卷积运算是指设定一个模板 (卷积核), 从输入图像的左上角开始, 开一个与模板同样大小的活动窗口, 窗口图像与模板像元对应元素的乘积之和作为输出图像中一个像素的值. 然后, 活动窗口向右移动一列或多列, 并作同样的运算. 以此类推, 从左到右、从上到下, 即可得到一幅新图像. 活动窗口每次沿水平方向和垂直方向移动的列数或行数称为步长. 若步长为 2, 表示活动窗口每次移动 2 列或 2 行, 即隔一点移动, 如图 3.1.2 所示, 浅灰色区域表示活动窗口与图像的重叠区域, 深灰色区域中正常高度的数字表示图像像素的值, 右上角的数字表示卷积核的数值, 深灰色区域表示活动窗口沿水平方向或垂直方向移动时两个卷积核的重叠区域.

卷积运算后, 输出图片尺寸缩小. 越是边缘的像素点, 对于输出的影响越小, 因为卷积运算的模板在移动过程中, 中间的像素点有可能参与多次计算, 但是边缘像素点可能只参与一次, 甚至一次都不参与, 比如在图中, 若取步长为 3, 则最右列和最下行的像素不参与运算. 所以卷积结果可能会丢失边缘信息. 为了克服这个问题, 常常会在输入图像周围填充多圈的 0, 用于增加边缘像素点参与运算的次数

(图 3.1.3).

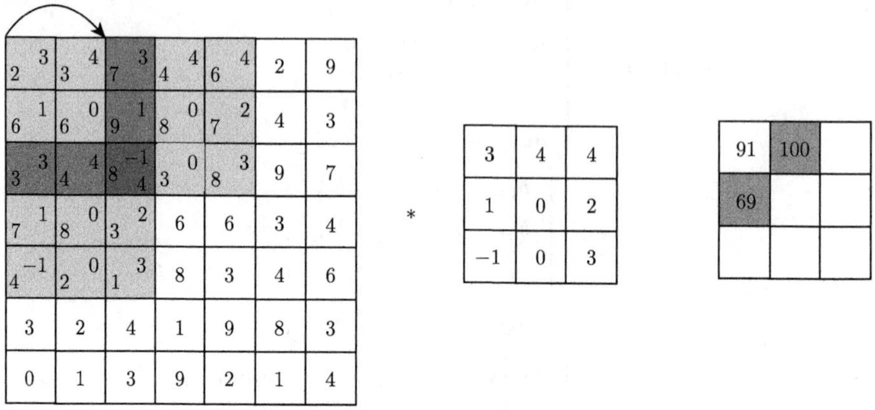

图 3.1.2　步长为 2 的卷积

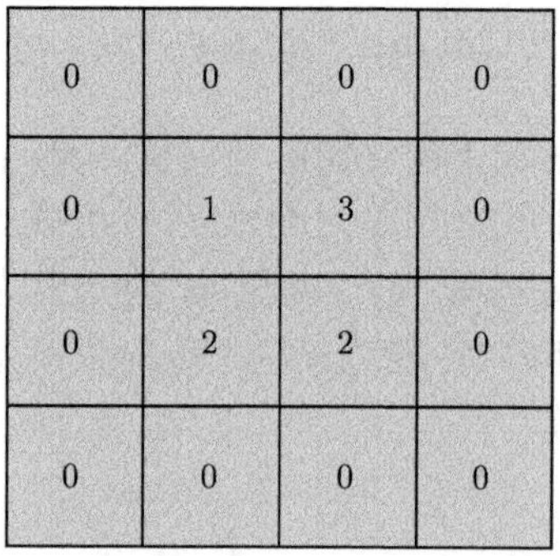

图 3.1.3　填充 0

反卷积 (decovolution, 上采样卷积) 是卷积的逆向操作, 也就是将卷积的输出信号, 经过反卷积还原卷积的输入信号. 反卷积操作仅仅是将卷积变换过程中的步骤反向变换一次而已, 它通过将卷积核转置, 与卷积后的结果再做一遍卷积, 所以反卷积也称为转置卷积. 但是反卷积的结果与原始输入图像不完全相同, 因为转置卷积只能恢复部分特征, 无法百分百地恢复原始数据.

反卷积操作步骤如下.

步骤 1　卷积核反转 (注意: 不是转置, 而是沿上下左右方向进行颠倒).

步骤 2　0 扩充: 将卷积结果作为输入, 向每一个元素后面补 (步长 −1)0.

步骤 3　填充: 在 0 扩充后的图像周围填充 0.

步骤 4　将填充后的图像与反转后的卷积核进行步长为 1 的卷积操作.

图 3.1.4 示例了卷积与反卷积操作, 图 3.1.4(a) 展示了卷积核滤波器 (filter) 为

2×2, 步长为 2×2 的卷积操作; 图 3.1.4(b) 展示了反卷积操作. 在反卷积过程中, 首先将 2×2 矩阵通过步长补 0 的方式变成 4×4, 再通过填充反方向补 0, 然后与反转后的卷积核滤波器使用步长为 $1*1$ 的卷积操作, 最终得出结果. 但是这个结果已经与原来的全 1 矩阵不等了, 说明转置卷积只能恢复部分特征, 无法百分百地恢复原始数据.

卷积与反卷积运算中的几个问题.

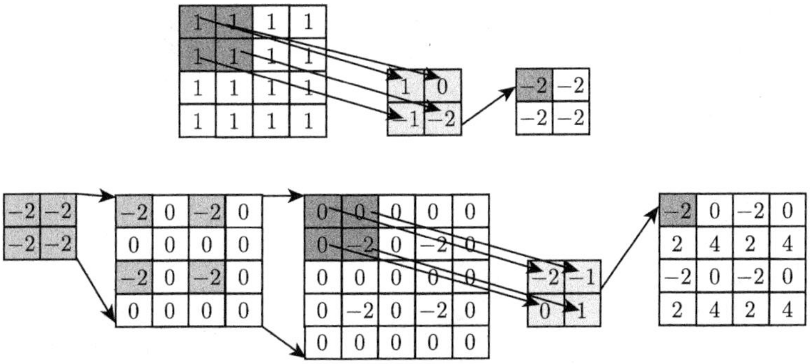

图 3.1.4 卷积与反卷积操作

1. 卷积中输出图像与输入图像之间的大小关系

在二维的离散卷积中, 设输入图像为方形 ($i_1 = i_2 = i$), 卷积核为方形 ($k_1 = k_2 = k$), 每个维度步长相同 ($s_1 = s_2 = s$), 每个维度填充相同 ($p_1 = p_2 = p$), 则输出图像的大小为 $o_1 = o_2 = o = \left\lfloor \dfrac{i+2p-k}{s} \right\rfloor + 1$, 其中 $\lfloor x \rfloor$ 表示向下取整. 卷积示例如图 3.1.5 所示.

2. 反卷积中输出图像与输入图像之间的大小关系

在二维的离散反卷积中, 设输入图像为方形 ($i'_1 = i'_2 = i'$), 卷积核为方形 ($k'_1 = k'_2 = k'$), 每个维度步长相同 ($s'_1 = s'_2 = s'$), 填充尺寸相同 ($p'_1 = p'_2 = p'$). 当 $s = s' = 1$ 时, 反卷积不做 0 扩充, 输出图像的大小为: $o'_1 = o'_2 = o' = i' - k' + 2p' + 1$. 若 $s \neq 1$, 反卷积进行了 0 扩充, 输出图像的大小为: $o'_1 = o'_2 = o' = (s'+1)(i'-1) - (k'-2) + 2p'$. 反卷积示例如图 3.1.6 所示.

3. 卷积和矩阵相乘

卷积运算可以转换为矩阵的乘积运算. 首先将卷积核展成矩阵 $\boldsymbol{W}$. 设卷积核与输入图像进行了 n 次运算, 则将卷积核扩展为 n 个与输入图像相同大小的矩阵 $\boldsymbol{W}^{(i)}$, $\boldsymbol{W}^{(i)}$ 中与输入图像中参与卷积运算的像素对应位置的原始的值为卷积核的对应值, 其余元素值为 0. 然后, 将矩阵 $\boldsymbol{W}^{(i)}$ 中的元素按从左到右, 从上到下的顺序拉长成一个列向量, 该向量构成 $\boldsymbol{W}$ 矩阵的第 i 列. 再把输入图像按从左到右, 从上到下的顺序拉长成一个列向量 $\boldsymbol{x}$, 则输出向量 $\boldsymbol{y}=\boldsymbol{x}^{\mathrm{T}}\boldsymbol{W}$, 将 $\boldsymbol{y}$ 重新排列成矩阵 $\boldsymbol{Y}$. $\boldsymbol{Y}$ 就是最终的输出特征. 如图 3.1.7 所示, $i=4, k=3, s=1, p=0$, 输出 $o=2$.

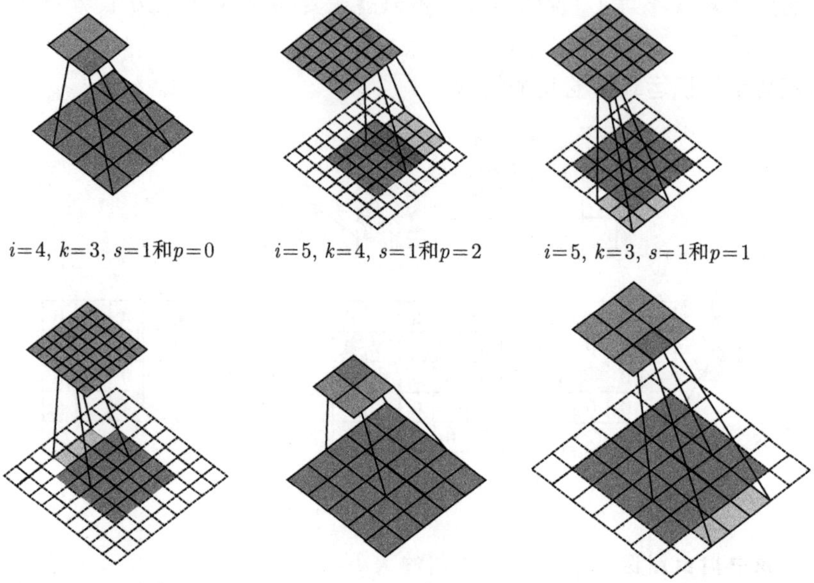

$i=4$, $k=3$, $s=1$和$p=0$　　$i=5$, $k=4$, $s=1$和$p=2$　　$i=5$, $k=3$, $s=1$和$p=1$

$i=5$, $k=3$, $s=1$和$p=2$　　$i=5$, $k=3$, $s=2$和$p=0$　　$i=5$, $k=3$, $s=2$和$p=1$

图 3.1.5　卷积示例

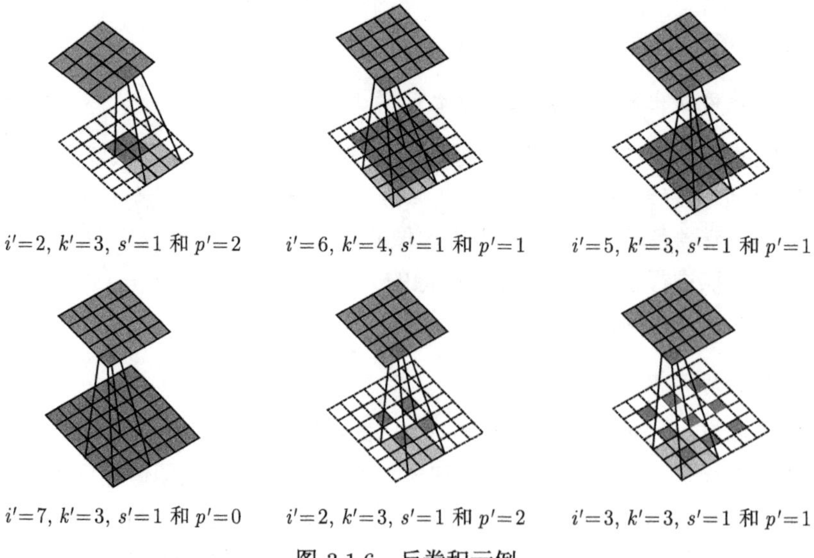

$i'=2$, $k'=3$, $s'=1$ 和 $p'=2$　　$i'=6$, $k'=4$, $s'=1$ 和 $p'=1$　　$i'=5$, $k'=3$, $s'=1$ 和 $p'=1$

$i'=7$, $k'=3$, $s'=1$ 和 $p'=0$　　$i'=2$, $k'=3$, $s'=1$ 和 $p'=2$　　$i'=3$, $k'=3$, $s'=1$ 和 $p'=1$

图 3.1.6　反卷积示例

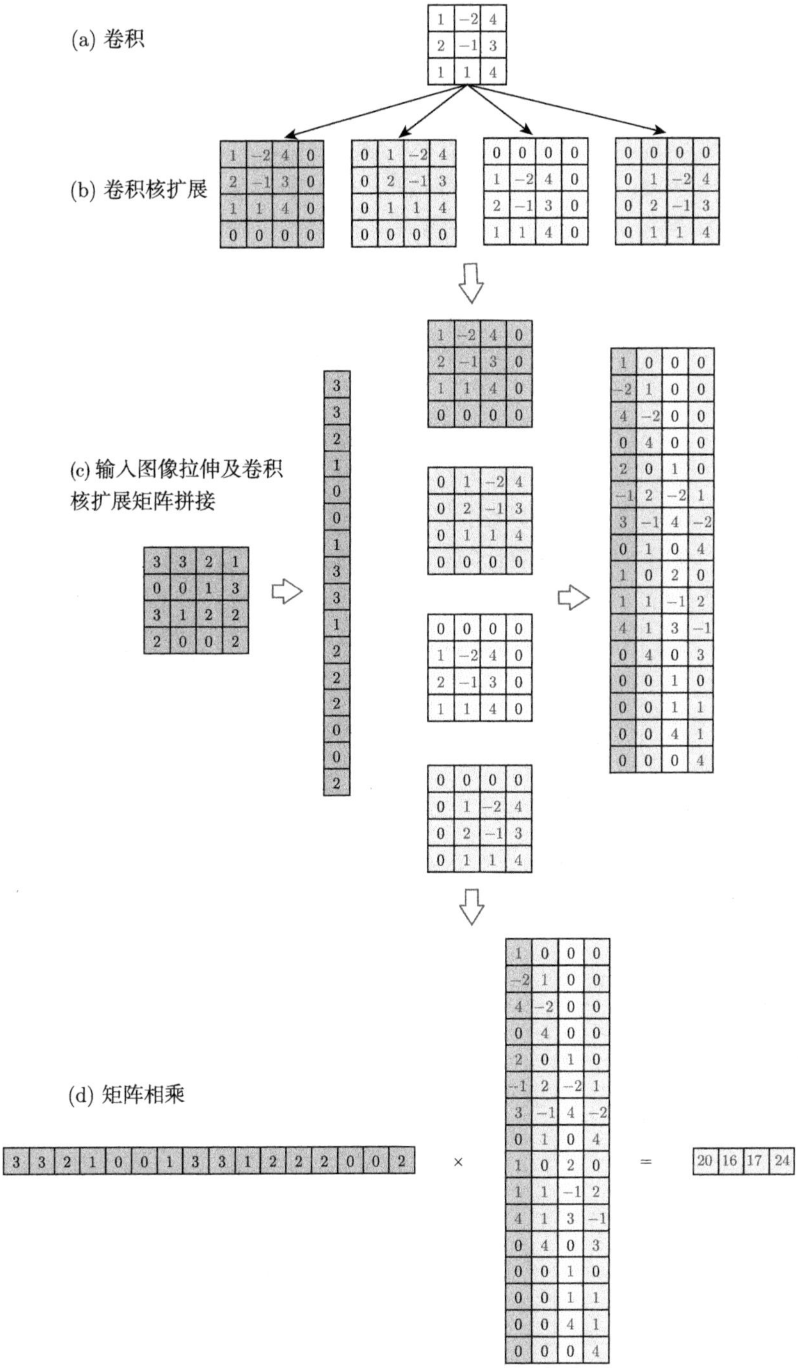

图 3.1.7 矩阵乘积实现卷积

3.2　深度学习模型

深度学习是机器学习的重要分支, 是一种使用深层架构的机器学习方法. 深度学习与传统模式识别方法的最大不同在于, 它是从大数据中自动学习特征, 即特征是直接从数据中学习, 而不是人为设计提取. 深度学习从原始数据开始将每层特征 (或表示) 逐层转换为更高层更抽象的表示, 从而发现高维数据中错综复杂的结构. 深度学习实质上是多层表示学习 (representation learning) 方法的非线性组合, 通过组合低层特征形成更加抽象的高层特征, 以发现数据的分布式特征表示, 其动机在于建立、模拟人脑进行分析学习的神经网络, 从而模仿人脑的机制来解释图像、声音和文本等复杂数据.

神经网络可以模仿人脑, 通过学习训练数据集获得数据的内在特征, 适用于数据没有任何明显模式的情况. 神经网络的基本组成单元是神经元, 多个神经元按照一定规则连接起来就形成神经网络, 其中神经元按照层来布局, 输入层负责接收输入数据, 输出层输出神经网络的计算结果, 隐藏层位于输入层和输出层之间, 负责信息变换. 隐藏层可以只有一层, 也可以有多层. 隐藏层大于两层的神经网络称为深度神经网络. 深层网络的威力在于其能够逐层地学习原始数据的多种表达. 每一层的特征都以低一层的表达为基础, 但往往更抽象, 更加适合复杂的分类等任务.

按照神经元之间连接方式的不同, 神经网络可以分成多种类型. 本节主要介绍全连接神经网络、卷积神经网络、循环神经网络、递归神经网络、深度信念网络和生成对抗网络等神经网络的结构及工作原理.

3.2.1　感知器

1. 感知器的结构

神经网络的基本组成单元是神经元, 也称为感知器. 感知器如图 3.2.1 所示. 一

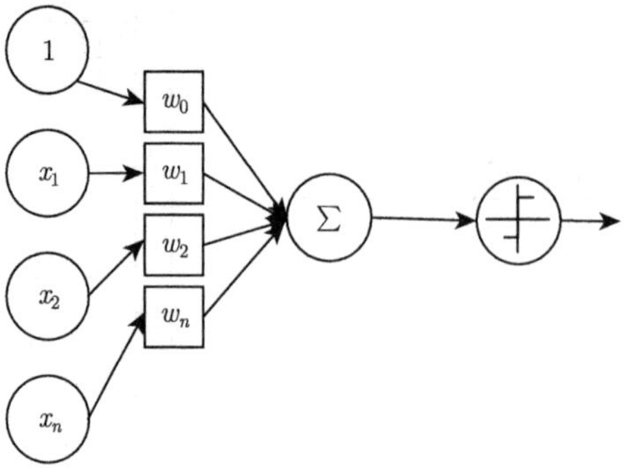

图 3.2.1　感知器

个感知器可以接收多个输入, 每个输入 x_i 对应一个权值项 w_i, 此外还有一个偏置项 b. 偏置项 b 可以看作是值永远为 1 的输入 x_b 所对应的权重. 感知器的激活函数用于将感知器的输入映射到输出, 激活函数有多种选择, 比如阶跃函数和 sigmoid 函数等.

2. 感知器的输出

感知器的输出由式 (3.2.1) 计算,

$$y=\boldsymbol{w}\boldsymbol{x}+b \tag{3.2.1}$$

其中 $\boldsymbol{w}=(w_1,w_2,\cdots,w_n)$, $\boldsymbol{x}=(x_1,x_2,\cdots,x_n)^{\mathrm{T}}$.

3. 感知器的学习

感知器的学习是指确定感知器的权重项和偏置项的值. 学习的方法是, 将权重项和偏置项初始化为 0, 然后从训练数据中取出一个样本 $\boldsymbol{x}_i$ 输入感知器, 计算感知器输出 y_i 及样本 $\boldsymbol{x}_i$ 的期望输出 t_i 与 y_i 的差, 再根据 t_i 与 y_i 的差迭代修改 w_i 和 b, 直至收敛, 即权重和偏置不再发生变化.

设训练集包含 n 个样本, $(\boldsymbol{x}_i,t_i)$ 是已知的, 所以误差 E 其实是参数 $\boldsymbol{w}$ 的函数

$$E=\frac{1}{2}\sum_{i=1}^{n}(t_i-y_i)^2=\frac{1}{2}\sum_{i=1}^{n}(t_i-\boldsymbol{w}\boldsymbol{x}_i-b)^2 \tag{3.2.2}$$

由于 $\dfrac{\partial E}{\partial \boldsymbol{w}}=-\sum\limits_{i=1}^{n}(t_i-y_i)\boldsymbol{x}_i$, $\dfrac{\partial E}{\partial b}=-\sum\limits_{i=1}^{n}(t_i-y_i)$, 所以

$$\boldsymbol{w}\leftarrow\boldsymbol{w}-\eta\frac{\partial E}{\partial \boldsymbol{w}}=\boldsymbol{w}+\eta\sum_{i=1}^{n}(t_i-y_i)\boldsymbol{x}_i \tag{3.2.3}$$

$$b\leftarrow b-\eta\frac{\partial E}{\partial b}=b+\eta\sum_{i=1}^{n}(t_i-y_i) \tag{3.2.4}$$

其中, y_i 是感知器的输出值, 由式 (3.2.1) 计算得出. η 称为学习率, 用于控制每一步调整权的幅度.

3.2.2 全连接神经网络

1. 全连接神经网络 (full connected network, FCN) 的结构

如图 3.2.2 (a) 所示的是一个只有一层隐藏层的 FCN, 如图 3.2.2 (b) 所示的是一个深度 FCN. 图中每个节点都是一个神经元, 每条线表示神经元之间的连接.

在一个 FCN 结构中, ① 每层具有若干神经元, 输入层神经元个数和输入向量的维度相同, 输出层神经元个数根据问题决定, 隐藏层神经元个数可以任意选取;

② 第 l 层的每个神经元和第 $l-1$ 层的所有神经元相连, 每个连接都有一个权值, w_{ji}^{l} 表示第 l 层的第 j 个神经元与第 $l-1$ 层的第 i 个神经元之间的连接权, 同一层的神经元之间没有连接; ③ 隐藏层和输出层的每个神经元都有一个偏置 w_b, 用于控制神经元激活的阈值.

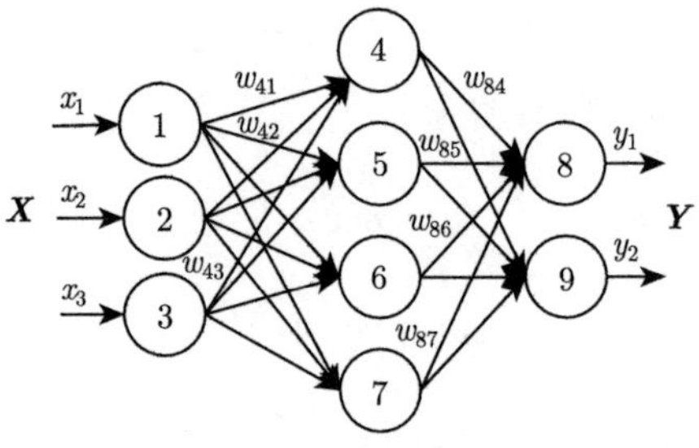

(a) 只有一层隐藏层的 FCN

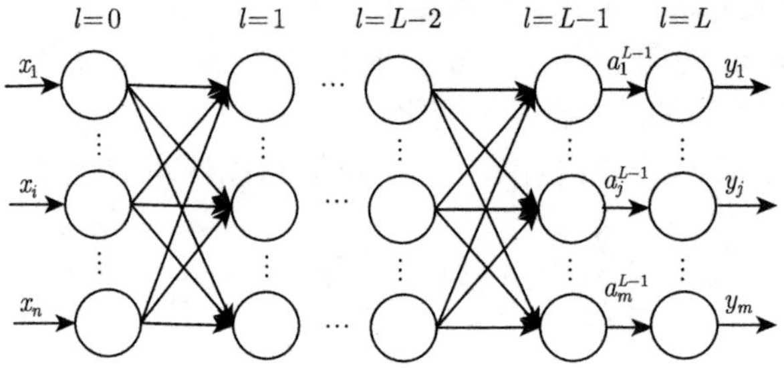

(b) 深度 FCN

图 3.2.2　FCN

2. FCN 的前向计算

在输入层, 神经元的输出就是输入本身; 在隐藏层和输出层, 每个神经元的输入是与其相连的上一层神经元输出的加权和, 每个神经元的输入通过激活函数映射为输出. 神经元输入到输出的映射过程如图 3.2.3 所示.

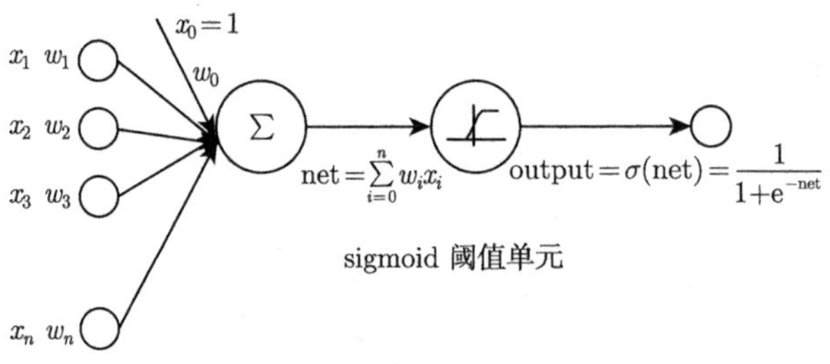

图 3.2.3　神经元输入到输出的映射过程

设第 l 层的第 j 个神经元的输入为 net_j^l, 偏置为 w_{jb}^l, 输出为 a_j^l, 则 $\mathrm{net}_j^l = \sum_i w_{ji}^l a_i^{l-1} + w_{jb}^l$, $a_j^l = f(\mathrm{net}_j^l)$. 比如, 在图 3.2.2(a) 所示的网络中, 若激活函数选择 sigmoid 函数, 则节点 4 的输出 $a_4 = \mathrm{sigmoid}(w_{41}x_1 + w_{42}x_2 + w_{43}x_3 + w_{4b})$, 节点 9 的输出 $y_2 = \mathrm{sigmoid}(w_{94}a_4 + w_{95}a_5 + w_{96}a_6 + w_{97}a_7 + w_{9b})$.

神经网络的输出是一个关于输入的非线性函数, 这个非线性函数决定网络的表达能力. 神经网络每增加一层, 从输入到输出的路径条数呈指数上升 (图 3.2.4, 各层神经元个数的乘积), 每条路径对应于输入信息的一系列非线性操作, 因此网络的表达能力随着层数的增加也相应增强. 一个浅层网络即使其隐藏层单元的个数、内部操作算子等与深层网络相同, 它的表达能力也远远低于深层网络.

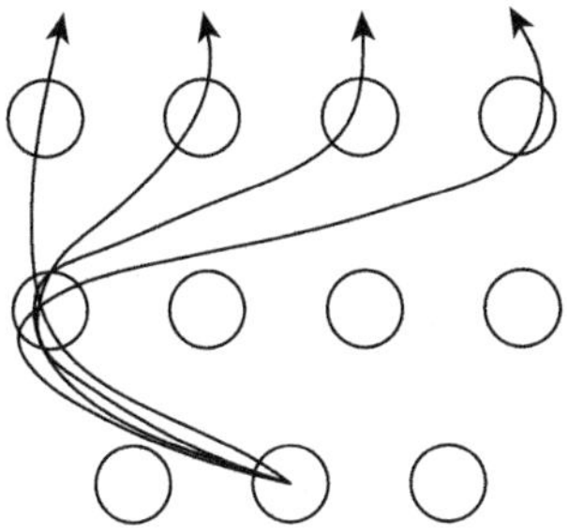

图 3.2.4 各层神经元个数的乘积

3. FCN 的学习

神经元之间不同的连接权重及不同的神经元偏置会产生不同的输出. 神经网络的学习过程就是调整各神经元的偏置及神经元之间的连接权值, 使得每个训练样本在输出层神经元上获得的输出与其期望输出间的误差最小. 全连接神经网络的学习使用误差反向传播 (back propagation, BP) 算法完成. 算法的基本思想为, 首先给所有神经元之间的连边赋予初始权值, 给每个隐藏层与输出层神经元赋予初始偏置; 然后迭代地处理每个训练样本, 输入它的特征, 计算实际输出和期望输出间的误差; 将误差从输出层经每个隐藏层到输入层 “后向传播”, 根据误差修改权值和神经元的偏置, 使实际输出与期望输出之间的误差最小.

设训练样本为 $(\boldsymbol{x}, \boldsymbol{t})$, 其中向量 $\boldsymbol{x}$ 是训练样本的特征, $\boldsymbol{t}$ 是训练样本的期望输出, $\boldsymbol{y}$ 是训练样本的实际输出. 假设输出层有 m 个神经元, 则样本期望输出与实际输出的误差 $E = \dfrac{1}{2}\sum\limits_{j=1}^{m}(t_j - y_j)^2$. 为使 E 最小, 采用梯度下降法求解: 随机选择初始权重和偏置值, 沿梯度下降的方向迭代修改权重和偏置的值, 经过数次迭代后的权重和偏置值即为模型的训练结果. 梯度是一个向量, 它指向 E 上升 (下降) 最快的方向. 由于每次都沿着梯度下降的方向去修改权重和偏置的值, 因此每次迭代 E

都向最小值方向靠近. 使 E 沿梯度方向下降的方式修正权值和偏置.

1) 输出层神经元的偏置和输出层与隐藏层神经元之间的权值的修正

设 w_{kj}^L 为输出层 (L 层) 第 k 个神经元与 L 层第 j 个神经元之间的连接权, w_{kb}^L 为输出层第 k 个神经元的偏置, 则 $w_{kj}^L \leftarrow w_{kj}^L - \eta\dfrac{\partial E}{\partial w_{kj}^L}$, $w_{kb}^L \leftarrow w_{kb}^L - \eta\dfrac{\partial E}{\partial w_{kb}^L}$, 其中 η 称为学习率, 用于控制每一步调整权的幅度.

计算 $\dfrac{\partial E}{\partial w_{kj}^L}$: 令 $\delta_k^L = -\dfrac{\partial E}{\partial \mathrm{net}_k^L}$, a_j^{L-1} 为 $L-1$ 层第 j 个神经元的输出.

$$\begin{aligned}\frac{\partial E}{\partial \mathrm{net}_k^L} &= \frac{\partial E}{\partial y_k}\frac{\partial y_k}{\partial \mathrm{net}_k^L} = \frac{\partial}{\partial y_k}\frac{1}{2}\sum_{i=1}^{m}(t_i - y_i)^2\frac{\partial \mathrm{sigmoid}(\mathrm{net}_k^L)}{\partial \mathrm{net}_k^L}\\ &= -(t_k - y_k)y_k(1-y_k)\end{aligned} \tag{3.2.5}$$

$$\frac{\partial E}{\partial w_{kj}^L} = \frac{\partial E}{\partial \mathrm{net}_k^L}\frac{\partial \mathrm{net}_k^L}{\partial w_{kj}^L} = -\delta_k^L\frac{\partial}{\partial w_{kj}^L}\left(\sum_i w_{ki}^L a_i^{L-1} + w_{kb}^L\right) = -\delta_k^L a_j^{L-1} \tag{3.2.6}$$

计算 $\dfrac{\partial E}{\partial w_{kb}^L}$:

$$\frac{\partial E}{\partial w_{kb}^L} = \frac{\partial E}{\partial \mathrm{net}_k^L}\frac{\partial \mathrm{net}_k^L}{\partial w_{kb}^L} = -\delta_k^L\frac{\partial}{\partial w_{kb}^L}\left(\sum_i w_{ki}^L a_i^{L-1} + w_{kb}^L\right) = -\delta_k^L \tag{3.2.7}$$

因此 $w_{kj}^L = w_{kj}^L + \eta\delta_k^L a_j^{L-1}$, $w_{kb}^L = w_{kb}^L + \eta\delta_k^L$.

2) 隐藏层神经元的偏置和两个隐藏层 (或隐藏层与输入层) 神经元之间权值的修正

设 w_{ji}^l 为隐藏层 l ($l = L-1, \cdots, 2, 1$) 层的第 j 个神经元与 $l-1$ 层的第 i 个神经元之间的连接权, w_{jb}^l 为 l 层的第 j 个神经元的偏置, 则 $w_{ji}^l \leftarrow w_{ji}^l - \eta\dfrac{\partial E}{\partial w_{ji}^l}$, $w_{jb}^l \leftarrow w_{jb}^l - \eta\dfrac{\partial E}{\partial w_{jb}^l}$.

计算 $\dfrac{\partial E}{\partial w_{ji}^l}$: 令 $\delta_k^l = -\dfrac{\partial E}{\partial \mathrm{net}_j^l}$, a_j^l 为 l 层第 j 个神经元的输出.

$$\begin{aligned}\frac{\partial E}{\partial \mathrm{net}_j^l} &= \sum_s \frac{\partial E}{\partial \mathrm{net}_s^{l+1}}\frac{\partial \mathrm{net}_s^{l+1}}{\partial \mathrm{net}_j^l} = \sum_s -\delta_s^{l+1}\frac{\partial \mathrm{net}_s^{l+1}}{\partial \mathrm{net}_j^l} = \sum_s -\delta_s^{l+1}\frac{\partial \mathrm{net}_s^{l+1}}{\partial a_j^l}\frac{\partial a_j^l}{\partial \mathrm{net}_j^l}\\ &= \sum_s -\delta_s^{l+1}w_{sj}\frac{\partial a_j^l}{\partial \mathrm{net}_j^l} = \sum_s -\delta_s^{l+1}w_{sj}a_j^l(1-a_j^l) = -a_j^l(1-a_j^l)\sum_s \delta_s^{l+1}w_{sj}\end{aligned} \tag{3.2.8}$$

计算 $\dfrac{\partial E}{\partial w_{jb}^l}$:

$$\frac{\partial E}{\partial w_{jb}^l}=\frac{\partial E}{\partial \mathrm{net}_j^l}\frac{\partial \mathrm{net}_j^l}{\partial w_{jb}^l}=-\delta_j^l\frac{\partial}{\partial w_{jb}^l}\left(\sum_s w_{js}^l a_s^{l-1}+w_{jb}^l\right)=-\delta_j^l \tag{3.2.9}$$

因此 $w_{ji}^l \leftarrow w_{ji}^l+\eta\delta_j^l a_i^{l-1}$, $w_{jb}^l \leftarrow w_{jb}^l+\eta\delta_j^l$.

比如, 图 3.2.2 (a) 中 $\delta_8=y_1(1-y_1)(t_1-y_1)$, $\delta_4=a_4(1-a_4)(w_{84}\delta_8+w_{94}\delta_9)$, $w_{84}\leftarrow w_{84}+\eta\delta_8 a_4$, $w_{8b}\leftarrow w_{8b}+\eta\delta_8$, $w_{41}\leftarrow w_{41}+\eta\delta_4 x_1$, $w_{4b}\leftarrow w_{4b}+\eta\delta_4$.

权重的更新方式可以基于训练数据中的所有样本进行, 这种方式称为批梯度下降 (batch gradient descent, BGD). 如果训练样本非常大, 比如数百万到数亿, 那么 BGD 计算量异常巨大. 实用的算法是随机梯度下降算法 (stochastic gradient descent, SGD), 每次迭代只计算一个样本, 这样对于一个具有数百万样本的训练数据, 完成一次遍历就会对权重更新数百万次, 效率大大提升. 尽管由于样本的噪声和随机性, 每次更新并不一定都沿着 E 减少的方向, 但大量的更新总体上是沿着 E 减少的方向前进的, 因此最后也能收敛到最小值附近. 当目标函数是凸函数时, 梯度下降法能找到全局唯一的最小值. 当目标函数是非凸函数时, 函数存在许多局部最小值. SGD 的随机性有助于逃离某些很糟糕的局部最小值, 从而获得一个更好的模型.

学习结束的条件可以是以下条件之一:

- 误差 E 小于设定阈值 ε, 此时认为网络收敛, 结束迭代;
- 前一次迭代完成时所有的权值变化都很小, 小于某个设定阈值;
- 迭代次数大于某个设定阈值.

BP 算法描述如算法 3.2.1 所示.

算法 3.2.1 BP 算法

输入: 训练数据集 $\boldsymbol{D}$, FCN 结构, 学习率 η

输出: 经过训练的 FCN

步骤:

1\. 在区间 $[-1,1]$ 上随机初始化 FCN 中每条边的权值、每个隐藏层与输出层神经元的偏置

2\. **while** 结束条件不满足

3\. **for** $\boldsymbol{D}$ 中每个训练样本 $\boldsymbol{x}$

4\. **for** 隐藏层与输出层中每个单元 j

5\. $\mathrm{net}_j^L=\sum_s w_{js}^L a_s^{L-1}+w_{jb}^{L+1}$, $a_j^L=\dfrac{1}{1+\mathrm{e}^{-\mathrm{net}_j^L}}$

6\. **end for**

for 输出层中每个单元 k
$\delta_k^{L+1} = (t_k - y_k)y_k(1 - y_k)$
end for
for 隐藏层中每个单元 j
$\delta_j^l = a_j^l(1 - a_j^l)\sum\limits_s \delta_s^{l+1} w_{sj}$
end for
for NT 中每条有向加权边的权值 w_{ji}^l, $l = L, L-1, \cdots, 2, 1$
$w_{ji}^l \leftarrow w_{ji}^l + \eta\delta_j^l a_i^{l-1}$
end for
for 隐藏层与输出层中每个单元的偏置 w_{jb}^l, $l = L, L-1, \cdots, 2, 1$
$w_{jb}^l \leftarrow w_{jb}^l + \eta\delta_j^l$
end for
end for
end while

BP 算法的学习过程由前向传播和反向传播组成. 在前向传播过程中, 训练样本从输入层经隐藏层传向输出层, 每一层神经元的状态只影响下一层神经元的状态; 在反向传播过程中, 输出层不能得到期望输出, 则将误差沿原来的连接通路传回, 通过修改权值和偏置使误差最小.

3.2.3 玻尔兹曼机

1. 玻尔兹曼机的结构

玻尔兹曼机 (Boltzmann machine, BM) 是一种具有无监督学习能力的神经网络模型. 模型是一种对称耦合的随机反馈型二值单元神经网络, 由一个输入 (可见单元) 层和多个隐藏单元层组成, 用可见单元和隐藏单元表示随机网络与随机环境的学习模型. 每个神经元都是状态为 1(激活) 或 0(不激活) 的二元变量, 激活的概率满足 sigmoid 函数, 同一层的神经元和相邻层间的神经元之间都可以连接, 权值表示单元之间的相关性, 如图 3.2.5 (a) 所示. BM 模型能够描述变量之间的相互高阶作用, 但是算法复杂, 不易应用.

受限玻尔兹曼机 (restricted Boltzmann machine, RBM) 将 BM 限定为只有一个可见单元层和一个隐藏单元层的两层随机神经网络, 并且进一步限定同一层内的神经元之间无连接 (相互独立), 只有层间神经元之间才可以相互连接, 如图 3.2.5 (b) 所示, 从而大幅提高了 BM 的学习效率.

深度玻尔兹曼机 (deep Boltzmann machine, DBM) 有一个可见层和多个隐藏层, 并且只有相邻隐藏层的神经元之间才可以连接, 相当于在 RBM 中增加了隐藏层的层数, 如图 3.2.5 (c) 所示.

深度信念网络 (deep belief network, DBN) 是由多个 RBM 串联堆叠的深层模型. 当学习完一个 RBM 后, 算法就固定这个 RBM 的权值, 然后在这个 RBM 的上面叠加一层新的隐藏层单元, 使原来 RBM 的隐藏层变为它的输入层, 这样就构造了一个新的 RBM, 之后, 再用同样的方法学习它的权值. 依此类推, 可以叠加多个 RBM, 从而构成一个 DBN, 如图 3.2.5(d) 所示.

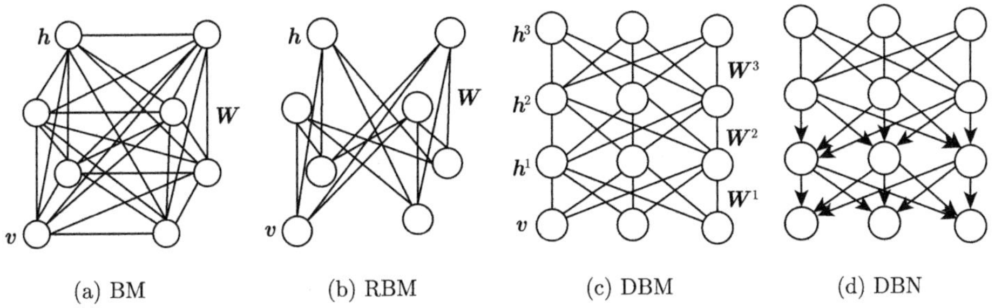

图 3.2.5　BM, RBM, DBM, DBN 的结构

对于一个 RBM, 如果把隐藏层的层数增加, 可以得到一个 DBM; 如果在靠近可见层的部分使用贝叶斯信念网络 (即有向图模型), 而在远离可见层的部分使用 RBM, 则可以得到一个 DBN.

将 RBM 学习到的权值作为 DBN 的初始权值, 再用 BP 反向传播算法对权值进行微调, 就形成了 DBN 的学习方法. 因此, DBN 的学习包含非监督学习和有监督学习, 在进行有监督学习之前先进行非监督学习, 然后将非监督学习学到的权值当作有监督学习的初值进行训练. 可以说, DBN 是一种能够通过概率大小学习的神经网络. 在深度学习中, 先进行无监督的预训练, 再进行有监督的训练, 结果通常比从一开始就进行有监督的训练要好. 这是因为预训练给学习器施加了一个正则化的效果, 将网络参数训练得到一组合适的初始值, 从这组初始值出发能使网络容易地收敛到对应于更高泛化能力的局部极小值.

2. RBM 的学习

RBM 是一种基于能量 (energy-based) 的模型, 其可见变量 $\boldsymbol{v}$ 和隐藏变量 $\boldsymbol{h}$ 联合配置 (joint configuration) 的能量为 $E(\boldsymbol{v},\boldsymbol{h};\theta)=-\sum\limits_{ij}W_{ij}v_ih_j-\sum\limits_{i}b_iv_i-\sum\limits_{j}a_jh_j$, 其中 θ 是 RBM 的参数 $\{\boldsymbol{W},\boldsymbol{a},\boldsymbol{b}\}$, $\boldsymbol{W}$ 为可见单元和隐藏单元之间的连接权重, $\boldsymbol{b}$ 和 $\boldsymbol{a}$ 分别为可见单元和隐藏单元的偏置.

基于 $\boldsymbol{v}$ 和 $\boldsymbol{h}$ 联合配置的能量 $E(\boldsymbol{v},\boldsymbol{h};\theta)$, 可以计算 $\boldsymbol{v}$ 和 $\boldsymbol{h}$ 的联合概率 $P_\theta(\boldsymbol{v},\boldsymbol{h})=\dfrac{1}{Z(\theta)}\exp(-E(\boldsymbol{v},\boldsymbol{h};\theta))$, 其中 $Z(\theta)$ 是归一化因子. $P_\theta(\boldsymbol{v},\boldsymbol{h})$ 也可以写为

$$P_\theta(\boldsymbol{v},\boldsymbol{h})=\frac{1}{Z(\theta)}\exp\left(\sum_{i=1}^{V}\sum_{j=1}^{H}W_{ij}v_ih_j+\sum_{i=1}^{V}b_iv_i+\sum_{j=1}^{H}a_jh_j\right)\tag{3.2.10}$$

$P_\theta(\boldsymbol{v},\boldsymbol{h})$ 对 $\boldsymbol{h}$ 的边缘分布 $P_\theta(\boldsymbol{v})$ 为 $P_\theta(\boldsymbol{v})=\frac{1}{Z(\theta)}\sum_{\boldsymbol{h}}\exp\left(\boldsymbol{v}^{\mathrm{T}}\boldsymbol{W}\boldsymbol{h}+\boldsymbol{a}^{\mathrm{T}}\boldsymbol{h}+\boldsymbol{b}^{\mathrm{T}}\boldsymbol{v}\right)$. RBM 的参数可以通过最大化 $P_\theta(\boldsymbol{v})$ 获得. 定义目标函数 $J(\theta)=\frac{1}{N}\sum_{n=1}^{N}\log\left(P_\theta(\boldsymbol{v}^{(n)})\right)$, 其中 N 是样本数目. 通过随机梯度下降实现 $J(\theta)$ 的最大化, 因此需要计算 $J(\theta)$ 的偏导数.

计算 $\frac{\partial J(\theta)}{\partial W_{ij}}$:

$$\begin{aligned}\frac{\partial J(\theta)}{\partial W_{ij}}&=\frac{1}{N}\sum_{n=1}^{N}\frac{\partial}{\partial W_{ij}}\log\left(\sum_{\boldsymbol{h}}\exp\left({\boldsymbol{v}^{(n)}}^T\boldsymbol{W}\boldsymbol{h}+\boldsymbol{a}^T\boldsymbol{h}+\boldsymbol{b}^T\boldsymbol{v}^{(n)}\right)\right)-\frac{\partial}{\partial W_{ij}}\log Z(\theta)\\&=E_{P_{\mathrm{data}}}[v_ih_j]-E_{P_\theta}[v_ih_j]=E_{P_{\mathrm{data}}}[v_ih_j]-\sum_{\boldsymbol{v},\boldsymbol{h}}v_ih_jP_\theta(\boldsymbol{v},\boldsymbol{h})\end{aligned}\tag{3.2.11}$$

其中 $E_{P_{\mathrm{data}}}[v_ih_j]$ 通过在全部数据集上计算 v_ih_j 的平均值获得, 而 $\sum_{\boldsymbol{v},\boldsymbol{h}}v_ih_jP_\theta(\boldsymbol{v},\boldsymbol{h})$ 的计算涉及 $\boldsymbol{v}$, $\boldsymbol{h}$ 的所有组合, 计算量非常大. 为此, 使用对比散度 (contrastive divergence, CD) 法计算.

CD 的基本框架如图 3.2.6 所示. 首先根据数据 $\boldsymbol{v}$ 计算 $\boldsymbol{h}$ 的状态, 然后使用 $\boldsymbol{h}$ 重构可见向量 $\boldsymbol{v}^1$, 再根据 $\boldsymbol{v}^1$ 来生成新的隐藏向量 $\boldsymbol{h}^1$. 因为 RBM 的特殊结构 (层内无连接、层间有连接), 所以在给定 $\boldsymbol{v}$ 时, 各个隐藏单元 h_j 的激活状态是相互独立的. 同理, 在给定 $\boldsymbol{h}$ 时, 各个可见单元的激活状态 v_i 也是相互独立的. 因此, $P(\boldsymbol{h}|\boldsymbol{v})=\prod_j P(h_j|\boldsymbol{v})$, $P(\boldsymbol{v}|\boldsymbol{h})=\prod_i P(v_i|\boldsymbol{h})$, 其中 $P(h_j=1|\boldsymbol{v})=\frac{1}{1+\exp\left(-\sum_i W_{ij}v_i-b_j\right)}$, $P(v_i=1|\boldsymbol{h})=\frac{1}{1+\exp\left(-\sum_j W_{ij}h_j-a_i\right)}$.

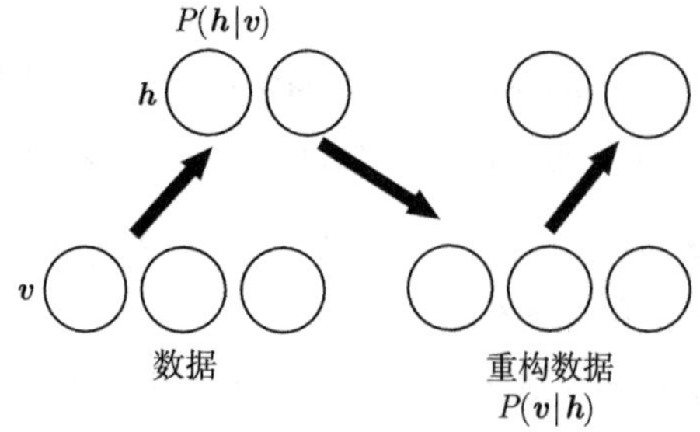

图 3.2.6　CD 框架

重构的可见向量 $\boldsymbol{v}^1$ 和隐藏向量 $\boldsymbol{h}^1$ 就是对 $P_\theta(\boldsymbol{v},\boldsymbol{h})$ 的一次抽样, 多次抽样得到的样本集合可以看作是对 $P_\theta(\boldsymbol{v},\boldsymbol{h})$ 的一种近似, 使 $\dfrac{\partial L(\theta)}{\partial W_{ij}}$ 的计算变得可行.

RBM 的权重学习算法如算法 3.2.2 所示.

算法 3.2.2 RBM 算法

输入: 训练数据集 $\boldsymbol{D}$, RBM 结构, 迭代次数 K

输出: 经过训练的 RBM

步骤:

1. **for** $k=1$ to K
2.   **for** $\boldsymbol{D}$ 中每个训练样本 $\boldsymbol{x}$
3. $\boldsymbol{v}=\boldsymbol{x}$ //把可见变量的状态设置为样本数据
4.   随机初始化 $\boldsymbol{W}$
5.   根据 $P(\boldsymbol{h}|\boldsymbol{v})$ 更新隐藏变量的状态, 即 h_j 以 $P(h_j=1|\boldsymbol{v})$ 的概率设置为状态 1, 否则为 0. 对于每条边 v_ih_j 计算 $P_{\text{data}}(v_ih_j)=v_i\times h_j,\ v_i,h_j\in\{0,1\}$
6.   根据 $\boldsymbol{h}$ 的状态和 $P(v_i=1|\boldsymbol{h})$ 重构 $\boldsymbol{v}^1$, 并根据 $\boldsymbol{v}^1$ 和 $P(h_j=1|\boldsymbol{v})$ 确定 $\boldsymbol{h}^1$, 计算 $P_{\text{mod el}}(v_i^1h_j^1)=v_i^1\times h_j^1$
7.   更新边 v_ih_j 的权重 W_{ij} 为 $W_{ij}=W_{ij}+\alpha\left(P_{\text{data}}(v_ih_j)-P_{\text{mod el}}(v_i^1h_j^1)\right)$
8.   **end for**
9. **end for**

3.2.4 自编码器

自编码器 (auto-encoder, AE) 是一种无监督的深度学习模型, 可以将模型的输入复制到模型的输出. 在完成复制任务的学习过程中, 自编码器可以学习到数据的压缩表示, 使用这些压缩表示能够将输入重构出来. 比如每个输入样本包含 100 个特征, 隐藏层包含 50 个神经元, 输出层包含 100 个神经元, 那么学习结束之后, 隐藏层 50 个神经元的输出就是一个输入样本的压缩表示, 输出层 100 个神经元的输出就是从 50 维的压缩数据中重构出的样本. 如果重构样本与原始样本之间的差异足够小, 那么说明输入样本的压缩表示已经以一种不同的形式承载了原始数据的所有信息, 也就是神经网络的输入层到隐藏层的映射自动完成了特征提取, 所以可以说自编码器是学习输入数据特征表达的一种方法, 也可以看作是一种数据的压缩算法.

自编码器和受限玻尔兹曼机的激活函数都是 sigmoid 函数, 学习原则也一致, 都可以看成是将数据的似然概率最大化, 只是实现方式不同.

1. 自编码器的结构

自编码器通常包含编码器和解码器两部分. 编码器将原始特征表示编码到潜在空间中, 解码器则试图从潜在空间重建原始表示. 自编码器的结构如图 3.2.7 所示, 其中图 3.2.7 (a) 表示的是框图结构, 图 3.2.7 (b) 表示的是一个只包含一个隐藏层的三层网络结构, $\boldsymbol{x}$ 表示输入样本, $\boldsymbol{y}$ 表示对 $\boldsymbol{x}$ 的编码, $\tilde{\boldsymbol{x}}$ 表示解码结果, 即对 $\boldsymbol{x}$ 的重构. 从图 3.2.7 (b) 可见, 自编码器的网络结构是一个全连接网络.

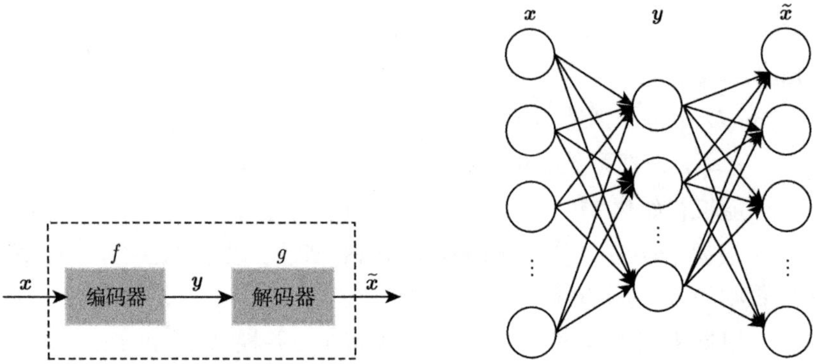

(a) 框图结构　　(b) 普通的自编码器结构

图 3.2.7　自编码器的结构

2. 自编码器的前向计算

由于自编码器包含编码器和解码器两个部分, 所以自编码器的前向计算分为编码器的前向计算和解码器的前向计算.

1) 编码器的前向计算

设 $\boldsymbol{x}_i$ 是第 i 个输入样本, $\boldsymbol{y}_i^l$ 是编码器第 l 层神经元的输出, $\boldsymbol{z}_i$ 是第 i 个输入样本的编码表示, $\boldsymbol{W}^l$ 是编码器第 l 层与第 $l-1$ 层神经元之间的连接权重矩阵, $\boldsymbol{b}^l$ 是编码器第 l 层神经元的偏置, f 是激活函数. 编码器的前向计算如式 (3.2.12)~(3.2.14) 所示.

$$\boldsymbol{y}_i^1 = f(\boldsymbol{W}^1\boldsymbol{x}_i + \boldsymbol{b}^1) \tag{3.2.12}$$

$$\boldsymbol{y}_i^l = f(\boldsymbol{W}^l\boldsymbol{y}_i^{l-1} + \boldsymbol{b}^l), \quad l = 2, \cdots, L \tag{3.2.13}$$

$$\boldsymbol{z}_i = \boldsymbol{y}_i^{L+1} = f(\boldsymbol{W}^{L+1}\boldsymbol{y}_i^L + \boldsymbol{b}^{L+1}) \tag{3.2.14}$$

$\boldsymbol{y}_i^l$ 可以看作是输入样本在第 l 层的编码表示. 深层网络能够逐层地学习原始数据的多种表达, 每一层的表达都以低一层的表达为基础, 但往往更抽象, 更加适合复杂的分类等任务.

2) 解码器的前向计算

设 $\boldsymbol{z}_i$ 是第 i 个输入样本的编码表示, $\tilde{\boldsymbol{y}}_i^l$ 是解码器第 l 层神经元的输出, $\tilde{\boldsymbol{W}}^l$ 是编码器第 $l-1$ 层与第 l 层神经元之间的连接权重矩阵, $\tilde{\boldsymbol{b}}^l$ 是解码器第 l 层神经元的偏置, $\tilde{\boldsymbol{x}}_i$ 是第 i 个样本的重构, f 是激活函数. 解码器的前向计算如式 (3.2.15)~(3.2.17) 所示.

$$\tilde{\boldsymbol{y}}_i^L = f(\tilde{\boldsymbol{W}}^{L+1}\boldsymbol{z}_i + \tilde{\boldsymbol{b}}^{L+1}) \tag{3.2.15}$$

$$\tilde{\boldsymbol{y}}_i^{l-1} = f(\tilde{\boldsymbol{W}}^l\tilde{\boldsymbol{y}}_i^l + \tilde{\boldsymbol{b}}^l), \quad l = L, L-1, \cdots, 2 \tag{3.2.16}$$

$$\tilde{\boldsymbol{x}}_i = f(\tilde{\boldsymbol{W}}^1\tilde{\boldsymbol{y}}_i^1 + \tilde{\boldsymbol{b}}^1) \tag{3.2.17}$$

3. 自编码器的学习

自编码器的学习是指获得编码器和解码器参数 ($\boldsymbol{W}$, $\boldsymbol{b}$ 和 $\tilde{\boldsymbol{W}}$, $\tilde{\boldsymbol{b}}$) 的过程, 目的是最小化原始特征表达 $\boldsymbol{x}$ 与重构表达 $\tilde{\boldsymbol{x}}$ 之间的差异. 误差函数定义为 $E = \sum\limits_i ||\boldsymbol{x}_i - \tilde{\boldsymbol{x}}_i||_2^2$, 也可以定义为交叉熵. 类似于全连接网络, 自编码器的学习使用误差反向传播算法完成. 首先前向计算每个神经元的输出值 $\boldsymbol{y}_i^l$ 和 $\tilde{\boldsymbol{y}}_i^l$; 接着反向计算每个神经元的误差值 δ; 然后计算神经元之间连接权重和神经元偏置的梯度 $\dfrac{\partial E}{\partial \boldsymbol{W}}$, $\dfrac{\partial E}{\partial \boldsymbol{b}}$ 和 $\dfrac{\partial E}{\partial \tilde{\boldsymbol{W}}}$, $\dfrac{\partial E}{\partial \tilde{\boldsymbol{b}}}$; 最后根据梯度下降法则更新每个权重和偏置.

网络学习完成后, 网络将具备 $\boldsymbol{x} \to \boldsymbol{y} \to \boldsymbol{x}$ 的能力. $\boldsymbol{y}$ 是在尽量不损失信息的情况下, 对原始数据的另一种表达.

3.2.5 卷积神经网络

全连接神经网络在很多领域得到了很好的应用, 但是全连接神经网络不太适合图像识别任务, 主要原因是:

- 参数数量太多. 考虑一个输入 1000×1000 像素的图片, 输入层有 1000×1000 = 100 万个节点. 假设第一个隐藏层有 100 个节点, 那么仅这一层就有 (1000×1000+1)×100 = 1 亿个参数. 图像只扩大一点, 参数数量就会多很多, 因此它的扩展性很差.

- 没有利用像素之间的位置信息. 对于图像识别任务来说, 邻近像素间的关联较强, 距离较远的像素间的关联较弱. 如果一个神经元和上一层所有神经元相连, 相当于把图像的所有像素都等同看待, 像素之间的位置信息没有得到利用.

- 网络层数限制. 网络层数越多其表达能力越强, 但是通过梯度下降方法训练深度全连接神经网络很困难, 因为全连接神经网络的梯度传递很难超过 3 层. 因此, 不可能得到一个很深的全连接神经网络, 也就限制了它的能力.

卷积神经网络通过如下改进能很好地完成图像、语音识别的任务:

• 局部连接. 每个神经元不再和上一层的所有神经元相连, 而只和一小部分神经元相连, 从而减少了很多参数.

• 权值共享. 一组连接可以共享同一个权值和偏置, 而不是每个连接有一个不同的权重, 每个神经元有一个偏置, 这又减少了很多参数.

• 下采样. 使用池化来减少每层的样本数, 进一步减少参数数量, 同时还可以提升模型的鲁棒性.

• 选择 relu 函数作为激活函数. relu 函数由于只涉及与 0 的比较, 在输入小于 0 时完全不激活, 且函数的导数是 1, 因此具有速度快, 激活率低, 能够减轻梯度消失等优点.

1. 卷积神经网络的结构

一个卷积神经网络 (convolutional neural network, CNN) 由若干卷积层、池化层、全连接层组成, 如图 3.2.8 所示.

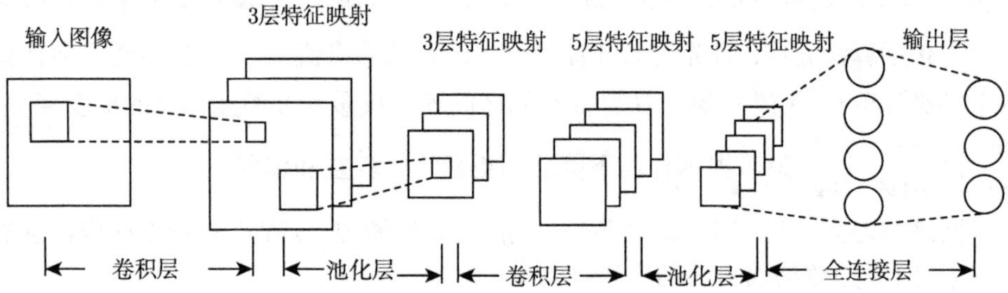

图 3.2.8　CNN 的结构

图 3.2.8 中全连接神经网络每层的神经元是按照一维排列, 即排成一条线的样子; 而卷积神经网络每层的神经元按照三维排列, 也就是排成一个长方体的样子, 有宽度、高度和深度.

输入层的宽度和高度对应于输入图像的宽度和高度, 深度为 1.

第一个卷积层是使用卷积核滤波器对输入图像进行卷积操作, 得到特征映射. 特征映射可以看作是通过卷积变换提取到的图像特征. 特征映射的个数由卷积层包含的卷积核滤波器个数决定, 卷积核滤波器个数是一个超参数. 一个卷积核滤波器就是一套参数, 每个卷积核滤波器都可以对原始输入图像进行卷积得到一个特征映射. 图 3.2.8 中第一个卷积层包含 3 个卷积核滤波器, 可对原始图像提取出三组不同的特征, 得到 3 个特征映射, 也称作三个通道 (channel).

池化层对特征映射做下采样, 得到更小的特征映射.

第二个卷积层把通过下采样得到的更小的特征映射卷积在一起, 得到一个新的特征映射. 图 3.2.8 中第二个卷积层包含 5 个卷积核滤波器, 每个卷积核滤波器都把前面下采样之后的 3 个特征映射卷积在一起, 得到一个新的特征映射. 5 个卷积核滤波器就得到了 5 个特征映射.

第二个池化层继续对 5 个特征映射进行下采样, 得到了 5 个更小的特征映射.

如图 3.2.8 所示, 网络的最后两层是全连接层. 第一个全连接层的每个神经元, 和上一层 5 个特征映射中的每个神经元相连, 第二个全连接层 (也就是输出层) 的每个神经元, 则和第一个全连接层的每个神经元相连.

2. CNN 前向计算

CNN 输出值的计算包括卷积层输出值的计算、池化层输出值的计算和全连接层输出值的计算.

1) 卷积层的前向计算

卷积时为了提取图像边缘部分的特征, 通常在原始图像周围补 P 圈的 0, 称为零填充 (zero padding). 卷积时卷积核滤波器移动的行数或列数称为步幅 S, S 可以为 1, 也可以设为大于 1 的数. 设 W_1 和 H_1 分别是卷积前图像的宽度和高度, W_2 和 H_2 分别是卷积后特征映射的宽度和高度, F 是卷积核滤波器的宽度 (高度与宽度相同), 则图像大小、步幅和卷积后的特征映射大小之间的关系为

$$W_2 = \frac{W_1 - F + 2P}{S + 1} \tag{3.2.18}$$

比如, 图像宽度 $W_1=5$, 高度 $H_1=5$, 卷积核滤波器宽度 $F=3$, 零填充 $P=0$, 步幅 $S=1$, 则 $W_2=(5-3+0)/1+1=3$, $H_2=(5-3+0)/1+1=3$, 特征映射的大小为 3×3. 同理, 若 $S=2$, 则 $W_2=2$, $H_2=2$, 表示当步幅为 2 时, 特征映射就变成 2×2 了.

设 $x_{i,j}$ 表示图像第 i 行第 j 列的元素, $w_{m,n}$ 表示卷积核滤波器第 m 行第 n 列的权重, w_b 表示卷积核滤波器的偏置项, $a_{i,j}$ 表示特征映射第 i 行第 j 列的元素, f 表示激活函数, 则卷积计算的方式为

$$a_{i,j} = f\left(\sum_{m=0}^{F-1}\sum_{n=0}^{F-1} w_{m,n}x_{i+m,j+n} + w_b\right) \tag{3.2.19}$$

比如, 一个 5×5 的图像, 使用一个 3×3 的卷积核滤波器 $=\begin{bmatrix} 1 & 0 & 1 \\ 0 & 1 & 0 \\ 1 & 0 & 1 \end{bmatrix}$ 对其进行卷积, 步幅 $S=1$, 结果为一个 3×3 的特征映射. 部分卷积过程如图 3.2.9 所示, 其中, 卷积核滤波器的偏置项 $w_b=0$,

$$a_{0,0} = f\left(\sum_{m=0}^{2}\sum_{n=0}^{2} w_{m,n}x_{0+m,0+n} + w_b\right)$$

$$
\begin{aligned}
&= \text{relu}(w_{0,0}x_{0,0} + w_{0,1}x_{0,1} + w_{0,2}x_{0,2} + w_{1,0}x_{1,0} + w_{1,1}x_{1,1} \\
&\quad + w_{1,2}x_{1,2} + w_{2,0}x_{2,0} + w_{2,1}x_{2,1} + w_{2,2}x_{2,2}) \\
&= \text{relu}(4) = 4
\end{aligned}
$$

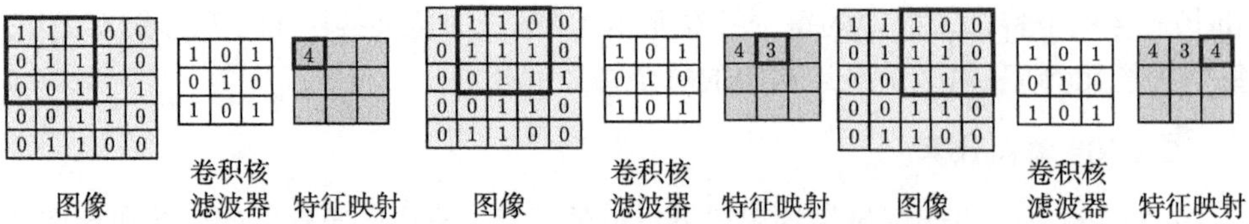

图 3.2.9　步幅为 1 时图像与卷积核滤波器的卷积过程

当步幅为 $S=2$ 时, 特征映射就变成 2×2 了, 特征映射的计算如图 3.2.10 所示.

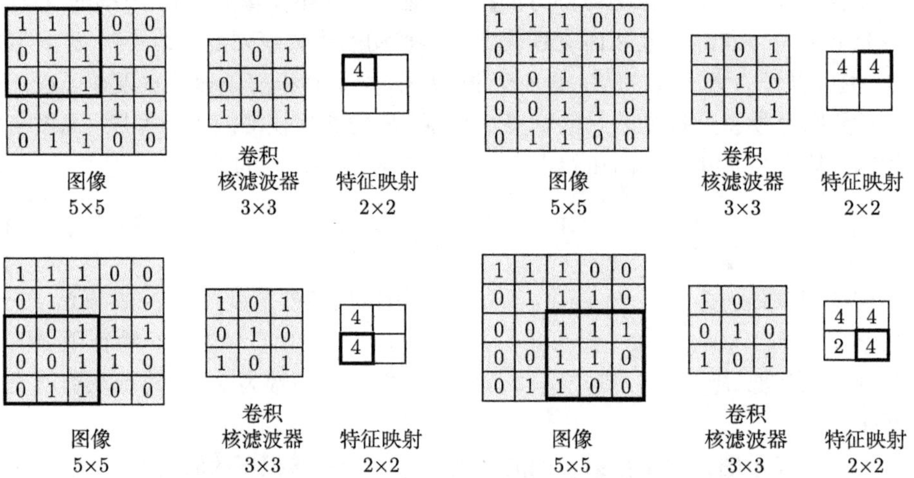

图 3.2.10　步幅为 2 时图像与卷积核滤波器的卷积过程

如果卷积前的图像深度为 D, 那么卷积核滤波器的深度也必须为 D. 设 $w_{d,m,n}$ 表示卷积核滤波器的第 d 面第 m 行第 n 列权重, $x_{d,i,j}$ 表示图像的第 d 面第 i 行第 j 列元素, 深度大于 1 的卷积按公式 (3.2.21) 计算.

$$
a_{i,j} = f\left(\sum_{d=0}^{D-1}\sum_{m=0}^{F-1}\sum_{n=0}^{F-1} w_{d,m,n}x_{d,i+m,j+n} + w_b\right) \tag{3.2.20}
$$

由于每个卷积层可以有多个卷积核滤波器, 每个卷积核滤波器和原始图像进行卷积后, 都可以得到一个特征映射. 因此, 卷积后特征映射的深度 (面个数) 和卷积层的卷积核滤波器个数相同. 图 3.2.11 展示了包含两个卷积核滤波器的卷积层的计算, 其中 $P=1$, 步幅 $S=2$. 可以看到 7×7×3 输入, 经过两个 3×3×3 卷积核滤波器的卷积, 得到了 3×3×2 的输出.

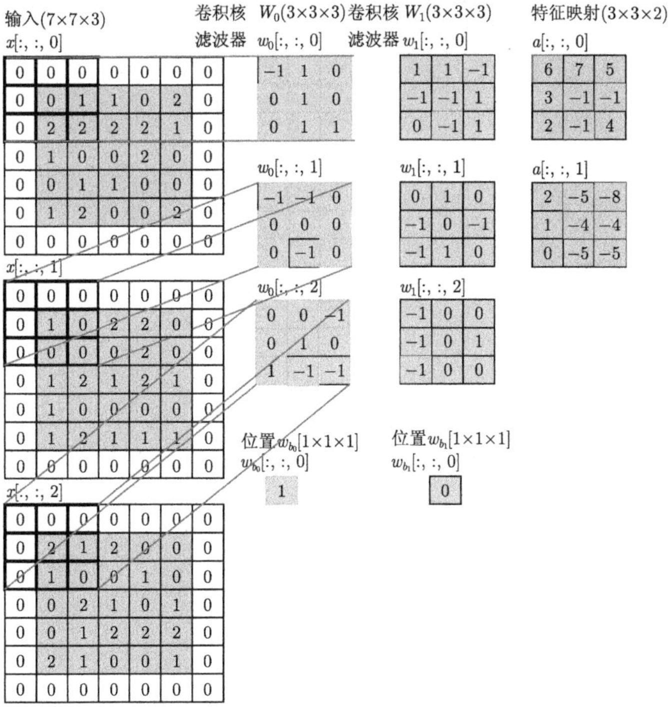
输入(7×7×3)
x[:, :, 0]
x[:, :, 1]
x[:, :, 2]
卷积核 W0(3×3×3)
滤波器 w0[:, :, 0]
w0[:, :, 1]
w0[:, :, 2]
卷积核 W1(3×3×3)
滤波器 w1[:, :, 0]
w1[:, :, 1]
w1[:, :, 2]
位置 wb0[1×1×1]
wb0[:, :, 0]
位置 wb1[1×1×1]
wb1[:, :, 0]
特征映射(3×3×2)
a[:, :, 0]
a[:, :, 1]

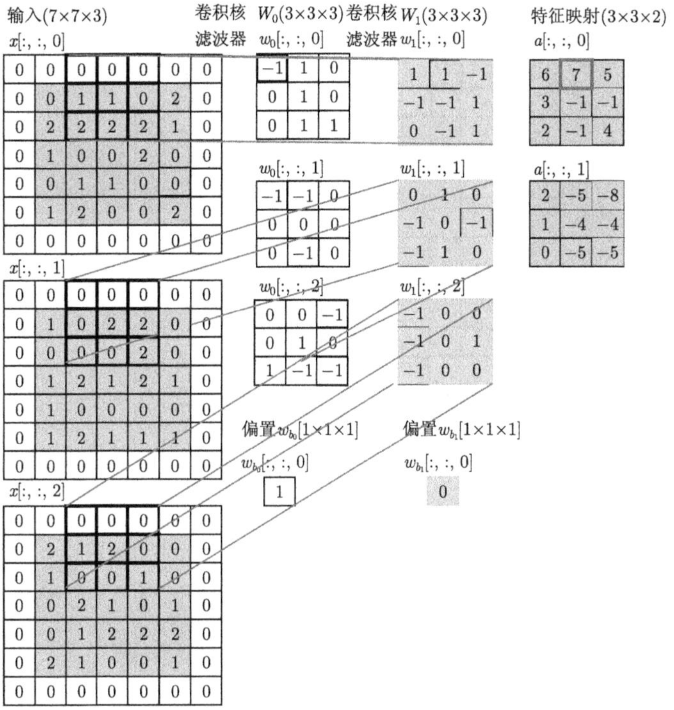
输入(7×7×3)
x[:, :, 0]
x[:, :, 1]
x[:, :, 2]
卷积核 W0(3×3×3)
滤波器 w0[:, :, 0]
w0[:, :, 1]
w0[:, :, 2]
卷积核 W1(3×3×3)
滤波器 w1[:, :, 0]
w1[:, :, 1]
w1[:, :, 2]
偏置 wb0[1×1×1]
wb0[:, :, 0]
偏置 wb1[1×1×1]
wb1[:, :, 0]
特征映射(3×3×2)
a[:, :, 0]
a[:, :, 1]

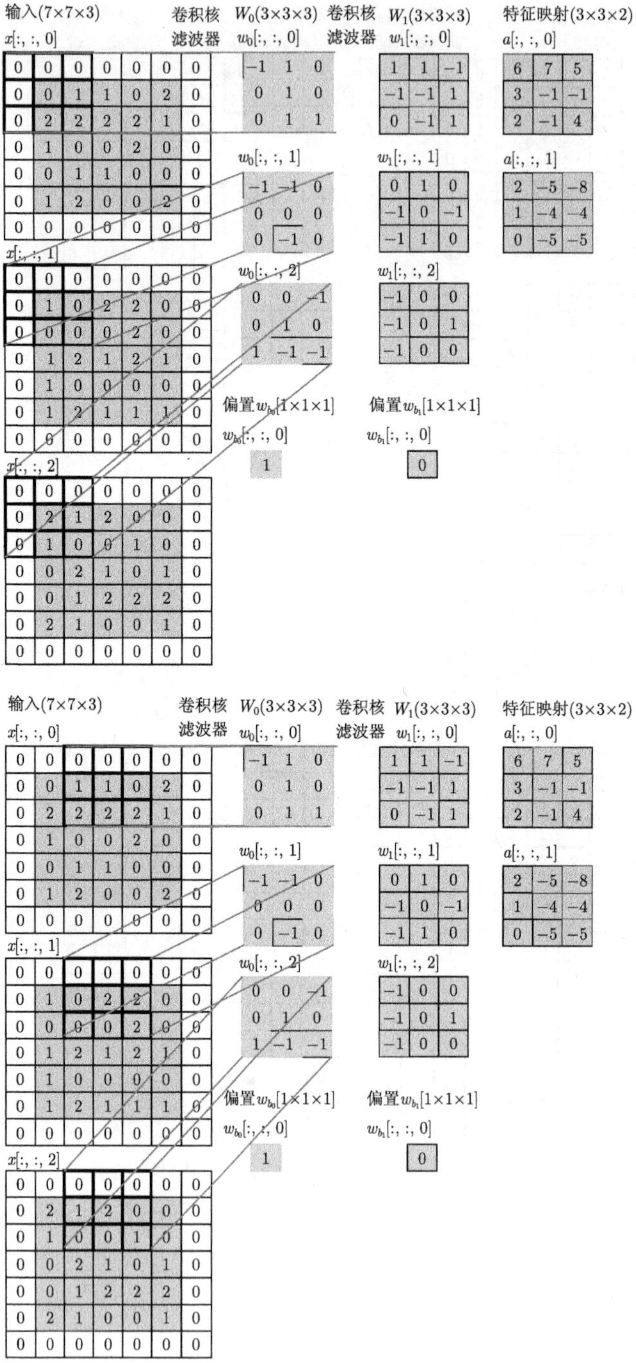

图 3.2.11　包含两个滤波器的卷积层的计算

卷积层的计算方法应用了局部连接和权值共享. 局部连接是指每层神经元只和上一层部分神经元相连, 权值共享是指滤波器的权值对上一层所有神经元都是一样的, 且参数数量与上一层神经元个数无关. 对于包含两个 3×3×3 的卷积核滤波器的卷积层来说, 其参数数量仅有 (3×3×3+1)×2=56 个. 与全连接神经网络相比, 其参数数量大大减少了.

2) 池化层的前向计算

池化层的主要作用是下采样, 通过去掉特征映射中不重要的特征, 进一步减少参数数量. 池化的方法很多, 比如最大池化 (max pooling)、均值池化 (mean pooling). 最大池化是在 $n \times n$ 的样本中取最大值作为采样后的样本值, 而均值池化是取各样本的平均值作为采样后的样本值. 图 3.2.12 展示的是深度为 1 的特征映射 (feature map) 的 2×2 最大池化.

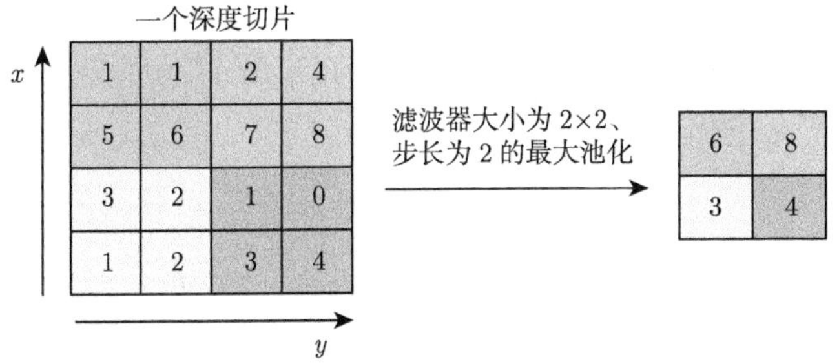

图 3.2.12 深度为 1 的特征映射的 2×2 最大池化

对于深度为 D 的特征映射, 各个特征映射独立做池化, 因此, 池化后的深度仍然为 D.

3) 全连接层输出值的计算

全连接层的输出值采用 FCN 的方式进行计算.

3. CNN 的学习

对于卷积神经网络, 由于涉及局部连接、下采样等操作, 且权值共享, 因此卷积神经网络的学习比全连接神经网络的学习复杂, 但学习的原理相同. 学习算法依然是反向传播算法: 首先前向计算每个神经元的输出值; 接着反向计算每个神经元的误差项 (也称为敏感度, sensitivity), 它实际上是网络的损失函数 E 对神经元加权输入的偏导数; 然后计算神经元之间连接权重和神经元偏置的梯度; 最后根据梯度下降法则更新每个权重和偏置. 学习的关键是获得各层反向传递的误差.

1) 卷积层的学习

在 CNN 中, 卷积层和池化层的计算是不相同的, 因此卷积层和池化层的误差传递方式也不相同.

• **卷积层误差项的传递**

首先考虑步长为 1、输入深度为 1、卷积核滤波器个数为 1 时误差项的传递.

设 $\delta_{i,j}^{l-1}$ 表示第 $l-1$ 层第 i 行第 j 列的误差项, $w_{m,n}^{l}$ 表示第 l 层卷积核滤波器第 m 行第 n 列的权重, $\boldsymbol{w}_b^l$ 表示第 l 层卷积核滤波器的偏置项, $a_{i,j}^{l-1}$ 表示第 $l-1$ 层第 i 行第 j 列神经元的输出, $\mathrm{net}_{i,j}^{l-1}$ 表示第 $l-1$ 层第 i 行第 j 列神经元的加权输入, f^{l-1} 表示第 $l-1$ 层的激活函数, $\mathbf{net}^{l-1}$, $\boldsymbol{W}^l$, $\boldsymbol{a}^{l-1}$, $\boldsymbol{\delta}^{l-1}$ 分别是由 $\mathrm{net}_{i,j}^{l-1}$, $w_{m,n}^{l}$, $a_{i,j}^{l-1}$, $\delta_{i,j}^{l-1}$ 组成的矩阵 (向量), conv 表示卷积操作, 则 $\mathbf{net}^l=\mathrm{conv}(\boldsymbol{W}^l,\boldsymbol{a}^{l-1})+\boldsymbol{w}_b^l$, $a_{i,j}^{l-1}=f^{l-1}(\mathrm{net}_{i,j}^{l-1})$. 假设已经计算出第 l 层中每个神经元的误差项 $\boldsymbol{\delta}^l$ 值, 目前需要计算第 $l-1$ 层中每个神经元的误差项 $\boldsymbol{\delta}^{l-1}$.

根据链式求导法则有 $\delta_{i,j}^{l-1}=\dfrac{\partial E}{\partial \mathrm{net}_{i,j}^{l-1}}=\dfrac{\partial E}{\partial a_{i,j}^{l-1}}\dfrac{\partial a_{i,j}^{l-1}}{\partial \mathrm{net}_{i,j}^{l-1}}$.

计算 $\dfrac{\partial E}{\partial a_{i,j}^{l-1}}$ 卷积过程中, 不同的 $a_{i,j}^{l-1}$ 与不同的 $\mathrm{net}_{k,s}^{l}$ 的计算有关. 比如, 设卷积核滤波器的宽、高 $F=2$, 步幅 $S=1$, 则 $a_{1,1}^{l-1}$ 仅与 $\mathrm{net}_{1,1}^{l}$ 的计算有关, 而 $a_{1,2}^{l-1}$ 与 $\mathrm{net}_{1,1}^{l}$ 和 $\mathrm{net}_{1,2}^{l}$ 的计算有关, 即

$$\mathrm{net}_{1,1}^{l}=w_{1,1}^{l}a_{1,1}^{l-1}+w_{1,2}^{l}a_{1,2}^{l-1}+w_{2,1}^{l}a_{2,1}^{l-1}+w_{2,2}^{l}a_{2,2}^{l-1}+w_b^l \tag{3.2.21}$$

$$\mathrm{net}_{1,2}^{l}=w_{1,1}^{l}a_{1,2}^{l-1}+w_{1,2}^{l}a_{1,3}^{l-1}+w_{2,1}^{l}a_{2,2}^{l-1}+w_{2,2}^{l}a_{2,3}^{l-1}+w_b^l \tag{3.2.22}$$

因此 $\dfrac{\partial E}{\partial a_{i,j}^{l-1}}$ 的计算根据 $a_{1,1}^{l-1}$ 的不同而不同. 比如, $\dfrac{\partial E}{\partial a_{1,1}^{l-1}}=\dfrac{\partial E}{\partial \mathrm{net}_{1,1}^{l}}\dfrac{\partial \mathrm{net}_{1,1}^{l}}{\partial a_{1,1}^{l-1}}=\delta_{1,1}^{l}w_{1,1}^{l}$, $\dfrac{\partial E}{\partial a_{1,2}^{l-1}}=\dfrac{\partial E}{\partial \mathrm{net}_{1,1}^{l}}\dfrac{\partial \mathrm{net}_{1,1}^{l}}{\partial a_{1,2}^{l-1}}+\dfrac{\partial E}{\partial \mathrm{net}_{1,2}^{l}}\dfrac{\partial \mathrm{net}_{1,2}^{l}}{\partial a_{1,2}^{l-1}}=\delta_{1,1}^{l}w_{1,2}^{l}+\delta_{1,2}^{l}w_{1,1}^{l}$.

规律 先把第 l 层的敏感度映射 (sensitive map)(矩阵 $\boldsymbol{\delta}^l$) 周围补一圈 0, 然后与 180 度翻转后的卷积核滤波器进行卷积运算, 即 $\dfrac{\partial E}{\partial a_{i,j}^{l-1}}=\sum\limits_m\sum\limits_n w_{m,n}^{l}\delta_{i+m,j+n}^{l}$, 或表示为 $\dfrac{\partial E}{\partial \boldsymbol{a}^l}=\boldsymbol{\delta}^l*\boldsymbol{W}^l$. 计算过程如图 3.2.13 所示, 其中, $\dfrac{\partial E}{\partial a_{2,2}^{l-1}}=\delta_{1,1}^{l}w_{2,2}^{l}+\delta_{1,2}^{l}w_{2,1}^{l}+\delta_{2,1}^{l}w_{1,2}^{l}+\delta_{2,2}^{l}w_{1,1}^{l}$.

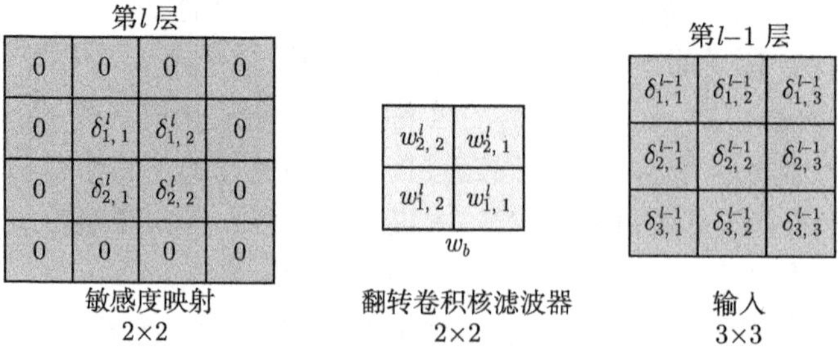

图 3.2.13 卷积核误差项的传递

计算 $\dfrac{\partial a_{i,j}^{l-1}}{\partial \text{net}_{i,j}^{l-1}}$ 由于 $a_{i,j}^{l-1}=f(\text{net}_{i,j}^{l-1})$, 所以 $\dfrac{\partial a_{i,j}^{l-1}}{\partial \text{net}_{i,j}^{l-1}}=f'(\text{net}_{i,j}^{l-1})$.

组合 $\dfrac{\partial E}{\partial a_{i,j}^{l-1}}$ 和 $\dfrac{\partial a_{i,j}^{l-1}}{\partial \text{net}_{i,j}^{l-1}}$, 可以得到

$$\delta_{i,j}^{l-1}=\frac{\partial E}{\partial \text{net}_{i,j}^{l-1}}=\frac{\partial E}{\partial a_{i,j}^{l-1}}\frac{\partial a_{i,j}^{l-1}}{\partial \text{net}_{i,j}^{l-1}}=\sum_m\sum_n w_{m,n}^l\delta_{i+m,j+n}^l f'(\text{net}_{i,j}^{l-1}) \tag{3.2.23}$$

写成卷积形式为: $\boldsymbol{\delta}^{l-1}=\boldsymbol{\delta}^l*\boldsymbol{W}^l\circ f'(\mathbf{net}^{l-1})$.

当步长为 S、输入深度为 D、卷积核滤波器个数为 N 时, 误差项传递的计算稍有不同.

卷积步长为 S 时的误差传递 图 3.2.14 展示了步长为 2 与步长为 1 时卷积的差别. 从图 3.2.14 可以看出, 步长为 2 时得到的特征映射跳过了步长为 1 时相应的部分. 因此, 当反向计算误差项时, 可以对步长为 $S=2$ 的敏感度映射的周围补一圈 0, 将其 "还原" 成步长为 1 时的敏感度映射, 再用式 (3.2.23) 进行求解.

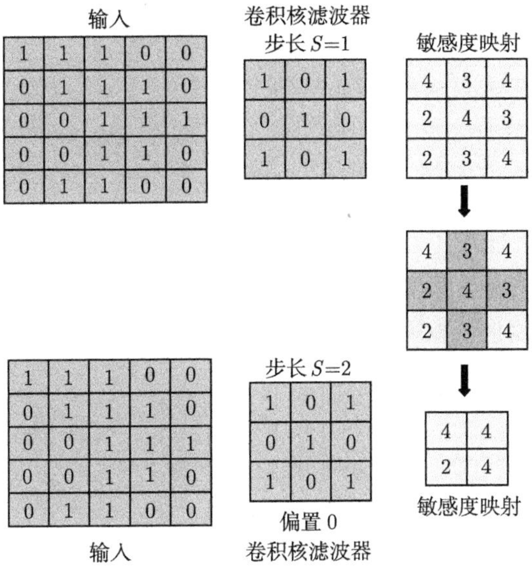

图 3.2.14 步长为 2 与步长为 1 时的卷积差别

输入层深度为 D 时的误差传递 当输入深度为 D 时, 卷积核滤波器的深度也必须为 D, $l-1$ 层的 d_i 通道只与卷积核滤波器的 d_i 通道的权重进行计算. 因此, 反向计算误差项时, 可以使用式 (3.2.23), 用卷积核滤波器的第 d_i 通道权重对第 l 层敏感度映射进行卷积, 得到第 $l-1$ 层 d_i 通道的敏感度映射. 计算过程如图 3.2.15 所示.

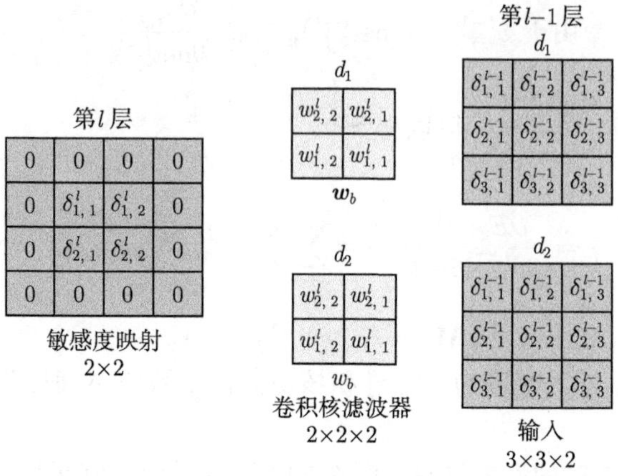

图 3.2.15　输入层深度为 D 时的误差传递方式

卷积核滤波器数量为 N 时的误差传递　卷积核滤波器数量为 N 时, 输出层的深度也为 N, 第 i 个卷积核滤波器卷积产生输出层的第 i 个特征映射. 由于第 $l-1$ 层每个加权输入 $\text{net}_{d,i,j}^{l-1}$ 都同时影响了第 l 层所有特征映射的输出值, 因此, 反向计算误差项时, 需要使用全导数公式. 也就是, 先使用第 d 个卷积核滤波器对第 l 层相应的第 d 个敏感度映射进行卷积, 得到一组 D 个 $l-1$ 层的偏敏感度映射. 依次用每个卷积核滤波器做这种卷积, 就得到 N 组偏敏感度映射. 最后在各组之间将 N 个偏敏感度映射按元素相加, 得到最终的 D 个 $l-1$ 层的敏感度映射, 即 $\delta_{i,j}^{l-1} = \sum\limits_{d}\sum\limits_{m}\sum\limits_{n} w_{d,m,n}^{l}\delta_{d,i+m,j+n}^{l}\cdot f'(\text{net}_{d,i,j}^{l-1})$, 或表示成 $\boldsymbol{\delta}^{l-1} = \sum\limits_{d=0}^{D}\boldsymbol{\delta}_d^{l} * \boldsymbol{W}_d^{l} \circ f'(\textbf{net}^{l-1})$.

- **卷积层卷积核滤波器权重梯度的计算**

卷积层卷积核滤波器权重梯度的计算是指在得到第 l 层敏感度映射的情况下, 计算卷积核滤波器的权重的梯度. 由于 $\dfrac{\partial E}{\partial w_{i,j}^{l}} = \dfrac{\partial E}{\partial \text{net}_{i,j}^{l}}\dfrac{\partial \text{net}_{i,j}^{l}}{\partial w_{i,j}^{l}}$, 而不同的 $w_{i,j}^{l}$ 与不同的 $\text{net}_{k,s}^{l}$ 的计算有关, 因此权重梯度的计算类似于 $\dfrac{\partial E}{\partial a_{i,j}^{l-1}}$ 的计算, $\dfrac{\partial E}{\partial w_{i,j}^{l}} = \sum\limits_{m}\sum\limits_{n}\delta_{m,n}^{l}a_{i+m,j+n}^{l-1}$, 即用敏感度映射作为卷积核, 在输入上进行卷积运算, 运算过程如图 3.2.16 所示, 其中

$$
\begin{aligned}
\frac{\partial E}{\partial w_{1,1}^{l}} &= \frac{\partial E}{\partial \text{net}_{1,1}^{l}}\frac{\partial \text{net}_{1,1}^{l}}{\partial w_{1,1}^{l}} + \frac{\partial E}{\partial \text{net}_{1,2}^{l}}\frac{\partial \text{net}_{1,2}^{l}}{\partial w_{1,1}^{l}} + \frac{\partial E}{\partial \text{net}_{2,1}^{l}}\frac{\partial \text{net}_{2,1}^{l}}{\partial w_{1,1}^{l}} + \frac{\partial E}{\partial \text{net}_{2,2}^{l}}\frac{\partial \text{net}_{2,2}^{l}}{\partial w_{1,1}^{l}} \\
&= \delta_{1,1}^{l}a_{1,1}^{l-1} + \delta_{1,2}^{l}a_{1,2}^{l-1} + \delta_{2,1}^{l}a_{2,1}^{l-1} + \delta_{2,2}^{l}a_{2,2}^{l-1}
\end{aligned}
$$

同理 $\dfrac{\partial E}{\partial w_{1,2}^{l}} = \delta_{1,1}^{l}a_{1,2}^{l-1} + \delta_{1,2}^{l}a_{1,3}^{l-1} + \delta_{2,1}^{l}a_{2,2}^{l-1} + \delta_{2,2}^{l}a_{2,3}^{l-1}$.

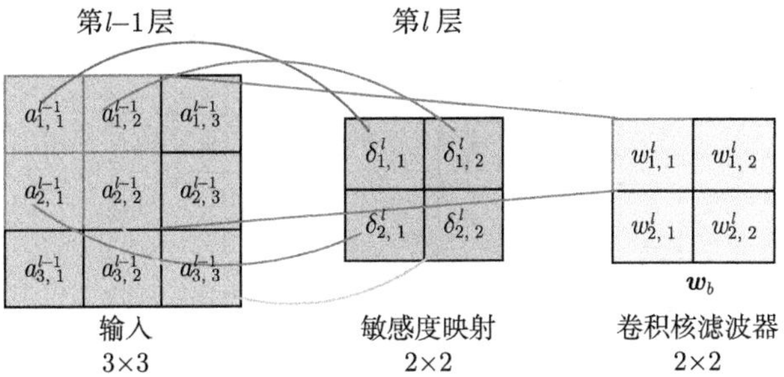

图 3.2.16 敏感度映射与输入的卷积运算

- **偏置项梯度 $\dfrac{\partial E}{\partial w_b^l}$ 的计算**

由于

$$\begin{aligned}\frac{\partial E}{\partial w_b^l} &= \frac{\partial E}{\partial \text{net}_{1,1}^l}\frac{\partial \text{net}_{1,1}^l}{\partial w_b^l} + \frac{\partial E}{\partial \text{net}_{1,2}^l}\frac{\partial \text{net}_{1,2}^l}{\partial w_b^l} + \frac{\partial E}{\partial \text{net}_{2,1}^l}\frac{\partial \text{net}_{2,1}^l}{\partial w_b^l} + \frac{\partial E}{\partial \text{net}_{2,2}^l}\frac{\partial \text{net}_{2,2}^l}{\partial w_b^l} \\ &= \delta_{1,1}^l + \delta_{1,2}^l + \delta_{2,1}^l + \delta_{2,2}^l\end{aligned}$$

因此, 偏置项的梯度是敏感度映射所有误差项之和, 即 $\dfrac{\partial E}{\partial w_b^l} = \sum\limits_i \sum\limits_j \delta_{i,j}^l$.

对于步长为 S 的卷积层, 首先将敏感度映射 "还原" 成步长为 1 时的敏感度映射, 再用上面的方法进行计算.

获得了所有的梯度之后, 就可以根据梯度下降算法来更新每个权重.

2) 池化层的学习

无论是最大池化还是均值池化, 都没有需要学习的参数. 因此, 在卷积神经网络的训练中, 池化层需要做的仅仅是将 l 层的误差项传递到 $l-1$ 层, 而没有梯度的计算.

- **最大池化误差项的传递**

对于最大池化, 第 l 层**误差项**的值会原封不动地传递到 $l-1$ 层对应区块中最大值所对应的神经元, 而其他神经元的**误差项**的值都是 0, 如图 3.2.17 所示 (假设 $a_{1,1}^{l-1}$, $a_{1,4}^{l-1}$, $a_{4,1}^{l-1}$, $a_{4,4}^{l-1}$ 为所在区块 $(a_{1,1}^{l-1}, a_{1,2}^{l-1}, a_{2,1}^{l-1}, a_{2,2}^{l-1})$, $(a_{1,3}^{l-1}, a_{1,4}^{l-1}, a_{2,3}^{l-1}, a_{2,4}^{l-1})$, $(a_{3,1}^{l-1}, a_{3,2}^{l-1}, a_{4,1}^{l-1}, a_{4,2}^{l-1})$, $(a_{3,3}^{l-1}, a_{3,4}^{l-1}, a_{4,3}^{l-1}, a_{4,4}^{l-1})$ 中的最大输出值). 这是因为 $\delta_{i,j}^{l-1} = \dfrac{\partial E}{\partial \text{net}_{i,j}^{l-1}} = \dfrac{\partial E}{\partial \text{net}_{i,j}^l}\dfrac{\partial \text{net}_{i,j}^l}{\partial \text{net}_{i,j}^{l-1}} = \delta_{i,j}^l \dfrac{\partial \text{net}_{i,j}^l}{\partial \text{net}_{i,j}^{l-1}}$, 如果 $\text{net}_{i,j}^{l-1}$ 是所在区块中的最大值, 则 $\text{net}_{i,j}^l = \text{net}_{i,j}^{l-1}$, $\dfrac{\partial \text{net}_{i,j}^l}{\partial \text{net}_{i,j}^{l-1}} = 1$, 否则 $\dfrac{\partial \text{net}_{i,j}^l}{\partial \text{net}_{i,j}^{l-1}} = 0$.

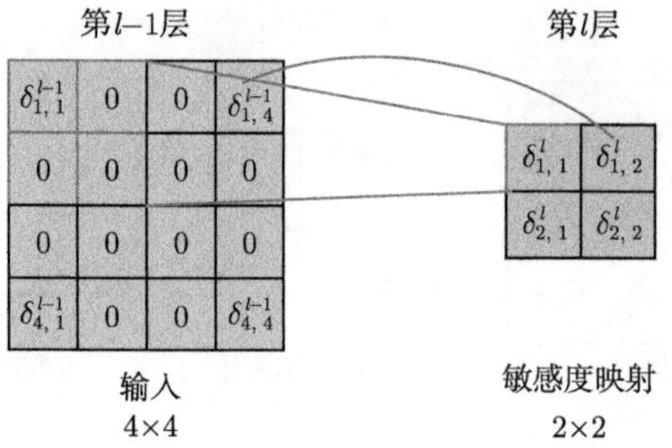

图 3.2.17　最大池化误差项的传递

- **最大池化误差项的传递**

对于最大池化, 第 l 层**误差项**的值会平均分配到 $l-1$ 层对应区块中的所有神经元, 如图 3.2.18 所示, 其中 $\delta_{1,1}^{l-1}=\frac{1}{4}\delta_{1,1}^{l}$. 这是因为 $\text{net}_{1,1}^{l}=\frac{1}{4}(\text{net}_{1,1}^{l-1}+\text{net}_{1,2}^{l-1}+\text{net}_{2,1}^{l-1}+\text{net}_{2,2}^{l-1})$, $\delta_{1,1}^{l-1}=\frac{\partial E}{\partial \text{net}_{1,1}^{l-1}}=\frac{\partial E}{\partial \text{net}_{1,1}^{l}}\frac{\partial \text{net}_{1,1}^{l}}{\partial \text{net}_{1,1}^{l-1}}=\frac{1}{4}\delta_{1,1}^{l}$.

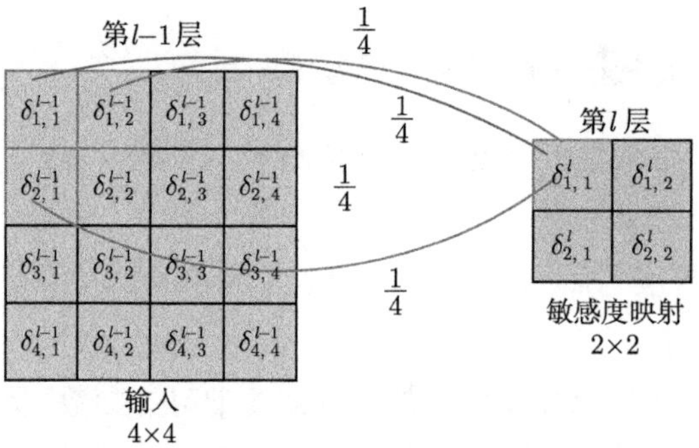

图 3.2.18　均值池化误差项的传递

3.2.6　循环神经网络

全连接神经网络和卷积神经网络都只能独立处理各个输入, 前一个输入和后一个输入之间完全没有关系. 但是, 某些任务需要能够更好地处理序列信息, 即前面的输入和后面的输入是有关系的. 比如, 在理解一句话的意思时, 孤立地理解这句话的每个词是不够的, 需要将词连接起来构成序列进行处理; 同样, 处理视频的时候也不能独立地分析每一帧, 而要分析这些帧连接起来的整个序列. 循环神经网络 (recurrent neural network, RNN) 可以用来处理包含序列结构的信息.

1. RNN **的结构**

一个简单的循环神经网络如图 3.2.19 所示, 它由输入层、一个隐藏层 (也称为循环层) 和一个输出层组成, 其中 $\boldsymbol{x}$ 是输入向量; $\boldsymbol{a}$ 是隐藏层的值向量, $\boldsymbol{a}$ 不仅取决于当前这一次的输入 $\boldsymbol{x}$, 还取决于上一次隐藏层的值 $\boldsymbol{a}$; $\boldsymbol{y}$ 是输出向量, 输出层是一个全连接层, 也就是它的每个节点都和隐藏层的每个节点相连; $\boldsymbol{U}$ 是输入层到隐藏层的权重矩阵; $\boldsymbol{V}$ 是隐藏层到输出层的权重矩阵; $\boldsymbol{W}$ 是隐藏层上一次的值作为这一次输入的权重.

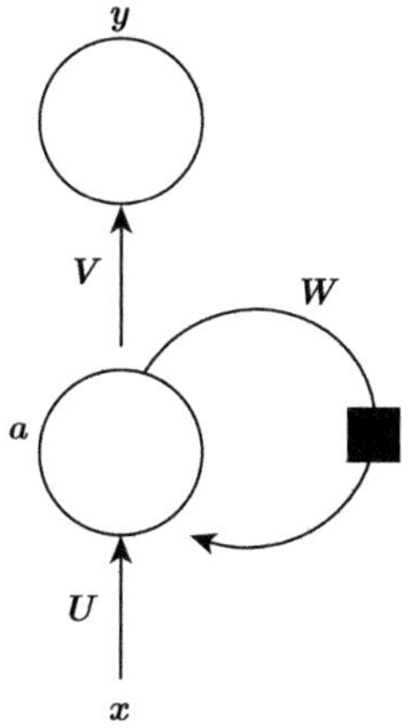

图 3.2.19 RNN 的结构

循环神经网络也可以展开成图 3.2.20 的形式, 其中 t 时刻隐藏单元的值 $\boldsymbol{a}_t$ 不仅仅取决于 t 时刻的输入 $\boldsymbol{x}_t$, 还取决于 $t-1$ 时刻隐藏单元的值 $\boldsymbol{a}_{t-1}$.

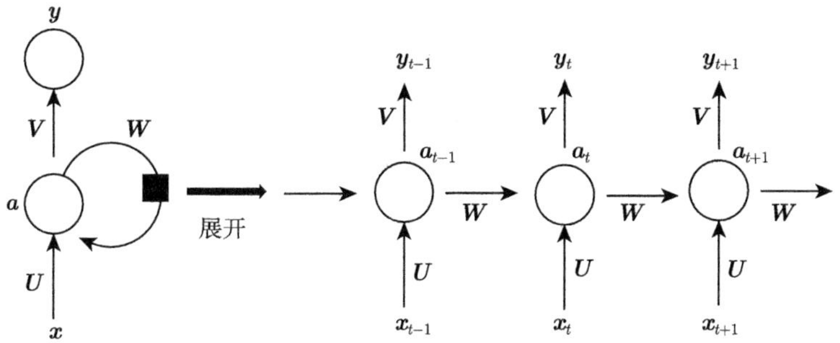

图 3.2.20 RNN 结构的展开式

2. RNN 的前向计算

1) 输出层的前向计算

RNN 输出层神经元输出值按式 (3.2.25) 计算, 其中 g 是激活函数.

$$\boldsymbol{y}_t = g(\boldsymbol{V}\boldsymbol{a}_t) \tag{3.2.24}$$

2) 隐藏层的前向计算

RNN 隐藏层神经元输出值按式 (3.2.25) 计算, 其中 f 是激活函数.

$$\boldsymbol{y}_t = f(\boldsymbol{V}\boldsymbol{a}_t) \tag{3.2.25}$$

如果反复把式 (3.2.25) 代入式 (3.2.24), 可以得到

$$\begin{aligned}
\boldsymbol{y}_t &= g(\boldsymbol{V}\boldsymbol{a}_t) = g(\boldsymbol{V}f(\boldsymbol{U}\boldsymbol{x}_t + \boldsymbol{W}\boldsymbol{a}_{t-1}))\\
&= g(\boldsymbol{V}f(\boldsymbol{U}\boldsymbol{x}_t + \boldsymbol{W}f(\boldsymbol{U}\boldsymbol{x}_{t-1} + \boldsymbol{W}\boldsymbol{a}_{t-2})))\\
&= g(\boldsymbol{V}f(\boldsymbol{U}\boldsymbol{x}_t + \boldsymbol{W}f(\boldsymbol{U}\boldsymbol{x}_{t-1} + \boldsymbol{W}f(\boldsymbol{U}\boldsymbol{x}_{t-2} + \boldsymbol{W}\boldsymbol{a}_{t-3}))))\\
&= g(\boldsymbol{V}f(\boldsymbol{U}\boldsymbol{x}_t + \boldsymbol{W}f(\boldsymbol{U}\boldsymbol{x}_{t-1} + \boldsymbol{W}f(\boldsymbol{U}\boldsymbol{x}_{t-2} + \boldsymbol{W}f(\boldsymbol{U}\boldsymbol{x}_{t-3} + wf(\cdots)\cdots)))))
\end{aligned} \tag{3.2.26}$$

式 (3.2.26) 表明循环神经网络 t 时刻的输出值 $\boldsymbol{y}_t$ 受前面历次输入值 $\boldsymbol{x}_t$, $\boldsymbol{x}_{t-1}$, $\boldsymbol{x}_{t-2}$, $\boldsymbol{x}_{t-3}$, $\cdots$ 的影响, 因此循环神经网络 t 时刻的输出与前面任意多个输入值有关.

图 3.2.20 所示的 RNN 可以扩展为图 3.2.21 所示的双向循环神经网络和图 3.2.22 所示的深度循环神经网络.

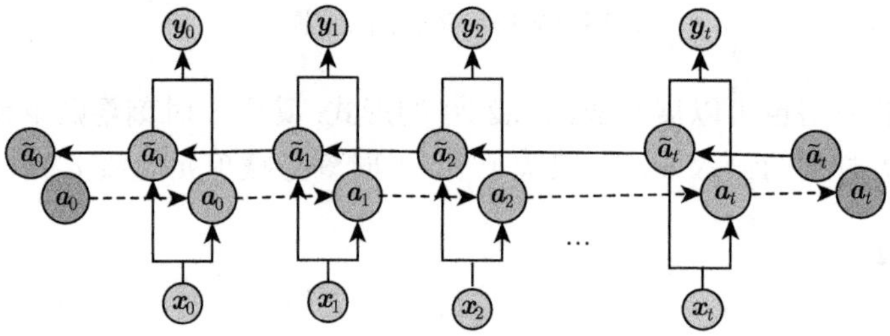

图 3.2.21 双向循环神经网络结构

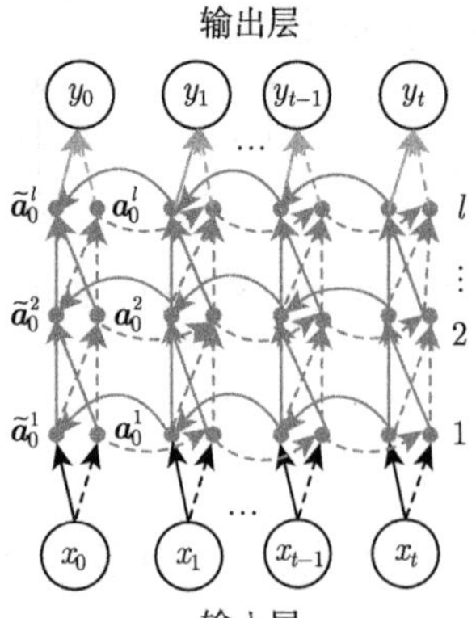

图 3.2.22 深度循环神经网络

图 3.2.21 所示的双向循环神经网络的计算分为正向计算和反向计算. 正向计算时隐藏层神经元的输出 $\boldsymbol{a}_t$ 与 $\boldsymbol{a}_{t-1}$ 有关, 反向计算时隐藏层神经元的输出 $\boldsymbol{a}_t$ 与 $\boldsymbol{a}_{t-1}$ 有关; 输出层神经元的输出取决于正向和反向计算的加权和. 双向循环神经网络的计算方式如式 (3.2.27) 所示. 正向计算和反向计算不共享权重, 也就是说 $\boldsymbol{U}$ 和 $\tilde{\boldsymbol{U}}$, $\boldsymbol{W}$ 和 $\tilde{\boldsymbol{W}}$, $\boldsymbol{V}$ 和 $\tilde{\boldsymbol{V}}$ 都是不同的权重矩阵.

$$
\begin{aligned}
\boldsymbol{a}_t &= f(\boldsymbol{U}\boldsymbol{x}_t + \boldsymbol{W}\boldsymbol{a}_{t-1}) \\
\tilde{\boldsymbol{a}}_t &= f(\tilde{\boldsymbol{U}}x_t + \tilde{\boldsymbol{W}}\tilde{a}_{t+1}) \\
\boldsymbol{y}_t &= g(\boldsymbol{V}\boldsymbol{a}_t + \tilde{\boldsymbol{V}}\tilde{a}_t)
\end{aligned}
\tag{3.2.27}
$$

比如, 图 3.2.21 中, $\boldsymbol{y}_2 = g(\boldsymbol{V}\boldsymbol{a}_2 + \tilde{\boldsymbol{V}}\tilde{a}_2)$, $\boldsymbol{a}_2 = f(\boldsymbol{U}\boldsymbol{x}_2 + \boldsymbol{W}\boldsymbol{a}_1)$, $\tilde{\boldsymbol{a}}_2 = f(\tilde{\boldsymbol{U}}x_2 + \tilde{\boldsymbol{W}}\tilde{a}_3)$.

双向循环神经网络对于句子补全任务有很好的效果. 比如补全句子 "我的手机坏了, 我打算____一部新手机." 中的空缺词, 如果只看横线前面的词, 手机坏了, 是打算修一修? 换一部新的? 还是大哭一场? 这些都是无法确定的. 但如果也看到了横线后面的词是 "一部新手机", 那么横线上的词填 "买" 的概率就大得多了.

设图 3.2.22 所示的深度循环神经网络中第 l 个隐藏层的值表示为 $\boldsymbol{a}_t^l$, $\tilde{\boldsymbol{a}}_t^l$, 则深度循环神经网络的计算方式如式 (3.2.28) 所示.

$$
\begin{aligned}
\boldsymbol{y}_t &= g(\boldsymbol{V}^l\boldsymbol{a}_t^l + \tilde{\boldsymbol{V}}^l\tilde{\boldsymbol{a}}_t^l) \\
\boldsymbol{a}_t^l &= f(\boldsymbol{U}^l\boldsymbol{a}_t^{l-1} + \boldsymbol{W}^l\boldsymbol{a}_{t-1}^l) \\
\tilde{\boldsymbol{a}}_t^l &= f(\tilde{\boldsymbol{U}}^l\tilde{\boldsymbol{a}}_t^{l-1} + \tilde{\boldsymbol{W}}^l\tilde{\boldsymbol{a}}_{t+1}^l) \\
&\cdots\cdots \\
\boldsymbol{a}_t^1 &= f(\boldsymbol{U}^1\boldsymbol{x}_t + \boldsymbol{W}^1\boldsymbol{a}_{t-1}^1) \\
\tilde{\boldsymbol{a}}_t^1 &= f(\tilde{\boldsymbol{U}}^1\boldsymbol{x}_t + \tilde{\boldsymbol{W}}^1\tilde{\boldsymbol{a}}_{t+1}^1)
\end{aligned}
\tag{3.2.28}
$$

3) 全连接层输出值的计算

全连接层的输出值采用全连接神经网络的方式进行计算.

3. RNN 的学习

循环神经网络使用随时间反向传播 (back propagation through time, BPTT) 算法进行学习. BPTT 算法的基本原理和 BP 算法一样, 首先前向计算每个神经元的输出值; 接着反向计算每个神经元的误差值, 即误差函数对神经元的加权输入的偏导数; 然后计算神经元之间连接权重和神经元偏置的梯度; 最后根据梯度下降法则更新每个权重和偏置.

1) 循环层误差项的传递

BTPP 算法将第 l 层 t 时刻的误差项的值 $\boldsymbol{\delta}_t^l$ 沿两个方向传播：一个方向是将其传递到 $l-1$, 得到 $\boldsymbol{\delta}_t^{l-1}$, 这部分只和权重矩阵 $\boldsymbol{U}^l$ 有关; 另一个方向是将其沿时间线传递到 $t-1$ 时刻, 得到 $\boldsymbol{\delta}_{t-1}^l$, 这部分只和权重矩阵 $\boldsymbol{W}^l$ 有关.

计算 $\boldsymbol{\delta}_t^{l-1}$　由于 $\mathbf{net}_t^l = \boldsymbol{U}^l \boldsymbol{a}_t^{l-1} + \boldsymbol{W}^l \boldsymbol{a}_{t-1}^l$, $\boldsymbol{a}_t^{l-1} = f^{l-1}(\mathbf{net}_t^{l-1})$, 因此 $\boldsymbol{\delta}_t^{l-1} = \dfrac{\partial E}{\partial \mathbf{net}_t^{l-1}} = \dfrac{\partial E}{\partial \mathbf{net}_t^l} \dfrac{\partial \mathbf{net}_t^l}{\partial \boldsymbol{a}_t^{l-1}} \dfrac{\partial \boldsymbol{a}_t^{l-1}}{\partial \mathbf{net}_t^{l-1}} = \boldsymbol{\delta}_t^l \dfrac{\partial \mathbf{net}_t^l}{\partial \boldsymbol{a}_t^{l-1}} \dfrac{\partial \boldsymbol{a}_t^{l-1}}{\partial \mathbf{net}_t^{l-1}}$. 其中 $\dfrac{\partial \mathbf{net}_t^l}{\partial \boldsymbol{a}_t^{l-1}}$ 是向量函数对向量求导, 其结果为 Jacobian 矩阵, 形式为

$$
\begin{aligned}
\frac{\partial \mathbf{net}_t^l}{\partial \boldsymbol{a}_t^{l-1}} &= \begin{bmatrix}
\dfrac{\partial \mathrm{net}_{t,1}^l}{\partial a_{t,1}^{l-1}} & \dfrac{\partial \mathrm{net}_{t,1}^l}{\partial a_{t,2}^{l-1}} & \cdots & \dfrac{\partial \mathrm{net}_{t,1}^l}{\partial a_{t,n}^{l-1}} \\
\dfrac{\partial \mathrm{net}_{t,2}^l}{\partial a_{t,1}^{l-1}} & \dfrac{\partial \mathrm{net}_{t,2}^l}{\partial a_{t,2}^{l-1}} & \cdots & \dfrac{\partial \mathrm{net}_{t,2}^l}{\partial a_{t,n}^{l-1}} \\
\vdots & \vdots & & \vdots \\
\dfrac{\partial \mathrm{net}_{t,n}^l}{\partial a_{t,1}^{l-1}} & \dfrac{\partial \mathrm{net}_{t,2}^l}{\partial a_{t,2}^{l-1}} & \cdots & \dfrac{\partial \mathrm{net}_{t,n}^l}{\partial a_{t,n}^{l-1}}
\end{bmatrix} \\
&= \begin{bmatrix}
u_{11}^l & u_{12}^l & \cdots & u_{1n}^l \\
u_{21}^l & u_{22}^l & \cdots & u_{2n}^l \\
\vdots & \vdots & & \vdots \\
u_{n1}^l & u_{n2}^l & \cdots & u_{nn}^l
\end{bmatrix} = \boldsymbol{U}^l
\end{aligned} \tag{3.2.29}
$$

$\dfrac{\partial \boldsymbol{a}_t^{l-1}}{\partial \mathbf{net}_t^{l-1}}$ 也是一个 Jacobian 矩阵

$$
\begin{aligned}
\frac{\partial \boldsymbol{a}_t^{l-1}}{\partial \mathbf{net}_t^{l-1}} &= \begin{bmatrix}
\dfrac{\partial a_{t,1}^{l-1}}{\partial \mathrm{net}_{t,1}^{l-1}} & \dfrac{\partial a_{t,1}^{l-1}}{\partial \mathrm{net}_{t,2}^{l-1}} & \cdots & \dfrac{\partial a_{t,1}^{l-1}}{\partial \mathrm{net}_{t,n}^{l-1}} \\
\dfrac{\partial a_{t,2}^{l-1}}{\partial \mathrm{net}_{t,1}^{l-1}} & \dfrac{\partial a_{t,2}^{l-1}}{\partial \mathrm{net}_{t,2}^{l-1}} & \cdots & \dfrac{\partial a_{t,2}^{l-1}}{\partial \mathrm{net}_{t,n}^{l-1}} \\
\vdots & \vdots & & \vdots \\
\dfrac{\partial a_{t,n}^{l-1}}{\partial \mathrm{net}_{t,1}^{l-1}} & \dfrac{\partial a_{t,n}^{l-1}}{\partial \mathrm{net}_{t,2}^{l-1}} & \cdots & \dfrac{\partial a_{t,n}^{l-1}}{\partial \mathrm{net}_{t,n}^{l-1}}
\end{bmatrix} \\
&= \begin{bmatrix}
f^{l-1\prime}(\mathrm{net}_{t,1}^{l-1}) & 0 & \cdots & 0 \\
0 & f^{l-1\prime}(\mathrm{net}_{t,2}^{l-1}) & \cdots & 0 \\
\vdots & \vdots & & \vdots \\
0 & 0 & \cdots & f^{l-1\prime}(\mathrm{net}_{t,n}^{l-1})
\end{bmatrix}
\end{aligned}
$$

$$= \mathrm{diag}(f^{l-1\prime}(\mathbf{net}_t^{l-1})) \tag{3.2.30}$$

因此

$$\boldsymbol{\delta}_t^{l-1} = \frac{\partial E}{\partial \mathbf{net}_t^{l-1}} = \frac{\partial E}{\partial \mathbf{net}_t^l}\frac{\partial \mathbf{net}_t^l}{\partial \boldsymbol{a}_t^{l-1}}\frac{\partial \boldsymbol{a}_t^{l-1}}{\partial \mathbf{net}_t^{l-1}} = \boldsymbol{\delta}_t^l \boldsymbol{U}^l f^{l-1\prime}(\mathbf{net}_t^{l-1}) \tag{3.2.31}$$

计算 $\boldsymbol{\delta}_{t-1}^l$ 由于 $\mathbf{net}_t^l = \boldsymbol{U}^l \boldsymbol{a}_t^{l-1} + \boldsymbol{W}^l \boldsymbol{a}_{t-1}^l$, $\boldsymbol{a}_{t-1}^l = f^l(\mathbf{net}_{t-1}^l)$, 因此

$$\boldsymbol{\delta}_{t-1}^l = \frac{\partial E}{\partial \mathbf{net}_{t-1}^l} = \frac{\partial E}{\partial \mathbf{net}_t^l}\frac{\partial \mathbf{net}_t^l}{\partial \boldsymbol{a}_{t-1}^l}\frac{\partial \boldsymbol{a}_{t-1}^l}{\partial \mathbf{net}_{t-1}^l} = \boldsymbol{\delta}_t^l \boldsymbol{W}^l \mathrm{diag}(f^{l\prime}(\mathbf{net}_{t-1}^l)) \tag{3.2.32}$$

式 (3.2.32) 描述了将 $\boldsymbol{\delta}_t^l$ 沿时间往前传递一个时刻的规律, 基于这个规律, 可以求得将 $\boldsymbol{\delta}_t^l$ 沿时间往前传递 k 个时刻的误差项 $\boldsymbol{\delta}_k^l$, 计算式为

$$\begin{aligned}
\boldsymbol{\delta}_k^l &= \frac{\partial E}{\partial \mathbf{net}_k^l} = \frac{\partial E}{\partial \mathbf{net}_t^l}\frac{\partial \mathbf{net}_t^l}{\partial \mathbf{net}_k^l} = \frac{\partial E}{\partial \mathbf{net}_t^l}\frac{\partial \mathbf{net}_t^l}{\partial \mathbf{net}_{t-1}^l}\frac{\partial \mathbf{net}_{t-1}^l}{\partial \mathbf{net}_{t-2}^l}\cdots\frac{\partial \mathbf{net}_{k+1}^l}{\partial \mathbf{net}_k^l} \\
&= \boldsymbol{\delta}_t^l \boldsymbol{W}^l \mathrm{diag}[f^{l\prime}(\mathbf{net}_{t-1}^l)]\boldsymbol{W}^l \mathrm{diag}[f^{l\prime}(\mathbf{net}_{t-2}^l)]\cdots \boldsymbol{W}^l \mathrm{diag}[f^{l\prime}(\mathbf{net}_k^l)] \\
&= \boldsymbol{\delta}_t^l \prod_{i=k}^{t-1} \boldsymbol{W}^l \mathrm{diag}[f^{l\prime}(\mathbf{net}_i^l)]
\end{aligned} \tag{3.2.33}$$

2) 循环层权重梯度的计算

设第 l 层权重矩阵 $\boldsymbol{W}^l$ 在 t 时刻的梯度为 $\nabla_{\boldsymbol{W}_t^l} E$, 最终的梯度为 $\nabla_{\boldsymbol{W}^l} E$, $\boldsymbol{\delta}_t^l = [\delta_{t,1}^l, \delta_{t,2}^l, \cdots, \delta_{t,n}^l]$, $\boldsymbol{a}_{t-1}^l = [a_{t-1,1}^l, a_{t-1,2}^l, \cdots, a_{t-1,n}^l]$. 由于 $\mathbf{net}_t^l = \boldsymbol{U}^l \boldsymbol{a}_t^{l-1} + \boldsymbol{W}^l \boldsymbol{a}_{t-1}^l$, 因此,

$$\nabla_{W_t^l} E = \frac{\partial E}{\partial \mathbf{net}_t^l}\frac{\partial \mathbf{net}_t^l}{\partial \boldsymbol{W}_t^l} = \boldsymbol{\delta}_t^l \boldsymbol{a}_{t-1}^l = \begin{bmatrix} \delta_{t,1}^l a_{t-1,1}^l & \delta_{t,1}^l a_{t-1,2}^l & \cdots & \delta_{t,1}^l a_{t-1,n}^l \\ \delta_{t,2}^l a_{t-1,1}^l & \delta_{t,2}^l a_{t-1,2}^l & \cdots & \delta_{t,2}^l a_{t-1,n}^l \\ \vdots & \vdots & & \vdots \\ \delta_{t,n}^l a_{t-1,1}^l & \delta_{t,n}^l a_{t-1,2}^l & \cdots & \delta_{t,n}^l a_{t-1,n}^l \end{bmatrix}$$

由于 $\boldsymbol{a}_{t-1}^l = f^l(\mathbf{net}_{t-1}^l)$, 最终的梯度 $\nabla_{\boldsymbol{W}^l} E$ 可以表示为

$$\begin{aligned}
\nabla_{\boldsymbol{W}^l} E &= \frac{\partial E}{\partial \boldsymbol{W}^l} = \frac{\partial E}{\partial \mathbf{net}_t^l}\frac{\partial \mathbf{net}_t^l}{\partial \boldsymbol{W}^l} = \boldsymbol{\delta}_t^l \frac{\partial \mathbf{net}_t^l}{\partial \boldsymbol{W}^l} \\
&= \boldsymbol{\delta}_t^l \frac{\partial \boldsymbol{W}^l}{\partial \boldsymbol{W}^l} f^l(\mathbf{net}_{t-1}^l) + \boldsymbol{\delta}_t^l \boldsymbol{W}^l \frac{\partial f^l(\mathbf{net}_{t-1}^l)}{\partial \boldsymbol{W}^l}
\end{aligned} \tag{3.2.34}$$

然而, 式 (3.2.34) 加号左边中 $\dfrac{\partial \boldsymbol{W}^l}{\partial \boldsymbol{W}^l}$ 是矩阵对矩阵求导, 其结果如下所示.

$$\frac{\partial \boldsymbol{W}^l}{\partial \boldsymbol{W}^l}$$

$$
=\begin{bmatrix}
\dfrac{\partial w_{11}^l}{\partial \boldsymbol{W}^l} & \dfrac{\partial w_{12}^l}{\partial \boldsymbol{W}^l} & \cdots & \dfrac{\partial w_{1n}^l}{\partial \boldsymbol{W}^l} \\
\dfrac{\partial w_{21}^l}{\partial \boldsymbol{W}^l} & \dfrac{\partial w_{22}^l}{\partial \boldsymbol{W}^l} & \cdots & \dfrac{\partial w_{2n}^l}{\partial \boldsymbol{W}^l} \\
\vdots & \vdots & & \vdots \\
\dfrac{\partial w_{n1}^l}{\partial \boldsymbol{W}^l} & \dfrac{\partial w_{n2}^l}{\partial \boldsymbol{W}^l} & \cdots & \dfrac{\partial w_{nn}^l}{\partial \boldsymbol{W}^l}
\end{bmatrix}
$$

$$
=\begin{bmatrix}
\begin{bmatrix}
\dfrac{\partial w_{11}^l}{\partial w_{11}^l} & \dfrac{\partial w_{11}^l}{\partial w_{12}^l} & \cdots & \dfrac{\partial w_{11}^l}{\partial w_{1n}^l} \\
\dfrac{\partial w_{11}^l}{\partial w_{21}^l} & \dfrac{\partial w_{11}^l}{\partial w_{22}^l} & \cdots & \dfrac{\partial w_{11}^l}{\partial w_{2n}^l} \\
\vdots & \vdots & & \vdots \\
\dfrac{\partial w_{11}^l}{\partial w_{n1}^l} & \dfrac{\partial w_{11}^l}{\partial w_{n2}^l} & \cdots & \dfrac{\partial w_{11}^l}{\partial w_{nn}^l}
\end{bmatrix} &
\begin{bmatrix}
\dfrac{\partial w_{12}^l}{\partial w_{11}^l} & \dfrac{\partial w_{12}^l}{\partial w_{12}^l} & \cdots & \dfrac{\partial w_{12}^l}{\partial w_{1n}^l} \\
\dfrac{\partial w_{12}^l}{\partial w_{21}^l} & \dfrac{\partial w_{12}^l}{\partial w_{22}^l} & \cdots & \dfrac{\partial w_{12}^l}{\partial w_{2n}^l} \\
\vdots & \vdots & & \vdots \\
\dfrac{\partial w_{12}^l}{\partial w_{n1}^l} & \dfrac{\partial w_{12}^l}{\partial w_{n2}^l} & \cdots & \dfrac{\partial w_{12}^l}{\partial w_{nn}^l}
\end{bmatrix} & \cdots \\
\vdots & \vdots & \cdots
\end{bmatrix}
$$

$$
=\begin{bmatrix}
\begin{bmatrix}
1 & 0 & \cdots & 0 \\
0 & 0 & \cdots & 0 \\
\vdots & \vdots & & \vdots \\
0 & 0 & \cdots & 0
\end{bmatrix} &
\begin{bmatrix}
0 & 1 & \cdots & 0 \\
0 & 0 & \cdots & 0 \\
\vdots & \vdots & & \vdots \\
0 & 0 & \cdots & 0
\end{bmatrix} & \cdots \\
\cdots & \cdots & \cdots
\end{bmatrix}
$$

计算式 (3.2.34) 加号左边部分有

$$
\begin{aligned}
&\boldsymbol{\delta}_t^l \frac{\partial \boldsymbol{W}^l}{\partial \boldsymbol{W}^l} f^l(\mathbf{net}_{t-1}^l) \\
&= \boldsymbol{\delta}_t^l \begin{bmatrix}
\begin{bmatrix}
1 & 0 & \cdots & 0 \\
0 & 0 & \cdots & 0 \\
\vdots & \vdots & & \vdots \\
0 & 0 & \cdots & 0
\end{bmatrix} &
\begin{bmatrix}
0 & 1 & \cdots & 0 \\
0 & 0 & \cdots & 0 \\
\vdots & \vdots & & \vdots \\
0 & 0 & \cdots & 0
\end{bmatrix} & \cdots \\
\cdots & \cdots & \cdots
\end{bmatrix}
\begin{bmatrix}
a_{t-1,1}^l \\ a_{t-1,2}^l \\ \vdots \\ a_{t-1,n}^l
\end{bmatrix} \\
&= \begin{bmatrix} \delta_{t-1,1}^l & \delta_{t-1,2}^l & \cdots & \delta_{t-1,n}^l \end{bmatrix}
\begin{bmatrix}
\begin{bmatrix} a_{t-1,1}^l \\ 0 \\ \vdots \\ 0 \end{bmatrix} &
\begin{bmatrix} a_{t-1,2}^l \\ 0 \\ \vdots \\ 0 \end{bmatrix} & \cdots \\
\cdots & \cdots & \cdots
\end{bmatrix}
\end{aligned}
$$

$$
= \begin{bmatrix} \delta_{t-1,1}^l a_{t-1,1}^l & \delta_{t-1,1}^l a_{t-1,2}^l & \cdots & \delta_{t-1,1}^l a_{t-1,n}^l \\ \delta_{t-1,2}^l a_{t-1,1}^l & \delta_{t-1,2}^l a_{t-1,2}^l & \cdots & \delta_{t-1,2}^l a_{t-1,n}^l \\ \vdots & \vdots & & \vdots \\ \delta_{t-1,n}^l a_{t-1,1}^l & \delta_{t-1,n}^l a_{t-1,2}^l & \cdots & \delta_{t-1,n}^l a_{t-1,n}^l \end{bmatrix} = \nabla_{W_t^l} E
$$

计算式 (3.2.34) 加号右边部分有

$$
\begin{aligned}
\boldsymbol{\delta}_t^l \boldsymbol{W}^l \frac{\partial f^l(\mathbf{net}_{t-1}^l)}{\partial \boldsymbol{W}^l} &= \boldsymbol{\delta}_t^l \boldsymbol{W}^l \frac{\partial f^l(\mathbf{net}_{t-1}^l)}{\partial \mathbf{net}_{t-1}^l} \frac{\partial \mathbf{net}_{t-1}^l}{\partial \boldsymbol{W}^l} \\
&= \boldsymbol{\delta}_t^l \boldsymbol{W}^l \mathrm{diag}(f^{l\prime}(\mathbf{net}_{t-1}^l)) \frac{\partial \mathbf{net}_{t-1}^l}{\partial \boldsymbol{W}^l} = \boldsymbol{\delta}_{t-1}^l \frac{\partial \mathbf{net}_{t-1}^l}{\partial \boldsymbol{W}^l}
\end{aligned}
$$

所以

$$
\begin{aligned}
\nabla_{\boldsymbol{W}^l} E &= \frac{\partial E}{\partial \boldsymbol{W}^l} = \frac{\partial E}{\partial \mathbf{net}_t^l} \frac{\partial \mathbf{net}_t^l}{\partial \boldsymbol{W}^l} = \boldsymbol{\delta}_t^l \frac{\partial \mathbf{net}_t^l}{\partial \boldsymbol{W}^l} \\
&= \boldsymbol{\delta}_t^l \frac{\partial \boldsymbol{W}^l}{\partial \boldsymbol{W}^l} f^l(\mathbf{net}_{t-1}^l) + \boldsymbol{\delta}_t^l \boldsymbol{W}^l \frac{\partial f^l(\mathbf{net}_{t-1}^l)}{\partial \boldsymbol{W}^l} \\
&= \nabla_{\boldsymbol{W}_t^l} E + \boldsymbol{\delta}_{t-1}^l \frac{\partial \mathbf{net}_{t-1}^l}{\partial \boldsymbol{W}^l} \\
&= \nabla_{\boldsymbol{W}_t^l} E + \nabla_{\boldsymbol{W}_{t-1}^l} E + \boldsymbol{\delta}_{t-2}^l \frac{\partial \mathbf{net}_{t-2}^l}{\partial \boldsymbol{W}^l} \\
&= \nabla_{\boldsymbol{W}_t^l} E + \nabla_{\boldsymbol{W}_{t-1}^l} E + \cdots + \nabla_{\boldsymbol{W}_1^l} E = \sum_{i=1}^t \nabla_{\boldsymbol{W}_i^l} E \\
&= \begin{bmatrix} \delta_{t,1}^l a_{t-1,1}^l & \delta_{t,1}^l a_{t-1,2}^l & \cdots & \delta_{t,1}^l a_{t-1,n}^l \\ \delta_{t,2}^l a_{t-1,1}^l & \delta_{t,2}^l a_{t-1,2}^l & \cdots & \delta_{t,2}^l a_{t-1,n}^l \\ \vdots & \vdots & & \vdots \\ \delta_{t,n}^l a_{t-1,1}^l & \delta_{t,n}^l a_{t-1,2}^l & \cdots & \delta_{t,n}^l a_{t-1,n}^l \end{bmatrix} \\
&\quad + \cdots + \begin{bmatrix} \delta_{1,1}^l a_{0,1}^l & \delta_{1,1}^l a_{0,2}^l & \cdots & \delta_{1,1}^l a_{0,n}^l \\ \delta_{1,2}^l a_{0,1}^l & \delta_{1,2}^l a_{0,2}^l & \cdots & \delta_{1,2}^l a_{0,n}^l \\ \vdots & \vdots & & \vdots \\ \delta_{1,n}^l a_{0,1}^l & \delta_{1,n}^l a_{0,2}^l & \cdots & \delta_{1,n}^l a_{0,n}^l \end{bmatrix}
\end{aligned} \tag{3.2.35}
$$

上式表明, 最终的梯度为 $\nabla_{\boldsymbol{W}^l} E$ 是各个时刻的梯度之和.

同理有

$$
\nabla_{\boldsymbol{U}_t^l} E = \frac{\partial E}{\partial \mathbf{net}_t^l} \frac{\partial \mathbf{net}_t^l}{\partial \boldsymbol{U}_t^l} = \boldsymbol{\delta}_t^l \boldsymbol{a}_t^{l-1}, \quad \nabla_{\boldsymbol{U}^l} E = \sum_{i=1}^t \nabla_{\boldsymbol{U}_i^l} E \tag{3.2.36}
$$

3.2.7　长短期记忆

RNN 在学习过程中可能会出现梯度值极大或梯度值极小 (几乎为 0) 的现象. 前者称为梯度爆炸, 后者称为梯度消失. 梯度爆炸将导致网络权重大幅更新, 极端情况下, 权重的值变得非常大, 以至于溢出, 使得网络变得不稳定; 而梯度消失将导致网络权重不发生变化. 梯度爆炸和消失问题导致训练时梯度不能在较长序列中一直传递下去, 从而使 RNN 无法捕捉到长时间的影响, 因此实际中 RNN 并不能很好的处理较长的序列.

长短期记忆 (long short term memory, LSTM) 通过对 RNN 的改进, 成功解决了原始 RNN 的缺陷, 成为当前最流行的 RNN, 在语音识别、图片描述、自然语言处理等许多领域中成功应用.

1. LSTM 的结构

原始 RNN 的隐藏层只有一个状态 $\boldsymbol{h}$, 它对于短期的输入非常敏感. 在 LSTM 中, 除了状态 $\boldsymbol{h}$ 而外, 还增加了一个状态 $\boldsymbol{c}$, 称为单元状态 (cell state), 用于保存长期状态. LSTM 的结构如图 3.2.23 所示.

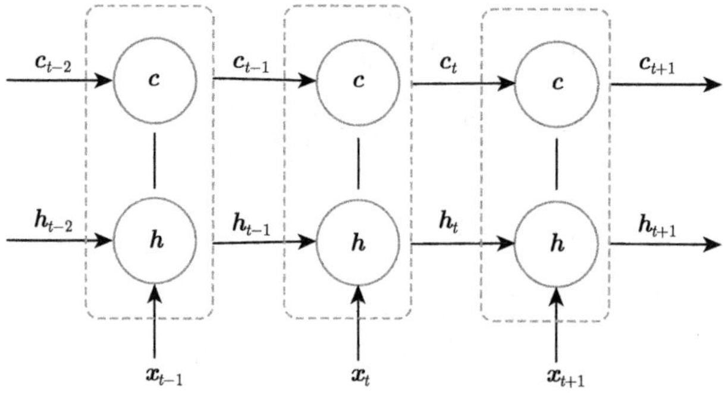

图 3.2.23　LSTM 的结构

在 t 时刻, LSTM 的输入有三个: 当前时刻网络的输入值 $\boldsymbol{x}_t$、上一时刻 LSTM 的输出值 $\boldsymbol{h}_{t-1}$, 以及上一时刻的单元状态 $\boldsymbol{c}_{t-1}$; LSTM 的输出有两个: 当前时刻 LSTM 输出值 $\boldsymbol{h}_t$ 和当前时刻的单元状态 $\boldsymbol{c}_t$. 注意 $\boldsymbol{x}$, $\boldsymbol{h}$, $\boldsymbol{c}$ 都是向量.

LSTM 的内部结构如图 3.2.24 所示, 其中包含三个门: 一个是遗忘门 (forget gate), 它决定了上一时刻的单元状态 $\boldsymbol{c}_{t-1}$ 有多少保留到当前单元状态 $\boldsymbol{c}_t$; 另一个是输入门 (input gate), 它决定了当前时刻网络的输入 $\boldsymbol{x}_t$ 有多少保存到单元状态 $\boldsymbol{c}_t$; 输出门 (output gate) 用来控制单元状态 $\boldsymbol{c}_t$ 有多少输出到当前输出值 $\boldsymbol{h}_t$.

门实际上是一层全连接层, 它的输入是一个向量, 输出是一个 0 到 1 之间的实数向量. 假设 $\boldsymbol{W}$ 是门的权重向量, $\boldsymbol{b}$ 是偏置项, 那么门可以表示为: $g(\boldsymbol{x}) = \sigma(\boldsymbol{W}\boldsymbol{x}+\boldsymbol{b})$, σ 是激活函数. 门的使用, 就是用门的输出向量按元素乘以需要控制的那个向量. 因为门的输出是 0 到 1 之间的实数向量, 那么, 当门的输出为 0 时, 任何向量与之相乘都会得到 0 向量, 相当于门关闭; 输出为 1 时, 任何向量与之相乘都不会有任何改变, 相当于门打开. 当激活函数为 sigmoid 函数时, 其值域是 (0,1), 所以门的状态是半开半闭的. LSTM 中的三个门相当于三个控制开关, 第一个开关负责控制继续保存长期状态 $\boldsymbol{c}$; 第二个开关负责控制把即时状态输入到长期状态 $\boldsymbol{c}$; 第三个开关负责控制是否把长期状态 $\boldsymbol{c}$ 作为当前的 LSTM 的输出.

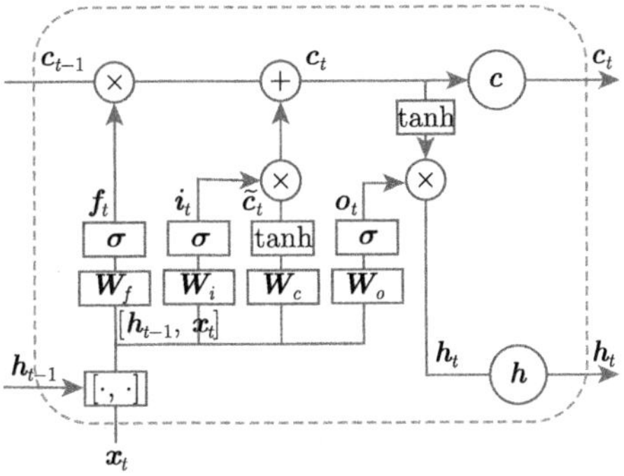

图 3.2.24 LSTM 的内部结构

2. LSTM 的前向计算

LSTM 的内部包含遗忘门、输入门和输出门, 三种门输出值的计算方式相似, 只是涉及不同的权重和偏置.

设 $[\boldsymbol{h}_{t-1}, \boldsymbol{x}_t]$ 表示把两个向量连接成一个更长的向量, σ 是 sigmoid 函数, $\boldsymbol{W}_f$ 和 $\boldsymbol{b}_f$ 分别是遗忘门的权重矩阵和偏置项, $\boldsymbol{W}_i$ 和 $\boldsymbol{b}_i$ 分别是输入门的权重矩阵和偏置项, $\boldsymbol{W}_o$ 和 $\boldsymbol{b}_o$ 分别是输出门的权重矩阵和偏置项, $\boldsymbol{W}_c$ 和 $\boldsymbol{b}_c$ 分别是计算单元状态的权重矩阵和偏置项, 则

遗忘门的输出为

$$\boldsymbol{f}_t = \text{sigmoid}(\boldsymbol{W}_f[\boldsymbol{h}_{t-1}, \boldsymbol{x}_t] + \boldsymbol{b}_f) \tag{3.2.37}$$

输入门的输出为

$$\boldsymbol{i}_t = \text{sigmoid}(\boldsymbol{W}_i[\boldsymbol{h}_{t-1}, \boldsymbol{x}_t] + \boldsymbol{b}_i) \tag{3.2.38}$$

输出门的输出为

$$\boldsymbol{o}_t = \text{sigmoid}(\boldsymbol{W}_o[\boldsymbol{h}_{t-1}, \boldsymbol{x}_t] + \boldsymbol{b}_o) \tag{3.2.39}$$

当前输入的单元状态为

$$\tilde{\boldsymbol{c}}_t = \tanh(\boldsymbol{W}_c[\boldsymbol{h}_{t-1}, \boldsymbol{x}_t] + \boldsymbol{b}_c) \tag{3.2.40}$$

当前时刻的单元状态为

$$\boldsymbol{c}_t = \boldsymbol{f}_t \circ \boldsymbol{c}_{t-1} + \boldsymbol{i}_t \circ \tilde{\boldsymbol{c}}_t \tag{3.2.41}$$

其中, 符号 $\circ$ 表示按元素乘.

LSTM 最终的输出为

$$\boldsymbol{h}_t = \boldsymbol{o}_t \circ \tanh(\boldsymbol{c}_t) \tag{3.2.42}$$

$\boldsymbol{c}_t$ 由上一次的单元状态 $\boldsymbol{c}_{t-1}$ 按元素乘以遗忘门输出 $\boldsymbol{f}_t$, 再用当前输入的单元状态 $\tilde{\boldsymbol{c}}_t$ 按元素乘以输入门 $\boldsymbol{i}_t$, 再将两个积相加获得. 这种方式把 LSTM 关于当前的记忆 $\tilde{\boldsymbol{c}}_t$ 和长期的记忆 $\boldsymbol{c}_{t-1}$ 组合在一起, 形成了新的单元状态 $\boldsymbol{c}_t$. 由于遗忘门的控制, 它可以保存很久很久之前的信息, 由于输入门的控制, 它又可以避免当前无关紧要的内容进入记忆. 输出门控制了长期记忆对当前输出的影响.

3. LSTM **的学习**

LSTM 也使用 BPTT 算法进行学习. 首先前向计算每个神经元的输出值, 即 $\boldsymbol{f}_t$, $\boldsymbol{i}_t$, $\boldsymbol{c}_t$, $\boldsymbol{o}_t$, $\boldsymbol{h}_t$; 接着反向计算每个神经元的误差值 δ; 然后计算神经元之间连接权重和神经元偏置的梯度; 最后根据梯度下降法则更新每个权重和偏置.

LSTM 需要学习的参数包括: 遗忘门的权重矩阵 $\boldsymbol{W}_f$ 和偏置项 $\boldsymbol{b}_f$、输入门的权重矩阵 $\boldsymbol{W}_i$ 和偏置项 $\boldsymbol{b}_i$、输出门的权重矩阵 $\boldsymbol{W}_o$ 和偏置项 $\boldsymbol{b}_o$, 以及计算单元状态的权重矩阵 $\boldsymbol{W}_c$ 和偏置项 $\boldsymbol{b}_c$. 每个权重矩阵可以分解为与输入项 $\boldsymbol{h}_{t-1}$ 对应的 $\boldsymbol{W}_{\cdot h}$ 和与输入项 $\boldsymbol{x}_t$ 对应的 $\boldsymbol{W}_{\cdot x}$. 因为权重矩阵的两部分在反向传播中使用不同的公式, 因此权重矩阵 $\boldsymbol{W}_f$, $\boldsymbol{W}_i$, $\boldsymbol{W}_o$, $\boldsymbol{W}_c$ 都可以写为分开的两个矩阵: $\boldsymbol{W}_{fh}$, $\boldsymbol{W}_{fx}$, $\boldsymbol{W}_{ih}$, $\boldsymbol{W}_{ix}$, $\boldsymbol{W}_{oh}$, $\boldsymbol{W}_{ox}$, $\boldsymbol{W}_{ch}$, $\boldsymbol{W}_{cx}$, 从而, 与 $\boldsymbol{f}_t$, $\boldsymbol{i}_t$, $\boldsymbol{c}_t$, $\boldsymbol{o}_t$ 对应的四个加权输入分别表示为

$$\mathbf{net}_{f,t} = \boldsymbol{W}_f[\boldsymbol{h}_{t-1}, \boldsymbol{x}_t] + \boldsymbol{b}_f = \boldsymbol{W}_{fh}\boldsymbol{h}_{t-1} + \boldsymbol{W}_{fx}\boldsymbol{x}_t + \boldsymbol{b}_f \tag{3.2.43}$$

$$\mathbf{net}_{i,t} = \boldsymbol{W}_i[\boldsymbol{h}_{t-1}, \boldsymbol{x}_t] + \boldsymbol{b}_i = \boldsymbol{W}_{ih}\boldsymbol{h}_{t-1} + \boldsymbol{W}_{ix}\boldsymbol{x}_t + \boldsymbol{b}_i \tag{3.2.44}$$

$$\mathbf{net}_{\tilde{c},t} = \boldsymbol{W}_c[\boldsymbol{h}_{t-1}, \boldsymbol{x}_t] + \boldsymbol{b}_c = \boldsymbol{W}_{ch}\boldsymbol{h}_{t-1} + \boldsymbol{W}_{cx}\boldsymbol{x}_t + \boldsymbol{b}_c \tag{3.2.45}$$

$$\mathbf{net}_{o,t} = \boldsymbol{W}_o[\boldsymbol{h}_{t-1}, \boldsymbol{x}_t] + \boldsymbol{b}_o = \boldsymbol{W}_{oh}\boldsymbol{h}_{t-1} + \boldsymbol{W}_{ox}\boldsymbol{x}_t + \boldsymbol{b}_o \tag{3.2.46}$$

t 时刻的误差项 $\boldsymbol{\delta}_t$ 定义为损失函数对输出值的导数, 即 $\boldsymbol{\delta}_t = \dfrac{\partial E}{\partial \boldsymbol{h}_t}$. 虽然 LSTM 有四个加权输入 $\mathbf{net}_{f,t}$, $\mathbf{net}_{i,t}$, $\mathbf{net}_{\tilde{c},t}$ 和 $\mathbf{net}_{o,t}$, 相应的误差项也有四个: $\boldsymbol{\delta}_{f,t} = \dfrac{\partial E}{\partial \mathbf{net}_{f,t}}$, $\boldsymbol{\delta}_{i,t} = \dfrac{\partial E}{\partial \mathbf{net}_{i,t}}$, $\boldsymbol{\delta}_{\tilde{c},t} = \dfrac{\partial E}{\partial \mathbf{net}_{\tilde{c},t}}$ 和 $\boldsymbol{\delta}_{o,t} = \dfrac{\partial E}{\partial \mathbf{net}_{o,t}}$, 但是 LSTM 中往上一层传递的误差项只有 $\boldsymbol{\delta}_t$ 一个, 而不是四个.

1) LSTM 误差项的传递

与 RNN 一样, LSTM 误差项的反向传播也是包括两个方向: 一个是沿时间线的反向传播, 即从当前 t 时刻开始, 计算 $t-1$ 时刻的误差项 $\boldsymbol{\delta}_{t-1}^l$; 一个是将误差项向 $l-1$ 层传播, 计算 $\boldsymbol{\delta}_t^{l-1}$.

- **计算 $\boldsymbol{\delta}_{t-1}^l$** $\boldsymbol{\delta}_{t-1}^l = \dfrac{\partial E}{\partial \boldsymbol{h}_{t-1}^l} = \dfrac{\partial E}{\partial \boldsymbol{h}_t^l}\dfrac{\partial \boldsymbol{h}_t^l}{\partial \boldsymbol{h}_{t-1}^l} = \boldsymbol{\delta}_t^l \dfrac{\partial \boldsymbol{h}_t^l}{\partial \boldsymbol{h}_{t-1}^l}$

由式 (3.2.37)~(3.2.40) 可知, $\boldsymbol{f}_t$, $\boldsymbol{i}_t$, $\tilde{\boldsymbol{c}}_t$, $\boldsymbol{o}_t$ 都是 $\boldsymbol{h}_{t-1}$ 的函数, 利用全导数公式可得

$$
\begin{aligned}
\boldsymbol{\delta}_t^l \frac{\partial \boldsymbol{h}_t^l}{\partial \boldsymbol{h}_{t-1}^l} &= \boldsymbol{\delta}_t^l \frac{\partial \boldsymbol{h}_t^l}{\partial \boldsymbol{c}_t^l}\frac{\partial \boldsymbol{c}_t^l}{\partial \boldsymbol{f}_t^l}\frac{\partial \boldsymbol{f}_t^l}{\partial \mathbf{net}_{f,t}^l}\frac{\partial \mathbf{net}_{f,t}^l}{\partial \boldsymbol{h}_{t-1}^l} + \boldsymbol{\delta}_t^l \frac{\partial \boldsymbol{h}_t^l}{\partial \boldsymbol{c}_t^l}\frac{\partial \boldsymbol{c}_t^l}{\partial \boldsymbol{i}_t^l}\frac{\partial \boldsymbol{i}_t^l}{\partial \mathbf{net}_{i,t}^l}\frac{\partial \mathbf{net}_{i,t}^l}{\partial \boldsymbol{h}_{t-1}^l} \\
&\quad + \boldsymbol{\delta}_t^l \frac{\partial \boldsymbol{h}_t^l}{\partial \tilde{\boldsymbol{c}}_t^l}\frac{\partial \tilde{\boldsymbol{c}}_t^l}{\partial \mathbf{net}_{\tilde{c},t}^l}\frac{\partial \mathbf{net}_{\tilde{c},t}^l}{\partial \boldsymbol{h}_{t-1}^l} + \boldsymbol{\delta}_t^l \frac{\partial \boldsymbol{h}_t^l}{\partial \boldsymbol{o}_t^l}\frac{\partial \boldsymbol{o}_t^l}{\partial \mathbf{net}_{o,t}^l}\frac{\partial \mathbf{net}_{o,t}^l}{\partial \boldsymbol{h}_{t-1}^l} \\
&= \boldsymbol{\delta}_{f,t}^l \frac{\partial \mathbf{net}_{f,t}^l}{\partial \boldsymbol{h}_{t-1}^l} + \boldsymbol{\delta}_{i,t}^l \frac{\partial \mathbf{net}_{i,t}^l}{\partial \boldsymbol{h}_{t-1}^l} + \boldsymbol{\delta}_{\tilde{c},t}^l \frac{\partial \mathbf{net}_{\tilde{c},t}^l}{\partial \boldsymbol{h}_{t-1}^l} + \boldsymbol{\delta}_{o,t}^l \frac{\partial \mathbf{net}_{o,t}^l}{\partial \boldsymbol{h}_{t-1}^l}
\end{aligned} \tag{3.2.47}
$$

由式 (3.2.43)~(3.2.46) 可得 $\dfrac{\partial \mathbf{net}_{f,t}^l}{\partial \boldsymbol{h}_{t-1}^l} = \boldsymbol{W}_{fh}^l$, $\dfrac{\partial \mathbf{net}_{i,t}^l}{\partial \boldsymbol{h}_{t-1}^l} = \boldsymbol{W}_{ih}^l$, $\dfrac{\partial \mathbf{net}_{\tilde{c},t}^l}{\partial \boldsymbol{h}_{t-1}^l} = \boldsymbol{W}_{ch}^l$, $\dfrac{\partial \mathbf{net}_{o,t}^l}{\partial \boldsymbol{h}_{t-1}^l} = \boldsymbol{W}_{oh}^l$, 将其代入式 (3.2.47), 有

$$
\boldsymbol{\delta}_{t-1}^l = \boldsymbol{\delta}_{f,t}^l \boldsymbol{W}_{fh}^l + \boldsymbol{\delta}_{i,t}^l \boldsymbol{W}_{ih}^l + \boldsymbol{\delta}_{\tilde{c},t}^l \boldsymbol{W}_{ch}^l + \boldsymbol{\delta}_{o,t}^l \boldsymbol{W}_{oh}^l \tag{3.2.48}
$$

其中, $\boldsymbol{\delta}_{f,t}^l = \dfrac{\partial E}{\partial \mathbf{net}_{f,t}^l}$, $\boldsymbol{\delta}_{i,t}^l = \dfrac{\partial E}{\partial \mathbf{net}_{i,t}^l}$, $\boldsymbol{\delta}_{\tilde{c},t}^l = \dfrac{\partial E}{\partial \mathbf{net}_{\tilde{c},t}^l}$, $\boldsymbol{\delta}_{o,t}^l = \dfrac{\partial E}{\partial \mathbf{net}_{o,t}^l}$.

当一个对角矩阵左乘一个矩阵时, 相当于用对角矩阵的对角线元素组成的向量按元素乘矩阵; 当一个行向量左乘一个对角矩阵时, 相当于这个行向量按元素乘矩阵对角线元素组成的向量, 因此有 $\boldsymbol{h}_t^l = \boldsymbol{o}_t^l \circ \tanh(\boldsymbol{c}_t^l) = \boldsymbol{o}_t^l \mathrm{diag}[\tanh(\boldsymbol{c}_t^l)]$, 从而 $\dfrac{\partial \boldsymbol{h}_t^l}{\partial \boldsymbol{o}_t^l} = \mathrm{diag}[\tanh(\boldsymbol{c}_t^l)]$, $\dfrac{\partial \boldsymbol{h}_t^l}{\partial \boldsymbol{c}_t^l} = \mathrm{diag}(\boldsymbol{o}_t^l \mathrm{diag}[1-\tanh^2(\boldsymbol{c}_t^l)]) = \mathrm{diag}(\boldsymbol{o}_t^l \circ [1-\tanh^2(\boldsymbol{c}_t^l)])$; 同理根据 $\boldsymbol{c}_t^l = \boldsymbol{f}_t^l \circ \boldsymbol{c}_{t-1}^l + \boldsymbol{i}_t^l \circ \tilde{\boldsymbol{c}}_t^l = \boldsymbol{f}_t^l \mathrm{diag}[\boldsymbol{c}_{t-1}^l] + \boldsymbol{i}_t^l \mathrm{diag}[\tilde{\boldsymbol{c}}_t^l]$, 有 $\dfrac{\partial \boldsymbol{c}_t^l}{\partial \boldsymbol{f}_t^l} = \mathrm{diag}[\boldsymbol{c}_{t-1}^l]$, $\dfrac{\partial \boldsymbol{c}_t^l}{\partial \boldsymbol{i}_t^l} = \mathrm{diag}[\tilde{\boldsymbol{c}}_t^l]$, $\dfrac{\partial \boldsymbol{c}_t^l}{\partial \tilde{\boldsymbol{c}}_t^l} = \mathrm{diag}[\boldsymbol{i}_t^l]$; 根据 $\boldsymbol{f}_t^l = \mathrm{sigmoid}(\mathbf{net}_{f,t}^l)$ 和 $\mathbf{net}_{f,t}^l = \boldsymbol{W}_f^l[\boldsymbol{h}_{t-1}^l, \boldsymbol{x}_t^l] + \boldsymbol{b}_f^l = \boldsymbol{W}_{fh}^l \boldsymbol{h}_{t-1}^l + \boldsymbol{W}_{fx}^l \boldsymbol{x}_t^l + \boldsymbol{b}_f^l$, 有 $\dfrac{\partial \mathbf{net}_{f,t}^l}{\partial \boldsymbol{h}_{t-1}^l} = \boldsymbol{W}_{fh}^l$, $\dfrac{\partial \boldsymbol{f}_t^l}{\partial \mathbf{net}_{f,t}^l} = \mathrm{diag}[\boldsymbol{f}_t^l \circ (1-\boldsymbol{f}_t^l)]$, $\dfrac{\partial \mathbf{net}_{f,t}^l}{\partial \boldsymbol{x}_t^l} = \boldsymbol{W}_{fx}^l$; 根据 $\boldsymbol{i}_t^l = \mathrm{sigmoid}(\mathbf{net}_{i,t}^l)$ 和 $\mathbf{net}_{i,t}^l = \boldsymbol{W}_i^l[\boldsymbol{h}_{t-1}^l, \boldsymbol{x}_t^l] + \boldsymbol{b}_i^l = \boldsymbol{W}_{ih}^l \boldsymbol{h}_{t-1}^l + \boldsymbol{W}_{ix}^l \boldsymbol{x}_t^l + \boldsymbol{b}_i^l$, 有 $\dfrac{\partial \mathbf{net}_{i,t}^l}{\partial \boldsymbol{h}_{t-1}^l} = \boldsymbol{W}_{ih}^l$, $\dfrac{\partial \boldsymbol{i}_t^l}{\partial \mathbf{net}_{i,t}^l} = \mathrm{diag}[\boldsymbol{i}_t^l \circ (1-\boldsymbol{i}_t^l)]$, $\dfrac{\partial \mathbf{net}_{i,t}^l}{\partial \boldsymbol{x}_t^l} = \boldsymbol{W}_{ix}^l$; 根据 $\tilde{\boldsymbol{c}}_t^l =$

$\tanh(\mathbf{net}^l_{\tilde{c},t})$, $\mathbf{net}^l_{\tilde{c},t} = \boldsymbol{W}^l_c[\boldsymbol{h}^l_{t-1}, \boldsymbol{x}^l_t] + \boldsymbol{b}^l_c = \boldsymbol{W}^l_{ch}\boldsymbol{h}^l_{t-1} + \boldsymbol{W}^l_{cx}\boldsymbol{x}^l_t + \boldsymbol{b}^l_c$, 有 $\dfrac{\partial \mathbf{net}^l_{\tilde{c},t}}{\partial \boldsymbol{h}^l_{t-1}} = \boldsymbol{W}^l_{ch}$, $\dfrac{\partial \mathbf{net}^l_{\tilde{c},t}}{\partial \boldsymbol{x}^l_t} = \boldsymbol{W}^l_{cx}$, $\dfrac{\partial \tilde{\boldsymbol{c}}^l_t}{\partial \mathbf{net}^l_{\tilde{c},t}} = \mathrm{diag}[1-(\tilde{\boldsymbol{c}}^l_t)^2]$; 根据 $\boldsymbol{o}^l_t = \mathrm{sigmoid}(\mathbf{net}^l_{o,t})$ 和 $\mathbf{net}^l_{o,t} = \boldsymbol{W}^l_o[\boldsymbol{h}^l_{t-1}, \boldsymbol{x}^l_t] + \boldsymbol{b}^l_o = \boldsymbol{W}^l_{oh}\boldsymbol{h}^l_{t-1} + \boldsymbol{W}^l_{ox}\boldsymbol{x}^l_t + \boldsymbol{b}^l_o$, 有 $\dfrac{\partial \boldsymbol{o}^l_t}{\partial \mathbf{net}^l_{o,t}} = \mathrm{diag}[\boldsymbol{o}^l_t \circ (1-\boldsymbol{o}^l_t)]$, $\dfrac{\partial \mathbf{net}^l_{o,t}}{\partial \boldsymbol{h}^l_{t-1}} = \boldsymbol{W}^l_{oh}$, $\dfrac{\partial \mathbf{net}^l_{o,t}}{\partial \boldsymbol{x}^l_t} = \boldsymbol{W}^l_{ox}$. 因此

$$\boldsymbol{\delta}^l_{f,t} = \frac{\partial E}{\partial \mathbf{net}^l_{f,t}} = \frac{\partial E}{\partial \boldsymbol{h}^l_t}\frac{\partial \boldsymbol{h}^l_t}{\partial \boldsymbol{c}^l_t}\frac{\partial \boldsymbol{c}^l_t}{\partial \boldsymbol{i}^l_t}\frac{\partial \boldsymbol{i}^l_t}{\partial \mathbf{net}^l_{f,t}} = \boldsymbol{\delta}^l_t \circ \boldsymbol{o}^l_t \circ (1-\tanh^2(\boldsymbol{c}^l_t)) \circ \boldsymbol{c}^l_{t-1} \circ \boldsymbol{f}^l_t \circ (1-\boldsymbol{f}^l_t) \tag{3.2.49}$$

$$\boldsymbol{\delta}^l_{i,t} = \frac{\partial E}{\partial \mathbf{net}^l_{i,t}} = \frac{\partial E}{\partial \boldsymbol{h}^l_t}\frac{\partial \boldsymbol{h}^l_t}{\partial \boldsymbol{c}^l_t}\frac{\partial \boldsymbol{c}^l_t}{\partial \boldsymbol{i}^l_t}\frac{\partial \boldsymbol{i}^l_t}{\partial \mathbf{net}^l_{i,t}} = \boldsymbol{\delta}^l_t \circ \boldsymbol{o}^l_t \circ (1-\tanh^2(\boldsymbol{c}^l_t)) \circ \tilde{\boldsymbol{c}}^l_t \circ \boldsymbol{i}^l_t \circ (1-\boldsymbol{i}^l_t) \tag{3.2.50}$$

$$\boldsymbol{\delta}^l_{\tilde{c},t} = \frac{\partial E}{\partial \mathbf{net}^l_{\tilde{c},t}} = \frac{\partial E}{\partial \boldsymbol{h}^l_t}\frac{\partial \boldsymbol{h}^l_t}{\partial \boldsymbol{c}^l_t}\frac{\partial \boldsymbol{c}^l_t}{\partial \tilde{\boldsymbol{c}}^l_t}\frac{\partial \tilde{\boldsymbol{c}}^l_t}{\partial \mathbf{net}^l_{\tilde{c},t}} = \boldsymbol{\delta}^l_t \circ \boldsymbol{o}^l_t \circ (1-\tanh^2(\boldsymbol{c}^l_t)) \circ \boldsymbol{i}^l_t \circ (1-(\tilde{\boldsymbol{c}}^l_t)^2) \tag{3.2.51}$$

$$\boldsymbol{\delta}^l_{o,t} = \frac{\partial E}{\partial \mathbf{net}^l_{o,t}} = \frac{\partial E}{\partial \boldsymbol{h}^l_t}\frac{\partial \boldsymbol{h}^l_t}{\partial \boldsymbol{o}^l_t}\frac{\partial \boldsymbol{o}^l_t}{\partial \mathbf{net}^l_{o,t}} = \boldsymbol{\delta}^l_t \circ \tanh(\boldsymbol{c}^l_t) \circ \boldsymbol{o}^l_t \circ (1-\boldsymbol{o}^l_t) \tag{3.2.52}$$

式 (3.2.49)~(3.2.52) 描述了将 $\boldsymbol{\delta}^l_t$ 沿时间往前传递一个时刻的规律, 基于这个规律, 可以求得将 $\boldsymbol{\delta}^l_t$ 沿时间往前传递 k 个时刻的误差项 $\boldsymbol{\delta}^l_k$.

$$\boldsymbol{\delta}^l_k = \prod_{j=k}^{t-1}(\boldsymbol{\delta}^l_{f,j}\boldsymbol{W}^l_{fh} + \boldsymbol{\delta}^l_{i,j}\boldsymbol{W}^l_{ih} + \boldsymbol{\delta}^l_{\tilde{c},j}\boldsymbol{W}^l_{ch} + \boldsymbol{\delta}^l_{o,j}\boldsymbol{W}^l_{oh}) \tag{3.2.53}$$

计算 $\boldsymbol{\delta}^{l-1}_t$　定义 $l-1$ 层的误差项是误差函数对 $l-1$ 层加权输入的导数, 即 $\boldsymbol{\delta}^{l-1}_t = \dfrac{\partial E}{\partial \mathbf{net}^{l-1}_t}$. 设 l 层 t 时刻的输入 $\boldsymbol{x}^l_t = f^{l-1}(\mathbf{net}^{l-1}_t)$, f^{l-1} 是 $l-1$ 层的激活函数. 因为 $\mathbf{net}^l_{f,t}$, $\mathbf{net}^l_{i,t}$, $\mathbf{net}^l_{\tilde{c},t}$, $\mathbf{net}^l_{o,t}$ 都是 $\boldsymbol{x}_t$ 的函数, 又是 $\mathbf{net}^{l-1}_t$ 的函数, 因此, 需要使用全导数公式求 E 对 $\mathbf{net}^{l-1}_t$ 的导数, 即

$$\begin{aligned}
\boldsymbol{\delta}^{l-1}_t &= \frac{\partial E}{\partial \mathbf{net}^{l-1}_t} \\
&= \frac{\partial E}{\partial \mathbf{net}^l_{f,t}}\frac{\partial \mathbf{net}^l_{f,t}}{\partial \boldsymbol{x}^l_t}\frac{\partial \boldsymbol{x}^l_t}{\partial \mathbf{net}^{l-1}_t} + \frac{\partial E}{\partial \mathbf{net}^l_{i,t}}\frac{\partial \mathbf{net}^l_{i,t}}{\partial \boldsymbol{x}^l_t}\frac{\partial \boldsymbol{x}^l_t}{\partial \mathbf{net}^{l-1}_t} \\
&\quad + \frac{\partial E}{\partial \mathbf{net}^l_{\tilde{c},t}}\frac{\partial \mathbf{net}^l_{\tilde{c},t}}{\partial \boldsymbol{x}^l_t}\frac{\partial \boldsymbol{x}^l_t}{\partial \mathbf{net}^{l-1}_t} + \frac{\partial E}{\partial \mathbf{net}^l_{o,t}}\frac{\partial \mathbf{net}^l_{o,t}}{\partial \boldsymbol{x}^l_t}\frac{\partial \boldsymbol{x}^l_t}{\partial \mathbf{net}^{l-1}_t} \\
&= \boldsymbol{\delta}^l_{f,t}\boldsymbol{W}_{fx} \circ f^{l-1\prime}(\mathbf{net}^{l-1}_t) + \boldsymbol{\delta}^l_{i,t}\boldsymbol{W}_{ix} \circ f^{l-1\prime}(\mathbf{net}^{l-1}_t)
\end{aligned}$$

$$+\boldsymbol{\delta}_{\tilde{c},t}^{l}\boldsymbol{W}_{cx}\circ f^{l-1\prime}(\mathbf{net}_t^{l-1})+\boldsymbol{\delta}_{o,t}^{l}\boldsymbol{W}_{ox}\circ f^{l-1\prime}(\mathbf{net}_t^{l-1})$$
$$=(\boldsymbol{\delta}_{f,t}^{l}\boldsymbol{W}_{fx}+\boldsymbol{\delta}_{i,t}^{l}\boldsymbol{W}_{ix}+\boldsymbol{\delta}_{\tilde{c},t}^{l}\boldsymbol{W}_{cx}+\boldsymbol{\delta}_{o,t}^{l}\boldsymbol{W}_{ox})\circ f^{l-1\prime}(\mathbf{net}_t^{l-1}) \tag{3.2.54}$$

2) 权重梯度的计算

计算 $\boldsymbol{W}_{fh}^{l}$, $\boldsymbol{W}_{ih}^{l}$, $\boldsymbol{W}_{ch}^{l}$, $\boldsymbol{W}_{oh}^{l}$ 的权重梯度 $\boldsymbol{W}_{fh}^{l}$, $\boldsymbol{W}_{ih}^{l}$, $\boldsymbol{W}_{ch}^{l}$, $\boldsymbol{W}_{oh}^{l}$ 的权重梯度是各个时刻的梯度之和, 因此需要先求出它们在 t 时刻的梯度 $\dfrac{\partial E}{\partial \boldsymbol{W}_{fh,t}^{l}}$, $\dfrac{\partial E}{\partial \boldsymbol{W}_{ih,t}^{l}}$, $\dfrac{\partial E}{\partial \boldsymbol{W}_{ch,t}^{l}}$, $\dfrac{\partial E}{\partial \boldsymbol{W}_{oh,t}^{l}}$, 然后再求最终的梯度.

因为

$$\frac{\partial E}{\partial \boldsymbol{W}_{fh,t}^{l}}=\frac{\partial E}{\partial \mathbf{net}_{f,t}^{l}}\frac{\partial \mathbf{net}_{f,t}^{l}}{\partial \boldsymbol{W}_{fh,t}^{l}}=\delta_{f,t}^{l}\frac{\partial \mathbf{net}_{f,t}^{l}}{\partial \boldsymbol{W}_{fh,t}^{l}}=\delta_{f,t}^{l}\boldsymbol{h}_{t-1}^{l}$$

$$\frac{\partial E}{\partial \boldsymbol{W}_{ih,t}^{l}}=\frac{\partial E}{\partial \mathbf{net}_{i,t}^{l}}\frac{\partial \mathbf{net}_{i,t}^{l}}{\partial \boldsymbol{W}_{ih,t}^{l}}=\delta_{i,t}^{l}\frac{\partial \mathbf{net}_{i,t}^{l}}{\partial \boldsymbol{W}_{ih,t}^{l}}=\delta_{i,t}^{l}\boldsymbol{h}_{t-1}^{l}$$

$$\frac{\partial E}{\partial \boldsymbol{W}_{ch,t}^{l}}=\frac{\partial E}{\partial \mathbf{net}_{\tilde{c},t}^{l}}\frac{\partial \mathbf{net}_{\tilde{c},t}^{l}}{\partial \boldsymbol{W}_{ch,t}^{l}}=\delta_{\tilde{c},t}^{l}\frac{\partial \mathbf{net}_{\tilde{c},t}^{l}}{\partial \boldsymbol{W}_{ch,t}^{l}}=\delta_{\tilde{c},t}^{l}\boldsymbol{h}_{t-1}^{l}$$

$$\frac{\partial E}{\partial \boldsymbol{W}_{oh,t}^{l}}=\frac{\partial E}{\partial \mathbf{net}_{o,t}^{l}}\frac{\partial \mathbf{net}_{o,t}^{l}}{\partial \boldsymbol{W}_{oh,t}^{l}}=\delta_{i,t}^{l}\frac{\partial \mathbf{net}_{o,t}^{l}}{\partial \boldsymbol{W}_{oh,t}^{l}}=\delta_{o,t}^{l}\boldsymbol{h}_{t-1}^{l}$$

其中, $\delta_{f,t}^{l}$, $\delta_{i,t}^{l}$, $\delta_{\tilde{c},t}^{l}$ 和 $\delta_{o,t}^{l}$ 由式 (3.2.49)~(3.2.52) 计算. 因此, $\boldsymbol{W}_{fh}^{l}$, $\boldsymbol{W}_{ih}^{l}$, $\boldsymbol{W}_{ch}^{l}$, $\boldsymbol{W}_{oh}^{l}$ 的权重梯度的计算式为

$$\frac{\partial E}{\partial \boldsymbol{W}_{fh}^{l}}=\sum_{j=1}^{t}\delta_{f,j}^{l}\boldsymbol{h}_{j-1}^{l} \tag{3.2.55}$$

$$\frac{\partial E}{\partial \boldsymbol{W}_{ih}^{l}}=\sum_{j=1}^{t}\delta_{f,i}^{l}\boldsymbol{h}_{j-1}^{l} \tag{3.2.56}$$

$$\frac{\partial E}{\partial \boldsymbol{W}_{ch}^{l}}=\sum_{j=1}^{t}\delta_{\tilde{c},i}^{l}\boldsymbol{h}_{j-1}^{l} \tag{3.2.57}$$

$$\frac{\partial E}{\partial \boldsymbol{W}_{oh}^{l}}=\sum_{j=1}^{t}\delta_{o,i}^{l}\boldsymbol{h}_{j-1}^{l} \tag{3.2.58}$$

计算 $\boldsymbol{W}_{fx}^{l}$, $\boldsymbol{W}_{ix}^{l}$, $\boldsymbol{W}_{cx}^{l}$, $\boldsymbol{W}_{ox}^{l}$ 的权重梯度 $\boldsymbol{W}_{fx}^{l}$, $\boldsymbol{W}_{ix}^{l}$, $\boldsymbol{W}_{cx}^{l}$, $\boldsymbol{W}_{ox}^{l}$ 的权重梯度, 只需要根据相应的误差项直接计算即可, 即

$$\frac{\partial E}{\partial \boldsymbol{W}_{fx}^{l}}=\frac{\partial E}{\partial \mathbf{net}_{f,t}^{l}}\frac{\partial \mathbf{net}_{f,t}^{l}}{\partial \boldsymbol{W}_{fx}^{l}}=\delta_{f,t}^{l}\frac{\partial \mathbf{net}_{f,t}^{l}}{\partial \boldsymbol{W}_{fx,t}^{l}}=\delta_{f,t}^{l}\boldsymbol{x}_{t}^{l} \tag{3.2.59}$$

$$\frac{\partial E}{\partial \boldsymbol{W}_{ix}^{l}}=\frac{\partial E}{\partial \mathbf{net}_{i,t}^{l}}\frac{\partial \mathbf{net}_{i,t}^{l}}{\partial \boldsymbol{W}_{ix}^{l}}=\delta_{i,t}^{l}\frac{\partial \mathbf{net}_{i,t}^{l}}{\partial \boldsymbol{W}_{ix,t}^{l}}=\delta_{i,t}^{l}\boldsymbol{x}_{t}^{l} \tag{3.2.60}$$

$$\frac{\partial E}{\partial \boldsymbol{W}_{cx}^{l}}=\frac{\partial E}{\partial \mathbf{net}_{\tilde{c},t}^{l}}\frac{\partial \mathbf{net}_{\tilde{c},t}^{l}}{\partial \boldsymbol{W}_{cx}^{l}}=\delta_{\tilde{c},t}^{l}\frac{\partial \mathbf{net}_{\tilde{c},t}^{l}}{\partial \boldsymbol{W}_{cx,t}^{l}}=\delta_{\tilde{c},t}^{l}\boldsymbol{x}_{t}^{l} \tag{3.2.61}$$

$$\frac{\partial E}{\partial \boldsymbol{W}_{ox}^{l}}=\frac{\partial E}{\partial \mathbf{net}_{o,t}^{l}}\frac{\partial \mathbf{net}_{o,t}^{l}}{\partial \boldsymbol{W}_{ox}^{l}}=\delta_{o,t}^{l}\frac{\partial \mathbf{net}_{o,t}^{l}}{\partial \boldsymbol{W}_{ox,t}^{l}}=\delta_{o,t}^{l}\boldsymbol{x}_{t}^{l} \tag{3.2.62}$$

3) 偏置梯度的计算

偏置项 $\boldsymbol{b}_f^l$, $\boldsymbol{b}_i^l$, $\boldsymbol{b}_c^l$, $\boldsymbol{b}_o^l$ 的梯度也是各个时刻的梯度之和. 各个时刻的偏置项梯度按如下方式计算

$$\frac{\partial E}{\partial \boldsymbol{b}_{f,t}^{l}}=\frac{\partial E}{\partial \mathbf{net}_{f,t}^{l}}\frac{\partial \mathbf{net}_{f,t}^{l}}{\partial \boldsymbol{b}_{f,t}^{l}}=\delta_{f,t}^{l} \tag{3.2.63}$$

$$\frac{\partial E}{\partial \boldsymbol{b}_{i,t}^{l}}=\frac{\partial E}{\partial \mathbf{net}_{i,t}^{l}}\frac{\partial \mathbf{net}_{i,t}^{l}}{\partial \boldsymbol{b}_{i,t}^{l}}=\delta_{i,t}^{l} \tag{3.2.64}$$

$$\frac{\partial E}{\partial \boldsymbol{b}_{c,t}^{l}}=\frac{\partial E}{\partial \mathbf{net}_{\tilde{c},t}^{l}}\frac{\partial \mathbf{net}_{\tilde{c},t}^{l}}{\partial \boldsymbol{b}_{c,t}^{l}}=\delta_{\tilde{c},t}^{l} \tag{3.2.65}$$

$$\frac{\partial E}{\partial \boldsymbol{b}_{o,t}^{l}}=\frac{\partial E}{\partial \mathbf{net}_{o,t}^{l}}\frac{\partial \mathbf{net}_{o,t}^{l}}{\partial \boldsymbol{b}_{o,t}^{l}}=\delta_{o,t}^{l} \tag{3.2.66}$$

因此, 最终偏置项梯度就是将各个时刻的偏置项梯度加在一起, 即

$$\frac{\partial E}{\partial \boldsymbol{b}_{f}^{l}}=\sum_{j=1}^{t}\delta_{f,j}^{l} \tag{3.2.67}$$

$$\frac{\partial E}{\partial \boldsymbol{b}_{i}^{l}}=\sum_{j=1}^{t}\delta_{i,j}^{l} \tag{3.2.68}$$

$$\frac{\partial E}{\partial \boldsymbol{b}_{c}^{l}}=\sum_{j=1}^{t}\delta_{\tilde{c},j}^{l} \tag{3.2.69}$$

$$\frac{\partial E}{\partial \boldsymbol{b}_{o}^{l}}=\sum_{j=1}^{t}\delta_{o,j}^{l} \tag{3.2.70}$$

3.2.8　门控循环单元

门控循环单元 (gated recurrent unit, GRU) 是 LSTM 的一种变体, 它对 LSTM 做了很多简化, 同时却保持着和 LSTM 相同的效果.

GRU 对 LSTM 做了两个改动: ① 将输入门、遗忘门、输出门变为两个门: 更新门 (update gate) 和重置门 (reset gate); ② 将单元状态与输出合并为一个状态: $\boldsymbol{h}$.

1. GRU 的结构

GRU 的结构如图 3.2.25 所示.

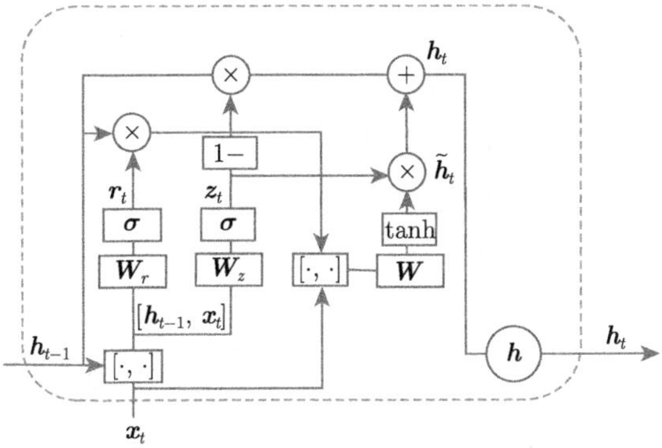

图 3.2.25 GRU 的结构

2. GRU 的前向计算

GRU 只包含更新门和重置门, 两个门的计算与 LSTM 类似.

更新门的输出

$$\boldsymbol{z}_t = \mathrm{sigmoid}(\boldsymbol{W}_z[\boldsymbol{h}_{t-1}, \boldsymbol{x}_t]) \tag{3.2.71}$$

重置门的输出

$$\boldsymbol{r}_t = \mathrm{sigmoid}(\boldsymbol{W}_r[\boldsymbol{h}_{t-1}, \boldsymbol{x}_t]) \tag{3.2.72}$$

当前输入的单元状态

$$\tilde{\boldsymbol{h}}_t = \tanh(\boldsymbol{W}[\boldsymbol{r}_t \circ \boldsymbol{h}_{t-1}, \boldsymbol{x}_t]) \tag{3.2.73}$$

其中, 符号 $\circ$ 表示按元素乘.

GRU 最终的输出

$$\boldsymbol{h}_t = (1 - \boldsymbol{z}_t) \circ \boldsymbol{h}_{t-1} + \boldsymbol{z}_t \circ \tilde{\boldsymbol{h}}_t \tag{3.2.74}$$

3. GRU 的学习

GRU 的学习与 LSTM 类似, 不再详述.

3.2.9 递归神经网络

循环神经网络能够处理序列信息, 但是不能处理诸如树、图这样的递归结构. 有时候树、图结构表达的信息比序列表达的信息更加丰富. 比如, “两个外语学院的学生” 这个句子有两种解析: 一种是 “两个外语学院的/学生”, 也就是学生可能有许多, 但他们来自于两所外语学校; 另一个是 “两个/外语学院的学生”, 也就是只有两个学生, 他们是外语学院的. 仅仅使用序列难以区分出两个不同的意思, 但是使用树结构 (((两个外语学院) 的) 学生) 和 (两个 ((外语学院的) 学生)) 能够对此进行区分.

递归神经网络 (recursive neural network, R_sNN) 可以处理诸如树、图这样的递归结构, 它把一个树、图结构的信息编码为一个向量, 也就是把信息映射到一个语义向量空间中, 使得内容不同但意思相似的句子编码后在语义向量空间中距离相近, 而意思截然不同的句子编码后在语义向量空间中距离则很远, 如图 3.2.26 所示. 图 3.2.26 中, 句子 "the country of my birth" 表示为二维向量 [1,5], 该向量与句子 "the place where I was born" 的表示向量 [1.2,4.5] 语义向量空间中距离很近; 而 "Germany" 和 "France" 因为表示的都是地点, 它们的向量与上面两个句子的向量间的距离, 要比与 "Monday" 和 "Tuesday" 两个表示时间的词向量的距离近得多. 这样, 通过向量的距离, 就得到了一种语义的表示. 基于这种表示, 人们可以完成更加高级的任务, 比如情感分析等.

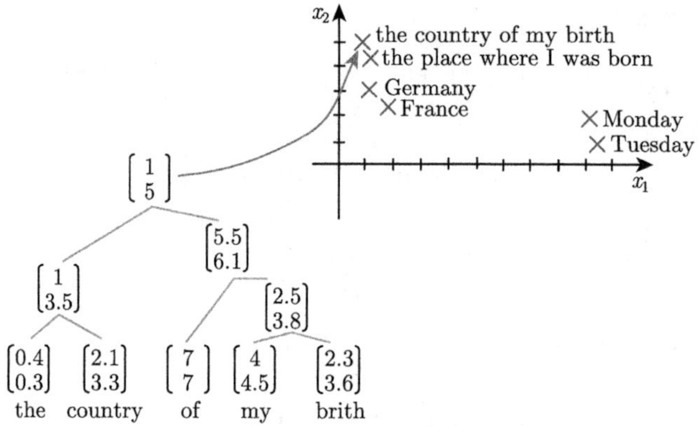

图 3.2.26　递归神经网络的递归结构

1. 递归神经网络的结构

递归神经网络的结构是由网络子树递归构建的网络树. 网络子树的输入是两个或多个子节点, 输出是将这些子节点编码后产生的父节点, 父节点的维度和每个子节点是相同的, 如图 3.2.27 所示. 图 3.2.27 中, $\boldsymbol{c}_1$ 和 $\boldsymbol{c}_2$ 分别表示两个子节点的向量, $\boldsymbol{p}$ 表示父节点的向量.

子节点和父节点组成一个全连接神经网络, 也就是子节点的每个神经元都和父节点的每个神经元两两相连. 矩阵 $\boldsymbol{W}$ 表示神经元间的连接权重, 设矩阵 $\boldsymbol{W}_1$ 和 $\boldsymbol{W}_2$ 分别对应子节点 $\boldsymbol{c}_1$ 和 $\boldsymbol{c}_2$ 到父节点 $\boldsymbol{p}$ 的权重, 则 $\boldsymbol{W}$ 矩阵被拆分为 $\boldsymbol{W}_1$ 和 $\boldsymbol{W}_2$ 两个矩阵, 即

$$
\boldsymbol{W}=\left[\begin{array}{cccc|cccc}
\multicolumn{4}{c|}{\boldsymbol{W}_1} & \multicolumn{4}{c}{\boldsymbol{W}_2}\\
w_{p_1c_{11}} & w_{p_1c_{12}} & \cdots & w_{p_1c_{1n}} & w_{p_1c_{21}} & w_{p_1c_{22}} & \cdots & w_{p_1c_{2n}}\\
w_{p_2c_{11}} & w_{p_2c_{12}} & \cdots & w_{p_2c_{1n}} & w_{p_2c_{21}} & w_{p_2c_{22}} & \cdots & w_{p_2c_{2n}}\\
\vdots & \vdots & & \vdots & \vdots & \vdots & & \vdots\\
w_{p_nc_{11}} & w_{p_nc_{12}} & \cdots & w_{p_nc_{1n}} & w_{p_nc_{21}} & w_{p_nc_{22}} & \cdots & w_{p_nc_{2n}}
\end{array}\right] \tag{3.2.75}
$$

其中, n 是节点的维度, $\boldsymbol{p}_i$ 表示父节点 $\boldsymbol{p}$ 的第 i 个分量; c_{ji} 表示子节点 $\boldsymbol{c}_j$ 的第 i 个分量; $w_{p_ic_{jk}}$ 表示子节点 $\boldsymbol{c}_j$ 的第 k 个分量到父节点 $\boldsymbol{p}$ 的第 i 个分量的权重.

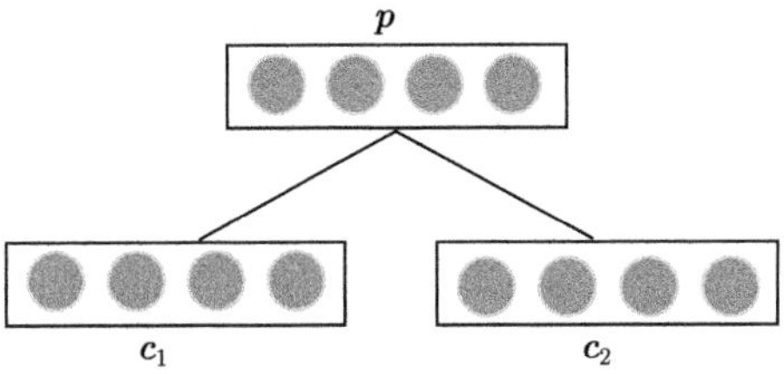

图 3.2.27 网络子树的结构

然后, 把产生的父节点的向量和其他子节点的向量再次作为网络的输入, 再次产生它们的父节点. 如此递归下去, 直至整棵树处理完毕, 获得递归神经网络. 根节点的向量是对整棵树的表示, 从而实现了从树到向量的映射过程, 如图 3.2.28 所示.

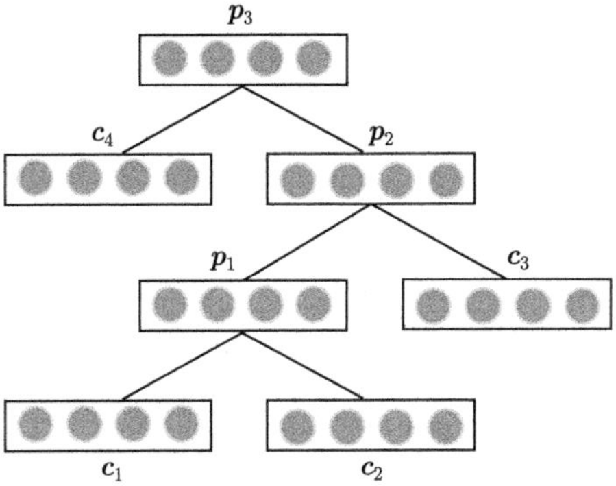

图 3.2.28 递归神经网络结构

递归过程中, 子节点的不同组合顺序将产生不同的网络结构. 比如, 图 3.2.29 (a) 和 (b) 分别是根据 “两个外语学院的学生” 的两种解析产生的两种网络结构. 由于整个结构是递归的, 不仅仅是根节点, 事实上每个节点都是以其为根的子树的表示. 比如图 3.2.29 (a) 中, 向量 $\boldsymbol{p}_3$ 是对整个句子 “两个外语学院的学生” 的表示, 向

量 $\boldsymbol{p}_2$ 是短语 "外语学院的学生" 的表示, 而向量 $\boldsymbol{p}_1$ 是短语 "外语学院的" 的表示.

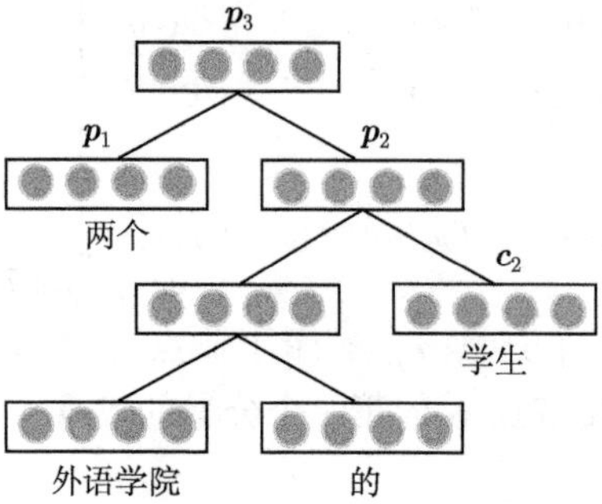

(a) (两个((外语学院的)学生))

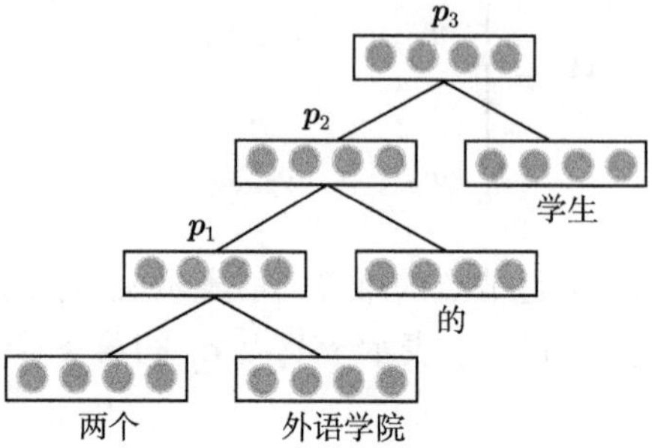

(b) (((两个外语学院)的)学生)

图 3.2.29 "两个外语学院的学生" 的两种递归神经网络

2. 递归神经网络的前向计算

递归神经网络的前向计算方法与全连接神经网络的计算相同, 只是在输入的过程中需要根据输入的树结构依次输入每个子节点. $\boldsymbol{p}$ 的计算为

$$\boldsymbol{p} = \tanh\left(\boldsymbol{W}\begin{bmatrix}\boldsymbol{c}_1\\ \boldsymbol{c}_2\end{bmatrix} + \boldsymbol{b}\right) \tag{3.2.76}$$

特别需要注意的是, 递归神经网络的权重和偏置在所有节点都是共享的.

3. 递归神经网络的学习

递归神经网络的学习和循环神经网络类似, 两者的不同之处在于, 递归神经网络需要将残差 δ 从根节点反向传播到各个子节点, 而循环神经网络是将残差从当前时刻 t_k 反向传播到初始时刻 t_1. 递归神经网络的训练算法是 BPTS(back propagation through structure) 算法.

1) 误差项的传递

• **网络子树中反向传递误差项**

首先考虑网络子树中将误差从父节点传递到子节点, 传递过程如图 3.2.30 所示.

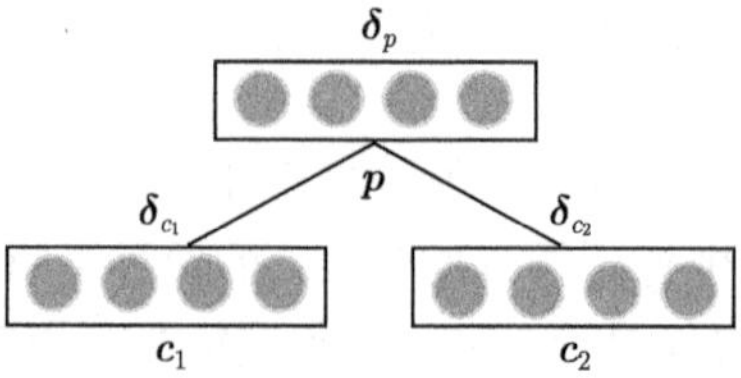

图 3.2.30 网络子树中误差从父节点到子节点的传递

定义 $\boldsymbol{\delta_p}$ 为误差函数 E 相对于父节点 $\boldsymbol{p}$ 的加权输入 $\mathbf{net}_{\boldsymbol{p}}$ 的导数, 即 $\boldsymbol{\delta_p}=\dfrac{\partial E}{\partial \mathbf{net}_{\boldsymbol{p}}}$, 其中 $\mathbf{net}_{\boldsymbol{p}}=\boldsymbol{W}\begin{bmatrix}\boldsymbol{c}_1\\ \boldsymbol{c}_2\end{bmatrix}+\boldsymbol{b}=\begin{bmatrix}\boldsymbol{W}_1\\ \boldsymbol{W}_2\end{bmatrix}^{\mathrm{T}}\begin{bmatrix}\boldsymbol{c}_1\\ \boldsymbol{c}_2\end{bmatrix}+\boldsymbol{b}=\boldsymbol{W}_1^{\mathrm{T}}\boldsymbol{c}_1+\boldsymbol{W}_2^{\mathrm{T}}\boldsymbol{c}_2+\boldsymbol{b}$. 网络子树中将误差从父节点传递到子节点是指基于 $\boldsymbol{\delta_p}$ 计算 $\boldsymbol{\delta}_{\boldsymbol{c}_j}=\dfrac{\partial E}{\partial \mathbf{net}_{\boldsymbol{c}_j}}$. $\mathbf{net}_{\boldsymbol{c}_j}$ 是子节点 $\boldsymbol{c}_j$ 的加权输入, 设 f 是子节点 $\boldsymbol{c}_j$ 的激活函数, 则 $\boldsymbol{c}_j=f(\mathbf{net}_{\boldsymbol{c}_j})$, 因此

$$\boldsymbol{\delta}_{\boldsymbol{c}_j}=\frac{\partial E}{\partial \mathbf{net}_{\boldsymbol{c}_j}}=\frac{\partial E}{\partial \mathbf{net}_{\boldsymbol{p}}}\frac{\partial \mathbf{net}_{\boldsymbol{p}}}{\partial \boldsymbol{c}_j}\frac{\partial \boldsymbol{c}_j}{\partial \mathbf{net}_{\boldsymbol{c}_j}}=\boldsymbol{W}_j^{\mathrm{T}}\boldsymbol{\delta_p}\circ f'(\mathbf{net}_{\boldsymbol{c}_j}) \tag{3.2.77}$$

如果将不同子节点 $\boldsymbol{c}_j$ 对应的误差项 $\boldsymbol{\delta}_{\boldsymbol{c}_j}$ 连接成一个向量 $\boldsymbol{\delta_c}=\begin{bmatrix}\boldsymbol{\delta}_{\boldsymbol{c}_1}\\ \boldsymbol{\delta}_{\boldsymbol{c}_2}\end{bmatrix}$, 将不同子节点 $\boldsymbol{c}_j$ 对应的加权输入 $\mathbf{net}_{\boldsymbol{c}_j}$ 连接成一个向量 $\mathbf{net}_{\boldsymbol{c}}=\begin{bmatrix}\mathbf{net}_{\boldsymbol{c}_1}\\ \mathbf{net}_{\boldsymbol{c}_2}\end{bmatrix}$ 那么, 式 (3.2.77) 可以写成

$$\boldsymbol{\delta_c}=\boldsymbol{W}^{\mathrm{T}}\boldsymbol{\delta_p}\circ f'(\mathbf{net}_{\boldsymbol{c}}) \tag{3.2.78}$$

可以将 $\mathbf{net}_{\boldsymbol{p}}$ 写成式 (3.2.79) 所示的矩阵形式

$$\begin{bmatrix}\mathrm{net}_{p_1}\\ \mathrm{net}_{p_2}\\ \vdots\\ \mathrm{net}_{p_n}\end{bmatrix}=\begin{bmatrix}w_{p_1c_{11}} & w_{p_1c_{12}} & \cdots & w_{p_1c_{1n}} & w_{p_1c_{21}} & w_{p_1c_{22}} & \cdots & w_{p_1c_{2n}}\\ w_{p_2c_{11}} & w_{p_2c_{12}} & \cdots & w_{p_2c_{1n}} & w_{p_2c_{21}} & w_{p_2c_{22}} & \cdots & w_{p_2c_{2n}}\\ \vdots & \vdots & & \vdots & \vdots & \vdots & & \vdots\\ w_{p_nc_{11}} & w_{p_nc_{12}} & \cdots & w_{p_nc_{1n}} & w_{p_nc_{21}} & w_{p_nc_{22}} & \cdots & w_{p_nc_{2n}}\end{bmatrix}\begin{bmatrix}c_{11}\\ c_{12}\\ \vdots\\ c_{1n}\\ c_{21}\\ c_{22}\\ \vdots\\ c_{2n}\end{bmatrix}+\begin{bmatrix}b_1\\ b_2\\ \vdots\\ b_n\end{bmatrix} \tag{3.2.79}$$

从而有

$$\frac{\partial E}{\partial c_{jk}}=\sum_i\frac{\partial E}{\partial \mathrm{net}_{p_i}}\frac{\partial \mathrm{net}_{p_i}}{\partial c_{jk}}=\sum_i\delta_{p_i}w_{p_ic_{jk}} \tag{3.2.80}$$

式 (3.2.80) 就是网络子树中将误差项从父节点传递到其子节点的计算公式.

- **树型结构中反向传递误差项**

树型结构中误差项的反向传递过程如图 3.2.31 所示.

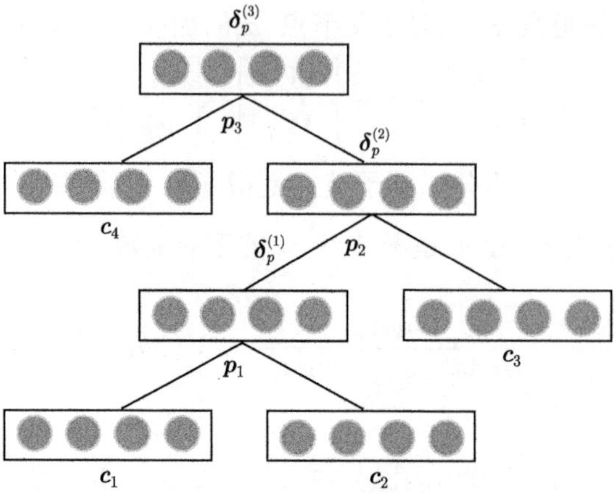

图 3.2.31　树型结构中误差项的传递

计算方式是反复应用式 (3.2.78), 在已知 $\delta_{\boldsymbol{p}}^{(3)}$ 的情况下, 迭代计算出 $\boldsymbol{\delta}_p^{(1)}$

$$
\begin{aligned}
\boldsymbol{\delta}^{(2)} &= \boldsymbol{W}^{\mathrm{T}}\boldsymbol{\delta}_{\boldsymbol{p}}^{(3)} \circ f'(\mathbf{net}_{\boldsymbol{c}}^{(2)})\\
\boldsymbol{\delta}_{\boldsymbol{p}}^{(2)} &= [\boldsymbol{\delta}^{(2)}]_{\boldsymbol{p}}\\
\boldsymbol{\delta}^{(1)} &= \boldsymbol{W}^{\mathrm{T}}\boldsymbol{\delta}_{\boldsymbol{p}}^{(2)} \circ f'(\mathbf{net}_{\boldsymbol{c}}^{(1)})\\
\boldsymbol{\delta}_p^{(1)} &= [\boldsymbol{\delta}^{(1)}]_p
\end{aligned}
\tag{3.2.81}
$$

其中, $\boldsymbol{\delta}^{(2)} = \begin{bmatrix} \boldsymbol{\delta}_{\boldsymbol{c}}^{(2)} \\ \boldsymbol{\delta}_{\boldsymbol{p}}^{(2)} \end{bmatrix}$, $\boldsymbol{\delta}_{\boldsymbol{p}}^{(2)}$ 表示取 $\boldsymbol{\delta}^{(2)}$ 向量属于节点 $\boldsymbol{p}$ 的部分.

2) 权重梯度的计算

递归神经网络中由于权重 $\boldsymbol{W}$ 是在所有层共享的, 所以和循环神经网络一样, 递归神经网络最终的权重梯度是各个层权重梯度之和. 即 $\dfrac{\partial E}{\partial \boldsymbol{W}} = \sum\limits_l \dfrac{\partial E}{\partial \boldsymbol{W}^l}$.

计算 $\dfrac{\partial E}{\partial \boldsymbol{W}^l}$　设 $\mathbf{net}_{p_j}^l$ 表示第 l 层的父节点 p_j 的加权输入, $\boldsymbol{c}^l$ 表示第 l 层的子节点. 由于 $\mathbf{net}_{p_j}^l = \sum\limits_i w_{ji}c_i^l + b_j$, 所以误差函数在第 l 层对权重的梯度为

$$
\frac{\partial E}{\partial w_{ji}^l} = \frac{\partial E}{\partial \mathbf{net}_{p_j}^l}\frac{\partial \mathbf{net}_{p_j}^l}{\partial w_{ji}^l} = \delta_{p_j}^l c_i^l \tag{3.2.82}
$$

把式 (3.2.82) 扩展为对所有权重的梯度, 并写成式 (3.2.83) 所示的矩阵形式, 其中 $m = 2n$, 有

$$\frac{\partial E}{\partial \boldsymbol{W}^l}=\begin{bmatrix}\frac{\partial E}{\partial w_{11}^l} & \frac{\partial E}{\partial w_{12}^l} & \cdots & \frac{\partial E}{\partial w_{1m}^l}\\ \frac{\partial E}{\partial w_{21}^l} & \frac{\partial E}{\partial w_{22}^l} & \cdots & \frac{\partial E}{\partial w_{2m}^l}\\ \vdots & \vdots & & \vdots\\ \frac{\partial E}{\partial w_{n1}^l} & \frac{\partial E}{\partial w_{n2}^l} & \cdots & \frac{\partial E}{\partial w_{nm}^l}\end{bmatrix}=\begin{bmatrix}\delta_{p_1}^l c_1^l & \delta_{p_1}^l c_2^l & \cdots & \delta_{p_1}^l c_m^l\\ \delta_{p_2}^l c_1^l & \delta_{p_2}^l c_2^l & \cdots & \delta_{p_2}^l c_m^l\\ \vdots & \vdots & & \vdots\\ \delta_{p_n}^l c_1^l & \delta_{p_n}^l c_2^l & \cdots & \delta_{p_n}^l c_m^l\end{bmatrix}=\boldsymbol{\delta}_{\boldsymbol{p}}^l(\boldsymbol{c}^l)^{\mathrm{T}} \tag{3.2.83}$$

将各层权重梯度相加即可求得权重的梯度.

3) 偏置梯度的计算

偏置的梯度也是各层偏置梯度之和. 即 $\frac{\partial E}{\partial \boldsymbol{b}}=\sum_l \frac{\partial E}{\partial \boldsymbol{b}^l}$.

计算 $\frac{\partial E}{\partial \boldsymbol{b}^l}$ $\quad \frac{\partial E}{\partial b_j^l}=\frac{\partial E}{\partial \mathbf{net}_{p_j}^l}\frac{\partial \mathbf{net}_{p_j}^l}{\partial b_j^l}=\delta_{p_j}^l$ 将其扩展为矩阵形式

$$\frac{\partial E}{\partial \boldsymbol{b}^l}=\begin{bmatrix}\frac{\partial E}{\partial b_1^l}\\ \frac{\partial E}{\partial b_2^l}\\ \vdots\\ \frac{\partial E}{\partial b_n^l}\end{bmatrix}=\begin{bmatrix}\delta_{p_1}^l\\ \delta_{p_2}^l\\ \vdots\\ \delta_{p_n}^l\end{bmatrix}=\boldsymbol{\delta}_{\boldsymbol{p}}^l \tag{3.2.84}$$

将各层偏置梯度相加即可求得偏置的梯度.

尽管**递归神经网络**具有强大的表示能力, 但是由于递归神经网络的输入是树/图结构, 而这种结构需要花费很多人工去标注, 所以递归神经网络在实际应用中并不太流行.

3.2.10 生成对抗网络

生成对抗网络 (generative adversarial network, GAN) 应用了二人零和博弈 (博弈双方的利益之和是一个常数, 一方利益增加, 另一方利益减少) 的思想 (博弈双方的利益之和是一个常数, 一方利益增加, 另一方利益就相应减少), 参与博弈的双方是生成模型 (G) 和判别模型 (D).

生成模型的功能 类似于一个样本生成器, 即输入一个噪声/样本, 然后把它包装成一个逼真的样本输出. 其目的是使生成的样本尽可能逼真, 以至于判别网络无法判定其真假.

判别模型的功能 类似于一个二分类器, 即输入一个样本, 根据输出值大于 0.5 还是小于 0.5 判断输入的样本是来自于真实样本集 (真样本), 还是生成模型产生的

假样本集 (假样本). 假如输入的是真样本, 网络输出就接近 1; 输入的是假样本, 网络输出接近 0.

1. GAN 的结构

一个 GAN 主要包含两个独立的神经网络：生成器 (generator) 和判别器 (discriminator), 如图 3.2.32 (a) 所示. 生成器的任务是, 从一个随机均匀分布里采样一个噪声 z 作为输入, 然后输出合成数据 $G(z)$ (赝品); 将真实数据 x 或者合成数据 $G(z)$ 作为判别器的输入, 判别器输出这个样本为 “真” 的可能性, 该值范围 0~1. 图 3.2.32 (b) 是一个生成人脸图像的 GAN, 其中真实样本集是真实采集而来的人脸样本数据集, 该数据集没有类别标签, 即不知道一张人脸图像对应的是谁. 制造的假样本集由生成模型产生, 判别器的输入是一幅图像, 输出是一个用于判断样本真假的概率值.

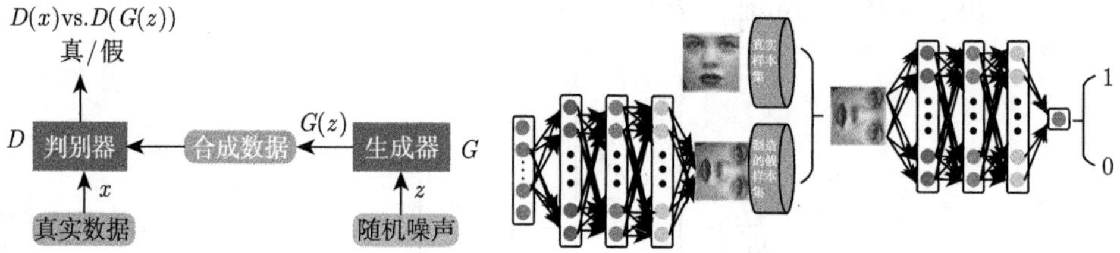

(a) GAN的一般结构　　　　(b) 生成人脸图像的GAN

图 3.2.32　GAN 的结构

原始 GAN 的判别器和生成器都是全连接网络, 用于生成图像. 目前, 各种应用主要使用卷积神经网络 (CNN) 去设计输入输出图像. 相比传统模型, GAN 的优点包括：首先, 生成数据的复杂度和维度是线性相关的. 如果要生成一个更大的图像, GAN 不会像传统模型一样面临指数上升的计算量, 它只是一个神经网络线性增大的过程. 其次, 先验假设非常少, 这是相比传统模型最大的一个优点. 与以往模型相比最突出的一点不同是, GAN 不对数据进行任何的显式参数分布假设. 最后, 可以生成更高质量的样本. 相比传统模型, GAN 也有缺点. 一般来说, 传统判别模型也是一个优化函数, 对于凸优化而言, 肯定有最优解. 但是 GAN 是在一个双人游戏中去寻找一个纳什均衡点, 对于一个确定的策略, 比如神经网络, 输入一个量肯定能得到一个确定的输出, 这时候不一定能找到一个纳什均衡点. 对于 GAN 寻找和优化纳什均衡点是一项很困难的工作, 目前还缺乏对这方面的研究.

判别网络和生成网络相互对抗　生成器生成假样本, 判别器区分样本真假. 在训练的过程中, 生成器努力地欺骗判别器 (生成的虽然是假样本, 但是它们非常逼真, 以至于判别网络无法判断真假, 即生成网络生成的假样本输入判别网络以后, 希望判别网络给出的值接近于 1), 而判别器努力地学习如何正确区分真假样本 (任意输入一个样本判别器都知道它是来自真样本集还是假样本集), 如图 3.2.33 所示. 生成网络与判别网络的目的正好相反, 两者形成了对抗关系. GAN 的目的是希望通过输入一个噪声, 模拟得到一张图像, 这张图像可以非常逼真以至于以假乱真. G 和 D 的对抗过程可以认为一个假币制造者和银行柜员的对抗: 银行柜员 (D) 不断地学习假币和真币之间的区别来预防假币制造者 (G), 而假币制造者也不断学习真币的样貌, 制造假币, 以欺骗银行柜员.

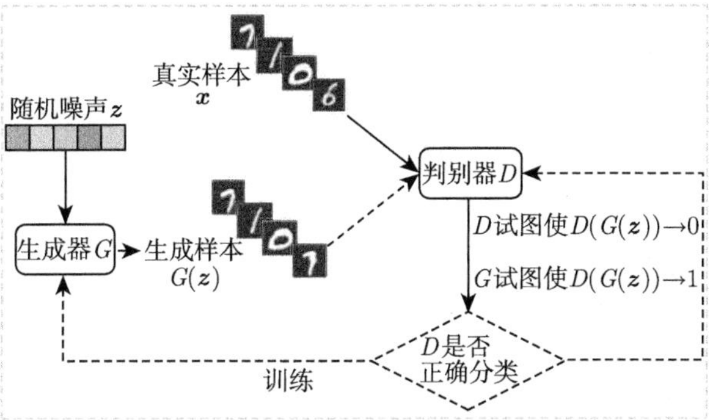

图 3.2.33 判别网络和生成网络的相互对抗

2. GAN 的前向计算

一般情况下, 生成模型和判别模型可以使用全连接或卷积神经网络构成, 因此, GAN 的前向计算与所使用的神经网络的计算相同.

3. GAN 的学习

生成网络与判别网络是两个完全独立的网络, 两个网络单独、交替、迭代学习. 首先判别网络利用真实样本和生成网络生成的假样本进行学习, 然后生成网络利用判别网络产生的误差进行学习, 重复此过程直至最大迭代次数. G 和 D 在对抗过程中不断地学习, 而且需要保证两者学习率基本一致, 也就是都能不断地从对方那里学习到 "知识" 来提升自己. GAN 在学习的整个过程没有用到标签信息, 因而是无监督的学习.

1) 判别网络的学习

判别网络的学习过程为:

- 在初始生成网络中输入一组随机数 Z, 产生初始假样本集;
- 将真样本集中所有样本的类别标签标记为 1, 假样本集中所有样本的类别标签标记为 0(判别网络是一个 0-1 分类器, 仅需判断输入的样本是真是假, 而不需判断真样本集中哪幅图像是张三、哪幅图像是李四);
- 将真假样本及它们的标签输入判别网络即可训练判别网络.

判别网络优化的目标函数为

$$\max_D J(D,G) = E_{\boldsymbol{x}\sim P_{\boldsymbol{x}}(\boldsymbol{x})}[\log(D(\boldsymbol{x}))] + E_{\boldsymbol{z}\sim P_{\boldsymbol{z}}(\boldsymbol{z})}[\log(1-D(G(\boldsymbol{z})))] \tag{3.2.85}$$

其中, $P_{\boldsymbol{x}}(\boldsymbol{x})$ 是真实数据服从的分布, $P_{\boldsymbol{z}}(\boldsymbol{z})$ 是噪声服从的分布. $D(\boldsymbol{x})$ 表示判别器认为 $\boldsymbol{x}$ 是真实样本的概率, $1-D(G(\boldsymbol{z}))$ 是判别器认为合成样本为假的概率. 式 (3.2.85) 表示当输入真样本 $\boldsymbol{x}$ 时, 判别网络的输出越大越好; 当输入假样本 $G(\boldsymbol{z})$ 时, 判别网络的输出越小越好, 也就是 $1-D(G(\boldsymbol{z}))$ 越大越好.

训练 GAN 的时候, 判别器希望目标函数最大化, 也就是使判别器判断真实样本为 "真", 判断合成样本为 "假" 的概率最大化; 与之相反, 生成器希望该目标函数最小化, 也就是降低判别器对数据来源判断正确的概率.

2) 生成网络的学习

由于生成网络只能生成样本, 不能判断样本真假, 因此不能产生误差, 没法完成训练. 为此, 需要把当前训练好的判别网络串接在生成网络的后面, 用于判断样本真假, 产生误差. 学习过程为:

- 把当前训练好的判别网络串接在生成网络的后面;
- 把当前生成网络产生的假样本的标签都设置为 1, 也就是认为这些假样本在生成网络训练的时候是真样本, 目的是迷惑判别器, 使得生成的假样本逐渐逼近为真样本;
- 把假样本及它们的标签 (都是 1) 输入判别网络 (真样本不参加训练), 把产生的误差传递到生成网络, 更新生成网络的参数, 在此过程中, 判别网络的参数保持不变, 即不更新判别网络的参数.

生成网络优化的目标函数为

$$\min_G J(D,G) = E_{\boldsymbol{z}\sim P_{\boldsymbol{z}}(\boldsymbol{z})}[\log(1-D(G(\boldsymbol{z})))] \tag{3.2.86}$$

生成网络优化时只有假样本, 由于希望假样本的标签是 1, 所以 $D(G(\boldsymbol{z}))$ 越大越好, 也就是 $1-D(G(\boldsymbol{z}))$ 越小越好.

式 (3.2.85) 和式 (3.2.86) 合并为式 (3.2.87), 这是一个最大最小优化问题, 其中既包含了判别模型的优化, 又包含了生成模型以假乱真的优化.

$$\min_G \max_D J(D,G) = E_{\boldsymbol{x}\sim P_{\boldsymbol{x}}(\boldsymbol{x})}[\log(D(\boldsymbol{x}))] + E_{\boldsymbol{z}\sim P_{\boldsymbol{z}}(\boldsymbol{z})}[\log(1-D(G(\boldsymbol{z})))] \tag{3.2.87}$$

3) 迭代

- 将原来输入初始生成网络中的随机数 Z 输入当前训练好的生成网络, 生成新的假样本集 (这些假样本应该比初始假样本更真了);
- 使用新生成的假样本集和真样本集训练判别网络, 继而训练生成网络;
- 重复此过程, 直至一定的迭代次数.

单独交替迭代训练过程如图 3.2.34 所示.

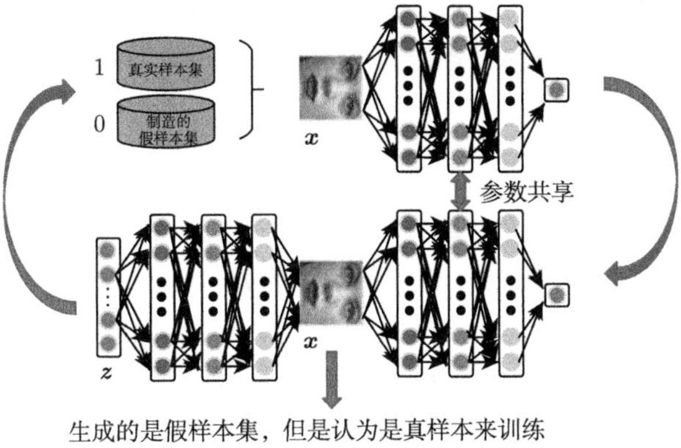

图 3.2.34 单独交替迭代训练过程

3.2.11 深度卷积生成对抗网络

卷积神经网络在有监督学习中的各项任务上都有很好的表现, 但在无监督学习领域的应用却比较少. GAN 无需特定的成本函数, 在无监督学习过程中可以学习到很好的特征表示, 但是 GAN 训练起来非常不稳定, 经常会使得生成器产生没有意义的输出. 深度卷积生成对抗网络 (deep convolutional GAN, DCGAN) 将有监督学习的 CNN 和无监督学习的 GAN 结合到了一起. DCGAN 的原理和 GAN 是一样的, 只是把经典 GAN 中的 G 和 D 换成了两个卷积神经网络 (CNN). 但是, 不是直接替换, 而是对 CNN 的结构做了一些改变, 以提高样本的质量和收敛的速度. DCGAN 对 CNN 的改变包括以下方面.

• 全卷积网络. 将 CNN 中的池化层用卷积层替代, 其中判别模型使用带步长的卷积取代, 容许网络学习自己的空间下采样 (卷积); 生成模型使用微步幅卷积, 容许它学习自己的空间上采样 (反卷积), 因此, 生成模型和判别模型都是没有池化的全卷积网络.

• 生成模型在卷积特征之上消除全连接层. 全局平均 pooling 有助于模型的稳定性, 但损害收敛速度, 因此生成模型中消除全连接层. 生成模型的输出层用 tanh 函数, 其他层用 relu 激活函数; 判别模型的所有层使用 Leaky relu 激活函数.

• 批标准化 (batch normalization)(将输入的每个单元标准化为 0 均值与单位方差). 生成模型和判别模型都使用批标准化, 解决因初始化不好引起的训练问题, 使得梯度能传播更深层次, 避免生成模型崩溃 (生成的所有样本都在一个点上 (样本相同)). 在所有层应用批标准化会导致样本震荡和模型不稳定, 在生成模型输出层和判别模型输入层不采用批标准化可以防止这种现象.

• 卷积与反卷积的关系. 卷积层的前向传播过程就是反卷积层的反向传播过程, 卷积层的反向传播过程就是反卷积层的前向传播过程. 由于卷积层的前向反向计算分别为乘 $\boldsymbol{W}$ 和 $\boldsymbol{W}^{\mathrm{T}}$, 而反卷积层的前向反向计算分别为乘 $\boldsymbol{W}^{\mathrm{T}}$ 和 $(\boldsymbol{W}^{\mathrm{T}})^{\mathrm{T}}$, 所以它们的前向传播和反向传播刚好交换.

3.2.12 深度残差网络

在利用深层网络进行图像、语音识别的过程中, 人们发现: 随着网络层数的不断增加, 模型精度不断得到提升, 但当网络层数增加到一定的数目以后, 模型精度却迅速下降. 图 3.2.35 对比了两个深度网络进行图像识别时在训练集、测试集上的误差结果, 可以看到, 56 层网络的识别误差比 20 层网络的高, 这表明并不是网络层数越多越好. 这是因为神经网络在反向传播过程中要不断地传播梯度, 而当网络层数加深时, 梯度在传播过程中会逐渐衰减, 层数越多, 衰减越厉害, 导致无法对前面网络层的权重进行有效的调整.

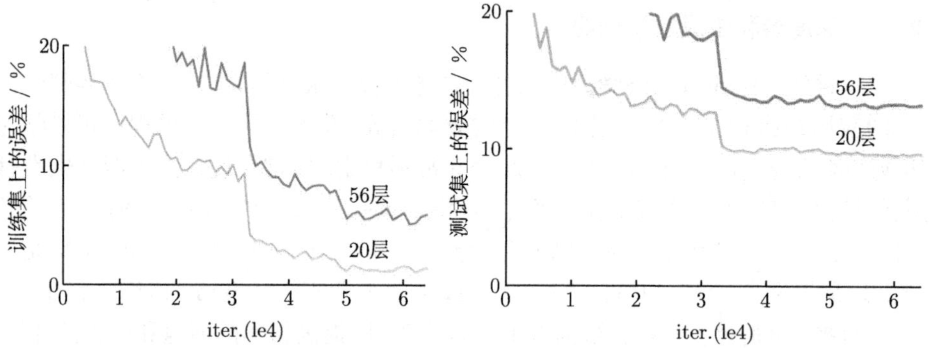

图 3.2.35　常规网络直接堆叠很多层次后进行图像识别时在训练集、测试集上的误差结果

恒等映射 (identity mapping, 即输出等于输入) 能够在增加网络深度的同时并不降低模型精度. 比如 A 是一个深层网络, B 是一个浅层网络, 若 A 的前面几层的网络参数与 B 相同, 后面的层只做恒等映射, 那么 A 的性能与 B 相同. 深度残差网络 (deep residual network, DRN) 使用捷径连接 (shortcut connections) 实现恒等映射, 从而能够加深网络层数, 提升模型精度.

1. DRN 的结构

DRN 是由残差块 (residual block) 构建的. 残差块包含了前向神经网络和捷径连接, 其结构如图 3.2.36 所示, 其中权重层 (weight layer) 可以是一层, 也可以有多层, $\boldsymbol{x}$ 是残差块的输入, $H(\boldsymbol{x})$ 是残差块的期望输出, 捷径连接将残差块的输入跳过一个或几个权重层直接传递到神经网络深层, 使得 $H(\boldsymbol{x}) = F(\boldsymbol{x}) + \boldsymbol{x}$. 当 $F(\boldsymbol{x}) = 0$ 时, $H(\boldsymbol{x}) = \boldsymbol{x}$, 即恒等映射. $F(\boldsymbol{x}) = H(\boldsymbol{x}) - \boldsymbol{x}$ 称为残差函数. 捷径连接实现了恒等

映射, 没有产生额外的参数, 也没有增加计算复杂度, 因此可以大大增加模型的训练速度、提高训练效果, 并且当模型的层数加深时, 能够很好地解决梯度退化问题.

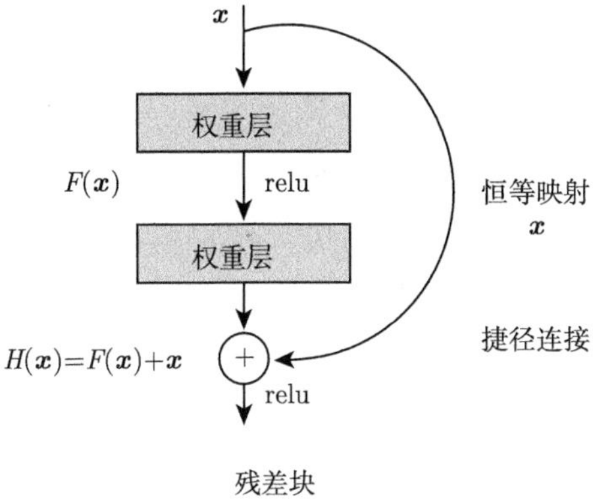

图 3.2.36 残差块

DRN 网络是将多个残差块堆积在一起形成的深度网络, 如图 3.2.37 所示, 其中实线表示的捷径连接表示 $F(\boldsymbol{x})$ 和 $\boldsymbol{x}$ 的通道相同, 可以直接相加; 虚线表示的捷径连接表示 $F(\boldsymbol{x})$ 和 $\boldsymbol{x}$ 的通道不同, 需要调整 $\boldsymbol{x}$ 的维度后再与 $F(\boldsymbol{x})$ 相加, 即 $H(\boldsymbol{x}) = F(\boldsymbol{x}) + \boldsymbol{W}\boldsymbol{x}$. 深度残差网络可以几十层、上百层甚至千层, 为高级语义特征提取和分类提供了可行性.

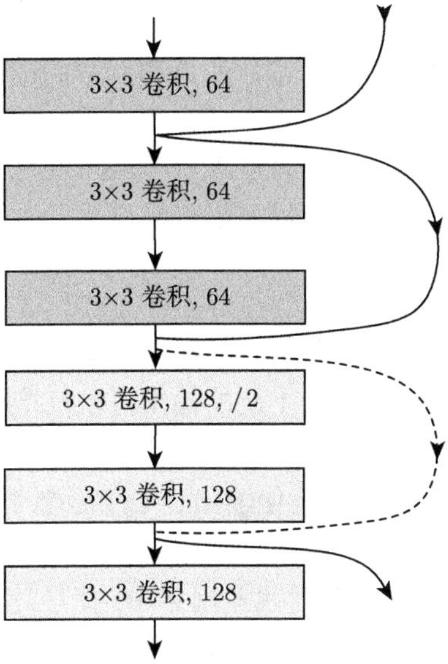

图 3.2.37 深度残差网络

2. DRN 的前向计算

设 l 为网络的浅层深度, L 为任意深度, $\boldsymbol{x}^l$ 是第 l 个残差块的输入, $\boldsymbol{W}^l$ 是第 l 个残差块的权重, 则

$$H(\boldsymbol{x}^l) = \boldsymbol{x}^l + F(\boldsymbol{x}^l, \boldsymbol{W}^l), \quad \boldsymbol{x}^{l+1} = f(H(\boldsymbol{x}^l)) \tag{3.2.88}$$

其中, $f(\cdot)$ 表示 relu 激活函数. 比如, 在图 3.2.36 所示的残差块中, 若各个权重层采用全连接网络, 则 $F(\boldsymbol{x}^l, \boldsymbol{W}^l) = \boldsymbol{W}^2\mathrm{relu}(\boldsymbol{W}^1\boldsymbol{x}+\boldsymbol{b}^1)+\boldsymbol{b}^2$, $\boldsymbol{x}^{l+1} = \mathrm{relu}(\boldsymbol{x}^l+F(\boldsymbol{x}^l, \boldsymbol{W}^l))$, 其中 $\boldsymbol{W}^1, \boldsymbol{b}^1$ 是残差块中第一层的权重和偏置, $\boldsymbol{W}^2, \boldsymbol{b}^2$ 是残差块中第二层的权重和偏置.

如果 $f(\cdot)$ 是恒等映射, 即 $f(x) = x$, 那么 $\boldsymbol{x}^{l+1} = \boldsymbol{x}^l + F(\boldsymbol{x}^l, \boldsymbol{W}^l)$. 通过递归, 可以得到任意深层神经元的表达

$$\begin{aligned} &\boldsymbol{x}^{l+2} = \boldsymbol{x}^{l+1} + F(\boldsymbol{x}^{l+1}, \boldsymbol{W}^{l+1}) = \boldsymbol{x}^l + F(\boldsymbol{x}^l, \boldsymbol{W}^l) + F(\boldsymbol{x}^{l+1}, \boldsymbol{W}^{l+1}) \\ &\qquad \cdots\cdots \\ &\boldsymbol{x}^L = \boldsymbol{x}^l + \sum_{i=l}^{L-1} F(\boldsymbol{x}^i, \boldsymbol{W}^i) \end{aligned} \tag{3.2.89}$$

上式表明, $\boldsymbol{x}^l$ 被直接前向传递到 $\boldsymbol{x}^L$ 与各层残差和相加. 对于任意深的 L 层的神经元的特征 $\boldsymbol{x}^L$ 可以表达为浅层 l 层神经元的特征 $\boldsymbol{x}^l$ 加上一个形如 $\sum\limits_{i=l}^{L-1} F(\boldsymbol{x}^i, \boldsymbol{W}^i)$ 的残差, 表明任意深度 L 和 l 之间都具有残差特性. 若 $l = 0$, 则 $\boldsymbol{x}^L = \boldsymbol{x}^0 + \sum\limits_{i=0}^{L-1} F(\boldsymbol{x}^i, \boldsymbol{W}^i)$, 即为 $\boldsymbol{x}^0$ 与之前所有残差的总和. 在平原网络中, $\boldsymbol{x}^L$ 是一系列矩阵向量的乘积, 即 $\boldsymbol{x}^L = \prod\limits_{i=0}^{L-1} \boldsymbol{W}^i\boldsymbol{x}^i$, 而求和的计算量远远小于求积的计算量, 因此残差网络的计算效率要高于同等深度的平原网络.

3. DRN 的学习

残差网络中的捷径连接突破了常规网络第 $l-1$ 层神经元的输出只能传递给第 l 层神经元作为输入的局限, 使第 $l-1$ 层的输出可以直接跳过一层或几层作为更深层神经元的输入. 如果深层网络后面的那些层是恒等映射, 那么模型就退化为一个浅层网络. 恒等映射函数的学习就是使输出 $H(\boldsymbol{x})$ 近似于输入 $\boldsymbol{x}$, 以保持在后面的层次中不会造成精度下降. 但是直接让一些层去拟合 $H(\boldsymbol{x}) = \boldsymbol{x}$ 比较困难, 这可能是深层网络难以训练的原因. 在深度残差网络中, 捷径连接使恒等映射 $H(\boldsymbol{x}) = \boldsymbol{x}$ 的学习转换为残差函数 $F(\boldsymbol{x}) = H(\boldsymbol{x}) - \boldsymbol{x}$ 的学习, 而 $F(\boldsymbol{x}) = H(\boldsymbol{x}) - \boldsymbol{x}$ 的拟合比 $H(\boldsymbol{x}) = \boldsymbol{x}$ 的拟合容易. 比如 $x = 5$, 期望 $H(5) = 5.1$, 即把 5 映射为 5.1. 由 $H(\boldsymbol{x}) = F(\boldsymbol{x}) + \boldsymbol{x}$ 知 $F(5) = 0.1$. 如果输出从 5.1 变到 5.2, 直接进行恒等映射的输

出仅增加了 2%, 而残差函数 $F(\boldsymbol{x})$ 从 0.1 变为 0.2, 增加了 100%. 很明显, 残差函数的使用使得输出变化对权重的调整作用更大, 所以效果更好. 残差的思想是去掉相同的主体部分, 突出微小的变化.

DRN 的学习采用误差后向传播的方式进行. 假设损失函数为 E, 根据反向传播的链式法则可以得到

$$\frac{\partial E}{\partial \boldsymbol{x}^l} = \frac{\partial E}{\partial \boldsymbol{x}^L}\frac{\partial \boldsymbol{x}^L}{\partial \boldsymbol{x}^l} = \frac{\partial E}{\partial \boldsymbol{x}^L}\left(1 + \frac{\partial}{\partial \boldsymbol{x}^l}\sum_{i=l}^{L-1} F(\boldsymbol{x}^i, \boldsymbol{W}^i)\right) \tag{3.2.90}$$

梯度 $\dfrac{\partial E}{\partial \boldsymbol{x}^l}$ 包含两个部分, 第一部分为不通过权重层的传递 $\dfrac{\partial E}{\partial \boldsymbol{x}^L}$, 该部分保证把深层的梯度直接传递到任意浅层, 从而浅层的梯度很难为 0; 第二部分为通过权重层的传递 $\dfrac{\partial E}{\partial \boldsymbol{x}^L}\left(\dfrac{\partial}{\partial \boldsymbol{x}^l}\sum\limits_{i=l}^{L-1} F(\boldsymbol{x}^i, \boldsymbol{W}^i)\right)$, 由于该式不可能为 -1, 所以不管参数多小, 梯度都不会消失.

3.2.13 注意力模型

注意力模型 (attention model) 是深度学习的一种重要技术, 已被广泛应用于自然语言处理、图像识别及语音识别等各种任务中, 核心目标是从众多信息中选择出与当前任务相关的关键信息, 其本质与人类的视觉注意力机制类似. 视觉注意力机制是人类视觉所特有的大脑信号处理机制, 是人类利用有限的注意力资源从大量信息中快速筛选出高价值信息的手段. 通常, 一个人在观察一幅图像时, 其视觉会通过快速扫描全局图像, 确定重点关注的目标区域 (注意力焦点), 然后对这一区域投入更多注意力资源, 以获取目标区域的细节信息, 同时抑制其他无用信息. 比如, 人们在观察人像时会把注意力更多投入到人的脸部, 阅读文章时会把注意力更多投入到文本的标题以及文章首句等位置.

1. 注意力模型结构

本节以编码–解码器 (encoder-decoder) 框架为基础来介绍注意模型. 图 3.2.38 是文本处理领域里常用的编码–解码器框架的一种抽象表示. 在该框架内, 如果输入 $(\boldsymbol{x}_1, \boldsymbol{x}_2, \cdots, \boldsymbol{x}_n)$ 是英文句子, 输出 $(\boldsymbol{y}_1, \boldsymbol{y}_2, \cdots, \boldsymbol{y}_m)$ 是中文句子, 如图 3.2.39 所示, 则该框架用于解决机器翻译问题; 如果输入是语音流, 输出是文本信息, 则该框架用于解决语言识别问题; 如果输入是一篇文章, 输出是概括性的描述语句, 则该框架用于解决文本摘要问题; 如果输入是一句问句, 输出是一句回答, 则该框架用于解决问答系统或者对话机器人问题.

一般而言, 文本处理和语音识别的编码部分通常采用循环神经网络, 图像处理的解码一般采用 CNN 模型. 在图 3.2.40(a) 所示的传统编码–解码器结构中, 编码器

和解码器都采用了 RNN 模型. 编码器接受输入序列 $(\boldsymbol{x}_1, \boldsymbol{x}_2, \cdots, \boldsymbol{x}_n)$(其中 n 是输入序列长度), 并将其编码为固定长度的向量 $(\boldsymbol{x}_1, \boldsymbol{x}_2, \cdots, \boldsymbol{x}_n)$. 解码器以 $\boldsymbol{h}_n$ 作为输入, 解码生成输出序列 $(\boldsymbol{y}_1, \boldsymbol{y}_2, \cdots, \boldsymbol{y}_m)$, 其中 m 是输出序列的长度. 在每个位置 i, $\boldsymbol{h}_i$ 和 $\boldsymbol{s}_i$ 分别表示编码器和解码器的隐状态. 模型的输出为 $\boldsymbol{y}_j = g(\boldsymbol{c}, \boldsymbol{y}_1, \cdots, \boldsymbol{y}_{j-1})$.

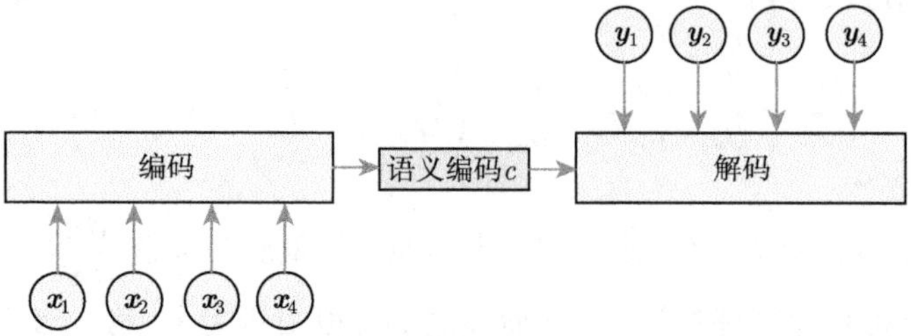

图 3.2.38　文本处理领域编码–解码器框架的抽象表示

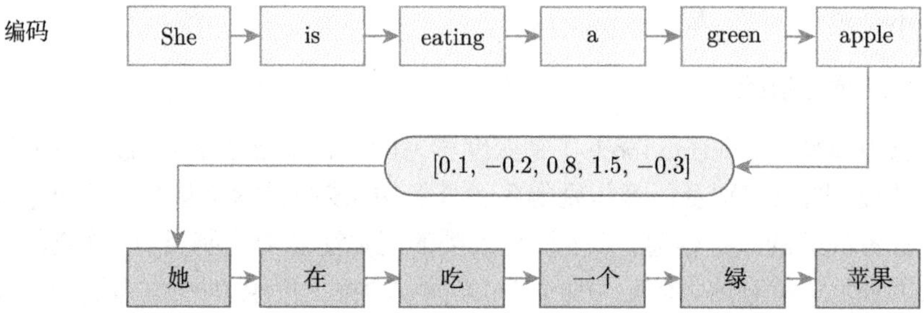

图 3.2.39　英译汉

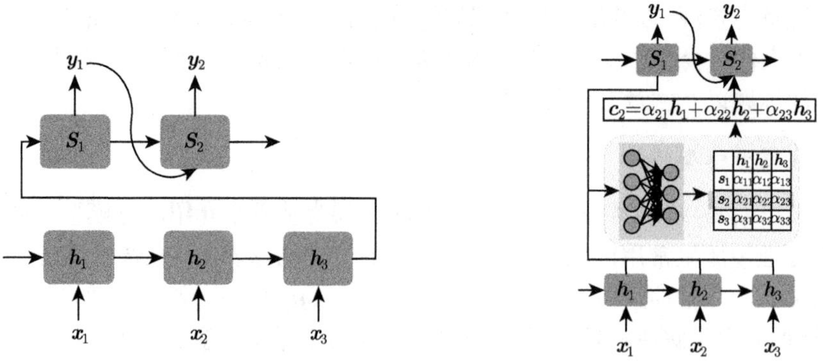

(a) 传统　　(b) 注意模型

图 3.2.40　编码–解码器结构

传统的编码–解码器结构有两个挑战. 首先, 编码器必须将所有输入信息压缩成一个固定长度的向量 $\boldsymbol{c}$, 然后将其传递给解码器. 这种方式在输入句子比较短的时候问题不大, 但是在输入序列比较长时, 向量 $\boldsymbol{c}$ 无法保存全部的语义信息, 上下文语义信息受到了限制, 同时也限制了模型的理解能力. 另外, 不论生成哪个输出 $\boldsymbol{y}_j$, 都使用了相同的语义编码 $\boldsymbol{c}$, 没有区分不同输入 $\boldsymbol{x}_i$ 对不同输出 $\boldsymbol{y}_j$ 的不同影响, 如同人类看到眼前的画面, 但是眼中却没有注意焦点. 实际上, 在机器翻译的任务中, 输入序列的不同部分对不同的输出词有不同的影响, 因此希望解码器在生成每个输出词时选择性地关注相关的输入词. 比如, 在图 3.2.39 所示的例子中, 解码器在生成 "苹果" 时, 应该对输入序列中的 "apple" 给以更多的关注.

注意模型旨在通过允许解码器访问整个编码的输入序列 $(\boldsymbol{h}_1, \boldsymbol{h}_2, \cdots, \boldsymbol{h}_n)$ 来减小这些挑战. 其核心思想是在输入序列上引入注意力权重 α, 从而在生成下一个输出词时优先考虑存在相关信息的位置集. 具有注意模型的编码–解码器体系结构如图 3.2.40(b) 所示. 网络结构中的注意力模块负责自动学习注意力权重 α_{ij}, 它可以自动捕获编码器隐藏状态 $\boldsymbol{h}_i$ 和解码器隐藏状态 $\boldsymbol{s}_j$ 之间的相关性. 基于权重 α_{ij} 可以构建语义编码 $\boldsymbol{c}$, 并将其作为输入传递给解码器. 在每个解码位置 j, 语义编码 $\boldsymbol{c}_j$ 是编码器所有隐藏状态及其相应注意力权重的加权和, 即 $\boldsymbol{c}_j = \sum\limits_{i=1}^{n} \alpha_{ij}\boldsymbol{h}_i$. 这意味着在生成每个单词 $\boldsymbol{y}_j$ 的时候, 原来都是相同的中间语义表示 $\boldsymbol{c}$ 会被替换成根据当前输出单词而不断变化的 $\boldsymbol{c}_j$. 各个输出的计算为 $\boldsymbol{y}_j = g(\boldsymbol{c}_j, \boldsymbol{y}_1, \cdots, \boldsymbol{y}_{j-1})$.

2. *注意力权重学习*

注意力权重可以在体系结构中加入一个额外的前馈神经网络来学习. 该前馈网络以状态 $\boldsymbol{h}_i$ $(i = 1, \cdots, n)$ 和 $\boldsymbol{s}_{j-1}$ 作为输入, 学习注意权 α_{ij}. α_{ij} 是关于状态 $\boldsymbol{h}_i$ 和 $\boldsymbol{s}_{j-1}$ 的函数. 注意的原理就是计算当前输入序列与输出向量的匹配程度, 匹配度高的位置是注意力集中点, 其相对的权重也大. 对于采用 RNN 的解码来说, 在时刻 j, 如果要生成 $\boldsymbol{y}_j$ 单词, 需要计算生成 $\boldsymbol{y}_j$ 时输入句子中的单词 $\boldsymbol{x}_1$, $\boldsymbol{x}_2$, $\cdots$, $\boldsymbol{x}_n$ 对 $\boldsymbol{y}_j$ 的注意力分配. 此时, 隐层节点 $j-1$ 时刻的状态 $\boldsymbol{s}_{j-1}$ 是已知的, 因此可以用 $j-1$ 时刻隐层节点的状态 $\boldsymbol{s}_{j-1}$ 分别与编码器隐层节点的状态 $\boldsymbol{h}_i$ $(i = 1, \cdots, n)$ 进行对比, 通过函数 $f(\boldsymbol{h}_i, \boldsymbol{s}_{j-1})$, $i = 1, \cdots, n$ 来获得目标输出 $\boldsymbol{y}_j$ 和每个输入单词对应的编码器隐状态对齐的可能性, 然后函数 $f(\boldsymbol{h}_i, \boldsymbol{s}_{j-1})$ 的输出经过 softmax 进行归一化就可以获得符合概率分布取值区间的注意力分配概率分布数值. α_{ij} 的计算式为

$$\alpha_{ij} = \frac{\mathrm{e}^{f(\boldsymbol{h}_i, \boldsymbol{s}_{j-1})}}{\sum\limits_{i'=1}^{n} \mathrm{e}^{f(\boldsymbol{h}_{i'}, \boldsymbol{s}_{j-1})}} \tag{3.2.91}$$

比如, 输入句子为 "Tom chases Jerry", 模型在生成 "汤姆" 的时候, 输入句子中各个单词的概率分布为: (Tom, 0.6)(chases, 0.2)(Jerry, 0.2). 这个概率分布可以理解为输入句子和当前输出词的对齐概率.

3.2.14 Skip-gram 模型

Skip-gram 模型是一种从大量非结构化文本数据中学习单词的高质量向量表示的有效方法, 学到的向量明确地编码了许多语言规则和模式. Skip-gram 模型的训练目标是找到句子或文档中对预测周围单词有用的单词表示, 其形式化描述为: 给定 N 个训练单词 $w_1, w_2, w_3, \cdots, w_N$, Skip-gram 模型的目标是最大化平均对数概率

$$\max \frac{1}{N}\sum_{t=1}^{N}\sum_{-c\leqslant j\leqslant c, j\neq 0}\log p(w_{t+j}|w_t) \tag{3.2.92}$$

其中 c 是训练上下文的大小 (可以是中心词 w_t 的函数). c 越大, 训练示例越多, 准确性越高, 但训练时间越长. 模型训练的目的是通过模型获取嵌入词向量, 建模过程与自编码器的思想很相似, 即先基于训练数据构建一个神经网络, 当这个模型训练好以后, 不是用这个训练好的模型处理新的任务, 真正需要的是这个模型通过训练数据所学得的参数, 即隐层的权重矩阵, 这个矩阵就是试图学习的词向量. 因此, 基于训练数据建模的过程, 也称为 "Fake Task", 意味着建模并不是最终的目的.

从直观上理解, Skip-gram 是给定输入词 w_t 来预测其上下文 w_{t+j}, 如图 3.2.41 所示. 基本的 Skip-gram 公式使用 softmax 函数定义 $p(w_{t+j}|w_t)$ 为

$$p(w_{t+j}|w_t) = \frac{\exp(\boldsymbol{y}_{t+j}^{\mathrm{T}}\boldsymbol{x}_t)}{\sum\limits_{t=1}^{V}\exp(\boldsymbol{y}_{t+j}^{\mathrm{T}}\boldsymbol{x}_t)} \tag{3.2.93}$$

其中 $\boldsymbol{x}_t$ 和 $\boldsymbol{y}_{t+j}$ 是输入词 w_t 和输出词 w_{t+j} 的向量表示, V 是词汇表中的单词的个数.

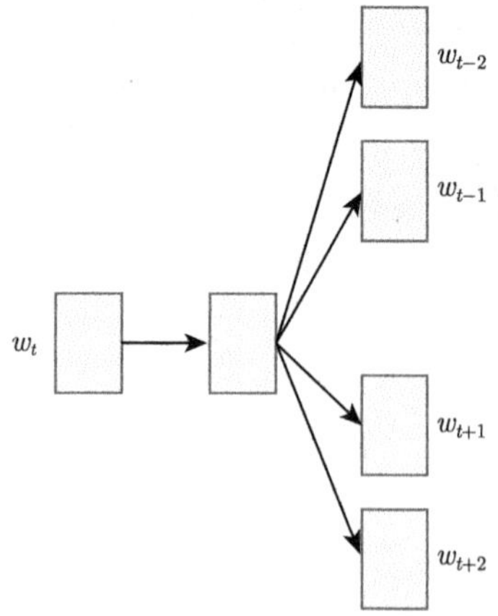

图 3.2.41 Skip-gram 模型的直观理解

1. Skip-gram 模型结构

Skip-gram 模型架构如图 3.2.42 所示. 模型的输入为一个 V 维的向量 $\boldsymbol{x}$, 代表输入词 w_t 的 one-hot 编码; 隐藏层有 N 个节点, 代表单词向量的特征数, N 个节点的输出就是输入单词的 “嵌入词向量”; 输出也是一个 V 维的向量, 它包含了 V 个概率, 每一个概率代表着当前词是输入样本中输出词的概率大小. 其中 $\boldsymbol{W}$ 是输入层与隐藏层之间的权重矩阵, $\boldsymbol{W}$ 的每一列代表一个 V 维的词向量与隐藏层单个神经元连接的权重向量, $\boldsymbol{W}$ 的每一行代表一个单词的词向量, $\boldsymbol{W}'$ 是隐藏层与输出层之间的权重矩阵. $\boldsymbol{W}$ 和 $\boldsymbol{W}'$ 就是需要学习的目标, 其中包含了词汇表中所有单词的权重信息.

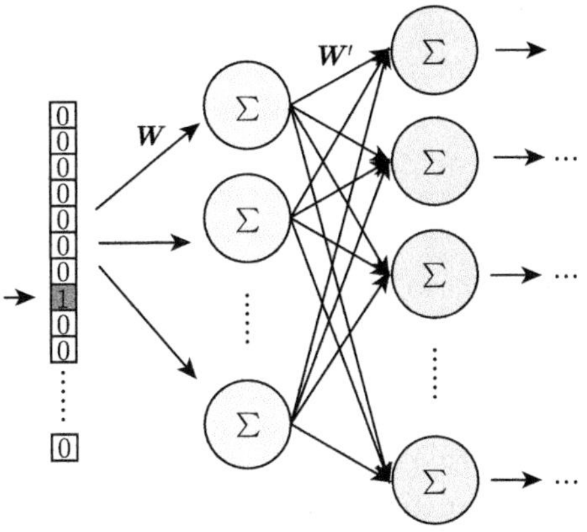

图 3.2.42 Skip-gram 神经网络模型

2. 前向计算

Skip-gram 模型隐藏层没有使用任何激活函数, 但是输出层使用了 softmax.

隐藏层的输出 $\boldsymbol{h}=\boldsymbol{x}^{\mathrm{T}}\boldsymbol{W}$. 由于输入 $\boldsymbol{x}$ 被 one-hot 编码以后 V 维向量中仅有一个位置为 1, 其余维度都是 0, 所以 $\boldsymbol{x}^{\mathrm{T}}$ 与 $\boldsymbol{W}$ 的乘积实际上等于 $\boldsymbol{W}$ 矩阵中与 $\boldsymbol{x}$ 向量中取值为 1 的维度对应的行 (只有 $\boldsymbol{x}$ 向量中的非零元素才能对隐藏层产生输入), 比如 $\boldsymbol{x}^{\mathrm{T}}=\begin{bmatrix}0&0&0&1&0\end{bmatrix}$, $\boldsymbol{W}=\begin{bmatrix}17&24&1\\23&5&7\\4&6&13\\10&12&19\\11&18&25\end{bmatrix}$, $\boldsymbol{x}^{\mathrm{T}}\boldsymbol{W}$ 的计算为

$$\begin{bmatrix}0&0&0&1&0\end{bmatrix}\times\begin{vmatrix}17&24&1\\23&5&7\\4&6&13\\10&12&19\\11&18&25\end{vmatrix}=\begin{bmatrix}10&12&19\end{bmatrix}$$

因此进行矩阵计算时, 可以不进行乘法运算, 而是直接去查 $\boldsymbol{W}$ 矩阵的相应行, 从而提高训练效率. 查找过程如图 3.2.43 所示.

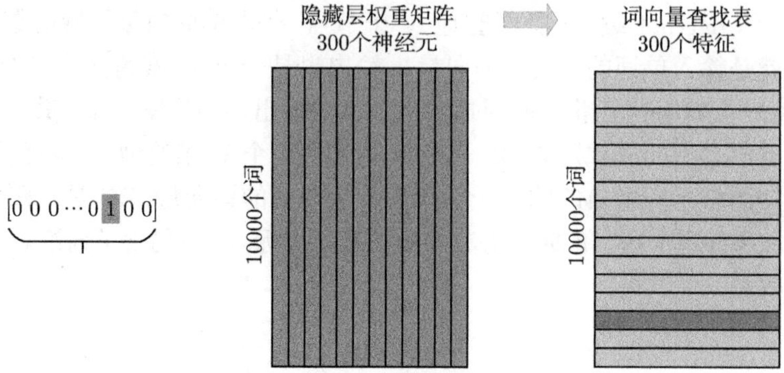

图 3.2.43　“嵌入词向量” 的查找过程

3. 模型训练

Skip-gram 模型基于成对的单词来对神经网络进行训练, 训练样本是 (输入词、输出词) 这样的单词对, 输入词和输出词都是 one-hot 编码的向量. 最终模型的输出是一个概率分布. 设定参数 skip_window 和 num_skips. skip_window 代表从当前输入词的一侧 (左边或右边) 选取词的数量, 输入词及其左右两侧选取的词构成窗口 C, num_skips 代表从窗口 C 中选取多少个不同的词作为输出词, 训练样本词对为输入词与 skip_window 中其他词的 num_skips 种组合. 比如, 设定句子 “Pack my box with five dozen liquor jugs” 的窗口大小为 2(skip_window=2), 也就是说仅选输入词前后各两个词和输入词进行组合, num_skips 为窗口内不同词的个数, 则针对不同输入词的训练词对选择如图 3.2.44 所示, 图中, 深灰色单元格中的词代表输入词, 浅灰色单元格内的词代表窗口内的词, 即输入词的上下文.

基于训练样本, 模型通过 BP 算法及随机梯度下降来学习权重. 模型损失函数为输出单词的条件概率的对数, 即

$$E = -\log p(w_{t+j}|w_t) = -\log \prod_{c=1}^{C} \frac{\exp(\boldsymbol{y}_{t+j}^{\mathrm{T}} \boldsymbol{x}_t)}{\sum\limits_{\mathrm{t}=1}^{V} \exp(\boldsymbol{y}_{t+j}^{\mathrm{T}} \boldsymbol{x}_t)} \tag{3.2.94}$$

最终模型的输出是一个概率分布, 表示词典中每个词有多大可能性跟输入词同时出现. 比如, 如果向神经网络模型中输入一个单词 “Soviet”, 那么模型的输出概率中, 像 “Union” 和 “Russia” 这种相关词的概率将远高于像 “watermelon” 和 “kangaroo” 非相关词的概率, 因为 “Union” 和 “Russia” 在文本中更大可能在

“Soviet” 的窗口中出现 (神经网络可能会得到更多类似 (“Soviet” 和 “Union”) 这样的训练样本对).

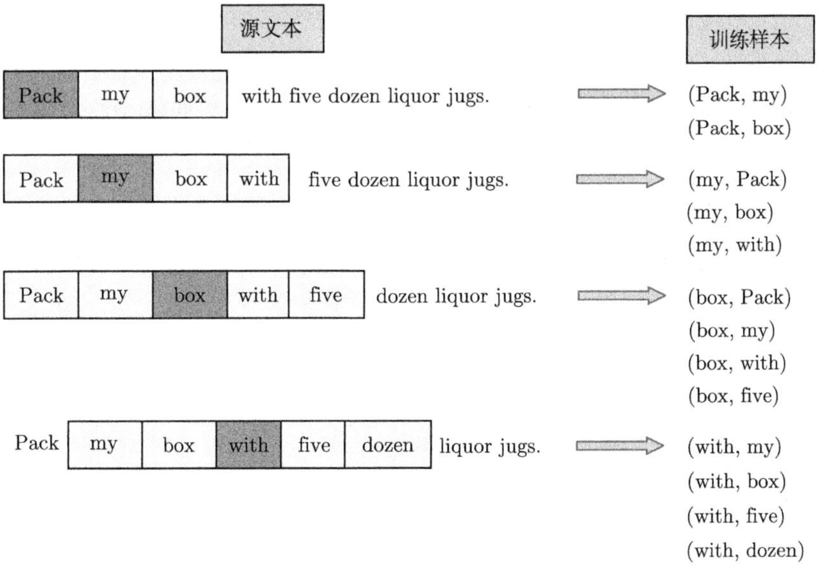

图 3.2.44 训练样本

4. 负采样

在训练神经网络时, 每个训练样本的输入都会调整神经网络中的所有参数 (所有的权重参数会随着数十亿的训练样本不断调整), 因此对于很大的语料库来说, 这个计算复杂度是很高的. 负采样 (negative sampling) 是降低计算的复杂度的有效方式, 该方式每次让一个训练样本仅仅更新一小部分的权重参数, 从而降低梯度下降过程中的计算量.

在 Skip-gram 模型中, 设词汇表大小为 1 万, 当输入样本 (“box” 和 “Pack”) 到神经网络时, “box” 经过 one-hot 编码, 在输出层期望与 “Pack” 单词对应的那个神经元节点输出为 1, 其余 9999 个神经元输出都为 0. 与期望输出为 1 的神经元节点对应的词 “Pack” 称为正词, 而与 9999 个期望输出为 0 的神经元节点所对应的单词为负词. 随机选择一小部分的负词来更新对应的权重参数.

设词向量的特征维度为 300, 采样 10 个负词, 如果仅更新与正词 “quick” 和选择的 10 个负词节点 (共 11 个输出神经元) 对应的权重, 相当于每次只更新 $300\times11=3300$ 个权重参数. 对于 300 万的权重来说, 相当于只计算了千分之一的权重, 这样计算效率就大幅度提高.

负词可以使用一元模型分布 (unigram distribution) 来选择. 一个单词被选作负词的概率跟它出现的频次有关, 出现频次越高的单词越容易被选作负词, 负词概率

的计算方式为

$$P(w_i)=\frac{f(w_i)^{3/4}}{\sum\limits_{j=0}^{n}(f(w_j)^{3/4})} \tag{3.2.95}$$

其中 $f(w)$ 代表每个单词被赋予的一个权重, 即单词出现的词频, 分母代表所有单词的权重和.

3.2.15 学会学习算法

在早期的传统机器学习时代, 人们需要精心设计如何从数据中提取有用的特征, 设计针对特定任务的目标函数, 再利用一些通用的优化算法来搭建机器学习系统. 深度学习崛起之后, 有用的特征由神经网络自动学习, 人们只是针对具体任务设计具体的目标函数以约束模型的学习方向. 有了生成对抗网络之后, 目标函数也不再需要人们精心设计了, 而是让判别器自己学习. 2016 年, Andrychowicz 提出的 learn2learn 算法利用神经网络让深度学习模型学会优化自身, 把优化也自动化了. 图 3.2.45 示例了从传统机器学习到自动化人工智能算法的发展.

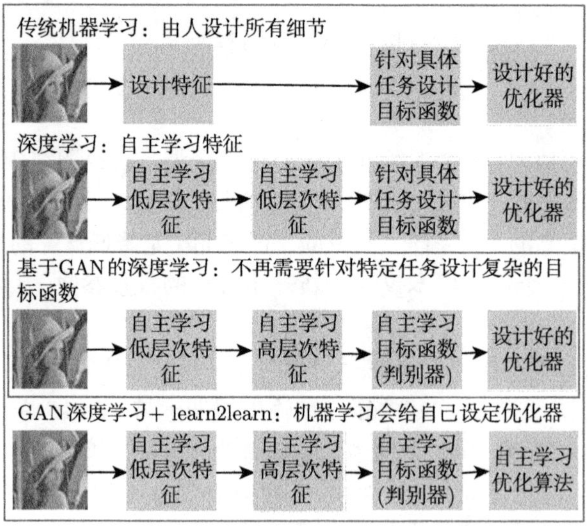

图 3.2.45 从传统机器学习到自动化人工智能算法

learn2learn 算法提出用梯度下降的方法学会梯度下降的学习方法, 即训练一个神经网络来学习如何优化神经网络, 如图 3.2.46 所示, 其中包含两个神经网络, 一个是神经网络优化器, 一个是被优化的神经网络. 输入数据输入到被优化的神经网络中计算误差, 然后把误差信号传给神经网络优化器, 这个优化器就自己计算输出被优化网络中应该更新的参数大小, 然后更新被优化的神经网络. 也就是说, 神经网络优化器的目的是学习被优化的神经网络的参数更新策略, 所以 learn2learn 算法的目的就是利用梯度下降法学习一个优化器, 然后用这个优化器去优化其他网络的参数.

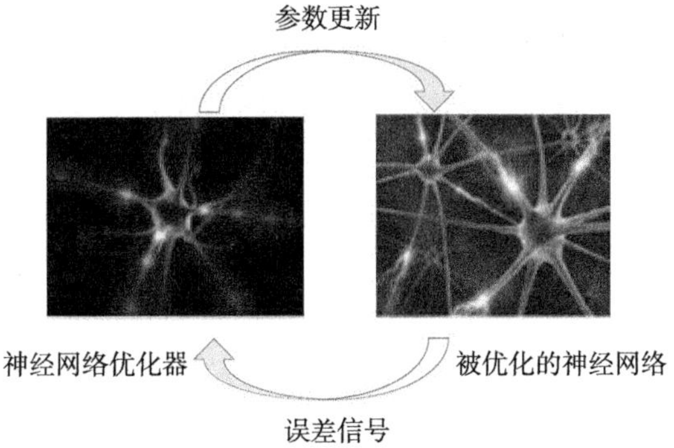

图 3.2.46 learn2learn 算法的框架

以前, 虽然我们不知道 AlphaGo 是怎么想的, 但是我们知道它是怎么学的, 以后, 我们不但不知道 AlphaGo 是怎么想的, 我们还不知道它是怎么学的.

设 $\boldsymbol{\theta}_t$ 是 t 时刻待优化网络的参数, $\nabla f(\boldsymbol{\theta}_t)$ 是待优化网络参数的梯度, η_t 是学习率. 传统参数更新的方法为: $\boldsymbol{\theta}_{t+1} = \boldsymbol{\theta}_t - \eta_t \nabla f(\boldsymbol{\theta}_t)$, 其中 $\nabla f(\boldsymbol{\theta}_t)$ 使用误差反向传播计算得到. 神经网络优化器表示 $\nabla f(\boldsymbol{\theta}_t)$ 由神经网络替代, 待优化网络参数更新的方法为: $\boldsymbol{\theta}_{t+1} = \boldsymbol{\theta}_t + g_t(\nabla f(\boldsymbol{\theta}_t), \phi)$, 其中 g 是神经网络优化器, $\nabla f(\boldsymbol{\theta}_t)$ 是神经网络优化器 g 的输入, ϕ 是神经网络优化器 g 的参数. 网络优化器 g 的输出是需要更新的参数的数值大小. 模型自主学习优化算法, 而不是手动选择优化方法.

神经网络优化器可以选择 RNN, 也可以选择 LSTM. 如图 3.2.47 所示是利用 LSTM 优化器 m 对一个神经网络参数进行优化的过程. 在优化过程的每一个时间片 t, 状态 $\boldsymbol{h}_t$ 及从被优化网络得到的梯度 ∇_t 输入优化器 m, 计算要更新的参数值 g_t, 结合被优化的参数 $\boldsymbol{\theta}_t$ 更新参数并输出函数结果 f_t.

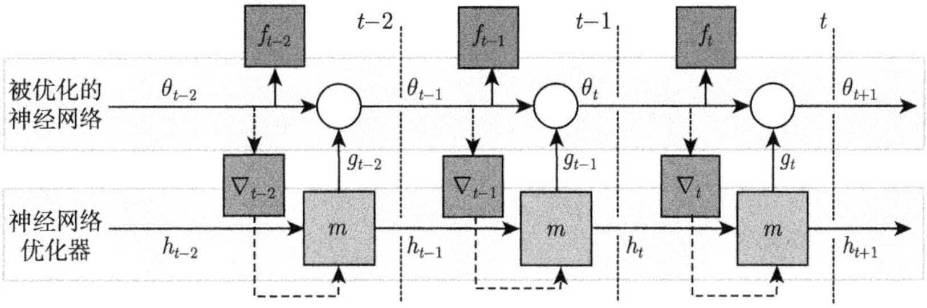

图 3.2.47 神经网络参数进行优化的过程

利用神经网络优化器学习一个优化策略, 涉及如何训练优化器、如何设计优化器的结构、如何实现待优化参数间的信息交互几个问题.

1. 优化器的学习

设 $\boldsymbol{\theta}^*(f,\phi)$ 为最终的优化参数, 它是优化器参数 ϕ 和被优化网络输出的函数. 为了评价优化器的优劣, 给定函数 f 的分布, 定义期望损失为: $L(\phi)=E_f[f(\boldsymbol{\theta}^*(f,\phi))]$. $L(\phi)$ 依赖于最终的优化参数. 为了便于训练优化器, 修改 $L(\phi)$ 为

$$L(\phi)=E_f\left[\sum_{t=1}^{T}w_t f(\boldsymbol{\theta}_t)\right] \tag{3.2.96}$$

其中 $\boldsymbol{\theta}_{t+1}=\boldsymbol{\theta}_t+\boldsymbol{g}_t, \begin{bmatrix}\boldsymbol{g}_t\\ h_{t+1}\end{bmatrix}=m(\nabla_t,\boldsymbol{h}_t,\phi)$, $E_f(x)$ 表示x 的期望, $\nabla_t=\nabla_\theta f(\boldsymbol{\theta}_t)$, $w_t(\in\Re)\geqslant 0$ 是迭代优化中不同时间片的权重, 若所有 $w_t=1$, 表示每一个时间片都平等对待. 被优化网络 f 的参数中包含了优化器 m 的参数 ϕ, 因此优化了被优化网络 f 的参数也就优化了 m 的参数. 修改后的 $L(\phi)$ 依赖于范围 T 内的整个优化轨迹. 当 $w_t=1$ $[t=T]$ 时, $L(\phi)=E_f\left[\sum\limits_{t=1}^{T}w_t f(\boldsymbol{\theta}_t)\right]$ 等价于 $L(\phi)=E_f\left[f(\boldsymbol{\theta}^*(f,\phi))\right]$. $L(\phi)$ 的最小化可以使用 ϕ 的梯度下降来实现. $\dfrac{\partial L(\phi)}{\partial\phi}$ 可以通过对随机函数 f 进行采样并将反向传播应用于图 3.2.47 进行计算. 计算中假设优化器的梯度不依赖于优化器参数, 即 $\dfrac{\partial\nabla_i}{\partial\phi}=0$. 这个假设能够避免计算 f 的二阶导数.

优化器的学习过程如下:

(1) 随机采样 f 得到训练数据;

(2) 初始化被优化网络的参数 $\boldsymbol{\theta}$ 和优化器参数 ϕ;

(3) 根据当前时刻 t 的参数 $\boldsymbol{\theta}_t$, 求出 f_t 的值, 并求出 $\boldsymbol{\theta}_t$ 的误差 ∇_t;

(4) 将 ∇_t 和优化器前一时刻隐藏层的输出 h_t 作为输入, 求 g_t 和 h_{t+1};

(5) $\boldsymbol{\theta}_{t+1}=\boldsymbol{\theta}_t+g_t$, 并利用损失函数 $L(\phi)=E_f\left[\sum\limits_{t=1}^{T}w_t f(\boldsymbol{\theta}_t)\right]$ 更新优化器参数 ϕ;

(6) 循环步骤 (3)~(5), 直至收敛.

整个训练过程中, 只需要使用误差反向传播算法计算各个参数的梯度, 参数更新的增量由神经网络计算.

2. 神经网络优化器的结构

神经网络优化器的输入是被优化网络中所有参数的梯度, 这个数目非常庞大. 如果将数目庞大的梯度送入优化器, 那么优化器输入层和隐藏层的神经元会非常多, 导致优化器的参数也非常多, 使得优化器的性能下降.

由于网络训练的是参数梯度的变化情况, 和参数的具体位置没有关系, 因此优化器的结构使用如图 3.2.48 所示的协同 LSTM 优化器, 图中所有的 LSTM 都共享权值参数, 只是每个 LSTM 的隐藏层输入不同. 这样 LSTM 网络的输入和输出神经元都只有一个, 而隐藏层的神经元只需要十几个即可.

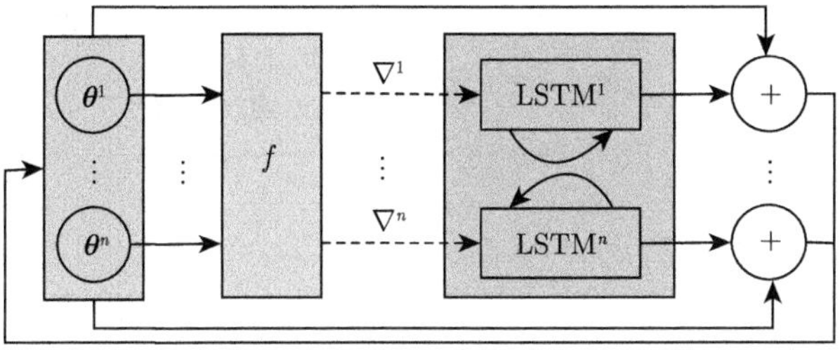

图 3.2.48 协同 LSTM 网络

3. LSTM 的交互

LSTM 交互的目的是实现信息共享. 梯度下降法只利用了一阶优化, 没有利用不同参数间的梯度信息. 二阶优化方法能够利用二次求导的信息来求得被更新参数的更优梯度. 有两种 LSTM 交互方法利用不同参数间的梯度信息. 第一种方法是在 LSTM 的隐藏层后面加一个全局平均单元, 通过求取协同 LSTM 隐藏层输出的平均值达到信息共享的目的; 第二种方法是在第一种的基础上再加一个外部记忆模块, 来达到不同的协同 LSTM 的信息共享.

3.3 本章小结

在深度学习的整个发展过程中, DBN, DBM, AE 和 CNN 构成了早期的基础模型. 后续的众多研究都是在此基础上提出或改进的新的学习模型. 表 3.3.1 对几种深度神经网络模型进行了比较. 由表 3.3.1 可见, 深度学习的网络结构因网络的层数、权重共享性以及边的特点不同而有所不同. 有些模型是在某个原有模型的基础上对其网络结构进行了调整而形成的, 如 CNN 中的局部连接; 有些模型则是结合了多种已有模型派生而来的, 如 DCGAN. 绝大多数深度学习算法体现为空间维度上的深层结构且属于前向反馈神经网络, 而以循环神经网络 RNN 为代表的 LSTM 和 GRU 等模型, 通过引入定向循环, 具有时间维度上的深层结构, 从而可以处理那些输入之间有前后关联的问题. 除深度残差网络 DRN 使用捷径连接实现恒等映射, 从而能够加深网络层数而外, 其他网络都没有跨层连接. 根据对标注数据的依赖程度, 深度学习中的 AE, GAN 等模型以无监督学习或半监督学习为主, CNN, RNN 及其派生分支则以有监督学习为主. 目前除 learn2learn 能够自主学习优化算法, 利用神经网络让深度学习模型学会优化自身而外, 其他网络的优化都需要人工设计. 许多神经网络都采用 BP 算法进行训练. BP 算法在神经网络的层数增多时容易陷入局部最优解, 也很容易过拟合.

表 3.3.1 深度神经网络模型比较

模型	模型提出年份	网络结构	激活函数	监督	层次特征	目标函数	优化算法	主要应用	局限
感知器 (perceptron)	1969	—	阶跃 sigmoid	监督	—	—	—	线性分类线性回归	不能解决非线性分类
全连接神经网络 (FCN)	1974	多层; 相邻层全连接	sigmoid	监督	自主学习	人工设计	梯度下降 (BP)	非线性分类	局部最优过拟合
受限玻尔兹曼机 (RBM)	1985	2 层; 相邻层全连接	sigmoid	非监督	自主学习	—	对比散度法	编码、DBN 预训练	效率低
深度信念网络 (DBN)	2006	多层; 层间有/无向边全连接	sigmoid	非监督; 监督	自主学习	人工设计	贪心逐层训练梯度下降 BP		可视层只能接收二值数据, 优化困难
自动编码器 (AE)	1986	包含编码器和解码器; 相邻层全连接	人工选择	非监督	自主学习	人工设计	贪心逐层训练	去噪降维	不能用于分类
卷积神经网络 (CNN)	1998	包含多个卷积和池化层; 相邻层局部连接、权值共享	relu	监督	自主学习	人工设计	梯度下降 (BP)	图像分类	计算能力要求高
循环神经网络 (RNN)	1995	多层; 隐藏层的输出与当前的输入和过去的输出均有关; 相邻层全连接	sigmoid	监督	自主学习	人工设计	梯度下降 (BPTT)	处理序列数据	梯度爆炸、梯度消失; 不能处理较长序列
长短期记忆 (LSTM)	1997	多层; 包含遗忘门、输入门、输出门和单元状态; 相邻层全连接	sigmoid, tanh	监督	自主学习	人工设计	梯度下降 (BPTT)	有记忆功能; 能处理较复杂的序列数据	训练复杂, 解码时延较高

续表

模型	模型提出年份	网络结构	激活函数	监督	层次特征	目标函数	优化算法	主要应用	局限
门控循环单元 (GRU)	2014	多层；包含更新门和重置门；相邻层全连接	sigmoid, tanh	监督	自主学习	人工设计	梯度下降 (BPTT)	比 LSTM 快、容易	不能处理树、图类的递归结构
递归神经网络 (RNN)	2011	多层；包含网络子树的递归结构；相邻层局部连接、权值共享	tanh	监督	自主学习	人工设计	梯度下降 (BPTS)	能够处理树、图类的递归结构	网络构建需要大量的人工标注
生成对抗网络 (GAN)	2014	多层；包含独立的生成器和判别器；生成器和判别器内部相邻层全连接	人工选择	非监督	自主学习	自主学习	BP, dropout	学习数据分布；生成、转换、描述图像；人机对话、机器翻译；问答	训练较难，训练过程不稳定
深度卷积生成对抗 (DCGAN)	2015	与 GAN 类似，只是把 GAN 中的 G 和 D 换成了两个改进的卷积神经网络	tanh, relu, Leaky relu	监督 + 非监督	自主学习	自主学习	BP	学习数据分布；生成、转换、描述图像；人机对话、机器翻译；问答	训练较难
深度残差 (DRN)	2015	多层；使用捷径连接实现恒等映射，从而能够加深网络层数，提升模型精度	relu	监督	自主学习	自主学习	梯度下降 (BP)	图像分类、对象检测、语义分割	
learn2learn	2016	多层；包含两个神经网络，一个是神经网络优化器，一个是被优化的神经网络	sigmoid, tanh	监督	自主学习	自主学习	自主学习	自主学习优化算法	
iRDA									

注：“—”表不尚不明确或不适用.

深度学习的发展经历了三次浪潮. 第一次浪潮发生在 20 世纪 50 年代, 计算机中使用了与大脑中的神经元非常相似的开关元件. 这一模型很简单, 但是它需要研究人员确定大量的数学参数. 每一个人工神经元都有固定数目的输入, 这些输入与权重或参数结合产生输出. 单个神经元的参数容易设置, 但对于由神经元组成的网络来说, 参数设置较为困难. 如何快速地确定这些参数成为机器学习中的一个核心问题. 第二次浪潮始于 1975 年保罗・韦伯斯 (Paul Werbos) 提出的多层神经网络概念, 由单个开关元件或神经元组成多层网络, 并使用大型数据集来帮助识别特定模式. 每个神经元需要设置参数, 以使得整个网络可以识别特定的模式并拒绝不符合该模式的数据. 这次浪潮在 20 世纪 90 年代初失去活力, 因为它需要太多的算力来构建有用、可靠和强大的工具. 第三次浪潮始于 21 世纪初. 这个阶段, 高速处理器价格便宜, 可用于搭建神经网络和设置参数. 另外, 人们在大型数据集、数据挖掘和其他可用于总结复杂高维数据集的工具方面积攒了丰富的经验, 并对神经网络的统计特性以及存在不确定性情况下的函数优化有了更深入的理解. 因此, 在这次浪潮中, 深度学习发展迅速, 各种学习方法层出不穷, 成果卓越. 但是, 目前深度学习仍然面临许多挑战和机遇.

(1) 超参数太多, 模型设计麻烦, 很多学习方法需要进行大量的计算, 效率低, 并且模型的效果对计算能力依赖强.

(2) 缺乏其背后工作的推理机制, 目前深度学习更多地还停留在诸如试误法 (trial-and-error) 的经验尝试.

(3) 现有深度网络只有前馈连接而没有反馈连接. 如果能在深层网络中引入适当的反馈连接, 其能力可能会得到进一步提升. 但是, 反馈神经网络的动态过程复杂, 网络训练困难.

所以, 探索深度网络的强大能力的根源, 设计新的学习方法, 搭建新的框架, 提高深度学习模型的设计效率和计算效率, 结合反馈神经网络与前馈深度网络等都是值得研究的方向.

参考文献注释

文献 [1] 介绍了机器学习领域中的监督学习、无监督学习、半监督学习和强化学习等不同类型的算法; 文献 [2] 介绍了深度学习的预备知识、深度学习的方法和技术以及深度学习未来的研究重点; 文献 [3] 论述了深度学习的发展历程及核心问题; 文献 [4] 综述了大数据和深度学习, 给出了各种深层结构及其学习算法之间关联的图谱; 文献 [5] 讨论了几种常用的激活函数的性质和特点; 文献 [6-9] 介绍了卷积、反卷积的原理、关系及方法; 文献 [10] 介绍了感知器、卷积神经网络、循环神经网络、长短时记忆网络和递归神经网络的工作原理; 文献 [11] 介绍了自编码器的模型结构及其变种; 文献 [12-13] 介绍了生成对抗网络的思想、模型结构、工作原理及其应用; 文献 [14] 提出了深度卷积生成对抗网络 DCGAN 模型结构, 有效地将有监督学习的 CNN 和无监督学习的 GAN 结合在一起; 文献 [15] 针对极深度条件下深度卷积神经网络性能退化问题, 提出了 DRN 框架; 文献 [16-17] 介绍了注意力模型的工作原理及其应用; 文献 [18] 介绍了 Skip-gram 模型的工作原理、模型训练以及负采样概念; 文献 [19-20] 介绍了 learn2learn 算法, 能够有效地使用一个神经网络来训练另一个神经网络.

参 考 文 献

[1] 周志华. 机器学习. 北京: 清华大学出版社, 2016.

[2] Goodfellow I, Bengio Y, Courville A. Deep Learning. Cambridge, MA: MIT Press, 2016.

[3] 胡晓林, 朱军. 深度学习: 机器学习领域的新热点. 中国计算机学会通讯, 2013, 9(7): 64-69.

[4] 马世龙, 乌尼日其其格, 李小平. 大数据与深度学习综述. 智能系统学报, 2016, 11(6): 728-742.

[5] https://blog.csdn.net/tyhj_sf/article/details/79932893.

[6] https://testerhome.com/topics/12383.

[7] https://blog.csdn.net/chengqiuming/article/details/80299432.

[8] https://blog.csdn.net/ITleaks/article/details/80336825?utm_source=blogxgwz2.

[9] Dumoulin V, Visin F. A guide to convolution arithmetic for deep learning. CoRR, abs/1603.07285, 2016.

[10] https://www.zybuluo.com/hanbingtao/note/581764.

[11] https://blog.csdn.net/abcdrachel/article/details/84024144.

[12] 黄鹤, 王长虎. 从生成对抗网络到更自动化的人工智能. 中国计算机学会通讯, 2017, 13(9): 40-44.

[13] 王飞跃. 生成式对抗网络的研究进展与展望. 中国计算机学会通讯, 2017, 13(11): 58-62.

[14] Radford A, Metz L, Chintala S. Unsupervised representation learning with deep convolutional generative adversarial networks. ArXiv: 1511.06434, 2015.

[15] He K, Zhang X, Ren S, et al. Deep residual learning for image recognition. CVPR 2016, Las Vegas, NV, USA, June 27-30, 2016: 770-778.

[16] https://zhuanlan.zhihu.com/p/37601161.

[17] https://zengwenqi.blog.csdn.net/article/details/101621915.

[18] https://zhuanlan.zhihu.com/p/27234078.

[19] Andrychowicz M, Denil M, Colmenarejo S G, et al. Learning to learn by gradient descent by gradient descent. NIPS 2016, Barcelona, SPAIN, December 4-9, 2016: 3981-3989.

[20] Chen Y, Hoffman M W, Colmenarejo S, et al. Learning to learn without gradient descent by gradient descent. The 34th International Conference on Machine Learning, Sydney, Australia, 2017, PMLR 70: 748-756.

第4章 宽度学习

深层结构神经网络的学习已经在许多领域得到应用, 并在大规模数据处理中取得了突破性的进展. 在各种深度模型中, 网络的层数一加再加, 目的是增加模型的复杂度, 从而更好地逼近希望学习到的非线性函数. 那么, 是不是非线性层数越多越好呢? 实际上, 随着网络层数的增加, 参数数量指数增加, 通常需要耗费大量的时间和资源进行优化. 如果模型对系统的建模不充分, 还需要对整个模型重新进行训练. 另外, 单层前馈神经网络已被证明可以全局地逼近给定的目标函数, 随机向量函数链神经网络也被证明可以用来逼近紧集上的任何连续函数, 其非线性近似能力体现在增强层的非线性激活函数上, 只要增强层单元数量足够多, 可以实现复杂的非线性. 可见增加层数并不是必要的.

单层前馈神经网络基于梯度下降完成训练, 其泛化性能对某些参数设置 (比如学习率) 非常敏感, 而且在训练时通常收敛到局部最小值. RVFLNN 在单层前馈神经网络中增加了从输入层到输出层的直接连接, 有效地消除了网络训练时间长的缺点, 同时也保证了函数逼近的泛化能力. 但是, RVFLNN 难以处理以大容量和时间多变性为本质特性的大数据. 为了应对大数据中数据量的增长和数据维度增加的挑战, 宽度学习系统 (broad learning system, BLS) 改进了 RVFLNN 的输入. BLS 是一种不需要深度结构的高效增量学习系统, 提供了一种深度学习网络的替代方法, 同时, 如果网络需要扩展, 模型可以通过增量学习高效重建.

4.1 随机向量函数连接网络

4.1.1 RVFLNN 的结构

RVFLNN 是一个三层结构, 如图 4.1.1 所示. 其中, 第一层是输入层, 第二层称为增强层, 第三层是输出层. 输入层的输出加权非线性变换后作为增强层的输入, 同时, 输入层的输出线性变换后作为输出层的输入, 输出层的输入还包括增强层输出的线性变换.

在 RVFLNN 中只有增强层的神经元带了激活函数, 输入层和输出层网络都是线性的. RVFLNN 可以看作是在单层前馈网络 (SLFN) 中增加了从输入层到输出层的直接连接.

把图 4.1.1 中增强层和输入层的神经元排成一行作为一个整体 $\boldsymbol{A}$(输入层 + 增强层), 则 RVFLNN 就成了由 $\boldsymbol{A}$ 到 $\boldsymbol{Y}$ 的线性变换, 对应的权重矩阵 $\boldsymbol{W}$ 是 "输入层 + 增强层" 到输出层之间的线性连接, 如图 4.1.2 所示.

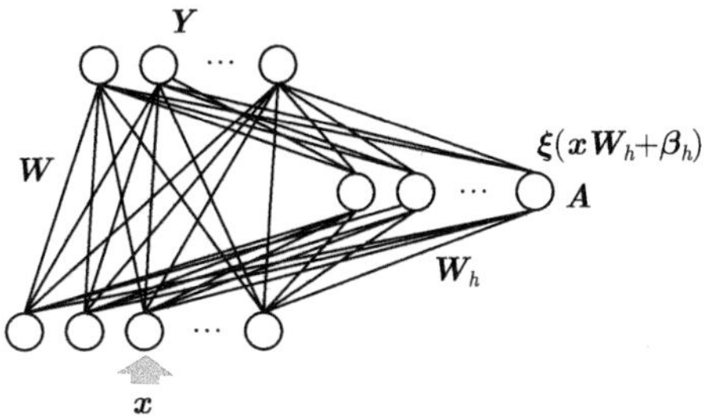

图 4.1.1 RVFLNN 的结构

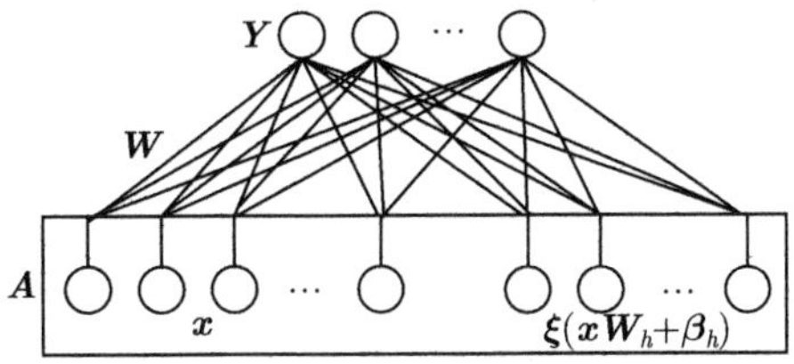

图 4.1.2 RVFLNN 的另一种表示

如果固定输入层到增强层之间的权重, 那么对整个网络的训练就是求出由 $\boldsymbol{A}$ 到 $\boldsymbol{Y}$ 之间的变换 $\boldsymbol{W}$: $\boldsymbol{W}=\boldsymbol{A}^{-1}\boldsymbol{Y}$. 对于训练数据, $\boldsymbol{Y}$ 是已知的, 增强层的输出基于输入 $\boldsymbol{X}$ 进行计算, 因此, $\boldsymbol{W}$ 的计算容易进行.

4.1.2 RVFLNN 的动态逐步更新算法

动态逐步更新算法是一种用于 RVFLNN 增量更新网络权重的算法. 假设当前网络 "输入层 + 增强层" 的输出为 $\boldsymbol{A}_n$, 权值矩阵为 $\boldsymbol{W}_n$. 现发现当前网络拟合能力不够, 需要增加新的增强节点来减小损失函数. 增加新节点 $\boldsymbol{a}$ 后的网络结构如图 4.1.3 所示, $\boldsymbol{A}_{n+1}\triangleq[\boldsymbol{A}_n|\boldsymbol{a}]$, 即给矩阵 $\boldsymbol{A}_n$ 新增加一列 $\boldsymbol{a}$. 因此, 新的权值矩阵 $\boldsymbol{W}_{n+1}=\boldsymbol{A}_{n+1}^{\dagger}\boldsymbol{Y}=[\boldsymbol{A}_n|\boldsymbol{a}]^{\dagger}\boldsymbol{Y}$. $[\boldsymbol{A}_n|\boldsymbol{a}]^{\dagger}$ 通过计算分块矩阵的广义逆获得, $\boldsymbol{A}_{n+1}^{\dagger}=\begin{bmatrix}\boldsymbol{A}_n^{\dagger}-\boldsymbol{d}\boldsymbol{b}^{\mathrm{T}}\\ \boldsymbol{b}^{\mathrm{T}}\end{bmatrix}$, $\boldsymbol{d}=\boldsymbol{A}_n^{\dagger}\boldsymbol{a}$, $\boldsymbol{b}^{\mathrm{T}}=\begin{cases}(\boldsymbol{c})^{\dagger}, & \boldsymbol{c}\neq\boldsymbol{O},\\ (1+\boldsymbol{d}^{\mathrm{T}}\boldsymbol{d})^{-1}\boldsymbol{d}^{\mathrm{T}}\boldsymbol{A}_n^{\dagger}, & \boldsymbol{c}=\boldsymbol{O},\end{cases}$ $\boldsymbol{c}=\boldsymbol{a}-\boldsymbol{A}_n\boldsymbol{d}$. 于是, $\boldsymbol{W}_{n+1}=\begin{bmatrix}\boldsymbol{W}_n-\boldsymbol{d}\boldsymbol{b}^{\mathrm{T}}\boldsymbol{Y}_n\\ \boldsymbol{b}^{\mathrm{T}}\boldsymbol{Y}_n\end{bmatrix}$.

可以看到, $\boldsymbol{W}_{n+1}$ 的计算基于 $\boldsymbol{W}_n$ 完成, 因此可以有效减少权重更新的计算量. 如果 $\boldsymbol{A}_n$ 全秩, 则 $\boldsymbol{c}=\boldsymbol{O}$, 这将使伪逆 $\boldsymbol{A}_n^{\dagger}$ 和 $\boldsymbol{W}_n$ 的更新更快.

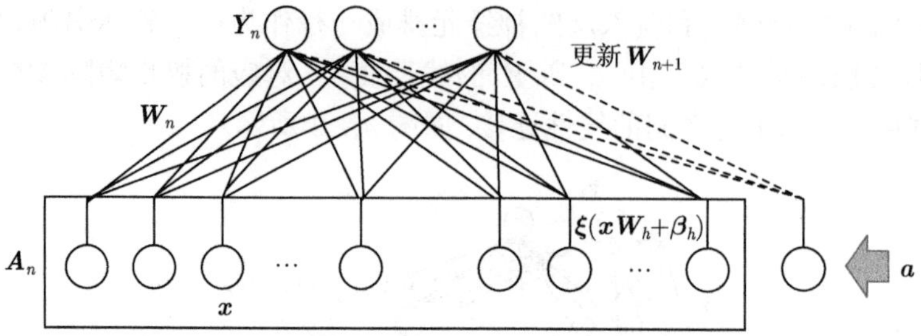

图 4.1.3　增加新节点后的网络结构

4.2　宽度学习系统

4.2.1　宽度学习系统的结构

1. 一般宽度学习系统的结构

宽度学习系统是基于将输入数据的映射特征作为 RVFLNN 输入的思想设计的. 此外, BLS 可以对新加入的数据以有效和高效的方式更新系统 (输入的增量学习). 以下为 BLS 的设计思路. 首先, 利用输入数据映射的特征作为网络的 “特征节点”. 其次, 映射的特征被增强为随机生成权重的 “增强节点”. 最后, 所有映射的特征和增强节点直接连接到输出端, 伪逆的岭回归技术用于求解所需的连接权重. BLS 的结构如图 4.2.1 所示, 其中第一层不是输入层, 而是特征层. 这种不直接用原始数据作为输入, 而是用原始数据中提取的特征作为原 RVFLNN 输入的改进, 使得宽度学习可以利用别的模型提取到的特征来进行训练, 即可以与别的机器学习算法进行组合.

网络可以通过宽度学习算法在特征节点和增强节点实现宽度扩展, 在网络需要扩展时, 增量学习算法能够在宽度扩展中进行快速重建, 无需重新训练.

原始输入转换为 “特征节点” 中的随机特征, 结构在宽度上扩展为 “增强节点”. 主要特征是在 BLS 中, 输入数据首先通过某些特征变换转换为随机特征, 再通过非线性激活函数进一步连接以形成增强节点的映射. 然后, 随机特征 (节点) 连同增强层的输出连接到输出层, 输出层的权重将由系统方程的快速伪逆或迭代梯度下降训练算法确定. 增量学习算法用于新输入到达或增强节点的扩展. 与多层感知器和深层结构 (如 CNN、深度信念网络、深度玻尔兹曼机、堆叠式自动编码器和堆叠深度自动编码器) 相比, 这种特性使 BLS 非常高效且耗时更少.

在图 4.2.1 (a) 中, $\boldsymbol{X}$ 是输入数据 (N 个样本, 每个样本有 M 维), $\boldsymbol{Y}\in\Re^{N\times C}$ 是输出矩阵. 共有 n 个特征映射, 每个映射产生 k 个节点. $\boldsymbol{Z}_i$ 是利用函数 $\phi_i(\boldsymbol{X}\boldsymbol{W}_{e_i}+\boldsymbol{\beta}_{e_i})$ 映射产生的第 i 组映射特征, $i=1,\cdots,n$, 其中 $\boldsymbol{W}_{e_i}$ 是具有适当维度的随

机权重矩阵, $\boldsymbol{\beta}_{e_i}$ 是偏置. $\boldsymbol{W}_{e_i}$ 和 $\boldsymbol{\beta}_{e_i}$ 随机产生. 用 $\boldsymbol{Z}^i=[\boldsymbol{Z}_1,\boldsymbol{Z}_2,\cdots,\boldsymbol{Z}_i]$ 表示前 i 组所有映射特征的级联. 同样, $\boldsymbol{H}_j$ 表示第 j 组增强节点 $\xi_j(\boldsymbol{Z}^i\boldsymbol{W}_{h_j}+\boldsymbol{\beta}_{h_j})$, $\boldsymbol{H}^j=[\boldsymbol{H}_1,\boldsymbol{H}_2,\cdots,\boldsymbol{H}_j]$ 表示前 j 组所有增强节点的级联. 根据建模任务的复杂性, 可以选择不同的 i 和 j. 此外, 对于 $i\neq k$, ϕ_i 和 ϕ_k 可以是不同的函数; 对于 $j\neq r$, ξ_j 和 ξ_r 也可以是不同的函数. 为简单起见并不失一般性, 省略特征映射 ϕ_i 和激活函数 ξ_j 的下标.

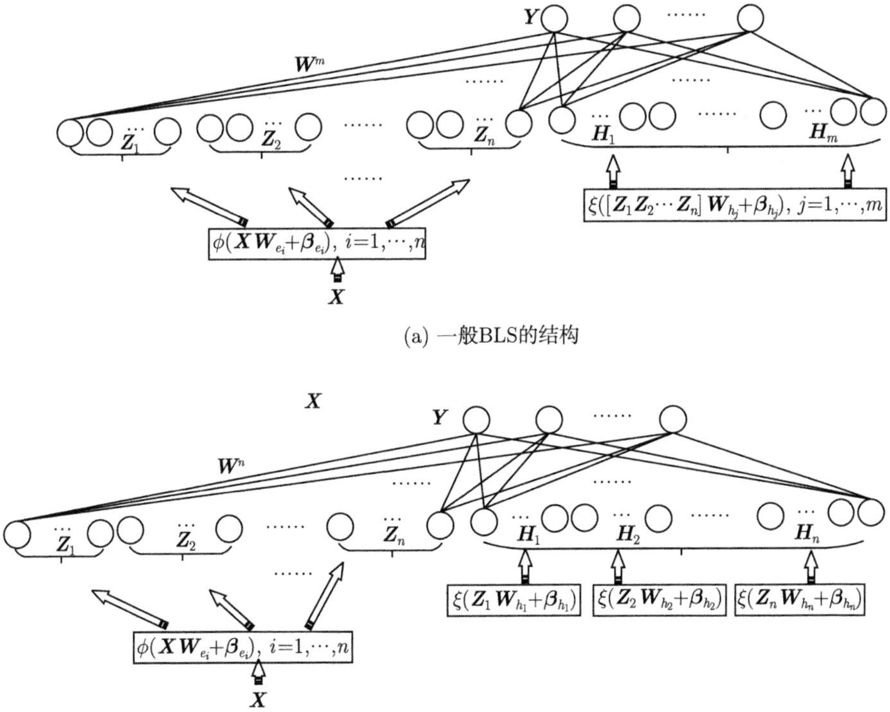

(a) 一般BLS的结构

(b) 具有AENE的BLS结构

图 4.2.1 BLS 的结构

用 $\boldsymbol{W}^m$ 表示特征节点和增强节点与输出节点之间的连接权值, 宽度学习的模型可以表示为如下线性形式

$$\begin{aligned}\boldsymbol{Y}&=[\boldsymbol{Z}_1,\boldsymbol{Z}_2,\cdots,\boldsymbol{Z}_n|\zeta_1(\boldsymbol{Z}^n\boldsymbol{W}_{h_1}+\boldsymbol{\beta}_{h_1}),\cdots,\zeta_m(\boldsymbol{Z}^n\boldsymbol{W}_{h_m}+\boldsymbol{\beta}_{h_m})]\boldsymbol{W}^m\\&=[\boldsymbol{Z}_1,\boldsymbol{Z}_2,\cdots,\boldsymbol{Z}_n|\boldsymbol{H}_1,\boldsymbol{H}_2,\cdots,\boldsymbol{H}_m]\boldsymbol{W}^m=[\boldsymbol{Z}^n|\boldsymbol{H}^m]\boldsymbol{W}^m\end{aligned}\tag{4.2.1}$$

其中, $\boldsymbol{W}^m=[\boldsymbol{Z}^n|\boldsymbol{H}^m]^{\dagger}\boldsymbol{Y}$. 通过岭回归近似容易计算 $[\boldsymbol{Z}^n|\boldsymbol{H}^m]^{\dagger}$.

给定特征 $\boldsymbol{Z}^n$, 计算增强层 $\boldsymbol{H}^m$, 将特征层和增强层合并成 $\boldsymbol{A}=[\boldsymbol{Z}^n|\boldsymbol{H}^m]$, 其中 “|” 表示合并成一行, 则 $\boldsymbol{W}^m=\boldsymbol{A}^{-1}\boldsymbol{Y}$. 实际计算时, 使用岭回归来求解权值矩

阵, 即通过下面的优化问题来解 $\boldsymbol{W}^m$

$$\underset{\boldsymbol{W}^m}{\arg\min}\left\|\boldsymbol{A}\boldsymbol{W}^m-\boldsymbol{Y}\right\|_2^2+\lambda\left\|\boldsymbol{W}^m\right\|_2^2 \tag{4.2.2}$$

解得 $\boldsymbol{W}^m=(\lambda\boldsymbol{I}+\boldsymbol{A}\boldsymbol{A}^{\mathrm{T}})^{-1}\boldsymbol{A}^{\mathrm{T}}\boldsymbol{Y}=\boldsymbol{A}^{\dagger}\boldsymbol{Y}$, 其中伪逆 $\boldsymbol{A}^{\dagger}=\lim\limits_{\lambda\to 0}(\lambda\boldsymbol{I}+\boldsymbol{A}\boldsymbol{A}^{\mathrm{T}})^{-1}\boldsymbol{A}^{\mathrm{T}}$.

如果数据固定, 模型结构固定, 则最优参数 $\boldsymbol{W}^m$ 可以直接求得. 然而在大数据时代, 输入 $\boldsymbol{X}$ 和特征 $\boldsymbol{Z}^n$ 都很大 (上亿行), 对这样的矩阵求伪逆是不现实的. 另外, 数据会源源不断地来, 新特征的不断增加使得数据的维度也在不断变化, 数据和模型都不可能固定. 因此, 需要考虑网络的增量学习.

2. 替代增强节点建立的 BLS 结构

在图 4.2.1 (a) 中, 增强节点的宽度扩展与来自映射特征的连接同步添加. 替代增强节点建立 (alternative enhancement nodes establishment, AENE) 通过将每组映射特征连接到一组增强节点, 以不同的方式建立 BLS.

对于输入数据 $\boldsymbol{X}$, n 组特征映射, n 组增强, AENE 建立的 BLS 模型为

$$\begin{aligned}\boldsymbol{Y}&=[\boldsymbol{Z}_1,\zeta(\boldsymbol{Z}_1\boldsymbol{W}_{h_1}+\boldsymbol{\beta}_{h_1})|,\cdots,\boldsymbol{Z}_n,\zeta(\boldsymbol{Z}_n\boldsymbol{W}_{h_n}+\boldsymbol{\beta}_{h_n})]\boldsymbol{W}^n\\&\triangleq[\boldsymbol{Z}_1,\boldsymbol{Z}_2,\cdots,\boldsymbol{Z}_n|\zeta(\boldsymbol{Z}_1\boldsymbol{W}_{h_1}+\boldsymbol{\beta}_{h_1}),\cdots,\zeta(\boldsymbol{Z}_n\boldsymbol{W}_{h_n}+\boldsymbol{\beta}_{h_n})]\boldsymbol{W}^n\end{aligned} \tag{4.2.3}$$

其中 $\boldsymbol{Z}_i$, $i=1,\cdots,n$ 是由 $\boldsymbol{Z}_i=\phi_i(\boldsymbol{X}\boldsymbol{W}_{e_i}+\boldsymbol{\beta}_{e_i})$ 获得的 $N\times\alpha$ 维的映射特征, $\boldsymbol{W}_{h_j}\in\Re^{\alpha\times\gamma}$. 模型结构如图 4.2.1 (b) 所示.

很明显, 图 4.2.1 (a) 和 (b) 中两种结构之间的主要区别在于增强节点的连接. 定理 4.2.1 证明增强节点中这两种不同的连接实际上是等价的.

定理 4.2.1 设如图 4.2.1(a) 所示的模型中, 特征 $\boldsymbol{Z}_i^{(a)},i=1,\cdots,n$ 的维度是 k, $\boldsymbol{H}_j^{(a)},j=1,\cdots,m$ 的维度是 q; 如图 4.2.1(b) 所示的模型中, 特征 $\boldsymbol{Z}_i^{(b)},i=1,\cdots,n$ 的维度是 k, $\boldsymbol{H}_j^{(b)},j=1,\cdots,m$ 的维度是 γ. 如果 $mq=n\gamma$, 且 $\boldsymbol{H}^{(a)}$ 和 $\boldsymbol{H}^{(b)}$ 是规范化的, 则两个网络是完全等价的.

4.2.2 BLS 的增量学习

增量学习的核心是利用上一次的计算结果和新加入的数据, 只需少量计算就能完成权重的更新. 基于增量学习, 系统可以以增量方式重建, 而无需从头开始完全重新训练. BLS 有三种增量形式: 增加增强节点的增量、增加特征节点的增量和增加输入数据的增量.

1. 增加增强节点的增量学习

有时, BLS 训练后无法达到理想的性能, 需要增加新的增强节点来减小损失函数. 设增加了 p 个增强节点. $\boldsymbol{A}^m=[\boldsymbol{Z}^n|\boldsymbol{H}^m]$ 和 $\boldsymbol{W}^m$ 是增加新的增强节点前的 “特

征层 + 增强层" 的输出矩阵和权值矩阵, $\boldsymbol{A}^{m+1}$ 和 $\boldsymbol{W}^{m+1}$ 是增加新的增强节点后的 "特征层 + 增强层" 的输出矩阵和权值矩阵, $\boldsymbol{A}^{m+1} \equiv [\boldsymbol{A}^m|\xi(\boldsymbol{Z}^n\boldsymbol{W}_{h_{m+1}} + \boldsymbol{\beta}_{h_{m+1}})]$, 其中 $\boldsymbol{W}_{h_{m+1}} \in \Re^{nk\times p}$, $\boldsymbol{\beta}_{h_{m+1}} \in \Re^p$. 从映射特征到 p 个增强节点的权重和偏置随机产生. 根据 RVFLNN 的动态逐步更新算法, 有

$$\left(\boldsymbol{A}^{m+1}\right)^\dagger = \begin{bmatrix} (\boldsymbol{A}^m)^\dagger - \boldsymbol{D}\boldsymbol{B}^{\mathrm{T}} \\ \boldsymbol{B}^{\mathrm{T}} \end{bmatrix} \tag{4.2.4}$$

其中

$$\boldsymbol{D} = (\boldsymbol{A}^m)^\dagger\xi(\boldsymbol{Z}^n\boldsymbol{W}_{h_{m+1}} + \boldsymbol{\beta}_{h_{m+1}}) \tag{4.2.5}$$

$$\boldsymbol{B}^{\mathrm{T}} = \begin{cases} (\boldsymbol{C})^\dagger, & \boldsymbol{C} \neq \boldsymbol{O} \\ (\boldsymbol{1} + \boldsymbol{D}^{\mathrm{T}}\boldsymbol{D})^{-1}\boldsymbol{D}^{\mathrm{T}}(\boldsymbol{A}^m)^\dagger, & \boldsymbol{C} = \boldsymbol{O} \end{cases} \tag{4.2.6}$$

其中 $\boldsymbol{C} = \xi(\boldsymbol{Z}^n\boldsymbol{W}_{h_{m+1}} + \boldsymbol{\beta}_{h_{m+1}}) - \boldsymbol{A}^m\boldsymbol{D}$.

因此, 新的权重更新如下

$$\boldsymbol{W}^{m+1} = \begin{bmatrix} \boldsymbol{W}^m - \boldsymbol{D}\boldsymbol{B}^{\mathrm{T}}\boldsymbol{Y} \\ \boldsymbol{B}^{\mathrm{T}}\boldsymbol{Y} \end{bmatrix} \tag{4.2.7}$$

从上述公式可以看出, 权重的更新只需要计算必要组件的伪逆, 而不是计算整个 $\boldsymbol{A}^{m+1}$ 的伪逆, 从而产生 BLS 的快速学习特性.

新增 p 个增强节点的增量网络如图 4.2.2 所示, 增量算法如算法 4.2.1 所示.

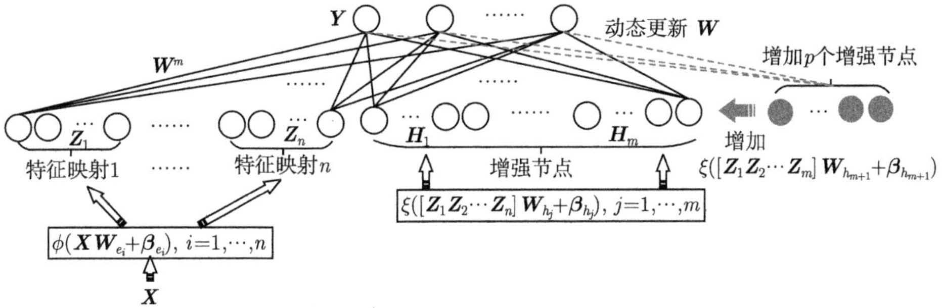

图 4.2.2　增加 p 个增强节点的宽度学习

算法 4.2.1　宽度学习: 增加 p 个增强节点

输入: 训练样本 $\boldsymbol{X}$

输出: $\boldsymbol{W}$

1. **for** $i = 1; i \leqslant n$ **do**
2. 　随机化 $\boldsymbol{W}_{e_i}$, $\boldsymbol{\beta}_{e_i}$

3. 计算 $\boldsymbol{Z}_i = [\phi(\boldsymbol{X}\boldsymbol{W}_{e_i} + \boldsymbol{\beta}_{e_i})]$
4. **end**
5. 设置特征映射组 $\boldsymbol{Z}^n = [\boldsymbol{Z}_1, \cdots, \boldsymbol{Z}_n]$
6. **for** $j = 1; j \leqslant m$ **do**
7. 随机化 $\boldsymbol{W}_{h_j}, \boldsymbol{\beta}_{h_j}$
8. 计算 $\boldsymbol{H}_j = [\xi(\boldsymbol{Z}^n\boldsymbol{W}_{h_j} + \boldsymbol{\beta}_{h_j})]$
9. **end**
10. 设置增强节点组 $\boldsymbol{H}^m = [\boldsymbol{H}_1, \cdots, \boldsymbol{H}_m]$
11. 设置 $\boldsymbol{A}^m$, 并用公式 $\boldsymbol{A}^\dagger = \lim\limits_{\lambda\to 0}(\lambda I + \boldsymbol{A}\boldsymbol{A}^{\mathrm{T}})^{-1}\boldsymbol{A}^{\mathrm{T}}$ 计算 $(\boldsymbol{A}^m)^\dagger$
12. **while** 不满足训练误差阈值 **do**
13. 随机化 $\boldsymbol{W}_{h_{m+1}}, \boldsymbol{\beta}_{h_{m+1}}$
14. 计算 $\boldsymbol{H}_{m+1} = [\xi(\boldsymbol{Z}_{m+1}\boldsymbol{W}_{h_{m+1}} + \boldsymbol{\beta}_{h_{m+1}})]$
15. 设置 $\boldsymbol{A}^{m+1} = [\boldsymbol{A}^m | \boldsymbol{H}_{m+1}]$
16. 通过等式 (4.2.5)~(4.2.7) 计算 $(\boldsymbol{A}^{m+1})^\dagger$ 和 $\boldsymbol{W}^{m+1}$
17. $m = m + 1$
18. **end**
19. 设置 $\boldsymbol{W} = \boldsymbol{W}^{m+1}$

2. 增加特征节点的增量学习

有时, 利用所选择的特征映射, 增强节点的动态增量可能不足以用于学习. 这可能是特征映射节点数目不够, 使得特征映射节点难以精确提取足够定义输入数据结构的基础变化因子. 此时, 需要增加新的特征映射. 在 BLS 中, 整个结构可以很容易地构建, 并且应用新增特征节点的增量学习可以无需从头开始重新训练整个网络.

假设初始结构由 n 组特征映射节点和 m 组宽度增强节点组成. 第 $n+1$ 组新增的特征节点表示为 $\boldsymbol{Z}_{n+1} = \phi(\boldsymbol{X}\boldsymbol{W}_{e_{n+1}} + \boldsymbol{\beta}_{e_{n+1}})$, 对应的增强节点随机生成, $\boldsymbol{H}_{ex_m} = [\xi(\boldsymbol{Z}_{n+1}\boldsymbol{W}_{ex_1} + \boldsymbol{\beta}_{ex_1}), \cdots, \xi(\boldsymbol{Z}_{n+1}\boldsymbol{W}_{ex_m} + \boldsymbol{\beta}_{ex_m})]$, 其中 $\boldsymbol{W}_{ex_i}$ 和 $\boldsymbol{\beta}_{ex_i}$ 随机产生. 新映射的特征和相应的增强节点的升级记为 $\boldsymbol{A}_{n+1}^m = [\boldsymbol{A}_n^m | \boldsymbol{Z}_{n+1} | \boldsymbol{H}_{ex_m}]$. 相应的伪逆矩阵的计算方式为

$$(\boldsymbol{A}_{n+1}^m)^\dagger = \begin{bmatrix} (\boldsymbol{A}_n^m)^\dagger - \boldsymbol{D}\boldsymbol{B}^{\mathrm{T}} \\ \boldsymbol{B}^{\mathrm{T}} \end{bmatrix} \tag{4.2.8}$$

其中 $\boldsymbol{D} = (\boldsymbol{A}_n^m)^\dagger [\boldsymbol{Z}_{n+1} | \boldsymbol{H}_{ex_m}]$.

$$\boldsymbol{B}^{\mathrm{T}} = \begin{cases} (\boldsymbol{C})^\dagger, & \boldsymbol{C} \neq \boldsymbol{O} \\ (\boldsymbol{1} + \boldsymbol{D}^{\mathrm{T}}\boldsymbol{D})^{-1}\boldsymbol{D}^{\mathrm{T}}(\boldsymbol{A}_n^m)^\dagger, & \boldsymbol{C} = \boldsymbol{O} \end{cases} \tag{4.2.9}$$

其中 $\boldsymbol{C}=[\boldsymbol{Z}_{n+1}|\boldsymbol{H}_{ex_m}]-\boldsymbol{A}_n^m\boldsymbol{D}$. 因此, 新的权重更新公式为

$$\boldsymbol{W}_{n+1}^m=\begin{bmatrix}\boldsymbol{W}_n^m-\boldsymbol{D}\boldsymbol{B}^{\mathrm{T}}\boldsymbol{Y}\\ \boldsymbol{B}^{\mathrm{T}}\boldsymbol{Y}\end{bmatrix} \tag{4.2.10}$$

新增 $n+1$ 个特征映射以及 p 个增强节点的增量网络如图 4.2.3 所示, 增量算法如算法 4.2.2 所示.

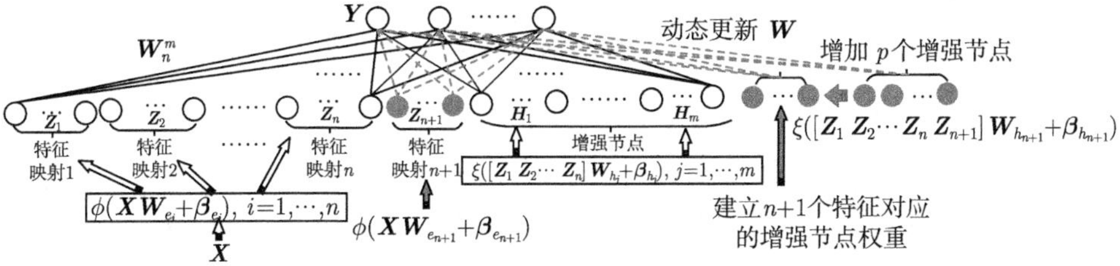

图 4.2.3 增加 $n+1$ 个特征映射的宽度学习

算法 4.2.2 宽度学习: $n+1$ 个特征映射的增量

输入: 训练样本 $\boldsymbol{X}$

输出: $\boldsymbol{W}$

1. **for** $i=1;\ i\leqslant n$ **do**
2. 随机化 $\boldsymbol{W}_{e_i}, \boldsymbol{\beta}_{e_i}$
3. 计算 $\boldsymbol{Z}_i=[\phi(\boldsymbol{X}\boldsymbol{W}_{e_i}+\boldsymbol{\beta}_{e_i})]$
4. **end**
5. 设置特征映射组 $\boldsymbol{Z}^n=[\boldsymbol{Z}_1,\cdots,\boldsymbol{Z}_n]$
6. **for** $j=1;\ j\leqslant m$ **do**
7. 随机化 $\boldsymbol{W}_{h_j}, \boldsymbol{\beta}_{h_j}$
8. 计算 $\boldsymbol{H}_j=[\xi(\boldsymbol{Z}^n\boldsymbol{W}_{h_j}+\boldsymbol{\beta}_{h_j})]$
9. **end**
10. 设置增强节点组 $\boldsymbol{H}^m=[\boldsymbol{H}_1,\cdots,\boldsymbol{H}_m]$
11. 设置 $\boldsymbol{A}_n^m$, 并用公式 $\boldsymbol{A}^\dagger=\lim\limits_{\lambda\to 0}(\lambda I+\boldsymbol{A}\boldsymbol{A}^{\mathrm{T}})^{-1}\boldsymbol{A}^\dagger$ 计算 $(\boldsymbol{A}_n^m)^\dagger$
12. **while** 不满足训练误差阈值 **do**
13. 随机化 $\boldsymbol{W}_{e_{n+1}}, \boldsymbol{\beta}_{e_{n+1}}$
14. 计算 $\boldsymbol{Z}_{n+1}=[\phi(\boldsymbol{X}\boldsymbol{W}_{e_{n+1}}+\boldsymbol{\beta}_{e_{n+1}})]$
15. 随机化 $\boldsymbol{W}_{ex_i}, \boldsymbol{\beta}_{ex_i}, i=1,\cdots,m$
16. 计算 $\boldsymbol{H}_{ex_m}=[\xi(\boldsymbol{Z}_{n+1}\boldsymbol{W}_{ex_1}+\boldsymbol{\beta}_{ex_1}),\cdots,\xi(\boldsymbol{Z}_{n+1}\boldsymbol{W}_{ex_m}+\boldsymbol{\beta}_{ex_m})]$
17. 更新 $\boldsymbol{A}_{n+1}^m$
18. 通过等式 (4.2.8)~(4.2.10) 更新 $(\boldsymbol{A}_n^m)^\dagger$ 和 $\boldsymbol{W}_{n+1}^m$

$n=n+1$

end

设置 $\boldsymbol{W}=\boldsymbol{W}_{n+1}^{m}$

3. 增加输入数据的增量学习

增加输入数据的增量学习适用于输入训练样本继续进入的情况. 通常, 系统建模完成后, 如果有相应输出的新输入进入模型, 则应更新模型以反映新输入的样本.

新增加的样本记为 $\boldsymbol{X}_a$, $\boldsymbol{A}_n^m$ 表示初始网络的 n 组特征映射节点和 m 组增强节点, 映射的特征节点和增强节点的增量表示为

$$\begin{aligned}&\boldsymbol{A}_x\\&=[\phi(\boldsymbol{X}_a\boldsymbol{W}_{e_1}+\boldsymbol{\beta}_{e_1}),\cdots,\phi(\boldsymbol{X}_a\boldsymbol{W}_{e_n}+\boldsymbol{\beta}_{e_n})|\xi(\boldsymbol{Z}_x^n\boldsymbol{W}_{h_1}+\boldsymbol{\beta}_{h_1}),\cdots,\xi(\boldsymbol{Z}_x^n\boldsymbol{W}_{h_m}+\boldsymbol{\beta}_{h_m})]\end{aligned}\tag{4.2.11}$$

其中 $\boldsymbol{Z}_x^n=[\phi(\boldsymbol{X}_a\boldsymbol{W}_{e_1}+\boldsymbol{\beta}_{e_1}),\cdots,\phi(\boldsymbol{X}_a\boldsymbol{W}_{e_n}+\boldsymbol{\beta}_{e_n})]$ 是由 $\boldsymbol{X}_a$ 更新的增量特征组. $\boldsymbol{W}_{e_i}$, $\boldsymbol{W}_{h_j}$ 和 $\boldsymbol{\beta}_{e_i}$, $\boldsymbol{\beta}_{h_j}$ 在网络的初始阶段随机生成. 因此, 更新后的矩阵表示为: ${}^x\boldsymbol{A}_n^m=\begin{bmatrix}\boldsymbol{A}_n^m\\ \boldsymbol{A}_x^{\mathrm{T}}\end{bmatrix}$. 从而有

$$({}^x\boldsymbol{A}_n^m)^{\dagger}=[(\boldsymbol{A}_n^m)^{\dagger}-\boldsymbol{B}\boldsymbol{D}^{\mathrm{T}}|\boldsymbol{B}]\tag{4.2.12}$$

其中 $\boldsymbol{D}^{\mathrm{T}}=\boldsymbol{A}_x^{\mathrm{T}}(\boldsymbol{A}_n^m)^{+}$, $\boldsymbol{B}^{\mathrm{T}}=\begin{cases}(\boldsymbol{C})^{\dagger}, & \boldsymbol{C}\neq\boldsymbol{O},\\ (1+\boldsymbol{D}^{\mathrm{T}}\boldsymbol{D})^{-1}(\boldsymbol{A}_n^m)^{+}\boldsymbol{D}, & \boldsymbol{C}=\boldsymbol{O},\end{cases}$ $\boldsymbol{C}=\boldsymbol{A}_x^{\mathrm{T}}-\boldsymbol{D}^{\mathrm{T}}\boldsymbol{A}_n^m$. 因此, 新的权重更新公式为

$${}^x\boldsymbol{W}_n^m=\boldsymbol{W}_n^m+(\boldsymbol{Y}_a^{\mathrm{T}}-\boldsymbol{A}_x^{\mathrm{T}}\boldsymbol{W}_n^m)\boldsymbol{B}\tag{4.2.13}$$

其中 $\boldsymbol{Y}_a$ 是新增样本 $\boldsymbol{X}_a$ 的标签. 由于更新输入伪逆时, 只需要计算新加入的节点的伪逆, 增量学习的训练过程节省了大量的时间.

新增输入后的增量网络如图 4.2.4 所示, 增量算法如算法 4.2.3 所示.

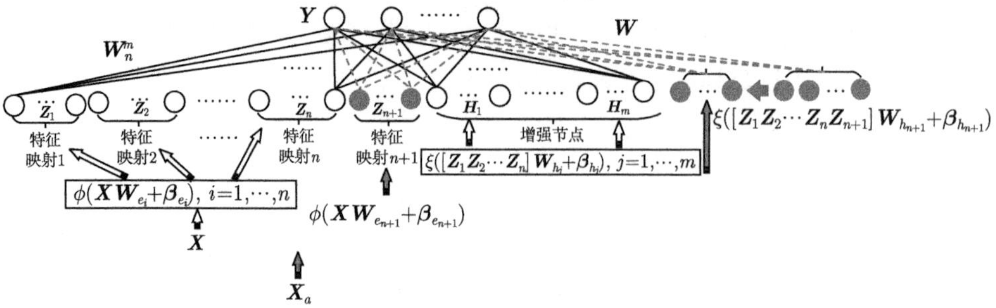

图 4.2.4 增加输入数据的宽度学习

算法 4.2.3 宽度学习：特征映射节点、增强节点和新输入的增量

输入： 训练样本 $\boldsymbol{X}$;

输出： $\boldsymbol{W}$

for $i=1$; $i \leqslant n$ **do**

 随机化 $\boldsymbol{W}_{e_i}, \boldsymbol{\beta}_{e_i}$

 计算 $\boldsymbol{Z}_i=[\phi(\boldsymbol{X}\boldsymbol{W}_{e_i}+\boldsymbol{\beta}_{e_i})]$

end

设置特征映射组 $\boldsymbol{Z}^n=[\boldsymbol{Z}_1,\cdots,\boldsymbol{Z}_n]$

for $j=1$; $j \leqslant m$ **do**

 随机化 $\boldsymbol{W}_{h_j}, \boldsymbol{\beta}_{h_j}$

 计算 $\boldsymbol{H}_j=[\xi(\boldsymbol{Z}^n\boldsymbol{W}_{h_j}+\boldsymbol{\beta}_{h_j})]$

end

设置增强节点组 $\boldsymbol{H}^m=[\boldsymbol{H}_1,\cdots,\boldsymbol{H}_m]$

设置 $\boldsymbol{A}_n^m$, 并用公式 $\boldsymbol{A}^{\dagger}=\lim\limits_{\lambda\to 0}(\lambda I+\boldsymbol{A}\boldsymbol{A}^{\mathrm{T}})^{-1}\boldsymbol{A}^{\dagger}$ 计算 $(\boldsymbol{A}_n^m)^{\dagger}$

while 不满足训练误差阈值 **do**

 if p 个增量节点被添加 **then**

  随机化 $\boldsymbol{W}_{h_{m+1}}$, $\boldsymbol{\beta}_{h_{m+1}}$

  计算 $\boldsymbol{H}_{m+1}=[\xi(\boldsymbol{Z}^n\boldsymbol{W}_{h_{m+1}}+\boldsymbol{\beta}_{h_{m+1}})]$; 更新 $\boldsymbol{A}_n^{m+1}$

  通过等式 (4.2.4) 和 (4.2.5) 计算 $(\boldsymbol{A}_n^{m+1})^{\dagger}$ 和 $\boldsymbol{W}_n^{m+1}$

  $m=m+1$

 else

  if $n+1$ 个特征映射被添加 **then**

   随机化 $\boldsymbol{W}_{h_{n+1}}$, $\boldsymbol{\beta}_{h_{n+1}}$

   计算 $\boldsymbol{Z}_{n+1}=[\phi(\boldsymbol{X}\boldsymbol{W}_{e_{n+1}}+\boldsymbol{\beta}_{e_{n+1}})]$

   随机化 $\boldsymbol{W}_{ex_i}$, $\boldsymbol{\beta}_{ex_i}$, $i=1,\cdots,m$

   计算 $\boldsymbol{H}_{ex_{n+1}}=[\xi(\boldsymbol{Z}_{n+1}\boldsymbol{W}_{ex_i}+\boldsymbol{\beta}_{ex_i}),\cdots,\xi(\boldsymbol{Z}_{n+1}\boldsymbol{W}_{ex_m}+\boldsymbol{\beta}_{ex_m})]$

   更新 $\boldsymbol{A}_{n+1}^m$

   通过等式 (4.2.6) 和 (4.2.7) 更新 $(\boldsymbol{A}_{n+1}^m)^{\dagger}$ 和 $\boldsymbol{W}_{n+1}^m$

   $n=n+1$

 else

   新输入被添加为 $\boldsymbol{X}_a$

   通过式 (4.2.8) 计算 $\boldsymbol{A}_x$, 更新 ${}^x\boldsymbol{A}_n^m$

   通过等式 (4.2.8) 和 (4.2.10) 更新 $({}^x\boldsymbol{A}_n^m)^{\dagger}$ 和 ${}^x\boldsymbol{W}_n^m$

  end

32. **end**
33. **end**
34. 设置 $\boldsymbol{W} = \boldsymbol{W}_{n+1}^{m}$

4.3 BLS 的变体

基于特征映射节点或增强节点上建立不同的连接, 可以产生 BLS 的多种变体, 为输入创建更多的非线性映射.

4.3.1 特征映射节点的级联

1. 特征映射节点的级联的结构

特征映射节点的级联 (cascade of feature mapping nodes BLS, CFBLS) 一个接一个地级联一组特征映射节点, 特征映射节点 $\boldsymbol{Z}_1, \boldsymbol{Z}_2, \cdots, \boldsymbol{Z}_n$ 形成级联连接. 如图 4.3.1 所示, 图 4.3.1(b) 是图 4.3.1(a) 的等价结构.

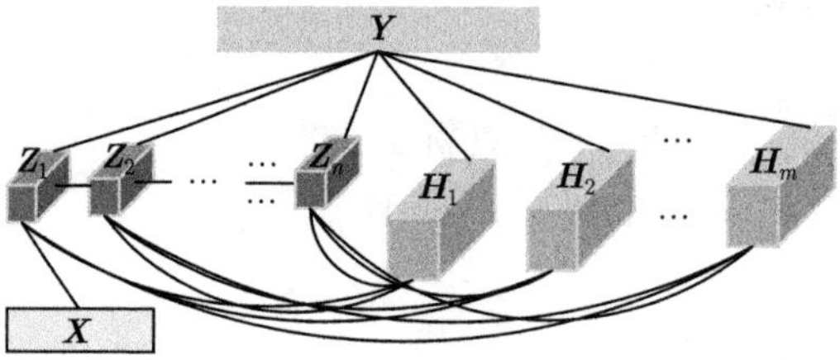

(a) 宽度结构

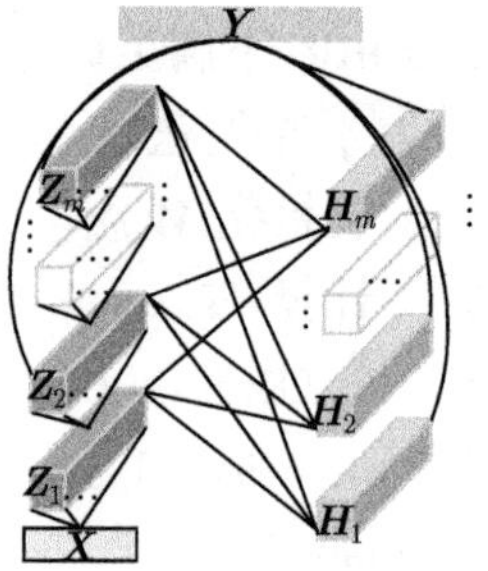

(b) 等价结构

图 4.3.1 CFBLS 的结构

对于输入数据 $\boldsymbol{X}$, 第一组特征映射节点 $\boldsymbol{Z}_1$ 表示为

$$\boldsymbol{Z}_1 = \phi(\boldsymbol{X}\boldsymbol{W}_{e_1} + \boldsymbol{\beta}_{e_1}) \triangleq \phi(\boldsymbol{X}; \{\boldsymbol{W}_{e_1}, \boldsymbol{\beta}_{e_1}\})$$

$\boldsymbol{W}_{e_1}$ 和 $\boldsymbol{\beta}_{e_1}$ 根据分布 $\rho(w)$ 随机产生. 对于第二组, 特征映射节点 $\boldsymbol{Z}_2$ 使用 $\boldsymbol{Z}_1$ 节点的输出建立; 因此, $\boldsymbol{Z}_2$ 表示为

$$\boldsymbol{Z}_2 = \phi(\boldsymbol{Z}_1\boldsymbol{W}_{e_2} + \boldsymbol{\beta}_{e_2}) = \phi(\phi(\boldsymbol{X}\boldsymbol{W}_{e_1} + \boldsymbol{\beta}_{e_1})\boldsymbol{W}_{e_2} + \boldsymbol{\beta}_{e_2}) \triangleq \phi^2(\boldsymbol{X}; \{\boldsymbol{W}_{e_i}, \boldsymbol{\beta}_{e_i}\}_{i=1,2})$$

连续使用相同的过程, 所有 n 组特征映射节点都表示为

$$\boldsymbol{Z}_k = \phi(\boldsymbol{Z}_{k-1}\boldsymbol{W}_{e_k} + \boldsymbol{\beta}_{e_k}) \triangleq \phi^k(\boldsymbol{X}; \{\boldsymbol{W}_{e_i}, \boldsymbol{\beta}_{e_i}\}_{i=1}^{k}), \quad k = 1, \cdots, n$$

其中 $\boldsymbol{W}_{e_i}$ 和 $\boldsymbol{\beta}_{e_i}$ 随机产生.

然后, 集中的特征节点 $\boldsymbol{Z}^n=[\boldsymbol{Z}_1,\boldsymbol{Z}_2,\cdots,\boldsymbol{Z}_n]$ 连接到增强节点 $\{\boldsymbol{H}_j\}_{j=1}^m$ 上, 其中 $\boldsymbol{H}_j\triangleq\zeta(\boldsymbol{Z}^n\boldsymbol{W}_{h_j}+\boldsymbol{\beta}_{h_j})$, $\boldsymbol{W}_{h_j}$ 和 $\boldsymbol{\beta}_{h_j}$ 根据分布 $\rho_e(w)$ 随机产生. $\rho(w)$ 和 $\rho_e(w)$ 常常相等.

最后, 假设网络由 n 组特征节点和 m 组增强节点组成, 则该特征节点级联 BLS 的系统模型概括为

$$\begin{aligned}\boldsymbol{Y}&=[\phi(\boldsymbol{X};\{\boldsymbol{W}_{e_1},\boldsymbol{\beta}_{e_1}\}),\cdots,\phi^n(\boldsymbol{X};\{\boldsymbol{W}_{e_i},\boldsymbol{\beta}_{e_i}\}_{i=1}^n)|\zeta(\boldsymbol{Z}^n\boldsymbol{W}_{h_1}\\&\quad+\boldsymbol{\beta}_{h_1}),\cdots,\zeta(\boldsymbol{Z}^n\boldsymbol{W}_{h_m}+\boldsymbol{\beta}_{h_m})]\boldsymbol{W}_n^m\\&=[\boldsymbol{Z}_1,\boldsymbol{Z}_2,\cdots,\boldsymbol{Z}_n|\boldsymbol{H}_1,\boldsymbol{H}_2,\cdots,\boldsymbol{H}_m]\boldsymbol{W}_n^m=[\boldsymbol{Z}^n|\boldsymbol{H}^m]\boldsymbol{W}_n^m\end{aligned}$$

其中 $\boldsymbol{H}^m\triangleq[\boldsymbol{H}_1,\boldsymbol{H}_2,\cdots,\boldsymbol{H}_m]$, $\boldsymbol{W}_n^m$ 通过 $[\boldsymbol{Z}^n|\boldsymbol{H}^m]$ 的伪逆计算.

2. CFBLS 的增量

首先, 如果第 $n+1$ 组复合特征节点被递增地添加并表示为 $\boldsymbol{Z}_{n+1}\triangleq\phi^{n+1}(\boldsymbol{X};\{\boldsymbol{W}_{e_i},\boldsymbol{\beta}_{e_i}\}_{i=1}^{n+1})$, 则在随机生成的权重下更新 m 组增强节点 $\boldsymbol{H}_{ex_m}\triangleq[\zeta(\boldsymbol{Z}_{n+1}\boldsymbol{W}_{ex_1}+\boldsymbol{\beta}_{ex_1}),\cdots,\zeta(\boldsymbol{Z}_{n+1}\boldsymbol{W}_{ex_m}+\boldsymbol{\beta}_{ex_m})]$, 其中 $\boldsymbol{W}_{ex_i}$, $\boldsymbol{\beta}_{ex_i}$, $i=1,\cdots,m$ 随机生成.

其次, 如果第 $m+1$ 组增强节点被递增地添加到系统中, 增加的节点表示为 $\boldsymbol{H}_{m+1}\triangleq[\xi(\boldsymbol{Z}^{n+1}\boldsymbol{W}_{h_{m+1}}+\boldsymbol{\beta}_{h_{m+1}})]$, 其中 $\boldsymbol{Z}^{n+1}=[\boldsymbol{Z}_1,\boldsymbol{Z}_2,\cdots,\boldsymbol{Z}_{n+1}]$, $\boldsymbol{W}_{h_{m+1}}$, $\boldsymbol{\beta}_{h_{m+1}}$ 随机生成. 记 $\boldsymbol{A}_n^m\triangleq[\boldsymbol{Z}^n|\boldsymbol{H}^m]$, $\boldsymbol{A}_{n+1}^{m+1}\triangleq[\boldsymbol{A}_n^m|\boldsymbol{Z}_{n+1}|\boldsymbol{H}_{ex_m}|\boldsymbol{H}_{m+1}]$, 则级联 BLS 更新的伪逆和权重为

$$(\boldsymbol{A}_{n+1}^{m+1})^\dagger=\begin{bmatrix}(\boldsymbol{A}_n^m)^\dagger-\boldsymbol{D}\boldsymbol{B}^{\mathrm{T}}\\\boldsymbol{B}^{\mathrm{T}}\end{bmatrix},\quad\boldsymbol{W}_{n+1}^{m+1}=\begin{bmatrix}\boldsymbol{W}_n^m-\boldsymbol{D}\boldsymbol{B}^{\mathrm{T}}\boldsymbol{Y}\\\boldsymbol{B}^{\mathrm{T}}\boldsymbol{Y}\end{bmatrix}$$

其中 $\boldsymbol{D}=(\boldsymbol{A}_n^m)^\dagger[\boldsymbol{Z}_{n+1}|\boldsymbol{H}_{ex_m}|\boldsymbol{H}_{m+1}]$, $\boldsymbol{B}^{\mathrm{T}}=\begin{cases}(\boldsymbol{C})^\dagger, & \boldsymbol{C}\neq\boldsymbol{O},\\(\boldsymbol{1}+\boldsymbol{D}^{\mathrm{T}}\boldsymbol{D})^{-1}\boldsymbol{D}^{\mathrm{T}}(\boldsymbol{A}_n^m)^\dagger, & \boldsymbol{C}=\boldsymbol{O},\end{cases}$ $\boldsymbol{C}=[\boldsymbol{Z}_{n+1}|\boldsymbol{H}_{ex_m}|\boldsymbol{H}_{m+1}]-\boldsymbol{A}_n^m\boldsymbol{D}$.

4.3.2 最后一组特征映射节点级联连接到增强节点

1. 最后一组特征映射节点级联连接到增强节点的结构

最后一组特征映射节点级联连接到增强节点 (cascade of feature mapping nodes with its last group connects to the enhancement nodes BLS, LCFBLS) 仅将最后一组特征映射节点与增强节点连接, 而不是将所有特征映射节点连接到增强节点. 网络结构如图 4.3.2 (a) 所示.

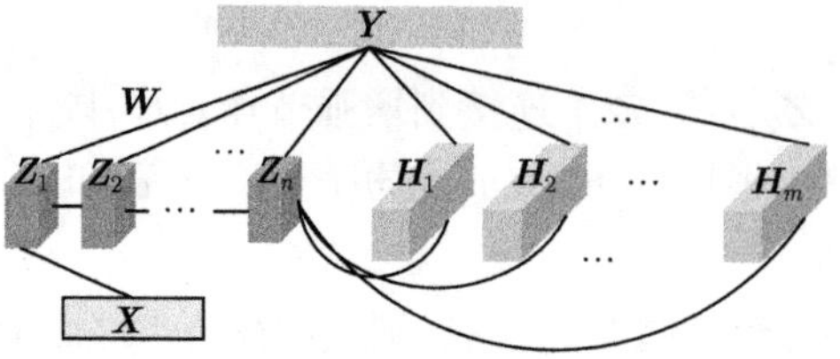

(a) 宽度结构

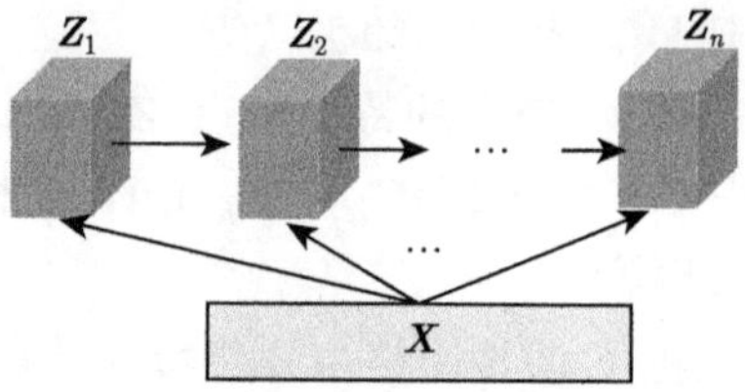

(b) 循环结构

图 4.3.2 LCFBLS 的结构

对于给定的输入数据 $\boldsymbol{X}$, 具有 n 组特征节点和 m 组增强节点的网络概括为 $\boldsymbol{Y} = [\boldsymbol{Z}^n|\boldsymbol{H}^m]\boldsymbol{W}_n^m$, 其中 $\boldsymbol{Z}_k \triangleq \phi^k(\boldsymbol{X};\{\boldsymbol{W}_{e_i},\boldsymbol{\beta}_{e_i}\}_{i=1}^k), k = 1,\cdots,n$, $\boldsymbol{H}_j \triangleq \zeta(\boldsymbol{Z}_n\boldsymbol{W}_{h_j} + \boldsymbol{\beta}_{h_j}), j = 1,\cdots,m$, $\boldsymbol{Z}^n = [\boldsymbol{Z}_1,\boldsymbol{Z}_2,\cdots,\boldsymbol{Z}_n]$, $\boldsymbol{H}^m \triangleq [\boldsymbol{H}_1,\boldsymbol{H}_2,\cdots,\boldsymbol{H}_m]$, $\boldsymbol{W}_n^m = [\boldsymbol{Z}^n|\boldsymbol{H}^m]^+\boldsymbol{Y}$. 连接权重 $\boldsymbol{W}_n^m$ 直接用岭回归计算.

通常, 特征映射的级联类似于循环系统的定义, 其在建模顺序数据方面非常有效. 循环结构非常适合于文本文档的理解和输入中包含时间信息的时间序列的处理.

循环信息可以在特征节点中建模为如图 4.3.2 (b) 所示的循环特征节点, 用于学习顺序信息. $\boldsymbol{Z}_k$ 的计算方式为

$$\boldsymbol{Z}_k = \phi(\boldsymbol{Z}_{k-1}\boldsymbol{W}_{e_k} + \boldsymbol{X}\boldsymbol{W}_{z_k} + \boldsymbol{\beta}_{e_k}) \tag{4.3.1}$$

其中矩阵 $\boldsymbol{W}_{z_k}, \boldsymbol{W}_{e_k}$ 和 $\boldsymbol{\beta}_{e_k}$ 随机生成. 具体地, 在循环模型中, 每个 $\boldsymbol{Z}_k$ 在前一特征 $\boldsymbol{Z}_{k-1}$ 和输入 $\boldsymbol{X}$ 下同时计算. 基于该变体, 可以构建循环-BLS 和长短期记忆-BLS.

2. LCFBLS 的增量

如果逐步添加特征节点, 则此部分中所提网络的结构将导致新的增强节点. 因此, 此处仅可获得附加增强节点的增量, 算法类似于原始 BLS 的对应部分. 在此不再详述.

4.3.3 增强节点的级联

1. 增强节点的级联的结构

增强节点的级联 (cascade of enhancement nodes BLS, CEBLS) 模型通过级联的函数组合来重建增强节点. 对于输入数据 $\boldsymbol{X}$, 前 n 组特征节点表示为 $\boldsymbol{Z}_i \triangleq \phi(\boldsymbol{X}\boldsymbol{W}_{e_i} + \boldsymbol{\beta}_{e_i}), i = 1,\cdots,n$, $\boldsymbol{W}_{e_i},\boldsymbol{\beta}_{e_i}$ 从给定的分布中抽样. 特征节点 $\boldsymbol{Z}^n \triangleq [\boldsymbol{Z}_1,\boldsymbol{Z}_2,\cdots,\boldsymbol{Z}_n]$ 通过函数 $\zeta(\cdot)$ 进行投影. CEBLS 的结构如图 4.3.3 (a) 所示, 图 4.3.3 (b) 是图 4.3.3 (a) 的重绘图, 其中右侧的增强节点以深度方式重绘, 图 4.3.3(c) 中增强节点循环连接.

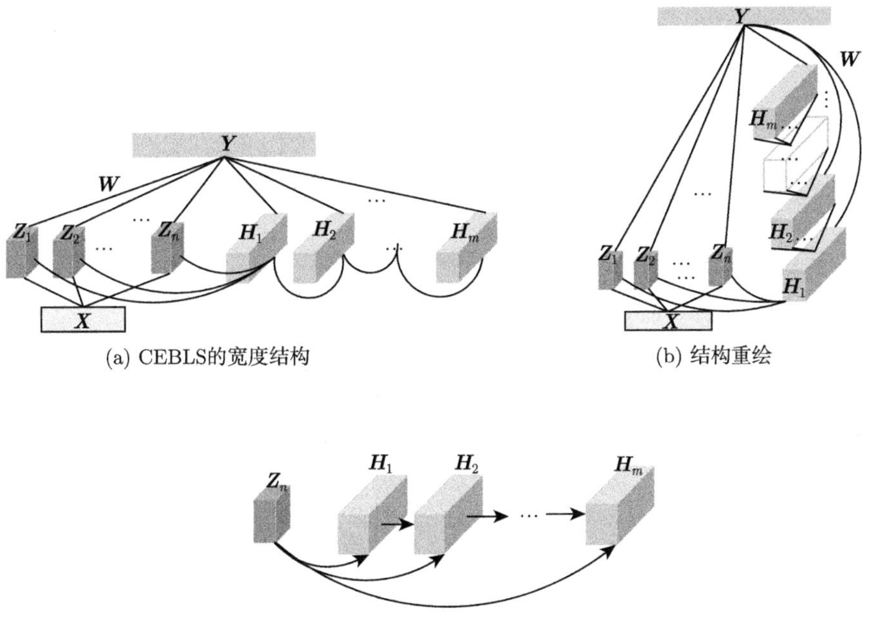

(a) CEBLS的宽度结构 (b) 结构重绘

(c) 循环结构

图 4.3.3 CEBLS 的结构

第一组增强节点为: $\boldsymbol{H}_1 \triangleq \xi(\boldsymbol{Z}^n\boldsymbol{W}_{h_1}+\boldsymbol{\beta}_{h_1}) \triangleq \xi(\boldsymbol{Z}^n;\{\boldsymbol{W}_{h_1},\boldsymbol{\beta}_{h_1}\})$, 其中关联的权重随机抽样. 第二组增强节点按如下方式复合

$$\boldsymbol{H}_2 \triangleq \xi(\boldsymbol{H}_1\boldsymbol{W}_{h_2}+\boldsymbol{\beta}_{h_2}) \triangleq \xi(\xi(\boldsymbol{Z}^n\boldsymbol{W}_{h_1}+\boldsymbol{\beta}_{h_1})\boldsymbol{W}_{h_2}+\boldsymbol{\beta}_{h_2}) \triangleq \xi^2(\boldsymbol{Z}^n;\{\boldsymbol{W}_{h_i},\boldsymbol{\beta}_{h_i}\}_{i=1,2})$$

此外, 前 m 组增强节点为 $\boldsymbol{H}_u \triangleq \xi^u(\boldsymbol{Z}^n;\{\boldsymbol{W}_{h_i},\boldsymbol{\beta}_{h_i}\}_{i=1}^u), u=1,\cdots,m$, 其中 $\boldsymbol{W}_{h_1}$, $\boldsymbol{\beta}_{h_1}$ 在给定的分布中随机产生.

然后, $\boldsymbol{Z}^n \triangleq [\boldsymbol{Z}_1,\boldsymbol{Z}_2,\cdots,\boldsymbol{Z}_n]$ 和 $\boldsymbol{H}^m \triangleq [\boldsymbol{H}_1,\boldsymbol{H}_2,\cdots,\boldsymbol{H}_m]$ 直接与输出相连. CEBLS 模型表示为 $\boldsymbol{Y}=[\boldsymbol{Z}^n|\boldsymbol{H}^m]\boldsymbol{W}_n^m$, 从而 $\boldsymbol{W}_n^m=[\boldsymbol{Z}^n|\boldsymbol{H}^m]^\dagger\boldsymbol{Y}$.

2. CEBLS 的增量

首先, 设第 $n+1$ 组特征节点被递增地添加并表示为: $\boldsymbol{Z}_{n+1} \triangleq \phi(\boldsymbol{X}\boldsymbol{W}_{e_{n+1}}+\boldsymbol{\beta}_{e_{n+1}})$. 第 u 组增强节点通过 $\xi^u(\boldsymbol{Z}_{n+1};\{\boldsymbol{W}_{ex_i},\boldsymbol{\beta}_{ex_i}\}_{i=1}^u), u=1,\cdots,m$ 补充, 相应的矩阵表示为 $\boldsymbol{H}_{ex_m} \triangleq [\zeta(\boldsymbol{Z}_{n+1};\{\boldsymbol{W}_{ex_1},\boldsymbol{\beta}_{ex_1}\}),\cdots,\zeta^m(\boldsymbol{Z}_{n+1};\{\boldsymbol{W}_{ex_i},\boldsymbol{\beta}_{ex_i}\}_{i=1}^m)]$, 其中 $\boldsymbol{W}_{ex_i}$, $\boldsymbol{\beta}_{ex_i}, i=1,\cdots,m$ 随机生成.

其次, 第 $m+1$ 组增强节点被递增地添加到系统中, 增加的节点表示为: $\boldsymbol{H}_{m+1} \triangleq [\xi^{m+1}(\boldsymbol{Z}^{n+1};\{\boldsymbol{W}_{h_i},\boldsymbol{\beta}_{h_i}\}_{i=1}^{m+1})]$, 其中 $\boldsymbol{Z}^{n+1}=[\boldsymbol{Z}_1,\boldsymbol{Z}_2,\cdots,\boldsymbol{Z}_{n+1}]$, $\boldsymbol{W}_{h_{m+1}}$, $\boldsymbol{\beta}_{h_{m+1}}$ 随机抽样. 因此 $\boldsymbol{A}_n^m \triangleq [\boldsymbol{Z}^n|\boldsymbol{H}^m]$ 更新为 $\boldsymbol{A}_{n+1}^{m+1} \triangleq [\boldsymbol{A}_n^m|\boldsymbol{Z}_{n+1}|\boldsymbol{H}_{ex_m}|\boldsymbol{H}_{m+1}]$.

与上一节类似, 级联增强节点可以以循环的方式重建. 为了捕获数据的动态特性, 增强节点循环连接并同时基于先前的增强节点和特征节点计算. 因此, 对于给定的转移函数 ξ, 循环增强节点 (图 4.3.3(d)) 表示为: $\boldsymbol{H}_j=\xi(\boldsymbol{H}_{j-1}\boldsymbol{W}_{h_j}+\boldsymbol{Z}^n\boldsymbol{W}_{z_j}+\boldsymbol{\beta}_{h_j})$, $j=1,\cdots,m$, 其中 $\boldsymbol{W}_{z_j}$ 是特征 $\boldsymbol{Z}^n$ 增加的权重.

4.3.4　特征映射节点和增强节点的级联

1. 特征映射节点和增强节点的级联的结构

特征映射节点和增强节点的级联 (cascade of feature mapping nodes and enhancement nodes BLS, CFEBLS) 采取特征映射节点和增强节点都级联的综合级联. 对于输入 $\boldsymbol{X}$, 输出 $\boldsymbol{Y}$, 特征节点 $\boldsymbol{Z}_k, k=1,\cdots,n$ 通过 $\boldsymbol{Z}_k\triangleq\phi^k(\boldsymbol{X};\{\boldsymbol{W}_{e_i},\boldsymbol{\beta}_{e_i}\}_{i=1}^k)$ 产生, 其中 $\boldsymbol{W}_{e_i}$, $\boldsymbol{\beta}_{e_i}$ 随机抽样. 产生的 m 组增强节点为 $\boldsymbol{H}_u\triangleq\xi^u(\boldsymbol{Z}^n;\{\boldsymbol{W}_{h_i},\boldsymbol{\beta}_{h_i}\}_{i=1}^u), u=1,\cdots,m$. 所有关联的权重按照给定的分布随机抽样. 网络形式化为 $\boldsymbol{Y}=[\boldsymbol{Z}^n|\boldsymbol{H}^m]\ \boldsymbol{W}_n^m$, 其中 $\boldsymbol{Z}^n\triangleq[\boldsymbol{Z}_1,\boldsymbol{Z}_2,\cdots,\boldsymbol{Z}_n]$, $\boldsymbol{H}^m\triangleq[\boldsymbol{H}_1,\boldsymbol{H}_2,\cdots,\boldsymbol{H}_m]$. $\boldsymbol{W}_n^m=[\boldsymbol{Z}^n|\boldsymbol{H}^m]^\dagger\boldsymbol{Y}$. 网络结构及其深度表示如图 4.3.4 所示.

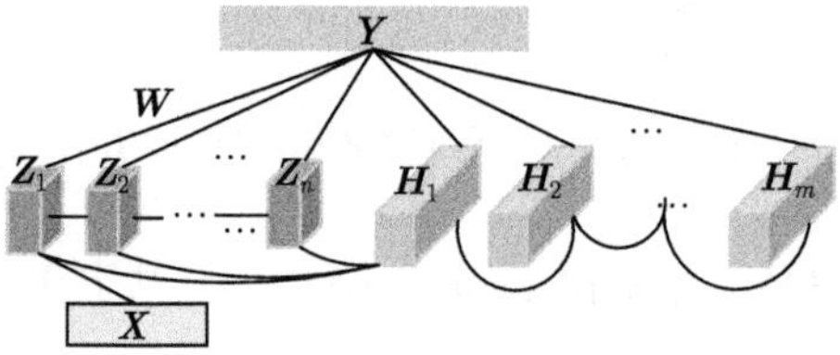

(a) 宽度结构

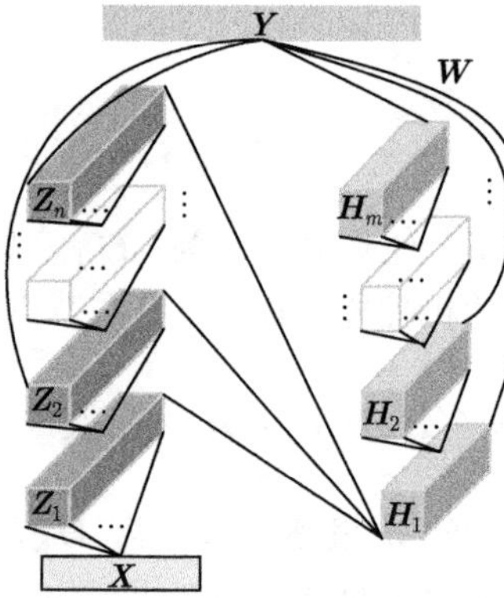

(b) 结构重绘

图 4.3.4　CFEBLS 的结构

2. CFEBLS 的增量

设第 $n+1$ 组特征节点被递增地添加并表示为: 第 u 组增强节点通过 $\xi^u(\boldsymbol{Z}_{n+1};\{\boldsymbol{W}_{ex_i},\boldsymbol{\beta}_{ex_i}\}_{i=1}^u), u=1,\cdots,m$ 补充. 相应的矩阵表示为 $\boldsymbol{H}_{ex_m}\triangleq[\zeta(\boldsymbol{Z}_{n+1};\{\boldsymbol{W}_{ex_1},\boldsymbol{\beta}_{ex_1}\}),\cdots,\zeta^m(\boldsymbol{Z}_{n+1};\{\boldsymbol{W}_{ex_i},\boldsymbol{\beta}_{ex_i}\}_{i=1}^m)]$. 其中 $\boldsymbol{W}_{ex_i},\boldsymbol{\beta}_{ex_i}, i=1,\cdots,m$ 随机生成.

其次, 第 $m+1$ 组增强节点被递增地添加到系统中, 增加的节点表示为 $\boldsymbol{H}_{m+1}\triangleq[\xi^{m+1}(\boldsymbol{Z}^{n+1};\{\boldsymbol{W}_{h_i},\boldsymbol{\beta}_{h_i}\}_{i=1}^{m+1})]$, 其中, $\boldsymbol{W}_{h_{m+1}},\boldsymbol{\beta}_{h_{m+1}}$ 随机抽样. 因此, 矩阵 $\boldsymbol{A}_n^m\triangleq[\boldsymbol{Z}^n|\boldsymbol{H}^m]$ 更新为 $\boldsymbol{A}_{n+1}^{m+1}\triangleq[\boldsymbol{A}_n^m|\boldsymbol{Z}_{n+1}|\boldsymbol{H}_{ex_m}|\boldsymbol{H}_{m+1}]$, 其中 $\boldsymbol{Z}_{n+1}\triangleq\phi^{n+1}(\boldsymbol{X};\{\boldsymbol{W}_{e_i},\boldsymbol{\beta}_{e_i}\}_{i=1}^{n+1})$, $\boldsymbol{H}_{ex_m}\triangleq[\zeta(\boldsymbol{Z}_{n+1};\{\boldsymbol{W}_{ex_1},\boldsymbol{\beta}_{ex_1}\}),\cdots,\zeta^m(\boldsymbol{Z}_{n+1};\{\boldsymbol{W}_{ex_i},\boldsymbol{\beta}_{ex_i}\}_{i=1}^m)]$,

$\boldsymbol{H}_{m+1} \triangleq \xi^{m+1}(\boldsymbol{Z}^{n+1}; \{\boldsymbol{W}_{h_i}, \boldsymbol{\beta}_{h_i}\}_{i=1}^{m+1})$, $\boldsymbol{Z}^{n+1} = [\boldsymbol{Z}_1, \boldsymbol{Z}_2, \cdots, \boldsymbol{Z}_{n+1}]$, $\boldsymbol{H}^{m+1} \triangleq [\boldsymbol{H}_1, \boldsymbol{H}_2, \cdots, \boldsymbol{H}_{m+1}]$. $\boldsymbol{W}_{e_{n+1}}, \boldsymbol{\beta}_{e_{n+1}}$ 和 $\{\boldsymbol{W}_{h_i}, \boldsymbol{\beta}_{h_i}\}_{i=1}^{m+1}$ 随机抽样并固定.

还可以将所有级联的特征映射节点连接到所有级联的增强节点. 然而, 网络方程与 CFEBLS 的方程类似, 不再详述.

4.3.5 卷积特征映射节点的级联

卷积特征映射节点的级联 (cascade of convolution feature mapping nodes, CCFBLS) 是 CFBLS 的特例, 其中特征映射节点经历了卷积和池化运算, 如图 4.3.5 所示. 这个结构可以看作是三维 CNN 的变体, 其中从每个层到输出层建立连接.

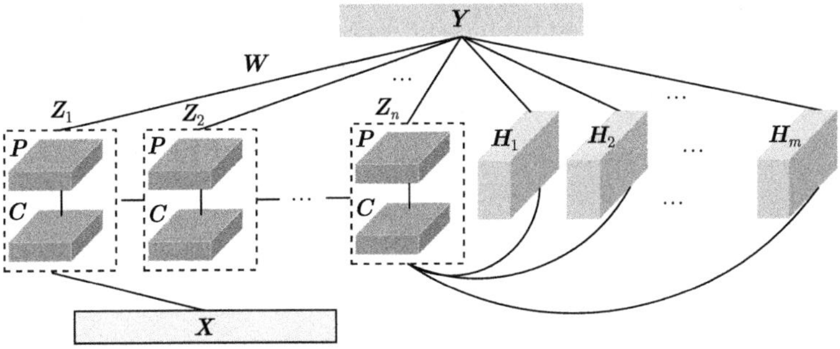

图 4.3.5 CCFBLS 的结构

基于卷积函数的网络是由特征映射节点中的卷积和池化操作的级联而构建. 首先, 特征映射节点 $\phi(\cdot)$ 定义为

$$\boldsymbol{Z}_k \triangleq \phi(\boldsymbol{Z}_{k-1}; \{\boldsymbol{W}_{e_k}, \boldsymbol{\beta}_{e_k}\}) \triangleq \theta(P(\boldsymbol{Z}_{k-1} \otimes \boldsymbol{W}_{e_k} + \boldsymbol{\beta}_{e_k})), \quad k = 1, \cdots, n \tag{4.3.2}$$

其中 $\otimes$ 表示卷积函数, $P(\cdot)$ 是池化操作, $\theta(\cdot)$ 是激活函数. 另外, 卷积滤波的权重根据给定的分布随机抽样. 期望的网络通过函数 $\boldsymbol{H}_j \triangleq \xi(\boldsymbol{Z}^n\boldsymbol{W}_{h_j}+\boldsymbol{\beta}_{h_j})$, $j = 1, \cdots, m$ 增强, 其中 $\boldsymbol{Z}^n = [\boldsymbol{Z}_1, \boldsymbol{Z}_2, \cdots, \boldsymbol{Z}_n]$. 为了保证更多的信息传递到输出层, $\boldsymbol{Z}^n$ 和 $\boldsymbol{H}^m$ 直接与期望的 $\boldsymbol{Y}$ 相连.

4.3.6 模糊宽度学习系统

1. 模糊 BLS 的结构

模糊宽度学习系统 (fuzzy BLS, FBLS) 保留了 BLS 的结构, 但是用一组 TS (takagi-sugeno) 模糊子系统替换了 BLS 的特征节点, 形成一种混合神经模糊网络, 是特征节点中的模糊模型. 特征节点中的每个模糊子系统产生的模糊规则的输出发送到增强层以进行进一步的非线性变换以保持输入的特性. 模糊 BLS 的结构如图 4.3.6 所示.

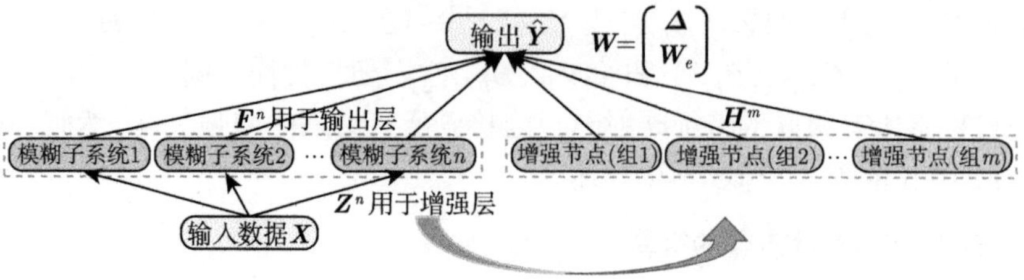

图 4.3.6 模糊 BLS 的结构

2. TS 模糊系统

TS 模糊系统是一种常见的模糊模型, 已广泛应用于非线性系统建模与识别、模糊控制、模糊推理等各种领域. TS 模糊系统的主要特征是每个模糊规则的后件是输入的函数. 在 TS 模糊系统中, 模糊 if-then 规则表示为, 如果 x_1 是 A_{k1}, x_2 是 A_{k2}, $\cdots$, x_M 是 A_{kM}, 则 $y_k = f_k(x_1, x_2, \cdots, x_M)$, $k = 1, 2, \cdots, K$, 其中 A_{kj} 是一个模糊集, x_j 是系统输入, $j = 1, 2, \cdots, M$, K 是规则的数目. 函数 f_k 通常是输入变量的多项式. f_k 可以是任何函数, 只要它能够在由模糊规则的前件指定的论域内正确地描述输出.

第 k 个规则的激活强度由 $\tau_k = \prod_{j=1}^{M} \mu_{kj}(x_j)$ 计算, 其中 $\mu_{kj}(x_j)$ 是与模糊集 A_{kj} 对应的隶属函数. TS 模糊系统的去模糊化输出是

$$y = \frac{\sum_{k=1}^{K} \tau_k y_k}{\sum_{k=1}^{K} \tau_k} = \frac{\sum_{k=1}^{K} \prod_{j=1}^{M} \mu_{kj}(x_j) f_k(x_1, x_2, \cdots, x_M)}{\sum_{k=1}^{K} \prod_{j=1}^{M} \mu_{kj}(x_j)} \tag{4.3.3}$$

3. 模糊 BLS 的学习

设在一个有 n 个模糊子系统和 m 组增强节点的模糊 BLS 中, 输入数据 $\boldsymbol{X} = (\boldsymbol{x}_1, \boldsymbol{x}_2, \cdots, \boldsymbol{x}_N)^{\mathrm{T}} \in \Re^{N \times M}$, 其中 $\boldsymbol{x}_s = (x_{s1}, x_{s2}, \cdots, x_{sM})$, $s = 1, 2, \cdots, N$. 设在第 i 个模糊子系统中有 K_i 个模糊规则, 模糊规则的形式为

如果 x_{s1} 是 A_{k1}^i, x_{s2} 是 A_{k2}^i, $\cdots$, x_{sM} 是 A_{kM}^i, 则

$$z_{sk}^i = f_k^i(x_{s1}, x_{s2}, \cdots, x_{sM}), \quad k = 1, 2, \cdots, K$$

$$z_{sk}^i = f_k^i(x_{s1}, x_{s2}, \cdots, x_{sM}) = \sum_{t=1}^{M} \alpha_{kt}^i x_{st},$$

其中 α_{kt}^i 是系数.

在第 i 个模糊子系统中第 k 个规则的激活强度由 $\tau_{sk}^i=\prod_{t=1}^{M}\mu_{kt}^i(x_{st})$ 计算, 每条规则的加权激活强度为 $\omega_{sk}^i=\dfrac{\tau_{sk}^i}{\sum_{k=1}^{K_i}\tau_{sk}^i}$. 与模糊集 A_{kj} 对应的隶属函数 μ_{kt}^i 采用高斯隶属函数, 定义为 $\mu_{kt}^i(x)=\mathrm{e}^{-\left(\frac{x-c_{kt}^i}{\sigma_{kt}^i}\right)^2}$, 其中 c_{kt}^i 和 σ_{kt}^i 是中心和方差.

在模糊 BLS 中, α_{kt}^i 通过 [0,1] 均匀分布的随机数初始化, 然后由伪逆确定; 对所有的模糊子系统设置 $\sigma_{kt}^i=1$; 对第 i 个模糊子系统, 使用 K 均值算法从训练集中选择 K_i 个聚类中心, 然后用这 K_i 个聚类中心初始化高斯隶属函数的中心 c_{kt}^i. 同时, 在第 i 个模糊子系统中模糊规则的数目也设定为 K_i.

增强层的输入 首先将第 i 个模糊子系统中所有模糊规则聚合成一个去模糊化输出值之前的输出构成一个向量 (中间向量), 然后将所有模糊子系统的中间向量传递到增强节点层进行进一步的非线性变换. 第 i 个模糊子系统的结构如图 4.3.7 所示. 非线性变换能够充分利用模糊规则的输出, 而不仅仅是通过线性组合将它们聚集成一个值, 因此, 隐藏在输入数据中的信息得以尽可能地保留.

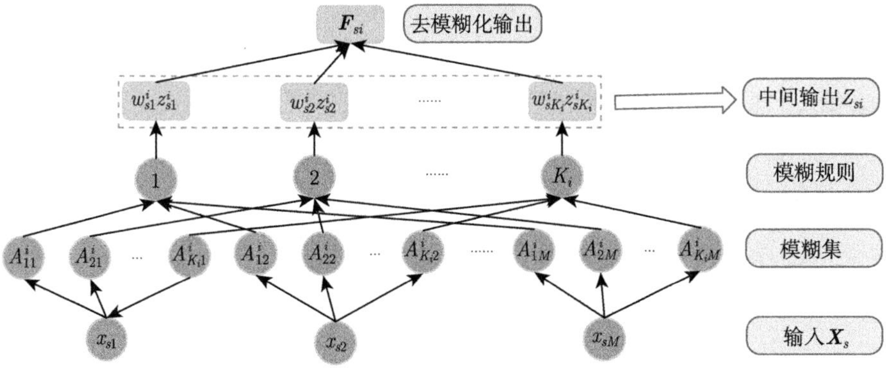

图 4.3.7 模糊 BLS 中第 i 个模糊子系统的结构

训练样本 x_s 的第 i 个模糊子系统的输出向量表示为

$$\boldsymbol{Z}_{si}=(w_{s1}^i z_{s1}^i, w_{s2}^i z_{s2}^i,\cdots,w_{sK_i}^i z_{sK_i}^i) \tag{4.3.4}$$

第 i 个模糊子系统对所有训练样本 $\boldsymbol{X}$ 的输出矩阵为

$$\boldsymbol{Z}_i=(\boldsymbol{Z}_{1i},\boldsymbol{Z}_{2i},\cdots,\boldsymbol{Z}_{Ni})^{\mathrm{T}}\in\Re^{N\times K_i},\quad i=1,\cdots,n \tag{4.3.5}$$

n 个模糊子系统的中间输出矩阵表示为

$$\boldsymbol{Z}^n=(\boldsymbol{Z}_1,\boldsymbol{Z}_2,\cdots,\boldsymbol{Z}_n)\in\Re^{N\times(K_1+K_2+\cdots+K_n)} \tag{4.3.6}$$

$\boldsymbol{Z}^n$ 被传送到增强节点做非线性变换. 设第 j 个增强节点组中有 L_j 个神经元, 则增强层的输出矩阵表示为

$$\boldsymbol{H}^m = (\boldsymbol{H}_1, \boldsymbol{H}_2, \cdots, \boldsymbol{H}_m) \in \Re^{N\times(L_1+L_2+\cdots+L_m)} \tag{4.3.7}$$

其中 $\boldsymbol{H}_j = \xi_j(\boldsymbol{Z}^n\boldsymbol{W}_{h_j} + \boldsymbol{\beta}_{h_j}) \in \Re^{N\times L_j}$ 是第 j 个增强节点组的输出矩阵, $\boldsymbol{W}_{h_j}$ 和 $\boldsymbol{\beta}_{h_j}(j=1,2,\cdots,m)$ 是模糊子系统的输出 $\boldsymbol{Z}^n$ 和对应增强节点之间的连接权值和偏置, $\boldsymbol{W}_{h_j}$ 和 $\boldsymbol{\beta}_{h_j}$ 从 [0,1] 中随机产生.

模糊子系统的输出 每个模糊子系统的去模糊化输出将与增强层的输出矩阵 $\boldsymbol{H}^m$ 一起传送到网络顶层. 由于训练目标 $\boldsymbol{Y} \in \Re^{N\times C}$ 有 C 个成分, 因此每个模糊子系统应该是一个多输出模型. 对训练样本 $\boldsymbol{x}_s$ 的第 i 个模糊子系统的输出向量表示为

$$\begin{aligned}\boldsymbol{F}_{si} &= \left(\sum_{k=1}^{K_i}\omega_{sk}^i\left(\sum_{t=1}^{M}\delta_{k1}^i\alpha_{kt}^i x_{st}\right),\cdots,\sum_{k=1}^{K_i}\omega_{sk}^i\left(\sum_{t=1}^{M}\delta_{kc}^i\alpha_{kt}^i x_{st}\right)\right)\\ &= \sum_{t=1}^{M}\alpha_{kt}^i x_{st}\left(\omega_{s1}^i,\cdots,\omega_{sK_i}^i\right)\begin{pmatrix}\delta_{11}^i & \cdots & \delta_{1C}^i\\ \vdots & & \vdots\\ \delta_{K_i1}^i & \cdots & \delta_{K_iC}^i\end{pmatrix}\end{aligned} \tag{4.3.8}$$

其中参数 δ_{kc}^i 引入第 i 个模糊子系统中每个模糊规则的后件部分, 原来的系数 α_{kt}^i 改变为 $\delta_{kc}^i\alpha_{kt}^i, c=1,2,\cdots,C$.

第 i 个模糊子系统对所有训练样本 $\boldsymbol{X}$ 的输出矩阵为

$$\boldsymbol{F}_i = (\boldsymbol{F}_{1i}, \boldsymbol{F}_{2i}, \cdots, \boldsymbol{F}_{Ni})^{\mathrm{T}} \triangleq \boldsymbol{D}\boldsymbol{\Omega}^i\boldsymbol{\delta}^i \in \Re^{N\times C} \tag{4.3.9}$$

其中 $\boldsymbol{D} = \mathrm{diag}\left\{\sum\limits_{t=1}^{M}\alpha_{kt}^i x_{1t},\cdots,\sum\limits_{t=1}^{M}\alpha_{kt}^i x_{Nt}\right\}$, $\boldsymbol{\Omega}^i = \begin{pmatrix}\omega_{11}^i & \cdots & \omega_{1K_i}^i\\ \vdots & & \vdots\\ \delta_{N1}^i & \cdots & \omega_{NK_i}^i\end{pmatrix}$, $\boldsymbol{\delta}^i = \begin{pmatrix}\delta_{11}^i & \cdots & \delta_{1C}^i\\ \vdots & & \vdots\\ \delta_{K_i1}^i & \cdots & \delta_{K_iC}^i\end{pmatrix}$. 在顶层, n 个模糊子系统的聚集输出为

$$\boldsymbol{F}^n = \sum_{i=1}^{n}\boldsymbol{F}_i = \sum_{i=1}^{n}\boldsymbol{D}\boldsymbol{\Omega}^i\boldsymbol{\delta}^i = \boldsymbol{D}(\boldsymbol{\Omega}^1,\cdots,\boldsymbol{\Omega}^n)\begin{pmatrix}\boldsymbol{\delta}^1\\ \vdots\\ \boldsymbol{\delta}^n\end{pmatrix} \triangleq \boldsymbol{D}\boldsymbol{\Omega}\boldsymbol{\Delta} \in \Re^{N\times C} \tag{4.3.10}$$

其中 $\boldsymbol{\Omega} = (\boldsymbol{\Omega}^1,\cdots,\boldsymbol{\Omega}^n) \in \Re^{N\times(K_1+\cdots+K_n)}$, $\boldsymbol{\Delta} = \left((\boldsymbol{\delta}^1)^{\mathrm{T}},\cdots,(\boldsymbol{\delta}^n)^{\mathrm{T}}\right)^{\mathrm{T}} \in \Re^{(K_1+K_2+\cdots+K_n)\times C}$.

顶层输出 所有模糊子系统的输出 $\boldsymbol{F}^n$ 和 $\boldsymbol{H}^m$ 一起传送给模糊 BLS 的顶层. 连接增强层与顶层的权重矩阵表示为 $\boldsymbol{W}_e \in \Re^{(L_1+L_2+\cdots+L_m)\times C}$, 而连接模糊子系统与顶层的所有连接权重全部设置为 1. 因此, 模糊 BLS 顶层的最终输出是

$$\hat{\boldsymbol{Y}} = \boldsymbol{F}^n + \boldsymbol{H}^m\boldsymbol{W}_e = \boldsymbol{D\Omega\Delta} + \boldsymbol{H}^m\boldsymbol{W}_e = (\boldsymbol{D\Omega}, \boldsymbol{H}^m)\begin{pmatrix} \boldsymbol{\Delta} \\ \boldsymbol{W}_e \end{pmatrix} \triangleq (\boldsymbol{D\Omega}, \boldsymbol{H}^m)\boldsymbol{W} \tag{4.3.11}$$

其中 $\boldsymbol{W}$ 是由 $\boldsymbol{\Delta}$ 和 $\boldsymbol{W}_e$ 构成的模糊 BLS 的参数矩阵.

给定训练目标 $\boldsymbol{Y}$, 矩阵 $\boldsymbol{W}$ 可以通过伪逆快速计算, 即

$$\boldsymbol{W} = (\boldsymbol{D\Omega}, \boldsymbol{H}^m)^{\dagger}\boldsymbol{Y} \tag{4.3.12}$$

其中 $(\boldsymbol{D\Omega}, \boldsymbol{H}^m)^{\dagger} = \left((\boldsymbol{D\Omega}, \boldsymbol{H}^m)^{\mathrm{T}}(\boldsymbol{D\Omega}, \boldsymbol{H}^m)\right)^{-1}(\boldsymbol{D\Omega}, \boldsymbol{H}^m)^{\mathrm{T}}$. 模糊 BLS 的训练如算法 4.3.1 所示.

算法 4.3.1 模糊 BLS

输入: 训练样本 $(\boldsymbol{X}, \boldsymbol{Y}) \in \Re^{N\times(M+C)}$, 模糊规则数 K_i, 增强节点 L_j, 模糊子系统 n 和增强节点组 m

输出: 参数矩阵为 $\boldsymbol{W}$ 的模糊 BLS

1. 通过 [0,1] 中的均匀分布初始化函数 f_k^i 中的系数 α_{kt}^i
2. **for** $i = 1, \cdots, n$ **do**
3. 将 k-均值算法应用于训练样本 $\boldsymbol{X}$, 得到 K_i 个聚类中心
4. 利用 K_i 个聚类中心的值初始化高斯隶属函数的中心
5. **for** $s = 1, \cdots, N$ **do**
6. 根据等式 (4.3.4) 计算 $\boldsymbol{Z}_{si}$
7. 根据等式 (4.3.8) 计算 $\boldsymbol{F}_{si}$
8. **end for**
9. 根据等式 (4.3.5) 获得 $\boldsymbol{Z}_i$
10. 根据等式 (4.3.9) 计算 $\boldsymbol{F}_i$
11. **end for**
12. 根据等式 (4.3.6) 获得 $\boldsymbol{Z}^n$
13. 根据等式 (4.3.7) 计算 $\boldsymbol{H}^m$
14. 根据等式 (4.3.10) 计算 $\boldsymbol{F}^n$
15. 根据等式 (4.3.12) 计算 $\boldsymbol{W}$

模糊 BLS 主要包含 K-均值、模糊子系统、增强层和伪逆四个部分, 因此, 模糊 BLS 的时间复杂度为 $O\left(NM\sum_{i=1}^{n}K_i^2 + N\sum_{i=1}^{n}K_i\sum_{j=1}^{m}L_j + \left(\sum_{i=1}^{n}K_i + \sum_{j=1}^{m}L_j\right)^3\right)$.

在模糊 BLS 中, 顶层权重也只需要通过伪逆进行计算, 而模糊子系统的参数将通过聚类和随机产生的数据来决定. 这样可以减少模糊规则数, 大大加快模糊子系统的计算速度. 与经典和目前主流的神经–模糊模型相比, 模糊 BLS 在函数逼近和分类问题上的精度和训练时间上都表现出极大的优势.

4.4 本章小结

本章主要介绍了① 随机向量函数连接网络 RVFLNN; ② 宽度学习系统, 包括 BLS 的结构和 BLS 的增量学习; ③ BLS 的变体.

参考文献注释

文献 [1] 介绍了基于 RVFLNN 的 BLS 结构, 设计了新数据加入和网络结构扩展时训练 BLS 的增量式学习算法; 文献 [2] 证明了 BLS 的通用近似性质, 并给出了 BLS 的变体; 文献 [3] 讨论了 Takagi-Sugeno(TS) 模糊系统与 BLS 的结合, 给出了模糊宽度学习系统的结构及训练算法.

参考文献

[1] Chen C L P, Liu Z. Broad learning system: an effective and efficient incremental learning system without the need for deep architecture. IEEE Transactions on Nerral Networks and Learning Systems, 2018, 29(1): 10-24.

[2] Chen C L P, Liu Z, Feng S. Universal approximation capability of broad learning system and its structural variations. IEEE Transactions on Nerral Networks and Learning Systems, 2019, 30(4):1191-1204.

[3] Feng S, Chen C L P. Fuzzy broad learning system: a novel neuro-fuzzy model for regression and classification. IEEE Transactions on Cybernetics, 2020, 50(2): 414-424.

第 5 章　模型的扩展及应用研究

5.1　基于矩阵分解的多变量时间序列聚类

时间序列通常用于描述对象的状态随时间变化的情况. 多变量时间序列由多个单变量时间序列组成, 不同的变量从不同的角度描述对象, 提供了对象较为全面的视图. 但是, 由于多变量时间序列蕴含了各个序列之间的复杂关系, 例如不同变量之间的相互相似性和每个变量内的内部相似性, 因此多变量时间序列的聚类比单变量时间序列的聚类更具挑战性. 单变量时间序列的聚类方法不能直接应用于多变量时间序列数据, 需要深入研究多变量时间序列聚类的有效方法.

我们针对不同变量间的相似性和同一变量内的相似性对聚类带来的挑战, 提出了一种在多关系网络中使用多非负矩阵分解 (multiple non-negative matrix factorization, MNMF) 的多变量时间序列聚类方法. 该方法将一组多变量时间序列从时空域变换为拓扑域中的多关系网络, 然后对多关系网络进行多非负矩阵分解 (MNMF) 以识别时间序列簇. 从时空域到拓扑域的转换受益于网络表征节点之间的局部和全局关系的能力, 并且 MNMF 将不同变量之间的相似性结合到聚类中. 此外, 为了追踪集群的演化趋势, 将时间序列转换为动态多关系网络, 从而将 MNMF 扩展到动态 MNMF. 如图 5.1.1 所示, 框图描述了对由 12 个时间序列和 3 个变量组成的

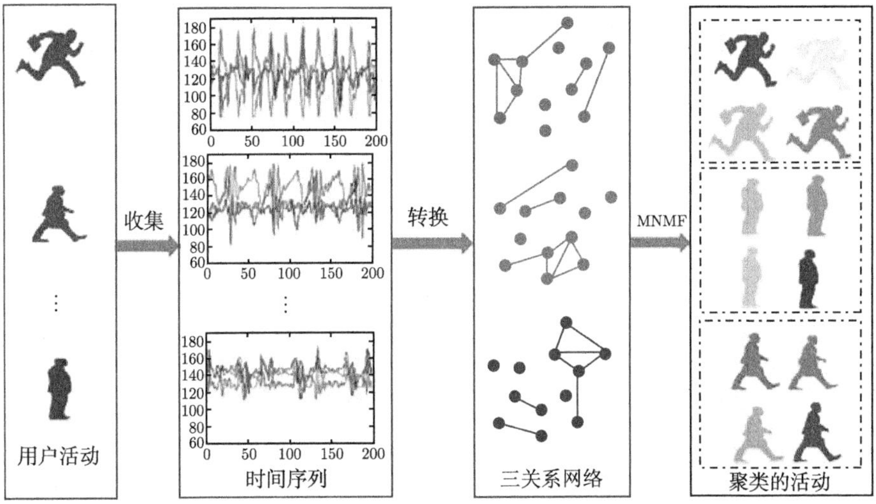

图 5.1.1　MNMF 的聚类过程 (扫描封底二维码可看彩图)

数据集的聚类过程, 其中 12 个时间序列描述 12 个用户的活动, 3 个变量表示从用户携带的 3 个传感器收集的 3 个加速度信号.

5.1.1　转换多变量时间序列为多关系网络

一个单变量时间序列是在时间点 $t = 1, \cdots, n$ 观察到的 n 个实数值的有序序列, 一个多变量时间序列由与 r 个变量对应的 $r \times n$ 个观察值组成. 设 $\mathcal{X} = \{\boldsymbol{X}^1, \boldsymbol{X}^2, \cdots, \boldsymbol{X}^m\}$ 表示 m 个多变量时间序列的聚集, 序列 $\boldsymbol{X}^i \in \mathcal{X}$ 可以写为 $\boldsymbol{X}^i = \{x^i_{jt}\}, j = 1, \cdots, r, t = 1, \cdots, n$, 表示第 i 个对象的 $r \times n$ 个观察值. $\boldsymbol{X}^i \in \mathcal{X}$ 可以表示为一个矩阵, 如表 5.1.1 所示, 其中行向量 $\boldsymbol{x}^i_j = \{x^i_{jt}\}, t = 1, \cdots, n$ 表示 $\boldsymbol{X}^i$ 的与第 j 个变量对应的时间序列, $X_j = \{\boldsymbol{x}^1_j, \boldsymbol{x}^2_j, \cdots, \boldsymbol{x}^m_j\}$ 表示 $\mathcal{X} = \{\boldsymbol{X}^1, \boldsymbol{X}^2, \cdots, \boldsymbol{X}^m\}$ 中与第 j 个变量对应的 m 个单变量时间序列.

表 5.1.1　$\boldsymbol{X}^i$ 的矩阵表达

$\boldsymbol{X}^i$	$\boldsymbol{x}^i_1$	x^i_{11}	$\cdots$	x^i_{1t}	$\cdots$	x^i_{1n}
	$\cdots$	$\cdots$	$\cdots$	$\cdots$	$\cdots$	$\cdots$
	$\boldsymbol{x}^i_j$	x^i_{j1}	$\cdots$	x^i_{jt}	$\cdots$	x^i_{jn}
	$\cdots$	$\cdots$	$\cdots$	$\cdots$	$\cdots$	$\cdots$
	$\boldsymbol{x}^i_r$	x^i_{r1}	$\cdots$	x^i_{rt}	$\cdots$	x^i_{rn}

一个单关系网络通常表示为由一组节点和边组成的图, 其中节点表示对象, 边表示对象之间的交互. 一个多关系网络可以表示为多个单关系图, 每个图反映在一种关系类型下对象之间的交互. 我们将一个多变量时间序列 $\boldsymbol{X}^i \in \mathcal{X}$ 表示为一个节点, 一个多变量时间序列的一个变量对应于一种关系类型, 所以 $X_j = \{\boldsymbol{x}^1_j, \boldsymbol{x}^2_j, \cdots, \boldsymbol{x}^m_j\}$ 可以转换为由图 $G_j = (X_j, E_j)$ 表示的单关系网络, 其中 X_j 和 E_j 分别表示第 j 种关系中的节点集合和边的集合. 设 $\boldsymbol{x}^i_j$ 和 $\boldsymbol{x}^k_j$ 分别表示 X_j 中的第 i 和第 k 个节点, 如果 $\boldsymbol{x}^i_j$ 与 $\boldsymbol{x}^k_j$ 相似, 则 $(\boldsymbol{x}^i_j, \boldsymbol{x}^k_j) \in E_j$.

因此, E_j 反映了关于第 j 个变量的时间序列之间的局部和全局相似性, 即第 j 个变量的内部相似性. 设 $\boldsymbol{A}_j$ 是 G_j 的邻接矩阵, 对于任何一对节点 $\boldsymbol{x}^i_j, \boldsymbol{x}^k_j \in X_j$, 如果 $(\boldsymbol{x}^i_j, \boldsymbol{x}^k_j) \in E_j$, 则 $\boldsymbol{A}_j(\boldsymbol{x}^i_j, \boldsymbol{x}^k_j) = 1$, 否则为 0. 设 $G = \{G_1, G_2, \cdots, G_r\}$ 是一个从具有 r 个变量的多变量时间序列 $\mathcal{X} = \{\boldsymbol{X}^1, \boldsymbol{X}^2, \cdots, \boldsymbol{X}^m\}$ 变换而来的多关系网络, 其中 $G_j = (X, E_j)$, $j = 1, \cdots, r$ 对应于 $X_j = \{\boldsymbol{x}^1_j, \boldsymbol{x}^2_j, \cdots, \boldsymbol{x}^m_j\}$.

在后续的描述中, “变量” 和 “关系” 可互换使用, “节点” 和 “多变量时间序列” 可互换使用.

为了从一组时间序列构建网络, 首先使用距离函数来测量时间序列之间的相似性. 然后, 每个时间序列被表示为节点, 其连接到 k 个最相似的节点 (k-NN) 或者与节点的相似性高于阈值 ε(ε-NN) 的节点. 在多变量时间序列的情况下, 重复上述过程, 每个过程处理关于变量的一组时间序列. 算法 5.1.1 描述了从多变量时间序列构造多关系网络的过程.

算法 5.1.1 网络构建算法

输入: 具有 r 个变量的时间序列 $\mathcal{X}=\{\boldsymbol{X}^1,\boldsymbol{X}^2,\cdots,\boldsymbol{X}^m\}$, 最近邻的数目 k 或阈值 ε

输出: 邻接矩阵 $\boldsymbol{A}_1,\boldsymbol{A}_2,\cdots,\boldsymbol{A}_r$

1. 初始化: $\boldsymbol{A}_j(\boldsymbol{x}_j^i,\boldsymbol{x}_j^k)=0,\ j=1,\cdots,r,\ \boldsymbol{x}_j^i,\boldsymbol{x}_j^k\in X_j$

2. 规范化: $\tilde{x}_{jt}^i=\dfrac{x_{jt}^i-\dfrac{1}{n}\sum\limits_{l=1}^{n}x_{jt}^i}{\sqrt{\dfrac{\left(x_{jt}^i-\dfrac{1}{n}\sum\limits_{l=1}^{n}x_{jt}^i\right)^2}{n-1}}},\ i=1,\cdots,m,\ j=1,\cdots,r,\ t=1,\cdots,n$

3. **for** $j=1$ **to** r

4.   **for** $i=1$ **to** m

5.   计算距离 $d_j(\boldsymbol{x}_j^i,\boldsymbol{x}_j^k)$, $\boldsymbol{x}_j^i$, $\boldsymbol{x}_j^k\in X_j$

6.   寻找 $\boldsymbol{x}_j^i$ 的 k 个最相似 (或 ε 相似) 的序列

$$\mathrm{Nebor}_k(\boldsymbol{x}_j^i)=\{\boldsymbol{x}_j^{l_1},\cdots,\boldsymbol{x}_j^{l_k}|d_j(\boldsymbol{x}_j^i,\boldsymbol{x}_j^{l_1})<d_j(\boldsymbol{x}_j^i,\boldsymbol{x}_j^{l_2})<\cdots<d_j(\boldsymbol{x}_j^i,\boldsymbol{x}_j^{l_k}),$$
$$l_1,\cdots,l_k\in\{1,m\}\}\ (\mathrm{Nebor}_\varepsilon(\boldsymbol{x}_j^i)=\{\boldsymbol{x}_j^l|d_j(\boldsymbol{x}_j^i,\boldsymbol{x}_j^l)<\varepsilon,\ l=1,\cdots,m\})$$

7.   如果 $\boldsymbol{x}_j^k\in\mathrm{Nebor}_k(\boldsymbol{x}_j^i)$(或者 $\boldsymbol{x}_j^k\in\mathrm{Nebor}_\varepsilon(\boldsymbol{x}_j^i)$), 则 $\boldsymbol{A}_j(\boldsymbol{x}_j^i,\boldsymbol{x}_j^k)=1$
               // k-NN(ε-NN)

8.   **end for**

9. **end for**

第 1 行初始化和第 2 行归一化的时间复杂度分别为 $O(m^2r)$ 和 $O(mnr)$. 第 5 行中时间序列间的距离可以基于形状、基于编辑、基于特征或基于结构进行度量, 若使用欧几里得距离或皮尔逊相关, 则时间复杂度为 $O(n)$, 若使用动态时间规整 (dynamic time warp, DTW), 则时间复杂度为 $O(n^2)$, 因此第 5 行的时间复杂度为 $O(mn^2)$ 或 $O(mn)$. 有 r 个变量, 每个变量包含 m 序列, 因此算法 5.1.1 的最坏时间复杂度为 $O(rm^2n^2)$.

5.1.2 多关系网络的多非负矩阵分解

给定一组多关系网络的邻接矩阵 $\boldsymbol{A}=\{\boldsymbol{A}_1,\boldsymbol{A}_2,\cdots,\boldsymbol{A}_r\}$, MNMF 的目的是找到非负矩阵 $\boldsymbol{P}$ 和 $\{\boldsymbol{Q}_j\}_{j=1,\cdots,r}$. 矩阵 $\boldsymbol{P}$ 是一个 $m\times c$ 分配矩阵, 表示每个节点属于一个簇的可能性, $\{\boldsymbol{Q}_j\}_{j=1,\cdots,r}$ 也是一个 $m\times c$ 的矩阵, 表示第 j 种关系内 m 个节点在各个簇内的连通性. $\boldsymbol{A}_j$ 和 $\boldsymbol{P}$,$\boldsymbol{Q}_j$ 之间的关系为

$$\boldsymbol{A}_j\approx\boldsymbol{P}\boldsymbol{Q}_j^{\mathrm{T}} \tag{5.1.1}$$

如图 5.1.2 所示, 从 12 个三变量时间序列变换的三个邻接矩阵被分解为 4 个矩阵: 分配矩阵 $\boldsymbol{P}$ 和连通矩阵 $\boldsymbol{Q}_1, \boldsymbol{Q}_2$ 和 $\boldsymbol{Q}_3$.

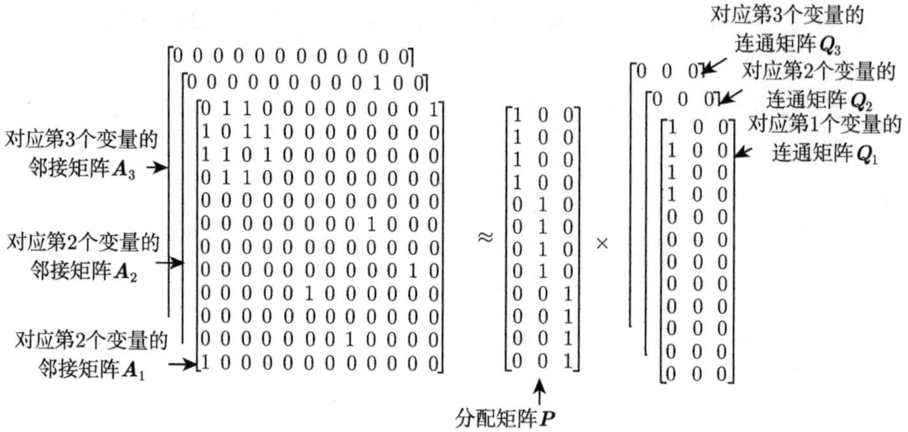

图 5.1.2　一个 3 关系网络的分解

为了在聚类过程中同时集成多种关系类型, 我们用多个邻接矩阵表示一个多关系网络, 并联合分解这些邻接矩阵. 因此, 目标函数定义为

$$J(\boldsymbol{P}, \boldsymbol{Q}_1, \cdots, \boldsymbol{Q}_r) = \frac{1}{2}\left(\sum_{j=1}^{r}\left\|\boldsymbol{A}_j - \boldsymbol{P}\boldsymbol{Q}_j^{\mathrm{T}}\right\|_{\mathrm{F}}^2 + \lambda\left(\|\boldsymbol{P}\|_{\mathrm{F}}^2 + \sum_{j=1}^{r}\|\boldsymbol{Q}_j\|_{\mathrm{F}}^2\right)\right) \tag{5.1.2}$$

$$\text{s.t. } \boldsymbol{P} > 0,\ \boldsymbol{Q}_j > 0,\ \forall j = 1, \cdots, r$$

在这个目标函数中, 第一项旨在最小化邻接矩阵 $\boldsymbol{A}_j$ $(j = 1, 2, \cdots, r)$ 与分配矩阵 $\boldsymbol{P}$ 和连通矩阵 $\{\boldsymbol{Q}_j\}_{j=1,\cdots,r}$ 的乘积的距离之和, 第二项是正则项, $\lambda \in [0, 1]$ 是用于控制正则项的影响系数, $\|\cdot\|_{\mathrm{F}}^2$ 表示 Frobenius 范数, $\boldsymbol{Q}_j^{\mathrm{T}}$ 是 $\boldsymbol{Q}_j$ 的转置.

现在的任务是学习可以最小化式 (5.1.2) 中目标函数的最优参数 $\boldsymbol{P}, \{\boldsymbol{Q}_j^*\}_{j=1,\cdots,r}$. 我们使用随机梯度下降来求解这个任务.

假如固定 $\boldsymbol{P}, \boldsymbol{Q}_1, \cdots, \boldsymbol{Q}_{j-1}, \boldsymbol{Q}_{j+1}, \cdots, \boldsymbol{Q}_r$, 则

$$\frac{\partial J(\boldsymbol{P}, \boldsymbol{Q}_1, \cdots, \boldsymbol{Q}_r)}{\partial \boldsymbol{Q}_j} = (\boldsymbol{A}_j - \boldsymbol{P}\boldsymbol{Q}_j^{\mathrm{T}})(-\boldsymbol{P}) + \lambda\boldsymbol{Q}_j = \boldsymbol{Q}_j\boldsymbol{P}^{\mathrm{T}}\boldsymbol{P} + \lambda\boldsymbol{Q}_j - \boldsymbol{A}_j^{\mathrm{T}}\boldsymbol{P}$$

设 $\boldsymbol{Q}_j$ 的第 (k, l) 个元素 $(\boldsymbol{Q}_j)_{kl} = (\boldsymbol{Q}_j)_{kl} - \mu_{kl}\dfrac{\partial J}{\partial \boldsymbol{Q}_j}$, $\mu_{kl} = \dfrac{(\boldsymbol{Q}_j)_{kl}}{(\boldsymbol{Q}_j\boldsymbol{P}^{\mathrm{T}}\boldsymbol{P} + \lambda\boldsymbol{Q}_j)_{kl}}$, 则 $\boldsymbol{Q}_j$ 的更新规则为

$$(\boldsymbol{Q}_j)_{kl} = (\boldsymbol{Q}_j)_{kl}\frac{\left(\boldsymbol{A}_j^{\mathrm{T}}\boldsymbol{P}\right)_{kl}}{\left(\boldsymbol{Q}_j\boldsymbol{P}^{\mathrm{T}}\boldsymbol{P} + \lambda\boldsymbol{Q}_j\right)_{kl}} \tag{5.1.3}$$

同理, 假如固定 $\boldsymbol{Q}_1, \cdots, \boldsymbol{Q}_r$, 则

$$\frac{\partial J(\boldsymbol{P}, \boldsymbol{Q}_1, \cdots, \boldsymbol{Q}_r)}{\partial \boldsymbol{P}} = \sum_{j=1}^{r}(\boldsymbol{A}_j - \boldsymbol{P}\boldsymbol{Q}_j^{\mathrm{T}})(-\boldsymbol{Q}_j) + \lambda \boldsymbol{P} = \sum_{j=1}^{r} \boldsymbol{P}\boldsymbol{Q}_j^{\mathrm{T}}\boldsymbol{Q}_j + \lambda \boldsymbol{P} - \sum_{j=1}^{r} \boldsymbol{A}_j \boldsymbol{Q}_j$$

设 $\boldsymbol{P}$ 的第 (i,k) 个元素 $\boldsymbol{P}_{ik} = \boldsymbol{P}_{ik} - \mu_{ik}\dfrac{\partial J}{\partial \boldsymbol{P}}$, $\mu_{ik} = \dfrac{\boldsymbol{P}_{ik}}{\left(\sum_{j=1}^{r} \boldsymbol{P}\boldsymbol{Q}_j^{\mathrm{T}}\boldsymbol{Q}_j + \lambda \boldsymbol{P}\right)_{ik}}$, 则 $\boldsymbol{P}$ 的更新规则为

$$\boldsymbol{P}_{ik} = \boldsymbol{P}_{ik}\frac{\left(\sum_{j=1}^{r} \boldsymbol{A}_j \boldsymbol{Q}_j\right)_{ik}}{\left(\sum_{j=1}^{r} \boldsymbol{P}\boldsymbol{Q}_j^{\mathrm{T}}\boldsymbol{Q}_j + \lambda \boldsymbol{P}\right)_{ik}} \tag{5.1.4}$$

在整个更新过程中 $\boldsymbol{P}_{ik}$ 和 $(\boldsymbol{Q}_j)_{kl}$ 是非负的, 因为等式 (5.1.3) 和 (5.1.4) 右边的分子和分母都是非负的.

算法 5.1.2 描述了整个 MNMF 过程. 在获得分配矩阵 $\boldsymbol{P}^*$ 后, 可以识别多关系网络 G 的聚类结构.

算法 5.1.2 MNMF 算法

输入: 邻接矩阵 $\boldsymbol{A}_j (j = 1, 2, \cdots, r)$ 与簇的数目 c

输出: 分配矩阵 $\boldsymbol{P}$ 和连通矩阵 $\{\boldsymbol{Q}_j\}_{j=1,\cdots,r}$

1. 随机初始化: $\boldsymbol{P}, \boldsymbol{Q}_1, \cdots, \boldsymbol{Q}_r$
2. **repeat**
3.   **for** $j = 1$ **to** r
4.   固定 $\boldsymbol{P}, \boldsymbol{Q}_1, \cdots, \boldsymbol{Q}_{j-1}, \boldsymbol{Q}_{j+1}, \cdots, \boldsymbol{Q}_r$, 用式 (5.1.3) 更新 $\boldsymbol{Q}_j$
5.   **end for**
6.   固定 $\boldsymbol{Q}_1, \cdots, \boldsymbol{Q}_r$, 用式 (5.1.4) 更新 $\boldsymbol{P}$
7. **until** 收敛//拟合停止改进或达到最大迭代步数

分配矩阵 $\boldsymbol{P}$ 包含了每个节点的分配信息. 按行标准化后, $\boldsymbol{P}$ 矩阵中的值是节点属于各个簇的可能性. 我们在评估聚类结果时, 将节点分配给对应于最大可能性的簇. 同样, 我们可以按行规范化连通矩阵 $\boldsymbol{Q}_1, \cdots, \boldsymbol{Q}_r$, 从而获得各个关系中 m 个序列在各个簇中的连通性.

算法 5.1.2 中第 4 行更新 $\boldsymbol{Q}_j$ 的计算复杂度是 $O(m^2c + mc^2)$, 第一项和第二项分别是公式 (5.1.3) 中分子和分母的计算复杂度. 由于有 r 个矩阵需要更新, 因此更新连通矩阵 $\boldsymbol{Q}_1, \cdots, \boldsymbol{Q}_r$ 的计算复杂度为 $O(m^2cr + mc^2r)$. 与 $\boldsymbol{Q}_j$ 的更新类似, 第

6 行更新 $\boldsymbol{P}$ 的计算复杂度是 $O(m^2cr + mc^2r)$, 因此, 算法 5.1.2 的总体计算复杂度是 $O(m^2cr + mc^2r)$. 考虑到网络构建的复杂性, 聚类 m-变量时间序列的复杂性是 $O(rm^2n^2 + m^2cr + mc^2r)$.

5.1.3 动态多关系网络的多非负矩阵分解

MNMF 对多关系网络的多个邻接矩阵进行联合分解, 从而识别多变量时间的簇. 然而, 网络是静态的, 无法追踪簇的演化趋势. 为了克服这一缺陷, 我们首先将时间点 $t = 1, \cdots, n$ 划分为区间, 每个区间称为一个时间窗口, 表示为 $W_q = (t_s, t_e)$, $q = 1, 2, \cdots, w$, 其中 $0 \leqslant t_s \leqslant t_e \leqslant n$, w 是表示时间窗口数目的正整数. 因此, 该多变量时间序列被划分为关于 W_q, $q = 1, 2, \cdots, w$ 的子集, 表示为 $X_{W_q} = \{\boldsymbol{X}_{W_q}^1, \boldsymbol{X}_{W_q}^2, \cdots, \boldsymbol{X}_{W_q}^m\}$. 将每个子集 X_{W_q} 变换为多关系网络 G_{W_q}, 并且 G_{W_q} 的邻接矩阵集表示为 $A_{W_q} = \{\boldsymbol{A}_{1,W_q}, \boldsymbol{A}_{2,W_q}, \cdots, \boldsymbol{A}_{r,W_q}\}$, 其中 $\boldsymbol{A}_{j,W_q} \in A_{W_q}$, $j = 1, \cdots, r$ 表示 G_{W_q} 关于第 j 种关系的邻接矩阵. 然后, 邻接矩阵集 $\boldsymbol{A}_{W_q}$ 中的矩阵被联合分解以检测 W_q 中的簇. 通过分析每个时间窗口 W_q, $q = 1, 2, \cdots, w$ 内的簇, 我们可以追踪簇随时间演变的趋势. 图 5.1.3 显示了三个 3 变量时间序列, 描述了三个用户的活动以及在不同时间窗口内检测到的簇, 我们可以从中推断出簇随时间的演变趋势.

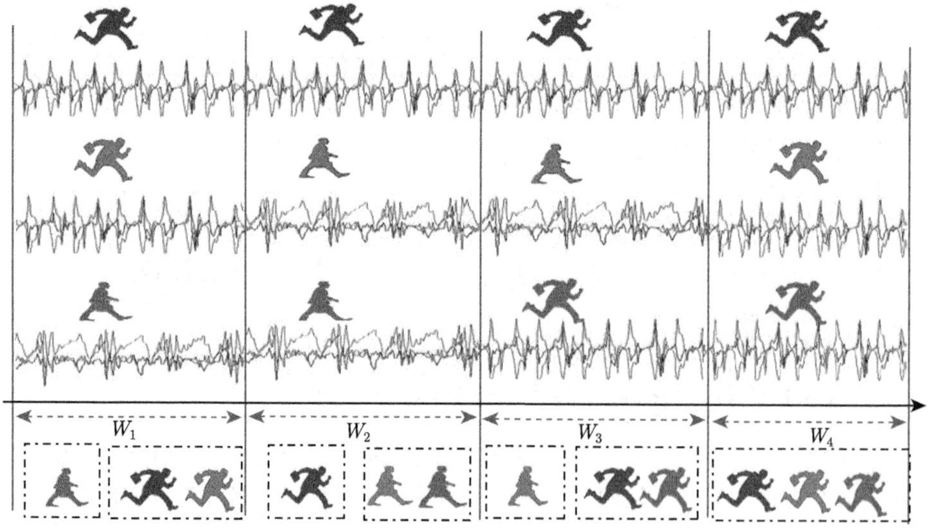

图 5.1.3 在描述三个用户活动的三个 3 变量时间序列的不同时间窗口内检测到的簇

为了跟踪簇随时间的演变趋势, 我们将 MNMF 扩展为具有时间平滑约束的动态多非负矩阵分解 (DMNMF). 给定时间窗口 W_q 和多关系网络关于 W_q 的邻接矩阵集 $A_{W_q} = \{\boldsymbol{A}_{1,W_q}, \boldsymbol{A}_{2,W_q}, \cdots, \boldsymbol{A}_{r,W_q}\}$, DMNMF 的目的是寻找非负分配矩阵

$\boldsymbol{P}_{W_q}$ 和连通矩阵 $\{\boldsymbol{Q}_{j,W_q}\}_{j=1,\cdots,r}$. 赋值矩阵 $\boldsymbol{P}_{W_q}$ 是一个 $m\times c$ 的矩阵, 表示每个节点属于 W_q 中簇的可能性, 连通矩阵 $\{\boldsymbol{Q}_{j,W_q}\}_{j=1,\cdots,r}$ 也是一个 $m\times c$ 的矩阵, 表示在第 j 种关系的 W_q 中 m 个序列在每个簇内的连通性. $\boldsymbol{A}_{j,W_q}$ 和 $\boldsymbol{P}_{W_q}$, $\boldsymbol{Q}_{j,W_q}^{\mathrm{T}}$ 之间的关系为

$$\boldsymbol{A}_{j,W_q}\approx\boldsymbol{P}_{W_q}\times\boldsymbol{Q}_{j,W_q}^{\mathrm{T}} \tag{5.1.5}$$

在实际应用中, 簇的演化趋势在相邻时间戳之间应该平滑, 只是在引入噪声数据时才可能产生剧烈振荡. 因此, 我们在目标函数中加入平滑约束, 其定义为

$$\begin{aligned}&J(\boldsymbol{P}_{W_q},\boldsymbol{Q}_{1,W_q},\cdots,\boldsymbol{Q}_{r,W_q})\\&=\frac{1-\alpha}{2}\left(\sum_{j=1}^{r}\left\|\boldsymbol{A}_{j,W_q}-\boldsymbol{P}_{W_q}\boldsymbol{Q}_{j,W_q}^{\mathrm{T}}\right\|_F^2+\lambda\left(\|\boldsymbol{P}_{W_q}\|_{\mathrm{F}}^2+\sum_{j=1}^{r}\left\|\boldsymbol{Q}_{j,W_q}\right\|_{\mathrm{F}}^2\right)\right)\\&\quad+\frac{\alpha}{2}\left(\|\boldsymbol{P}_{W_q}-\boldsymbol{P}_{W_{q-1}}\|_{\mathrm{F}}^2+\sum_{j=1}^{r}\left\|\boldsymbol{Q}_{j,W_q}-\boldsymbol{Q}_{j,W_{q-1}}\right\|_{\mathrm{F}}^2\right)\\&\text{s.t. }\boldsymbol{P}_{W_q}>0,\ \boldsymbol{Q}_{j,W_q}>0,\ \forall j=1,\cdots,r\end{aligned} \tag{5.1.6}$$

等式 (5.1.6) 的目的是将邻接矩阵集合 $\boldsymbol{A}_{W_q}$ 分解为非负因子 $\boldsymbol{P}_{W_q}$ 和 $\{\boldsymbol{Q}_{j,W_q}\}_{j=1,\cdots,r}$, 并且与 $\boldsymbol{A}_{W_{q-1}}$ 中检测的簇结构 $\boldsymbol{P}_{W_{q-1}}$ 和 $\{\boldsymbol{Q}_{j,W_{q-1}}\}_{j=1,\cdots,r}$ 接近. α 是 0 到 1 之间的实数, 指定前一个时间区间的簇结构对当前簇结构的贡献程度.

假如固定 $\boldsymbol{P}_{W_q},\boldsymbol{Q}_{1,W_q},\cdots,\boldsymbol{Q}_{j-1,W_q},\boldsymbol{Q}_{j+1,W_q},\cdots,\boldsymbol{Q}_{r,W_q}$, 则

$$\begin{aligned}&\frac{\partial J(\boldsymbol{P}_{W_q},\boldsymbol{Q}_{1,W_q},\cdots,\boldsymbol{Q}_{r,W_q})}{\partial\boldsymbol{Q}_{j,W_q}}\\&=(1-\alpha)((\boldsymbol{A}_{j,W_q}-\boldsymbol{P}_{W_q}\boldsymbol{Q}_{j,W_q}^{\mathrm{T}})(-\boldsymbol{P}_{W_q})+\lambda\boldsymbol{Q}_{j,W_q})+\alpha(\boldsymbol{Q}_{j,W_q}-\boldsymbol{Q}_{j,W_{q-1}})\\&=(1-\alpha)(\boldsymbol{Q}_{j,W_q}\boldsymbol{P}_{W_q}^{\mathrm{T}}\boldsymbol{P}_{W_q}+\lambda\boldsymbol{Q}_{j,W_q}-\boldsymbol{A}_{j,W_q}^{\mathrm{T}}\boldsymbol{P}_{W_q})+\alpha(\boldsymbol{Q}_{j,W_q}-\boldsymbol{Q}_{j,W_{q-1}})\end{aligned}$$

设

$$\begin{aligned}\mu_{kl}=&\Big\{(\boldsymbol{Q}_{j,W_q})_{kl}\left[\boldsymbol{Q}_{j,W_q}\boldsymbol{P}_{W_q}^{\mathrm{T}}\boldsymbol{P}_{W_q}+\lambda\boldsymbol{Q}_{j,W_q}-(1-\alpha)\boldsymbol{A}_{j,W_q}^{\mathrm{T}}\boldsymbol{P}_{W_q}\right]_{kl}\\&-\alpha\left(\boldsymbol{Q}_{j,W_q}\boldsymbol{P}_{W_q}^{\mathrm{T}}\boldsymbol{P}_{W_q}+\lambda\boldsymbol{Q}_{j,W_q}\right)_{kl}\left(\boldsymbol{Q}_{j,W_{q-1}}\right)_{kl}\Big\}\Big/\\&\Big\{\left(\boldsymbol{Q}_{j,W_q}\boldsymbol{P}_{W_q}^{\mathrm{T}}\boldsymbol{P}_{W_q}+\lambda\boldsymbol{Q}_{j,W_q}\right)_{kl}\\&\times\Big[(1-\alpha)\left(\boldsymbol{Q}_{j,W_q}\boldsymbol{P}_{W_q}^{\mathrm{T}}\boldsymbol{P}_{W_q}+\lambda\boldsymbol{Q}_{j,W_q}-\boldsymbol{A}_{j,W_q}^{\mathrm{T}}\boldsymbol{P}_{W_q}\right)\\&+\alpha\left(\boldsymbol{Q}_{j,W_q}-\boldsymbol{Q}_{j,W_{q-1}}\right)\Big]_{kl}\Big\}\end{aligned}$$

$(\boldsymbol{Q}_{j,W_q})_{kl} = (\boldsymbol{Q}_{j,W_q})_{kl} - \mu_{kl}\dfrac{\partial J}{\partial \boldsymbol{Q}_{j,W_q}}$, 则 $(\boldsymbol{Q}_{j,W_q})_{kl}$ 的更新式为

$$(\boldsymbol{Q}_{j,W_q})_{kl} = (1-\alpha)(\boldsymbol{Q}_{j,W_q})_{kl}\frac{\left(\boldsymbol{A}_{j,W_q}^{\mathrm{T}}\boldsymbol{P}_{W_q}\right)_{kl}}{\left(\boldsymbol{Q}_{j,W_q}\boldsymbol{P}_{W_q}^{\mathrm{T}}\boldsymbol{P}_{W_q} + \lambda\boldsymbol{Q}_{j,W_q}\right)_{kl}} + \alpha(\boldsymbol{Q}_{j,W_{q-1}})_{kl} \quad (5.1.7)$$

假如固定 $\boldsymbol{Q}_{1,W_q},\cdots,\boldsymbol{Q}_{r,W_q}$, 则

$$\begin{aligned}
&\frac{\partial J(\boldsymbol{P}_{W_q},\boldsymbol{Q}_{1,W_q},\cdots,\boldsymbol{Q}_{r,W_q})}{\partial \boldsymbol{P}_{W_q}}\\
&= (1-\alpha)\left(\sum_{j=1}^{r}((\boldsymbol{A}_{j,W_q} - \boldsymbol{P}_{W_q}\boldsymbol{Q}_{j,W_q}^{\mathrm{T}})(-\boldsymbol{Q}_{j,W_q})+\lambda\boldsymbol{P}_{W_q})\right) + \alpha\left(\boldsymbol{P}_{W_q} - \boldsymbol{P}_{W_{q-1}}\right)\\
&= (1-\alpha)\left(\sum_{j=1}^{r}\boldsymbol{P}_{W_q}\boldsymbol{Q}_{j,W_q}^{\mathrm{T}}\boldsymbol{Q}_{j,W_q}+\lambda\boldsymbol{P}_{W_q} - \sum_{j=1}^{r}\boldsymbol{A}_{j,W_q}\boldsymbol{Q}_{j,W_q}\right) + \alpha\left(\boldsymbol{P}_{W_q} - \boldsymbol{P}_{W_{q-1}}\right)
\end{aligned}$$

设

$$\begin{aligned}
\mu_{ik} = &\left\{ \left(\boldsymbol{P}_{W_q}\right)_{ik}\left(\sum_{j=1}^{r}\boldsymbol{P}_{W_q}\boldsymbol{Q}_{j,W_q}^{\mathrm{T}}\boldsymbol{Q}_{j,W_q}+\lambda\boldsymbol{P}_{W_q} - (1-\alpha)\sum_{j=1}^{r}\boldsymbol{A}_{j,W_q}\boldsymbol{Q}_{j,W_q}\right)_{ik}\right.\\
&\left. + \alpha\left(\sum_{j=1}^{r}\boldsymbol{P}_{W_q}\boldsymbol{Q}_{j,W_q}^{\mathrm{T}}\boldsymbol{Q}_{j,W_q} + \lambda\boldsymbol{P}_{W_q}\right)_{ik}\left(\boldsymbol{P}_{W_{q-1}}\right)_{ik}\right\}\Bigg/\\
&\left\{\left(\sum_{j=1}^{r}\boldsymbol{P}_{W_q}\boldsymbol{Q}_{j,W_q}^{\mathrm{T}}\boldsymbol{Q}_{j,W_q}+\lambda\boldsymbol{P}_{W_q}\right)_{ik}\right.\\
&\times\left[(1-\alpha)\left(\sum_{j=1}^{r}\boldsymbol{P}_{W_q}\boldsymbol{Q}_{j,W_q}^{\mathrm{T}}\boldsymbol{Q}_{j,W_q}+\lambda\boldsymbol{P}_{W_q} - \sum_{j=1}^{r}\boldsymbol{A}_{j,W_q}\boldsymbol{Q}_{j,W_q}\right)\right.\\
&\left.\left. + \alpha\left(\boldsymbol{P}_{W_q} - \boldsymbol{P}_{W_{q-1}}\right)\right]_{ik}\right\},
\end{aligned}$$

则 $\left(\boldsymbol{P}_{W_q}\right)_{ik} = \left(\boldsymbol{P}_{W_q}\right)_{ik} - \mu_{ik}\dfrac{\partial J}{\partial \boldsymbol{P}_{W_q}}$, 则 $\left(\boldsymbol{P}_{W_q}\right)_{ik}$ 的更新式为

$$\left(\boldsymbol{P}_{W_q}\right)_{ik} = (1-\alpha)\left(\boldsymbol{P}_{W_q}\right)_{ik}\frac{\left(\displaystyle\sum_{j=1}^{r}\boldsymbol{A}_{j,W_q}\boldsymbol{Q}_{j,W_q}\right)_{ik}}{\left(\displaystyle\sum_{j=1}^{r}\boldsymbol{P}_{W_q}\boldsymbol{Q}_{j,W_q}^{\mathrm{T}}\boldsymbol{Q}_{j,W_q} + \lambda\boldsymbol{P}_{W_q}\right)_{ik}} + \alpha\left(\boldsymbol{P}_{W_{q-1}}\right)_{ik} \quad (5.1.8)$$

算法 5.1.3 描述了 DMNMF 过程. 获得分配矩阵 $\boldsymbol{P}_{W_q}^*$ 后, 可以识别多关系网络 G_{W_q} 关于时间窗口 W_q 的簇结构.

算法 5.1.3　DMNMF 算法

输入: 邻接矩阵 $\boldsymbol{A}_{W_q}=\{\boldsymbol{A}_{j,W_q}\}_{j=1,\cdots,r}$, 簇数 c, 平滑参数 α, 从 $\boldsymbol{A}_{W_{q-1}}$ 中获得的分配矩阵 $\boldsymbol{P}_{W_{q-1}}$ 和连通矩阵 $\{\boldsymbol{Q}_{j,W_{q-1}}\}_{j=1,\cdots,r}$

输出: $\boldsymbol{P}_{W_q}^*, \{\boldsymbol{Q}_{j,W_q}^*\}_{j=1,\cdots,r}$

1. 随机初始化 $\boldsymbol{P}_{W_q}, \{\boldsymbol{Q}_{j,W_q}\}_{j=1,\cdots,r}$
2. **repeat**
3. 　**for** $j=1$ **to** r
4. 　　固定 $\boldsymbol{P}_{W_q}, \boldsymbol{Q}_{1,W_q}, \cdots, \boldsymbol{Q}_{j-1,W_q}, \boldsymbol{Q}_{j+1,W_q}, \cdots, \boldsymbol{Q}_{r,W_q}$, 用式 (5.1.7) 更新 $\boldsymbol{Q}_{j,W_q}$
5. 　**end for**
6. 　固定 $\boldsymbol{Q}_{1,W_q}, \cdots, \boldsymbol{Q}_{r,W_q}$, 用式 (5.1.7) 更新 $\boldsymbol{P}_{W_q}$
7. **until** 收敛//拟合不再提高或达到最大迭代步数

与算法 5.1.2 类似, 算法 5.1.3 的总体计算复杂度为 $O(m^2cr+mc^2r)$. 将时间点 $t=1,\cdots,n$ 划分为 w 个时间窗口, 并考虑到网络构建的复杂性, 那么聚类 r- 变量时间序列的复杂性为 $O(w(rm^2n^2+m^2cr+mc^2r))$.

5.1.4　实验与分析

本节将介绍我们的实验评估, 包括所提算法的聚类性能与其他算法的比较, 最小化目标函数的更新规则的收敛性以及参数灵敏度. 实验中我们使用 DTW 距离函数度量序列间的相似度, 使用 ε-NN 构造网络.

1. 数据集

我们使用了六个数据集进行实验, 其中五个是从 UCI 数据库获取的机器人执行失败 (Robot Execution Failures) 数据集, 第六个是基于自然移动设备的人类活动数据集 NMHA. 表 5.1.2 概括了这些数据集的重要统计特征.

表 5.1.2　机器人执行失败数据集和 NMHA 的统计特征

数据集	序列数	变量数	序列长度	类别数
LP1	88	6	15	4
LP2	47	6	15	5
LP3	47	6	15	4
LP4	117	6	15	3
LP5	164	6	15	5
NMHA	390	3	1346	10

机器人执行失败数据采集. 包括五个数据集，定义了五个不同的学习问题：LP1~LP5. 每个数据集包含检测到故障后在一定的时间窗口内收集的机器人的 15 个力和扭矩测量值，其中 Fx1, ⋯, Fx15 是观察窗口内力 Fx 的演化，Fy, Fz 和扭矩 Tx, Ty 和 Tz 类似. 每个故障实例的总观察窗口为 315 毫秒.

NMHA. 包含从使用配备有三轴加速度计的智能电话的 390 名受试者收集的人类行为活动样本的数据集，其中每个加速度信号包含 1346 个测量值.

2. 评价指标

我们使用了兰德指数 (RI)、调整兰德指数 (ARI)、归一化互信息 (NMI) 和 Purity 四个指标来评估我们所提算法的性能. 这些指标可以通过将聚类结果与真实类别标签进行比较来计算.

设总共有 m 个序列，C_q 是数据集中第 q 类序列的集合，C_p 是聚类算法检测的第 p 个簇中序列的集合，m_p 和 m_q 分别是簇 C_p 和 C_q 中的序列个数，m_{pq} 是同时在簇 C_p 和 C_q 中的序列个数. TP (真正的正) 是正确聚类在同一簇中的序列对的数量，TN (真正的负) 是正确聚类在不同簇中的序列对的数量.

RI 测量算法所做出的正确决策的百分比，定义为 $\mathrm{RI}=\dfrac{\mathrm{TP}+\mathrm{TN}}{m(m-1)/2}$, ARI 定义为

$$\mathrm{ARI}=\frac{\sum\limits_{pq}\mathrm{C}_2^{m_{pq}}-\left[\sum\limits_{p}\mathrm{C}_2^{m_p}\sum\limits_{q}\mathrm{C}_2^{m_q}\right]\Big/\mathrm{C}_2^{m}}{\dfrac{1}{2}\left[\left[\sum\limits_{p}\mathrm{C}_2^{m_p}+\sum\limits_{q}\mathrm{C}_2^{m_q}\right]-\sum\limits_{p}\mathrm{C}_2^{m_p}\sum\limits_{q}\mathrm{C}_2^{m_q}\right]\Big/\mathrm{C}_2^{m}}$$

其中 C_i^j 表示组合. RI 仅产生介于 0 和 +1 之间的值，但 ARI 可以产生负值.

NMI 是一种常用的聚类质量度量指标，其定义为

$$\mathrm{NMI}=\frac{\sum\limits_{p}\sum\limits_{q}m_{pq}\log\left(\dfrac{m\times m_{pq}}{m_p\times m_q}\right)}{\sqrt{\left(\sum\limits_{p}m_p\log\left(\dfrac{m_p}{m}\right)\right)\left(\sum\limits_{q}m_q\log\left(\dfrac{m_q}{m}\right)\right)}}$$

$0\leqslant\mathrm{NMI}\leqslant 1$, 如果聚类标签与真实标签完全相同，NMI 等于 1.

$\mathrm{Purity}=\dfrac{1}{m}\sum\limits_{p}\max\limits_{q}(m_{pq})$, 与 NMI 类似，Purity 越大表示性能越好.

3. 比较算法

SymNMF SymNMF 是信号关系图聚类的一般框架，它基于数据点之间的相似性度量对包含成对相似度值 (不一定是非负) 的对称矩阵进行分解. SymNMF 通

过在聚类分配矩阵上强制执行非负性来继承 NMF 的优点. 在实验中, 我们通过枚举多关系网络 $G=\{G_1,G_2,\cdots,G_r\}$ 中所有单关系网络 $G_j\in G$ 的边构建一个合图 $G'=(X,E)$, 其中 $E=\bigcup\limits_{j=1}^{r}E_j$, 然后使用 SymNMF 对 G' 进行分解. 使用 SymNMF 的目的是研究多关系矩阵的联合因子分解是否优于合图上的信号关系矩阵的因子分解.

MultiLevel MultiLevel 是一种基于模块度评分的网络社区检测算法. 在 MultiLevel 算法中, 首先删除所有的边, 每个节点被视为一个社区. 每次迭代时, 算法确定原始边中哪一条加入网络中能产生最大的模块度增量. 然后, 将此边插入到网络中, 并将两个节点 (或社区) 合并为一个节点, 然后使用合并的社区再次开始上述过程. 当网络中只有一个节点时, 该过程停止. 算法的每次迭代都会生成一个可能的解, 但具有最大模块度的划分是最优划分. 我们在合图上使用 MultiLevel 算法来聚类时间序列. 使用 MultiLevel 的目的是研究基于矩阵分解的方法是否优于非基于因子分解的方法.

HMM-PAM HMM-PAM 是一种基于隐马尔可夫模型 (HMMs) 的多变量时间序列聚类方法. HMM-PAM 首先通过概率密度 P_{γ_i} 与序列 $\boldsymbol{X}_i$ 相关联将每个多变量时间序列映射到一个 HMM 中, 其中 γ_i 是一组用于最大化观察序列 $\boldsymbol{X}_i$ 的概率的参数. 然后, 将序列 $\boldsymbol{X}_i$ 和 $\boldsymbol{X}_j$ 之间的距离 $D(\boldsymbol{X}_i,\boldsymbol{X}_j)$ 定义为概率密度 P_{γ_i} 和 P_{γ_j} 之间的对称 Kullback-Leibler(KL) 散度 $D(P_{\gamma_i},P_{\gamma_j})$. 最后, 使用围绕质心的划分 (PAM) 执行聚类. PAM 将距离矩阵 $D_{ij}\equiv D(X_i,X_j)$ 作为唯一输入. 使用 HMM-PAM 的目的是研究基于社区检测的方法是否优于基于 HMM 的方法.

4. MNMF 的实验结果

由于 MNMF 的最终结果取决于初始值, 我们运行 MNMF 算法 20 次, 选择具有最小目标函数值的结果为最终聚类结果. MNMF 的收敛条件是 $\Delta J(\boldsymbol{P},\boldsymbol{Q}_1,\cdots,\boldsymbol{Q}_r)<\delta$, 其中 $\Delta J(\boldsymbol{P},\boldsymbol{Q}_1,\cdots,\boldsymbol{Q}_r)<\delta$ 是相邻两次迭代中目标函数值的绝对增量, δ 是误差阈值.

1) 聚类性能

表 5.1.3 ~ 表 5.1.6 显示了 6 个数据集上的 MNMF, SymNMF, MultiLevel 和 HMM-PAM 的 RI, ARI, NMI 和 Purity. 表中粗体表示最佳性能.

在这些实验中, HMM 隐藏状态被设置为 5, 构造网络的距离阈值 ε, 矩阵分解的正则化系数 λ 和 MNMF 收敛阈值 δ 的值示于表 5.1.7.

从表 5.1.3 ~ 表 5.1.6 可以看出, MNMF 在 LP1~LP5 数据集上获得了较好的性能, 并且与基准方法相比有了显著改进. 在 NMHA, MNMF 只获得最佳 NMI, MultiLevel 获得了最好的 RI, ARI 和 Purity. 表明 MNMF 优于 SymNMF 和 HMM-

PAM, 但是 MultiLevel 性能也不错.

表 5.1.3 MNMF, SymNMF, MultiLevel 和 HMM-PAM 在 6 个数据集上的 RI

数据集	MNMF	SymNMF	MultiLevel	HMM-PAM
LP1	**0.858**	0.675	0.690	0.654
LP2	**0.824**	0.750	0.780	0.758
LP3	**0.958**	0.830	0.800	0.617
LP4	**0.954**	0.660	0.680	0.699
LP5	**0.879**	0.744	0.680	0.684
NMHA	0.893	0.832	**0.904**	0.862
Avg	**0.894**	0.749	0.756	0.712

表 5.1.4 MNMF, SymNMF, MultiLevel 和 HMM-PAM 在 6 个数据集上的 ARI

数据集	MNMF	SymNMF	MultiLevel	HMM-PAM
LP1	**0.662**	0.266	0.150	0.612
LP2	**0.796**	0.353	0.312	0.402
LP3	**0.903**	0.608	0.460	0.189
LP4	**0.796**	0.352	0.329	0.380
LP5	**0.682**	0.311	0.288	0.136
NMHA	0.616	0.251	**0.626**	0.427
Avg	**0.743**	0.357	0.361	0.358

表 5.1.5 MNMF, SymNMF, MultiLevel 和 HMM-PAM 在 6 个数据集上的 NMI

数据集	MNMF	SymNMF	MultiLevel	HMM-PAM
LP1	**0.650**	0.461	0.293	0.638
LP2	**0.751**	0.360	0.568	0.476
LP3	**0.886**	0.545	0.555	0.238
LP4	**0.751**	0.429	0.465	0.564
LP5	**0.788**	0.344	0.320	0.243
NMHA	**0.443**	0.110	0.051	0.283
Avg	**0.712**	0.375	0.375	0.407

表 5.1.6 MNMF, SymNMF, MultiLevel 和 HMM-PAM 在 6 个数据集上的 Purity

数据集	MNMF	SymNMF	MultiLevel	HMM-PAM
LP1	**0.830**	0.625	0.625	0.795
LP2	0.830	0.596	**0.851**	0.830
LP3	**0.957**	0.809	0.851	0.766
LP4	0.830	0.752	**0.880**	0.709
LP5	**0.811**	0.555	0.524	0.543
NMHA	0.595	0.323	**0.972**	0.544
Avg	**0.809**	0.610	0.784	0.698

表 5.1.7 MNMF 在 6 个数据集上的距离阈值 ε, 正则化系数 λ 和收敛阈值 δ

数据集	ε	λ	δ
LP1	0.012	0.3	1.00E−05
LP2	0.382	0.1	1.00E−05
LP3	0.843	0.1	1.00E−05
LP4	0.012	0.3	1.00E−04
LP5	0.715	0.2	1.00E−03
NMHA	0.576	0.5	1.00E−05

图 5.1.4 表示出了在 6 个数据集上 MNMF 的分配矩阵 $\boldsymbol{P}$ 中元素的值, 这些值表示每个节点属于每个簇的可能性. 每个节点被分配给对应于最大可能性的簇. 在 6 个数据集中 15, 8, 2, 5, 43 和 178 序列被错误聚类. 图 5.1.4 表示 MNMF 在 LP1~LP5 上的表现优于 NMHA, 其中 13 个系列的 “跑步” 聚类到簇 “跳跃”, 24 个系列的 “步行走” 被聚类成 “站立 → 行走 → 站立”, 12 个系列的” 快走” 聚类成 “下楼”, 13 个系列的 “下楼” 识别成 “上楼”.

2) 收敛性

图 5.1.5 显示了 MNMF 在 6 个数据集上的收敛曲线, 其中 y 轴表示目标函数值, x 轴表示迭代次数. 从图可以看到, MNMF 的目标函数收敛非常快, 通常在 500 次迭代内可以收敛.

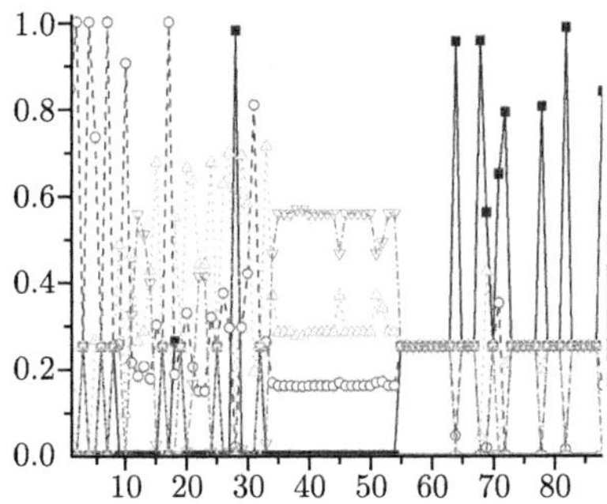

(a) LP1

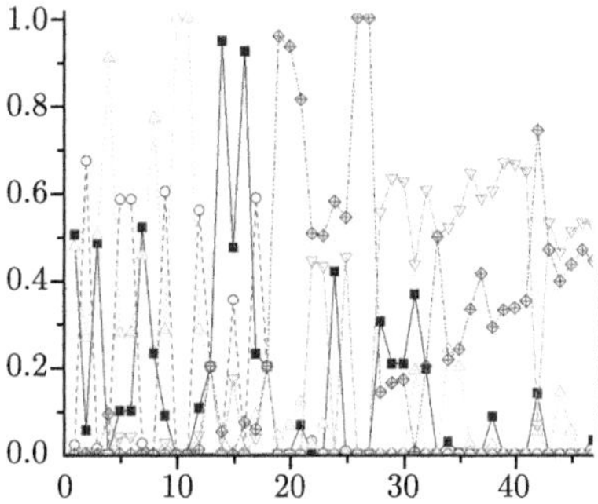

(b) LP2

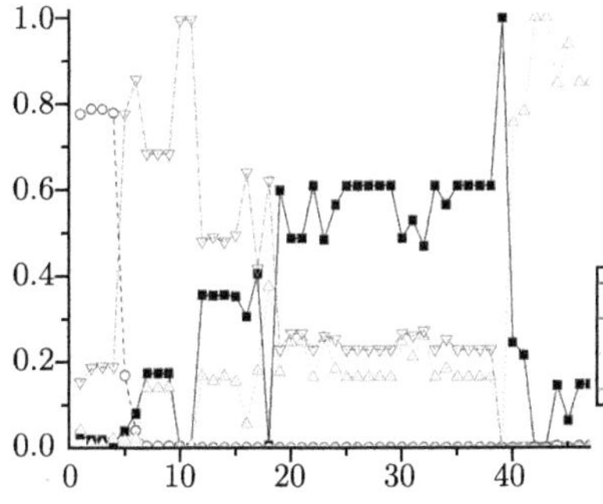

(c) LP3

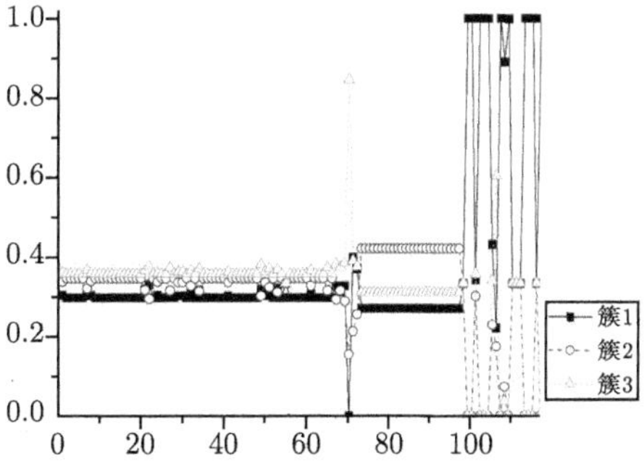

(d) LP4

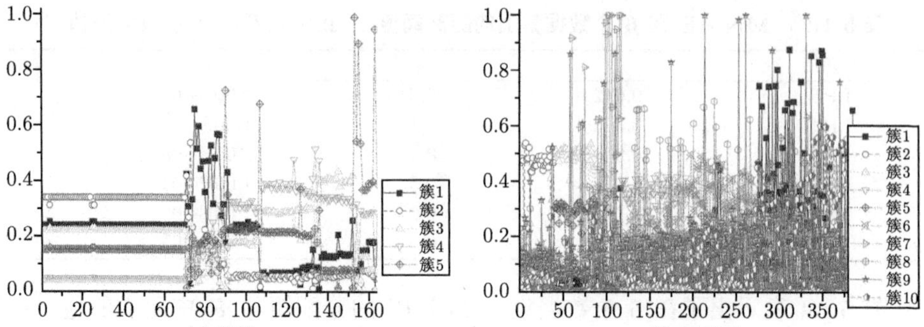

(e) LP5 (f) NMHA

图 5.1.4 6 个数据集上 MNMF 的分配矩阵 $\boldsymbol{P}$ 中元素的值 (图中所有子图横坐标为样本索引, 纵坐标为概率值)

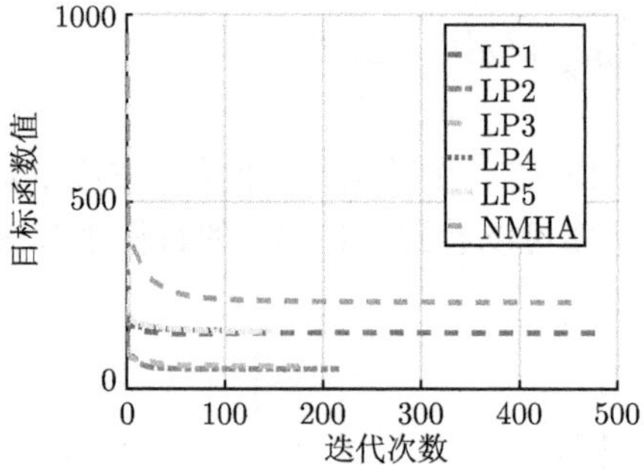

图 5.1.5 MNMF 在 6 个数据集上的收敛曲线 (扫描封底二维码可看彩图)

3) 参数敏感性

MNMF 有 3 个基本参数: 构造网络的距离阈值 ε, 正则化系数 λ 和收敛阈值 δ. 图 5.1.6 显示了 6 个数据集上 MNMF, SymNMF 和 MultiLevel 的 RI 随参数 ε 变化的情况, 图 5.1.7(a) 和 (b) 分别显示了 6 个数据集上 MNMF 的 RI 随参数 λ 和 δ 变化的情况. ARI, NMI 和 Purity 与此类似, 因此不再详细介绍.

如图 5.1.6 所示, 关于 ε, MNMF 在 6 个数据集上都比 SymNMF 和 MultiLevel 稳定. 在 LP1, LP4 和 LP5 上, 当 $\varepsilon < 0.7$ 时, SymNMF 和 MultiLevel 的 RI 随着 ε 的增加而减小但当 $\varepsilon \geqslant 0.7$ 后稳定. 在 LP2 和 LP3 上, 当 ε 在 0.2 到 0.8 之间变化时, SymNMF 和 MultiLevel 获得了较好的性能. 在 NMHA 上, 当 $\varepsilon > 0.3$ 时 MNMF 获得了较好的性能, 当 ε 在 0.4 到 0.6 之间变化时, MultiLevel 有更大的 RI, 但 SymNMF 的 RI 在 [0.1,1.0] 内随着 ε 的增加而减小.

图 5.1.7(a) 显示了 6 个数据集上 MNMF 的 RI 与正则化系数 λ 的关系, 其中 $\delta = 1 \times 10^{-5}$; 图 5.1.7(b) 显示了 6 个数据集上 MNMF 的 RI 与收敛阈值 δ 的关系, 其中 $\lambda = 0.1$. 可以看出, MNMF 对参数 λ 和 δ 不敏感.

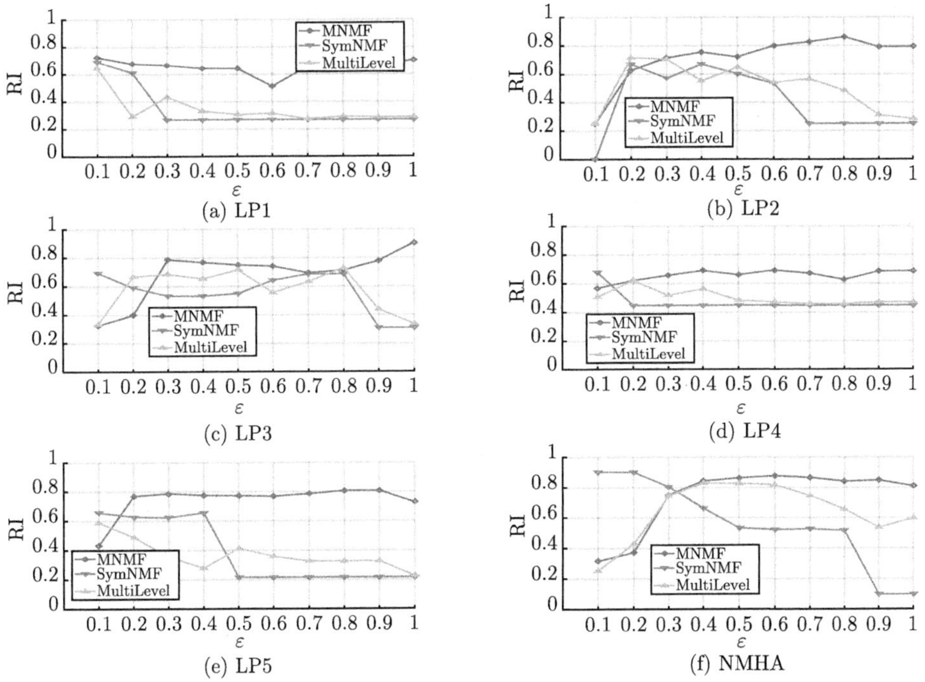

图 5.1.6 6 个数据集上 MNMF, SymNMF 和 MultiLevel 的 RI 随参数 ε 的变化

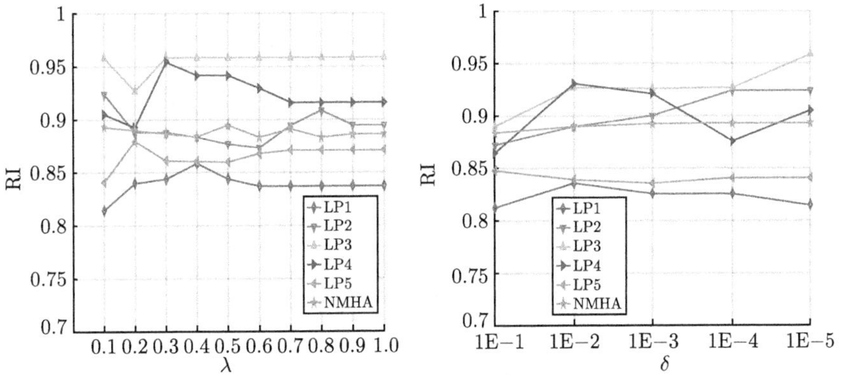

图 5.1.7 6 个数据集上 MNMF 的 RI 随参数 λ 和 δ 的变化

5. DMNMF 的实验结果

为了追踪簇的演化趋势, 我们将 NMHA 中的时间划分为区间, 并在某些时间间隔内交换某些序列的值, 用于表示有些对象在这些区间内改变了他们的活动. 图 5.1.8 显示了 NMHA 簇的演化趋势, 其中 “x-r” 代表第 x 个时间区间和第 r 个变量. 从图 5.1.8 可以看到一些对象在不同的时间区间内属于不同的簇, 因此 DMNMF

可以追踪簇的演化趋势.

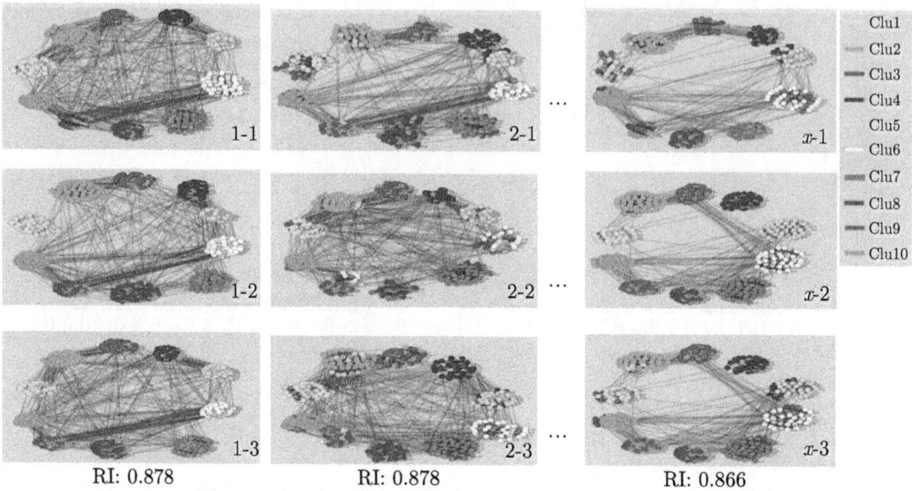

图 5.1.8 NMHA 中簇的演化趋势 (扫描封底二维码可看彩图)

MNMF 将一组多变量时间序列从时空域变换为拓扑域中的多关系网络, 然后对多关系网络进行联合非负矩阵分解以识别时间序列簇. 从时空域到拓扑域的转换揭示了每个变量内的相似性, 联合分解将不同变量之间的相似性结合到聚类中, 从而提高了聚类的性能.

5.2 基于张量分解的地理传感数据预测

地理传感数据 (例如, 降雨、温度、湿度和太阳辐射) 是从随时间和跨空间的连续测量中收集的多变量时间序列. 地理传感数据预测意味着通过对历史地理时间序列的学习建立预测模型, 并使用该模型预测序列的未来值. 这些值可能是重大社会事件的主要指标, 例如, 湿度或植被指数的变化可能成为疾病暴发的间接指标; 医院停车场车位填充率的峰值可用于预测流感类疾病的数量; 对天然气价格上涨的不满表达可能成为抗议政府政策的潜在前兆; 气候极端指数可用于预测干旱和洪水等灾难性极端事件. 地理传感数据的精准预测对于政府的快速响应和决策具有重要意义.

地理传感数据预测存在许多挑战, 其中主要是相关性, 包括不同站点之间的空间相关性以及每个站点内的时间相关性. 在地理预测环境中这些相关性都是有价信息, 合理利用能够获得更准确的预测. 然而, 空间和时间相关性的分析比纯空间或纯时间相关性的建模更复杂, 因为时空依赖结构的类别在空间和时间耦合的方式上彼此不同, 并且存在的相关性使得时空相关函数不能表示为空间和时间项的乘积. 通过包含适当的参数来表示不可分离的时空模型, 虽然可以指示空间和时间分量之间相互作用的强度, 但计算的成本很高.

我们针对传感数据中不同站点间的空间相关性和同一站点内的时态相关性对精确预测提出的挑战, 提出了基于张量分解的预测模型. 本节主要介绍模型的框架、预测方法及所做的实验与分析.

5.2.1 模型框架

基于张量分解的预测框架如图 5.2.1 所示. 具体来说, 我们首先将传感器收集的地理传感数据组织为张量模式, 以保持多维特征并涵盖足够的空间和时间信息. 然后, 我们使用张量分解来预测时间序列的未来值. 作为重大社会事件的主要指标, 这些预测值可以为发现和控制重大社会事件的发展提供有益的帮助. 所提模型不仅组合和利用了多个模态的相关性 (例如, 地理传感模式、周模式、日模式和小时模式), 而且很好地提取了每种张量模式潜在因素, 并通过张量分解挖掘地理传感数据的多维结构. 同时, 使用了一种秩增策略 (从秩-1 张量开始逐渐增加张量的秩) 和滑动窗口 (以迭代方式预测未来值) 来自动确定张量的秩并提高预测精度. 使用滑动窗口的目的是当训练的时间序列长度相对于预测长度不足时提高预测准确性.

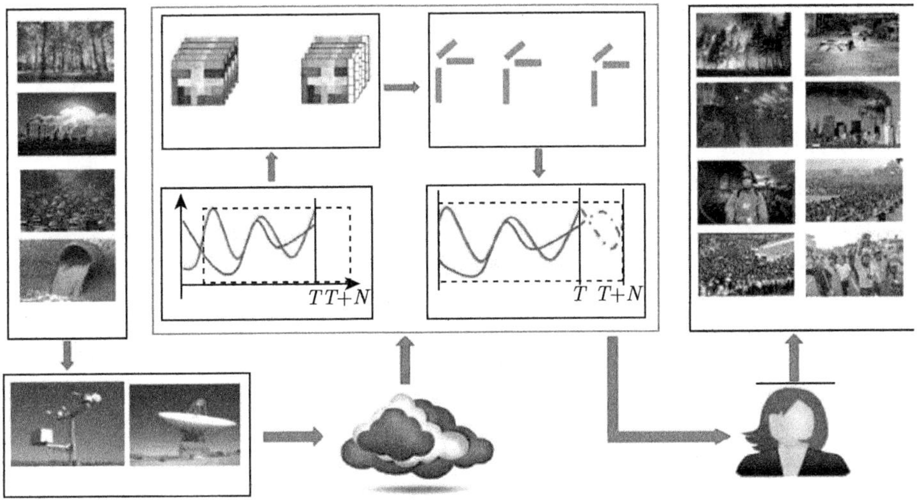

图 5.2.1 地理传感数据预测的张量框架 GDF-TF (扫描封底二维码可看彩图)

5.2.2 预测方法

设 K 为给定空间域上的一组地理位置, Y 是数值型的地理变量, 时间轴离散化为等间隔的时间点, 记为 $t=1,2,\cdots,T$, $y(k,t)$ 表示在每个时间点 $t=1,2,\cdots,T$ 在某个特定的地理位置 $k\in K$ 收集的 Y 的地理参考测量序列, $\mathbb{D}(K,Y,T)$ 是地理时间序列数据集. 地理传感数据预测的问题是从给定的 $\mathbb{D}(K,Y,T)$ 中学习一个模型, 然后在合适的预测范围 N 内使用该模型来预测新数据点 $\hat{y}(k,T+1),\cdots,\hat{y}(k,T+N),\forall k\in K$. 我们的预测方法包括如下 5 个步骤: 设置时间窗口并在时间窗口内选择时间序列数据; 利用选定的时间序列数据构造张量; 对构造的张量进行分解; 使用分解的张量预测新数据点 $\hat{y}(k,T+1),\cdots,\hat{y}(k,T+C),C<N,\forall k\in K$; 滑动时间窗口选择新的数据进行预测.

1. 设置时间窗口

时间窗口 $\boldsymbol{W}(t,M)$ 是指宽度为 M、终止点为 t 的一段时间间隔. 窗口 $\boldsymbol{W}(t,M)$ 内的观察值 $y(k,t)$ 形成一个子序列 $y_{\boldsymbol{W}}(k,t)$, 其定义为

$$\forall k\in K,\ t'=1,2,\cdots,M$$
$$y_{\boldsymbol{W}}(k,t')=\begin{cases}\{y(k,t-M+1),\cdots,y(k,t)\}, & t\leqslant T\\ \{y(k,t-M+1),\cdots,y(k,T),\underbrace{0,\cdots,0}_{t-T}\}, & t>T\end{cases}\tag{5.2.1}$$

当 $t>T$ 时, $t-T$ 个零被加入 $y_{\boldsymbol{W}}(k,t)$ 中, 因为在时间点 $T+1,\cdots,t$ 没有变量 Y 的观察值. 时间窗口 $\boldsymbol{W}(t,M)$ 内的地理时间序列数据集表示为 $\mathbb{D}_{\boldsymbol{W}}(K,Y)$.

2. 构造张量

对于预测范围 N, 为了预测 $\hat{y}(k,T+1),\cdots,\hat{y}(k,T+N),\forall k\in K$, 设定时间窗口 $\boldsymbol{W}(T+N,M)$, 使用 $\mathbb{D}_{\boldsymbol{W}}(K,Y)$ 中的数据构建一个如图 5.2.2 所示的四阶张量 $\mathcal{Z}\in\Re^{I_1\times I_2\times I_3\times I_4}$, 其中 $I_4=|K|$, $I_2=N$, $I_1\times I_3=M/I_2$. 在图 5.2.2 中, 每个三阶张量 $\mathcal{Z}_i\in\Re^{I_2\times I_3\times I_4},i=1,\cdots,I_1$ 被称为 $\mathcal{Z}\in\Re^{I_1\times I_2\times I_3\times I_4}$ 的一个子张量. $\mathcal{Z}_i\in\Re^{I_2\times I_3\times I_4},i=1,\cdots,I_1-1$ 中的所有元素都是观察值, 因此是完整的. 但是子张量 $\mathcal{Z}_{I_1}\in\Re^{I_2\times I_3\times I_4}$ 是不完整的, 因为它包含需要预测的元素 ($\mathcal{Z}_{I_1}$ 中每个正面切片的最后一列).

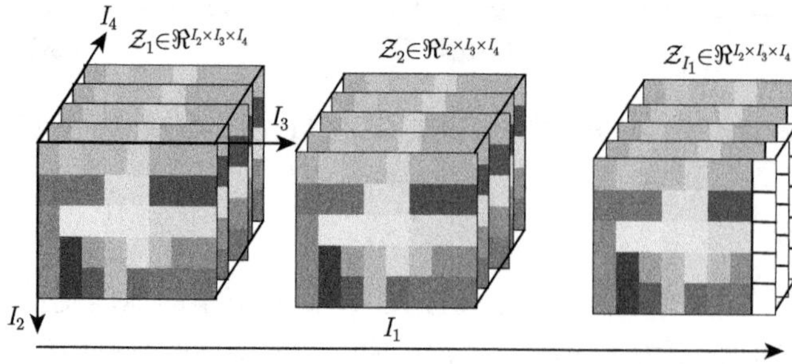

图 5.2.2 使用窗口 $\mathbb{D}_{\boldsymbol{W}}(K,Y)$ 内的数据构建的四阶张量 (扫描封底二维码可看彩图)

3. 分解张量

我们使用 CP-WOPT(CP-weighted optimization) 分解张量. CP-WOPT 是一种可扩展算法, 它使用一阶优化同时求解所有因子矩阵上的加权最小二乘目标函数, 它可以使用专门的稀疏数据结构扩展到稀疏的大规模数据, 从而显著降低存储和计算成本. 与 $\mathcal{Z}$ 大小相同的非负权重张量 $\mathcal{W}$ 的第 (i_1,i_2,i_3,i_4) 个元素 w_{i_1,i_2,i_3,i_4} 定义为

$$w_{i_1,i_2,i_3,i_4}=\begin{cases}1, & i_1=1,\cdots,I_1-1;\ i_2=1,\cdots,I_2;\ i_3=1,\cdots,I_3;\ i_4=1,\cdots,I_4\\ 1, & i_1=I_1;\ i_2=1,\cdots,I_2;\ i_3=1,\cdots,I_3-1;\ i_4=1,\cdots,I_4\\ 0, & i_1=I_1;\ i_2=1,\cdots,I_2;\ i_3=I_3;\ i_4=1,\cdots,I_4\end{cases} \tag{5.2.2}$$

四阶张量的目标函数定义为

$$\begin{aligned}&f_{\mathcal{W}_{CP}}(A^{(1)},A^{(2)},A^{(3)},A^{(4)})\\ &=\frac{1}{2}\left\|\mathcal{Z}-[\![A^{(1)},A^{(2)},A^{(3)},A^{(4)}]\!]\right\|_{\mathcal{W}}^{2}\\ &=\frac{1}{2}\left\|\mathcal{W}*(\mathcal{Z}-[\![A^{(1)},A^{(2)},A^{(3)},A^{(4)}]\!])\right\|^{2}\\ &=\frac{1}{2}\sum_{i_1=1}^{I_1}\sum_{i_2=1}^{I_2}\sum_{i_3=1}^{I_3}\sum_{i_4=1}^{I_4}w_{i_1,i_2,i_3,i_4}^{2}\\ &\quad\times\left\{z_{i_1,i_2,i_3,i_4}^{2}-2z_{i_1,i_2,i_3,i_4}\sum_{r=1}^{R}\prod_{n=1}^{4}a_{i_nr}^{(n)}+\left(\sum_{r=1}^{R}\prod_{n=1}^{4}a_{i_nr}^{(n)}\right)^{2}\right\}\end{aligned} \tag{5.2.3}$$

在等式 (5.2.3) 中, $[\![\boldsymbol{A}^{(1)},\boldsymbol{A}^{(2)},\boldsymbol{A}^{(3)},\boldsymbol{A}^{(4)}]\!]$ 定义了一个大小为 $I_1\times I_2\times I_3\times I_4$ 的四阶张量, 其元素的定义为 $\left([\![\boldsymbol{A}^{(1)},\boldsymbol{A}^{(2)},\boldsymbol{A}^{(3)},\boldsymbol{A}^{(4)}]\!]\right)_{i_1i_2i_3i_4}=\sum\limits_{r=1}^{R}\prod\limits_{n=1}^{4}a_{i_nr}^{(n)}$, $i_n\in\{1,\cdots,I_n\}$, $n\in\{1,2,3,4\}$, 其中 $a_{i_nr}^{(n)}$ 是矩阵 $\boldsymbol{A}^{(n)}\in\Re^{I_n\times R}$ 的第 (i_n,r) 元素. 该优化问题可以使用基于梯度的优化方法来求解.

CP-WOPT 分解的目标是找到矩阵 $\boldsymbol{A}^{(n)}\in\Re^{I_n\times R}$, $n\in\{1,2,3,4\}$ 以最小化等式 (5.2.3) 中的加权目标函数. 该过程的关键是计算单个训练实例关于参数的损失的偏导数.

设 $\mathcal{Z}$ 为具有大小 $I_1\times I_2\times\cdots\times I_P$ 和秩 R (组件) 的 P 阶张量. 如果固定 $\boldsymbol{A}^{(k)},k=\{1,\cdots,P\},k\neq n$, 则对于所有的 $i_n\in\{1,\cdots,I_n\}$ 和 $n\in\{1,\cdots,P\}$, $r\in\{1,\cdots,R\}$, $\dfrac{\partial f_{\mathcal{W}_{CP}}}{\partial a_{i_nr}^{(n)}}=\sum\limits_{\substack{k=1\\k\neq n}}^{P}\sum\limits_{i_k=1}^{I_k}w_{i_1,\cdots,i_P}^{2}\left(-z_{i_1,\cdots,i_P}+\sum\limits_{l=1}^{R}\prod\limits_{m=1}^{P}a_{i_ml}^{(m)}\right)\prod\limits_{\substack{m=1\\m\neq n}}^{P}a_{i_mr}^{(m)}$. 设

$$a_{i_n r}^{(n)} = a_{i_n r}^{(n)} - \mu_{i_n r} \frac{\partial f_{\mathcal{W}_{CP}}}{\partial a_{i_n r}^{(n)}}, \quad \mu_{i_n r} = \frac{a_{i_n r}^{(n)}}{\sum\limits_{\substack{k=1\\k\neq n}}^{P} \sum\limits_{i_k=1}^{I_k} w_{i_1,\cdots,i_P}^2 \left(\sum\limits_{l=1}^{R} \prod\limits_{m=1}^{P} a_{i_m l}^{(m)}\right) \prod\limits_{\substack{m=1\\m\neq n}}^{P} a_{i_m r}^{(m)}},$$

则有

$$a_{i_n r}^{(n)} = a_{i_n r}^{(n)} \frac{\sum\limits_{\substack{k=1\\k\neq n}}^{P} \sum\limits_{i_k=1}^{I_k} w_{i_1,\cdots,i_P}^2 x_{i_1,\cdots,i_P} \prod\limits_{\substack{m=1\\m\neq n}}^{P} a_{i_m r}^{(m)}}{\sum\limits_{\substack{k=1\\k\neq n}}^{P} \sum\limits_{i_k=1}^{I_k} w_{i_1,\cdots,i_P}^2 \left(\sum\limits_{l=1}^{R} \prod\limits_{m=1}^{P} a_{i_m l}^{(m)}\right) \prod\limits_{\substack{m=1\\m\neq n}}^{P} a_{i_m r}^{(m)}} \tag{5.2.4}$$

式 (5.2.4) 给出了 $\boldsymbol{A}^{(n)}(n \in \{1,2,3,4\})$ 的更新规则.

CP-WOPT 分解的伪代码示于算法 5.2.1.

算法 5.2.1 CP-WOPT 分解

输入: 一个大小为 $I_1 \times I_2 \times \cdots \times I_P$ 的 P 阶张量 $\mathcal{Z}$, 秩 R

输出: $\boldsymbol{A}^{(1)}, \boldsymbol{A}^{(2)}, \cdots, \boldsymbol{A}^{(P)}$

步骤:

1. 初始化: $\boldsymbol{A}^{(n)} \in \Re^{I_n \times R}$, $n = 1, \cdots, P$
2. **repeat**
3. **for** $k = 1$ **to** P
4. 固定 $\boldsymbol{A}^{(1)}, \cdots, \boldsymbol{A}^{(k-1)}, \boldsymbol{A}^{(k+1)}, \cdots, \boldsymbol{A}^{(P)}$, 用式 (5.2.4) 更新 $\boldsymbol{A}^{(k)}$
5. **end for**
6. **until** 收敛
7. 返回 $\boldsymbol{A}^{(1)}, \boldsymbol{A}^{(2)}, \cdots, \boldsymbol{A}^{(P)}$

步骤 1 可以使用随机方式或截断 HOSVD 初始化因子矩阵, 即让 $\boldsymbol{A}^{(n)}$ 等于 $\boldsymbol{Z}_{(n)}$, $n = 1, \cdots, P$ 的 R 个左奇异向量. 设 $Q = \max(I_1, \cdots, I_P)$, 最大迭代次数为 H, 式 (5.2.4) 计算 $a_{i_n r}^{(n)}$ 的时间复杂度为 $O(P^2QR)$, 更新 $\boldsymbol{A}^{(k)}$ 的时间复杂度为 $O(P^2Q^2R^2)$, 因此算法 5.2.1 的时间复杂度为 $O(HP^3Q^2R^2)$.

4. 预测

将张量 $\mathcal{Z} \in \Re^{I_1 \times I_2 \times I_3 \times I_4}$ 分解为因子 $\boldsymbol{A}^{(n)} \in \Re^{I_n \times R}$, $n \in \{1,2,3,4\}$ 之后, 可以计算 $\mathcal{Z}$ 的近似张量 $\hat{\mathcal{Z}} \in \Re^{I_1 \times I_2 \times I_3 \times I_4}$. 设 $\boldsymbol{a}_i^{(n)}, i = 1, \cdots, r$ 是 $\boldsymbol{A}^{(n)}$ 的第 i 列, 则 $\hat{\mathcal{Z}} = \sum\limits_{r=1}^{R} \boldsymbol{a}_r^{(1)} \circ \boldsymbol{a}_r^{(2)} \circ \boldsymbol{a}_r^{(3)} \circ \boldsymbol{a}_r^{(4)}$. $\hat{\mathcal{Z}}$ 的子张量 $\hat{\mathcal{Z}}_{I_1}$ 中每个正面切片的最后一列中的条目被视为预测值, 即 $\hat{\hat{y}}(k, T+j) = \hat{z}_{I_1 j I_3 k}, j = 1, \cdots, N; k = 1, \cdots, K$.

当用于训练的时间序列的长度相对于预测范围 N 不足时, 我们以迭代的方式预测 $\hat{y}(k,T+1),\cdots,\hat{y}(k,T+N),\forall k\in K$, 以提高预测准确性. 具体来说, 我们首先选择时间窗口 $W(T+C,M)(C<N)$ 进行预测, 然后将这些预测值扩展到原始时间序列 $y(k,1),\cdots,y(k,T),\forall k\in K$ 作为观察值并滑动 $W(T+C,M)$ 到 $W(T+2C,M)$ 预测 $\hat{y}(k,T+C+1),\cdots,\hat{y}(k,T+2C),\forall k\in K$. 重复该过程直到 $\hat{y}(k,T+N),\forall k\in K$ 被预测.

基于张量分解 (GDF-TD) 的地理传感数据预测的伪代码示于算法 5.2.2 中.

算法 5.2.2 基于张量分解的地理传感数据预测

输入: 地理时间序列数据集 $\mathbb{D}(K,Y,T)$, 预测时长 N, 每次迭代预测的数目 $C(C\leqslant N)$

输出: 预测结果 $\hat{\hat{y}}(k,T+1,\cdots,T+N),\ k=1,\cdots,K$

步骤:

1. 规范化 $y(k,t),k=1,\cdots,K,t=1,\cdots,T$ 为 $\tilde{y}(k,t),k=1,\cdots,K,$ $t=1,\cdots,T$
2. $i=0,M=\lfloor T/C\rfloor\times C,s=T\%N$
3. **while** $i<\lfloor N/C\rfloor$ //$\lfloor\cdot\rfloor$ 表示向下取整
4. $m=(i+1)\times N,h=T+i\times N$
5. 选择时间窗口 $\boldsymbol{W}(t,M)S$ 内的数据集 $\mathbb{D}_{\boldsymbol{W}}(K,Y)$, 其中 $\tilde{y}_{\boldsymbol{W}}(k,t-m)=\tilde{y}(k,t+s),t=m+1,\cdots,m+M-C,\forall k=1,\cdots,K$, $\tilde{y}_{\boldsymbol{W}}(k,M-C+j)=0,$ $j=1,\cdots,C,\ \forall k=1,\cdots,K$
6. 构造张量 $\mathcal{Z}=\mathrm{fold}(\mathbb{D}_{\boldsymbol{W}}(K,Y))\in\Re^{I_1\times I_2\times I_3\times I_4}$ $//I_3=\lfloor\lfloor T/C\rfloor/I_1\rfloor,\ I_2=C,\ I_4=|K|$
7. $\varepsilon=10^{(-\mathrm{SDR}/10)}\|\mathcal{Z}\|_{\mathrm{F}}^2,R=1$
8. **repeat**
9. $(\boldsymbol{A}^{(1)},\boldsymbol{A}^{(2)},\boldsymbol{A}^{(3)},\boldsymbol{A}^{(4)})=\text{CP-WOPT}(\mathcal{Z},R)$
10. $\hat{\mathcal{Z}}=\sum\limits_{r=1}^{R}\boldsymbol{a}_r^{(1)}\circ\boldsymbol{a}_r^{(2)}\circ\boldsymbol{a}_r^{(3)}\circ\boldsymbol{a}_r^{(4)}$ //$\boldsymbol{a}_r^{(i)}$ 是 $\boldsymbol{A}^{(i)}$ 的第 r 列
11. $R=R+1$
12. **until** $\left\|\mathcal{Z}_{\Omega}-\hat{\mathcal{Z}}_{\Omega}\right\|_{\mathrm{F}}^2<\varepsilon$
13. $\hat{\hat{y}}(k,h+j)=\hat{z}_{I_1jI_3k},j=1,\cdots,C;k=1,\cdots,K$
14. $i=i+1$
15. **end while**
16. 输出 $\hat{\hat{y}}(k,T+1,\cdots,T+N),k=1,\cdots,K$

在算法 5.2.2 中, 步骤 1 将 $y(k,t),\ k=1,\cdots,K,\ t=1,\cdots,T$ 归一化为 $\tilde{y}(k,t)\in[0,1]$, 归一化函数定义为

$$\tilde{y}(k,t)=\frac{y(k,t)-\min\left(y(k,t)\right)_t}{\max\left(y(k,t)\right)_t-\min\left(y(k,t)\right)_t} \tag{5.2.5}$$

其中 $\max\left(y(k,t)\right)_t$ $(\min\left(y(k,t)\right)_t)$ 是在地理位置 $k\in K$ 收集的时间序列的最大 (最小) 值.

步骤 8~12 的循环用于选择最佳的分量数量, 这是 CP-WOPT 分解的关键问题. R 太小的分解不能拟合数据, 而 R 太大则可能导致过度拟合. 为了估计 R 的最佳值, 我们逐渐增加 R, 直到拟合满足需求. 在步骤 7 中, 定义误差界限 $\varepsilon=10^{(-\mathrm{SDR}/10)}\|\mathcal{Z}\|_{\mathrm{F}}^2$ 以便保证信号失真比 (the signal to distortion ratio, SDR) 在特定阈值内. 在步骤 12 中, 符号 Ω 表示 $\mathcal{Z}$ 的观察值的索引.

在算法 5.2.2 中, 用于构造张量的步骤 6 的时间复杂度是 $O\left(\prod_{k=1}^{P} I_k\right)$, 步骤 8~12 的循环的时间复杂度为 $O\left(HP^3Q^2R^3+R^2\prod_{k=1}^{P} I_k\right)$, 因此算法 5.2.2 的时间复杂度是 $O\left(\lfloor N/C\rfloor\times\left(HP^3Q^2R^3+R^2\prod_{k=1}^{P} I_k\right)\right)$.

5.2.3　实验与分析

1. 数据集

我们使用了 12 个地理传感数据集进行实验, 这些数据集是在 6 个地理传感器网络上以等间隔的离散时间间隔测量的. 收集的数据具有广泛的不同动态行为. 这些数据集的属性, 例如训练和测试阶段的长度 (分别为 T 和 N), 以及测量单位 (UM) 和采样间隔 $\varDelta$ 概括在表 5.2.1 中.

2. 性能指标

对于每个数据集, 时间序列分为训练和测试数据集. 训练数据集用于构造和分解张量, 而测试数据集用于评估算法的性能. 我们使用预测值 $\hat{y}(k,t)$ 和实际值 $y(k,t)$ 之间的均方根误差 (RMSE) 作为性能指标. RMSE 定义为

$$\mathrm{RMSE}=\sqrt{\frac{\sum_{k=1}^{|K|}\sum_{t=T+1}^{N}\left(\tilde{y}(k,t)-\hat{\tilde{y}}(k,t)\right)^2}{|K|\times N}} \tag{5.2.6}$$

表 5.2.1 6 个地理传感器网络收集的 12 个地理传感数据集, UM≡ 测量单位, $|K|$ ≡ 地理传感的数目, T ≡ 训练阶段的长度, N ≡ 测试阶段的长度, Δ≡ 采样间隔

数据集名称	区域	现象	UM	$\|K\|$	T	N	Δ
TCEQ	得克萨斯	风速	mph	26	336	24	1 小时
		气温	F°	26	336	24	1 小时
		臭氧浓度	ppb	26	336	24	1 小时
MESA	洛杉矶	NO_x 浓度	ppb	20	268	12	2 周
NREL	美国东部	风速	m/s	1326	144	48	30 分钟
SAC	南美洲	气温	℃	900	132	12	1 月
NREL/NSRDB	美国	全局太阳辐射	$W{\cdot}m^{-2}$	1071	77	24	1 小时
		直接太阳辐射	$W{\cdot}m^{-2}$	1071	77	24	1 小时
		漫射太阳辐射	$W{\cdot}m^{-2}$	1071	77	24	1 小时
NCDC	美国	气温	℃	72	93	12	1 月
		降水	mm	72	93	12	1 月
		太阳能	$MJ{\cdot}m^{-2}$	72	93	12	1 月

3. 结果和讨论

1) 张量大小对 RMSE 的影响

为了探索张量维度大小对 RMSE 的影响, 我们为每个序列构造了不同维度大小的张量, 并且基于这些构造的张量计算不同张量秩下的未来值. TCEQ, MSEA, SAC 和 NREL 网络上不同张量的 RMSE 如图 5.2.3 所示, 其中 “$I_1 \times I_2 \times I_3 \times I_4$” 表示四阶张量 $\mathcal{Z} \in \Re^{I_1 \times I_2 \times I_3 \times I_4}$, $I_4 = |K|$(地理传感的数量), $I_2 = C$ (预测范围), 并且根据 I_2 和 T (观察值的长度) 确定 I_1 和 I_3. 其他网络中的情况与此类似, 不再详述.

图 5.2.3 表明, 不同秩下的不同张量在所有数据集上具有不同的性能, 一般低秩张量的预测优于高秩张量, 而低秩张量的预测没有显著差异. 对于 MESA_NOx 系列, 张量 $\Re^{4\times12\times5\times20}$ 对于所有秩都表现良好, 但是当秩为 3 时张量 $\Re^{2\times12\times10\times20}$ 的性能急剧下降. 对于 NREL_Wind 系列, 无论是张量 $\Re^{3\times12\times4\times1326}$ 还是张量 $\Re^{2\times12\times6\times1326}$, 只有秩 −1 张量表现良好.

在以下实验中, 我们根据表 5.2.2 的维度大小构建表 5.2.1 中 6 个地理传感器网络的四阶张量.

注意, NREL/NSRDB 网络通过 1071 个传感器监测全球、直接和漫射的太阳辐射 3 种现象, 每个传感器收集 101 个数据, 其中前 77 个数据用于训练, 最后 24 个数据用于测试. 我们分别从每个传感器的训练和测试数据中删除了 35 和 10 个零值数据, 因为这些删除的数据对应于从晚上 8 点到凌晨 5 点的太阳辐射, 并且在此期间没有太阳辐射. 因此, 在我们的实验中, 对于 NREL/NSRDB 网络中的每个传感器, 我们使用 42 个数据进行训练, 14 个数据用于测试. 这些数据被构建为四

阶张量 $\mathcal{Z} \in \Re^{2\times7\times4\times1071}$. 由于训练集的时间序列长度 (42) 相对于预测范围 (14) 是不够的 (测试长度占训练长度的 30%), 所以我们设置 $C = 7$, 即 14 个值分两次预测. NREL 网络的情况类似, 我们设置 $C = 12$, 因此 48 个值分别在四次迭代中预测.

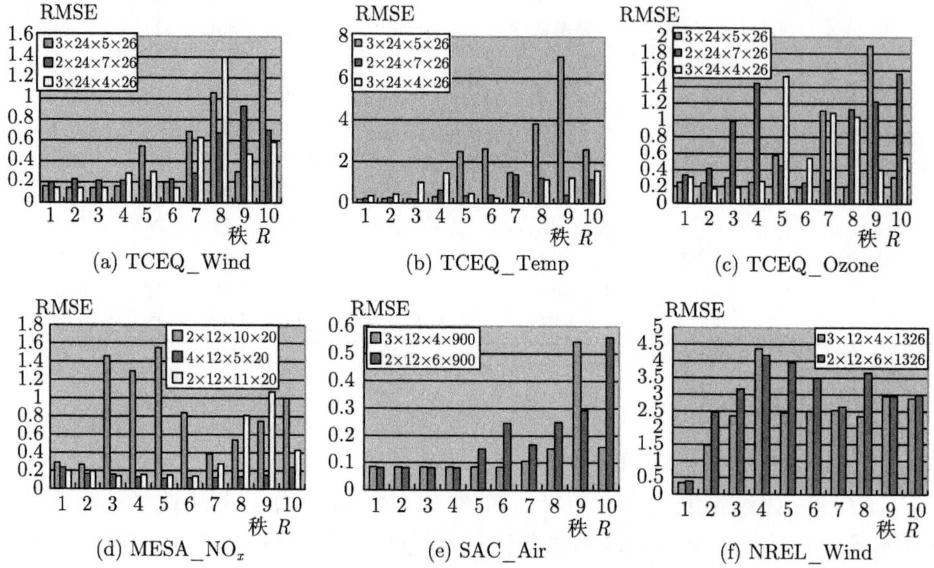

图 5.2.3 不同张量在不同秩 R 下的 RMSE

表 5.2.2 6 个地理传感器网络上的张量维度

数据名称	$\|K\|$	T	N	I_1	$I_2 = C$	$I_3 = \lfloor\lfloor T/C\rfloor/I_1\rfloor$	$I_4 = \|K\|$
TCEQ	26	336	24	3	24	5	26
NREL	1326	144	48	3	12	4	1326
MESA	20	268	12	2	12	10	20
SAC	900	132	12	3	12	4	900
NREL/NSRDB	1071	77	24	2	7	4	1071
NCDC	72	93	12	2	12	4	72

2) 张量秩对 RMSE 的影响

图 5.2.4 显示了表 5.2.1 中 12 个地理传感数据集在不同秩下的 RMSE, 其中张量根据表 5.2.2 的维度大小构造.

图 5.2.4 表明, 所有张量分解在低秩下的预测比高秩下更准确. 换句话说, 性能随着秩的增加而降低, 特别是在 NREL_Wind 系列中. 它表明维度大小为表 5.2.2 的四阶张量是低秩张量. 因此, 使用逐步增加秩的方法来确定最优秩是可行的. 每个系列的最优秩 R^* 如表 5.2.3 所示.

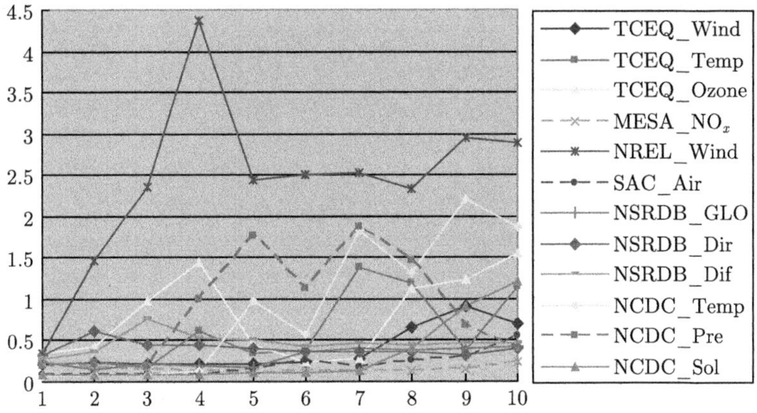

图 5.2.4 12 个序列在不同秩下的 RMSE (扫描封底二维码可看彩图)

表 5.2.3 GDF-TF 与其他方法在 12 个传感数据集上最优预测结果 (表示为 LowE) 比较

数据名称	Xianx	平均 RMSE	
		LowE	GDF-TD
TCEQ	风速	0.31	**0.14** (R^*=2)
	气温	0.21	**0.16** (R^*=1)
	臭氧浓度	0.53	**0.19** (R^*=6)
MESA	NO$_x$ 浓度	0.18	**0.11** (R^*=5)
NREL	风速	0.39	**0.34** (R^*=1)
SAC	气温	0.15	**0.08** (R^*=1)
NREL/NSRDB	全局太阳辐射	0.17	**0.15** (R^*=2)
	直接太阳辐射	0.45	**0.32** (R^*=1)
	漫射太阳辐射	0.30	**0.27** (R^*=1)
NCDC	气温	0.12	**0.07** (R^*=1)
	降水	0.26	**0.20** (R^*=1)
	太阳能	0.13	**0.08** (R^*=1)
总平均		0.28	**0.18**
总中值		0.27	**0.16**

3) 张量分解的收敛性

为了研究张量分解的收敛性, 我们根据表 5.2.2 的维数大小构造了四阶张量并对它们进行分解.

为了使收敛条件是重构张量 $\hat{\mathcal{Z}}_\Omega$ 与相邻迭代中原始 $\mathcal{Z}_\Omega$ 之间的误差绝对增量 Err $< 10^{-6}$, 其中 $\text{Err} = \text{abs}\left(\left\|\mathcal{Z}_\Omega(t+1) - \hat{\mathcal{Z}}_\Omega(t+1)\right\|_F^2 - \left\|\mathcal{Z}_\Omega(t) - \hat{\mathcal{Z}}_\Omega(t)\right\|_{\mathrm{F}}^2\right)$. Err $< 10^{-6}$ 意味着重构张量的性能不再改善. 图 5.2.5 显示了张量秩 $R=1$ 时 Err 的迭代收敛次数.

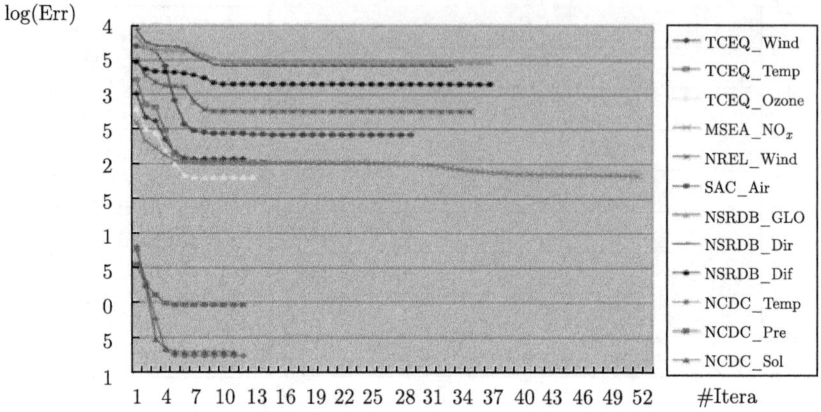

图 5.2.5　$\mathcal{Z}_\Omega$ 和 $\mathcal{T}_\Omega$ 间的绝对误差的收敛性 (扫描封底二维码可看彩图)

从图 5.2.5 可以看出, 在所有 12 个序列中 Err 随着迭代次数的增加单调收敛, 并且收敛很快, 大多数序列能在 20 次迭代内收敛, 所有系列可以在 50 次迭代后都收敛.

4) GDF-TF 算法的性能

在 12 个传感数据集上 GDF-TF 与其他方法最优预测结果 (表示为 LowE) 的比较如表 5.2.3 所示, 其中最低的错误以粗体显示. R^* 表示最优秩.

从表 5.2.3 可以观察到, 在所有 12 个地理传感数据集中, 基于张量分解的方法产生的 RMSE 低于 LowE, 准确度平均提高为 33%, 特别是在 TCEQ_Ozone 上准确度提高最大 (64%). 除了 TCEQ_Wind, TCEQ_Ozone, MESA_NO$_x$ 和 NSRDB_Glo 系列之外, 所有张量的最优秩都是 1. 实际上, 秩 1 下的 TCEQ_Wind, TCEQ_Ozone 的 RMSE 分别为 0.16 和 0.25, 秩 2 下的 MESA_NO$_x$, NSRDB_Glo 的 RMSE 分别为 0.16 和 0.15, 这些值都低于 LowE. 表明我们提出的方法对于地理传感数据预测是有效的.

图 5.2.6 和图 5.2.7 分别表示出了每个地理传感器在所有时间点上的平均预测精度的箱形图分布以及在每个预测时间点的所有地理传感器的平均预测精度的分布图. 将盒子分成两部分的线表示第二四分位数 (总体中位数 RMSE). 从图 5.2.6 和图 5.2.7 可以看出, 在 12 个数据集上每个地理空间传感器的所有预测时间点计算的 RMSE 分布更集中, 但对于 TCEQ_Ozone 和 SAC_Air 数据集, 在每个预测时间点的所有地理传感器的平均预测精度的分布比较分散. 在图 5.2.6 中, NSRDB, NREL 网络和 NCDC_Sol 数据集上存在许多异常值, 而在图 5.2.7 中只有 NSRDB_Dir 和 NCDC_Sol 具有异常值, 并且大多数异常值集中在较大的一侧, 表明 GDF-TF 算法在空间和时间维度方面具有不同的性能.

基于张量分解的预测模型使用张量模式来组织地理传感数据, 并基于张量分解预测时间序列的未来值. 该方法不仅组合和利用了多个模态的相关性, 而且很好地提取了每种张量模式中的基础因子, 获得了较好的预测效果.

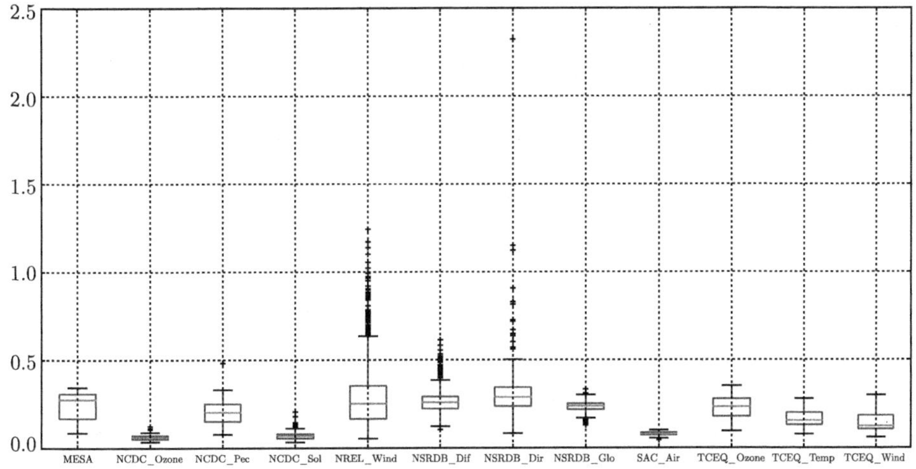

图 5.2.6 每个地理传感器在所有时间点上的平均预测精度的箱形图分布

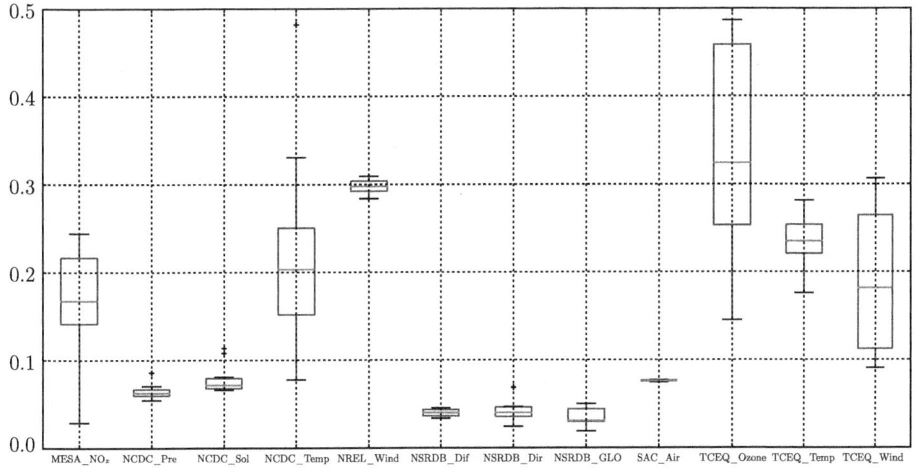

图 5.2.7 在每个预测时间点所有地理传感器的平均预测精度的分布图

5.3 基于 LDA-DeepHawkes 模型的信息级联预测

信息级联预测是基于信息早期的传播特征来预测其未来的传播范围. 在线社交媒体的迅速发展极大地促进了信息的产生与传递, 也加剧了广大信息之间的竞争以吸引用户的注意力, 因此信息流行性的预测非常重要.

设有 M 条消息 $\mathcal{M}=\{m^i\}(1\leqslant i\leqslant M)$. 级联 $C^i=\{(u_j^i,v_j^i,t_j^i)\}$ 表示消息 m^i 的扩散过程, 其中元组 (u_j^i,v_j^i,t_j^i) 对应于消息 m^i 的第 j 次转推, 这次转推是用户 v_j^i 转推来自 u_j^i 的消息 m^i, 原始帖子和第 j 次转推之间经过的时间是 t_j^i. 消息 m^i 的流行度 R_t^i 定义为到时间 t 消息的转发数量, 即 $|\{(u_j^i,v_j^i,t_j^i)|t_j^i\leqslant t\}|$. 流行度预测问题是: 基于消息 m^i 的文本内容和观察时间窗口 $[0,T)$ 中的级联, 预测每个级联 C^i 观察到的流行度 R_t^i 与最终流行度 R_∞^i 之间的增量流行度 ΔR_T^i.

现有的信息流行度预测方法主要分为基于特征的方法、生成方法及两者方法的结合. 基于特征的方法利用人类的先验知识提取信息的各类特征, 通过训练回归/分类模型来预测信息在未来的流行度, 这种方法的预测性能优异, 但缺乏清晰的可解释性; 生成方法致力于表征和建模一条信息引起注意的过程, 使人们容易理解控制信息流行动态的基本机制, 但是该类方法没有针对流行度预测进行优化, 其预测能力不理想. 基于特征的方法和生成方法的结合则扬长避短, 比如 DeepHawkes 模型将 Hawkes 模型与深度学习相结合, 不仅继承了 Hawkes 模型的高度可解释性, 又具备深度学习高准确的预测能力. 然而, DeepHawkes 模型仅仅通过建模信息级联的早期扩散情况来预测信息未来的流行度, 忽略了信息本身的文本内容对于信息传播流行度的影响. 但事实上, 信息的文本内容对于信息传播的流行度起着重要作用, 它们之间有很强的相关性.

本节主要介绍 Hawkes 过程、DeepHawkes 模型及 LDA-DeepHawkes 模型. LDA-DeepHawkes 模型是在 DeepHawkes 模型的基础上进一步考虑了信息的文本内容对于信息流行度的影响, 将 LDA(Latent Drichlet Allocation) 主题模型融入 DeepHawkes 模型中, 分析了信息文本内容的主题, 考虑了主题之间的自激机制, 并将级联和文本内容的影响融合在一起, 更加全面地建模信息扩散过程, 在继承 DeepHawkes 高解释性的同时, 进一步提高了预测准确度.

5.3.1 Hawkes 过程

Hawkes 过程是一种随机事件模型, 广泛用于模拟信息级联的生成过程. Hawkes 过程能够有效建模消息流行的动态, 其关键是模拟新事件的到达率. 新事件的到达率定义为

$$\rho_t^i=\sum_{j:t_j^i<=t}\mu_j^i\phi(t-t_j^i) \tag{5.3.1}$$

其中 ρ_t^i 是信息 m^i 在 t 时刻新转推的到达率, t_j^i 是原始帖子和第 j 次转推之间经过的时间, μ_j^i 是直接受第 j 次转推影响的潜在用户数, $\phi(t)$ 是时间衰减函数. Hawkes 过程中有三个关键因素: ① 用户的影响 —— 影响力大的用户对新转推的到达率的贡献更大, 影响力大的用户转发的推文往往被转发更多; ② 自我激励机制 —— 每

次转发都对未来新转推的到达率有贡献; ③ 时间衰减效应 —— 转推的影响随着时间的推移而衰减.

Hawkes 过程通过模拟新事件的到达率建模消息流行的动态, 通过用户的影响、自我激励机制和时间衰减效应三个关键因素很好地解释观察到的转发, 使人们很容易理解控制信息流行动态的基本机制. 但是 Hawkes 过程独立地学习每个级联的参数, 没有针对流行度预测进行优化, 因此预测效果不理想.

5.3.2 DeepHawkes 模型

DeepHawkes 模型将 Hawkes 模型与深度学习相结合, 在端到端监督的深度学习框架下对 Hawkes 过程的可解释因素进行类比. DeepHawkes 模型的框架如图 5.3.1 所示.

DeepHawkes 模型的框架将级联作为输入并输出增量流行度 (图 5.3.1). 它首先将级联转换为一组扩散路径, 每个扩散路径描绘了在观察时间内向每个转发用户传播信息的过程. DeepHawkes 模型的主要部分包含三个: ① 用户嵌入, 将用户身份嵌入低维空间以表示用户的影响; ② 路径编码及和池, 将转发路径馈送到循环神经网络, 并累加所有路径的最后隐藏层的值, 以模拟每个转发的自我激励机制; ③ 非参数时间衰减效应, 采用非参数方式学习信息传递中的时间衰减效应. DeepHawkes 模型的这三个组成部分完全符合 Hawkes 过程的三个关键可解释因素. 最后, 级联的表示通过一个全连接层连接到预测目标, 即增量流行度.

1. 用户嵌入

用户嵌入将用户身份嵌入低维空间以表示用户对信息扩散的影响. 通常, 在线内容在未来受欢迎的程度与参与用户有关 (参与者的影响力越大, 收到的转发就越多), 并且在社交网络中具有不同位置或不同兴趣或特征的用户可能对级联的扩散具有不同的影响. 为了区分不同用户在不同级联中的影响, 用户嵌入使用监督的流行度预测框架进行学习, 学习到的表示对于流行度预测是最优的, 然后使用学习到的表示作为用户影响的指示.

假设有 N 个用户, 级联中的每个用户被表示为一个一热 (one-hot) 向量, $\boldsymbol{q} \in \Re^N$. 所有用户共享一个嵌入矩阵 $\boldsymbol{A} \in \Re^{K\times N}$, 其中 K 是一个可调的嵌入维度. 用户嵌入矩阵 $\boldsymbol{A}$ 将每个用户转换为他的表达向量 $\boldsymbol{x} \in \Re^K$

$$\boldsymbol{x} = \boldsymbol{A}\boldsymbol{q} \tag{5.3.2}$$

由于用户嵌入矩阵 $\boldsymbol{A}$ 在训练过程中学习, 受未来流行度的监督, 因此学到的用户嵌入对于流行度预测是最优的.

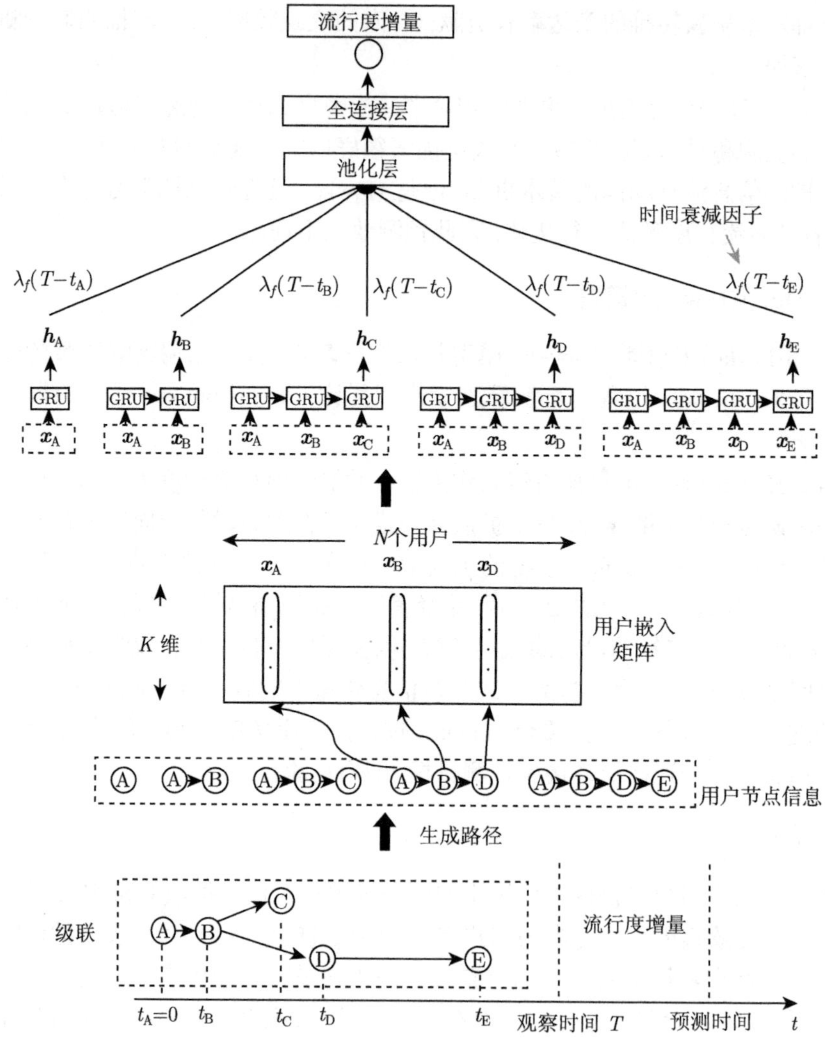

图 5.3.1　DeepHawkes 模型的框架

2. 路径编码及和池

Hawkes 过程的第二个关键因素是自激机制, 即每次转发都会增加未来新转推的到达率. 实际上, 不仅当前转推用户本身能够促进未来流行的繁荣, 而且整个转推路径也会对未来流行做出贡献. DeepHawkes 模型的路径编码通过循环神经网络 GRU 单元模拟级联中每个用户在当前转发之后对随后的转发产生的影响 (影响传递) 及用户在级联结构中的重要性. 影响的传递表示以前的参与者不仅影响其直接转发者, 而且还通过传递性的方式对间接转发者产生影响, 比如用户 A 发布了消息

m^i, 用户 B 转发了来自用户 A 的消息, 用户 C 转发了来自用户 B 的消息. 对于其他用户, 比如用户 D, 他们看到了消息 m^i 和转发路径 A→B→C, 用户 D 的转发概率可能在他看到该消息的参与者 (即用户 B 或用户 A 具有权威性) 时增加. 换句话说, 整个转发路径中的每个用户可能在当前转发之后对随后的转发产生影响. 用户在级联结构中的重要性通过用户在级联路径中的出现频率来表征. 在图 5.3.1 中, 由于其余的转发都是由用户 B 直接或间接引起的, 因此用户 B 在该级联中的结构位置非常重要. 结构位置的这种重要性在 DeepHawkes 模型中通过用户在多个转发路径中频繁出现来表示, 即用户 B 将出现在用户 B, C, D 和 E 的每个转发路径中. 影响的传递和结构位置模拟了整个转发路径对每个转发的影响, 然后累加这些影响实现自我激励的机制.

在 DeepHawkes 模型中, 将消息 m^i 的每个用户 $u_j^i, 1 \leqslant j \leqslant R_T^i$ 的转发路径 p_j^i 使用 GRU 进行编码. GRU 中第 k 个隐藏层的状态为 $\boldsymbol{h}_k = \mathrm{GRU}(\boldsymbol{x}_i, \boldsymbol{h}_{k-1})$, 其中输出层 $\boldsymbol{h}_k \in \Re^H$, 输入向量 $\boldsymbol{x}_k \in \Re^K$ 是用户嵌入, $\boldsymbol{h}_{k-1} \in \Re^H$ 是前一个隐藏层的状态, k 是用户嵌入的维度, H 是隐藏层的维度.

GRU 中重置门 $\boldsymbol{r}_k \in \Re^H$ 的计算: $\boldsymbol{r}_k = \sigma(\boldsymbol{W}^r \boldsymbol{x}_k + \boldsymbol{U}^r \boldsymbol{h}_{k-1} + \boldsymbol{b}^r)$, 其中 $\sigma(\cdot)$ 是 sigmoid 激活函数, $\boldsymbol{W}^r \in \Re^{H\times K}, \boldsymbol{U}^r \in \Re^{H\times H}$ 和 $\boldsymbol{b}^r \in \Re^H$ 是 GRU 在训练过程中学到的参数.

更新门 $\boldsymbol{z}_k \in \Re^H$ 的计算: $\boldsymbol{z}_k = \sigma(\boldsymbol{W}^z \boldsymbol{x}_k + \boldsymbol{U}^z \boldsymbol{h}_{k-1} + \boldsymbol{b}^z)$, 其中 $\boldsymbol{W}^z \in \Re^{H\times K}$, $\boldsymbol{U}^z \in \Re^{H\times H}$ 和 $\boldsymbol{b}^z \in \Re^H$.

隐藏状态 $\boldsymbol{h}_k$ 的计算: $\boldsymbol{h}_k = \boldsymbol{z}_k \circ \boldsymbol{h}_{k-1} + (1 - \boldsymbol{z}_k) \circ \tilde{\boldsymbol{h}}_k$, 其中 $\tilde{\boldsymbol{h}}_k = \tanh(\boldsymbol{W}^h \boldsymbol{x}_k + \boldsymbol{r}_k \circ (\boldsymbol{U}^h \boldsymbol{h}_{k-1}) + \boldsymbol{b}^h)$, $\circ$ 表示元素点积, $\boldsymbol{W}^h \in \Re^{H\times K}$, $\boldsymbol{U}^h \in \Re^{H\times H}$ 和 $\boldsymbol{b}^h \in \Re^H$.

级联 C^i 的表示 c^i: 对于每个转发路径 p_j^i, 最后一个隐藏状态用于表示整个扩散路径, 记为 h_j^i. 级联 C^i 的表示 c^i 通过和池机制计算为: $c^i = \sum\limits_{j=1}^{R_T^i} h_j^i$, 其中 $c^i \in R^H$.

3. 非参数时间衰减效应

转发的影响随着时间的推移而衰减, 成为 Hawkes 过程的最后一个关键因素, 即时间衰减效应. DeepHawkes 模型通过非参数方法直接学习时间衰减效应.

假设在时间 T 内观察到所有消息的扩散, 那么未知的时间衰减效应 $\phi(t)$ 是一个在 $[0, T)$ 上连续变化的函数. DeepHawkes 模型通过将时间长度 T 分割为 L 个不相交的区间 $\{[t_0 = 0, t_1), [t_1, t_2), \cdots, [t_{L-1}, t_L = T)\}$ 来近似这个时间衰减效应函数, 并学习相应的离散时间衰减效应变量 $\lambda_l, l \in (1, 2, \cdots, L)$. 从连续时间到时间区间的映射函数 f 定义为: 如果 $t_{l-1} \leqslant T - t_j^i \leqslant t_l$, 则 $f(T - t_j^i) = l$, 其中 t_j^i 是消息 m^i 的原始帖子和第 j 个转发之间经过的时间, $f(T - t_j^i)$ 是对应于第 j 个转发的时间衰减效应的时间区间.

对于观察时间窗口 $[0,T)$ 内的消息 m^i 的级联 C^i, 每个转发路径被表示为 p_j^i, 而该转发路径中的最后一个用户的转发时间是 t_j^i. 若使用加权的和池机制来组合时间衰减效应, 则级联 C^i 的表示 c^i 定义为: $c^i = \sum\limits_{j=1}^{R_T^i} \lambda_{f(T-t_j^i)} h_j^i$.

4. 输出层

DeepHawkes 模型的输出层是一个输入为级联表示 c^i 的多层感知器, 感知器只有一个输出单元, 其输出值为: $\Delta\hat{R}_T^i = MLP(c^i)$. 最小化目标函数定义为: $\text{obj} = \dfrac{1}{M}\sum\limits_{i=1}^{M} \log(\Delta\hat{R}_T^i - \Delta R_T^i)^2$, 其中 $\Delta\hat{R}_T^i$ 级联 C^i 预测增量流行度, ΔR_T^i 是真正的增量流行度, M 是级联总数. 由于平方损失容易受到异常值的影响, 因此目标函数对增量流行度进行对数变换. 变换后的目标函数的行为类似于 MAPE(平均绝对百分比误差), 并且更容易优化.

5.3.3 LDA-DeepHawkes 模型

DeepHawkes 模型将 Hawkes 模型与深度学习相结合, 在端到端监督的深度学习框架下对 Hawkes 过程的可解释因素进行类比, 不仅继承了 Hawkes 模型能够表征和建模信息扩散的过程, 使人们容易理解控制信息流行动态基本机制的高度可解释性, 又具备深度学习能够自主学习流行度预测的隐含特征, 具有高准确预测能力的优势, 弥合了传统方法中信息级联的预测与理解之间的间隙. 然而, DeepHawkes 模型只考虑了信息级联的因素, 忽略了信息本身的文本内容对于传播的影响. 事实上, 信息的文本内容对信息传播的影响也很大, 因为不同的内容涉及不同的主题, 不同的用户对不同主题的兴趣不同, 涉及不同主题的信息往往具有不同的流行程度. 所以在对信息传播情况进行预测时, 消息的文本内容也是不可忽略的因素. 为此, 我们在 DeepHawkes 模型的基础上进一步考虑了信息的文本内容对于扩散的影响, 提出了既考虑级联的因素又考虑文本内容的 LDA-DeepHawkes 模型, 更加全面地建模信息扩散过程, 在继承 DeepHawkes 高解释性的同时, 进一步提高预测准确度.

LDA-DeepHawkes 模型包括关于级联的 DeepHawkes 组件、关于主题的 DeepHawkes 组件及上述两个组件的融合, 其框架如图 5.3.2 所示. LDA-DeepHawkes 模型将信息级联及消息的文本内容作为输入, 将模型的输出作为级联转发增量的预测值.

1. 关于级联的 DeepHawkes 组件

关于级联的 DeepHawkes 组件采用 5.3.2 节中的 DeepHawkes 模型. 组件以信息级联作为输入, 将输入的级联转换为一组扩散路径, 每个扩散路径描绘了在观察时间内信息的转发过程. 组件通过用户嵌入、转发路径编码及时间衰减三个组成部分对 Hawkes 过程的可解释因素进行类比.

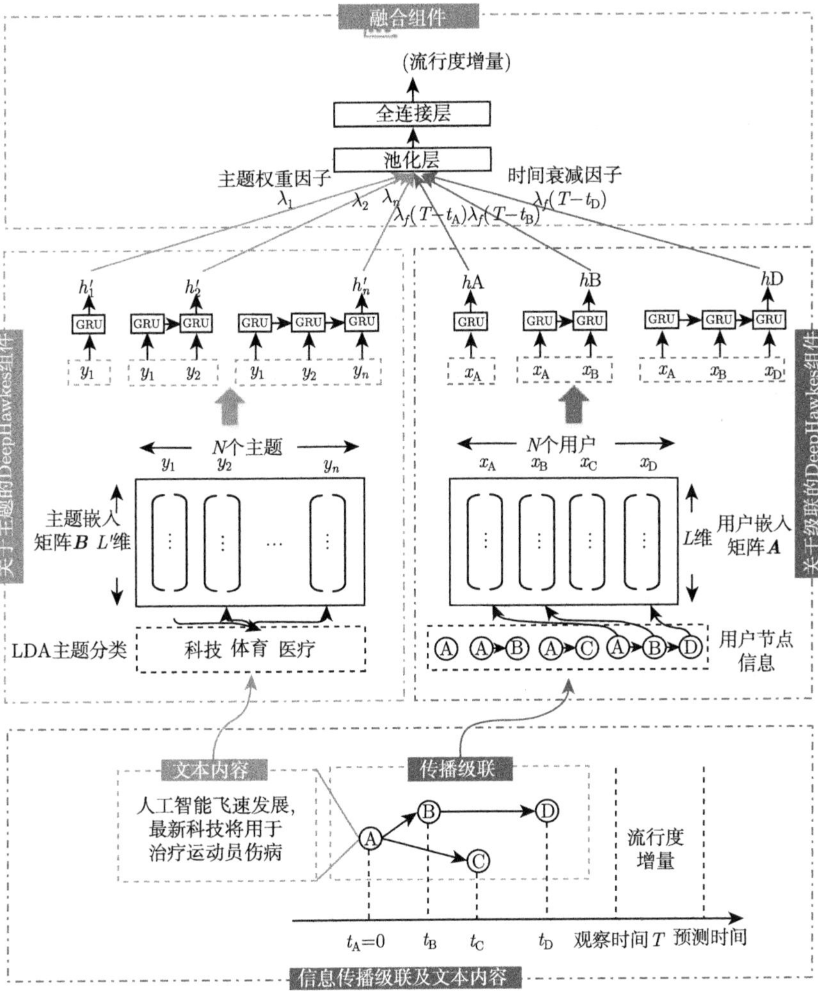

图 5.3.2 LDA-DeepHawkes 框架

2. 关于主题的 DeepHawkes 组件

关于主题的 DeepHawkes 组件以信息的文本内容作为输入, 通过 LDA 主题模型抽取消息中的主题, 构建主题嵌入矩阵, 将抽取的主题转换为一组主题路径并传递到循环神经网络 GRU 进行编码, 以模拟主题路径中主题间的影响 (影响传递) 及主题在主题路径结构中的重要性. 组件通过主题嵌入、主题路径编码及主题重要性衰减三个组成部分对 Hawkes 过程的可解释因素进行类比.

1) 主题嵌入

不同的消息涉及不同的主题. 我们通过 LDA 主题模型抽取消息中的主题, 并构建主题信息嵌入矩阵. 构建过程如下:

分词　由于微博文本内容具有数据集较大、词长较短的特点, 我们使用 Python 的结巴分词包, 采用精确分词模式对消息内容进行分词, 并去除单字词及标点符号;

构建文档–词频矩阵　统计所有消息中的总词数和各词出现的次数, 构建文档–词频矩阵: 若消息 m^i 中包含词 w_j, 则文档–词频矩阵中的元素 x_{ji} 为词 w_j 的出现次数在总词数中的占比, 即 $x_{ji}=\dfrac{n_j}{N}$, 否则 $x_{ji}=0$;

LDA 主题建模　将文档–词频矩阵输入 LDA 主题分类模型, 构建主题–词频矩阵和文档–主题矩阵, 主题–词频矩阵存储各个主题生成不同词的概率, 文档–主题矩阵存储各个消息对应到不同主题的概率.

LDA 模型是一个包含词、主题和消息文档的三层产生式全概率生成模型, 模型结构如图 5.3.3 所示, 其基本思想是把文档视为其隐含主题的混合, 而每个主题则表现为跟该主题相关的词的频率分布. 图 5.3.3 中 M 为消息总数, K 为主题数, 每条消息的文本内容由多个词构成, 所有消息中包含的 N 个词组成一个词集. $\overrightarrow{\phi_k}$ 表示主题 k 中所有词的概率分布, $\overrightarrow{\theta_i}$ 表示消息 m^i 的所有主题的概率分布, $\overrightarrow{\theta_i}$ 和 $\overrightarrow{\phi_k}$ 分别服从超参数 α 和 β 的狄利克雷先验分布. $w_{i,n}$ 和 $z_{i,n}$ 分别表示消息 m^i 中的第 n 个词及第 n 个词的主题.

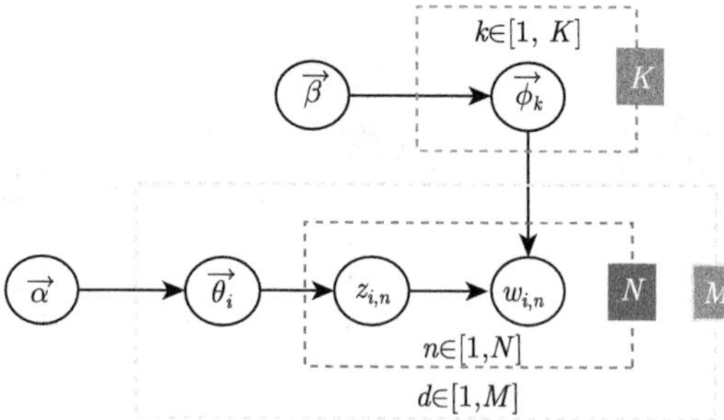

图 5.3.3　LDA 主题分类模型

LDA 以 M 条消息的文本内容作为输入, 将消息的文本内容作为文档, 以主题–词频矩阵和文档–主题矩阵作为输出. 主题–词频矩阵描述每个主题生成不同词的概率, 文档–主题矩阵描述每条消息对应到不同主题的概率. 设 n_{sw} 表示词集中对应于主题 S 的第 W 个词的数目, N_W 表示所有主题 S 词的数目, 则主题–词频矩阵中元素 p_{sw} 表示主题 S 的第 W 个词的概率, $p_{sw}=\dfrac{n_{sw}}{N_w}$; 设 n_{ij} 表示消息 m^i

对应第 j 个主题的词的数目, 则文档–主题矩阵中元素 p_{ij} 表示消息 m^i 对应第 j 个主题的概率, $p_{ij}=\dfrac{n_{ij}}{N}$.

LDA 模型基于当前的 $\overrightarrow{\theta_i}$ 和 $\overrightarrow{\phi_k}$, 为一个消息中的一个单词计算它对应任意一个主题的概率, 计算式为

$$p(w_{i,n}|m^i)=p(w_{i,n}|z_{i,n}=k)p(z_{i,n}=k|m^i) \tag{5.3.3}$$

根据各个对应主题概率值的大小更新这个词应该对应的主题. 如果这个更新改变了这个词所对应的主题, 则对 $\overrightarrow{\theta_i}$ 和 $\overrightarrow{\phi_k}$ 进行更新. 不断迭代这个过程直至各个概率不再变化 (模型收敛). 模型收敛后即可获得主题–词频矩阵和文档–主题矩阵.

构建主题嵌入矩阵 采用 Word2Vec 方法生成各个词的词向量, 然后取每个主题下所有关键词的词向量的平均作为该主题的表示向量. 主题嵌入矩阵 $\boldsymbol{B}\in\Re^{L'\times K}$ 的每一列表示一个主题的表示向量, L' 是主题表示向量的维度, K 是主题数目.

例 5.3.1 表 5.3.1 所示的示例数据集包含了消息序号、消息内容、消息的转发路径及转发时间, 其中第三列 "转发路径及转发时间" 中 "/" 表示用户之间的转发关系, "：" 后的数字代表转发时间与消息发布时间的间隔 (单位：秒), 比如第一行第三列的 "1/2:2700" 表示用户 2 转发了用户 1 发布的消息, 转发时间发生在用户 1 发布消息后的第 2700 秒.

对表 5.3.1 中第二列 "消息内容" 进行分词, 结果如表 5.3.2 所示.

表 5.3.1 数据集示例

序号	消息内容	转发路径及转发时间
1	诺贝尔奖公布, 癌症有了 新突破, 最新科技将造福人类.	1:0 1/2:2700 1/2/3:2700 1/4:2700 1/2/5:2700 1/6:3800 1/6/7:3800
2	本次亚运会采用智能水循环系统, 科技节能得以实现.	22:0 22/23:2700 22/24:2700 22/24/25:3800 22/24/26:3800
...	...	...

表 5.3.2 消息文本的分词结果

序号	分词结果
1	诺贝尔奖 公布 癌症 有了 突破 最新 科技 将福 人类
2	本次 亚运会 采用 智能 水循环 系统 科技 节能 得以 实现
...	...

表 5.3.3 和表 5.3.4 分别统计了消息文本中各词出现的次数及各词在各个文档中出现的频率.

设每个主题取 3 个关键词, 则各个主题的关键词如表 5.3.5 所示, 各条消息涉及的主题及各个主题在消息中的权重如表 5.3.6 所示.

表 5.3.3　词数统计

词	数量
科技	10
亚运会	7
···	···
总计	341

表 5.3.4　词频–文档矩阵

	1	2	3	4	···
科技	0.0293	0.0315	0	0.0478	···
亚运会	0	0.0205	0	0	···
···	···	···	···	···	···

表 5.3.5　各个主题的关键词

主题	关键词
T1	科技, 人工智能, 科学
T2	运动, 运动员, 球员
···	···

表 5.3.6　各条消息所涉及的主题及各个主题的权重

序号	内容	主题
1	诺贝尔奖公布, 癌症有了新突破, 最新科技将造福人类.	T1: 0.677; T3: 0.315
2	本次亚运会采用智能水循环系统, 科技节能得以实现.	T1: 0.711; T4: 0.237
···	···	···

设主题表示向量的维度为 3, 则主题嵌入矩阵 $\boldsymbol{B}$ 如表 5.3.7 所示.

表 5.3.7　主题嵌入矩阵 B

T1	T2	···
0.2	0.03	···
0.5	0.12	···
0.3	0.85	···

2) 主题路径编码

设消息 m^i 涉及 n 个主题 $t_1, t_2, \cdots, t_n$, 这 n 个主题在当前消息中所占的比重 $r_1, r_2, \cdots, r_n$ 满足 $r_1 > r_2 > \cdots > r_n$, 则这 n 个主题的子集 $\{\{r_1\}, \{r_1, r_2\}, \cdots, \{r_1, r_2, \cdots, r_n\}\}$ 称为消息 m^i 的主题路径. 与用户表示向量类似, 每条主题路径中的每个主题都被表示为一个一热向量 $\boldsymbol{q}' \in \Re^K$, 其中 K 是主题总数. 所有主题共享一个嵌入矩阵 $\boldsymbol{B} \in \mathcal{R}^{L' \times K}$, 其中 L' 是主题表示向量的维度. 主题嵌入矩阵 $\boldsymbol{B}$ 将每个主

题转换为它的表示向量, 转换公式为

$$\boldsymbol{y} = \boldsymbol{B}\boldsymbol{q}' \tag{5.3.4}$$

与用户嵌入矩阵 $\boldsymbol{B}$ 类似, 主题嵌入矩阵 $\boldsymbol{B}$ 也是在训练过程中在未来流行度的监督下进行学习, 因此学到的主题嵌入矩阵 $\boldsymbol{B}$ 对于流行度预测是最优的.

主题路径编码通过循环神经网络 GRU 模拟主题路径中主题间的影响 (影响传递) 及主题在主题路径结构中的重要性. 影响的传递表示权重大的主题对所有权重小的主题产生影响. 主题在主题路径结构中的重要性通过主题在多个主题路径中频繁出现来表示. 各个主题路径最后一个 GRU 的输出被传送给融合组件, 通过累加各种影响实现 Hawkes 的自我激励机制.

使用 GRU 为消息 m^i 的每个主题 y_j^i, $1 \leqslant j \leqslant K$ 进行编码时, GRU 中第 t 个隐藏状态 $\boldsymbol{h}_t' = \mathrm{GRU}(\boldsymbol{y}_j^i, \boldsymbol{h}_{t-1}')$, 其中输出 $\boldsymbol{h}_t' \in \Re^H$, 输入 $\boldsymbol{y}_j^i \in \Re^{L'}$ 是主题表示向量, $\boldsymbol{h}_{t-1}' \in \Re^H$ 是前一个隐藏层的状态, L' 是主题嵌入的维度, H 是隐藏状态的维度.

GRU 中重置门 $\boldsymbol{r}_t' \in \Re^H$ 的计算 $\boldsymbol{r}_t' = \sigma(\boldsymbol{W}'^{r'}\boldsymbol{y}_j^i + \boldsymbol{U}'^{r'}\boldsymbol{h}_{t-1}' + \boldsymbol{b}'^{r'})$, 其中 $\sigma(\cdot)$ 是 sigmoid 激活函数, $\boldsymbol{W}'^{r'} \in \Re^{H\times L'}, \boldsymbol{U}'^{r'} \in \Re^{H\times H}$ 和 $\boldsymbol{b}'^{r'} \in \Re^H$ 是 GRU 在训练过程中学到的参数.

更新门 $\boldsymbol{z}_t' \in \Re^H$ 的计算 $\boldsymbol{z}_t' = \sigma(\boldsymbol{W}'^{z'}\boldsymbol{y}_j^i + \boldsymbol{U}'^{z'}\boldsymbol{h}_{t-1}' + \boldsymbol{b}'^{z'})$, 其中 $\boldsymbol{W}'^{z'} \in \Re^{H\times L'}$, $\boldsymbol{U}'^{z'} \in \Re^{H\times H}$ 和 $\boldsymbol{b}'^{z'} \in \Re^H$.

隐藏状态 $\boldsymbol{h}_t'$ 的计算 $\boldsymbol{h}_t' = \boldsymbol{z}_t' \circ \boldsymbol{h}_{t-1}' + (1 - \boldsymbol{z}_t') \circ \tilde{\boldsymbol{h}}_t'$, 其中 $\tilde{\boldsymbol{h}}_t' = \tanh(\boldsymbol{W}'^{h'}\boldsymbol{y}_j^i + \boldsymbol{r}_t' \circ (\boldsymbol{U}'^{h'}\boldsymbol{h}_{t-1}') + \boldsymbol{b}'^{h'})$, $\circ$ 表示元素点积, $\boldsymbol{W}'^{h'} \in \Re^{H\times L'}$, $\boldsymbol{U}'^{h'} \in \Re^{H\times H}$ 和 $\boldsymbol{b}'^{h'} \in \Re^H$.

3) 主题重要性衰减效应

不同的主题对于信息传播的贡献不同, 通常相关性高的主题影响更大. 这里使用 LDA 获得的消息–主题矩阵中各个主题在消息中的权重作为主题重要性衰减因子 λ_r', $r = 1, \cdots, n$. 比如 $\lambda_1' = 0.5$, $\lambda_2' = 0.3$.

3. 融合组件

融合组件包含池化层、两个全连接层和输出层. 池化层将关于级联的 DeepHawkes 组件和关于主题的 DeepHawkes 组件的各个路径 (级联路径和主题路径) 的最后一个 GRU 的输出, 通过池化的方式融合在一起, 综合反映级联和主题对于信息扩散的影响. 消息 m^i 的级联–主题表示 c_y^i 定义为: $c_y^i = \sum\limits_{j=1}^{R_T^i} \lambda_{f(T-t_j^i)} h_j^i + \sum\limits_{j=1}^{K^i} \lambda_j' h_{j'}'$, 其中 K^i 是消息 m^i 涉及的主题数目.

池化层的输出传递给全连接层作为其输入, 输出层只有一个输出单元, 其输出值为 $\Delta\hat{R}_T^i = MLP(c_y^i)$. 最小化目标函数定义为 $\mathrm{obj} = \dfrac{1}{M}\sum\limits_{i=1}^{M} \log(\Delta\hat{R}_T^i - \Delta R_T^i)^2$, 其中 $\Delta\hat{R}_T^i$ 是消息 m^i 的预测增量流行度, ΔR_T^i 是真实的增量流行度, M 是消息

总数. 由于平方损失容易受到异常值的影响, 因此目标函数对增量流行度进行对数变换. 变换后的目标函数的行为类似于 MAPE(平均绝对百分比误差), 并且更容易优化.

5.3.4　LDA-DeepHawkes 算法描述

算法 5.3.1　LDA-DeepHawkes 算法

输入: $M = \{m^i\}(1 \leqslant i \leqslant M)$

输出: LDA-DeepHawkes 模型

1. 初始化模型, 选择参数
2. **repeat**
3. 　**for** $1 \leqslant i \leqslant M$
4. 　　$\boldsymbol{h}_t$ =DeepHawkes$_c(C^i)$ //计算关于级联的 DeepHawkes 组件的输出
5. 　　$\boldsymbol{h}'_t$ =DeepHawkes$_c(m^i)$//计算关于主题的 DeepHawkes 组件的输出
6. 　　$\boldsymbol{c}_y^i = \sum\limits_{j=1}^{R_T^i} \lambda_{f(T-t_j^i)} \boldsymbol{h}_j^i + \sum\limits_{j=1}^{K^i} \lambda'_j \boldsymbol{h}'_{j'}$// 级联组件和主题组件融合
7. 　　$\Delta \hat{R}_T^i$ =MLP(c_y^i) //神经网络全连接层输出
8. 　　$\text{obj} = \dfrac{1}{M} \sum\limits_{i=1}^{M} \log(\Delta \hat{R}_T^i - \Delta R_T^i)^2$// 计算误差
9. 　　**end for**
10. 　更新参数
11. **until** 收敛或最大迭代步
12. 输出 LDA-DeepHawkes 模型

其中 DeepHawkes$_c(C^i)$ 和 DeepHawkes$_c(m^i)$ 分别表示关于级联的 DeepHawkes 组件和关于主题的 DeepHawkes 组件, 它们的输入分别是级联和消息的文本内容. 算法的时间复杂度为 $O\left(\sum\limits_{j=1}^{N} n_1 l_1 l_2 + \sum\limits_{j=1}^{K} n_2 l_1 l_2\right)$, N 为用户嵌入矩阵中的用户总数, K 为主题嵌入矩阵中的主题总数, n_1 为每条消息涉及的用户数, n_2 为每条消息涉及的主题数, l_1 为全连接层的第一层单元数, l_2 为全连接层的第二层单元数.

5.3.5　实验与分析

1. 数据集

我们使用中国最大的在线社交媒体——新浪微博来进行信息流行度预测的实验, 通过新浪微博的爬虫接口爬取了两个真实数据集. 新浪微博凭借其自身平台的开放性、终端的易扩展性、内容的简洁性和低门槛等特性, 在中国网民中广泛传播, 逐渐发展成为一个非常重要的社会化媒体. 微博系统中用户发博时间具有明显的日分布和周分布模式, 博文数目分布表现为威布尔分布, 博文的转发和评价行为具有很强的相关性, 且博文转发概率要高于评价概率.

数据集 1 的爬取时间为 2018 年 6 月 20 日 8：00 至 2018 年 6 月 21 日 16：00, 其中 2018 年 6 月 20 日 8：00 至 2018 年 6 月 20 日 16：00 爬取微博消息及其转播路径, 2018 年 6 月 20 日 16：00 至 2018 年 6 月 21 日 16：00 只对已爬取的微博进行转发量的跟踪, 而不爬取新的微博消息. 数据集 2 的爬取时间为 2018 年 10 月 22 日 19：00 至 2018 年 10 月 23 日 19：00, 其中 2018 年 10 月 22 日 19：00 至 2018 年 10 月 22 日 22：00 爬取微博消息及其转播路径, 2018 年 10 月 22 日 22：00 至 2018 年 10 月 23 日 19：00 只对已爬取的微博进行转发量的跟踪, 而不爬取新的微博消息. 爬取的数据包含消息 ID、消息发布者 ID、转发者 ID、消息转发时间与消息发布时间的时间间隔 (单位：秒) 和消息的内容. 数据集格式如表 5.3.1 所示.

在爬取的数据中, 有少量消息转发量过少或过大. 为了减少这些极端情况对于预测结果的影响, 本节将收集的数据中转发量小于 10 或大于 1000 的微博消息删除. 两个数据集的部分特征如表 5.3.8 所示.

表 5.3.8 数据集部分特征

	数据集 1	数据集 2
消息数	131888	10332
平均转发数	70.2	66.7
平均转发路径深度	1.29	1.17

2. Baseline 模型

我们采用 Feature-linear, DeepCas 和 DeepHawkes 三种模型作为我们的 Baseline 模型. Feature-linear 是一种基于时间特征、结构特征和时间衰减等特征的级联预测模型, DeepCas 是一种基于表示学习的级联预测模型, DeepHawkes 是融合了深度学习和 Hawkes 模型的级联预测模型. 由于信息扩散受多种因素的影响, 为了分析不同因素对消息传播的影响, 除了 **Baseline** 模型, 我们还设计了如下几种 DeepHawkes 和 LDA-DeepHawkes 的变体模型：

DH-U 只使用用户信息的 DeepHawkes 模型;

DH-P 只使用级联路径信息的 DeepHawkes 模型;

LDA-DH-S 只使用 LDA 主题信息且只有一条主题路径的 LDA-DeepHawkes 模型, 如图 5.3.4(a) 所示;

LDA-DH-M 只使用 LDA 主题信息但有多条主题路径的 LDA-DeepHawkes 模型, 如图 5.3.4(b) 所示;

LDA-DH-US 只使用用户信息和主题信息且只有一条主题路径的 LDA-

DeepHawkes 模型, 如图 5.3.4(c) 所示;

LDA-DH-UM　只使用用户信息和主题信息但有多条主题路径的 LDA-DeepHawkes 模型, 如图 5.3.4(d) 所示;

LDA-DH-PS　只使用级联路径信息和主题信息且只有一条主题路径的 LDA-DeepHawkes 模型, 如图 5.3.4(e) 所示;

LDA-DH-PM　只使用路径信息和主题信息但有多条主题路径的 LDA-DeepHawkes 模型, 如图 5.3.4(f) 所示.

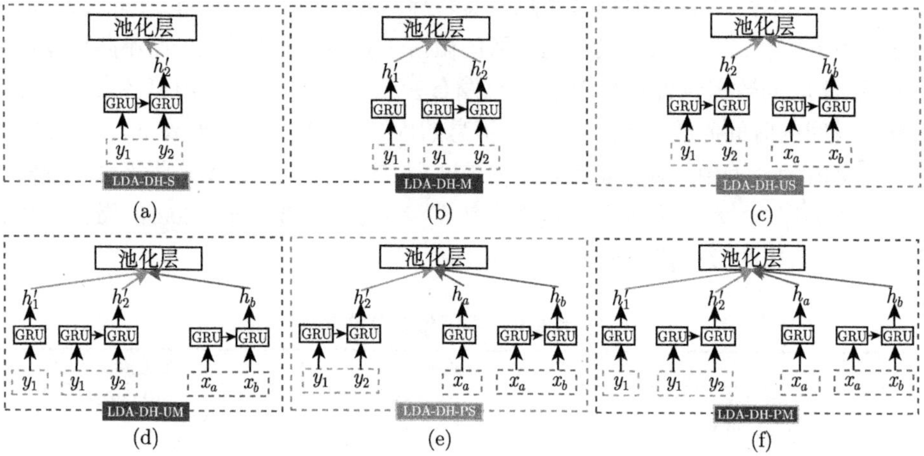

图 5.3.4　LDA-DeepHawkes 变体模型结构图

3. 评价指标

我们使用均方对数误差 MSLE(the mean square log-transformed error) 和中值平方对数误差 mSLE(the median square log-transformed error) 作为评价指标.

MSLE 用于度量预测值和真实值之间的误差, 其定义为 $\mathrm{MSLE} = \frac{1}{M}\sum_{i=1}^{M}\mathrm{SLE}^i$, 其中 M 是消息的数目, SLE^i 是消息 m^i 的对数误差, $\mathrm{SLE}^i = (\log \Delta\widehat{R_T^i} - \log \Delta R_T^i)^2$, $\Delta\widehat{R_T^i}$ 和 ΔR_T^i 分别为消息 m^i 流行度的预测增量和真实增量. mSLE 是 SLE^i, $i=1,\cdots,M$ 的中位数, 即 $\mathrm{mSLE} = \mathrm{median}(\mathrm{SLE}^i,\cdots,\mathrm{SLE}^M)$, 使用 mSLE 能够有效减轻离群点的影响, 从而使实验结果更具有准确性.

4. 参数设置

1) 观察时间

我们的任务是根据观察时间内所观察到的转发情况来预测未来某个时间点的转发增量, 观察时间段和预测时间段所占的比例不同, 则预测结果将会受到很大的影响. 观察时间段长, 预测时间段短, 则预测的难度较低, 从而预测准确度也会提高;

相对地, 若观察时间段短, 预测时间段长, 则预测的难度较高, 预测的准确度也相对较低. 为了确定最优的观察时间, 我们考察了不同时间的转发数和所有消息转发量占比的平均值与转发时间的关系. 一条消息在某一时刻的转发量占比定义为这一时刻之前该消息的转发量与最终转发量的百分比. 图 5.3.5 显示了两个数据集上转发量的对数值与时间的关系, 图 5.3.6 显示了数据集 1 和数据集 2 在 24 小时内所有消息转发量占比的平均值与转发时间的关系.

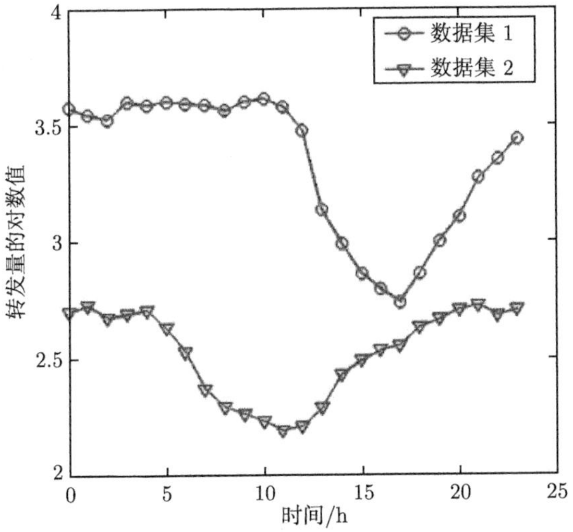

图 5.3.5 转发量的对数值与时间的关系

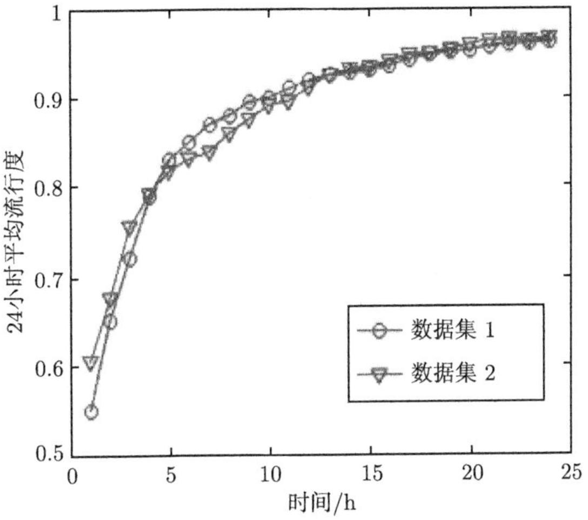

图 5.3.6 微博流行度

从图 5.3.5 可见, 微博的转发行为具有周期性, 并且不同时间段内微博的转发量有明显差异, 午夜 2 点至早 8 点用户活跃度很低; 上午 10 点至晚上 22 点左右, 用户活跃度很高. 从图 5.3.6 可以看到, 两个数据集的转发量随时间变化的情况非常类似, 在消息发出后的第 1 个小时, 其转发量占消息最终转发量的 55%左右; 在消息发布后的第 2 个小时, 其转发量占消息最终转发量的 65%左右; 在消息发出后的第 3 个小时, 其转发量占消息最终转发量的 72%左右; 在消息发出后的第 24 个小时, 消息的转发量基本达到最大.

为此, 我们将观察时间分别设为 1 小时、2 小时和 3 小时, 即分别通过 55%, 65%, 72%的已观察到的转发情况来预测消息最终的转发增量. 在消息发出后的第 24 个小时, 消息的转发量基本达到最大, 所以我们将消息发布后的第 24 个小时的转发增量设为消息的真实转发增量.

2) 训练集、验证集和测试集

数据集 1 的观察时间从 2018 年 6 月 20 日 13:00 开始, 数据集 2 的观察时间从 2018 年 10 月 22 日 19:00 开始. 数据集的前 70%设为训练集, 中间 15%设为验证集, 最后 15%设为测试集. 各个训练集、验证集和测试集中级联和转发的具体数目如表 5.3.9 所示.

表 5.3.9　各个训练集、验证集和测试集的级联数和平均转发数

		数据集 1			数据集 2		
		1h	2h	3h	1h	2h	3h
级联数	训练集	28723	34562	37581	996	2206	3200
	验证集	6322	7152	7864	213	473	686
	测试集	6320	7161	7844	214	473	686
平均转发数	训练集	65.7	67.1	69.1	60.0	62.1	64.4
	验证集	64.5	67.9	68.7	60.1	62.9	65.1
	测试集	66.1	67.9	69.2	60.3	64.6	65.3

3) 主题数

我们利用困惑度指来标确定主题 K 的数量. 困惑度是一种评价语言模型优劣的指标, 一般来说较小的困惑度意味着模型对新文本有着较好的预测效果.

困惑度的定义为

$$\text{Perplexity}(D) = \exp\left(-\frac{\sum_{d=1}^{M}\log p(w_d)}{\sum_{d=1}^{M}N_d}\right) \tag{5.3.5}$$

其中, D 表示输入到 LDA 模型中的文档集合; M 是 D 中文档的数量; N_d 表示文档 d 中的单词数, 分母是所有词数之和, 不排重; w_d 表示文档 d 中的一个词; $p(w_d)$ 为文档中词 w_d 产生的概率, $p(w_d) = p(z|d) * p(w|z)$, $p(z|d)$ 表示的是一个文档中每个主题出现的概率, $p(w|z)$ 表示的是词典中的每一个单词在某个主题下出现的概率.

图 5.3.7 显示了数据集 1 和数据集 2 的取对数后的困惑度随主题数 K 的变化而变化的情况. 从图 5.3.7 中可以看到, 当主题数 K 分别为 480, 170 时, 两个数据集取得最低的困惑度. 所以在这两个数据集中, 主题数分别设为 $K_1 = 480$, $K_2 = 170$.

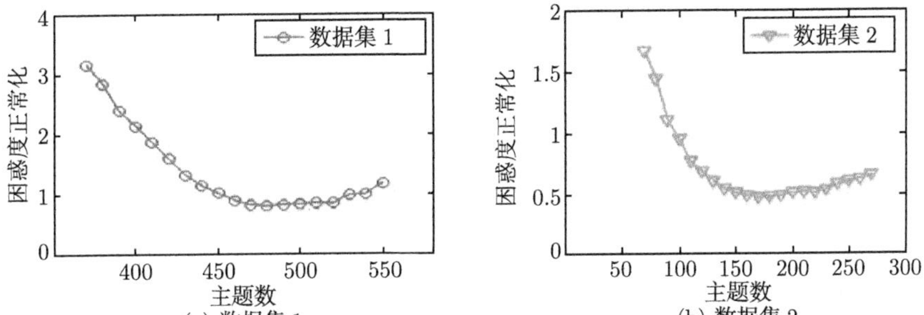

(a) 数据集 1　(b) 数据集 2

图 5.3.7　困惑度随主题数 K 的变化

4) LDA 超参数

LDA 主题模型有 2 个超参数: α 和 β. 图 5.3.8 显示了两个数据集上 LDA 超参数 α, β 对困惑度的影响. 图 5.3.8(a) 分析了当 β 分别取 0.1, 0.3, 0.5, 0.7 时 α 对困惑度的影响, $\alpha \in [0,1]$, 不同的 β 对应不同形状的线: 0.1—星形、0.3—三角形、0.5—无形状、0.7—圆形; 图 5.3.8(b) 分析了当 α 分别取 0.1, 0.3, 0.5, 0.7 时 β 对困惑度的影响, $\beta \in [0,1]$, 不同的 α 对应不同形状的线: 0.1—星形、0.3—三角形、0.5—无形状、0.7—圆形.

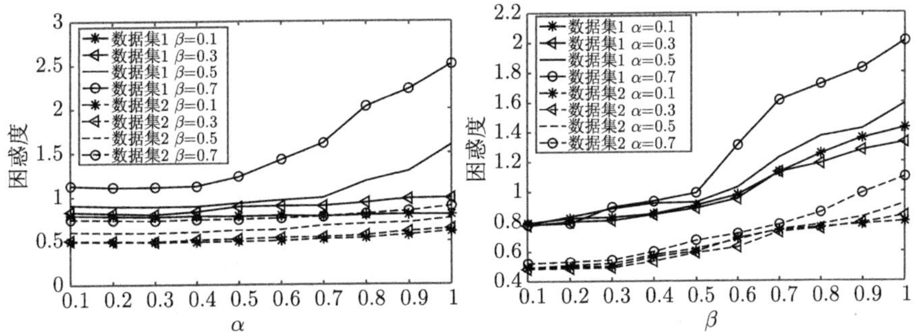

(a) 困惑度与参数α　(b) 困惑度与参数β

图 5.3.8　困惑度随超参数 α 和 β 的变化

从图 5.3.8 可以看出, 当 $\alpha = 0.3, \beta = 0.1$ 时, 两个数据集上的困惑度均取得最低值, 说明此时主题分类效果最好, 所以我们设置 LDA 模型的超参数为 $\alpha = 0.3$, $\beta = 0.1$.

5) 用户 (主题) 向量维度

LDA-DeepHawkes 模型包含用户嵌入矩阵和主题嵌入矩阵, 其中用户嵌入矩阵由用户向量构成, 主题嵌入矩阵由主题向量构成. 在 LDA-DeepHawkes 模型中, 设置主题向量的维度与用户向量的维度相同.

图 5.3.9 给出了 MSLE 随用户 (主题) 向量维度的变化而变化的情况, 从图中可以看出, 在主题向量维度 50 附近时, 两个数据集的 MSLE 达到最小, 所以我们取用户 (主题) 向量维度为 50.

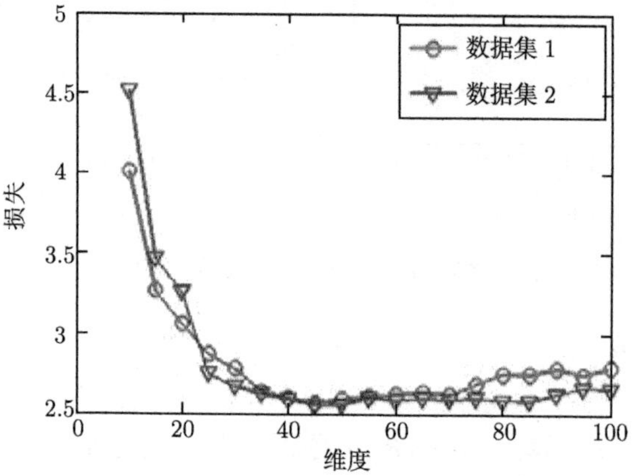

图 5.3.9 向量维度对损失 MSLE 的影响

6) 时间衰减区间

转发的影响随着时间的推移而衰减. 图 5.3.10 给出了将时间衰减区间长度分别设置为 2min、5min、10min 和 20min 时数据集 1 上学到的衰减因子, 图 5.3.11 给出了不同时间衰减区间长度下数据集 1 和数据集 2 的均方对数误差 (MSLE). 由图 5.3.11 可见, 当时间衰减区间长度设置为 5min 时, 两个数据集的 MSLE 的值均较小, 所以我们设置时间衰减区间长度为 5min.

7) GRU 的学习率

我们使用不同的学习率分别对 GRU 进行训练. 图 5.3.12 给出了两个数据集上 MSLE 随学习率的变化而变化的情况, 从图中可以看出, 当学习率介于 1×10^{-4} 与 1×10^{-3} 时, MSLE 较低. 在确定 $[1 \times 10^{-4}, 1 \times 10^{-3}]$ 区间之后, 将该区间进一步细化, 考察 MSLE 与学习率的关系, 最终得到当学习率为 5.4×10^{-4} 时 MSLE 最小, 所以我们设置学习率为 5.4×10^{-4}.

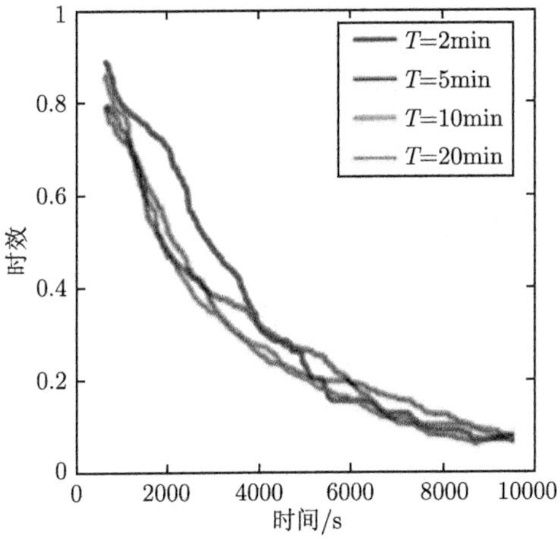

图 5.3.10 时间窗口对衰减因子的影响 (扫描封底二维码可看彩图)

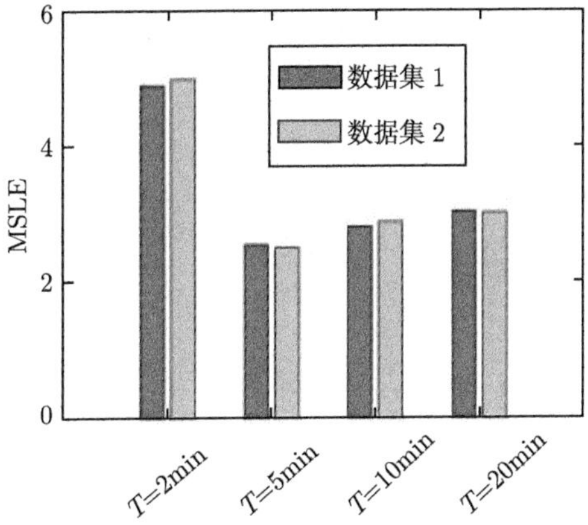

图 5.3.11 时间窗口对 MSLE 的影响

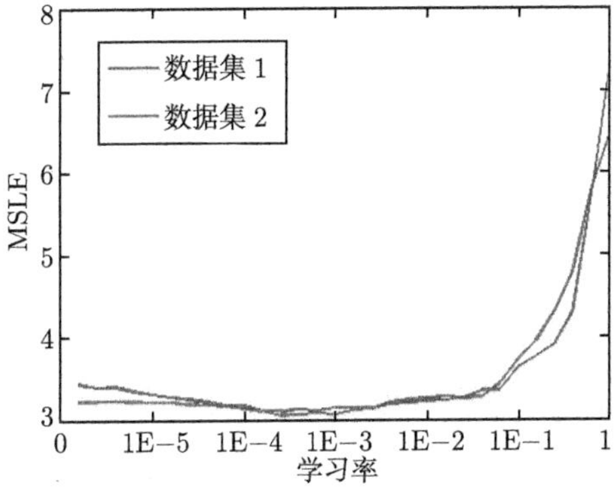

图 5.3.12 MSLE 与学习率的关系 (扫描封底二维码可看彩图)

8) 其他参数

每个 GRU 的隐藏层包含 32 个神经元, 两个全连接层分别包含 32 个和 16 个神经元, 每次迭代的批处理大小设为 32, 梯度裁剪值 value=0.1, 更新门和重置门输出限制为 [0, 1]. 只要验证集的误差在 10 次连续迭代中没有下降, 训练过程就停止.

5. 实验结果

我们使用均方对数分别在数据集 1 和数据集 2 上使用训练集训练模型, 使用验证集调整模型参数, 使用测试集评价模型的预测性能, 性能的评价包括与基线结果和与模型变体结果进行比较. 同时, 本节还考察了算法的收敛性.

1) 与基线模型的性能比较

表 5.3.10 给出了 Feature-linear、DeepCas、DeepHawkes 和 LDA-DeepHawkes 四种模型在数据集 1 和数据集 2 测试集上的性能表现, 其中粗体表示最好的性能.

表 5.3.10　Feature-linear、DeepCas、DeepHawkes 和 LDA-DeepHawkes 的性能表现

数据集	数据集 1						数据集 2					
T	1h		2h		3h		1h		2h		3h	
Evaluation Metric	MSLE	mSLE	MSLE	mSLE	MSLE	mSLE	MSLE	mSLE	MSLE	mSLE	MSLE	mSLE
Feature-linear	4.387	0.971	4.014	0.817	3.955	0.797	4.251	0.812	4.112	0.925	3.847	0.927
DeepCas	3.744	1.066	3.351	0.876	3.258	0.907	3.452	0.943	3.275	0.814	3.356	0.811
DeepHawkes	2.596	0.801	2.387	0.699	2.359	0.723	2.637	0.841	2.303	0.759	2.156	0.729
LDA-DeepHawkes	**2.509**	**0.792**	**2.255**	**0.624**	**2.197**	**0.685**	**2.591**	**0.826**	**2.214**	**0.673**	**1.922**	**0.703**

从表 5.3.10 可以看到, 基于深度学习的模型 (DeepHawkes 和 LDA-DeepHawkes) 比只使用特征的 Feature-linear 预测精度高. DeepCas 虽然也使用了深度学习, 但模型考虑的传播因素较少, 因此预测效果不如 DeepHawkes 和 LDA-DeepHawkes, 甚至不如 Feature-linear. 与 DeepHawkes 模型相比, LDA-DeepHawkes 模型误差更小、精度更高, 在两个数据集上的平均精度分别提高了 6%和 10%. 并且观察时间越长, LDA-DeepHawkes 的预测效果越好. 实验结果表明, 本书在 DeepHawkes 模型的基础上, 进一步考虑消息的文本内容对于提高消息流行度的预测精度是有效的.

2) 模型变体的性能比较

表 5.3.11 给出了 Deep Hawkes 和 LDA-DeepHawkes 及各种变体模型在数据集 1 和数据集 2 测试集上的性能表现.

从表 5.3.11 可以看到: ① 在两个数据集的所有观察窗口内 DH-U 的 MSLE 和 mSLE 都比 DeepHawkes 高, 除了在数据集 1 的 2h 和 3h 上 DH-P 的 mSLE 比 DeepHawkes 低外, DH-P 的 MSLE 和 mSLE 都比 DeepHawkes 高, 说明同时使用用户信息和级联路径信息对提高消息流行度的预测精度是有益的; ② 在两个数据集的所有观察窗口内 LDA-DH-S 的 MSLE 都比 LDA-DH-M 高, 除了在数据集 1 的 2h 和数据集 2 的 2h 和 3h 上 LDA-DH-S 的 mSLE 比 LDA-DH-M 低外, LDA-DH-S 的 mSLE 都比 LDA-DH-M 高, 说明考虑主题的自激效应对提高消息流行度的预测精度是有益的; ③ LDA-DH-US, LDA-DH-UM, LDA-DH-PS 和 LDA-DH-PM 的性能表现说明, 用户信息或级联路径信息无论是与一条主题路径结合, 还是与多条主题信息结合都有助于提高消息流行度的预测精度; ④ 在两个数据集的所有观察窗口内 LDA-DeepHawkes 都取得了最好的 MSLE 和 mSLE, 说明综合应用用户信息、级联路径信息及主题路径信息是合理的.

表 5.3.11 DeepHawkes 和 LDA-DeepHawkes 及各种变体模型的性能表现

数据集	数据集 1						数据集 2					
T	1h		2h		3h		1h		2h		3h	
Evaluation Metric	MSLE	mSLE	MSLE	mSLE	MSLE	mSLE	MSLE	mSLE	MSLE	mSLE	MSLE	mSLE
DH-U	3.021	0.998	2.895	0.782	2.895	0.854	3.413	0.917	3.325	0.855	2.969	0.877
DH-P	2.795	0.812	2.688	0.657	2.624	0.685	2.921	0.853	2.711	0.898	2.358	0.793
DeepHawkes	2.596	0.801	2.387	0.699	2.359	0.723	2.637	0.841	2.303	0.759	2.156	0.729
LDA-DH-S	3.117	1.928	3.014	1.788	3.007	1.895	2.922	1.785	2.910	1.587	2.871	1.304
LDA-DH-M	3.091	1.922	2.978	1.879	2.885	1.625	2.874	1.366	2.751	1.658	2.714	1.685
LDA-DH-US	2.975	1.256	2.879	1.113	2.711	1.033	2.735	1.651	2.621	1.487	2.759	1.452
LDA-DH-UM	2.887	0.936	2.753	0.792	2.612	0.892	2.711	0.901	2.471	0.859	2.253	0.847
LDA-DH-PS	2.831	1.877	2.752	1.721	2.515	1.366	2.734	1.655	2.421	1.574	2.221	1.235
LDA-DH-PM	2.724	.811	2.578	0.712	2.432	0.711	2.654	0.879	2.310	0.818	2.219	0.812
LDA-DeepHawkes	**2.509**	**0.792**	**2.255**	**0.624**	**2.197**	**0.685**	**2.591**	**0.826**	**2.214**	**0.673**	**1.922**	**0.703**

3) 算法的收敛性

图 5.3.13 描述了数据集 1 和数据集 2 上算法在不同迭代步的 MSLE 和 mSLE. 可以看出在两个数据集上 MSLE(mSLE) 变化趋势相近, 并且算法收敛很快, 迭代 60 次之后, MSLE(mSLE) 开始稳定.

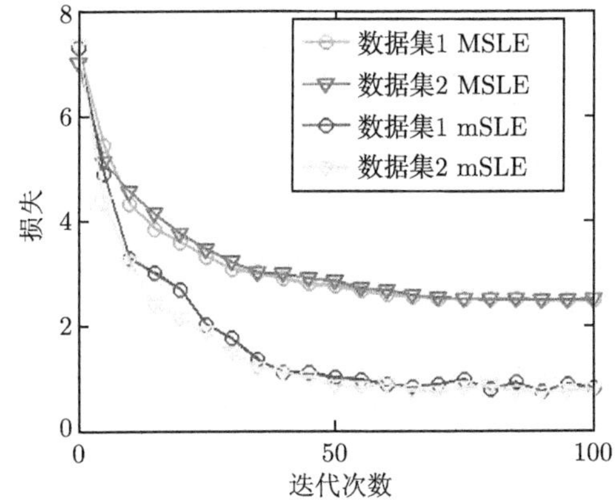

图 5.3.13 迭代次数对 MSLE(mSLE) 的影响 (扫描封底二维码可看彩图)

LDA-DeepHawkes 模型是 DeepHawkes 模型的扩展, 在 DeepHawkes 模型的基础上进一步考虑了信息的文本内容对于扩散的影响, 在继承 DeepHawkes 高解释性的同时, 进一步提高了流行度预测的准确度. 真实数据集上的实验结果验证了 LDA-DeepHawkes 模型的有效性.

5.4 基于 CNN 和 RNN 的蛋白质二级结构预测

蛋白质结构研究是蛋白质组学研究的重要组成部分, 蛋白质二级结构预测 (protein secondary structure prediction, PSSP) 对全面了解蛋白质结构和功能是极其重要的. 蛋白质的氨基酸序列内部的残基之间除了存在近程相互作用和位置特征, 也存在远程相互作用和位置特征, 因此自动提取这些特征对蛋白质结构预测任务就显得尤为重要.

循环神经网络 (RNN) 在理论上能够捕获在 t 时刻之前的全部历史内容并加以利用, 但是因为整体网络在不断进行求导, 循环神经网络在一定程度上出现了梯度消失问题. 长短期记忆单元 (LSTM), 以及改进的门控循环单元 (GRU), 能够解决循环神经网络模型因梯度消失造成的问题, 因此 LSTM 和 GRU 单元在处理与长序列有关的问题时, 可以达到更好的效果.

本节将 CNN, LSTM 和 GRU 神经网络进行整合并应用到 8 类蛋白质结构预测中, 设计了卷积神经网络和双向 LSTM 相结合的预测模型 (convolutional bidirectional long short-term memory, C-BLSTM), 2D 卷积、2D 池化与双向 GRU 相结合的预测模型 (2D convolutional and 2D pooling operations with bidirectional GRUs, 2DCNN-BGRUs)、非对称卷积神经网络与双向 LSTM 相结合的预测模型 (deep asymmetric convolutional long short-term memory, DeepACLSTM).

5.4.1 蛋白质二级结构

蛋白质是组成生物体的重要成分, 是生命活动的主要承担者, 可以完成免疫、细胞信号传输等功能. 蛋白质结构通常可分为：一级结构、二级结构、三级结构和四级结构. 蛋白质三级结构很大程度上取决于蛋白质的一级序列信息, 但是直接用蛋白质一级序列预测蛋白质三级结构是极其困难的. 蛋白质二级结构可以有效地降低并解决三级结构预测的难度, 因此蛋白质二级结构预测被作为三级结构预测的桥梁, 对了解蛋白质结构和功能起到重要作用.

蛋白质二级结构可以分为 3 类或 8 类. 8 类主要包括 α-螺旋 (H)、β-桥 (B)、折叠 (E)、螺旋-3(G)、螺旋-5(I)、转角 (T)、卷曲 (S) 和环 (L), 也可以将 8 类粗略地归类为螺旋 (H)、折叠 (E) 和卷曲 (C)3 类. 相对于 3 类蛋白质二级结构预测, 8 类蛋白质二级结构预测可以提供更全面的蛋白质结构类型信息, 有效地促进人们对蛋白质结构与功能关系的了解, 因此蛋白质 8 类结构预测是计算生物学中一项重要的任务.

设含有 n 个氨基酸的蛋白质序列表示为 $\boldsymbol{x}=(\boldsymbol{x}_1,\boldsymbol{x}_2,\cdots,\boldsymbol{x}_n)$, 其中 $\boldsymbol{x}_i$ 表示序列中第 i 个位置上氨基酸的特征向量, $\boldsymbol{x}_i\in\Re^d$, d 是特征的维度. 与 $\boldsymbol{x}$ 对应的二级结构标签为 $\boldsymbol{y}=(\boldsymbol{y}_1,\boldsymbol{y}_2,\cdots,\boldsymbol{y}_n)$, 其中 $\boldsymbol{y}_i$ 表示在第 i 个位置氨基酸的二级结构类型. 对 8 类蛋白质二级结构预测, $\boldsymbol{y}_i\in\Re^8$.

蛋白质二级结构预测就是对给定的蛋白质序列, 预测序列中每个氨基酸残基对应的二级结构类型.

5.4.2 蛋白质二级结构预测框架

由于蛋白质序列中氨基酸残基之间存在局部和远程相互作用关系, 有效利用这些关系有望改进氨基酸二级结构预测. 因此, 本节采用 CNN 提取蛋白质序列的氨基酸之间的局部作用与位置信息; 在提取的局部作用信息基础上, 采用双向 LSTM 和 GRU 来提取蛋白质序列中氨基酸之间的远程作用信息. 最后, 将提取的蛋白质局部相关特征和远程相互作用进行融合, 并用于蛋白质 8 类二级结构的预测. 蛋白质二级结构预测框架包括输入模块、局部特征提取模块、远程特征提取模块以及预测模块, 如图 5.4.1 所示.

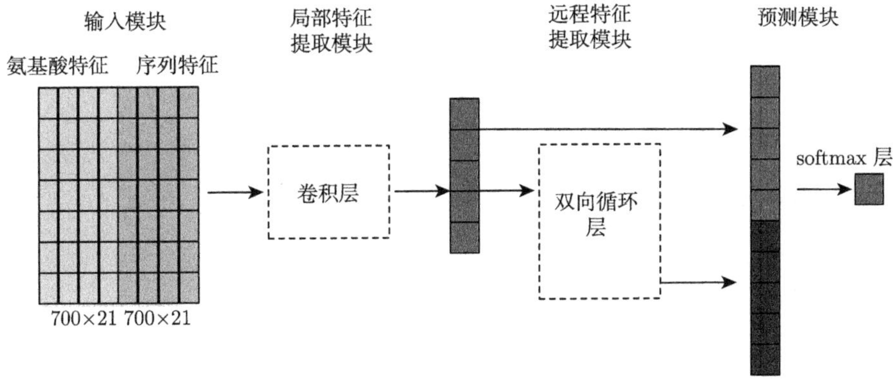

图 5.4.1 蛋白质二级结构的预测框架

预测模型的输入模块输入的是蛋白质的特征编码. 基于计算方法的蛋白质相关分析中有很多特征表示的方案, 例如氨基酸组成编码、二肽组成编码、正交编码、位置特异性得分矩阵 (PSSM) 等. 本节中蛋白质序列特征由蛋白质序列中的氨基酸信息和蛋白质序列的进化特征信息组成, 每个氨基酸被表示成 $d=42$ 维的向量, 前 21 维是氨基酸信息的正交编码, 后 21 维特征是采用 PSI-BLAST 获取的 PSSM.

局部特征提取模块通过卷积层将输入的氨基酸特征向量 $\boldsymbol{x}$ 映射为 $\boldsymbol{s}$, 通过双向 LSTM 或者双向 GRU 提取 $\boldsymbol{s}$ 上远程特征 $\boldsymbol{h}$; 最后, 连接局部特征 $\boldsymbol{s}$ 和远程特征

$\boldsymbol{h}$ 得到蛋白质特征表示 $\boldsymbol{h}'$, 即

$$\boldsymbol{h}' = [\boldsymbol{h}, \boldsymbol{s}] \tag{5.4.1}$$

将得到的蛋白质特征 $\boldsymbol{h}'$ 通过全连接层得到 $\bar{\boldsymbol{h}}$, 即

$$\bar{\boldsymbol{h}} = \mathrm{FC}(\boldsymbol{W}^{\bar{\boldsymbol{h}}} \circ \boldsymbol{h}' + \boldsymbol{b}^{\bar{\boldsymbol{h}}}) \tag{5.4.2}$$

其中 $\boldsymbol{W}^{\bar{\boldsymbol{h}}}$ 和 $\boldsymbol{b}^{\bar{\boldsymbol{h}}}$ 分别为权重项、偏置项. 最后, 使用 softmax 函数计算蛋白质序列中每个氨基酸类别的概率, 即

$$p(\boldsymbol{y}|\bar{\boldsymbol{h}}) = \mathrm{softmax}(\boldsymbol{W}\bar{\boldsymbol{h}} + \boldsymbol{b}) = \frac{e^{\boldsymbol{W}\bar{\boldsymbol{h}}+\boldsymbol{b}}}{\sum e^{\boldsymbol{W}\bar{\boldsymbol{h}}+\boldsymbol{b}}} \tag{5.4.3}$$

$$\bar{y} = \mathrm{argmax}_y p(y|\bar{\boldsymbol{h}}) \tag{5.4.4}$$

其中, $\boldsymbol{W}$ 和 $\boldsymbol{b}$ 分别为 softmax 层的权重项、偏置项, $\bar{y}$ 是预测标签.

本节模型采用交叉熵损失函数作为训练的目标函数; 使用 Adma (adaptive moment estimation) 来对网络进行训练, 同时在训练的过程中采用 Dropout, Early stopping 和正则化策略来避免过拟合程度.

5.4.3　结合 CNN 与 BLSTM 的预测模型

基于卷积长短时记忆神经网络的蛋白质二级结构预测模型 (C-BLSTM), 采用多卷积核 CNN 设计卷积层并提取氨基酸局部作用信息, 采用双向 LSTM 来提取蛋白质序列中氨基酸之间的远程作用信息.

C-BLSTM 的局部特征提取模块采用 k 个不同大小的卷积核 $\boldsymbol{G}_i \in \Re^{f_i \times d}(i = 1, 2, \cdots, k)$ 对蛋白质序列进行卷积, 每个卷积核使用大小为 $f_i \times d$ 的窗口在输入的蛋白质特征编码 $\boldsymbol{x}$ 上进行卷积, 即

$$\boldsymbol{s}_j^i = \mathrm{relu}\left(\boldsymbol{G}_i \circ \boldsymbol{x}_{j:j+f_i-1} + \boldsymbol{b}_i\right) \tag{5.4.5}$$

其中, f_i 表示第 i 个卷积核对基酸序列进行卷积的序列长度; d 表示氨基酸的特征维度; $\boldsymbol{G}_i$ 和 $\boldsymbol{b}_i$ 分别表示第 i 个卷积核的权重项和偏置项.

经过第 i 个卷积核的卷积操作, 得到特征矩阵 $\boldsymbol{s}^i$. 连接 k 个卷积得到特征获得氨基酸序列的局部特征 $\boldsymbol{s}$, 即

$$\boldsymbol{s} = \left[\boldsymbol{s}^1, \boldsymbol{s}^2, \boldsymbol{s}^3, \cdots, \boldsymbol{s}^k\right] \tag{5.4.6}$$

在实验中, C-BLSTM 使用 3 个不同大小的卷积核 $f_1 = 3$, $f_2 = 7$, $f_3 = 11$ 对氨基酸序列进行卷积操作, 分别得到特征映射 $\boldsymbol{s}^1, \boldsymbol{s}^2, \boldsymbol{s}^3$. 因此, 蛋白质序列的局部作用特征为 $\boldsymbol{s} = \left[\boldsymbol{s}^1, \boldsymbol{s}^2, \boldsymbol{s}^3\right]$.

C-BLSTM 的远程特征提取模块对局部作用特征 $\boldsymbol{s}$, 采用双向 LSTM 神经网络自动提取蛋白质序列中氨基酸残基之间的远程依赖关系, 即

$$\overrightarrow{\boldsymbol{h}_t} = \text{LSTM}(\boldsymbol{s}_t, \overrightarrow{\boldsymbol{h}_{t-1}}) \tag{5.4.7}$$

$$\overleftarrow{\boldsymbol{h}_t} = \text{LSTM}(\boldsymbol{s}_t, \overleftarrow{\boldsymbol{h}_{t+1}}) \tag{5.4.8}$$

最终, 在 t 位置的远程特征用 $\overrightarrow{\boldsymbol{h}_t}$ 和 $\overleftarrow{\boldsymbol{h}_t}$ 连接得到, 即

$$\boldsymbol{h}_t = [\overrightarrow{\boldsymbol{h}_t}, \overleftarrow{\boldsymbol{h}_t}] \tag{5.4.9}$$

5.4.4 结合 CNN 与 BGRU 的预测模型

基于 2D 卷积、2D 池化与双向 GRU 相结合的预测模型 (2DCNN-BGRUs), 采用 2D 卷积和 2D 池化完成局部特征提取, 并采用双向 GRU 完成远程特征提取.

2DCNN-BGRUs 模型的局部特征编码模块采用 2 维过滤器 $\boldsymbol{G} \in \Re^{f_1 \times f_2}$ 对蛋白质序列进行卷积, 每个卷积核使用大小为 $f_1 \times f_2$ 的窗口在输入的蛋白质特征编码 $\boldsymbol{x}$ 上进行卷积, 即

$$s_{i,j} = \text{relu}\left(\boldsymbol{G} \circ \boldsymbol{x}_{i:i+f_1-1,:j+f_2-1} + \boldsymbol{b}\right) \tag{5.4.10}$$

其中, $\boldsymbol{G}$ 和 $\boldsymbol{b}$ 分别表示卷积核的权重项和偏置项. 最后, 对每条蛋白质卷积得到特征, 即

$$\boldsymbol{c} = \left[c_{1,1}, c_{1,2}, \cdots, c_{n-f_1+1,k-f_2+1}\right] \tag{5.4.11}$$

接着, 采用 $\boldsymbol{m} \in \Re^{q_1 \times q_2}$ 对特征矩阵 $\boldsymbol{c}$ 进行最大池化操作, 即

$$s_{i,j} = \max\left(c_{i:i+q_1,j:j+q_2}\right) \tag{5.4.12}$$

对每条蛋白质卷积得到局部特征, 即

$$\boldsymbol{s} = \left[s_{1,1}, s_{1,1+q_2}, \cdots, s_{1+(n-f_1+1/q_1-1)\cdot q_1,1+(k-f_2+1/q_2-1)\cdot q_2}\right] \tag{5.4.13}$$

远程特征提取模块使用两个堆叠的 BGRU 神经网络 (图 5.4.2) 从局部特征中捕获远程依赖关系, 即

$$\overrightarrow{\boldsymbol{h}_t^1} = \text{GRU}\left(\boldsymbol{s}_t, \overrightarrow{\boldsymbol{h}_{t-1}^1}\right) \tag{5.4.14}$$

$$\overleftarrow{\boldsymbol{h}_t^1} = \text{GRU}\left(\boldsymbol{s}_t, \overleftarrow{\boldsymbol{h}_{t+1}^1}\right) \tag{5.4.15}$$

$$\overrightarrow{\boldsymbol{h}_t^2} = \text{GRU}\left(\overrightarrow{\boldsymbol{h}_t^1}, \overrightarrow{\boldsymbol{h}_{t-1}^2}\right) \tag{5.4.16}$$

$$\overleftarrow{\boldsymbol{h}_t^2} = \text{GRU}\left(\overleftarrow{\boldsymbol{h}_t^1}, \overleftarrow{\boldsymbol{h}_{t+1}^2}\right) \tag{5.4.17}$$

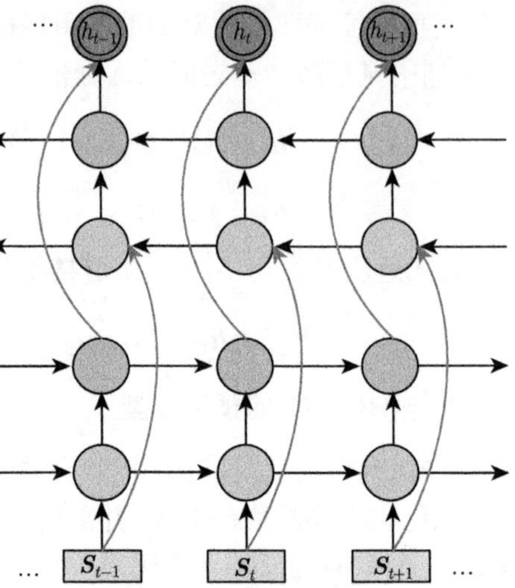

图 5.4.2　堆叠的双向神经网络结构

最终, 在 t 位置的远程特征用 $\overrightarrow{\boldsymbol{h}_t^2}$ 和 $\overleftarrow{\boldsymbol{h}_t^2}$ 连接得到, 即

$$\boldsymbol{h}_t = \left[\overrightarrow{\boldsymbol{h}_t^2}; \overleftarrow{\boldsymbol{h}_t^2}\right] \tag{5.4.18}$$

5.4.5　结合非对称 CNN 与 BLSTM 的预测模型

本小节采用两个非对称的卷积滤波器, $\boldsymbol{W}^1 \in \Re^{1\times d}$ 和 $\boldsymbol{W}^2 \in \Re^{k\times 1}$, 完成氨基酸局部特征提取, 使用 BLSTM 神经网络捕获氨基酸之间的长距离相互依赖关系, 设计实现预测模型 DeepACLSTM.

DeepACLSTM 模型首先使用 $\boldsymbol{W}^1 \in \Re^{1\times d}$ 卷积滤波器对蛋白质序列上的每个氨基酸 $\boldsymbol{x}_j$ 提取特征 $\boldsymbol{c}_j^1$, 即

$$\boldsymbol{c}_j^1 = \text{relu}(\boldsymbol{W}^1 \circ \boldsymbol{x}_j + \boldsymbol{b}^1) \tag{5.4.19}$$

$$\boldsymbol{c}^1 = [\boldsymbol{c}_1^1, \boldsymbol{c}_2^1, \cdots, \boldsymbol{c}_n^1] \tag{5.4.20}$$

其中, $\boldsymbol{b}^1$ 是 $\boldsymbol{W}^1$ 的偏置量. 对得到的特征再使用 $\boldsymbol{W}^2 \in \Re^{k\times 1}$ 卷积滤波器提取特征

$$\boldsymbol{c}_j^2 = \text{Relu}(\boldsymbol{W}^2 \circ \boldsymbol{c}_{j:j+k-1} + \boldsymbol{b}^2) \tag{5.4.21}$$

其中, $\boldsymbol{b}^2$ 是 $\boldsymbol{W}^2$ 的偏置量. 对得到的特征 $\boldsymbol{c}^2 = [\boldsymbol{c}_1^2, \boldsymbol{c}_2^2, \cdots]$ 使用全连接层将其转换成局部特征

$$\boldsymbol{s} = \text{FC}(\boldsymbol{W}^{\boldsymbol{s}} \circ \boldsymbol{c}^2 + \boldsymbol{b}^{\boldsymbol{s}}) \tag{5.4.22}$$

其中, $\boldsymbol{b}^s$ 是 $\boldsymbol{W}^s$ 的偏置量. 远程特征提取模块使用堆叠的 BLSTM 神经网络从局部特征中捕获远程依赖关系, 即

$$\overrightarrow{\boldsymbol{h}_t^1} = \text{LSTM}\left(\boldsymbol{s}_t, \overrightarrow{\boldsymbol{h}_{t-1}^1}\right) \tag{5.4.23}$$

$$\overleftarrow{\boldsymbol{h}_t^1} = \text{LSTM}\left(\boldsymbol{s}_t, \overleftarrow{\boldsymbol{h}_{t+1}^1}\right) \tag{5.4.24}$$

$$\overrightarrow{\boldsymbol{h}_t^2} = \text{LSTM}\left(\overrightarrow{\boldsymbol{h}_t^1}, \overrightarrow{\boldsymbol{h}_{t-1}^2}\right) \tag{5.4.25}$$

$$\overleftarrow{\boldsymbol{h}_t^2} = \text{LSTM}\left(\overleftarrow{\boldsymbol{h}_t^1}, \overleftarrow{\boldsymbol{h}_{t+1}^2}\right) \tag{5.4.26}$$

最终, 在 t 位置的远程特征用 $\overrightarrow{\boldsymbol{h}_t^2}$ 和 $\overleftarrow{\boldsymbol{h}_t^2}$ 连接得到, 即

$$\boldsymbol{h}_t = \left[\overrightarrow{\boldsymbol{h}_t^2}; \overleftarrow{\boldsymbol{h}_t^2}\right] \tag{5.4.27}$$

5.4.6 实验与分析

1. 数据集

我们使用 4 个公开的蛋白质数据集：CB6133, CB513, CASP11 和 CASP10, CB6133 是一个非同源蛋白质结构数据集, 共有 6133 条蛋白质, 5600 条是训练集, 256 条是验证集, 272 条是测试集. CB513 数据集是一个基准测试数据集, 但是与 CB6133 数据集有冗余的蛋白质序列, 我们删除 CB6133 与 CB513 之间存在序列一致性大于 25%的蛋白质序列, 最终得到一个共有 5534 条蛋白质的筛选 CB6133. 当用筛选 CB6133 数据集训练模型时, 从中随机选择 256 条作为验证集, 其余作为训练集, 然后分别采用 CB513, CASP10 和 CASP11 数据集测试模型预测的准确率. 数据集的统计信息如表 5.4.1 所示.

表 5.4.1 实验数据集的统计信息

数据集名	CB6133	筛选 CB6133	CB513	CASP10	CASP11
训练集	5600	5278	0	0	0
验证集	256	256	0	0	0
测试集	272	0	513	123	105
共计	6133	5534	513	123	105

实验所用的所有的蛋白质序列都归一化为 $N(N = 700)$ 个氨基酸. 换句话说, 对于所有数据集, 短于 700 个氨基酸的蛋白质序列用 0 向量填充; 长度超过 700 个氨基酸的序列被截断.

2. 评价指标

我们使用预测准确率 (accuracy) 作为评价指标.

3. 参数设置

在本节 8 类蛋白质二级结构预测实验中, 蛋白质序列数据特征块尺寸大小为 700×42.

C-BLSTM 模型包括三种不同尺寸的卷积核, 第一种卷积核的尺寸大小为 3×42; 第二种卷积核的尺寸大小为 7×42; 第三种卷积核的尺寸大小为 11×42; 双向循环层包括 2 层的双向 LSTM, 每层 LSTM 中隐含单元为 300.

在 2DCNN-BGRU 中, 二维卷积核尺寸为 3×3, 且每个特征映射有 42 个通道. 二维池化尺寸为 1×2. 通过 ReLu 激活, 将局部和远程特征传入全连接层得到蛋白质特征.

在 DeepACLSTM 模型中, 第一层卷积核的尺寸大小为 1×42; 第二层卷积核的尺寸大小为 3×1; 每层 LSTM 中隐含单元为 300. 通过 ReLu 激活, 将局部和远程特征传入全连接层得到蛋白质特征.

4. 实验设计与实验结果

针对蛋白质 8 类二级结构预测问题, 我们设计以下三个实验.

实验一　验证多卷积核卷积操作对 C-BLSTM 预测性能提升的必要性. 在 C-BLSTM 模型中实验设置 7 组卷积窗口进行对比实验, 分别是 3, 7, 11, 3 与 7, 3 与 11, 7 与 11, 3、7 与 11, 并在 7 种卷积窗口下进行测试, 实验结果见表 5.4.2 和图 5.4.3 所示.

表 5.4.2　C-BLSTM 中不同卷积窗口的性能对比

卷积核尺寸 f_i 值	CB6133	CB513	CASP10	CASP11
3	72.8	68.8	72.7	70.4
7	72.4	68.3	72.2	70.3
11	72.3	68.5	71.8	69.5
3, 7	72.8	69.0	73.0	70.6
3, 11	73.1	68.7	72.7	70.2
7, 11	72.7	68.5	72.0	69.6
3, 7, 11	**73.3**	**69.2**	**73.6**	**70.9**

表 5.4.2 给出在 7 种不同卷积核尺寸下, C-BLSTM 在 4 个数据集上的预测准确率对比结果. 由图 5.4.3 可知, 在 3 种单独的卷积核 (3, 7, 11) 情况下, 卷积核为 3 时, 本书模型的预测准确率优于卷积尺寸 7 或 11. 与其他卷积相比, 3 种卷积核 (3, 7, 11) 共同作用下, C-BLSTM 的预测性能最好, 可以更好地提取蛋白质氨基酸

残基的局部相互作用.

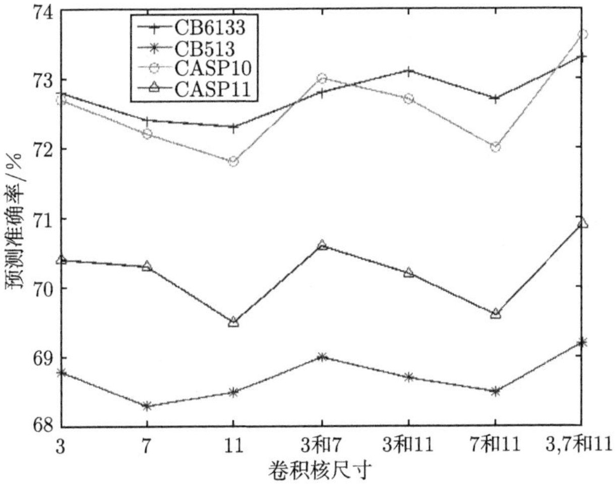

图 5.4.3 C-BLSTM 中卷积核尺寸对预测性能的影响

实验二 分析 LSTM 输出维度和不同滤波器尺寸对 DeepACLSTM 性能的影响. 在 DeepACLSTM 实验中, 对不同 LSTM 输出维度 (从 50 到 500) 设置了 10 组对比实验, 实验结果如表 5.4.3 所示; 此外, 设计了 3~21 种不同滤波器尺寸下的 DeepACLSTM 的性能, 实验结果如表 5.4.4 所示.

表 5.4.3 LSTM 输出维度对 DeepACLSTM 性能的影响

LSTM 输出维度	CASP10	CASP11
50	71.8	70.2
100	72.4	70.5
150	74.2	72.1
200	74.1	72.2
250	74.5	72.3
300	**75.0**	**73.0**
350	73.7	71.8
400	73.8	71.6
450	74.8	71.8
500	72.1	70.1

表 5.4.3 显示了不同 LSTM 输出维度 (从 50 到 500) 的 DeepACLSTM 的性能. 从表 5.4.3 可以看出, 当 LSTM 的输出维度为 300 时, DeepACLSTM 获得了最好的 Q8 准确率. 当 LSTM 的输出维度增加到 300 时, Q8 准确率明显提高. 当 LSTM 的输出维度大于或小于 300 时, DeepACLSTM 不能捕获更多的蛋白序列残基信息. 因此, DeepACLSTM 中 LSTM 输出维度在我们的模型中设置为 300.

表 5.4.4　不同滤波器尺寸下 DeepACLSTM 的性能

滤波器尺寸 f_i 值	CASP10	CASP11
3	**75.0**	**73.0**
5	73.9	72.1
7	74.2	72.1
9	74.7	72.4
11	74.4	72.3
13	71.3	70.0
15	69.6	68.6
17	74.3	72.3
19	73.5	71.6
21	74.0	71.7

从表 5.4.4 可以看出, 当滤波器尺寸为 3 时, DeepACLSTM 可以得到最好的 Q8 准确率. Q8 的准确率随着滤波器尺寸的增大而逐渐降低. 因此, 我们的模型中局部特征编码模块的滤波器大小为 3.

实验三　测试 C-BLSTM、2DCNN-BGRU、DeepACLSTM 模型在蛋白质 8 类二级结构中的预测性能, 同时本节使用以下几个基准模型进行对比. 基准模型包括利用双向递归神经网络结构的预测模型 SSpro8; 利用条件神经域的预测模型 CNF; 集成卷积神经网络和条件神经域的预测模型 DeepCNF; 基于监督的生成随机网络的预测模型 GSN; 结合 CNN 和 GRU 的预测模型 DCRNN; 利用带 highway 的多尺度 CNN 的预测模型 CNNH. 实验结果如表 5.4.5 所示.

表 5.4.5　本节模型与基准模型对比

模型	**CASP10**	**CASP11**	**CB513**	**CB6133**
SSpro8	64.9	65.6	63.5	66.6
CNF	64.8	65.1	64.9	69.7
DeepCNF	71.8	72.3	68.3	**75.2**
GSN			66.4	72.1
DCRNN			69.4	73.2
CNNH			70.3	74.0
C-BLSTM	73.6	70.9	69.2	73.3
2DCNN-BGRU	72.1	71.7	68.7	73.5
DeepACLSTM	**75.0**	**73.0**	**70.5**	74.2

从表 5.4.5 可以看出, 第一, 与 SSpro8 模型相比, C-BLSTM 模型在四个数据集上均是较优的, 准确率最大提高了 8.7%, 平均提高了 6.6%. 与 CNF 模型相比, C-BLSTM 模型在四个数据集上均是较优的, 准确率最大提高了 8.8%, 平均提高了 5.6%. 与 DeepCNF 模型相比, C-BLSTM 模型在 CB513, CASP10 数据集上准确率最大提高了 1.8%, 平均提高了 1.4%, 然而在 CB6133 和 CASP11 中, C-BLSTM 的

性能略低于 DeepCNF 方法, 其主要原因可能是 DeepCNF 算法中结合了条件神经域模型, 条件神经域考虑到相邻氨基酸残基标签的关系, 有助于推理全局最优的标记. 与 GSN 模型相比, C-BLSTM 模型在 CB6133、CB513 数据集上均是较优的, 准确率最大提高了 2.8%, 平均提高了 2%. 可见考虑蛋白质序列的氨基酸残基的远程和局部相互作用更符合蛋白质结构预测的实际特点, 同时多卷积核的 CNN 和双向 LSTM 更能综合并提取出蛋白质序列的所有特征, 使得 8 类二级结构预测性能得到提高.

第二, 与 SSpro8 和 CNF 相比, 2DCNN-BGRU 在四个数据集上均获得更优的性能; 与 GSN 相比, 2DCNN-BGRU 在 CB6133, CB513 数据及上获得更优的预测效果, 但是与 DCRNN 和 CNNH 相比, 模型提高不明显.

第三, DeepACLSTM 的 Q8 准确率在 CB513, CASP10 和 CASP11 数据集上比 DeepCNF 分别提高了 2.2%, 3.2%和 0.7%; 性能提升的原因在于 SSpro8, CNF 和 DeepCNF 主要是提取氨基酸残基之间的局部特征, 而 DeepACLSTM 同时提取了近程和远程的特征进行预测. 在 CB513 和 CB6133 数据集上, DeepACLSTM 均比 GSN、DCRNN 和 CNNH 提高性能, 如 DeepACLSTM 在 CB513 和 CB6133 数据集上的 Q8 准确率分别比 CNNH 提高了 0.2%和 0.2%. 实验结果意味着非对称卷积集成的 BLSTM 神经网络不仅可以提取出更多氨基酸残基之间的局部特征, 也可以提取出更多的长距离依赖信息.

此外, 在本节设计的 C-BLSTM, 2DCNN-BGRU, DeepACLSTM 三个模型中, DeepACLSTM 显示出较好的预测性能. 相比较 C-BLSTM, 2DCNN-BGRU 提高了 CASP11 和 CB6133 上的预测性能, 但是在 CASP10 和 CB513 上的性能却相对降低.

5.5 基于 CNN 的跨领域情感分析

文本情感分析是分析人们在主观文本中的情感倾向. 情感分析可以为产品客户满意度分析、舆情监控、个性化推荐等应用提供支持. 因此, 文本情感分析是文本挖掘领域的一个重要研究方向. 然而, 情感分析依赖于大量的高质量标签样本, 人工标注样本的方式不能完全满足日益增长的情感分析的需求; 另外, 情感表达在不同领域中往往有很大的差异, 所以直接使用其他领域训练的模型进行目标领域的情感预测, 分析效果往往不理想. 因此, 利用相关的源领域去帮助标签样本不足的目标领域进行的跨领域情感分析, 成为文本情感分析研究的热点问题之一.

目前, 跨领域情感分析的研究可以分为基于传统机器学习的方法和基于深度学习的方法. 基于传统机器学习方法主要利用领域间的共享词缩小领域间的差异, 通过特征变换将源领域和目标领域的特征映射到同一个空间, 达到提高情感分类器在目标领域适应性的目的, 但分析性能受限于人工选择的特征, 而且特征的选择和提取更关注于词汇的语法特征. 基于深度学习的跨领域情感分析方法, 不仅可以尽量避免特征工程的影响, 还可以充分利用词向量同时捕捉词汇的语法和语义特征.

针对情感分析中标签样本不足以及不同领域中情感表达存在差异的问题, 本节基于领域共享词和 CNN 设计了一种跨领域情感分析模型 (SS-CNN), 利用源领域标签样本完成对目标领域的无监督情感分析. SS-CNN 在量化词项情感极性和领域间语义一致性的基础上选择共享词, 在词向量的基础上采用 CNN 进行文本特征的选择和提取, 使用共享词对源领域文本进行特征扩展, 增强文本的情感特征; 然后, 基于扩展的文本完成情感分类器的训练, 并对目标领域的情感文本进行分类. 该方法能够降低对目标领域标签样本的依赖程度, 同时提高情感分类器对目标领域的适应性.

5.5.1 共享词的选择

设源领域词项集合为 $\boldsymbol{W}_S=\{w_1^S,w_2^S,\cdots,w_m^S\}$, 对应的词向量为 $\boldsymbol{V}_S=\{\boldsymbol{v}_1^S,\boldsymbol{v}_2^S,\cdots,\boldsymbol{v}_m^S\}$, 目标领域词项集合为 $\boldsymbol{W}_T=\{w_1^{\mathrm{T}},w_2^{\mathrm{T}},\cdots,w_n^{\mathrm{T}}\}$, 对应的词向量为 $\boldsymbol{V}_T=\{\boldsymbol{v}_1^{\mathrm{T}},\boldsymbol{v}_2^{\mathrm{T}},\cdots,\boldsymbol{v}_n^{\mathrm{T}}\}$. 共享词不仅具有共现和高频的特征, 同时还具有明显的情感极性, 此外在不同领域间表达情感语义时还应该具有较好的一致性. 因此, 共享词需要选择高频词, 计算词的情感极性值, 并度量每一个词项的领域一致性.

(1) 计算 $\boldsymbol{W}_S\cap\boldsymbol{W}_T$ 中每一个词在源领域和目标领域中的词频, 并根据词频阈值选择高频词 $\boldsymbol{W}=\{w_1,w_2,\cdots,w_q\}$;

(2) 对每个 $w\in\boldsymbol{W}$, 计算其情感极性值

$$\tau(w)=\sum_{u\in PW}\log\frac{p(w,u)}{p(w)p(u)}-\sum_{v\in NW}\log\frac{p(w,v)}{p(w)p(v)} \tag{5.5.1}$$

其中, PW 是正面种子词, NW 是负面种子词, $p(\cdot)$ 是词项出现的文本数与文本总数的比值. 根据情感阀值 ε 选择候选共享词 $W'=\{w_1',w_2',\cdots,w_r'\}$;

(3) 对每一个候选词 $w\in W'$, 通过 w 在源领域中的词向量 $\boldsymbol{v}^S$ 和目标领域词向量 $\boldsymbol{v}^{\mathrm{T}}$, 度量每一个词项 w 的领域一致性因子, 度量方式为

$$I(\boldsymbol{v}^S,\boldsymbol{v}^{\mathrm{T}})=\frac{\sum\limits_{k=1}^{d}(\boldsymbol{v}_k^{\mathrm{T}}\times\boldsymbol{v}_k^S)}{\sqrt{\sum\limits_{k=1}^{d}(\boldsymbol{v}_k^{\mathrm{T}})^2\times\sum\limits_{k=1}^{d}(\boldsymbol{v}_k^S)^2}} \tag{5.5.2}$$

其中, d 为词向量的维数. 在候选词集 W' 中, 根据领域一致性因子, 分别选择相同数量的积极情感词和消极情感词, 共同组成共享词集合 F.

5.5.2 模型设计

基于 CNN 的跨领域情感分析模型包括词向量输入层、卷积层、池化层、融合层和输出层, 如图 5.5.1 所示.

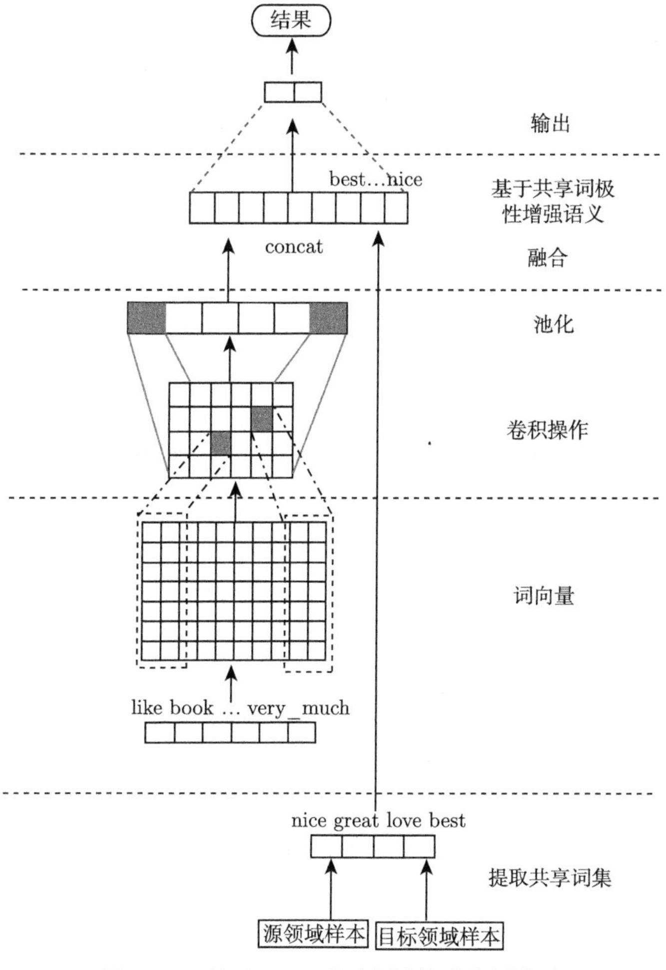

图 5.5.1 基于 CNN 的跨领域情感分析模型

1. 词向量输入层

词向量输入层接收情感文本的向量表示, 该向量由文本序列中词项的词向量按顺序依次连接得到.

2. 卷积层

卷积层通过卷积核 ω 对长度为 h 的窗内的 h 个词向量进行卷积操作, 即

$$\boldsymbol{s}_i = f(\boldsymbol{\omega} \circ \boldsymbol{a}_{i:i+h-1} + \boldsymbol{b}) \tag{5.5.3}$$

其中, $\boldsymbol{\omega} \in \Re^{h\times d}$ 为卷积核大小, d 为词向量维度, $\boldsymbol{a}$ 为卷积窗口, $\boldsymbol{b}$ 为偏置项, $f(\cdot)$ 为激活函数. 经过卷积操作, 每个输入文本得到一个大小为 $m-h+1$ 的特征矩阵 $\boldsymbol{S}$.

3. 池化层

池化层对于输入的 $\boldsymbol{S}$ 采用最大池化进行压缩, 保留特征矩阵 $\boldsymbol{S}$ 的主要特征, 同时减少参数和计算量.

4. 融合层

融合层基于上一层得到的特征, 用选择的共享词分极性对源领域的标签样本进行扩展, 即源领域积极情感样本用积极共享词进行扩展; 消极情感样本用消极共享词进行扩展.

5. 输出层

输出层将上一阶段得到的特征 $\boldsymbol{x}$, 传入 softmax 层, 并计算文本情感类别的概率, 计算方式为

$$p(\boldsymbol{y}|\boldsymbol{x})=\text{softmax}(\boldsymbol{W}\boldsymbol{x}+\boldsymbol{b}) = \frac{e^{\boldsymbol{W}\boldsymbol{x}+\boldsymbol{b}}}{\sum e^{\boldsymbol{W}\boldsymbol{x}+\boldsymbol{b}}} \tag{5.5.4}$$

其中, $\boldsymbol{W}$ 是权重向量, $\boldsymbol{b}$ 是偏置量, $\boldsymbol{y}$ 是文本的情感类别.

本节模型的目标函数定义为

$$J(\theta) = -\frac{1}{n}\sum_{i=1}^{n}\sum_{j=1}^{2} y_{ij}\log(p_{ij}) + \frac{\lambda}{2}\|\theta\|_2^2 \tag{5.5.5}$$

其中, n 为训练集样本数, θ 是模型的参数, λ 是控制模型复杂度的正则化参数, $\|\cdot\|_2$ 是 L_2-范数, y_{ij} 是第 i 个样本的关于第 j 类情感的标签, p_{ij} 是第 i 个样本关于第 j 类情感的预测概率.

5.5.3 实验与分析

1. 数据集

本节使用 Amazon 评论数据集 (http://www.cs.jhu.edu/~mdredze/datasets/sentiment/) 进行实验评估和比较分析. 该数据集是一个关于产品的评论文本集, 包括四个领域: Book(B)、DVD(D)、Electronic(E)、Kitchen(K). 在该数据集上构造 12 个跨领域的情感分类任务, 例如 D→E、D→K、K→E 等, 箭头前面的字母代表源领域, 后面的字母代表目标领域.

2. 评价指标

本节使用分类准确率 (accuracy) 作为评价指标, 采用十折交叉验证 (10-fold cross-validation) 并取平均值来作为最后结果.

3. 参数设置

我们对源领域和目标领域的情感文本在分词、去除停用词、词性还原基础上, 提取 unigram 和 bigrams 词作为文本的词项集合. 使用 word2vec 工具中的 CBOW 模型学习情感文本的词向量, 其中词向量维度为 64 维, 训练窗口的大小为 5.

在实验中, 词频阈值设为 5; 正面种子词 PW 和负面种子词 NW, 根据 HowNet 极性词典进行选择, 分别选择词频最高的前 20 个正面词和 20 个负面词; 情感极性值阈值 ε 的值设为 0.1; 卷积层的卷积核大小设置为 64; 丢弃率 (Dropout)=0.5.

评论文本中积极类和消极类不平衡会导致最后的分类准确率出现偏差; 同时, 为了和基准算法进行对比, 本节采用和基准算法相同的数据子集, 即在 B, D, E, K 领域中分别选择 2000 条评论, 其中积极评论和消极评论各 1000 条.

模型使用自适应估计 (adaptive moment estimation, Adma) 进行训练, 同时在训练的过程中采用丢弃率来降低过拟合风险.

4. 实验设计与实验结果

本节设计了四个实验来验证所提方法的有效性.

实验一 测试 SS-CNN 模型在跨领域情感分析上的有效性, 并与四个基准算法 SCL, TPF, TR-TrAdaBoost 和 WEEF 进行准确率的对比分析.

SCL 首先提取共享词, 并以此作为桥梁构建两个领域间特征的映射关系、降低领域间的差异, 基于传统机器学习完成跨领域情感分析; TPF 是一种特征极性传递方法, 以领域共现特征词为桥梁, 基于共现关系计算特征之间的距离, 并将源领域特征的极性信息传递到目标领域; TR-TrAdaBoost 方法基于 TrAdaBoost 框架, 把主题分布添加到 unigram 模型中以构造文档的特征空间, 每个文档都被转换到一个由单词和主题表示的特征空间; WEEF 以领域共现特征为种子, 再利用 word2vec 训练词向量, 基于词向量计算专有词向量与共现词向量的相似度, 并基于 KNN 聚类得到特征簇, 将领域专有特征扩充到种子特征中, 得到一个共同的特征空间, 并认为在该空间上两个领域分布差异最小, 最后基于该空间为目标领域训练 SVM 分类器.

图 5.5.2 和图 5.5.3 给出了 TPF, TR-TrAdaBoost, SCL，WEEF 和 SS-CNN 在 Amazon 数据集上的分类准确率对比结果.

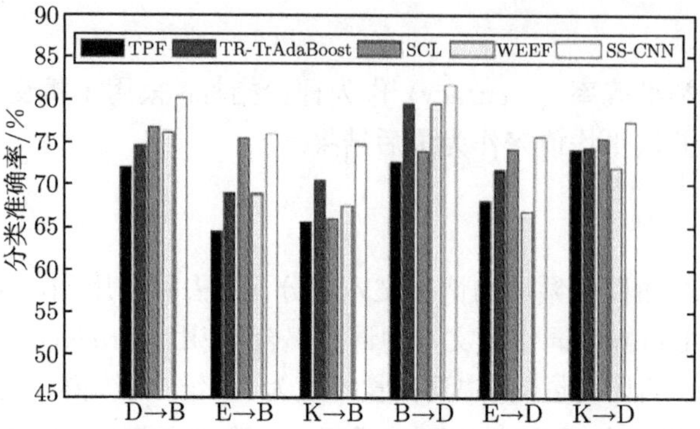

图 5.5.2　目标为 B 和 D 时分类结果对比

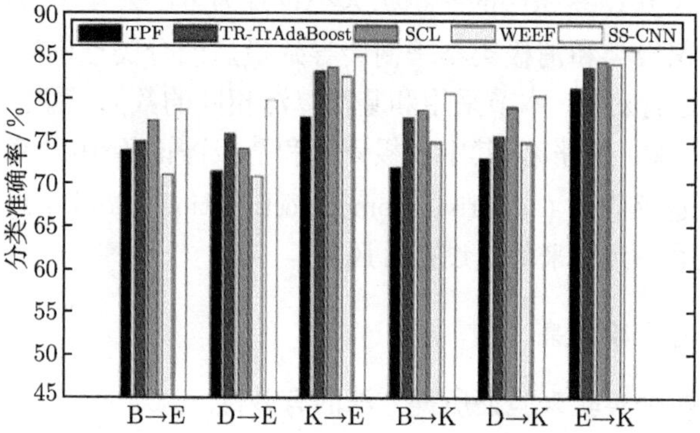

图 5.5.3　目标为 E 和 K 时分类结果对比

由图 5.5.2 和图 5.5.3 可知, SS-CNN 方法在大部分跨领域分类任务中优于其他算法. 具体来说, 与 TPF 算法相比, SS-CNN 在 12 个任务中准确率最大提高 11.5%, 平均提高 7.48%. 与 TR-TrAdaBoost 算法相比, SS-CNN 在 12 个任务中准确率最大提高 6.95%, 平均提高 3.725%. 与 WEEF 算法相比, SS-CNN 在 12 个任务中准确率最大提高 9.85%, 平均提高 5.87%. 这些结果说明同时考虑共享词的情感极性和领域一致性更符合跨领域情感分析的实际特点和需求, 并且卷积神经网络能够综合所提取的所有特征, 因此分类准确率有所提高. 与 SCL 算法相比, SS-CNN 在 12 个任务上具有优势, 提升了 0.6%~8.7%, 但在 B→E 和 E→B 任务上提升的百分比却比较少. 其主要原因可能是这几个任务中存在较多的极性反转特征 (同一特征词在两个领域上表现出不同的极性), 而卷积神经网络在解决该问题上目前不具有优势.

实验二　验证 SS-CNN 方法的自动学习能力, 并分析共享词选择的有效性. 与 NoShare 和 SVM 两个基准算法进行准确率的对比分析.

NoShare 在源领域训练 CNN 模型, 直接用于目标领域分类; SVM 在源领域构建 SVM 分类器, 并直接在目标领域进行测试.

图 5.5.4 中给出了 SVM、NoShare 和 SS-CNN 在 Amazon 数据集上的分类精度对比. 由图 5.5.4 中结果可以看出, 使用了卷积神经网络的 NoShare 和 SS-CNN 方法在跨领域分类任务优于 SVM 算法. 与 SVM 算法相比, NoShare 方法在 12 个任务中均精度提高 5.75%, 而 SS-CNN 在 12 个任务中精度最大提高 12.8%, 平均精度提高 9.74%. 性能提高的原因可能卷积神经网络的自动学习能力优于传统的机器学习方法. 与 NoShare 方法相比, SS-CNN 在 12 个任务中精度提升了 2.55%~7.1%, 可见利用共享词可以有效提高目标领域的分类性能, 改善情感分类器在目标领域的适应性.

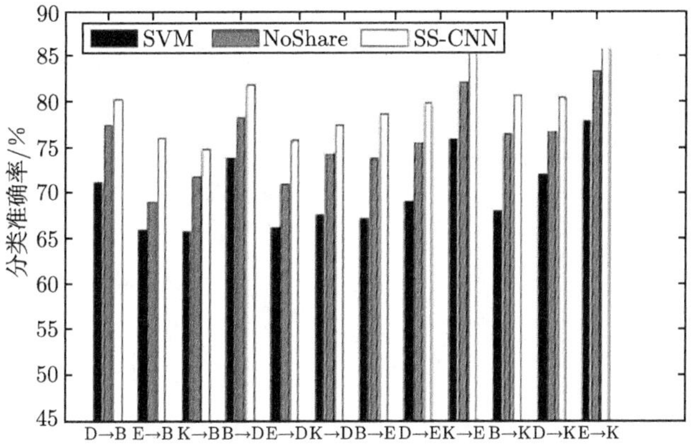

图 5.5.4 SVM, NoShare 和 SS-CNN 的对比

实验三 验证共享词数目对 SS-CNN 分类准确率的影响. 设计了其他条件都相同的情况下, 不同共享词数目对分类准确率影响的实验.

表 5.5.1 展示了共享词数量变化对 SS-CNN 分类结果的影响. 我们选取共享词的 20%, 40%, 60%, 80%, 100% 作为测试数量, 其中正面情感词的数目和负面情感词的数目相同. 实验结果表明 SS-CNN 在分类精度上的优势随着共享词数量的增大而增大.

实验四 分析数据集大小对 SS-CNN 分类准确率的影响. 设计了其他条件都相同的情况下, 不同数据集大小对分类准确率影响的实验.

图 5.5.5 给出了 12 个分类任务上源领域和目标领域的数据从 1000 到 7000 时的分类精度的变化, 其中积极类和消极类的数量是均衡的. 从图 5.5.5 可以看出, SS-CNN 的分类精度随着数据集的增大而逐渐上升.

表 5.5.1 不同数量共享词下的分类准确率

任务	共享词				
	20%	40%	60%	80%	100%
B→D	0.7950	0.8035	0.8080	0.8130	0.8190
B→E	0.7470	0.7585	0.7705	0.7770	0.7865
B→K	0.7750	0.7890	0.7980	0.8010	0.8070
D→B	0.7820	0.7880	0.7930	0.7995	0.8025
D→E	0.7660	0.77	0.78	0.7945	0.7990
D→K	0.7675	0.7755	0.7860	0.7935	0.8040
E→B	0.7140	0.7315	0.7375	0.7490	0.76
E→D	0.7215	0.7280	0.7455	0.7505	0.7570
E→K	0.8375	0.8455	0.8530	0.8545	0.8585
K→B	0.7120	0.7250	0.7365	0.7375	0.7480
K→D	0.7295	0.7380	0.76	0.7665	0.7745
K→E	0.82	0.8325	0.84	0.8490	0.8510

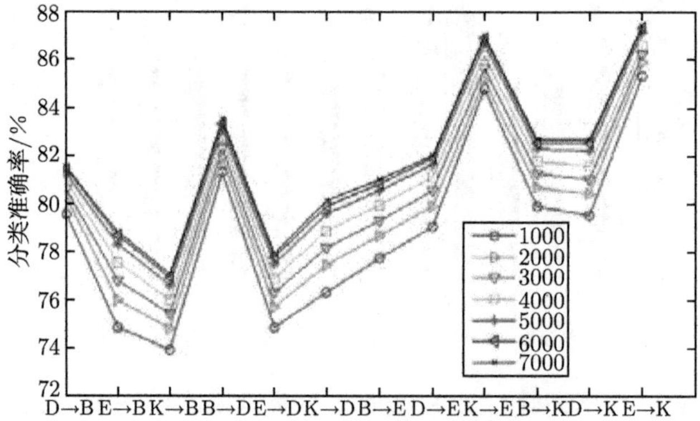

图 5.5.5 不同数据集下的分类准确率 (扫描封底二维码可看彩图)

SS-CNN 针对跨领域情感分析面临的标签样本不足以及分类器存在领域适应性问题, 改进领域间共享词的选择方法, 不仅考虑情感极性值, 同时考虑领域间情感语义的一致性, 并利用 CNN 提取情感特征并用选择的共享词分级性对情感文本进行扩展, 增强词向量的情感语义完成分类. SS-CNN 不仅避免了特征工程的影响, 同时挖掘共享词, 并利用其桥梁作用在无监督条件下实现有效的跨领域情感分类.

5.6 基于双向 LSTM 神经网络模型的中文分词

中文分词是中文自然语言处理的一项基本任务. 中文的特点在于以字为基本的书写单位, 句子和段落之间通过分界符来划界, 但词语之间并没有一个形式上的分界符, 而在自然语言处理中, 词是最小的能够独立活动的有意义的语言成分, 所以分词质量的好坏直接影响之后的自然语言处理任务.

中文分词可视为字符级别的序列标注问题, 因此可以将分词过程视为对字符串中每一个字符标注的机器学习过程. 目前, 学术界使用最广泛的字符标注方法是四词位标注集 {B, M, E, S}, 其中 B(begin) 代表标注词的开始字符, M(middle) 代表标注词的中间字符, E(end) 代表标注词的结束字符, S(single) 代表标注词是单字字符. 通过将字符序列中的每一个字符确定相应的标签, 可将序列标注问题转化为一个多分类的问题, 然后通过神经网络模型的多分类层实现相关的标签分类. 如把句子序列 "我喜欢你" 输入分词系统中, 对应标注序列为 "SBES", 然后就能转化为分词序列 "我 |喜欢 |你", 如图 5.6.1 所示.

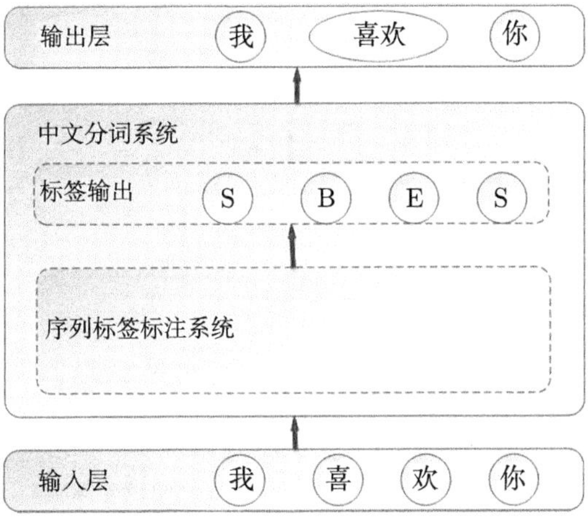

图 5.6.1 中文分词系统

目前, 常用的中文分词方法包括基于字典的字符串匹配的方法、基于语言规则的方法、基于传统概率统计机器学习模型的方法和基于深度神经网络模型的方法. 在基于深度神经网络模型的方法中, 长短期记忆 (LSTM) 神经网络模型由于改进了普通循环神经网络模型长期依赖局限性的缺点, 被应用于中文分词任务中, 并取得了不错的效果.

5.6.1 基于改进的双向 LSTM 的中文分词模型

标准的双向 LSTM 神经网络模型中自前向后与自后向前的 LSTM 层是直接叠加进行运算的. 然而, 实践证明, 在大量的序列标注任务中, 自前向后的 LSTM 层获得的信息 $\vec{h}_t$ 与自后向前的 LSTM 层获得信息量 $\overleftarrow{h}_t$ 是不同的. 因此, 为了调整两个独立的单向 LSTM 层对后续数据的贡献影响, 我们引入贡献率变量 α, 设计了 α-BILSTM 中文分词模型, 如图 5.6.2 所示.

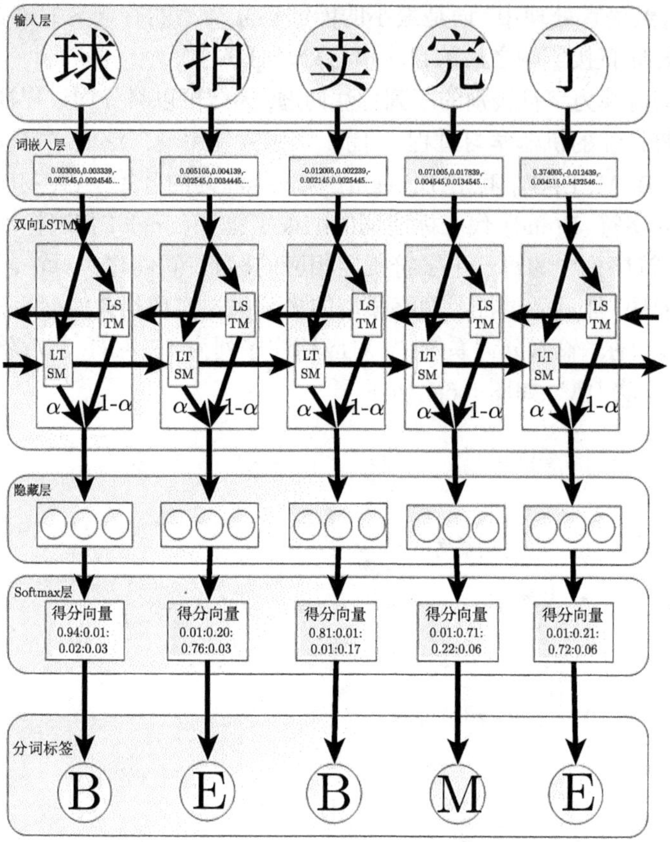

图 5.6.2　α-BILSTM 的中文分词模型结构

1. 文本向量化层

研究表明, 加入预先训练的字嵌入向量可以提升自然语言处理任务的性能. 本节使用 Google 公司于 2013 年推出的获取字向量的开源工具包 Word2Vec 作为第一层, 把输入数据预先处理成字嵌入向量.

基于字标注的分词方法是基于一个局部滑动窗口, 假设一个字的标签极大的依赖于其相邻位置的字. 给定长度为 n 的文本序列 $\boldsymbol{c}_{1:n}$, 大小为 k 的窗口从文本序列的第一个字 $\boldsymbol{c}_1$ 滑动至最后一个字 $\boldsymbol{c}_n$. 对序列中每个字 $\boldsymbol{c}_t$, 当窗口大小为 5 时, 上下文信息 $(\boldsymbol{c}_{t-2}, \boldsymbol{c}_{t-1}, \boldsymbol{c}_t, \boldsymbol{c}_{t+1}, \boldsymbol{c}_{t+2})$ 将被送入查询表中, 当字的范围超过了序列边界时, 将以诸如 “start” 和 “end” 等特殊标记来补充. 然后, 将查询表中提取的字向量连接成一个向量 $\boldsymbol{x}^{(t)}$. 从前往后在 m 时刻得到一个维度为 $k \times d$ 向量 $\boldsymbol{x}_{(mk+1,(m+1)k)}$, 输入到一个独立的 LSTM 单元中; 从后往前在 m 时刻得到一个维度为 $k \times d$ 向量 $\boldsymbol{x}_{((n-m)k+1,(n-m+1)k)}$, 将其逆序后输入到一个独立的 LSTM 单元中.

2. 更新公式

改进的双向 LSTM 层, 更新公式为

$$\overrightarrow{\boldsymbol{h}_t} = \mathrm{LSTM}(\boldsymbol{x}_t, \overrightarrow{\boldsymbol{h}_{t-1}}) \tag{5.6.1}$$

$$\overleftarrow{\boldsymbol{h}_t} = \mathrm{LSTM}(\boldsymbol{x}_t, \overleftarrow{\boldsymbol{h}_{t+1}}) \tag{5.6.2}$$

$$\boldsymbol{y}_t = \alpha \boldsymbol{W}_{\overrightarrow{\boldsymbol{h}_y}} \overrightarrow{\boldsymbol{h}_t} + (1-\alpha)\boldsymbol{W}_{\overleftarrow{\boldsymbol{h}_y}} \overleftarrow{\boldsymbol{h}_t} + \boldsymbol{b}_y \tag{5.6.3}$$

其中, $\boldsymbol{W}_{\overrightarrow{\boldsymbol{h}_y}}$, $\boldsymbol{W}_{\overleftarrow{\boldsymbol{h}_y}}$ 和 $\boldsymbol{b}_y$ 是权重和偏置.

3. 标签推断

在基于 {B, M, E, S}的中文分词标签系统中, 相邻标签的分布并不是相互独立的, 如标签 B 之后出现标签 B、S 的概率为 0, 也就是说标签 B 之后只可能出现标签 M、E. 故本节使用 Collobert 提出的标签转移权重矩阵对标签转移向量进行建模, 其中 $A_{i-1,i}$ 表示相邻标签 $i-1$ 转移到标签 i 的权重大小. $A_{i-1,i}$ 的值越高, 表示相邻标签的相关性的越大. 那么, 对于训练数据集中的一个输入字符序列 $\boldsymbol{c}_{1:n}$, 其标签序列为 $\boldsymbol{y}(1:n)$, 则将该字符标签序列的得分定义为

$$s(\boldsymbol{c}_{1:n}, \boldsymbol{y}_{1:n}, \theta) = \sum_{t=1}^{n} (\boldsymbol{A}_{y_{t-1}y_t} + \overline{y_t}) \tag{5.6.4}$$

其中, θ 表示模型的各种权重矩阵参数集合, $\overline{y_t}$ 表示通过神经网络模型的结果矩阵, 而 $\overline{y_t}$ 则表示神经网络模型预测 c_t 属于标签 y 的得分, 即正确预测的得分.

设输入的句子序列为 $\boldsymbol{c}$, 通过系统得到的标签序列为 $\boldsymbol{y}$, 模型中所用参数为 θ, 用 $Y(c)$ 表示所有 $\boldsymbol{x}$ 可能标签序列的集合. 定义 $Y(\boldsymbol{x})$ 中得分最高的预测标签序列为

$$\hat{\boldsymbol{y}} = \arg\max_{\boldsymbol{y} \in Y_c} s(\boldsymbol{c}, \boldsymbol{y}, \theta) \tag{5.6.5}$$

其中, $s(\boldsymbol{c}, \boldsymbol{y}, \theta)$ 用公式 (5.6.4) 计算, 是字符标签序列的得分. 我们用 $\Delta(\boldsymbol{y}_i, \hat{\boldsymbol{y}})$ 定义损失函数为

$$\Delta(\boldsymbol{y}_i, \widehat{\boldsymbol{y}}) = \sum_{t}^{n} \eta 1\{\boldsymbol{y}_i^{(t)} \neq \hat{\boldsymbol{y}}^t\} \tag{5.6.6}$$

其中, $1\{\boldsymbol{y}_i^{(t)} \neq \hat{\boldsymbol{y}}^t\}$ 表示当 $\boldsymbol{y}_i^{(t)} \neq \hat{\boldsymbol{y}}^t$ 时为 1, 否则为 0, η 是比例调节参数, $\Delta(\boldsymbol{y}_i, \hat{\boldsymbol{y}})$ 则表示对于输入句 $\boldsymbol{x}$, 标签预测错误数的线性相关值. 设训练集为 T, 我们引入 L_2 正则化来减小过拟合程度, $\|\theta\|_2$ 是 L_2 范数的正则化项, 用来减少参数空间, 避免过拟合. λ 用来控制正则化的强度. 定义正则化的目标函数为

$$J(\theta) = \frac{1}{T} \sum_{(\boldsymbol{x}, \boldsymbol{y}) \in t} l_i(\theta) + \frac{\lambda}{2} \|\theta\|_2^2 \tag{5.6.7}$$

其中, $l(\theta)=\max(0,s(\boldsymbol{x}_i,\widehat{\boldsymbol{y}}_i,\theta)+\Delta(\boldsymbol{y}_i,\hat{\boldsymbol{y}})-s(\boldsymbol{x},\boldsymbol{y},\theta))$.

5.6.2 实验与分析

1. 数据集

实验数据集为当前学术界普遍采用的训练语料和测试语料, 其中神经网络模型的训练语料和测试语料来自 MSRA 数据集和 PKU 数据集. 其中训练语料按照通常做法, 取 90%作为训练集, 取 10%作为开发集. 且用来训练词向量的语料混合了搜狗实验室提供的全网新闻数据 (SogouCA) 以及 MSRA 数据集和 PKU 数据集中的训练集, 其语料库规模统计信息如表 5.6.1 所示.

表 5.6.1 实验所用语料库规模统计信息

数据集	训练集	开发集	测试集
PKU	1645048 (5196)	181400 (573k)	172733 (336k)
MRSA	3650013 (11302k)	400456 (1240k)	184355 (367k)
SougouCA		2.1G	

2. 评价指标

在对中文分词性能的评估中, 采用分词评测常用的 P(准确率)、R(召回率) 和 F1(召回率和准确率的调和平均值), 以 F1 值作为评测的主要参考指标.

设 TP 表示把正类判断为正类, FP 表示把负类判断为正类, TN 表示把负类判断为负类, FN 表示把正类判断为负类. 其中所有被判断为正值都称为 "被检索到", 被判断为负值都称为 "未被检索到". 则准确率定义为在被检索到的所有样本中判断对的比重, 召回率定义为正类中有多少被判断正确, F1 是准确率 P 与召回率 R 的调和平均值. P, R 和 F1 的定义分别为

$$\mathrm{P}=\frac{\mathrm{TP}}{\mathrm{TP}+\mathrm{FP}} \tag{5.6.8}$$

$$\mathrm{R}=\frac{\mathrm{TP}}{\mathrm{TP}+\mathrm{FN}} \tag{5.6.9}$$

$$\mathrm{F1}=\frac{\mathrm{P}\times\mathrm{R}}{2(\mathrm{P}+\mathrm{R})} \tag{5.6.10}$$

3. 模型训练

本节模型采用小批量 AdaGrad 优化算法对目标函数进行优化, 其计算过程中采用误差反向传播的方式逐层求出目标函数对神经网络各层权值的偏导数, 并更新全部权值和偏置值. 在训练的过程中采用丢弃率来降低过拟合风险.

初始学习率设置为 0.2; 小批量 AdaGrad 处理参数设置为 20; 字符向量的维度为 100; 输入窗口大小设置为 5, 即每次将 t 到 $t+4$ 的 5 个字符同时输入; 为防止神经网络过拟合, 采用 l_2 正则化, 参数设置成 10^{-4}; 丢弃率设置为 0.2.

4. 实验设计与实验结果

本节设计了四个实验来验证所提方法的有效性.

实验一 为了验证文本向量化的必要性, 设计了在其他条件都相同的情况下, 实验得到通过未使用字嵌入层在 PKU 数据集中测试数据 P, R, F1 的值, 以及不同维度下的字嵌入层的在 PKU 数据集中测试数据 P, R, F1 的值. 由于独热向量的“维数灾难” 问题, 故未使用字嵌入层的实验只使用 MSRA 数据集和 PKU 数据集中的训练集和开发集的数据, 将其转化为一热表示. 而使用字嵌入层的实验则混合使用 SogouCA 数据集以及 MSRA、PKU 数据集中训练集和开发集, 通过 Word2Vec 转化为不同维度的词向量. 实验结果如表 5.6.2 所示.

表 5.6.2 随着字嵌入维度的变化, α-BILSTM 模型在 PKU 数据集上评测指标的变化

字嵌入维度	P	R	F1
未预处理	91.9	91.8	91.8
50	95.5	95.1	95.3
100	**96.8**	**96.4**	**96.6**
150	96.1	95.6	95.8

对比表 5.6.2 第 2 行和第 3, 4, 5 行数据可知, 文本向量化的处理是非常必要的, 加入字嵌入层会极大地提高模型的正确率. 由使用大数据集 SogouCA 转化独热表示失败可知: 只能在较小的规模下使用独热表示, 若训练数据集较大, 则会导致词典过大而造成数据的维数非常大, 且构成的矩阵非常稀疏, 不易进行训练. 其次, 通过对比表 5.6.2 第 3, 4, 5 行数据可知: 文本向量化使用的维度也会对结果有一定的影响, 故本节采用结果相对较好的 100 维作为字嵌入向量的维度.

实验二 为了验证本节提出的贡献率 α 是否会影响到实验效果, 并确定效果最佳的贡献率 α, 本节设计了 6 个 α 取值, 从 0.5 到 1.0, 相邻单位取值相差为 0.1, α 为 0.5 时即为直接叠加的双向 LSTM 神经网络模型. 以 6 个 α 值为基础构建了本节设计的双向 LSTM 神经网络模型, 并保证其他参数都相同的条件下, 在 MSRA 数据集和 PKU 数据集下进行分词实验, 并得到在不同的贡献率 α 下的测试数据 P, R, F1, 并进行对比. 实验结果如表 5.6.3 所示.

对表 5.6.3 的各项数据的比较可知: ① 贡献率 α 对实际分词表现作用比较明显, P, R, F1 的值随着 α 的增长, 先变大后变小, 在 0.8 处到达峰值. ② 较直接叠加的传统双向 LSTM 神经网络 ($\alpha=0.5$), 使用 $\alpha=0.8$ 的改进双向 LSTM 神经网络模型的实验指标得到了提升. ③ 无论是在 MSRA 数据集还是 PKU 数据集, 二者的趋势都较为接近, 这说明本节模型对不同数据集上表现较为一致, 可以使用相同的参数设置.

表 5.6.3　随着 α 的增长, α-BILSTM 模型评测指标的变化

经过字嵌入预处理模型		MSRA 数据集			PKU 数据集		
α	$1-\alpha$	P	R	F1	P	R	F1
0.50	0.50	95.6	95.3	95.4	94.3	93.8	94.1
0.60	0.40	95.8	95.4	95.6	94.8	94.3	94.5
0.70	0.30	96.1	95.7	95.9	95.3	95.1	95.2
0.80	**0.20**	**97.2**	**97.1**	**97.1**	**96.6**	**95.9**	**96.2**
0.90	0.10	97.1	96.7	96.9	95.8	96.1	95.9
1	0	96.6	96.2	96.4	95.8	95.5	95.7

实验三　为了验证丢弃率的有效性, 并确定合适的丢弃率, 设计了不使用丢弃率, 以及丢弃率为 20%和丢弃率为 50%的实验. 在保证实验其他参数相同的条件下, 测试在 MSRA 数据集和 PKU 数据集中每一次迭代后的 F1 测试数据的变化情况. 实验结果如图 5.6.3 所示.

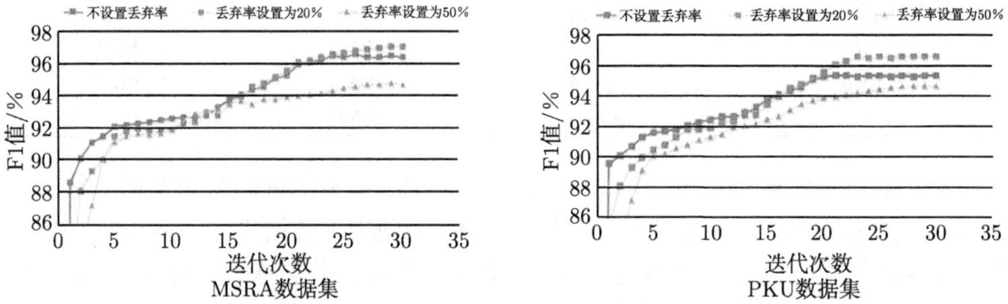

图 5.6.3　丢弃率对 α-BILSTM 模型的影响 (扫描封底二维码可看彩图)

观察图 5.6.3 中数据点的分布和走向有如下三个方面的结论. ① 不设置丢弃率的模型在迭代前几次表现得较好, 但随着迭代次数的增加, 模型评测数据趋于稳定后, 丢弃率为 20%的模型表现优于不设置丢弃率的模型; ② 丢弃率设置为 50%的模型在整个迭代过程中都表现得比较糟糕, 说明丢弃率不宜过大, 过大后可能会丢失重要信息; ③ 无论是在 MSRA 数据集还是在 PKU 数据集, 二者的趋势都较为接近, 说明本节模型对不同数据集上表现较为一致, 可以使用相同的参数设置.

实验四　为了测试本节所构建的双向 LSTM 神经网络模型的效果, 本节使用了如下几个基准模型：基于条件随机场模型的分词模型 CRF++; 单向 LSTM 分词模型; 双向 RNN 分词模型; 双向 LSTM-CRF 分词模型. 对基准模型与本节使用的双向 LSTMN-CRF 分词模型在 MSRA 数据集和 PKU 数据集下进行实验对比, 在确保其他变量都一致的情况下 (如使用相同维度的字嵌入, 在输出层均使用丢弃率相同的丢弃率), 记录得到 P, R, F1 测试数据, 对比模型参数均基于原作者给出的参数设置, 实验统计数据均使用在可信范围内的最佳数据. 实验结果如表 5.6.4 所示.

表 5.6.4 各类分词模型评测指标的对比

经过字嵌入预处理模型	MSRA 数据集			PKU 数据集		
	P	R	F1	P	R	F1
CRF++	92.6	94.0	93.3	93.6	92.1	92.8
LSTM	96.6	96.2	96.4	95.8	95.5	95.7
双向-RNN	95.7	94.8	95.2	94.2	92.5	93.3
双向-LSTM-CRF	97.2	97.1	97.1	96.6	95.9	96.2
α-BILSTM	**97.3**	**97.1**	**97.2**	**96.8**	**96.4**	**96.6**

对比表 5.6.4 第 6 行和第 4, 5 行数据可知: 本节模型在 MSRA 数据集上实验结果 F1, 较单向 LSTM 提升 0.83%, 较双向 RNN 提升 2.10%; 较双向 LSTM-CRF 提升 0.10%, 在 PKU 数据集上的实验结果 F1, 较单向 LSTM 提升 0.94%, 较双向 RNN 提升 3.54%, 较双向 LSTM-CRF 提升 0.42%. 通过数据的分析比较, 说明模型 α-BILSTM在分词的准确度上确有提高.

5.7 本章小结

本章主要介绍了矩阵分解、张量分解及神经网络模型的应用, 包括基于矩阵分解的多变量时间序列聚类, 基于张量分解的地理传感数据预测, 基于 LDA-DeepHawkes 模型的信息级联预测, 基于 CNN 和 RNN 的蛋白质二级结构预测, 基于卷积神经网络的跨领域情感分析、基于双向 LSTM 神经网络模型的中文分词.

参考文献注释

文献 [1-4] 讨论了基于特征的时间序列聚类方法; 文献 [5-7] 研究了基于网络社区检测和隐马尔科夫模型的时间序列聚类方法; 文献 [8] 应用对称非负矩阵分解完成图聚类; 文献 [9] 给出了基于模块度评分的社区检测算法; 文献 [10] 提出了一种基于多非负矩阵分解 (MNMF) 的多关系社区检测算法来识别时间序列聚类.

文献 [11] 讨论了基于模型的重大社会事件预测; 文献 [12] 在时间序列的预测中仅利用了时态信息; 文献 [13-15] 在预测中同时利用了时态和空间信息, 文献 [13,14] 使用了回归技术, 文献 [15] 使用了聚类和回归技术, 文献 [16] 使用了张量分解技术.

文献 [17] 是一种基于时间特征、结构特征和时间衰减等特征的级联预测模型, 文献 [18] 是一种基于表示学习的级联预测模型, 文献 [19] 的级联预测模型融合了深度学习和 Hawkes 模型, 文献 [20] 提出了既考虑级联的因素又考虑文本内容的 LDA-DeepHawkes 模型.

文献 [21] 基于 PSIBLAST 计算的氨基酸特征, 使用双向递归神经网络结构完成 8 类蛋白质二级结构预测 (SSpro8); 文献 [22] 利用条件神经域 (conditional neural fields, CNF) 对序列特征与二级结构之间的复杂关系进行建模, 挖掘相邻残基二级结构类型之间的相互依赖关系, 实现 8 类二级结构预测的方法; 文献 [23] 基于深度学习技术扩展 CNF 方法, 集成卷积神经网络和 CNF, 设计了 DeepCNF 预测模型, 提取相邻残基二级结构之间复杂的序列结构关系和相互依存关系; 文献 [24] 基于监督的生成随机网络 (generative stochastic network, GSN) 预测二级结构; 文献 [25] 利用多尺度 CNN 来捕获氨基酸残基之间的局部特征, 利用 GRU 捕捉氨基酸残基之间的全局特征, 综合氨基酸残基之间的局部和全局特征设计二级结构预测模型 (DCRNN); 文献 [26] 设计一种带高速公路 (highway) 的多尺度 CNN 预测蛋白质二级结构的方法 (CNNH), 较低层 CNN 提取局部特征, 较高层 CNN 提取远程相互依赖性, 两个相邻卷积层之间有一条高速公路可以同时提取局部和远程依赖关系; 文献 [27] 设计多尺度 CNN 与双向 LSTM 相结合的蛋白质二级结构预测模型 (C-BLSTM); 文献 [28] 将 2D 卷积、2D 池化与堆叠双向 GRU 相结合, 并设计蛋白质二级结构预测模型 (2DCNN-BGRU); 文献 [29] 将两个非对称的卷积滤波器和堆叠双向 LSTM 相结合并应用到蛋白质二级结构预测模型 (DeepACLSTM).

文献 [30] 提取共享词作为桥梁, 并以此构建两个领域间特征的映射关系, 从而降低领域间的差异 (SCL); 文献 [31] 设计一种特征极性传递方法, 以领域共现特征词为桥梁, 基于共现关系计算特征之间的距离, 并将源领域特征的极性信息传递到目标领域, 完成跨领域情感分析 (TPF); 文献 [31] 基于 TrAdaBoost 框架, 把主题分布添加到一元分词 (unigram) 模型中以构造文档的特征空间, 每个文档都被转换到一个由单词和主题表示的特征空间 (TR-TrAdaBoost); 文献 [31] 以领域共现特征为种子, 再利用 Word2Vec 工具训练词向量, 基于词向量计算领域专有特征词向量与领域共现特征词向量的相似度, 将领域专有特征扩充到种子特征中, 形成特征簇, 得到一个共同的特征空间, 并认为在该空间上两个领域分布差异最小, 最后基于该空间为目标领域构建分类器 (WEEF); 文献 [32] 改进共享词的选择方法, 并用卷积神经网络提取文本特征, 基于共享词的极性对情感文本进行特征扩展, 增强文本的情感语义, 完成跨领域情感分析.

Collobert 将神经网络模型应用到自然语言处理中 [33]; 文献 [34] 首先将神经网络模型应用到中文分词任务, 同时还提出了一种感知器算法, 在几乎不损失性能的前提下加速了训练过程; 文献 [35] 利用标签嵌入和基于张量的转换, 提出了 MMTNN 的神经网络模型的方法, 并用于中文分词任务; 文献 [36] 使用 LSTM 神经网络来解决中文分词问题, 克服了传统神经网络缺失长期依赖关系的问题, 取得了很好的分词效果; 文献 [37] 在经典单向 LSTM 模型上进行改进, 增加了自后向前的 LSTM 层, 设计了双向 LSTM 模型, 改进了单向 LSTM 对后文依赖性不足的缺点, 引入了贡献率对前传 LSTM 层和后传 LSTM 层的权重矩阵进行调节.

参 考 文 献

[1] Maharaj E A, D'Urso P. Fuzzy clustering of time series in the frequency domain. Information Sciences, 2011, 181(7): 1187-1211.

[2] Zakaria J, Mueen A, Keogh E. Clustering time series using unsupervised-shapelets. ICDM 2012, Brussels, Belgium, December 10-13, 2012: 785-794.

[3] Nakashima T, Schaefer G, Kuroda Y, et al. Performance evaluation of a two-stage clustering technique for time-series data. 2016 International Conference on Informatics, Electronics and Vision (ICIEV 2016), Dhaka, Bangladesh, May 13-14, 2016: 1037-1040.

[4] Huang X H, Ye Y M, Xiong L Y, et al. Time series k-means: a new k-means type smooth subspace clustering for time series data. Information Sciences, 2016, 367-368(1): 1-13.

[5] Ferreira L N, Zhao L. Time series clustering via community detection in networks. Information Sciences, 2016, 326: 227-242.

[6] Ghassempour S, Girosi F, Maeder A. Clustering multivariate time series using hidden markov models. International Journal of Environmental Research and Public Health, 2014, 11(3): 2741-2763.

[7] Hallac D, Vare S, Boyd S, et al. Toeplitz inverse covariance-based clustering of multivariate time series data. KDD 2017, Halifax, NS, Canada, August 13-17, 2017: 215-223.

[8] Kuang D, Ding C, Park H. Symmetric nonnegative matrix factorization for graph clustering. The Twelfth SIAM International Conference on Data Mining, SDM 2012, Anaheim, California, USA, April 26-28, 2012: 106-117.

[9] Blondel V D, Guillaume J L, Lambiotte R, et al. Fast unfolding of communities in large networks. Journal of Statistical Mechanics: Theory and Experiment, 2008(10): P10008.

[10] Zhou L, Du D, Tao D, et al. Clustering multivariate time series data via multi-nonnegative matrix factorization in multi-relational networks. IEEE Access, 2018, 6: 74747-74761.

[11] Ramakrishnan N, Lu C T, Marathe M, et al. Model-based forecasting of significant societal events. TEEE Intelligent Systems, 2015, 30(5): 86-90.

[12] Egrioglu E, Yolcu U, Aladag C, et al. Recurrent multiplicative neuron model artificial neural network for non-linear time series forecasting. Procedia-Social and Behavioral Sciences, 2014, 109: 1094-1100.

[13] Pokrajac D, Obradovic Z. Improved spatial-temporal forecasting through modelling of spatial residuals in recent history. The First SIAM International Conference on Data

Mining, SDM 2001, Chicago, IL, USA, April 5-7, 2001: 1-17.

[14] Kamarianakis Y, Prastacos P. Space-time modeling of traffic flow. Computers and Geosciences, 2005, 31(2): 119-133.

[15] Pravilovic S, Bilancia M, Appice A, et al. Using multiple time series analysis for geosensor data forecasting. Information Sciences, 2017, 380: 31-52.

[16] Zhou L, Du G, Wang R, et al. A Tensor framework for geosensor data forecasting of significant societal events. Pattern Recognition, 2019, 88: 27-37.

[17] Cheng J, Lakkaragu H, McAuley J, et al. Can cascades be predicted? WWW 2014, Seoul, Korea, April 7-11, 2014: 925-936.

[18] Zhao Q, Erdogdu M A, He H Y, et al. SEISMIC: a self-exciting point process model for predicting tweet popularity. KDD 2015, Sydney, NSW, Australia, August 10-13, 2015: 1513-1522.

[19] Cao Q, Shen H, Cen K, et al. DeepHawkes: bridging the gap between prediction and understanding of information cascades. CIKM 2017, Singapore, November 06-10, 2017: 1149-1158.

[20] 王世杰, 周丽华, 孔兵, 等. 基于 LDA-DeepHawkes 模型的信息级联预测. 计算机科学与探索, 2020, 14(3): 410-425.

[21] Pollastri G, Przybylski D, Rost B, et al. Improving the prediction of protein secondary structure in three and eight classes using recurrent neural networks and profiles. Proteins: Structure, Function, and Bioinformatics, 2002, 47 (2): 228-235.

[22] Wang Z, Zhao F, Peng J, et al. Protein 8-class secondary structure prediction using conditional neural fields. IEEE International Conference on Bioinformatics and Biomedicine, Hong Kong, China, December 18-21, 2010, pp.109-114.

[23] Wang S, Peng J, Ma J, et al. Protein secondary structure prediction using deep convolutional neural fields. Scientific Reports, 2016, 6(1): 18962.

[24] Zhou J, Troyanskaya O. Deep supervised and convolutional generative stochastic network for protein secondary structure prediction. The 31st International Conference on Machine Learning, Beijing, China, June 21-26, 2014, pp. 745-753.

[25] Li Z, Yu Y. Protein secondary structure prediction using cascaded convolutional and recurrent neural networks. IJCAI 2016, New York City, US, July 9-15, 2016: 2560-2567.

[26] Zhou J, Wang H, Zhao Z, et al. CNNH_PSS: protein 8-class secondary structure prediction by convolutional neural network with highway. BMC Bioinformatics, 2018, 19(4): 60.

[27] 郭延哺, 李维华, 王兵益, 等. 基于卷积长短时记忆神经网络的蛋白质二级结构预测. 模式识别与人工智能, 2018, 31(6): 562-568.

[28] Guo Y, Wang B, Li W, et al. Protein secondary structure prediction improved by recurrent neural networks integrated with two-dimensional convolutional neural networks.

Journal of Bioinformatics and Computational Biology, 2018, 16 (5): 1850021-1-1850021-19.

[29] Guo Y, Li W, Wang B, et al. DeepACLSTM: deep asymmetric convolutional long short-term memory neural models for protein secondary structure prediction. BMC Bioinformatics, 2019, 20 (1): 341.

[30] Blitzer J, Dredze M, Pereira F. Biographies, bollywood, boom-boxes and blenders: Domain adaptation for sentiment classification. Annual Meeting of the Association for Computational Linguistics, Prague, Czech Republic, June 23-24, 2007: 440-447.

[31] Huang X, Rao Y, Xie H, et al. Cross-domain sentiment classification via topic-related trAdaBoost. AAAI 2017, San Francisco, California, February 4-9, 2017: 4939-4940.

[32] 姬晨, 郭延哺, 金宸, 等. 一种基于卷积神经网络的跨领域情感分析. 云南大学学报 (自然科学版), 2019, 41(2): 253-258.

[33] Collobert R, Weston J, Bottou L, et al. Natural language processing (almost) from scratch. Journal of Machine Learning Research, 2011, 12 (1): 2493-2537.

[34] Zheng X, Chen H, Xu T. Deep learning for chinese word segmentation and POS tagging. Conference on Empirical Methods in Natural Language Processing, Seattle, Washington, USA, October 18-21,2013: 647-657.

[35] Pei W, Ge T, Chang B. Max-margin tensor neural network for chinese word segmentation. The 52nd Annual Meeting of the Association for Computational Linguistics (Volume 1: Long Papers), Baltimore, Maryland, USA, June 22-27, 2014: 293-303.

[36] Chen X, Qiu X, Zhu C, et al. Long short-term memory neural networks for chinese word segmentation. Conference on Empirical Methods in Natural Language 2015, Lisbon, Portugal, September 17-21, 2015: 1197-1206.

[37] 金宸, 李维华, 姬晨, 等. 基于双向 LSTM 神经网络模型的中文分词. 中文信息学报, 2018, 32(2): 29-37.

